시사운드의 원리

CSOUND

컴퓨터 음악의 모든 것

시사운드의 원리

CSOUND

| 최종문 지음

contents

서 문

20세기에 들어서면서 동서양의 전통악기의 개량이나 새로운 악기의 개발은 그 한계에 도달하게 된다. 물론 악기를 만드는 장인들의 천재성에 따라 약간의 음향 증가나 좀 더 풍부한 음색이 가능할 수 있지만 심각할 만큼의 큰 변화나 대다수의 사람들이 지지할 만한 새로운 아날로그 악기는 더 이상 기대할 수 없게 되었다.

이와 같은 전통악기의 한계는 과학기술의 발달과 함께 이미 오래전인 1906년 아주 거대한 전자악기였던 미국인 카힐(Thaddeus Cahill)의 텔하모니움(Telharmonium)에 반영되었다. 이후 톱 연주 소리와 유사한 그러나 더 풍부한 배음성분을 가진 1919년의 데러민/테레민(Theremin), 1928년의 트로토니움(Trautonium)과 온데스 말테노트(Ondes Martenot) 등이 잇달아 대중 앞에 나서게 된다. 이 당시 우리나라가 처해 있었던 상황으로는 이런 사실들을 전혀 알 수가 없었으며 사실상 서구의 19세기 말부터 20세기 후반까지의 약 70여 년의 과학기술의 발전상을 우리는 건너뛴 채 20세기 말부터 한꺼번에 이들을 흡수하고 있는 상황에 있다.

〈그림 1〉 테데우스 카힐의 텔하모니움

이들 전자악기들은 독특한 음색과 모양으로 인해 — 사실상 온데스 말테노트가 메시앙(Messiaen)의 투랑갈리아 교향곡(Turangalila Symphony)에서 사용된 예를 제외한다면 — 다른 전통악기들과 함께 오케스트라에서 연주될 수는 없었지만 대중들로부터 상당한 공감을 얻어 내는 데에는 성공했다. 이후 1929년 상업적으로 가장 성공적이었던 하몬드 오르간(Hammond Organ)을 시작으로 1960년대의 유명했던 무그(moog)의 전자악기를 거쳐 현재까지 전자악기들은 계속 발전을 거듭하고 있는 중이다. 아직 이들 대부분의 전자악기 소리들은 상입적인 경향을 띠고 있으며 비교적 가볍고 그 변조 범위가 제한되어 순수음악작품에서 사용하기에는 부족한 점이 있다. 이런 문제점들은 20세기 말부터 디지털 기술이 급속히 발전되면서 상당 부분이 해소되고 있다. 더 나아가 이제는 하드웨어 전자악기 없이도 컴퓨터 한 대만 있으면 악기 소리는 물론 무한대의 새로운 소리들을 만들어 낼 수 있게 되었다.

이에 대한 첫 발걸음은 1957년 맥스 매튜스(Max Vernon Mathews)에 의해 최초로 소프트웨어로 소리를 출력하는 디지털 합성 방법이 개발되면서 시작된다. 이렇게 그의 'MUSIC 1'로 시작된 컴퓨터 프로그램은 숫자 순서대로 차례로 'MUSIC 5'로 이어진다. 이들 'MUSIC 4'까지의 연구들과 'MUSIC 5'의 일부 연구 자료는 베리 버코(Barry Vercoe)의 'MUSIC 11'로 이어졌고 마침내 1980년대에 와서 버코는 'MUSIC 11' 후의 'MUSIC 360'을 C언어로 전환하면서 마침내 전 세계적으로 널리 사용되고 있는 디지털 오디오 프로그램 '시사운드'(Csound)가 탄생하게 된다.

〈그림 2〉 맥스 매튜스

　이로써 과거의 전자음악연구소들이 보유했던 값비싼 하드웨어들 없이도 또한 전자악기들 없이도 누구나 컴퓨터 한 대만 있으면 마음대로 온갖 소리를 만들고 변조/합성할 수 있게 되었다. 이런 변화는 각 대학의 전자음악연구소에서 잘 나타난다. 대부분의 과거 아날로그 기재들은 사실상 역사적 전시용이 되고 말았으며 현재의 전자음악실은 간단히 컴퓨터와 외부 녹음을 위한 녹음장비만으로 이루어진다. 경제적 여유가 있다면 여기에 간단한 녹음실이 추가된다. 이제는 컴퓨터 한 대만으로 소리나 음악 제작, 디지털 믹싱, 초고음질의 DVD 녹음까지 모든 것을 할 수 있게 되었다.

〈그림 3〉 과거의 전자음악 스튜디오　　　　〈그림 4〉 현재의 스튜디오

　시사운드는 단순히 컴퓨터의 마우스를 클릭해서 어떤 원하는 명령을 수행시키는 보통의 프로그램들과는 조금 다르다. 시사운드의 주 기능은 완전한 백지상태에서 악기나 소리를 만드는 것이며 그리고 그 과정을 실시간에 연주(산출)하거나 또는 그 결과를 사운드파일로 만들어 준다. 예를 들면 간단한 사인파의 소리를 만들고자 한다면 먼저 파형을 디자인해야 하며 그리고 거기에 진폭과 길이 그리고 진동수를 설정해야 한다. 그러나 그 대신 사용자는 자신이 원하는 소리 또는 악기 제작을 위해 시사운드의 수백 가지가 넘는 오디오 관련 기능들, 수학의 연산 기능 그리고 약간의 프로그래밍 명령문들을 목적에 따라 적절히 사용함으로써 무한대의 새로운 소리들을 실험하고 제작할 수 있다. 이들 결합 방법이나 그 방법들의 길이 또한 사용자에 따라 무한대인 까닭에 어떤 수십 또는 수백 가지의 방법만으로 한정할 수도 없다. 이 때문에 많은 사람들이 시사운드 프로그램을 사용하는 그 자체를 일종의 프로그래밍이라고도 부른다.

물론 시사운드에도 기존의 사운드파일을 불러들여 다양한 이펙트를 적용하거나 수정하는 기능들이 있지만 이와 같은 단순작업 위주의 사람들에게는 시사운드보다는 널리 알려진 상업적 오디오 편집 프로그램들을 사용하는 것이 편리할 것이다.

시사운드의 활용 범위는 광대하다. 상업적인 용도의 비음악적인 짧은 음향 효과음을 위해서, 음악 작품을 위한 디지털악기 제작을 위해서, 그리고 작곡된 음악을 위한 적절한 악기 제작을 위해서 다양하게 이용될 수 있는 사운드 프로그래밍 언어다. 과거의 음악 전통에 무게를 두고 있는 작곡가들의 입장에서는 왜 작곡가가 악기까지 만들어야 하는가라는 의문을 품을 수 있다. 여기에 대한 답은 여러 가지가 있겠지만 20세기 말로 접어들면서 그리고 21세기에 들어서면서부터는 더욱더 작곡가들은 스스로 악기를 제작하는 것이 별 어려운 일이 아니라는 생각이 확산되었다는 점을 들 수 있다. 실제로 과거에 악기를 제작한다는 것은 경제적인 지원과 고도의 경험과 기술, 정성 그리고 많은 시간이 필요했다. 하지만 이제는 누구든 컴퓨터만 있으면 얼마든지 자신의 음악을 위한 악기를 스스로 제작할 수 있는 환경이 되었기 때문이다.

인간은 전체적인 환경이 어떤 방향으로 움직이면 이에 따라 변하는 환경에 적응해야 한다. 충분한 디지털 기술이 개발되었고 디지털 문화가 일상생활에서 범람한다면 음악 교육에서도 이를 외면할 수 없다. 음악을 전공하는 학생들이라면 이제는 화성학, 대위법, 음악사 등과 함께 디지털악기에 관한 기본 지식도 갖추어야 한다. 음악에 관한 이론 분야도 20세기 이전의 음악만을 계속 반복하고 있을 수만은 없다. 시대가 변하고 있는 만큼 기초적인 음향이론 및 디지털악기에 관한 내용, 그리고 기본적인 디지털악기의 디자인에 관한 내용이 음악이론에 포함되어야 할 것이다.

이 책이 필요한 사람들

(1) 음악과 무관한 일반인

이 책은 아무런 음악적 지식 없는 사람들도 음향의 기본을 이해하고 취미생활로서 자신을 위한 간단한 소리나 음악을 제작할 수 있도록 자세한 설명을 하고 있다. 사람들은 제각각 서로 다른 취미생활을 가지고 있다. 경제적인 뒷받침이 필요한 여행이나 수집의 즐거움도 크지만 새로운 음향을 만들고 감상하는 즐거움도 하나의 중요한 취미생활이다.

음악적인 지식이 전혀 없다면 음악을 창작한다는 것은 무리일지는 모르나 자신이 좋아하는 소리를 만들고 감상하는 데에는 아무런 어려움이 없다. 더구나 이 책은 음악 작곡 기법과는 거리가 먼 내용들이다. 예를 들어 자신만을 위한 핸드폰 벨 소리의 제작이나 편집 또는 자신의 웹페이지를 위한 간단한 소리들 그리고 추억을 위한 녹음된 동영상들을 위한 특별한 효과음들을 만들 수 있을 것이다. 또한 기존의 소리나 음향에 변화를 주는 것은 아주 쉬운 일이다.

무엇보다 눈에 보이지 않는 막연한 음향과 디지털 소리에 대한 새로운 지식을 가지는 것 자체만으로도 인생에 있어 또 하나의 즐거움이 될 수 있으리라 본다.

(2) 사운드 디자이너

악기적인 소리 외에 뚜렷한 피치를 가지고 있지 않은 수많은 소리들을 우리는 늘 일상생활에서 접하고 있다. 이들 소리들은 추상적인 전자/컴퓨터음악작품을 위해서도 사용되지만 다양한 상업적인 용도로도 널리 이용된다. 실제 영화나 드라마에서 많은 소리들은 인공적이거나 또는 합성된 소리들이다. 이와 같은 폴리(foley) 사운드는 실제로 존재하지 않는 용의 소리나 공룡의 소리와 같은 가상의 소리를 위해서도 필요하다. 이들 소리를 제작하기 위해서는 완전한 기초에서 시작해서 소리를 디자인할 수도 있을 것이며 또는 이미 자연 속에 존재하는 상당히 유사한 소리를 찾아 이들 소리들을 합성할 수도 있을 것이다. 경우에 따라서는 기존의 소리를 좀 더 부각시키고자 다양한 음향 이펙트를 적용할 수도 있을 것이다. 시사운드는 이를 위한 모든 것을 제공한다. 필요한 것은 단지 자신만의 창작력과 아이디어에 달려 있다.

(3) 작곡 전공 분야

동서양의 전통악기를 위주로 작곡하는 학생이라면 지금 당장 이 책의 내용들이 시급하지는 않다. 하지만 미래에 사회에서 이 분야에 대한 지식이 요구될지도 모른다. 더 이상 전통 악기들을 위한 작곡만 잘 할 수 있다면 큰 문제 없이 작곡가로서 살아갈 수 있는 그런 시대가 아닐 수도 있다.

디지털악기와 새로운 음향의 울림들은 갈수록 일상생활 속에서 청자들에 다가가고 있으며 이들의 마음을 움직이고 자극하고 있다. 변화는 결코 규칙적인 간격으로 그리고 일정한 속도로 일어나지 않는다. 갑자기 폭발적으로 일어나는 경우가 허다하다. 항상 멀리도 내다보며 새로운 변화에 대비해야 할 것이다. 변화에 적응하지 못하면 늘 앞자리는 양보할 수밖에 없다.

이미 디지털 악기를 사용하고 있다면 이 책에 담겨 있는 디지털악기와 음향에 대한 내용들과 프로그래밍에 관한 기초적 지식들 그리고 시사운드에 관한 근원적인 설명들은 보다 자신 있게 시사운드를 활용할 수 있게 할 것이다.

(4) 시사운드 및 기타 디지털 음향 전문가들

이 책의 핵심은 시사운드에서 제공하는 옵코드(opcode)들의 사용법 열거나 번역이 아니다. 그 핵심은 디지털 오디오의 원리와 시사운드에서 진행되는 다양한 데이터들의 움직임을 논리적으로 설명하는 데에 있다. 독자들은 이 책을 보면서 지금까지 그냥 지나쳤던 부분들에 대해서 또는 이미 막연히 확신하거나 인식하고 있었던 부분들에 대한 근원적인 이해를 통해 디지털오디오와 시사운드에 보다 자신감을 가질 수 있으리라 생각한다.

(5) 공학도들

시사운드는 디지털음향과 디지털 기술에 관한 광범위한 연구 내용을 담고 있다. 이 연구들은 몇 사람의 개인적이거나 단편적 또는 산발적인 연구의 모임이 아니다. 지난 반세기 동안 벨연구소를 비롯하여 스탠퍼드대, 프린스턴대, MIT 등과 같은 세계적인 명문 대학의 연구소에서 지속적으로 이루어진 연구의 결실이며 지금도 늘 새로운 첨단의 내용들을 담고 있는 중이다.

만약 디지털 음향을 연구하거나 관련된 새로운 기술을 개발하고자 한다면 먼저 실제 디지털 소리와 시그널을 만들어 봐야 할 것이다. 시사운드는 이를 위한 실질적인 실험 도구의 기능을 수행한다.

또한 합법적으로 공개된 소스코드는 세계의 모든 사람들에게 새로운 기술을
개발할 수 있는 길을 열어 주고 있다. 앞으로 소프트웨어적인 기술과 인력의 수
요가 갈수록 늘어나는 상황에서 이 책을 통한 시사운드의 전체적인 내용의 이해
는 시사운드의 소스 코드를 파악하는 중요한 열쇠가 될 것이다. 현재 시사운드
소스 코드는 http://csound.sourcearchive.com/에서 찾을 수 있다. 버전 4와 버전 5
를 포함한다. 버전 4는 최종버전 4.23만이 올려져 있으며 버전 5는 5.08부터 시
작한다. 5.08 이전의 버전은 이제 찾을 수 없다. 이 소스코드저장소는 지난 모든
버전을 다 올려놓지는 않고 최근 버전만 싣고 있으므로 새버전이 나올 때마다
다운받아 놓는 것이 안전하다.

후 기

　‘시사운드’(Csound)는 누구나 즐길 수 있는 음악 프로그램이다. 그럼에도 무언가 약간 어렵다는 느낌을 갖는다면 크게 다음과 같은 몇 가지 점들 때문이라 생각한다.

　첫 번째로는 시사운드 프로그램의 사용자 인터페이스에 관한 모호한 부분을 들 수 있다. 두 번째로는 거의 경험해 보지 못한 프로그래밍에 대한 친밀도가 너무 낮거나 미숙한 이해에 있을 수 있으며 세 번째로는 시사운드의 내부적인 디지털 데이터의 흐름에 대한 이해 부족에 기인한다고 본다.

　사용자 인터페이스 부분을 본다면 버전 4까지의 경우만 해도 사실 간단한 몇 개의 윈도로 이루어져 있지만 그나마도 몇 가지 기본적인 기능 외에는 사용자가 잘 모르고 있는 경우가 많다. 이는 미국인들을 포함해서 영어를 모국어로 사용하는 사람들도 마찬가지다. 이에 관해서는 시사운드 매뉴얼은 물론 전 세계 수많은 시사운드에 관한 정보를 싣고 있는 어느 웹페이지에서도 이에 대한 친절한 설명은 찾아 볼 수가 없다.

　이와 같은 문제는 ‘명령 라인’에 익숙한 과거의 도스 및 리눅스/유닉스 사용자들로서는 별문제가 아닐 수 있지만 그래픽 인터페이스(GUI[1])로 잘 갖추어진 환경에 익숙한 시사운드를 처음 시작하는 세대로서는 시작부터 일부의 모름으로 인한 위축감은 시사운드를 배우는 과정에서 늘 모호하다는 느낌을 가지게 하는 또 하나의 원인이 될 수 있다고 본다.

　두 번째는 전혀 컴퓨터 프로그래밍을 해 보지 않았다면 시사운드 코드의 이해에서 그리고 시사운드 매뉴얼에서 사용되는 일부 용어의 해석에서 어려움을 겪을 수 있다. 그렇지만 시사운드를 하기 위해서 컴퓨터 프로그래밍의 경험이 필요하다는 이야기는 아니다.

　세 번째의 어려움은 디지털 데이터의 이해 부족과 아울러 시사운드 내부에서 진행되는 디지털 시그널에 대한 기본적인 부분에 대한 이해 부족 때문이라 할 수 있다.

---

1) GUI(Graphical User Interface) - 사용자를 위한 그래픽 인터페이스.

만약 이와 같은 몇 가지 문제점들을 재빨리 해결한다면 새로운 악기 디자인에
서 또는 코드의 이해에 있어 아무런 어려움도 없을 것이다. 간혹 하나의 악기가
아주 복잡하거나 긴 경우가 있다. 이 같은 경우는 먼저 잭(Zak) 패치 옵코드들이
나 또는 버전 5에서 지원하는 chnget 또는 invalue, chnset 또는 outvalue 옵코드
등을 이용하여 여러 개의 악기(프로시저)로 분리하면 된다. 그 다음 하나 하나 꼼
꼼히 짚어 나간다면 이해 안될 파일들은 없을 것이다.

나머지 소수의 이해 힘든 악기파일들은 사용자의 능력 탓이라기보다는 서구에
서 먼저 개발되었기에 영어로 태어난 낯선 용어들과 매뉴얼의 설명 부족에 기인
하는 경우가 대부분이다.

이 책에서는 이와 같은 문제점들에 대한 답을 상세히 기술하여 독자를 이해시
키는 데에 그 목적을 두었다. 그리고 시사운드의 역사에 대한 자료를 수집하였고
그 내용을 전반부에 실었다.

2010년 4월

이 책의 사용 방법 

　(만약 이 책의 예제들이나 사용된 사운드 파일들 또는 '스마일' 프로그램이 필요하다면 http://computermusic.hosting.paran.com/에 접속하면 된다. 간혹 접속이 안될 시는 다음날 접속해보길 바란다. 6개월~1년마다 한 번쯤 업데이트 될 수도 있으므로 아주 가끔 들러 보길 바라며 기타 사항은 cjm3678@nate.com으로 연락하면 된다. 시사운드 프로그램은 http://sourceforge.net/projects/csound에서 다운받을 수 있으며 시사운드 소스코드는 http://csound.sourcearchive.com/ 에서 찾을 수 있다)

　만약 이 책의 독자가 시사운드 초보자라면 반드시 본문에서 소개하는 '스마일' 프로그램으로 시작하기를 권한다. '스마일' 프로그램은 프리웨어이며 위 웹페이지에 접속하면 된다.

　그 이유는 시사운드 자체에서 제공하는 편집기에 담긴 예제들은 전혀 초보자를 위한 내용들이 아니기 때문이다. 이들 대부분의 예제들은 초보자를 위해서가 아니라 단지 새로운 내용을 전하기 위해 만들어진 것들이기 때문이다. 이들은 따라서 대체로 길고 많은 새로운 내용들으로 이루어진다. 이미 익숙한 사람들도 이들 새로운 기능을 활용하기 위해서는 매뉴얼과 예제를 보며 익혀야 할 내용들이다.

　그러므로 시사운드를 인스톨한 후 바로 '스마일' 프로그램을 인스톨한다. '스마일' 편집기의 사용방법에 대한 내용은 제7장에 실려 있으므로 이를 참조해서 스마일에 실린 예제들을 실행해보고 소리도 한번 들어 본다. 그리고 이 책의 8장 '기초 이론'부터 시작해서 9장 '시사운드 프로그래밍의 이해'와 10장 '시사운드의 기초 프로그래밍'에 실린 내용들을 읽고 예제들을 실행해보기를 권한다. 그러는 동안 어느 정도 시사운드 프로그램과 친숙해지면 앞에서부터 차례대로 책에 실린 내용들을 읽어보기를 권한다. 읽다 보면 모든 것들이 한번에 한 장소에서 다 설명될 수 없기에 새로운 용어나 부호 등이 미리 등장하는 경우가 있다. 이들은 곧 자세히 언급되므로 참고 넘어가길 바란다.

　이미 시사운드에 친숙하다면 어디를 읽든 관계없다. 그러나 다음에 이어지는 '시사운드 인스톨 방법 및 사용 요령'에 실린 내용을 먼저 읽어 보기를 권한다.

시사운드 프로그램 인스톨 방법 및 사용 요령 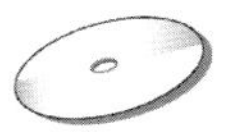

　모든 영역에서 시각적 요소가 강화되다보니 시사운드 또한 변하지 않을 수 없게 되었다. 2006년 말 버전 5가 나온 이후 GUI를 위한 적당한 비상업 툴킷을 찾는 동안 외관상의 시사운드 모습이 계속 바뀌어져 왔다. 이 글을 마친 현재 최신의 시사운드 버전 5.11/5.12(베타)에 와서는 풀틱(FLTK) 대신 QT라 불리는 툴킷이 사용되었다. 또한 시사운드를 인스톨할 때도 옵션을 만들어 사용자가 필요한 부분만을 인스톨 할 수 있게 하고 있다. 따라서 이 내용은 마지막에 추가로 첨부된 내용들이다.

1. 버전 5.11 이상의 시사운드 인스톨에 관한 설명

　버전 5.11 이전의 버전들은 선택사항 없이 그냥 따르면 된다. 버전 5.11부터는 점차 파일이 커질 것을 대비해 사용자에 따라 필요한 부분만 인스톨할 수 있도록 인스톨 옵션을 가지고 있다. 인스톨 옵션은 모두 4 가지로서 core(핵심), complete(모두), default(기본), 그리고 custom(사용자선택)이다.

(1) core(핵심)

　과거와 같이 시사운드 실행파일들과 1개의 참고 매뉴얼만 컴퓨터에 설치된다. 대부분의 사용자들로서는 이것으로 충분하다. 명령 프롬프트에서 시사운드 실행파일 이름과 악기파일이름 그리고 필요한 명령들을 주면 시사운드는 모든 소리를 산출하고 파일을 만든다. 만약 시사운드에서 위지트(widget)라 부르는 풀틱 옵코드들을 악기파일에서 사용했다면 시사운드는 컴퓨터 화면에 윈도 및 버튼, 스크롤바 등 요구한 그래픽 컨트롤들을 컴퓨터화면에 출력할 것이다. 편집기로는 컴퓨터의 메모장이나 노트패드를 사용하면 된다.

　그러나 좀 더 편리한 편집기를 원한다면 'QuteCsound'를 추가로 인스톨하면 된다. 이 QT 툴킷으로 만들어진 새로운 편집기 큐트시사운드는 '위지트 창'과 같은 편리한 기능을 담고 있다. 그러나 처음 만들어진 관계로 약간 문제가 있다. 그 하나는 시사운드 실행파일에 분배된 힘을 조금 빼앗아감으로서 연주 시 소리가 약간 끊기거나 지연 되는 경향이 있다. 따라서 연주시작 버튼을 클릭하면 조금 노이즈가 발생한다. 그보다 큰 문제는 현재 한글인식을 못하는 문제다. 디렉터리나 파일이름에 한글이 끼여 있게 되면 파일을 전혀 읽어 들이지 못한다. 이런 문제점은 앞으로 개선되리라 본다. 따라서 5.11에서는 QuteCsound 윈도를 통해 새로운 맥GUI 기능을 실험해보고 기타 사용상 불편한 점이 있다면 편집기는 이전 쓰던 것을 사용하면 될 것이다.

(2) complete(모두)

모든 것을 다 인스톨한다. 여기에는 위의 시사운드 핵심파일들 외에 2가지의 스크립트 [티클(TCL/TK) 및 파이선(Python)]를 사용하는 데에 필요한 파일들과 C/C++(시와 시플러스플러스) 및 Java(자바), Lua(루아) 그리고 LISP(리프)언어를 위한 인터페이스들이 포함된다. 이 인터페이스(interface)란 각 사용자가 사용하는 프로그래밍 언어에서 시사운드를 불러들이는 데에 필요한 모듈과 헤드파일들을 말한다. PC버전을 위한 이 모듈들은 DLL과 .h 및 .hpp 파일로 이루어진다. 따라서 위에서 언급된 프로그래밍 언어로 어떤 프로그램을 짜면서 시사운드의 기능을 이용하고 싶다면 반드시 이 인터페이스들을 인스톨해야 한다.

complete(모두) 인스톨에 포함되는 2가지 스크립트 언어인 티클이나 파이선에 익숙하다면 시사운드 안에서 또는 스크립트 자체에서 시사운드를 제어하거나 또는 알고리즘을 짤 수 있다. 이 알고리즘이란 좀 더 편리하게 시사운드를 제어하는 내용이나 일련의 작곡방법을 프로그래밍화 또는 매크로해서 스코어 파일을 산출하는 방법을 말한다. 이에 대한 예제들도 함께 인스톨 된다. 그러나 이들 티클과 파이선 스크립트 자체는 사용자가 따로 이들 홈페이지에 접속해서 다운받아야 한다. 물론 무료다. 주의할 점은 각 시사운드의 버전에 맞는 스크립트 버전을 다운받아 인스톨해야 시사운드가 제대로 작동한다. 가능하면 최종버전(final)을 사용하는 것이 좋다. 예를 들면 파이선의 2.4(시사운드 5.00-5.05까지)는 2.44가 최종버전이며 2.5(시사운드 5.06-5.10까지)는 2.54, 2.6(시사운드 5.11)은 2.64이다.

(3) default(기본)

default 인스톨을 선택하면 티클과 파이선 스크립트와 관련된 항목들만 제외되고 그 외 모든 언어들을 위한 인터페이스들이 함께 인스톨된다.

(4) custom(사용자)

사용자 모드에서는 위의 core(핵심) 인스톨에 포함된 내용만 필수 항목으로 되어 있으며 그 외는 사용자가 필요한 부분만 골라서 인스톨 할 수 있다.

2. 시사운드 사용요령

시사운드는 계속 변하고 발전하고 있다. 그러는 도중 새로운 내용이 실리는 한편 과거에 있었던 사용자 나름대로의 어떤 편리한 내용이나 필요한 내용들이 축소되거나 사라지곤 한다. 이를 대비해 필요한 경우 여러 개의 시사운드 버전을 컴퓨터에서 사용해야 할 경우가 있다. 시사운드 버전 4도 여전히 필요할 때가 많다. 버전 4로 만든 악기파일이 버전 5에서 잘 작동하지 않는 경우도 있으며 버전 5에 와서 어떤 옵코드들이 사라진 경우는 버전 5로는 연주가 불가능한 경우도 있다. 이를 대비해 여전히 버전4도 컴퓨터에 남겨 둘 필요가 있다. 또한 버전 4에서 좋았던 소리들이 버전5에서는 뭔가 다르게 소리 나는 경우도 종종 발생한다. 동시에 많은 유용한 버전 4의 orc 및 sco 파일들이 존재하므로 여전히 버전 4도 필요하다. 버전 5에서도 언제 어떻게 시사운드가 변할지 모르므로 필요한 경우 1개 이상의 버전 5 프로그램들을 사용해야 할 때가 있다.

버전 5의 모든 프로그램들은 동일한 중요한 2개의 폴더 또는 디렉터리를 가지고 있다. 그 하나는 bin이며 다른 하나는 plugins 폴더다. 이 두 위치는 항상 윈도우즈의 환경변수에 등록되어 있어야 한다. 먼저 시사운드 실행 파일들이 들어 있는 bin 은 환경변수 패스(path)에 "C:\Program Files\Csound\bin"으로 등록이 되어 있어야 하며 그 다음 시스템 변수 'OPCODEDIR'이 등록되어 있어야 한다. 이 'OPCODEDIR'은 'C:\Program Files\Csound\plugins'라는 시사운드의 추가 모듈들의 위치를 알리는 패스를 값으로 가진다. 이 시스템 변수 'OpcodeDir'(대소문자 구별 없음)이 없으면 시사운드는 결코 실행되지 않는다. 이 둘은 인스톨 때 기본 폴더이름으로 'Csound'를 그대로 사용했고 폴더 위치를 바꾸지 않았다면 문제가 없지만 이름이나 위치를 바꾸었을 때 종종 문제가 발생한다.

만약 시사운드가 제대로 작동치 않는다면 반드시 윈도우즈의 환경변수를 찾아 이들 패스와 변수가 제대로 등록되어 있는지 확인할 필요가 있다. 이 환경 변수에 대해서는 본문에 자세히 실려 있다. 따라서 가급적이면 인스톨할 때 기본 이름 'Csound'와 디렉터리 위치를 바꾸시 말고 그내로 인스톨하는 것이 권장된다. 만약 두 개 이상의 버전 5 프로그램을 인스톨하기 위해 이름이나 위치를 바꾸려 한다면 이어서 언급되는 인스톨 방법을 참고하기 바란다.

만약 파이선을 사용한다면 "C:\Python26"과 같이 각 시사운드 버전에 맞는 파이선 폴더도 패스에 등록되어 있어야 한다. 그래야만 시사운드가 파이선의 위치를 알고 파이선을 부를 수 있다. 동시에 변수 값 "C:\Program Files\Csound\bin"을 가진 시스템 변수 'PythonPath'(대소문자 관계없음)도 등록되어 있어야 한다. 이 'PYTHONPATH' 시스템 변수는 반대로 파이선에서 시사운드를 실행시킬 때 파이선이 시사운드의 위치를 알기위해서 꼭 필요하다. 만약 이 변수에 문제가 있다면 파이선은 시사운드를 찾지 못하고 에러 메시지를 내며 종료한다. 물론 인스톨 때 파이선을 포함하지 않았다면 관계없는 일이다. 그 외 시사운드 프로그램에서 언급하는 모든 변수나 패스들은 있으면 편리할 수도 있고 없어도 별 문제 없다.

시사운드는 컴퓨터에 여러 버전이 동시에 인스톨 될 수 있다. 특히 버전 4는 단지 하나의 파일로 존재하기에 사실상 아무런 환경변수도 필요 없다. 그러나 버전 5에서는 위와 같이 반드시 필요한 패스들이 환경변수에 등록되어 있어야만 하므로 여러 버전을 인스톨 할 때는 항상 기본이름과 위치를 바꾸지 말고 그대로 시사운드를 인스톨한다. 인스톨이 끝난 후에는 폴더 이름을 'C:\Program Files\Csound'에서 'C:\Program Files\Csound508'처럼 또는 각자의 취향에 맞게 수정하고 다시 필요한 버전의 이름이나 위치 변경 없이 그대로 인스톨하고 또 폴더 이름을 수정한다. 이렇게 해서 원하는 버전들을 모두 인스톨한 후에는 시사운드를 사용하면서 특별히 사용할 버전이 있으면 그 버전의 폴더 이름만 'Csound'로 바꾸어서 사용하면 된다. 물론 같은 이름이 두 개가 있을 수는 없기에 현재의 'Csound'로 되어 있는 폴더이름은 당연히 다른 이름으로 바꾸어 주어야 한다. 따라서 'Csound' 뒤에 버전번호를 붙여 구분하는 것이 나중에 쉽게 시사운드 버전을 구분할 수 있으므로 가장 이상적이다.

이렇게 하면 환경변수나 패스 자체를 수정한 후 재부팅하는 것보다 훨씬 편리하게 여러 버전의 시사운드 프로그램을 사용할 수 있다. 파이선도 마찬가지로 여러 개의 버전을 컴퓨터에 인스톨하여 사용할 수 있다. 만약 파이선도 사용된다면 이에 따라 여러 버전의 파이선 프로그램이 필요하므로 이들 모두 'C:\Python24; C:\Python25; C:\Python26'과 같이 시스템 패스에 등록한다. 만약 자동으로 등록되지 않았다면 환경변수를 수정해야 한다. 파이선은 버전마다 개별적으로 사용되므로 위의 시사운드처럼 폴더이름을 같게 할 필요는 없다. 참고로 이들 패스와 변수는 가능하면 각 사용자 환경변수에 등록하는 것보다는 환경 변수 창 아래편의 모두가 공유하는 시스템 변수에 두는 것이 좋다.

위에서 언급된 바와 같이 여러 개의 시사운드 프로그램들을 인스톨 할 수 있으므로 5.08이하의 버전도 사용해보기 바란다. 버전 5.07까지는 CsoundVST를 지원한다. 버전 5.08부터는 큐베이스사와 VST 이름 사용문제 때문에 CsoundVST는 CsoundAC라는 이름으로 바뀌어졌고 대부분의 CsoundVST 내용이 이 CsoundAC로 이전되어 있다. 그리고 Csound버전 5.11에서의 시사운드의 분석에 관한 부분은 QuteCsound의 윈도 메뉴의 '유틸리티' 메뉴에서 찾을 수 있다. 이들 분석 프로그램들도 명령프롬프트에서 시사운드프로그램을 실행하는 것과 같이 개별적으로 필요한 명령플래그들과 함께 실행할 수 있다. 이들 분석 프로그램들은 'C:\Program Files\Csound\bin' 폴더에 들어 있다.

(1) 시사운드 편집기

저자는 몇 년 전 시사운드에서 제공하는 영문 편집기의 불편함이나 문제점을 해결하기 위해 순수한 우리말로 된 편집기 '스마일'을 만들었다. 스마일은 orc, sco, csd 파일을 똑같이 지원한다. orc, sco 파일을 csd파일로 변환하는 루틴도 포함하고 있다. 2006년 시사운드 버전 5에서부터 제공해온 여러 윈도들보다 또 기타 현존하는 영문 편집기 보다 사용상 편리하며 완벽한 한글 지원과 함께 노이즈나 지연되는 문제점이 없기에 권장하는 바다. 물론 무료다. 이에 대한 기능과 사용법은 본문에 실려 있다.

3. 큐트시사운드의 위지트 창

다음의 내용은 최신 버전 5.11에 실린 큐트시사운드에 관한 설명이다. 큐트시사운드 편집기를 살펴보면 비록 모습은 달라졌지만 새로운 기능 한 가지를 제외하고는 이전 버전 시사운드5Gui의 내용과 별 다른 바가 없다(시사운드5Gui는 본문에 설명되어 있다). 따라서 위지트 창에 대해서만 설명된다.

아래의 그림은 큐트시사운드에서 위지트 창만 따로 떼어낸 모습이다. 큐트시사운드 편집기는 현재 한글 및 아시안 글자는 전혀 인식을 못한다. 아마 컴파일시 아스키문자만 읽도록 설정이 된 것 같아 보인다. 다음 버전에서는 고쳐질 것으로 본다. 그러나 위지트 창에서는 다음 그림과 같이 한글을 사용할 수 있다.

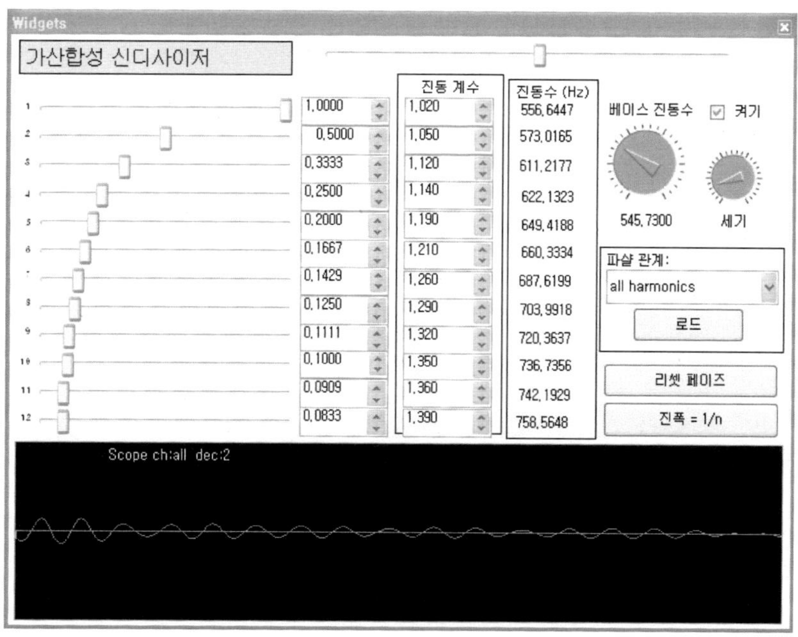

(1) 맥옵션(MacOptions)과 맥GUI(MacGui)

큐트시사운드를 실행하면 이전 편집기에서는 볼 수 없었던 위지트(widgets) 창을 보게 된다. 이 위지트 창은 최근 매킨토시용 맥시사운드(MacCsound)에서 먼저 시도했던 내용들을 편집기 큐트시사운드에서 이를 내장하고 있다. 따라서 큐트시사운드 편집기는 매킨토시 시스템 OSX를 위한 매킨토시용 시사운드(MacCsound)의 맥옵션(MacOptions)과 맥GUI(MacGui) 항목들을 읽어 들이고 이를 수행한다. 이 맥옵션과 맥GUI는 csd 파일의 파일구조에 추가된 비정식 항목들로서 csd 파일의 끝을 알리는 '</CsoundSynthesizer>' 태그 다음에 추가된다. 이 추가 항목들은 아직 표준 시사운드 5.11에서는 지원되지 않는다. 따라서 맥옵션(MacOptions)이나 맥GUI가 추가된 csd 파일을 '명령프롬프트'에서 실행하면 csd 파일의 끝을 알리는 '</CsoundSynthesizer>' 까지만 시사운드가 읽어 들이므로 아무런 에러를 제시하지는 않지만 파일은 제대로 실행되지 않는다. 시사운드 5.11의 지침서 및 모든 시사운드 참고 매뉴얼에서도 이들 맥옵션이나 맥GUI에 관한 내용은 전혀 언급하지 않고 있다. 이에 관한 내용은 따로 사용자가 맥시사운드 매뉴얼을 참조할 수 밖에 없다.

(2) '맥GUI'

먼저 맥GUI는 악기파일에서 사용하는 풀틱 옵코드들에 관한 내용을 사용자에게 보이지 않게 함으로서 코드를 이해하기 쉽게 만든다. 즉 악기의 소리나 시그널과는 아무런 관련이 없는 긴 풀틱 옵코드들에 관한 내용을 화면에서 제외함으로서 실제 시그널의 흐름을 쉽게 파악할 수 있게 한다. 두 번째는 실시간 오디오 스트림 제어를 편리하게 사용할 수 있게 한다. 물론 맥GUI 대신 시사운드에서 풀틱옵코드들을 사용할 수 있지만 이보다 편리하고 신속하다. 그 이유는 다음과 같다. 맥GUI에서 사용하는 매개변수의 항목 수는 필수적인 변수들로만 이루어져 시사운드에서 사용하는 항목 수에 비해 그 수가 적다. 그리고 이들 컨트롤과의 연결은 'invalue'와 'outvalue' 또는 'chnget'과 'chnset' 옵코드를 통해 직접 연결됨으로서 보다 신속하게 값이 전달된다.

한가지 문제는 시사운드에서 사용자가 맥GUI를 포함하고 있는 csd 파일을 실행하면 아무런 에러도 없이 실행되지 않는 상황을 만드는 점이다. 따라서 이들 파일에 대한 어떤 추가적인 표시가 요구된다.

(3) 예제 1

그러면 먼저 큐트시사운드 편집기에서 제공하는 예제들 중 간단한 하나를 보자. 다음의 악기 파일은 버전 5.11의 큐트시사운드에서 제공하는 'Widgets 2'의 내용이다. 이 내용은 큐트시사운드의 메인메뉴 'Examples'의 하위메뉴인 'Tutorials'의 'Widgets 2' 메뉴명령을 클릭하면 로드된다. 이들 지침코드들은 시사운드를 인스톨할 때 만들어지는 예제 파일들이 아니다. 단지 큐트시사운드의 내부에만 존재하므로 클릭해서 화면에 출력한 다음에는 반드시 어떤 이름으로든 csd 파일로 저장한 후에야 실행 가능하다. 따라서 'Save'나 'Save As'를 클릭해서 적당한 이름을 붙인 후 확장자로는 'csd'를 붙이고 컴퓨터에 저장한다. 저장할 때는 버전 5.11은 디렉터리나 파일에 한글이 끼여 있으면 파일을 찾지 못하므로 반드시 루트메뉴 및 모든 하위 디렉터리 이름들에 한글이 없는 위치에 저장해야 한다. 그러면 원래 이름처럼 'Widgets_2.csd'로 저장했다고 가정하고 아래의 'Widgets_2.csd' 파일의 내용을 보자.

```
〈CsoundSynthesizer〉
〈CsOptions〉
〈/CsOptions〉
〈CsInstruments〉

sr = 44100
ksmps = 128 ; 예제의 이 값은 잘못된 값으로 실행시 재조정된다
nchnls = 2
0dbfs = 1

instr 1
    kfreq invalue "freq" ; Quotes are needed here
    asig oscil .1, kfreq, 1
    outs asig, asig
endin
〈/CsInstruments〉

〈CsScore〉
f 1 0 1024 10 1 ;Sine wave for table 1
i 1 0 30 ; Play for 30 seconds
e
〈/CsScore〉
〈/CsoundSynthesizer〉
```

```
<MacOptions>
Version: 3
Render: Real
Ask: Yes
Functions: ioObject
Listing: Window
WindowBounds: 720 275 400 314
CurrentView: io
IOViewEdit: On
Options: -b128 -A -s -m167 -R
</MacOptions>
<MacGUI>
ioView background {1799, 24415, 41634}
ioText {14, 12} {203, 30} label 0.000000 0.00100 "" left "DejaVu Sans" 16 {61696, 61696, 61696}
    {65280, 65280, 65280} nobackground noborder Using Widgets
ioText {12, 44} {367, 78} label 0.000000 0.00100 "" left "DejaVu Sans" 10 {61696, 61696, 61696}
    {65280, 65280, 65280} nobackground noborder You can receive Widget values in the Csound
    orchestra using "channels". You use channel names to identify them, and you must set the
    channel name in the Widget and in the orchestra's invalue opcode.
ioText {10, 259} {367, 45} label 0.000000 0.00100 "" left "DejaVu Sans" 10 {61696, 61696, 61696}
    {65280, 65280, 65280} nobackground border Now run Csound, and notice how the widget is
    controlling the frequency of the oscillator
ioText {11, 154} {367, 99} label 0.000000 0.00100 "" left "DejaVu Sans" 10 {61696, 61696, 61696}
    {65280, 65280, 65280} nobackground border Enter the slider's properties by right-clicking (or
    control-clicking) and selecting "Properties". This will open the Widget Properties dialog, which will
    allow you to set the Widget's channel name. Set the channel name to "freq" (without the quotes).
ioSlider {12, 123} {363, 21} 300.000000 1000.000000 300.000000 freq
ioText {10, 310} {367, 45} label 0.000000 0.00100 "" left "DejaVu Sans" 10 {61696, 61696, 61696}
    {65280, 65280, 65280} nobackground border You can change a slider's range in its preferences
    dialog, if you want a broader or smaller range
</MacGUI>
```

실제 큐트시사운드 편집기의 코드창에는 위의 내용과는 달리 </CsoundSynthesizer>
태그 다음의 내용은 보이지 않는다. 이를 보기 위해서는 따로 메모장이나 워드패
드를 사용해서 파일을 열어야만 볼 수 있다. 만약 수정을 한다면 <MacOption>
의 내용들은 기본값으로 이루어져 있으므로 그대로 두고 그 다음의 <MacGUI>
의 내용들이 실제 풀틱옵코드에 관한 내용을 담고 있어 필요한 대로 수정하면
된다. 수정 후 저장할 때는 반드시 텍스트 파일포맷으로 저장해야 한다.

대개의 경우 위지트 창에서 바로 컨트롤을 만들거나 지우고 또 수정 할 수 있
지만 일부의 사항은 직접 메모장을 이용해야만 수정 가능한 부분이 있다. 예를
들면 다음의 슬라이더를 위한 표와 같이 슬라이더의 기본값은 위지트 창에서 입
력하거나 수정할 수가 없다. 이와 같은 경우는 직접 워드패드 등으로 열어 수정

해야 한다.

현재 위 <MacGUI> 태그 안에는 슬라이더(스크롤바) 한 개가 사용되고 있으며 그 이름은 'freq'로 되어 있다(나머지 컨트롤들은 모두 설명을 담고 있는 텍스트 상자들이다). 이 이름은 사용자가 위의 'invalue' 옵코드에서 이 슬라이더를 부를 때 사용된다. 이름은 무엇이든 사용자가 원하는 대로 정하면 된다. 현재 버전 5.11의 코드편집기는 한글을 전혀 인식하지 않으므로 영문자만 사용한다. 이 슬라이더를 사용할 때의 매개변수(parameter)들의   값은 다음과 같다.

```
컨트롤    {12, 123}              {363, 21}        300.000000  1000.000000  300.000000  freq
ioSlider {슬라이더x위치, y위치} {슬라이더넓이, 높이}     최솟값         최댓값          기본값       채널이름
```

슬라이더의 모양은 슬라이더의 넓이와 높이의 값에 따라 자동으로 수직 또는 수평 슬라이더로 변한다. 따라서 위의 넓이와 높이 값을 바꾸어 놓으면 현재의 수평슬라이더에서 수직 슬라이더로 바뀔 것이다. 슬라이더의 x와 y의 위치는 위지트 창안에서의 값이다. 창의 왼쪽 맨 위 모서리의 x와 y값이 각각 0이며 아래로 그리고 오른쪽으로 갈수록 그 값들은 점점 커진다.

위 'Widgets_2.csd' 예제에서 현재 슬라이더의 값을 받는 'invalue'는 슬라이더의 값을 받은 후 'kfreq'에 넘겨준다. 이 'kfreq' 값은 다시 그 다음의 옵코드 오실의 진동수 항목에 넘겨진다. 연주를 시작한 후 사용자가 마우스로 슬라이더를 움직이면 슬라이더 값은 자신의 이름 'freq'를 가지고 있는 'invalue'로 전달된다.

비록 맥GUI에서도 시사운드의 풀틱(FLTK) 옵코드를 사용하지만 이들 컨트롤을 사용할 때의 매개변수들의 항목수와 값들은 시사운드에서 사용할 때와 다르다. 그러나 컨트롤들의 원리는 이 책 뒤편의 풀틱(FLTK)과 동일하다. 그 외 맥GUI에서 사용하는 모든 컨트롤들의 매개변수들에 관한 용법은 위 슬라이더와 같이 아무런 어려운 것이 없다.

현재 시사운드 매뉴얼이나 지침서등에서는 맥GUI에 관해 전혀 언급하지 않고 있으므로 직접 http://www.csounds.com/matt/MacCsound/ 에 접속해서 'documentation'을 클릭하면 각 컨트롤 별로 어떤 값들을 입력하는 가에 대한 도움말을 얻을 수 있다. 링커가 변경되었을 때는 'http://www.csounds.com'에 접속한 후 'MacCsound'를 찾거나 또는 직접 검색에서 'MacCsound'를 찾으면 된다.

앞으로 어떻게 될지는 모르지만 <MacOption>과 <MacGUI>는 아직 표준 시사운드에서 벗어난 사항들이다. 그러나 편리한 기능을 제공하므로 시사운드에서도 이를 정식으로 도입할 지도 모른다. 그렇게 되면 편집기 큐트시사운드의 도움 없이도 현재의 맥GUI의 내용들을 사용할 수 있게 될 것이다.

(4) 위지트 창의 사용법

새 컨트롤의 입력과 수정은 간단하다. 창의 바탕에 마우스 오른쪽 버튼을 클릭하면 아래 그림과 같이 팝업 메뉴가 나타난다. 이 팝업 메뉴를 통해 원하는 새 컨트롤을 입력할 수 있다. 또 팝업 메뉴에서 속성(Properities)을 선택하면 선택된 컨트롤에 필요한 값을 입력하거나 수정이 가능하다. 그리고 팝업 메뉴에서 위지트 편집 모드('Widget Edit Mode')를 클릭하면 컨트롤을 이동하거나 지울 수 있다. 그 외 대부분의 수정은 바로 수정할 컨트롤 위에서 오른쪽 버튼을 클릭한 후 속성('Properties') 메뉴명령을 선택하면 된다.

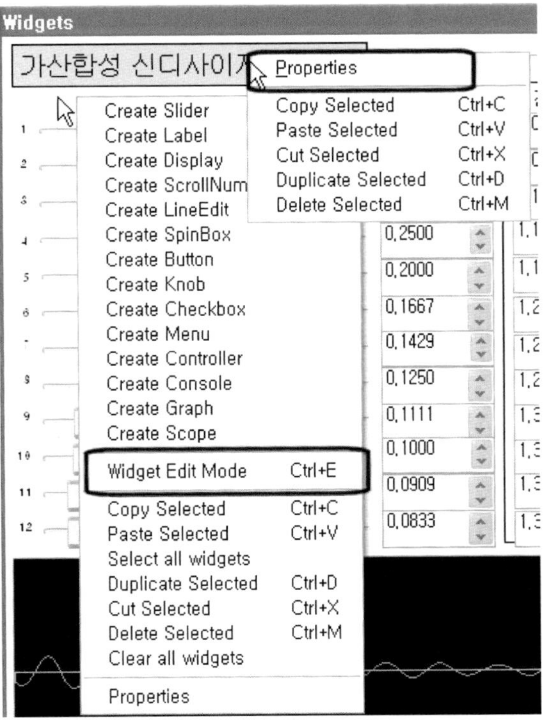

(5) 예제 2: invalue와 outvalue

옵코드 'invalue'에 대해서는 앞서 소개되었고 옵코드 outvalue는 다음 예제를 통해 살펴보자. 다음의 예제는 큐트시사운드의 메인메뉴 'Examples'의 하위메뉴 'Synths'의 'Additive Synth' 메뉴명령을 클릭하면 'Additive Synth' 예제가 로드된다. 이 예제는 길이가 길어 전체코드 제시는 생략하고 필요한 부분만 참조 한다.

연주를 위해서 먼저 'Additive_Synth.csd'로 이름을 정하고 저장한다. 연주를 시작하면 아무런 소리도 나지 않는다. 소리를 내기 위해서는 위지트 창의 오른쪽 위쪽에 'on'이라고 되어 있는 체크버튼을 클릭한다. 체크표시가 나타나게 하면 소리가 난다. 이 체크버튼의 값은 체크가 되면 값이 1이 되고 아니면 0이 된다. 그리고 이 값은 다음의 표와 같이 invalue 옵코드로 전달된다. 값이 0이면 0을 곱한 outs의 값은 0이 되므로 오디오시그널 값은 계속 0만을 출력하므로 아무런 소리를 만들지 못한다. 값이 1일 경우는 원래의 시그널 값에 1이 곱해져 원래 시그널이 그대로 출력된다.

```
kon invalue "on"
klevel invalue "level"
outs asig*kon*klevel, asig*kon*klevel
```

이 예제에서 악기 1(instr 1)은 출력 악기에서 제외되고 있다. 그 이유는 사용자가 직접 한번 수정해서 사용해보라는 뜻이다. 그러면 다음 악기 1의 내용을 보고 수정하자.

옵코드 'cpsmidi'와 'cpsmidib'는 미디입력 메시지 중에서 노트번호값(0-127)을 수신한다. 60이 가온도이다. 'cpsmidib'는 노트번호값과 함께 이전에 피치밴드(피치 휠) 메지시가 있었을 경우 피치밴드 값도 함께 적용하여 이 값에 상응하는 진동수를 출력한다. 한 개로 이루어진 옵션항목에는 피치밴드 범위 설정을 위해 반음의 개수를 입력한다. 현재 값은 '2'로 되어 있으므로 피치밴드 범위를 2개의 반음으로 한정한다는 뜻이다.

미디에서 피치밴드는 -64~0~+63(coarse, 단순: 128단계) 또는 -8192~0~+8191(fine, 정밀: 16384 단계)의 범위를 가진다. 따라서 피치밴드의 최댓값 또는 최솟값이 앞서 있었다고 가정하면 원래 피치보다 2개의 반음 또는 1개의 온음만큼 올라가거나 내려가는 값이 출력될 것이다. 참고로 GM악기에서 기본(default) 피치밴드 설정은 2개의 온음으로 되어 있다. 이에 맞춘다면 옵션 값은 4를 사용해야 된다.

```
instr 1 ; MIDI note
kcps cpsmidib 2
outvalue "freq", kcps   endin
endin
```

연주시작 후 사용자가 미디키보드를 컴퓨터에 연결하고 건반을 누르면 cpsmidib는 그 음표에 상응하는 진동수를-만약 피치밴드 메시지가 있었다면 함께 계산하여-이에 상응하는 진동수를 kcps로 반환한다. 그러나 미디키보드가 없는 경우는 다음과 같이 악기 1의 내용을 조금 바꾼다.

먼저 위지트 창 바탕에 마우스를 놓고 오른쪽 버튼을 클릭해서 슬라이더를 하나 추가한 후 적당한 공간에 옮긴다. 그 다음 이 새 슬라이더의 이름은 위와 같이 'slider'로 했으니 'slider'로 정한다. 이제 새 슬라이더에 필요한 최소/최댓값을 입력한다. 슬라이더가 만들어지면 자동으로 최소/최댓값 그리고 기본 값은 각각 0, 1, 0이 붙여진다. 이 값들은 너무 낮은 진동수이므로 이들 값들을 20, 10000, 440과 같이 바꾼다. 기본 값은 속성 창에서 입력할 수 없으므로 현재 파일을 저장한 후 노트패드 등으로 열어서 입력한다. 이 기본 값은 0으로 두어도 관계없지만 값이 0이므로 연주 시작 후 슬라이더를 가청진동수 이상의 값으로 움직여야만 비로소 피치 변화가 일어날 것이다.

```
instr 1
kfr invalue "slider"
outvalue "freq", kfr
endin
```

이제 연주가 시작되면 새로 만든 'slider'는 위 악기 1번의 invalue로 그 값이 전달되고 옵코드 outvalue는 다시 'freq'라는 채널로 kfr을 전달한다. 이 진동수 시그널 kfr을 수신하는 부분은 다음 표에서와 같이 그 다음에 다시 나타나는 옵코드 invalue가 수신한다. 이처럼 옵코드 outvalue의 사용법도 간단하다. outvalue는 위 예와 같이 출력하려는 악기에 k변수를 전달할 수 있고 또 텍스트도 전달

할 수 있다. 텍스트를 전달하는 경우는 예를 들면 사운드파일이 있는 경로(path)
나 파일이름을 전달할 때 사용할 수 있다.

```
kfreq invalue "freq"
kfreq portk kfreq, 0.02, i(kfreq)
```

그 다음 연주를 담당하는 스코어에 악기 1번을 추가한다. 시작시간은 다른 악
기와 같이 0초로 연주길이도 충분한 시간을 위해 3600초로 같이 설정한다.

```
<CsScore>
f 1 0 4096 10 1
i 1  0 3600              ; 1번 악기 추가
i 50 0 3600
i 99 0 3600
e
</CsScore>
```

이제 연주버튼을 클릭한 후 체크버튼을 체크하면 소리가 나고 새로 만든 슬라
이더를 움직이면 그에 따라 피치가 변한다. 예제의 나머지 부분들도 위의 사항과
별다름 없으므로 이것저것 수정해보면 금방 이해될 것이다.

(6) 사운드파일 출력

큐트시사운드에서 연주된 음악을 사운드파일로 출력하기 위해서는 'Edit' 메뉴
의 'Configuration'을 클릭하여 'Configuration' 윈도를 연다. 이 윈도에서 'Run' 텝
을 클릭해서 텝의 'File type'과 'Sample format'를 찾아 필요한 사운드파일 종류
와 포맷을 선택한다. 그 다음 'Output Filename'에 파일 경로와 파일이름을 입력
하고 'File type'에서 정한 확장자를 입력한다. 그 다음 'OK' 버튼을 눌러 창을
닫고 메인윈도의 메뉴아래의 버튼 중에서 'Render' 버튼을 클릭하면 된다.
'Recorder' 버튼도 같은 기능을 수행하지만 현재 버전에서는 작동하지 않고 있다.

(7) 기타

앞서 옵코드 invalue와 outvalue를 사용했지만 이들 대신 chnget와 chnset를 사용할 수도 있다. invalue와 outvalue는 k변수만 사용할 수 있지만 chnget와 chnset는 i변수도 사용할 수 있어 더 유용하다. 만약 chnget와 chnset을 사용하려한다면 'Edit' 메뉴의 'Configuration'을 클릭해서 'Configuration' 윈도를 연 후 'General' 텝의 'Use chnget/chnset'를 선택한다.

마지막으로 'Configuration' 윈도의 'Environment'에는 시사운드에 알리는 폴더를 설정하는 내용이 있지만 이들 항목들은 비워두어도 별 문제 없다. 이에 대해서는 본문에 자세히 설명되어 있다. 그 아래의 'External programs'에는 외부 프로그램을 설정하는 항목들이다. 이들 항목 중 맨 처음의 'Terminal' 항목에는 반드시 cmd.exe 가 입력돼있어야 하며 그 외에는 모두 없어도 된다. 이 cmd.exe는 노트패드처럼 윈도우즈 자체 프로그램으로서 시사운드가 stdout(표준출력포트)으로 출력하는 내용을 큐트시사운드가 받아서 출력 창에 시사운드의 메시지들을 출력하기위해서 꼭 필요한 프로그램이다.

그 외 다른 항목들에 대한 의문이 있다면 본문의 스마일 버전 5와 시사운드 5Gui 편에서 그리고 마지막 장의 '시사운드의 명령라인과 플래그들'을 참조하기 바란다.

4. 시사운드의 믹서

시사운드 믹서 옵코드들은 본문에 소개된 내용이지만 이에 대한 예제는 빠졌다. 이 믹서에 관한 내용은 꼭 필요한 것 같아 여기서 추가한다. 믹서 기능은 시사운드가 처음 만들어질 때부터 존재했다. 악기파일에서 오디오 시그널을 더하는 과정에서 늘 믹서기능이 존재했다. 그러나 이를 조정하는 옵코드가 없었는데 버전 5에 와서 시그널의 세기를 조정하는 루틴이 만들어졌다.

이 때문에 버전 4까지는 시사운드의 진폭 즉 소리의 세기는 개개의 악기에서 조절하는 수밖에 없었다. 적은 수의 악기를 사용할 때는 큰 문제가 되진 않지만 많은 수의 악기가 동시에 사용될 때는 소리를 들으며 또는 출력윈도의 합산 진폭 값을 보며 각 악기를 오고가며 시그널 세기를 조절하는 작업은 상당히 번거로운 일이었다. 마침내 버전 5에 와서 믹서(mixer) 옵코드가 만들어졌다. 이들은 모두 6개로 이루어진다.

MixerSetLevel － 버스(buss)에 보낼 시그널의 세기 값을 입력.
MixerSetLevel_i － 버스(buss)에 보낼 시그널의 초기 세기 값을 입력.
MixerGetLevel － 버스(buss)에 보낼 시그널의 세기 값을 얻음.
MixerSend － 버스(buss)의 하나의 채널에 오디오시그널을 믹스함
MixerReceive － 버스(buss)의 하나의 채널의 오디오시그널을 얻음.
MixerClear － 버스를 리셋

버스(buss, 다른 소리말로 '부스')는 오디오 시그널이 흐르는 '하나의 큰 통로'로 이해하면 된다. 시사운드의 '믹서'기능을 요약하면 다음과 같다. 시사운드가 실행되면 믹서옵코드는 하나의 큰 통로 즉 버스를 통해 시그널을 전달하고 전달받는다. 보유하고 있는 사운드 카드의 출력 채널수에 따라 또는 출력파일을 위해 사용된 채널수에 따라 여러 개의 채널들이 이 버스를 통해 오고 간다. 최종 목적지는 하나의 악기인 믹서악기에 모여지고 사용자는 이 믹서악기에서 여러 악기에서 보내진 시그널의 크기를 손쉽게 조정할 수 있다.

이렇게 함으로서 스크롤바를 움직여 각 악기를 찾아다니며 시그널의 세기를 조정하는 불편함을 해소할 수 있게 되었다. 이 이치는 실제 하드웨어 믹서나 소프트웨어 믹서의 기능과 동일하다. 다만 텍스트로 되어 있다는 점만이 다를 뿐이다. 위 6개 옵코드의 짧은 설명으로는 잘 이해되지 않을 것이다. 실제 시사운드 매뉴얼에 실린 옵코드들의 설명과 예제를 보면 더 이해하기 어렵다. 그래서 아래와 같이 간단한 예제를 만들어 실었다.

```
nchnls    =        2

         instr  1
kenv    linseg    0,  p3*.1,   1,    p3*.9,   0
asig    oscil     p4*kenv,       cpspch(p5),   1
MixerSend      asig,  1,  3,  0   ;보내는악기1번, 받는악기3번, 채널0(왼쪽채널)
MixerSend      asig,  1,  3,  1   ;보내는악기1번, 받는악기3번, 채널1(오른쪽채널)
         endin

         instr  2
kenv    linseg    0,  p3*.1,   1,    p3*.9,   0
asig    oscil     p4*kenv,       cpspch(p5),   1
MixerSend      asig,  2,  3,  0   ;보내는악기2번, 받는악기3번, 채널0(왼쪽채널)
MixerSend      asig,  2,  3,  1   ;보내는악기2번, 받는악기3번, 채널1(오른쪽채널)
         endin

         instr  3
MixerSetLevel     1,  3,  1      ;보내는악기1번, 받는악기3번, 세기
MixerSetLevel     2,  3,  .15    ;보내는악기2번, 받는악기3번, 세기
asig1     MixerReceive  3,  0    ;받는악기3번, 채널0(왼쪽채널)
asig2     MixerReceive  3,  1    ;받는악기3번, 채널1(오른쪽채널)
outs    asig1,    asig2
MixerClear
         endin
;________________________________________________________
f1    0    8192    10    1       ;함수 테이블 1 번과 젠 10
i1    0    1    15000    8       ;악기 1번
i2    0    1    15000    8.07    ;악기 2번
i3    0    1                     ;악기 3번 ──── 믹서
e
```

위 예제에서 악기 1번과 2번은 소리를 내는 악기이며 악기 3번은 '믹서'로서 이들 소리를 믹스해서 출력한다. 현재 1번과 2번 악기의 시그널은 MixerSend를 통해 믹서악기 3번으로 전달된다. 믹서악기 3번은 옵코드 MixerSetLevel을 통해 각 악기에서 보낸 오디오시그널의 세기를 조정한다. 세기 옵션항목에 값 1을 두면 원래의 오디오시그널의 값이 되고 반으로 줄일 때는 0.5를 2배로 크게 할 때는 2를 입력한다. 이 MixerSetLevel은 각 악기에 둘 수도 있지만 그렇게 할 경우는 또 다시 각 악기의 세기를 조정하기 위해 각 악기를 왔다 갔다 해야 할 것이다. 그다음 MixerReceive를 통해 각 악기로부터 오디오시그널을 받은 후 마침내 outs를 통해 각 채널로 출력된다.

다 사용한 후에는 반드시 옵코드 MixerClear를 사용해서 남아 있는 데이터

를 제거해야 한다. 만약 하지 않는다면 믹서옵코드들은 전역 배열 변수이므로 시사운드가 종료될 때까지 이어지는 시그널과 계속 가중 합산되어 소리 세기는 점점 커지며 이는 원치 않는 시그널이 될 것이다.

옵코드 MixerGetLevel은 오디오시그널을 갖는 것이 아니라 어떤 악기로부터 세기 값을 얻을 때 사용한다. 이렇게 얻은 세기 값을 다른 악기에 전달하거나 또는 다른 악기의 세기와 비교하는 루틴을 통해 값을 재조정 하기위해 사용될 수 있다.

마지막 옵코드 MixerSetLevel_i는 단 한 번의 세기 값을 입력할 때 사용한다. 즉 악기의 일부나 전체가 한 번의 세기 값으로 일관되는 경우에 사용한다. 끝에 붙은 '_i'가 의미하듯 i-time으로서 한번만 실행된다. 따라서 이 옵코드는 주로 각 악기의 초기 세기 값을 정하기 위해 사용되므로 악기파일의 맨 위에 둠으로서 각 악기의 소리크기를 위해 늘 이들 값만 수정하면 되므로 편리할 것이다. 즉 전역변수인 sr, kr, ksmps, nchnls 다음에 둔다. 이로서 음악에 따라 한번 정해진 악기의 소리세기가 전혀 변하지 않는 경우에 이 값은 연주가 끝날 때까지 그대로 믹서악기에 적용된다. 이와 같은 경우는 믹서악기에서 MixerSetLevel을 적용할 필요가 없다.

5. 시사운드 소스코드

다음의 내용은 2007년 한국디지털아트미디어학회의 추계학술대회에서 '시사운드와 스마일 프로그램'이라는 제목으로 발표된 저자의 논문의 일부분이다. 학회의 명칭은 2009년에 와서 '한국공학예술학회'로 이름이 바뀌었다(사운드 분야(컴퓨터 음악 및 음향, 입체음향, 멀티미디어음악), 방송 및 영상분야(영상제작기술, 영상신호처리, 애니메이션, 디지털방송), 정보응용기술분야(인터넷통신, 웹 응용기술), 그리고 미디어기반기술분야(디지털컨텐츠) 등에 관한 연구 내용이 있으면 누구나 발표 가능).

이 내용을 첨부한 이유는 앞으로 시사운드 기능과 소스코드를 바탕으로 우리말로 된 많은 디지털 소프트웨어가 개발되었으면 하는 바람 때문이다. 음악인으로서 볼 때 현재 우리말로 된 음악 프로그램은 전무하다. 미디프로그램이나 오디오프로그램, 또 악보사보 프로그램들 그리고 이들과 관련된 소프트웨어들은 모두 영문판을 그대로 수입해서 사용하고 있는 실정이다. 또한 많은 음향 분석 기기들 및 소프트웨어들 또한 같은 실정에 있다.

현재 시사운드의 소스코드는 'http://csound.sourcearchive.com/'에서 찾을 수 있다. 이들 소스코드들은 PC나 맥에서 바로 컴파일 되지 않는다. 예를 들어 비쥬얼 C++나 볼랜드 C++ 등에서 또는 .net에서 컴파일 하려면 필요한 헤드파일들을 만들고 기타 사항들을 채워야 할 것으로 보이며 이는 쉽지 않아 보인다. 이들 소스코드는 상업적 OS에 대한 내용은 일절포함하지 않으며 지원도 하지 않기 때문이다. 따라서 위의 컴파일러와의 인터페이스를 구현하는 방법은 완전히 스스로 찾고 만들 수밖에 없다. 만약 어떤 목적을 위해 이를 토대로 디지털 관련 소프트웨어를 개발한다고 하면 이는 혼자서 할 일이 아니며 팀이 있어야 할 것으로 보인다. 현재 CsoundAPI.dll을 그대로 불러 시사운드의 기능을 이용할 수는 있지만 이는 큰 의미가 없다. 필요한 것은 원천 기술이기 때문이다. 이를 위해 소스코드의 일부나 또는 전체를 연구하기위해 디버그해보면 알겠지만 아주 복잡하다.

(다행히도 저자에게 비주얼 C++ 버전 6에서 완벽하게 작동하는 버전 4 소스코드가 있다. net에서 열어보지는 않았지만 문제없이 바로 .net으로 전환될 것이다. 버전 4의 소스코드의 크기가 작다하지만 여전히 코드의 내용은 복잡하며 더구나 이미 너무 커져버린 버전 5를 분해 연구하는 것에 비하면 아주 능률적이다. 그 다음 이를 토대로 버전 5의 내용 중 필요한 부분을 가져와 보태고 참조하면 많은 시간이 절약되리라 생각한다. 개발에 관심 있는 사람은 cjm3678@nate.com 로 요청하면 된다)

다음은 논문의 일부분이므로 번호가 (2)번부터 시작된다.

(2) 내부적인 과정

간단한 악기파일을 토대로 시사운드 프로그램의 내부에서 일어나는 디지털 사운드 산출 과정을 살펴보자. 아래의 악기는 가장 빈번히 사용되는 옵코드 오실 (oscil)과 사인 파형을 생성하는 젠 루틴 10번을 이용해서 디지털 시그널을 출력하는 내용이다.

<사인파형으로 된 오디오 시그널 출력 악기>

```
;──────────────────────────오케스트라
sr    =    44100   ;초당 샘플비율
kr    =    441      ;초당 반복회수
ksmps    =    100      ;kr 주기 즉 매 반복시 100개의 샘플 생성
nchnls    =    1        ;사용할 채널 수

    instr 1
a1      oscil  p4,    p5,    1
out  a1
    endin

;──────────────────────────스코어
f1   0    4096    10      1     ;젠 루틴 10번 – 사인파형
i1   0    1       10000    440   ;음표
```

위 표와 같이 파일을 만든 후 시사운드를 실행하면 시사운드는 제일 먼저 파일을 체크한다. 혹시 잘못된 내용이 없는지 조사를 한 후 어떤 문제가 있다면 에러 메시지를 출력하고 종료한다.

<시사운드의 메인 프로시저>

```
int main(int argc, char **argv) //명령라인 사항들
{
    //외부 연결 함수 시사운드 메인
    extern int csoundMain(void*, int, char**);
    O = O_;
    cglob = cglob_;
    atexit(remove_tmpfiles);              //문제가 있다면 종료
    return csoundMain(NULL, argc, argv); //아니면 시사운드 시작
}
```

아무런 문제가 없다면 시사운드는 먼저 소리에서 사용할 파형이나 기타 데이터를 위해 테이블을 읽기 시작한다. 다음의 표는 사인곡선을 산출하는 젠 10번의 소스코드다.

<젠 루틴 10번 소스코드>

```
static void gen10(void)
{
    long     phs, hcnt;
    MYFLT    amp, *fp, *finp;

    if (hcnt = nargs) <= 0)        //해당사항 체크
      return;
    finp = &ftp->ftable[flen];   //테이블 길이
    do {
      if (amp = e->p[hcnt+4]) != 0)   //진폭값이 0이 아닐 동안
      for (phs=0, fp=ftp->ftable; fp<=finp; fp++) {
        *fp += (MYFLT)sin(phs*tpdlen) * amp;//사인포인터 축적
        phs += hcnt;                  //페이즈 위치
        phs %= flen;                  //테이블의 현재 위치
      }
    }
    while (--hcnt);
}
```

그 다음 시사운드는 읽은 테이블 데이터를 바탕으로 옵코드 오실(oscil)에서 디지털 시그널을 생성한다. 시사운드의 오실 옵코드는 10가지 이상의 함수들로 세분화되어 있다. 빈번히 사용되는 옵코드이기 때문에 속도 증가를 위해 모든 경우에 맞추어서 분류하고 있기 때문이다. 아래 표는 파일에서 진폭과 진동수에 모두 단일 값이 사용되었기 때문에 'osckk' 함수가 사용되고 있다.

<옵코드 오실(oscil)의 소스코드>

```
    //두개의 단일값일때 사용되는 오실함수 osckk
void osckk(OSC *p)
{
    FUNC     *ftp;
    MYFLT    amp, *ar, *ftbl;
    long     phs, inc, lobits;
    int      nsmps = ksmps;

    ftp = p->ftp;             //테이블 길이
    if (ftp==NULL) {          //테이블 길이가 널이면 종료
      perferror(Str(X_1106,"oscil: not initialised"));
      return;
    }
    ftbl = ftp->ftable;       //테이블 시작위치 반환
    phs = p->lphs;            //페이즈 값 반환
    inc = (long) (*p->xcps * sicvt);  //진동수
    lobits = ftp->lobits;
```

```
amp = *p—)xamp;          //최대 진폭값
ar = p—)sr;              //오디오 샘플값
do {            //k주기(ksmps)마다 한번씩

        //오디오시그널 생성(테이블값*진폭값)
  *ar++ = *(ftbl + (phs )) lobits)) * amp;
  phs += inc;
  phs &= PHMASK;
}
while (—nsmps);
p—)lphs = phs;
}
```

(3) DAC

시디음질에서는 1초의 소리를 위해 44100개의 샘플들을 만든다. 실시간 출력을 위해 이 샘플들은 44100분의 1초(약 0.00002초)와 같은 아주 짧은 시간에 정확히 맞추어 출력되어야 한다. 이는 시사운드에서 하지 않는다. 출력에 관한 모든 것은 OS와 DAC칩에서 알아서 처리하기 때문에 시사운드에서는 그냥 데이터를 내보낸다. 다음의 표는 매 컨트롤 주기 마다 생성된 디지털 오디오 데이터를 컴퓨터의 사운드 출력 장치로 출력하는 소스 코드부분이다.

<출력 장치로 오디오 시그널 출력(소스 코드)>

```
void rtplay_(char *outbuf, int nbytes)
.

.
  //컨트롤 주기마다 샘플들을 DAC으로
  res=waveOutWrite(outdev, &wavhdr[(nrecs+NUMBUF)%NUMBUF], sizeof(WAVEHDR));
```

01
시사운드의 발자취

1957년 맥스 매튜스의 'MUSIC 1'로 시작된 디지털 오디오 프로그래밍 소프트웨어 또는 디지털 사운드 컴파일러가 현재의 '시사운드'(CSOUND)에 이르기까지는 50여년이 걸렸다. 이와같이 긴세월동안 축적된 시사운드 프로그램의 강력한 기능들은 지난 수십 년 동안의 당대의 뛰어난 전자공학자들, 수학자들, 프로그레머들 그리고 음악가들의 연구결과들이 모여 이루어졌다는 점을 생각해 본다면 시사운드의 가치는 이루 말할 수 없다. 또한 이렇게 당대의 연구가 집적된 시사운드의 소스코드는 늘 사회에 개방되어 왔기 때문에 상당히 최근까지 실제로 시사운드의 영향을 받지 않은 디지털 기기나 소프트웨어는 없다고 할 수 있다.

시사운드의 기원은 맥스 매튜스가 벨연구소(Bell laboratories)에서 'MUSIC 1'이라는 이름하에 소리를 디지털화하는 연구로 시작된다. 이때 사용된 언어는 '어셈블리 언어'2)(assembly language or symbolic language)였다. 사용된 컴퓨터는 큰 진공관(vacuum tube)들을 사용했던 제1세대에 속하는 IBM 704이었다. 개발된 프로그램 'MUSIC 1'은 삼각파를 사용하여 단선율을 산출할 수 있었다. 이 프로그램으로 만들어진 첫 번째 작품으로는 뉴만 구트맨(Newman Guttman)의 "In a Silver Scale"로 알려져 있다.

〈그림 5〉 진공관을 사용했던 1세대의 에니악(ENIAC) 컴퓨터 1946년

---

2) 컴퓨터 프로그래밍에서 사용된 최초의 기계어(machine code) 다음의 가장 낮은 단계의 언어.

〈그림 6〉 IBM 704 컴퓨터 1954년

1958년의 'MUSIC 2'는 4성부를 동시에 소리 낼 수 있었으며 16개의 웨이브형을 사용할 수 있었다. 이어 1960년의 'MUSIC 3'과 제2세대의 트랜지스터를 사용하는 IBM 7094 컴퓨터를 사용했던 1962년의 'MUSIC 4'가 개발된다. 이후 각 컴퓨터 제조회사마다 서로 달랐던 기계적인 어셈블리 언어를 벗어나 좀 더 인간 친화적이며 표준화된 프로그래밍 언어 '포트란'(Fortran) 언어가 나오면서 'MUSIC 4' 이후부터는 이에 대한 후속적인 각 대학의 연구들이 서로 쉽게 이식될 수 있도록 '포트란 IV'를 선택하게 된다. 이로써 'MUSIC 4'를 바탕으로 여러 대학에서의 연구들이 동시에 진행될 수 있었고 또한 맥스 매튜스의 1968년 IBM 360 컴퓨터를 위한 'MUSIC 5'도 포트란으로 짜이게 된다.

〈그림 7〉 IBM 7094 컴퓨터 1962년

〈표 1〉 포트란 언어에서의 함수와 그 사용례

```
VALUE = SQUARE(7.0)

FUNCTION   SQUARE(x)
SQUARE = x*x
RETURN
```

위의 예 1은 포트란에서 함수[3](function)를 사용하는 하나의 예를 보이고 있다. 이 예의 첫 번째 행은 'SQUARE'(스퀘어, 제곱) 함수에 인수(argument) 값 7을 보내어 그 결과를 변수(variable) 'VALUE'로 전달하는 내용이다. 그 다음 행의 함수 스퀘어는 매개변수[4](parameter) x에 인수 값 7을 건네받은 다음 x에 x제곱을 한 후 그 결과를 처음 함수를 부른 곳으로 보내는 내용이다.

다음의 예는 초기의 기계어와 이보다 조금 발전된 어셈블리어의 예들이다. 기계어는 '0'과 '1'의 심벌들로 이루어진다. <표 2>, <표 3>, <표 4> 코드의 의미는 A의 값을 가지고, B를 더하고, 그 결과를 C에 저장한 후 마지막으로 C의 값을 프린트한 후 정지하는 내용이다. 초기의 A 방법은 <표 2>와 같이 머릿속에서 인간이 이해할 수 있는 숫자나 문자로 재해석을 해야 하는 어렵고 이해하기 힘든 코드이며 <표 3>은 조금 향상된 방법이라 할 수 있지만 여전히 프로그

---

3) 프로그래밍에서 '함수'(function)란 대부분의 컴퓨터 언어에서 사용되는 서브루틴(subroutine, 하나의 독립된 명령군)을 말한다. 수학에서의 함수와 그 원리가 같다.

4) '매개'란 양쪽의 관계를 이어 주는 것을 말하며 매개변수(parameter)는 함수를 부르는 쪽과 함수 사이를 이어 주는 공통의 값을 가지는 변수를 말한다.

래밍하기 힘들며 이해하기 어렵다. <표 4>는 초기의 어셈블리 언어로 짜인 코드로서 훨씬 이해가 쉬워졌다.

〈표 2〉 기계어(machine code)

```
00100000000000011001 11001
00110000000001 0000100001
01100000000000111 00101110
101000111111101 1100101110
000000000000000000000000
```

〈표 3〉 향상된 기계어

```
10001471
14002041
30003456
50773456
00000000
```

〈표 4〉 초기 어셈블러(assembler)의 예

```
CLA  A
ADD  B
STA  C
TO   C
HLT
```

곧 'MUSIC 5' 외에도 'MUSIC 4/5'를 토대로 여러 다른 컴퓨터음악 프로그래밍 언어들이 생겨나게 된다. 해가 거듭되면서 과거보다 더 편리한 프로그래밍 언어들이 개발되면서 이에 따라 다양한 컴퓨터음악 프로그램들이 나타나게 되었다. 1966년 스탠퍼드대에서 초우닝(Chowning)의 'MUS10', 1980년 USCD대에서 무어(Moore)의 'CMusic', 1982년과 1984년에 프린스턴대에서 'MIX'와 'Cmix', 1991년에는 'LISP'[5]를 토대로 'Common Lisp Music' 등이 등장한다.

---

5) 'LISP'(LISt Processing, LIS＋P) 언어는 1958년에 공식화된 현존하는 가장 오래된 높은 단계(high －level, 하이 레벨)의 언어다. 프로그래밍 언어에서 '높은 단계'란 수준이 높다는 뜻이 아니라 컴퓨터가 이해할 수 있는 가장 낮은 단계인 '기계어'와 멀리 떨어진 추상적인 프로그래밍 언어로서 사람이 보다 쉽게 이해할 수 있도록 만들어진 언어리는 뜻이다. 일반적으로 낮은 단계(low－level)의 프로그래밍 언어들은 이해하기 힘들지만 그 속도는 빠르며 높은 단계의 언어들은 이해하기는 쉽지만 기계어로 변환하는 한 차례의 과정을 거쳐야 되므로 약간 속도가 느린 점이 있다. 그러나 최근 컴퓨터의 속도가 계속 빨라지고 있어 높은 단계의 언어들(VB, C#, JAVA, Perl, Python, 등등)이 인터넷의 급속한 확산과 함께 갈수록 인기를 얻고 있다.

<표 5> 디지털 오디오 프로그램 'MUSIC'의 시대적 발전 과정

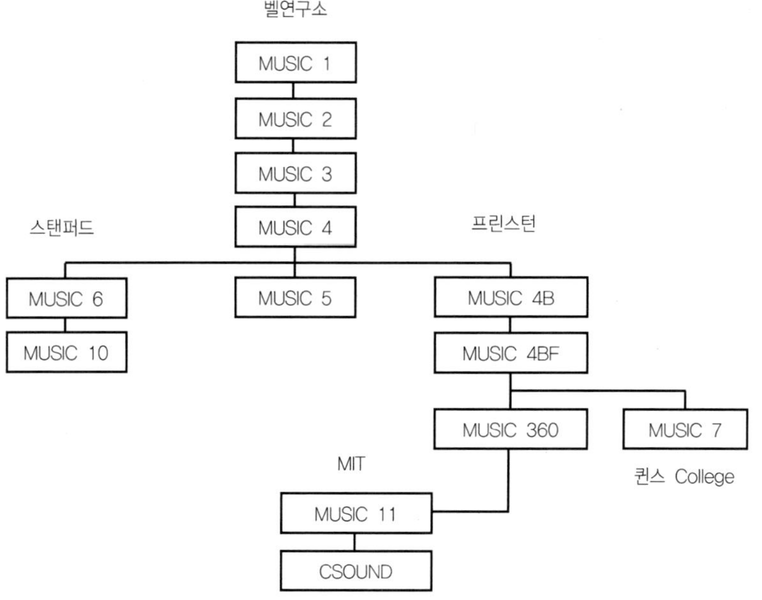

프린스턴대에 있을 당시 버코는 여전히 어셈블리어를 사용해 1968년 'MUSIC 4'와 'MUSIC 5'를 토대로 1969년에 'Music 360'을 만든다. 70년대 초반에 그는 MIT로 옮긴 후 1973년 역시 어셈블리어를 사용해 'MUSIC 11'을 만들고 1986년 마침내 'MUSIC 11'을 C언어로 이식한 '시사운드'(CSOUND)를 선보이게 된다. 처음의 MUSIC 11은 PDP-11이라 불리는 어셈블러로 쓰였으며 곧 유닉스 (UNIX) C로 전환되었다.

다음의 예 5와 6은 그의 'MUSIC 11'의 오케스트라와 스코어파일의 일부분이다. 이들의 구조는 현재 시사운드의 그것들과 유사하다. 특히 스코어파일의 구조는 거의 흡사하다. 스코어에서의 항목(p-Field)들은 왼쪽에서 시작하여 순서대로 악기 번호, 시작 시간, 소리 길이, 진동수(피치) 그리고 진폭(소리 크기)으로 되어 있다.

<표 6> 어셈블리어로 된 'MUSIC 11'의 오케스트라파일의 악기 1번의 내용

```
i  1  0  5;
p3  move  5  .75  .05;
p4  move  3  250  1000/2  1000  100;
p5  movex  3  1000  20000/2  1000;
end;
```

<표 7> 'MUSIC 11'의 스코어파일 모습

```
i1  0  1   55   20000
i1  1  1   110  20000
i1  2  1   220  20000
i1  3  1   440  20000
i1  4  1   880  20000
```

<표 8> 'MUSIC 4BF'의 스코어파일 모습

```
I 1  0  1   55   20000
I 1  1  1   110  20000
I 1  2  1   220  20000
I 1  3  1   440  20000
I 1  4  1   880  20000
```

<표 9> 'MUSIC 5'의 오케스트라와 스코어파일 모습

```
INS 0  1 ;
OSC P5 P6 B2 F1 P30 ;
OSC B2 P7 B2 F2 P29 ;
OUT B2 B1 ;
END ;

GEN 0 1 1 0 0 .99 20 .99 491 0 511 ;
GEN 0 1 2 0 0 .99 205  -.99 306  -.99 461 0 511 ;
NOT 0 1 2 1000 0.0128 6.70 ;
NOT 2 1 1 1000 0.0256 8.44 ;
TER 3 ;
```

다음의 악보는 안톤 베베른(Anton Webern)의 'FUNF SATZE' 현악 4중주, Op. 5, 제4악장의 첫 페이지이며 이어지는 표는 첫 번째 마디에서 여섯 번째까지의 마디의 내용을 담고 있는 1966년에 개발된 'Music4BF' 프로그램에서 사용한 스코어 내용이다.

〈그림 8〉 안톤 베베른(Anton Webern)의 'FUNF SATZE' 현악 4중주, Op. 5, 제4악장

〈표 10〉 안톤 베베른의 'FUNF SATZE' 현악 4중주, Op. 5, 제4악장의 첫 6마디들을 위한
MUSIC4BF 스코어

C WEBERN, FUNF SATZE IV, MM. 1 − 6					
T 0	60	27	58	36	52
B 1					
C FIRST VIOLIN, TREMOLOS					
I 2	2	2	10.04	10.00	
I	6		10.06	9.11	
C SECOND VIOLIN, TREMOLOS					
I		2	9.05	8.11	
I		6		9.00	

```
C FIRST VIOLIN, SINGLE TONES
i 1     11      1       10.00   2       0       1       0       1       0       1
i                       10.04
i       13              10.06   3       -.33    1               0       1
i       14              9.11    2.67    2
i       15              9.05    2.34    -.34    3
i       16      3       9.00    2       0       0
i       23      1       8.00    2       .5      1
i       24              8.05    2.5     2
i       25              8.01    3       -.5
i       26              8.00    2.5     3
i       27      2       8.02    2       1
i       29              8.01    1.5     3
C SECOND VIOLIN, SINGLE TONES
i       11      1       9.05    2       0       0       1       0
i                       8.11
i       18              9.11    3       -.25    1               0
i       19              9.04    2.75    2
i       20              8.10    2.5
i       21              8.05    2.25    3
i       32.5    .5      8.00    2       0       1
i       33              8.04
i       33.5            8.06
i       34              8.11
i       34.5            9.01            -.33
i       35              9.07    1.67
i       35.5            9.10    1.34    -.34    3
C VIOLA
i       9       1       8.04    2       0       1       2
i       10      2       8.06    1       2       3
i       15              8.04    1       1
i       17              8.06    3       -1      3
i       23      3       7.06    2       1       1       1
i       26      2       7.07    3       0       2
i       28      3       7.06    -1      3
C CELLO
i       4       2       7.03    2       0       0       0       3
i       8       4
i       17      2       8.01    2       -1      1
i       18      1       7.07    1       0       3
i       21      1       7.06    3       -.33    1               1
i       22              6.11    2.67    2
i       23              6.05    2.34    -.34    3
i       24              6.00    2       .33     1
i       25              6.05    2.33    .34     2
i       26      2       6.01    2.67    2
i       28              6.00    -.67    1       3
i       30              6.02    2       -.5     1
i       32              6.01    1.5     3
S
```

  'MUSIC 4'를 토대로 시작된 각 다른 버전들의 변형은 서로 상당히 유사한 형
태로 나타난다. 이 당시 데이터 저장은 녹음테이프에 할 수 있었으나 초기의 입
력은 사람이 직접 녹음테이프에 데이터를 쓰는 것이 불가능했으므로 천공카드에
의존했다. 따라서 악기파일과 스코어파일을 컴퓨터에 입력하는 방법은 구멍 뚫린
종이 카드(punched card)를 사용하는 것이었다. 이 때문에 악기와 스코어에 사용
된 각 명령문들(statements)은 개개의 '카드'를 지칭했다.

  스코어 카드들을 세분화하면 음표를 담는 '음표 카드'(note card)들, 파형 데이
터나 기타 데이터를 부르는 '함수 카드'(function card, GEN subroutines)들, 각 섹
션의 시작과 끝을 알리는 'S와 E 카드'(S and E card)들, 템포 카드(tempo card)들,
P－필드(field)의 값들을 주어진 최댓값으로 재조정(rescale)을 지시하는 'R 카드',
그리고 다음에 나타날 코드들을 설명하는 설명문(Comment card) 카드 등으로 나
누어졌다.

  'MUSIC 4BF'와 'MUSIC 5' 때 무렵에는 20번까지의 젠(GEN) 루틴들이 만들
어졌으며 이때 만들어진 젠(GEN) 루틴들은 현재의 GEN 루틴들과 많은 부분에
서 유사하다. 예를 들면 GEN09, GEN10은 지금처럼 사인파형에 관한 내용을 담
고 있으며 그 당시 외부의 사운드파일을 부르는 GEN02는 현재는 GEN01로 대
체되었다. 이 당시에 GEN10에서 사용할 수 있었던 배음들의 한계는 477번째까
지 가능했으며 현재는 1,000번째이상까지 가능하다.

  버코가 1986년경 'MUSIC 11'을 C언어로 변환한 시사운드를 처음부터 개인용
컴퓨터에서 사용할 수 있었던 것은 아니었다. 1986년이라면 한국에서 88올림픽
이 개최되기 바로 2년 전이다. PC용 버전으로서는 1991년에 처음으로 존 피치[6]
(John Ffitch)에 의해 도스 버전이 소개되었고 1992년에는 윈도우즈 3.1이 나오면
서 16비트용 윈도우즈 3.1 버전이 나왔으며 매킨토시용으로는 THINK C 5.0과
맥 클래식이 나올 무렵 맥용 시사운드가 개발되었다. 시사운드가 이처럼 모든 플
랫폼으로 이식될 수 있었던 것은 바로 표준화된 C언어를 대부분의 컴퓨터들이
받아들이고 있었기 때문이었다.

  1992년 버전에서 비로소 미디 변환기(MIDI converter)와 제어 장치(control
unit)들을 담았으며 미디파일을 스코어파일 대신 사용할 수 있게 되었고 동시에

---

6) 원 시사운드 개발자 버코의 뒤를 이어 2003년부터 현재의 시사운드 개발의 리더를 맡고 있다.

컴퓨터에 연결된 미디 키보드를 사용해서 미디 시그널을 보낼 수 있게 되었다. 1994년에는 사운드 분석 프로그램인 엘피시(LPC)와 피복(PVOC)이 추가되었다.

1995년에는 미디 기능이 더욱 확장되었고 버터워스(butterworth) 필터들, 그래뉼러(granular) 합성 그리고 개선된 배음성분에 기초한 피치 추적(spectral – based pitch tracker) 등이 포함되었으며 특히 중요한 점은 실행 시간에 이벤트를 산출하는 도구들(Cscore와 MIDI)이 추가되면서 실시간 합성방법이 점차 강화되고 있다는 점을 시사했다.

시사운드의 리눅스(Linux) 버전은 가장 뒤늦게 만들어졌다. 1996년에 데이빗 필립스(David Phillips)가 처음으로 유닉스(UNIX) 패키지를 리눅스 버전으로 변환했다. 그는 먼저 전체 소스코드 트리(tree)를 위해 실제 작동하는 메이커파일[7](Makefile)들을 완성하였고 이에 그래픽 화면을 구성하는 엑스 디스플레이(X display)들과 실시간 오디오 출력을 추가함으로써 마침내 리눅스용 시사운드가 완성되었다.

최근의 시사운드는 원개발자 버코보다는 오히려 전 세계로부터 자발적으로 참여한 개발자들이 모여 전보다 더 많은 새로운 얼굴들에 의해 지속적으로 연구 개발되고 있는 중이다. 현재 시사운드는 2006년 12월에 의해 버전 5로 업그레이드되면서 버전 4까지 약 450여 개 정도였던 옵코드 수가 버전 5.10에 이르러 1380여 개로 약 3배가 늘어났으며 사용자 인터페이스 부분에도 많은 변화가 가해졌다. 그리고 다른 프로그램에서도 손쉽게 시사운드의 기능을 불러 쓸 수 있는 플러그인 기능이 추가되었다는 점이 돋보인다.

---

7) 이 파일에는 컴파일 환경에 대한 모든 규칙들이 기록되며 컴파일러(기계어로 변환하는 프로그램)는 이 규칙들을 참조하여 소스코드들을 컴파일하기 때문에 없어서는 안 되는 아주 중요한 파일이다.

02 시사운드의 활용 범위

시사운드에는 여러 가지 기능이 있지만 특히 스코어 기능, 즉 시퀀서 기능이 있어 악기를 제작한 후 이 제작된 악기로 모든 종류의 음악을 만들고 연주할 수 있는 악보 기능이 돋보인다. 아마 이 점은 현재의 어떤 오디오 소프트웨어에서도 지원하지 않는 강력한 기능이라 할 수 있다. 이 악보를 만드는 빙법도 조금 숙달되면 보통의 미디 시퀀서에서 음표를 입력하는 속도만큼 상당히 빨리 입력할 수 있다. 또한 시사운드 자체에서 지원하는 악보 외에 미디파일을 대신 사용할 수도 있다.

가. 사운드 합성(Sound Synthesis)

여기서 '합성'이라는 의미는 단지 소리를 섞는다는 뜻 외에 소리를 산출하는 방법은 물론 어떤 하나의 결과를 위한 통합된 방법이나 그 과정들을 모두 포함하고 있다. 간단히 말하면 원하는 소리나 악기를 만들기 위해 사용할 수 있는 가능한 온갖 다양한 방법들을 말한다.

사용자는 시사운드를 이용하여 무한대의 온갖 소리를 디자인할 수 있으며 원하는 소리나 악기들을 편리하게 재빨리 만들 수 있도록 수많은 옵코드(opcode, 일련의 지시 사항 또는 함수)들을 제공하고 있다. 또한 사용자 자신 스스로 특별한 연산을 할 수 있도록 수학적인 옵코드들도 제공되며 기타 여러 가지 조건들을 선택적으로 사용할 수 있는 *if* 문이나 *goto* 문도 사용할 수 있다.

나. 시그널 프로세싱(Digital Signal Processing, DSP)

소리를 만들고 변조하는 오디오 기술에는 여러 가지 용어가 사용되어 혼란스

러울 수도 있다. 여기서 '시그널'이란 전달되고 있는 어떤 소리의 디지털 데이터 또는 아날로그에서는 진행되고 있는 전압의 변화를 의미하며 '프로세싱'이란 이들 데이터나 전압의 변화를 다루는 공정이나 처리과정을 의미한다. 디지털 시그널 프로세싱은 지금 현재 들어오는 디지털 데이터를 어떻게 처리할 것인가를 주로 다루므로 실시간의 동적인 과정에 더 무게를 둔다. 반면 사운드 합성은 하나의 소리를 제작하는 방법을 가리키는 경우가 많고 과정보다는 결과에 무게를 둔다고 할 수 있다.

사실상 사운드 합성과 시그널 프로세싱은 서로 완전히 떼어 놓을 수 없으며 소리를 만들고 처리하는 과정에서 이 둘은 상당 부분이 중복될 수밖에 없다. 하지만 일반적으로 사운드 합성은 소리나 악기를 만드는 전체적인 과정에 시그널 프로세싱은 실시간에 입력되고 있는 소리나 신호를 처리하는 과정에 초점을 둔다. 시그널 프로세싱에 관하여 시사운드에서의 예를 들자면 옵코드를 이용하는 것보다는 시사운드의 자체적인 수학 함수들을 사용해서 일종의 새로운 알고리즘으로 시그널을 통제하는 것을 암시하기도 한다. 그러나 시그널을 통제하는 과정도 또한 옵코드의 형태로 변환될 수 있으므로 그 구분은 사용 목적이나 단계에 달려 있다고 할 수 있다.

다. 시퀀서 지원(Sequencer)

시사운드는 사용자가 원하는 시간에 원하는 시간만큼 소리를 낼 수 있도록 미디프로그램과 같은 일종의 시퀀서를 자체에 내장하고 있다. 물론 이 시퀀서를 사용하기 위해 음악적인 내용을 입력하는 방법은 미디프로그램과는 다르지만 사용하기 편리하며 경우에 따라서는 훨씬 유연한 내용으로 이루어진다고 할 수 있다. 미디에서는 하나의 박을 세분화하기 위해 틱(tick)이라는 단위를 사용하지만 시사운드에서는 한 박은 1초로 표현되며 1초는 1/1000초 또는 만분의 1초와 같은 아주 작은단위로 표현될 수 있다. 따라서 미디에서보다 더 세부적인 단위로 리듬을 표현할 수 있다.

음악인이라면 이 스코어 기능을 이용해서 자신이 만든 악기로 음악을 연주할

수 있으며 만약 이 악기파일을 제삼자에게 보낸다면 받는 사람은 누구나 원래의
음악과 완벽하게 동일한 음악을 연주할 수 있으며 감상할 수 있는 장점을 가진다.

라. 미디 지원

시사운드는 미디신호의 입출력을 감지할 수 있다. 따라서 컴퓨터에 키보드를
연결하여 자신이 만든 악기를 키보드로 연주할 수 있으며 미디신호를 출력할 수
도 있다. 또한 미디파일도 읽어 들일 수 있으므로 악기가 만들어졌다면 미디파일
을 불러들여 별도의 스코어파일 없이도 연주가 가능하다.

마. 샘플러 기능 및 사운드파일 편집

시사운드는 wav, aiff 그리고 '사운드폰트'(SoundFont) 파일 버전 2(*.sf2)도 지
원한다. 사용자는 이들 사운드파일을 불러들여 시사운드를 일종의 샘플러로서 이
용할 수 있다. 또한 사운드파일들을 불러들여 다양한 방법으로 합성하거나 가공
할 수 있음은 물론이다.

바. 그래픽 애니메이션 지원 및 확장된 GUI

시사운드를 토대로 그래픽 라이브러리 OpenGL 그리고 공개 소스 라이브러리
FLTK(Fast Light Tool Kit)를 결합한 CsoundAV 프로그램을 사용한다면 사용자는
모든 OS에서 윈도우와 버튼, 스크롤바 등등의 컨트롤들을 자유롭게 사용할 수
있으며 2차원은 물론 3차원의 애니메이션도 간단히 제작할 수 있다. 이렇게 제작
된 애니메이션은 소리의 데이터와 밀접한 관계를 가질 수 있으므로 컴퓨터음악

을 위한 영상으로 훌륭한 역할을 할 것이다. 또한 사용자가 원한다면 연주 때에 실시간으로 영상을 음악과 동기화할 수 있으므로 앞으로 컴퓨터의 속도가 더 빨라진다면 실제 연주에서 보다 유용하게 활용될 수 있을 것이다. 또한 CsoundAV를 사용하면 실시간 소리제어도 가능하며 이 기능은 앞으로 계속 향상될 것이다.

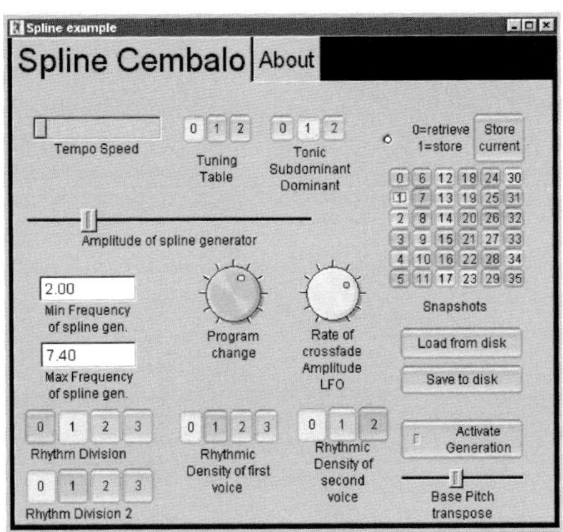

〈그림 9〉 CsoundAV에서 FLTK의 기능을 사용하여 버튼, 슬라이더바 등등을 디자인한 모습

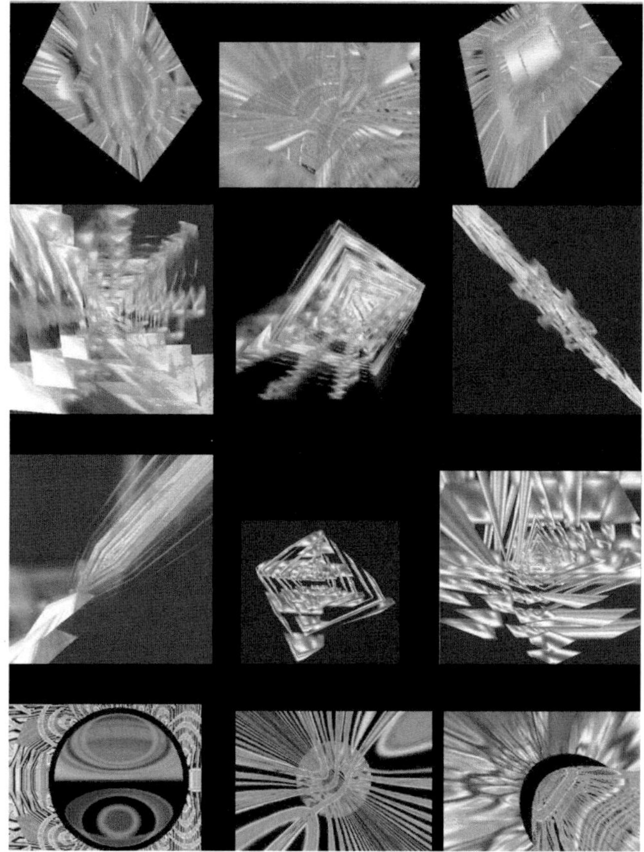

〈그림 10〉 CsoundAV로 만든 영상들

시사운드의 기본구조 

소리는 진동에 의해서 일어나며 이 진동은 2차원의 그래프로 표시될 수 있다. 따라서 디지털로 어떤 진동을 만들고자 한다면 그 진동을 표현하는 2차원 그래프를 만들면 된다.

문제는 악기나 소리를 만들기 위해 어떤 방법으로 2차원 그래프를 그리는가에 있다. 실제로 컴퓨터 마우스를 클릭해서 샘플 하나하나를 입력해서 그래프를 그릴 수도 있다. 이 경우 CD 음질의 1초의 모노 소리를 만들기 위해 화면을 뚫어지게 쳐다보며 44,100번을 클릭한다는 것은 효율성이 전혀 없다. 예를 들어 1초에 하나의 샘플을 입력한다고 가정한다면 1분에 60개 그리고 1시간에 겨우 3,600개의 샘플을 입력할 수 있다. 1초의 소리를 위한 44,100개의 샘플들을 다 입력하려면 12시간 정도가 걸릴 것이다. 1초의 어떤 소리를 만들고 테스트하고 다시 만드는 과정에서 한 번의 1초의 소리를 위해 이렇게 긴 시간이 걸린다면 새로운 소리나 악기를 만든다는 것은 거의 불가능한 일이다. 이 때문에 시사운드에서는 목적에 맞는 선을 재빠르게 그리기 위해 대수학(algebra)의 공식들을 사용한다. 그리고 수학적으로 한번 어떤 논리가 성립되면 이를 프로그래밍 언어로 전환하는 것은 그렇게 어렵지 않다.

현재 시사운드는 사용자가 원하는 온갖 다양한 그래프를 손쉽게 그릴 수 있도록 버전 5.11에 이르기까지 수 많은 옵코드들을 개발해왔다. 사용자는 이들 옵코드를 제한 없이 원하는 만큼 사용하여 소리를 만들 수 있다.

가. 명령 라인(Command - line) 프로그램

현재 대부분의 프로그램들은 사용자를 위한 그래픽 지원이 잘되어 있어 마우스와 키보드를 이용하여 화려한 컬러와 메뉴를 가진 윈도 위에서 편리하게 작업할 수 있도록 되어 있다. 그러나 시사운드 프로그램은 이들 프로그램들에 비해 그 기능들이 기하학적인 수에 있어 이들 모든 기능들을 그때마다 그래픽 인터페이스와 함께 구현한다는 것은 그 개발에만 엄청난 수의 인원이 요구되기 때문에 여전히 텍스트를 사용하는 환경이 지속되고 있다. 그래픽을 사용하는 것이 좋을지 아니면 텍스트를 사용하는 것이 좋을지에 대해서는 각기 장단점이 있다.

시사운드는 1960년대에 'MUSIC n' 프로그램이 벨연구소를 떠난 이후 여러 대학교의 연구소를 중심으로 연구되어 왔고 그리고 늘 순수 학문적인 차원인 비상업적인 프로그램으로 자라 왔기에 사용상의 편리보다는 늘 프로그램 내부의 기능이 초점이 되어 외관에는 별 무게를 두지 않았다. 이 때문에 사용자가 처음 시사운드 프로그램을 실행하면 화면에 나타나는 것은 고작 몇 개의 윈도뿐이므로 실망할 수 있으나 그 가치와 위력은 엄청나다. 지난 50년 동안의 수많은 학자들에 의해 이루어진 결과는 결코 사용자를 실망시키지 않는다.

1990년 이전의 시사운드의 실행은 윈도란 전혀 없이 검은 화면에 단지 명령을 기다리며 깜박이는 프롬프트에 텍스트를 입력하는 방법으로 이루어졌다. 이런 환경은 아마 1980년대에 하드드라이브도 없었던 XT 컴퓨터나 그 다음의 640k의 도스 한계를 극복한 후 겨우 1메가의 메모리를 가졌던 286 컴퓨터를 사용해 본 사람들은 잘 알 것이다.

1990년대 초 윈도우즈 3.1과 매킨토시의 맥 플러스 이후 처음으로 하드드라이브를 장착한 맥 클래식이 등장하면서 양쪽 OS에서 시사운드 프로그램이 처음으로 간단한 윈도를 갖게 되었고 리눅스는 1996년에 가서야 유닉스 C로부터 리눅스용 시사운드가 만들어졌다. 최근 버전 5에 이르러 시사운드의 개발은 전 세계인을 대상으로 참여자의 문을 열고 있으며 개발자의 수도 이전보다 훨씬 늘어나게 되어 그래픽 인터페이스를 보다 강화하고 있지만 여전히 시사운드의 명령 라인은 살짝 가려 있을 뿐 시사운드의 핵심이므로 이를 잘 알아 두는 것은 중요하다.

시사운드 프로그램을 실행하기 위해서는 반드시 악기파일과 명령을 필요로 한다. 이 명령은 여러 가지의 지시 사항들이 결합된 한 줄의 긴 라인(command-line)의 형태로 이루어지며 우리말로 하면 '명령 행'이 된다. 이 명령 라인은 시사운드가 사용할 악기파일의 이름과 경우에 따라 미디파일이나 사운드파일과 같은 추가적인 파일들의 이름과 경로 그리고 어떤 방법으로 결과를 산출하고 제시할 것인지를 명령하는 여러 가지 지시사항들로 이루어진다. 예를 들면 8비트 소리를 만들 것인지 아니면 16비트 소리를 만들 것인지 또는 소리만 산출할 것인지 아니면 파일로 산출할 것인지 또 어떤 종류의 사운드파일을 만들 것인지 등등의 각 사용자의 취향에 맞는 다양한 지시사항들의 결합으로 나타난다.

이 '명령 라인'의 구체적인 예를 든다면 현재 많은 사람들이 사용하는 '흔글' 프로그램의 '환경 설정'을 예로 들 수 있다. 아래 그림을 보면 '흔글' 프로그램의 수많은 옵션들이 각각의 탭 상자에 나누어져 들어 있다. 이와 같은 옵션들을 시사운드에서는 간단한 약자로 정의하고 있으며 이들 약자들의 모임을 '명령 라인'이라 하며 각각의 약자들을 플래그(flag)라 부른다.

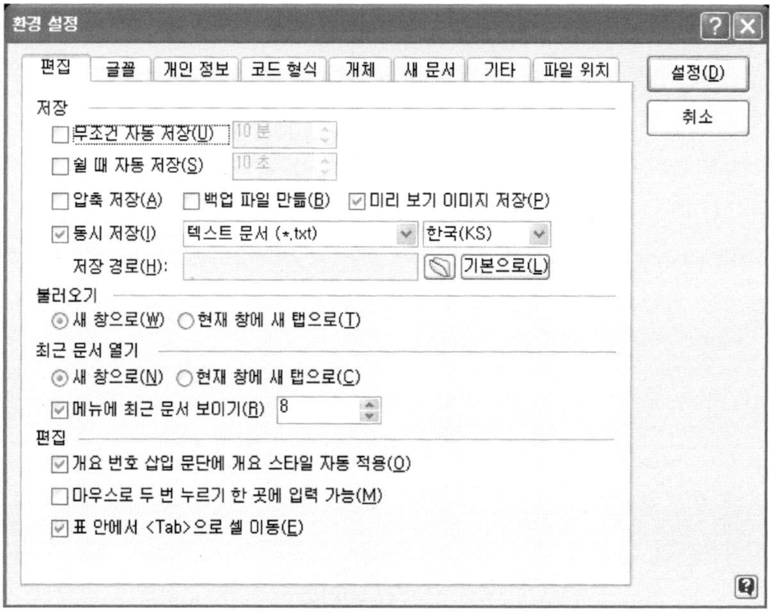

〈그림 11〉 시사운드의 명령 라인과 '흔글'의 환경 설정

버전 4의 '윈사운드'(winsound)나 버전 5의 '시사운드5Gui' 프로그램을 사용한다면 다음의 그림과 같이 직접 '명령 프롬프트'에서 키보드로 명령들을 입력하지 않고 위의 '흔글' 프로그램의 '환경 설정'과 같이 마우스로 편리하게 입력하도록 되어 있다. 그러나 일부의 사람들은 여전히 '명령 프롬프트' 사용을 좋아한다.

시사운드의 명령 라인의 한 예를 든다면 다음 그림과 같다. 그림 속의 명령은 실행할 시사운드의 프로그램 이름과 소리 산출에 필요한 악기파일의 이름을 포함하고 있다. 이 경우는 사용자의 '윈도우즈'에 있는 '환경 변수'의 '패스'(path)에 시사운드 실행 파일의 경로가 등록되어 있는 경우이며 그리고 실행할 악기파일이 있는 디렉터리에서 시사운드를 실행한 예다. 그렇지 않다면 파일 이름은 물론 이들 경로도 함께 입력해야 할 것이다. 이 '패스'의 설정에 대해서는 뒤에서 언급될 것이지만 시사운드 버전 5를 인스톨하면 자동으로 시사운드의 패스는 만들어진다.

아래의 그림과 같이 입력하지 않은 명령들은 모두 자동으로 붙여지는 기본 명령들이 사용된다. 이 기본 명령들이란 여러 가지가 있지만 간단한 예를 든다면 출력할 때 어떤 음질로 출력할 것인지 출력 메시지는 어느 단계까지 출력할 것인지 등의 기본적인 내용들이 이에 해당된다. 시사운드에서 기본 음질은 16비트 시디 음질이며 출력 메시지의 단계는 각 음표의 진폭 값까지 출력하는 것이다. 먼저 스마일 프로그램을 한번 사용해 본 후 추가적인 어떤 특별한 명령에 대한 자세한 내용을 알고자 한다면 이 책의 끝 부분에 있는 '시사운드의 명령 라인과 플래그들'을 참조하면 된다. 그 장에서 시사운드에서 사용하는 모든 명령들을 우리말로 자세히 설명해 놓았다.

다음 그림의 예에서 사용된 명령 라인은 파일을 만드는 명령이 포함되어 있지 않으므로 사운드파일 출력 대신 실시간에 소리만 산출하게 된다. 만약 어떤 소리에 사용된 파형의 모습을 보고 싶다거나 혹은 기본 설정인 16비트 시디 음질보다 고음질인 DVD 음질의 24비트로 또는 32비트로 산출한다거나 또는 기타 사용할 장치의 선택 등을 위해서는 추가적인 플래그들이 덧붙여져야 한다.

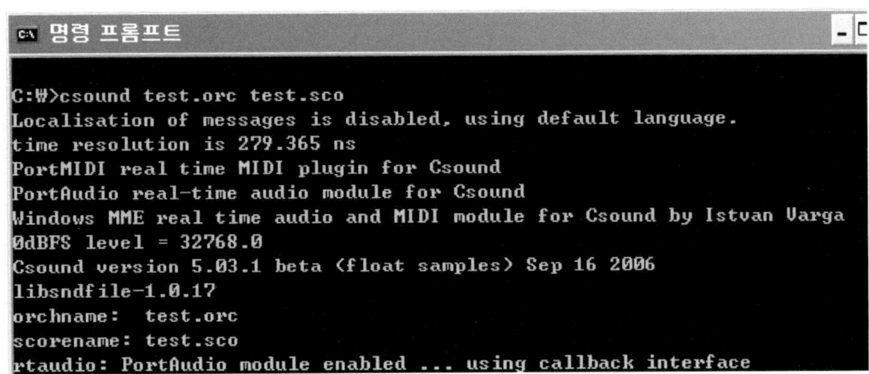

〈그림 12〉 명령 라인을 이용한 시사운드의 실행

나. 악기파일들

뒤에서 자세히 설명되겠지만 여기서는 전체의 흐름에 맞추어 시사운드의 '악기파일'에 대해 간단히 언급한다. (먼저 시사운드를 설명할 때 빈번히 언급되는 오케스트라파일과 스코어파일 그리고 새로운 통합 형태인 csd 파일들을 하나로 묶어 표현할 적절한 단어가 없어 이 글에서는 이들 파일들을 하나로 묶어 '악기파일'이라는 명칭을 사용한다.)

시사운드 프로그램으로 소리나 사운드파일을 출력하기 위해서는 반드시 악기 제작에 관한 내용을 담고 있는 오케스트라파일(*.orc)과 연주 지시를 담고 있는 스코어(*.sco) 파일을 시사운드에 제공해야 한다. 이와 같이 두 개의 파일로 이루어지는 형태는 전통적인 시사운드의 악기파일 형태로서 현재에도 사용되고 있으며 최근에는 이들 두 파일의 내용을 하나의 파일로 통합한 *.csd 파일이 버전 5와 함께 점차 널리 사용되고 있다.

이들 시사운드의 전통적 형태의 파일들(*.orc/*.sco) 또는 통합된 파일(*.csd)은 시사운드를 실행하기 위해서는 꼭 필요한 악기파일들이며 이들 파일 없이는 시사운드는 아무것도 할 수 없다. 그리고 이 악기파일들을 실행하기 위한 적절한 명령 라인을 구성하는 일도 필수적이다.

다. 웨이브테이블 신디사이저(wavetable synthesizer)

자연의 많은 아름다운 소리들은 어떤 반복되는 패턴을 가지고 있으며 사람들 또한 아무런 규칙 없이 계속 변하는 잡음들이나 예상 밖의 갑작스런 소리들보다는 규칙적인 패턴을 가지는 소리들을 좋아한다. 이런 소리들 중 대부분의 사람들이 즐겨 하는 소리는 악기 소리다. 이 악기 소리에는 늘 뚜렷한 하나의 파형이 주기적으로 반복한다. 이런 악기 소리들뿐만 아니라 사실상 많은 소리들이 어떤 반복되는 파형이나 패턴을 가지고 있다. 예를 들면 사람이나 동물들이 걷고 뛰거나 움직이는 소리, 차나 기차가 달리는 소리, 비 오는 소리, 천둥 치는 소리 등

단지 이들 모든 자연의 소리는 풍부한 배음과 반사음들로 인해 아주 복잡한 형태의 웨이브 모양으로 나타날 뿐 실제로 이들 소리들은 다른 소리와 구별되는 어떤 하나 이상의 뚜렷한 반복되는 파형이나 패턴이 있다.

이처럼 시사운드는 기본적으로 사용자가 디자인한 웨이브테이블을 참조하여 소리를 만들어 낸다. 그러므로 사용자는 어떤 소리를 디자인하고자 한다면 먼저 그 소리에서 일어나는 반복되는 파형을 디자인한다.[8] 이 파형의 길이는 그 소리에서 일어나는 1번의 진동 또는 1사이클이다. 물론 파형을 디자인할 때 1개 이상의 서로 다른 파형들을 섞어 여러 개의 주기(사이클)들로 이루어지는 파형을 디자인 할 수도 있다. 사용자가 파형을 디자인한 후 시사운드를 실행하면 시사운드는 소리를 만들기 위해 무엇보다 제일 먼저 사용자가 제공한 파형 테이블을 조회한다. 이 과정을 테이블 조회(table lookup)라 한다.

만약 사용자가 하나의 소리가 경과하는 동안 파형이 바뀌도록 하려고 한다면 함수테이블의 시작 시간을 조작함으로써 가능하다. 다음의 예는 처음에는 소리가 사인파형으로 시작해서 0.5초마다 계속 파형이 변하다가 마지막 2초 후부터는 톱니파로 소리난다.

〈표 11〉 하나의 소리에 시간에 따른 다중 파형 적용을 위한 웨이브테이블들

```
f1   0     1024   10  1                                                        ;사인파
f1   0.5   1024   10  1  0  .111111111  0  .04  0  .02040816                   ;삼각파
f1   1.0   16384  10  1  0  .333333  0  .2  0  .142857  0  .111111  .076923    ;사각파
f1   1.5   512    7   1  128  1  0  0  384  0                                  ;펄스파
f1   2.0   16384  10  1  .5  .3333  .25  .2  .1666  .1428  .125  .1111  .0769  ;톱니파
```

라. 피지컬 모델링(physical modeling)

모든 새로움은 사실상 과거나 현재의 어떤 대상의 모방으로부터 이루어진다. 우연히 전기의 성질에 의한 인공적인 소리가 발견된 이후 많은 연구가 자연의 소리를 모방하는 일에 집중되어 왔다. 실제로 자연의 소리를 모방하는 방법은 간

---

8) 또는 외부의 사운드파일의 파형을 이용할 수도 있다.

단하다. 디지털 녹음기로 샘플링을 하면 된다. 그럼에도 불구하고 이런 연구가 현재에도 계속되고 있는 이유는 오래전에 한계점에 도달한 어쿠스틱 악기의 개발과 제작을 새로운 디지털악기로 계속 이어 나가자는 데에 목적이 있다고 할 수 있다.

최근 들어 '피지컬 모델링'이라는 용어가 자주 등장한다. 웨이브테이블 조회 방식 하나만으로는 어떤 특정한 소리들의 구현은 비효율적이라는 사실을 인식했기 때문이기도 하다. 이를 약자로 PM synthesis(피엠 합성)이라 한다. 이 용어는 상당한 오해를 만들고 있는 용어이기도 하다. 피지컬 모델링은 FM이나 AM 합성과 같은 하나의 합성 방식이라기보다는 여러 개의 서로 다른 방식들의 모임으로 이루어지기 때문이다. 이 때문에 이에 대한 명료하고 간결한 정의를 내리기가 어려운 것이 사실이다. 그럼에도 불구하고 일반적으로 피지컬 모델링은 '어쿠스틱 악기들의 기능을 모방하는 것'이라는 의견에는 동의하고 있다. 그리고 피지컬 모델링은 이들 악기의 소리 자체를 모방하기보다는 소리를 내는 방법의 모방에 초점을 두고 있으며 웨이브의 모양에 중점을 둔 선적인 방법[9](linear interpolation)보다는 비선적인 방법(non‑linear interpolation)으로 접근한다. 이에 관해서 시사운드에서 다루고 있는 방법들은 다음과 같다.

1) 감산 합성(subtractive synthesis)에 의한 방법

감산 합성[10]은 PM을 위한 기능적인(작용하는 방법에 대한) 접근을 구체화한다. 이 방법은 어떤 거친 소리로부터 새로운 소리를 만들어 내는 울림방과 같은 악기를 설계하는 것이다. 이를 위해서 풍부한 스펙트럼[11](spectrum)을 가진 소리와 이를 여과할 여러 필터(filter)들이 요구된다. 현재까지 감산합성에 의한 방법은 타악기와 같은 악기나 인간의 목소리 등의 요소들을 설계하는 데에 상당히

---

9) 두 위치의 점을 직선으로 연결한 다음 이 사이에 한 개 이상의 새로운 값(위치)을 끼워 넣는 방법이다. 파형이나 진폭 그리고 샘플 비율을 올리거나 내릴 때 등에서 흔히 사용되는 방법이다.

10) 요약하면 어떤 소리에서 특정의 소리를 제거하는 방법이다.

11) 음향의 설명에 스펙트럼(spectrum, pl. spectra)이라는 용어가 자주 등장한다. 17세기 빛의 분광(프리즘을 통과한 빛의 색깔들)에서 시작된 이 용어는 음향에서는 주로 배음으로 해석하면 된다. 글의 내용에 따라 전체 또는 특정의 주파수(진동수) 대역을 의미하기도 한다.

성공적으로 사용되어 왔다. 시사운드는 이를 위해 butterlp, tone, butterhp, atone, butterbp, reson, butterbr, areson 등과 같은 많은 필터 옵코드들을 제공하고 있다.

2) 웨이브 가이드 필터링(waveguide filtering)

웨이브 가이드 필터링은 주로 딜레이(delay, 소리를 지연시켜 내보냄)를 이용한 피드백(feedback, 되먹임)과 로우 패스 필터로 이루어진다. 로우 패스 필터는 단지 예외로 발생할 수 있는 노이즈 등을 제거하는 일반적인 역할을 한다. 여기서 웨이브 가이드란 말 그대로 소리를 인도한다는 뜻이며 실제 악기에서는 피리의 예를 든다면 피리의 관이 웨이브 가이드가 되며 디지털에서는 원래의 소리 신호를 담고 있는 딜레이들이 웨이브 가이드가 된다.

이 원리는 다음과 같다. 사람이 현의 가운데 부분을 퉁기게 되면 양쪽으로 2개의 물결이 가운데에서 가장자리로 향해 가게 된다. 가장자리에 도달한 물결의 일부는 흡수될 것이며 일부는 반사되어 가운데로 되돌아온다. 이때 가장자리로부터 피드백되고 있는 물결은 가운데서 오고 있는 물결과의 충돌로 새로운 울림을 낳게 된다. 그리고 이와 같은 현상은 진동의 에너지가 사라질 때까지 반복된다. 이처럼 계속적인 딜레이와 피드백을 사용하여 유사한 효과를 얻는 것이다.

시사운드에서 제공하는 웨이브 가이드 옵코드는 wguide1, wguide2 등이 있다. 다음의 그림은 시사운드의 기본적인 웨이브 가이드인 wguide1의 흐름도이다. wguide2는 좀 더 복잡하다. xfreq는 원하는 피치를 kcutoff는 로우 패스가 시작되는 진동수를 kfeedback은 피드백의 강도를 결정한다.

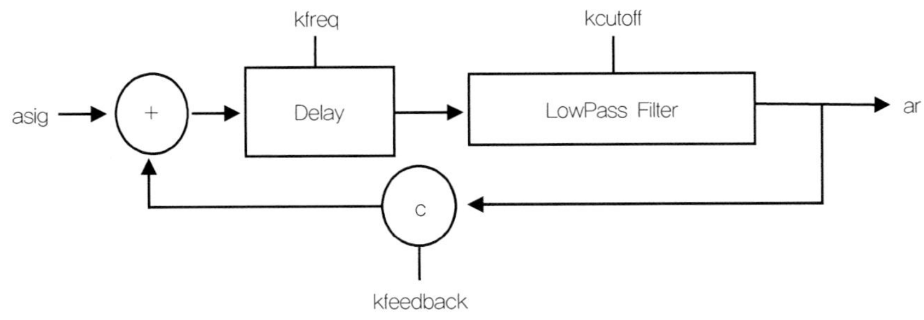

〈그림 13〉 시사운드의 웨이브 가이드 옵코드 **wguide1**의 플로어 차트

3) 칼플러스 - 스트롱 알고리즘(Karplus - Strong Algorithm)

칼플러스 - 스트롱(Karplus - Strong) 알고리즘은 케빈 칼플러스(Kevin Karplus)와 알렉스 스트롱(Alex Strong)이 1979년에 개발한 방법으로 상당히 현실감 있는 현이 튀겨지는 소리를 복잡한 계산 없이 만들어 낸다. 이 알고리즘 역시 딜레이 라인[12](delay line)을 이용하는 것으로서 먼저 나간 소리와 현재의 딜레이 라인의 소리를 평균화한 후 이 결과를 딜레이 열(delay queue)의 끝에서 다시 피드백을 입력하는 것으로 요약할 수 있다. 이 기법은 현 뜯는 소리를 납득시킬 만한 시뮬레이션을 제공한다. 처음의 시그널은 크고 밝은 타악기 소리와 같은 음질에서 시작하여 곧 그 색채는 어두워지면서 마지막에는 단순한 사인파형의 소리로 변하는 것이다.

현재 원래의 칼플러스 - 스트롱 기법은 현 이외의 다른 효과적인 소리를 위해 몇 개의 다른 변형으로 발전되고 있는 중이며 딜레이 라인은 다양한 조회 테이블(lookup table)들로 대체될 수 있다. 시사운드에서의 이 알고리즘은 pluck 옵코드에 들어 있다.

4) 셀룰러 자동 조회 테이블(Cellular automata lookup table)

셀 분할 자동 조회 테이블은 일종의 재순환하는 웨이브테이블 방식의 하나로서 위의 칼플러스 스트롱 방식과 흡사하다. 다른 점은 셀 방식은 딜레이 라인의 새 샘플 값들을 계산하기 위해 자동화 방법(규칙을 사용)을 이용하고 있으며 칼플러스 스트롱은 이전의 소리와 딜레이 라인의 소리를 평균화하는 방식을 사용하고 있다는 점이다.

이 방식은 한정된 범위 내에서 우연적이며 흥미 있는 소리를 낼 수 있지만 실제 악기 소리를 구현하는 방법과는 조금 거리가 있다. 그러나 뜻밖의 소리를 발견할 가능성이 크다. 이에 관한 시사운드를 이용한 연구 및 예제는 시사운드 매

---

12) 디지털 시그널의 움직임에서도 여전히 전자기기의 회로나 실체적인 모습을 섞어 가면서 이야기하곤 한다. 딜레이 라인은 있는 그대로 딜레이 시그널이 통과하는 회선/전깃줄 또는 의미에 따라 딜레이 장치 전체로 생각하면 된다.

거진의 1999년 겨울호에 실려 있다(웹페이지 주소: http://www.csounds.com/ezine/
winter1999/synthesis/).

04
시사운드 버전 4

　　윈도우 95가 출시된 이후 PC용 시사운드 프로그램은 항상 2가지 형태로 컴파
일되어 왔다. 이 2가지 중 그 하나는 아무런 외관 없이 컴퓨터 메모리에서만 작
동하는 버전으로 종종 도스 버전 시사운드라 불린다. 다른 하나는 마우스를 사용
할 수 있으며 사용자 그래픽 인터페이스를 갖춘 윈도우 형태를 가지고 있는 윈
도우즈 95 이후의 버전인 윈사운드(winsound)이다.

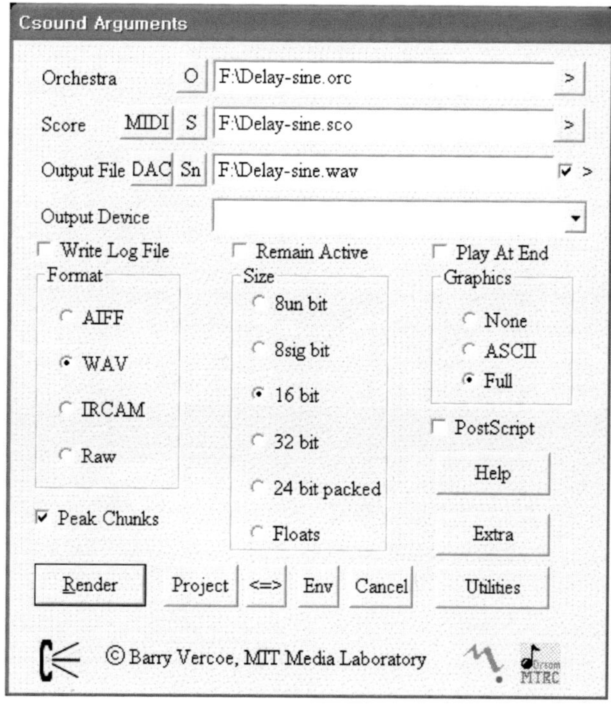

<그림 14> 윈사운드의 주 화면

가. 도스(DOS) 버전 시사운드(csound.exe, csound64.exe)

과거의 도스에서 실행하는 프로그램을 한 번도 사용해 보지 않은 사람들에게는 생소할 것이다. 이 도스 버전은 아무런 사용자 인터페이스를 가지고 있지 않기 때문에 컴퓨터 화면에 나타나는 것은 아무것도 없다. 실행하는 방법은 실행프로그램의 이름과 필요한 내용을 도스의 '프롬프트'에 입력한 후 엔터키를 누르면 된다. 윈도우즈 XP를 비롯한 모든 윈도우즈에도 여전히 과거에 사용되었던이 '명령 프롬프트'가 존재하며 이 프로그램의 '바로 가기'의 위치는 보조프로그램에 들어 있다. 실제 이름은 cmd.exe다. 과거의 도스 프로그램들은 16비트 프로그램들이었지만 윈도 95부터는 같은 도스 프로그램이지만 32비트 프로그램들이며 시사운드의 도스 버전도 32비트 버전이다.

현재 사용자 그래픽 인터페이스(GUI)가 지원되고 있는 윈도우 버전이 있지만여전히 이 도스 버전은 단순함에 있어서 최상의 프로그램이므로 계속 지속될 것이다. 이 도스 버전과 윈도우 버전과의 차이는 아무것도 없으며 단지 사용자의편의를 위한 윈도우가 있느냐 없느냐에 있다. 도스 버전의 실행은 시사운드의 실행 파일 이름과 필요한 명령들 그리고 악기파일 이름을 차례대로 입력한 후 엔터키를 누르면 된다. 모든 이름과 플래그들 사이에는 빈칸을 둠으로써 구별한다.

<표 12> 명령 프롬프트에서의 시사운드 실행

```
orc와 sco 파일의 경우
csound [ - 명령들] [오케스트라파일] [스코어파일]

csd 파일의 경우
csound [ - 명령들] [csd 파일]
```

1) Csound.exe와 csound64.exe

csound.exe와 csound64.exe의 차이는 샘플에 사용되는 값의 차이에 있다. csound.exe는 샘플당 32비트 플로트 값인 4바이트로 표현되는 부동소수 값으로 되어 있으며 반면 csound64.exe는 샘플당 64비트 플로트, 즉 8바이트의 부동소수 값을 가지고 있어 csound64.exe는 더욱 정밀한 값으로 계산함으로써 보다 섬세한 웨이브 라인을 그릴 수 있다는 점이다. 물론 csound64 프로그램의 실행 시간은 32비트 csound 프로그램보다 조금 더 걸린다.

이 두 프로그램의 차이에 대한 간단한 예를 들자면 csound.exe에서 원 둘레를 구하는 파이의 값이 소수점 5자리까지 3.14159가 사용된다면 csound64.exe에서는 더 정밀한 계산을 위해 10자리까시 사용된다고 생각하면 된다. 실제로는 이 두 프로그램들 다 내부적으로 이보다 더 많은 소수점을 사용한다. 이것은 단지 두 프로그램의 차이를 나타낸 하나의 예일 뿐이다.

2) 시사운드 4 도스 버전

이제 시사운드 버전 4 도스용 프로그램을 사용하는 사용자 수는 줄고 있지만 시사운드의 홈페이지에서는 버전 4의 마지막 버전 하나는 남겨 두고 있어 여전히 다운받아 사용할 수 있다. 비록 더 향상된 버전 5가 나왔다지만 버전 4를 사용해서 만들어진 일부 과거 코드는 버전 5에서 작동하지 않기 때문에 경우에 따라 여전히 필요하다. 또 저자의 경험에 의하면 버전 4에서 만든 마음에 들었던 소리가 버전 5에서 실행하면 전체적으로 원래의 소리와 달라지는 경우가 종종 있었다.

나. 윈도우 버전(winsound.exe, winsound64.exe)

도스 버전에서 키보드로 입력해야 했던 플래그들은 윈도우용에서는 모두 체크버튼과 옵션버튼으로 되어 있어 마우스로 손쉽게 명령을 작성할 수 있으며 그 외 사운드파일의 분석과 관련된 유틸리티들도 함께 모아져 있어 편리하게 사용할 수 있다.

1) 메인 윈도우

(1) 오케스트라파일 열기

'O 버튼'을 눌러 오케스트라파일을 불러들인다. '> 버튼'은 오케스트라파일을 편집할 편집기를 사용할 때 클릭한다. 예를 들면 메모장 프로그램 등을 사용할 수 있다.

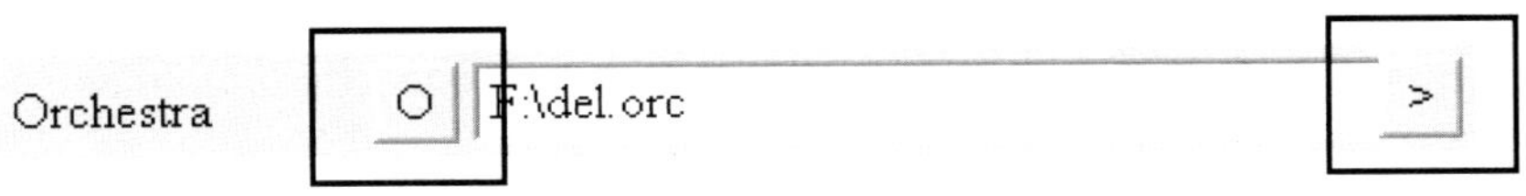

(2) 스코어파일 열기

'S 버튼'을 눌러 스코어파일을 불러들인다. '> 버튼'은 스코어파일을 편집할 편집기를 사용할 때 클릭한다. 'MIDI 버튼'은 스코어파일 대신 미디파일을 사용할 때 이 버튼을 누르면 '엑스트라(Extra) 윈도'가 열린다. 이 엑스트라 윈도에서 사용할 미디파일을 지정할 수 있다. 미디파일은 포맷 0만이 사용될 수 있다. 이 미디파일을 사용하는 부분에 대해서는 나중에 설명된다.

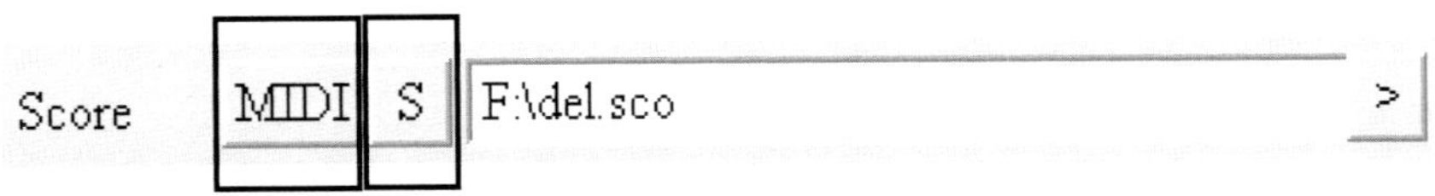

(3) 출력 방법 설정(Output File)

출력의 결과는 두 가지 중 하나를 선택할 수 있다. 하나는 사운드파일을 만드는 것이며 다른 하나는 파일을 만들지 않고 실시간에 소리/음악을 연주하는 것이다. DAC 버튼을 클릭하면 소리만 듣게 된다. 그리고 텍스트 상자에는 자동으로 Dac(Digital－to－Analog Converter)라는 이름이 나타난다. 'Sn 버튼'은 사운드파일 이름(Soundfile Name)의 약자다. Sn 버튼을 클릭하여 만들 파일의 이름을 지정할 수 있다. '> 버튼'은 만들어진 사운드파일을 편집할 프로그램을 지정할 때 사용한다.

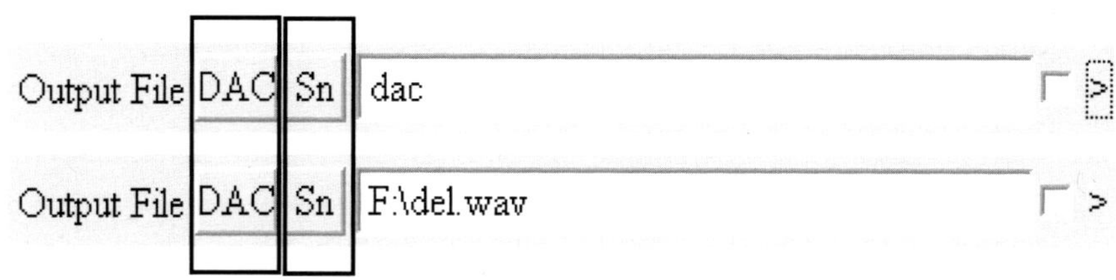

(4) 오디오 출력 장치 설정(Output Device)

리스트 박스의 버튼을 눌러 현재 컴퓨터에서 사용 가능한 소리 출력할 장치
하나를 선택한다.

(5) 로그 파일 쓰기(Write Log File)

산출 때의 과정을 저장할 로그 파일을 만들 것인지를 결정한다. 체크표시를 하
면 산출이 끝난 후 하나의 로그 파일이 만들어진다.

┌ Write Log File

(6) 윈도우 유지하기(Remain Active)

기본적으로 시사운드는 한번 산출을 마치면 자동으로 종료된다. 이 체크 버튼
을 체크하면 실행 후에도 시사운드가 열린 채로 남게 된다.

┌ Remain Active

(7) 파일을 만든 후 연주하기(Play At End)

이 체크 버튼이 체크되어 있고 사운드파일을 만드는 상태로 되어 있을 경우
파일을 만든 후 다시 연주를 시작한다.

☐ Play At End

(8) 포맷(Format)

사운드파일을 만드는 상태에 있을 경우 만들 사운드파일의 종류를 선택한다.

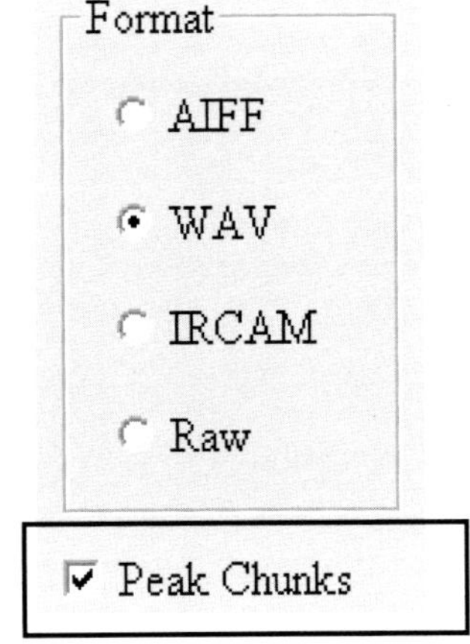

가) AIFF(AIF)

오디오 교환 파일 포맷(Audio Interchange File Format)은 매킨토시 컴퓨터에서
널리 사용되는 사운드파일 포맷이다. 이 포맷은 PC의 윈도우즈에서도 아무런 문
제 없이 인식되며 자주 사용된다.

나) WAV

웨이브폼 오디오 포맷(Waveform audio format)의 약자로 PC에서 가장 널리 사용되는 사운드파일 포맷이다.

다) IRCAM

'Institut de Recherche et Coordination Acoustique/Musique'의 약자로서 프랑스의 가장 유명한 음악에 관한 과학을 연구하는 단체에서 만든 사운드파일 포맷이다.

라) Raw

모든 사운드파일의 첫머리에는 각 파일의 구조를 설명하는 머리 부분(header)이 있다. 이 머리 부분이 없는 순수하게 사운드 데이터만 가지는 파일을 말한다.

마) 픽 청크(Peak Chunks)

'픽'은 우리말로 '꼭대기/최고점' 등의 그리고 청크는 '덩어리/큰 조각' 등의 뜻을 가지고 있다. 사운드에서는 소리의 평균 진폭 값을 상당히 초과하는 샘플들의 위치를 모아 놓은 데이터를 의미한다. 이 픽 청크 정보는 큰 소리들이 클리핑(최대 진폭 값의 초과로 잘려짐으로 일어나는 소리의 찌그러짐)되는 것을 막기 위해서 사용될 수도 있다. 이 체크 버튼이 체크되면 사운드파일에 피크 정보(peak information)가 추가된다. 이 데이터는 아주 작은 크기이므로 일반적으로 피크 정보를 추가하는 것이 유리하다.

(9) 비트 크기(Size)

산출할 소리의 비트 깊이(bit-depth)를 선택한다. 즉 진폭의 분해도를 결정한다.

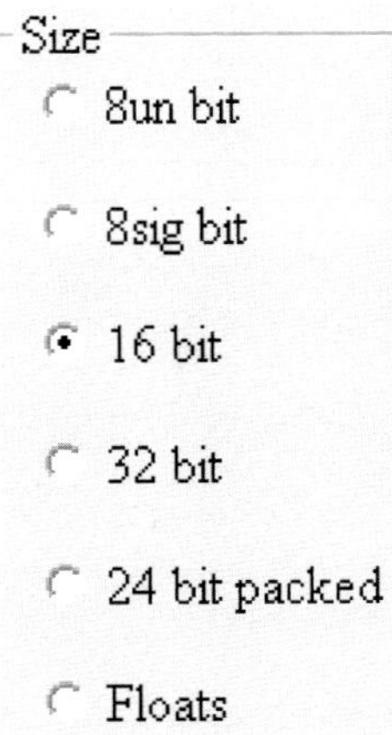

가) 8un bit

8비트 언사인드 캐릭터(unsigned character/char)를 나타내며 언사인드는 0을 포함해서 양수만으로 이루어진다는 것을 의미한다. 따라서 진폭 값은 0~255로 표현된다.

나) 8sig bit

8비트 사인드 캐릭터(signed character)를 나타내며 사인드는 0을 포함한 양수와 음수 양쪽 다 사용한다는 것을 의미한다. 진폭 값은 따라서 −128~+127로 표현된다.

다) 16비트(16bit)

16비트 정수 또는 2바이트로 진폭을 표현하며 범위는 −32,768~+32,767이다. 현재 가장 많이 사용되는 CD 음질의 비트 깊이다.

라) 32비트(32 bit정수형)

32비트(4바이트)로 나타낼 수 있는 정수로 진폭을 표현하며 범위는 −2,147,483,648~+2,147,483,647이다.

마) 24비트 팩드(24bit packed)

24비트 팩드 포맷은 각 샘플당 3바이트로 데이터를 저장하여 최대 24비트의 크기를 가진다. 그러나 언팩드(unpacked) 포맷은 완전한 DWORD[13]로서 샘플당

4바이트를 가지므로 매 샘플당 1바이트를 헛되이 낭비하게 된다.

바) 플로트(Floats, 부동소수/실수형)

실제 시사운드 내부에서 사용되고 있는 데이터형으로 32비트 부동소수($32-bit$ floating number) 값으로 이루어진다. 진폭의 범위는 $-3.4e-38$에서 $3.4e+38$까지를 가진다. 즉 $-3.4*(10$의 -38제곱)에서 $+3.4*(10$의 38제곱)의 범위를 말한다.

(10) 그래픽스(Graphics)

시사운드에서 소리를 산출할 때 함수테이블의 웨이브 라인(파형)을 제시하는 윈도를 표시할 것인지를 결정하며 그리고 표시한다면 어떤 방법으로 웨이브 모양을 표시할 것인지를 선택한다. 만약 'None'를 선택한다면 산출 시 윈도가 나타나지 않을 것이며 'ASCII'(아스키)를 선택하면 256개의 문자 중 적당한 문자로 거친 형태의 웨이브 모양이 제시된다. 그 아래의 'Full'보다 속도가 빠르다. 'Full'을 선택하면 직선과 곡선의 그래픽으로 매끈한 모양의 웨이브 모양이 제시된다.

마지막의 'PostScript'(포스트스크립트) 체크 버튼을 체크한 후 소리를 산출하면 함수테이블의 웨이브 모양을 담은 그래픽 파일인 포스트스크립터 파일(eps file)로 만들어 준다. 만들어지는 파일은 산출 시 사용한 시사운드 악기파일(orc, sco 파일)과 같은 디렉터리에 만들어지며 이름은 악기파일과 같은 이름으로 붙여진다. 이 eps 파일은 포스트스크립터 파일을 지원하는 그래픽 프로그램에서 불러들여 원하는 목적에 사용할 수 있다.

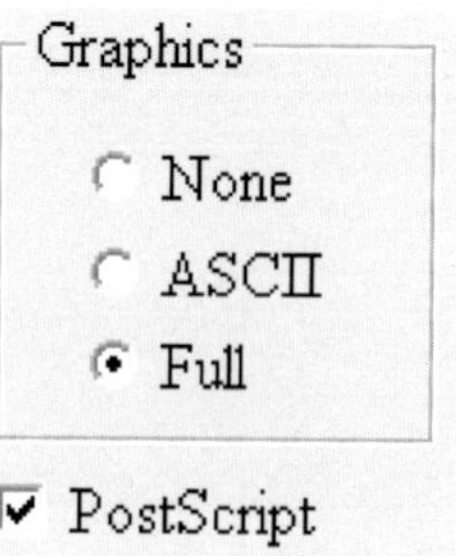

---

13) Double-Word, 16-비트 언사인드 정수(0부터 양수만 가지는 정수)를 워드(WORD)라 하며 다블-워드는 2개의 워드를 합친 4바이트의 크기를 가진다.

(11) 렌더(Render)

모든 입력이 끝난 후 사운드파일을 만들거나 실시간의 연주를 위해 시사운드를 실행하는 버튼이다. 렌더(render)의 의미는 '어떤 것을 만들다' 또는 '산출하다' 등의 의미를 가지고 있다.

Render

(12) 프로젝트(Project)

이 프로젝트 버튼은 만약 시사운드의 악기파일(orc, sco)들이 똑같은 이름으로 되어 있을 경우 둘 중 어느 한쪽만 열면 자동으로 다른 파일도 불러들여져 편리하다. 통합된 파일인 csd 파일도 불러 사용할 수 있다.

Project

(13) 슬라이더 컨트롤 윈도우 열기(Slider Controls)

이 버튼은 슬라이더 컨트롤을 이용하여 그 값을 실시간에 적용할 수 있다. 이 기능은 작동은 하지만 재빨리 전달되지 않아 매끄럽지 않다. 이제는 풀틱(FLTK) 옵코드들을 사용하여 슬라이더 컨트롤은 물론 원도, 버튼, 체크박스 컨트롤 등 온갖 다양한 컨트롤들을 실시간에 사용할수 있다.

사용방법은 setctrl 옵코드를 사용하여 파일을 만든 후 시사운드를 실행하면 setctrl 옵코드가 슬라이더를 호출하면서 슬라이더 컨트롤 윈도가 자동으로 열린다. 그 다음은 사용자가 슬라이더를 움직여 이 슬라이더의 값을 오케스트라파일의 악기에서 설정한 대로 실시간에 적용할 수 있다. 다음은 슬라이더 컨트롤을 사용하는 예이다.

<=>

〈표 13〉 슬라이더 컨트롤 윈도를 이용한 실시간 입력의 예

```
    instr  1
setctrl  1, "Volume", 4      ;슬라이더 1번 라벨에 'Volume'이라고 이름을 붙인다.
                             ;이는 단지 시각적인 것이며 안 붙여도 상관없다.
setctrl  1, 33, 1            ;슬라이더 1번의 초기 값을 33으로 한다.

k1 control  1               ;슬라이더 1번의 값을 k1로 넘긴다.

a1 oscil  k1 * 150, 440, 1  ;이 값을 오실의 진폭 값에 적용한다.
out a1
    endin
```

(14) 환경 변수(Environment Variables)

시사운드의 환경 변수를 설정한다. 환경 변수는 어떤 실행 프로그램에서 요구하는 일종의 간략한 지시사항이나 패스(path)를 담은 변수들의 전체를 의미한다. 'Env' 버튼을 클릭하면 시사운드가 우선 참조할 디렉터리를 설정할 수 있는 윈도가 열린다. 이 설정은 꼭 해야 되는 것은 아니지만 같은 디렉터리를 자주 사용할 경우 한 번 지정해 두면 편리하다. 예를 들면 외부의 사운드파일을 자주 사용하는 경우 이 설정에서 사운드파일이 있는 디렉터리를 등록해 두면 시사운드의 악기파일이나 스코어파일에서 사운드파일을 사용할 경우 전체 패스를 다 입력할 필요 없이 단지 파일 이름만 입력할 수 있으므로 편리하다.

Env

SSDIR은 사용할 사운드파일들이 되는 소리 샘플들을, SFDIR은 만들어진 사운드파일들을, 그리고 SADIR은 분석(analysis)과 관련된 파일을 두도록 만들어졌다. 여기서 SSDIR과 SFDIR의 차이는 거의 없다. 시사운드가 사운드파일을 찾을 때는 이 두 디렉터리를 다 참조하기 때문이다. 그리고 분석 유틸리티 프로그램들은 필요한 데이터를 위해 SADIR 디렉터리를 참조한다.

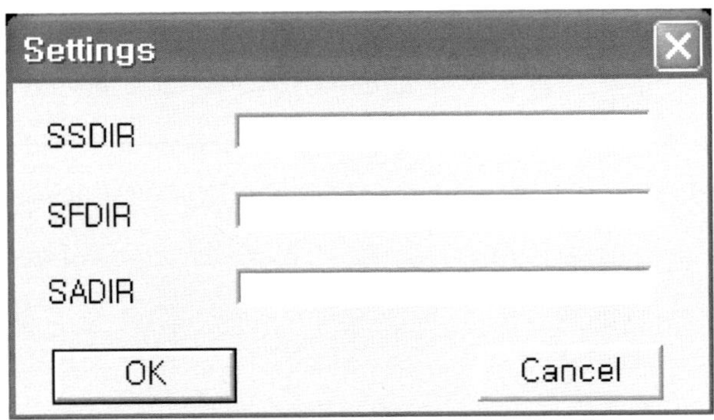

<그림 15> 환경 변수 세팅 윈도

(15) 취소 버튼(Cancel)

시사운드 프로그램을 종료할 때 취소 버튼을 클릭한다.

(16) 시사운드 도움말 파일 열기(Help)

시사운드의 도움말 파일의 위치를 등록할 때나 열 때 사용한다.

(17) 엑스트라(Extra)

시사운드를 실행할 때 필요한 여러 가지 명령 라인(command – line) 플래그들을 사용하고자 할 때 '엑스트라 버튼'을 클릭하면 부가적 아규먼트(Additional Arguments) 윈도가 열린다. 이 윈도에서 필요한 플래그들을 선택하거나 입력할 수 있다.

영어권에서는 각 상황에 따라 같은 내용의 뜻을 여러 다른 용어로 구분하여 사용하는 경우가 많다. 예를 들면 옵션(option), 파라미터(parameter, 매개변수, 함수에서 인수를 받는 변수), 플래그(flag), 아규먼트(argument, 인수, 함수를 부를 때) 등은 사실상 거의 같은 뜻을 가지고 있다. 이 모든 것을 간단히 명령이나 옵션이라고 생각하면 이해하기 쉬울 것이다. 그리고 여러 개로 이루어진 아규먼트들이나 플래그들이 있다면 이들을 각각 명령 라인(행, 줄)에 있는 하나의 명령이라 생각하면 된다.

2) 출력 윈도(Output Window)

출력 윈도는 사용자가 만든 악기(오케스트라파일)와 연주 지시들(스코어파일)을 수행하는 동안 그 과정을 시간 순서대로 제시해 주는 아주 중요한 윈도이다. 만약 파일에 어떤 문제가 있다면 이 출력 윈도는 그 문제의 원인과 위치한 행을 지적해 줌으로써 사용자는 손쉽게 문제를 해결할 수 있다. 또한 사용자는 오케스트라파일에 사용된 옵코드들을 통과하는 오디오 및 컨트롤 시그널들의 값을 이 출력 윈도로 프린트함으로써 보다 자세한 시그널의 흐름을 파악하여 새로운 구조나 악기를 설계하고 테스트하는 일이 가능하게 된다.

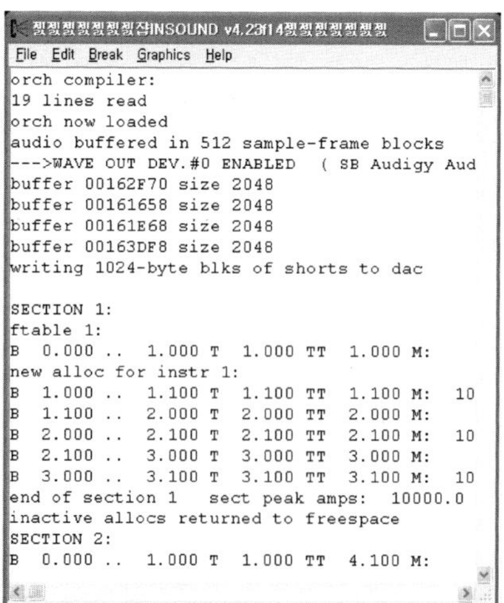

〈그림 16〉 출력 윈도

3) 디스플레이 윈도(Display Window)

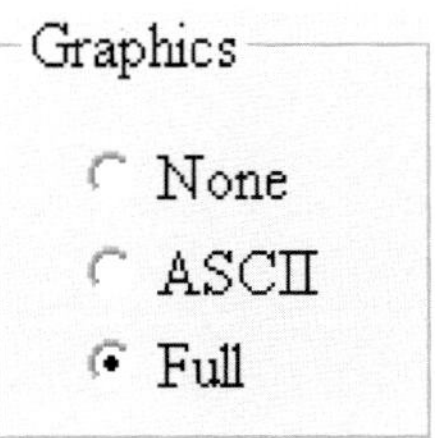

    디스플레이 윈도는 위 그림과 같이 'Full' 옵션 버튼을 선택한 뒤 시사운드를 실행하면 사용하고 있는 파형과 그리고 외부의 사운드파일을 사용하는 경우 이 사운드파일의 웨이브폼을 디스플레이 윈도를 통해 볼 수 있다. 디스플레이 윈도는 시사운드가 실행되고 있는 동안만 볼 수 있기 때문에 소리가 아주 짧은 경우는 시사운드 출력윈도의 'Break' 메뉴의 'Pause'의 바로 가기 키 'Ctrl + G'를 눌러서 잠시 시사운드의 실행을 멈춘 뒤 'Graphics' 메뉴의 'Next'와 'Prev' 명령을 이용해서 원하는 파형의 모습을 볼 수 있다.

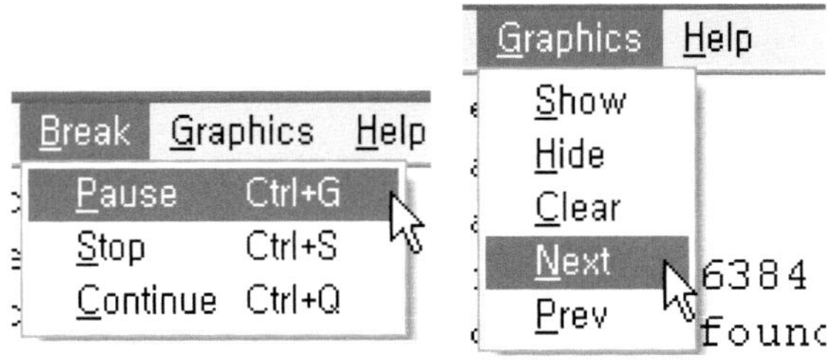

〈그림 17〉 시사운드의 실행을 멈추어 디스플레이 윈도 보기

    디스플레이 윈도는 스코어파일과 악기(오케스트라)파일에 사용된 모든 파형 및 외부에서 불러온 사운드파일의 웨이브폼을 보여 주는 윈도다. 사용자가 디자인한 함수테이블(function table)은 하나의 진동의 모습을 그리고 사운드파일의 경우는 전체 소리의 웨이브폼을 보여 준다. 오디오나 컨트롤 시그널의 '푸리에 트랜스폼'을 보여 주는 옵코드 dispfft도 이 디스플레이 윈도를 사용한다.

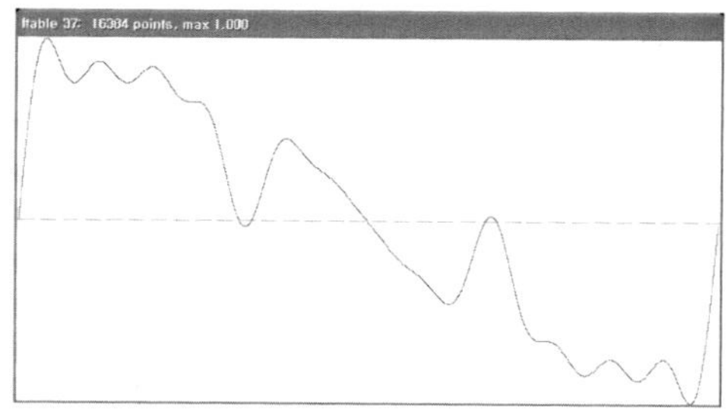

〈그림 18〉 함수테이블: 파형의 한 주기

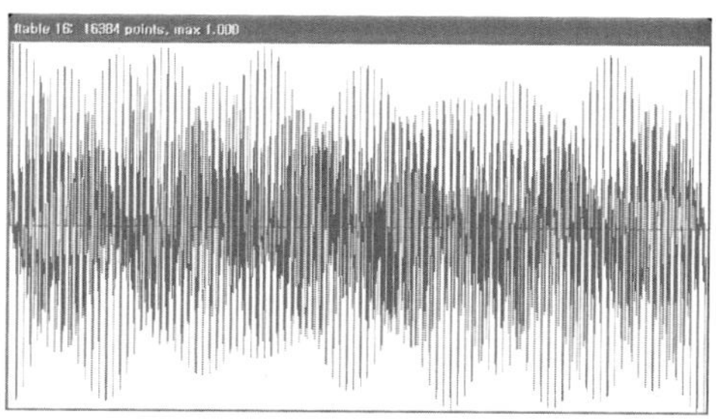

〈그림 19〉 함수테이블: 사운드파일의 웨이브폼

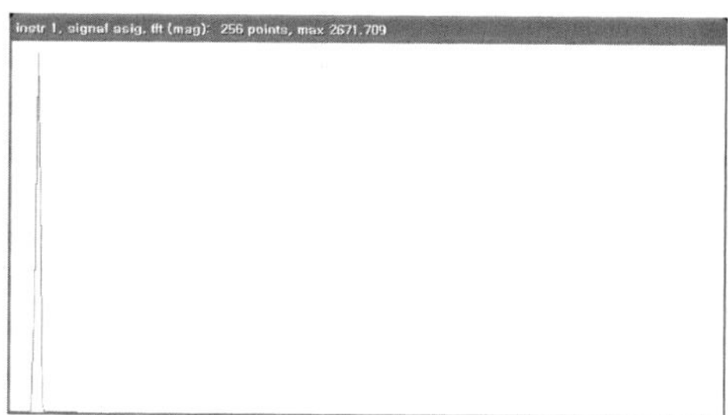

〈그림 20〉 FFT로 보기

4) 추가 아규먼트 윈도(Additional Arguments)

추가 아규먼트 윈도에 있는 명령 라인 플래그들은 경우에 따라서 있어도 되고 없어도 되는 옵션이 아니라 없어서는 안 될 중요한 명령들이다. 대문자와 소문자는 서로 다른 플래그이므로 구분해야 한다. 윈도의 각 명령들의 이름 끝의 괄호 안에 있는 내용들은 실제 명령 라인에서 사용되는 플래그들이므로 직접 명령 라

인을 이용하여 시사운드를 실행할 때 사용한다. 하나의 예를 들자면 '명령 프롬
프트'에서 'csound -I test.orc test.sco'와 같이 실행한다면 시사운드는 소리나 파
일 등 어떤 것도 산출하지 않고 단지 test.orc와 test.sco 파일들에 어떤 오류가 있
는지만 재빨리 조사한다. 그리고 만약 어떤 오류가 있다면 에러 메시지를 출력
윈도에 제시한다.

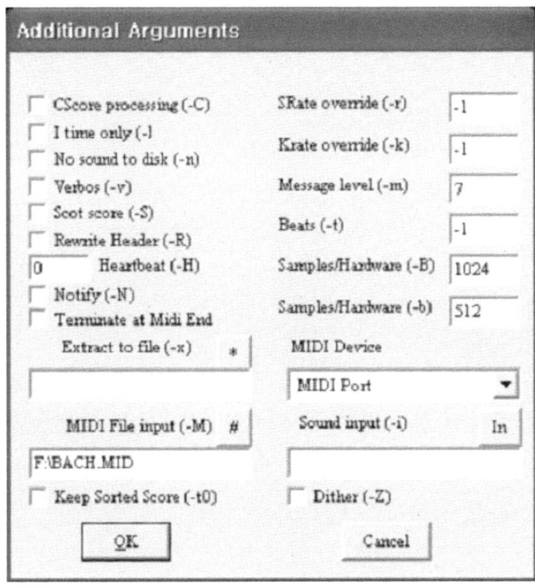

〈그림 21〉 추가 아규먼트 윈도의 모습

(1) 시스코어 산출

시스코어 산출(CScore processing -C) 명령은 C언어로 시사운드의 스코어파일
을 산출하는 'CScore'를 이용한다는 명령이다.

(2) 아이 타임만

아이 타임만(I time only -I) 옵션은 연주를 하거나 사운드파일을 만듦 없이
신속히 오케스트라와 스코어파일 오류를 조사할 때 사용한다. 말 그대로 i로 시
작하는 단일 변수와 스코어파일의 P-필드만 대조 조사하며 a와 k로 시작하는

모든 배열 변수들은 제외된다. 따라서 실행해도 아무런 소리나 파일이 만들어지지 않는다. 이 명령은 산출 시간이 상당히 긴 파일일 경우에 긴 산출 과정을 지켜봄 없이 재빨리 파일들의 오자나 문법 그리고 포맷 등을 조사할 수 있다.

(3) 사운드파일 출력 없음

사운드파일 출력 없음(No sound to disk -n) 명령은 사운드파일을 만들지 않으면서 사운드파일을 만드는 모든 과정을 있는 그대로 수행한다. 또한 소리도 산출하지 않는다. 비록 출력결과를 DAC로 했다 할지라도 소리 산출은 생략된다. 따라서 이 옵션은 위의 'I time only'보다 조사 시간이 조금 더 걸리지만 a와 k로 시작하는 배열 변수들을 포함하여 모든 내용을 신속히 조사할 수 있다.

(4) 벌보스

벌보스(Verbos -v)는 '말 많은' 또는 '장황한'이라는 뜻을 가진 단어다. 이 명령이 붙게 되면 산출과정 동안에 일어나는 모든 자세한 내용을 제시하며 실행한다. 이 내용들은 출력 윈도우를 통해 화면으로 프린트되며 만약 에러가 있다면 보다 자세히 그 위치를 알려 준다.

(5) 스캇 스코어

스캇 스코어(Scot score -S) 명령은 시사운드의 스코어파일을 산출하는 스캇 기능을 사용할 때 사용한다.

(6) 머리 부분 되쓰기

머리 부분 되쓰기(Rewrite Header -R) 옵션이 선택되면 시사운드는 사운드파일의 정보를 매 ksmps[14](오디오 샘플 비율/컨트롤 샘플 비율) 값마다 계속 고쳐 쓰게 되므로 산출 속도는 약간 느릴 수 있다. 이 옵션을 선택하는 경우는 상당히

---

14) 오케스트라파일의 머리 부분에 있는 내용이다. 만약 이 값이 10이라면 매 10개의 오디오 샘플이 만들어질 때마다 파일 정보를 계속 덮어쓰는 것이다.

큰 사이즈의 파일을 만들 때 시사운드가 사운드파일을 만들고 있는 도중에도 그 때까지 만들어진 만큼의 사운드파일을 사용자가 들어 볼 수 있다. 따라서 산출이 끝나기 전에도 소리의 상태를 점검할 수 있어 이때 잘못이 있는 경우 시사운드를 강제 종료하여 시간 낭비를 막을 수 있다.

또한 산출 과정에 어떤 문제로 시사운드가 중단되더라도 그때까지 만들어진 파일을 여전히 사용할 수 있는 이점이 있다. 요사이는 CPU의 속도가 빨라 많은 시간이 걸리진 않지만 과거에는 10분 이상을 기다려야 하는 경우도 많았다. 그럼 에도 많은 연산이 요구되는 복잡하고 긴 길이의 음악을 가진 파일들은 적지 않은 시간이 요구된다. 이 경우 종료할 때까지 소리를 중간 중간에 점검하고자 할 때 유용하다.

(7) 박동

박동(Heartbeat － H)의 의미는 사운드파일이 만들어지고 있을 때 시간의 흐름에 맞추어 시사운드에서 주기적으로 나타내는 시각적 표시 또는 벨소리를 의미한다. 이 옵션은 명령 프롬프트에서 사운드파일을 만들 때 그 산출 과정 동안 몇 가지의 문자나 소리로 진행 중임을 표시하게 한다.

산출 과정이 길 때 화면에 아무런 표시가 없다면 현재 제대로 실행되고 있는 지 궁금할 경우도 있을 것이다. 이 경우 박동 옵션을 선택하면 0과 1은 원을 그리며 돌아가는 막대, 2는 마침표(.), 3은 파일 크기 표시를 초 단위로 나타내며, 4는 벨소리를 낸다. 윈도우용 시사운드에서는 출력 윈도가 표시될 때는 3번을 제외하고는 모두 윈도의 제목 표시줄에 현재의 연월일과 시분초가 표시되며 3번을 선택하면 이에 보태어 현재까지 만들어지고 있는 총 바이트 수가 표시된다.

(8) 알림

알림(Notify － N)은 위의 박동과 같은 의미다. 산출이 끝나면 소리로 종료를 알려 주도록 하는 명령이다.

(9) 미디가 끝나면 종료

미디가 끝나면 종료(Terminate at Midi End − T) 옵션은 미디파일을 스코어 대신에 사용하고 있는 경우 이 명령이 추가되면 스코어파일에서 실행시간이 남았더라도 미디파일의 연주가 다 끝나면 자동으로 시사운드 산출을 종료하도록 지시한다. 미디파일의 정확한 길이를 모를 때 도움이 되며 또 사운드파일을 만들 경우 자동으로 종료되어 필요 없이 사운드파일이 커지는 것도 막을 수 있다.

(10) 시사운드 스코어파일로 추출

시사운드 스코어파일로 추출(Extract to file − x) 기능은 스캇(Scot)과 관련된 내용이다. 먼저 글상자에 입력한 파일 이름대로 스캇의 스코어파일이 시사운드 스코어파일로 바뀐다. 그 후 시사운드는 이 추출된 시사운드 스코어파일로 연주하거나 사운드파일을 만든다.

(11) 미디파일 입력

미디파일 입력(MIDI File input − M) 옵션을 사용하면 스코어파일 대신 미디파일을 사용할 수 있다. 미디파일은 반드시 포맷 0을 사용해야 한다. 버전 5부터는 포맷 1도 지원한다. 글상자에는 사용할 미디파일의 위치와 파일 이름을 입력한다.

(12) 스캇 스코어파일 보호

스캇 스코어파일 보호(Keep Sorted Score − t0) 기능은 스캇 스코어파일로부터 시사운드 스코어파일을 만든 후 시사운드의 산출과정이 끝나고 종료할 때 스캇 스코어파일을 삭제하지 않게 하는 명령이다.

(13) 샘플 비율 무시

샘플 비율 무시(SRate override − r) 기능은 오케스트라파일에서 설정된 샘플

(링) 비율(sr)을 무시하고 대신 글상자의 샘플 비율을 사용하게 한다. 기본 값은 '아니요'로 '-1'로 설정되어 있다. 만약 좀 더 신속한 계산을 위해 이 오디오 샘플 비율을 내린다면 예를 들면 44,100에서 22,050으로 다운샘플(down sample) 한다면 또는 반대로 22,050에서 44,100으로 또는 44,100에서 88,200으로 업샘플(up sample) 한다면 아래의 컨트롤 비율 상자에도 이에 비례하는 값을 입력해야 한다. 그렇지 않다면 시사운드는 아무것도 수행하지 않는다. 이 옵션은 원래의 악기(오케스트라)파일의 내용을 건드림 없이도 새로운 샘플 비율로 결과를 실행할 수 있게 하는 이점이 있다.

(14) 컨트롤 비율 무시

컨트롤 비율 무시(Krate override -k) 옵션은 오케스트라파일에서 설정된 컨트롤 비율(kr)을 무시하고 대신 글상자의 컨트롤 비율을 사용하게 한다. 기본 값은 '아니요'로 '-1'이 설정되어 있다. 이 값은 항상 오디오 샘플 비율(sr)에 맞추어 사용되어야만 한다. 그리고 컨트롤 비율은 반드시 샘플 비율보다 같거나 낮아야 한다. 이 컨트롤 값에 대해서는 뒷장에 가서 실제 소리(악기)를 디자인할 때 자세히 논의된다.

(15) 메시지 단계

메시지 단계(Message level -m) 옵션은 시사운드가 실행될 때 진행되고 있는 사항들을 출력 윈도에 제시하는 메시지들의 단계를 설정하는 명령이다. 기본 설정은 7로서 모든 사항들을 출력하는 것으로 되어 있다. 만약 특별히 어떤 메시지들만을 보고 싶다면 다음과 같은 3가지의 옵션이 있다. 7 대신 1은 음표의 진폭 값만 제시, 2는 샘플 값(진폭 값)이 최대 진폭 값을 초과하는 경우만, 4는 기타 경고 메시지만 출력하도록 설정할 수 있다. 만약 기본 설정인 7보다 더 자세한 진행 과정이나 내용을 보고 싶다면 앞서의 벌보스(verbos) 옵션을 사용하면 된다.

(16) 비트

비트(Beats -t) 설정은 기본 설정 값은 '-1'로서 '아니요'로 되어 있다. 만약 비트를 사용하고자 한다면 글상자에 초기 템포를 0보다 큰 양수를 사용함으로써 이 비트 옵션을 '예'로 선택하여 오케스트라파일 안에서도 템포 조정을 가능하게 할 수 있다. 이 오케스트라에서의 템포 조정은 이 비트 옵션이 적용된 경우에만 한해서 tempo 옵코드를 사용하여 템포 조정이 가능하다. 그러나 출력 윈도에서 이 'tempo' 옵코드에 의한 시간 변화는 적용되지 않는다. 따라서 다음의 표에서와 같이 스코어파일에 템포 표시가 없기 때문에 출력 윈도에서는 기본 템포 60으로 시간을 출력하게 된다.

〈표 14〉 tempo 옵코드의 사용례

```
      instr  1
if  (p4 = = 1) then              ;만약 p-필드 4가 1이면 템포를 500으로
        tempo  500, 60
else                            ;그 외는 템포 100 적용
        tempo  100, 60
endif

a1   oscil   10000, 440, 1
out  a1
     endin

;-----스코어파일
f 1   0   4096   10   1

i 1        1          .1         0     ;템포 100
i 1        2          .          0
i 1        3          .          0
s

i 1        1          .1         1     ;템포 500
i 1        2          .          1
i 1        3          .          1
e
```

다음은 스캇(Scot)과 관련된 내용이다. 만약 다른 옵션에서 스캇 스코어 사용을 선택했다면 이 옵션을 사용해서 연주할 때나 사운드파일을 만들 때 스캇의 스코어(score.srt)의 비트를 사용할 수 있다. 그리고 글상자에 입력된 템포(분당 박들의 수)에 따라 초기 템포가 설정된다.

(17) DAC 버퍼 조정

DAC 버퍼 조정(Samples/Hardward －B)은 DAC에 보낼 버퍼의 크기를 설정한다. DAC는 자체에 버퍼라는 작은 메모리가 있어 이를 저장한 후 시간에 맞춰 아날로그 신호를 출력한다. 버퍼의 데이터가 일정량 이하로 떨어지면 다시 새로운 데이터를 요구한다. 이로써 안정적으로 아날로그 신호를 내보낼 수가 있게 된다. 이 옵션은 DAC 버퍼에 한 번에 보낼 데이터 크기를 사용자가 설정할 수 있도록 하게 한다.

많은 오디오 채널을 동시에 사용할 경우 안정적인 크기를 사용하는 것도 중요하다. 이 버퍼의 최대 크기는 사운드카드의 DAC 버퍼의 용량에 달려 있으므로 사운드카드의 제원을 참조하면 된다. 너무 작은 크기는 빈번하게 데이터를 보내야 하기 때문에 종종 지연되는 현상이 생길 수 있다. 기본 크기는 1,024바이트(1.024k)이다. 글상자에는 바이트 단위로 숫자만 입력하면 된다.

(18) 동시 발생 샘플 수

동시 발생 샘플 수(Samples/Hardware －b)를 위해서는 각 사운드 입출력 소프트웨어 버퍼당 오디오 샘플 프레임[15]들의 수를 입력한다. 충분히 큰 사이즈가 효과적이지만 작을 경우의 장점은 오디오 입출력의 지연현상을 감소시킬 수 있다. 기본 값은 1,024바이트로 되어 있다. 실시간에 시사운드는 이 입력된 값 안에서 오디오 입출력을 기다린다. 또한 시사운드는 오케스트라파일의 ksmps의 주기마다 오디오 시그널을 산출하며 기타 미디와 같은 다른 신호들도 이 주기마다 동시에 조사/처리된다. 이 오디오와 미디신호는 동시 처리가 가능하다.

만약 입력된 값이 음수 값이면 실제 적용되는 값은 'ksmps 값*입력된 값의 양수'가 된다. 예를 들어 －1을 입력했다면 그리고 현재 ksmps 값이 10이라면 적용 값은 10*1로서 10이 된다. 만약 이 값이 너무 작다면 빈번한 조회가 이루어지기 때문에 앞서의 DAC의 버퍼 값으로 자동 결정된다. 글상자에는 바이트 단위로 숫자만 입력하면 된다.

---

15) 샘플 프레임(sample－frame)이란 동시에 일어나는 샘플의 수를 말한다. 따라서 모노 사운드라면 1(2바이트)이 될 것이며 스테레오 사운드 또는 2개의 모노 소리가 동시에 소리 난다면 2(4바이트)가 될 것이다.

(19) 미디 장치 선택

미디 장치 선택(MIDI Devices) 명령은 시사운드에서 미디 입출력을 위한 장치를 선택한다.

(20) 입력 사운드파일 선택

입력 사운드파일 선택(Sound input −i) 명령은 사용할 사운드파일을 선택할 때 사용한다. 만약 파일 이름만을 입력했다면 그 파일을 찾기 위해 현재의 악기 파일이 있는 폴더를 참조한다. 없다면 환경 변수의 SSDIR을 참조하고 그 다음은 SFDIR을 참조한다. 사운드 입력 과정은 먼저 stdin이 표준 입력으로부터 읽힐 오디오를 요구하고 만약 RTAUDIO[16])가 있다면 devaudio[17])는 주 오디오 입력 장치로부터 소리를 요구한다.

(21) 디더링

디더링(Dither −Z)은 시사운드 내부의 부동소수(floating point)로 되어 있는 디지털 데이터를 32, 16 또는 8비트 포맷으로 변환할 때 소리를 좀 더 매끄럽게 다듬는 디더링(dithering) 기능을 적용할지의 여부를 입력한다.

5) 시사운드 버전 4의 명령 라인 파일의 위치

(1) winsound.exe

32−비트 부동소수(floating point) 샘플을 사용하는 윈사운드 프로그램의 기본 명령들을 담고 있는 파일은 사용자의 윈도우즈(windows) 폴더에 winsound.ini 파일로 저장되어 있다. 이 ini 파일은 윈사운드의 추가 아규먼트(Additional Arguments)

---

16) 실시간 오디오 모듈 이름(Real time audio module name), 기본 값은 포트오디오(PortAudio), 포트오디오는 공개 소스로서 사운드와 미디를 위한 플랫폼 독립 라이브러리이며 시사운드 버전 5의 기본 오디오가 되었다.

17) 시사운드 자체의 기본 실시간 오디오 출력 장치(default realtime audio output device)를 말하며 '명령 프롬프트'에서 "csound −o devaudio −V 75 my.orc my.sco"과 같이 사용할 수 있다.

윈도에서 설정한 내용들로 이루어져 있어 본래의 명령 라인 사용법과는 다르다. 그러나 조금 신경 써서 본다면 큰 문제 없이 각 라인의 내용을 이해할 수 있다. 이 ini 파일은 윈사운드를 실행할 때마다 매번 다시 쓰인다. 만약 초기화하고 싶다면 이 파일을 없애면 되고 이 파일은 다음에 윈사운드를 실행하면 다시 만들어진다. 즉 실행한 후의 명령들이 이 ini 파일에 저장된다.

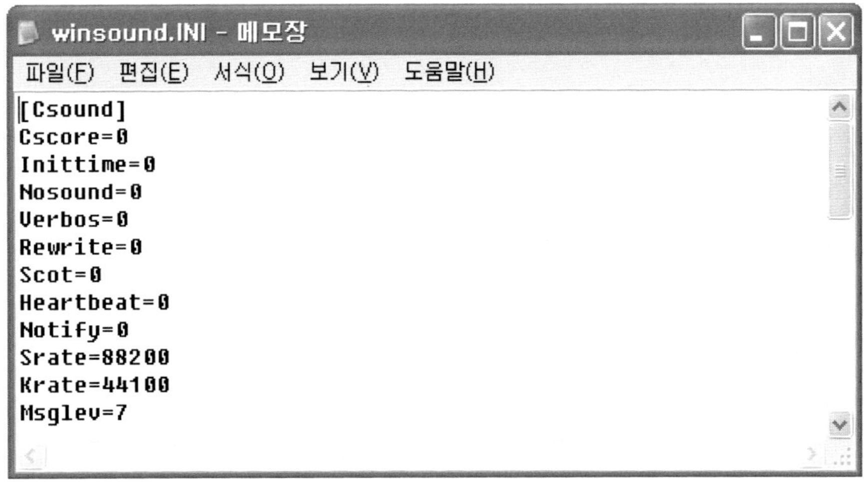

〈그림 22〉 winsound.ini 파일의 내용

윈사운드 프로그램은 '명령 프롬프트'에서도 실행할 수 있다. 예를 들면 다음과 같이 실행한다면 윈사운드는 출력윈도 및 파형그래픽윈도를 제시하며 C 하드드라이브에 있는 'test' 파일들을 컴파일하며 사운드파일을 만들지 않고 바로 DAC로 소리만 출력한다.

예) C:\winsound.exe −odevaudio C:\test.orc C:\test.sco

그리고 사운드파일을 만든다면 다음과 같이 하면 된다.

예) C:\winsound.exe − W − o C:\test.wav C:\test.orc C:\test.sco

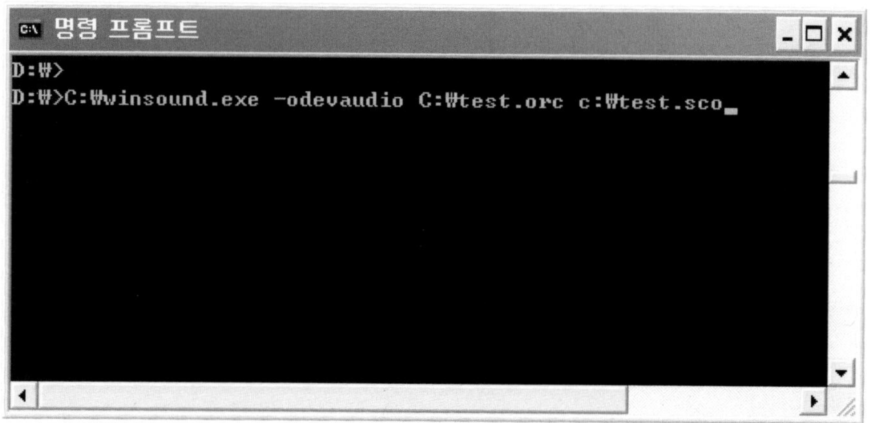

〈그림 23〉 명령 프롬프트에서 윈사운드 실행 모습

(2) winsound64.exe

64-비트 부동소수 샘플들을 사용하는 윈사운드 프로그램도 사용자의 윈도우즈 (windows) 폴더에 winsound64.ini 파일로 저장되어 있다. 내용은 위의 winsound.ini 와 동일하다.

다. 분석 프로그램들(Analysis Programs)

시사운드 버전 4 윈도우용 프로그램의 유틸리티(Utilities) 윈도에는 시사운드의 모든 분석 프로그램들이 모여 있다. 한두 개도 아니고 그 수가 생각보다 많다. 현재 시사운드의 주목적은 새로운 악기 및 음향 제작 그리고 연주에 있다. 그러나 지난 과거 1950년대 말부터 'MUSIC n'의 연구가 시작될 무렵에는 음향에 대한 데이터가 거의 없었다. 예를 들면 사람의 목소리나 어쿠스틱 악기들은 어떤 배음들로 이루어져 있는지 등과 같은 음향에 관한 자료가 없었다. 또한 어떤 소리를 모방했을 때 청각적인 판단보다는 그 소리가 실제 소리와 얼마나 근접한지에 대한 보다 과학적인 분석이 필요했다. 이 때문에 상당히 오랫동안 분석 프로그램들이 시사운드의 소리 산출 기능들과 함께 연구되었고 만들어져 왔다. 그러

나 시사운드의 분석 옵코드들의 대부분은 단지 분석 결과를 제시하는 측면보다
는 분석 결과를 이용하여 새로운 소리를 끌어내는 재합성(resynthesis)에 그 목적
이 있다.

　이제는 상당한 분석적 연구가 이루어졌고 무엇보다 수요에 의해 많은 연구가
자연의 소리의 모방보다는 새로운 음향의 개발 쪽으로 모아져 최근에는 이에 대
한 관심이 조금 떨어진 감이 있다. 그러나 이들 분석 프로그램들은 여전히 소리
의 구조를 파악해 낼 수 있는 강력한 도구들이다. 언젠가 분석 그 자체의 관심이
증가된다면 이들 시사운드 분석 프로그램들도 좀 더 그래픽적인 부분이 보태어
질 것이며 그 기능들도 보다 강화될 것이다.

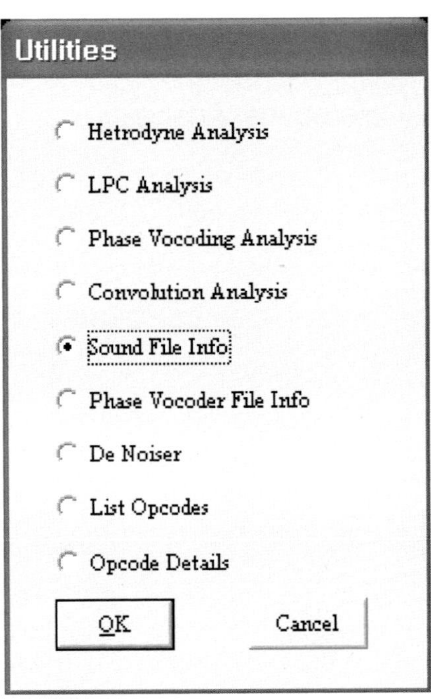

〈그림 24〉 버전 4의 분석 프로그램들

　시사운드 유틸리티들의 대부분은 사운드파일을 분석하는 프로그램들이며 이
프로그램들의 목적은 크게 두 가지로 나누어 볼 수 있다. 하나는 사운드파일로부
터 정보를 갖는 것이며 다른 하나는 시사운드의 재합성 옵코드들에서 이 분석된
사운드파일의 정보를 이용할 수 있도록 일종의 데이터 파일을 만들어 주는 것이다.

유틸리티 윈도에 등록되어 있는 유틸리티들은 헤테로다인 분석(Heterodyne Analysis), 엘피시 분석(LPC Analysis, Linear Predictive Coding Analysis), 페이즈 보코딩 분석(Phase Vocoding Analysis), 컨벌루션 분석(Convolution Analysis), 사운드 파일 정보(Sound File Info), 페이즈 보코더 파일 정보(Phase Vocoder File Info), 드 노이저(De Noiser), 리스트 옵코드(List Opcodes), 그리고 옵코드 세부 사항(Opcode Details) 등 9가지이다. 여기서 '리스트 옵코드'와 '옵코드 세부 사항'은 현재 버전의 시사운드에서 가능한 모든 옵코드들의 이름과 템플릿을 나열한다.

각 분석 프로그램의 내용 중에 이름 끝에 붙은 대시('－')에 이은 하나의 영문자는 '명령 프롬프트'에서 분석 프로그램을 실행할 때 현재 항목이 무엇인지를 시사운드에 알리는 플래그들이다.

1) 헤테로다인 분석(Heterodyne Analysis)

헤테로다인 분석은 사운드파일을 사인곡선 성분으로 분해하여 진폭과 진동수로 분리된 형태의 결과를 파일로 출력하는 스펙트럼 분석[18]의 하나이다. 이 분석은 또한 헤테로다인 필터 분석(heterodyne filter analysis)이라고도 한다. 이 분석을 위한 시사운드 옵코드는 헤트로(hetro)이다. 이 분석 결과는 시사운드의 시그널 재합성(resynthesis) 옵코드 아드신(adsyn)에서 사용된다.

---

18) 음향에서 스펙트럼 분석(spectrum analysis)이란 관찰 대상에서 나타나는 서로 다른 진동수의 사인과 코사인의 상호 관계를 확인하는 것이다. 크게 본다면 여러 가지가 섞인 어떤 대상에서 개개의 요소로 분리하는 것으로 생각할 수 있다. 스펙트럼의 어원은 '이미지'의 뜻을 가진 라틴어에서 시작되었다. 본격적인 용어는 빛의 프리즘 통과에서 시작되었으며 소리의 스펙트럼 분석의 시작은 조셉 푸리에(Joseph Fourier)의 푸리에 시리즈(Fourier series)와 함께 시작되었다.

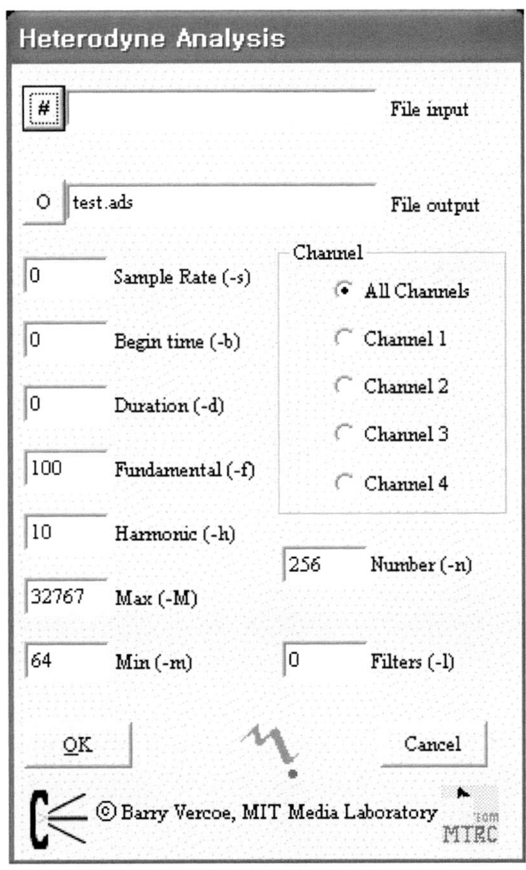

〈그림 25〉 헤테로다인 분석 윈도

출력된 파일은 시간에 따른 반복되는 진폭 값과 진동수 값들로 이루어지며 여기서 진동수 값들은 하나의 가중 합산된 복합 오디오 소스의 각 배음의 진동수로 이루어진다. 이 정보는 0~32,767의 범위에 있는 16비트 값을 사용하여 분리된 단위마다 시간과 값의 두 구분으로 나타낸다. 시간은 1/1,000초(milliseconds)로 진동수는 헤르츠(hz)로 양수로만 표시된다.

출력되는 정보는 각 트랙마다 새 진폭과 진동수의 시작을 알리는 표시로서 각각 −1과 −2를 사용한다. 각 트랙의 끝은 32,767로 표시되고 파일로 만들어질 때 각 트랙은 진폭 분계점(amplitude thresholding)과 선적 분리점 통합(linear breakpoint consolidation)으로 데이터는 감축된다.

하나의 구성 배음은 2개의 분리점 세트들— 진폭 세트와 진동수 세트 — 에 의해 정의되지만 파일 안에는 이들 세트들이 다른 순서로 섞여 나타날 수 있다. 그러나 이들 세트들은 '아드신' 재합성(adsyn resynthesis)에서 자동으로 한 쌍씩 맞춰진다. 실제 분석된 정보는 다음과 같은 포맷으로 나타난다(한 쌍으로 맞춰지지 않은 부분도 있다).

〈표 15〉 헤트로다인 분석 결과의 포맷의 예

```
- 1 time1 value1 … timeK valueK 32767   ;amplitude breakpoints for partial 1
- 2 time1 value1 … timeL valueL 32767   ;frequency breakpoints for partial 1
- 1 time1 value1 … timeM valueM 32767   ;amplitude breakpoints for partial 2
- 2 time1 value1 … timeN valueN 32767   ;frequency breakpoints for partial 2
- 2 time1 value1 ………
- 2 time1 value1 ………               ;pairable tracks for partials 3 and 4
- 1 time1 value1 ………
- 1 time2 value1 ………
```

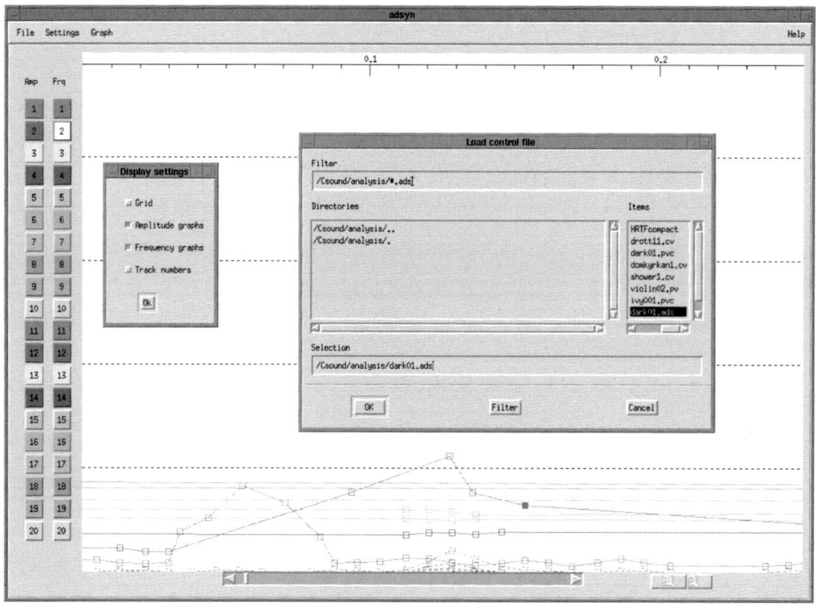

〈그림 26〉 시사운드의 헤트로다인 분석 파일을 사용하는 리눅스용 '아드신(Adsyn)' 프로그램

(1) 입력할 사운드파일 선택

지원하는 사운드파일은 wav, aif/aiff, raw 등이다.

(2) 출력될 파일 이름

분석 결과로 만들어질 파일 이름을 선택한다. ads와 het 파일을 선택할 수 있다. 그리고 시사운드 버전 4.08부터 sdif 파일을 출력할 수 있다. 확장자를 sdif로 붙이면 된다. 이 파일은 아드신트(adsynt) 옵코드에서 사용할 수 있다.

(3) 샘플 비율(Sample Rate − s)

분석할 사운드파일의 샘플(링) 비율을 입력한다. 입력하지 않으면 사운드파일의 머리 부분에 기록되어 있는 샘플 비율이 사용된다. 만약 다른 비율을 입력한다면 사운드파일의 샘플 비율은 무시되며 입력한 값이 사용된다. 둘 다 없을 경우 기본 값인 10,000이 사용된다. 기억할 점은 분석된 파일을 아드신에서 사용할 때 분석에서 사용한 샘플 비율과 오케스트라파일의 샘플 비율이 같을 필요는 없다는 점이다.

(4) 시작 시간(Begin time − b)

분석이 시작될 사운드파일의 위치점을 초 단위로 입력한다. 기본 값은 0초로서 파일의 처음부터이며 소수점을 사용할 수 있다.

(5) 길이(Duration − d)

분석할 시간을 초 단위로 입력한다. 기본 값은 0으로서 파일의 끝까지를 의미한다. 그러나 최대 분석 길이는 32.766초다.

(6) 기본음(Fundamental − f)

사운드파일의 정확한 피치를 모른다면 대략적인 기본음을 입력한다. 기본 값은 100cps(초당 사이클, hz)이다.

(7) 배음(Harmonic － h)

분석에서 요구할 사운드파일의 배음 수를 입력한다. 기본 값은 10개이며 최대
배음 수는 가능한 메모리에 달려 있다.

(8) 최대(Max － M)

사운드파일의 모든 트랙에서의 최대 진폭 값을 입력한다. 모르면 기본 값을 사
용한다. 기본 값은 최대 진폭 값인 32,767을 사용한다.

(9) 최소(Min － m)

진동이라고 인식될 만한 진폭 값을 입력한다. 이 값보다 작은 진폭들은 거의
소리가 없는 상태에 있다고 고려되는 진동들이며 그리고 이들 진동들은 결과 산
출 때 포함되지 않는다. 전형적인 값들은 128(최대 소리에서 48db 아래),
64(54db 아래), 32(60db 아래), 0(진폭 값은 0으로 모든 소리를 포함)이며 기본
최소 진폭 값은 64(54db 아래)이다.

(10) 채널(channel)

분석할 사운드파일의 채널 번호를 입력한다. 기본 값은 1이다. 모노 파일이면
1을 넣으면 되고 스테레오의 경우 1은 왼쪽, 2는 오른쪽 채널을 의미한다.

(11) 번호(Number － n)

진폭과 진동 분석을 위한 분석점의 수를 입력한다. 즉 분석을 위해 선택한 길
이를 몇 개로 나누어서 분석할 것인가를 지시한다. 기본 값은 256이다.

(12) 필터(Filters － l)

사용되는 기본 필터는 콤(comb) 필터다. 이 기본 필터를 사용하려면 0을 입력
하면 된다. 만약 3번째 순서 버터월스 로우 패스 필터[19](3rd order Butterworth low

－pass filter)를 사용하려면 잘릴 시작 진동수(cutoff frequency)를 입력하면 된다.

2) 엘피시 분석

시사운드의 엘피시 분석(Linear predictive analysis, LPC Analysis, Linear Predictive Coding)은 본래의 엘피시 분석과 피치 추적(pitch－tracking) 분석 양쪽을 시간 순서대로 수행한 다음 재합성에 필요한 정보를 산출한다. 시사운드의 엘피시 분석에 사용되는 옵코드는 엘피아날(lpanal)이다.

엘피시는 말소리 분석과 합성을 위한 잘 알려진 방법들 중의 하나다. 이 분석은 말소리 시그널의 모음소리(formant)에 잘 적용될 수 있는 엔폴(n－pole) 투아이알 필터[20](IIR, Infinite Impulse Response filter, 무한 충격 응답 필터)들의 하나의 시간에 따른 일련의 과정으로 이루어진다.

엘피시 분석의 주 아이디어는 말소리의 어떤 하나의 샘플은 이전의 샘플들과의 하나의 선적인 복합체로서 가까워질 수 있다는 것에 있다. 이를 위해서는 그 샘플이 분석에서 말소리의 모음소리 영역들과 일치할 수 있도록 반드시 하나의 역(inverse, 逆)필터가 제공되어야만 한다. 이 역필터를 위한 계수들(coefficients)은 그 샘플과 선적으로 예상되는 것들과의 사이에서 일어나는 이질성을 최소화함에 의해 결정된다. 따라서 엘피시 분석의 과정은 바로 말소리 샘플들을 위한 이 필터의 모호한 또는 시험적인 적용이라고 할 수도 있다.

---

19) 보통 1번에서 5번까지가 사용되고 있으며 숫자가 작을수록 가파른 직선을 그리며 높은 주파수들을 잘라낸다. 3번째는 보통의 무난한 경사를 가진다.

20) 투아이알 필터에는 피드백(되먹임)이 있기에 충격 반응(impulse response)은 무한하다. 만약 하나의 충격을 둔다면 끝없이 0이 아닌 수가 나온다.

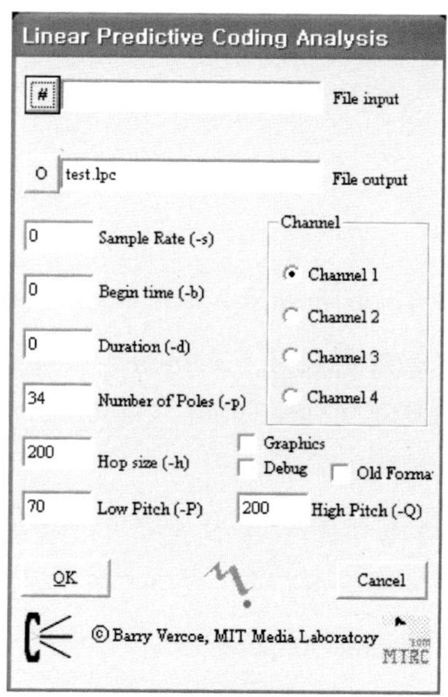

〈그림 27〉 엘피시 분석 윈도.

출력물은 인식 가능한 머리 부분과 부동소수 분석 데이터들의 프레임들로 구성되는 하나의 파일이다. 각 프레임은 피치와 게인(gain) 정보에 대한 4개의 값을 포함하며 이에 이어 폴[21](pole, 극) 수에 따른 필터 계수[22]들이 뒤따른다. 이 파일은 시사운드의 옵코드 엘피리드(lpread)에 의해 읽힌다. 시사운드의 엘피아날(lpanal)은 폴 랭크시(Paul Lanksy)의 엘피시 분석 프로그램의 확장된 변형이다. 이 분석과 관련된 재합성 옵코드들은 모두 5개로서 엘피프레손(lpfreson), 엘피인터피(lpinterp), 엘피리드(lpread), 엘피레손(lpreson) 그리고 엘피슬랏(lpslot)이다.

(1) 파일 입력(File input)

지원하는 사운드파일은 wav, aif/aiff, raw 등이다.

---

21) 이 폴(pole, 극)은 하나의 시작점으로 생각하면 된다.

22) 계수(係數, coefficient): 하나의 수량을 다른 여러 양의 함수로 나타내는 관계식에서 물질의 종류에 따라 달라지는 비례 상수(常數).

(2) 파일 출력(File output)

분석 결과로 만들어질 파일 이름을 선택하며 이름 끝에는 자동으로 lpc라는 확장자가 붙여진다. 출력파일은 필터 극들의 값을 가지는 파일로 만들어진다. 따라서 엘피리드와 엘피레손에 이 극 값을 가진 파일들이 사용될 경우 안정화가 자동으로 수행된다.

(3) 샘플 비율(Sample Rate −s)

분석할 사운드파일의 샘플(링) 비율을 입력한다. 입력하지 않으면 사운드파일의 머리 부분에 기록되어 있는 샘플 비율이 사용된다. 만약 다른 비율을 입력한다면 사운드파일의 샘플 비율은 무시되고 입력된 값이 사용된다. 둘 다 없을 경우 기본 값인 10,000이 사용된다.

(4) 시작 시간(Begin time −b)

분석이 시작될 사운드파일의 위치점을 초 단위로 입력한다. 기본 값은 0.0초이며 소수점을 사용할 수 있다.

(5) 길이(Duration −d)

분석할 시간을 초 단위로 입력한다. 기본 값 0.0은 파일의 끝까지를 의미한다.

(6) 극의 수

극의 수(Number of Poles −p)는 분석할 극(pole)들의 수를 입력한다. 기본 값은 34개로 최대 50개까지 가능하다. 이 '극'이란 공식에서 사용되는 단일 값을 가지는 인수이다. 이 극의 수는 얼마나 세부적으로 진동들을 추적하는가를 결정하므로 값이 높을수록 치밀한 분석이 행해진다.

(7) 홉 크기

홉 크기(Hop size – h)는 분석될 프레임들 사이의 거리다. 이 값은 출력될 파일에서 초당 프레임의 수(오디오 샘플 비율/홉 크기)를 결정한다. 분석에서 한 프레임 크기는 '홉 크기*2' 샘플로 된다. 기본 값은 200이며 최대 입력 가능 값은 500이다.

(8) 최저 피치(Low Pitch – P)

피치 추적(pitch – tracking)에서 사용될 가장 낮은 진동수를 입력한다. 입력 값 0은 피치 추적을 하지 않는다는 것을 의미한다.

(9) 채널 선택(Channel – c)

분석할 사운드파일의 채널(트랙)을 선택한다. 기본 값은 채널 1이다.

(10) 최대 피치(High Pitch – Q)

피치 추적에서 사용될 가장 높은 피치(진동수)를 입력한다. 최저 피치와 최대 피치 사이의 간격이 좁으며 좁을수록 피치 측정이 더욱 정확해진다. 기본 값은 200이다.

3) 페이즈 보코딩 분석(Phase Vocoding Analysis)

시사운드의 페이즈 보코딩 분석은 시그널을 재합성하는 옵코드 피복(pvoc)을 위한 푸리에 분석으로서 이를 위해 피브이아날(pvanal) 옵코드가 사용된다. 피브이아날은 사운드파일을 분석하여 일련의 짧은 시간 푸리에 변환(short – time Fourier transform) 프레임들로 전환해 준다.

짧은 시간 푸리에 변환(STFT) 또는 짧은 기간 푸리에 변환(short – term Fourier transform)은 시간을 따라 계속 바뀌는 하나의 시그널의 지역 부분들의 사인파 진동수와 페이즈의 내용들을 결정하기 위해 사용되는 하나의 푸리에와 관련된 변형의 하나다.

출력된 파일은 분석에서 사용된 사운드파일의 내용, 분석 프레임의 샘플 비율, 그리고 중복에 관한 세부 사항들을 담는 피복(pvoc)을 위한 머리 부분을 가지고 있다. 분석된 각 프레임들의 데이터는 부동소수 값으로 저장되며 이들 데이터들은 크기(magnitude, 진폭)와 진동수 그리고 각 프레임의 푸리에 빈23)들의 순서로 제시된다. 진동수는 페이즈 증가를 암호화하는데 그 방법은 강한 배음들을 위해서는 진정한 진동수라는 좋은 표시를 그리고 낮은 진폭과 또는 재빨리 움직이는 배음들은 더 적은 의미를 준다.

(1) 푸리에 분석(Fourier Analysis)의 단점

시그널 분석 중에서 가장 널리 알려진 것이 푸리에 분석이다. 이 분석은 하나의 시그널을 구성하고 있는 서로 다른 진동수들을 사인곡선으로 분해하는 것이다. 이를 다른 관점에서 보면 시간에 바탕을 둔 시그널의 흐름을 진동수에 바탕을 두는 방법이라 할 수 있다.

따라서 푸리에 분석은 한 시그널에 존재하는 진동수들의 내용을 분석하는 데에 아주 유용하다. 그러나 이 분석의 문제점은 진동수에 기초하기 때문에 시간에 따른 정보는 놓쳐 버린다는 데에 있다. 실제 한 시그널에 대한 푸리에 분석 결과를 본다면 언제 어떤 특별한 진동수가 나타나는가를 알기는 불가능하다.

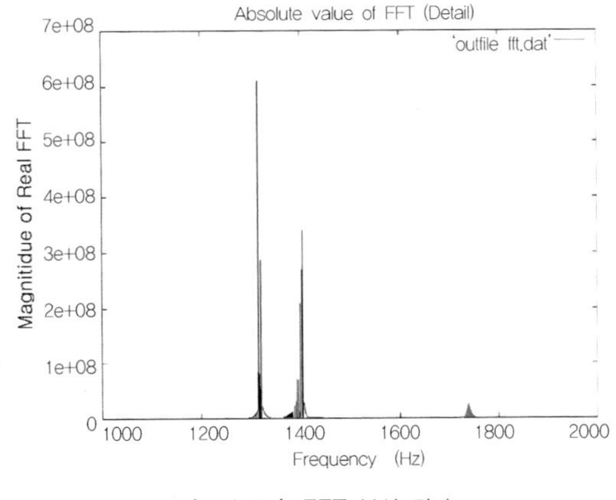

〈그림 28〉 FFT 분석 결과

---

23) 전체 주파수 대역이 세분화된 각 대역을 의미한다. 예를 들어 2khz 간격으로 전체 대역을 나눈다면 이 2khz가 하나의 빈이 된다.

만약 한 시그널이 시간에 따라 거의 변화하지 않는다면 큰 문제는 없다. 그러나 대부분의 흥미 있는 시그널들은 계속 변하는 동적인 성격들로 이루어져 있다. 그리고 이들 성격들은 종종 그 시그널의 가장 중요한 부분이 된다. 따라서 푸리에 분석은 이들 성격들을 찾아내는 데에는 적당하지 않다.

(2) 짧은 시간 푸리에 분석의 등장

짧은 시간 푸리에 분석(Short – Time Fourier Analysis)은 이런 문제를 해결하기 위해 한 시그널을 여러 시간대로 잘라서 분석하는 방법이다. 이 방법은 시그널에 창을 내는 기법(windowing)이라 불리며 시간과 진동수로 된 2차원 함수로 시그널을 맵핑[24]하게 된다. 이와 같은 방법을 사용하는 분석을 짧은 시간 푸리에 분석(STFT, Short – Time Fourier Transform)이라 한다.

이처럼 STFT는 시그널에 대한 시간과 진동수와의 일종의 타협된 방법을 통해 언제 어떤 진동수가 시그널에 나타났는지를 제시할 수 있다. 따라서 그 정보는 약간 제한된 정확성을 가지고 있어 정확성의 정도는 윈도우의 사이즈를 결정하고 분석하는 시간의 간격에 크게 좌우된다.

짧은 시간 푸리에 분석의 또 하나의 문제점은 한번 분석을 위한 간격을 정하고 나면 이 간격은 고정되어 시그널의 모든 부분에 똑같이 적용됨으로써 변화가 많이 일어나는 어떤 부분에 대해서는 그에 대한 정보를 놓칠 수 있다는 점이다. 이를 해결하기 위해서는 몇 가지의 윈도우 사이즈를 정해서 관찰해야 할 것이다.

---

24) 맵핑(Mapping)이란 용어는 어떤 대상과의 대응 관계를 정의하는 방법 또는 모방하는 방법이다.

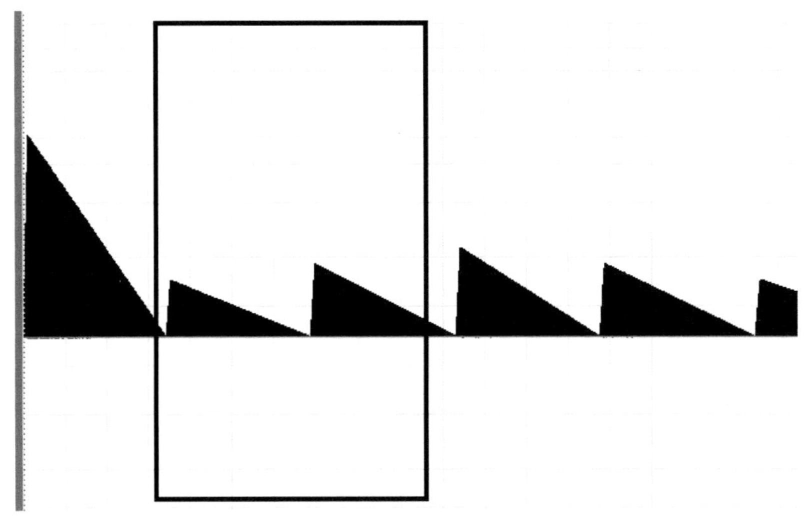

<그림 29> 윈도우잉(windowing)

원래의 페이즈 보코딩 옵코드 피브이아날(pvanal)의 기본 확장자는 pv였으나 최근 이 옵코드는 확장되어 PVOC-EX 포맷 파일도 지원한다. 이 피복 이엑스 (PVOC-EX) 파일을 만들기 위해서는 출력파일의 확장자 이름을 반드시 pvx로 입력해야 한다. 또한 요구되는 FFT(Fast Fourier Transform) 크기도 반드시 2의 제곱수를 입력해야 하는 것은 아니며 어떠한 양의 정수도 입력할 수 있다. 홀수들은 프로그램 내부에서 자동으로 절상된다. 그러나 여전히 2의 제곱수는 가장 적절한 수다.

현재 채널 설정은 있지만 무시되며 사운드파일의 모든 채널들이 분석되어 출력파일에 포함된다. 최대 채널은 8채널까지다.

피브이아날은 입력된 사운드파일을 규칙적인 시간점들에서 주파수에 관한 정보를 일련의 짧은 시간 푸리에 변환 프레임들로 변환한다. 출력되는 파일은 원래의 샘플들에 기초한 오디오 시그널들을 산출하기 위해 사용되며 이때 시간 크기와 피치들은 임의로 적용된다.

(3) 파일 입력(File input)

지원하는 사운드파일은 wav, aif/aiff, raw 등이다.

(4) 파일 출력(File output)

분석 결과로 만들어질 파일 이름을 선택한다. 확장자는 원래의 pv 또는 확장된 pvx를 사용할 수 있다.

(5) 샘플 비율(Sample Rate −s)

분석할 사운드파일의 샘플(링) 비율을 입력한다. 입력하지 않으면 사운드파일의 머리 부분에 기록되어 있는 샘플 비율이 사용된다. 만약 다른 비율을 입력한다면 사운드파일의 샘플 비율은 무시되고 대신 입력된 값이 사용된다. 둘 다 없을 경우 기본 값인 10,000이 사용된다.

(6) 시작 시간(Begin time −b)

분석이 시작될 사운드파일의 위치점을 초 단위로 입력한다. 기본 값은 0.0초이며 소수점을 사용할 수 있다.

(7) 길이(Duration −d)

분석할 시간을 초 단위로 입력한다. 기본 값은 0.0으로서 파일의 끝까지를 의미한다.

(8) 프레임 크기

프레임 크기(Frame Size −n)는 STFT 분석을 위한 프레임 크기를 샘플의 수로 입력한다. 이 값은 반드시 2의 제곱수(예: 2, 4, 8, 16 등등)를 입력해야 하며 범위는 최소 16(2의 4제곱)에서 16,384(2의 14제곱)까지다. 선명한 결과들을 위해서 하나의 프레임은 반드시 그 소리의 가장 긴 피치의 주기보다 더 길어야만 한다. 그러나 아주 긴 프레임을 사용할 경우 일시적인 흐려짐이나 잔향이 야기될 수 있다. 각 STFT의 빈[25](bin) 대역은 '샘플 비율/프레임 크기'로 결정된다. 기본 프레임 크기

---

25) 빠른 푸리에 변환(FFT) 및 이와 유사한 알고리즘들에서 진동수 영역을 여러 개로 쪼개어 구분한다. 이 구분된 각각을 빈(bin)이라 한다.

는 20밀리 세컨드(1/50초)보다 더 큰 시간에 응답하는 가장 작은 2의 제곱수이다.

(9) 윈도 중복 계수

윈도 중복 계수(Wind factor - w): STFT 분석에서는 사운드파일을 적당한 단위로 잘라서 분석하게 된다. 이렇게 잘리는 하나의 범위를 윈도우 또는 프레임이라 한다. 보다 이상적인 결과를 위해 STFT는 이 프레임들의 시작과 끝을 같게 하지 않고 각 프레임들이 조금씩 겹치게 한다.

따라서 이 값은 초당 푸리에 변환 프레임의 수를 결정하게 된다. 일반적으로 무난한 값은 4이다. 이 값은 '프레임 크기/4'로 말할 수 있으며 쉽게 말하면 1/4이 겹친다는 의미다. 기본 값은 4이다.

(10) 홉 크기

홉 크기(Hop size - h)는 위 프레임 크기에서 설정한 값을 위의 윈도 중복 요소에서 설정한 값으로 나눈 몫을 입력하면 된다. 결국 겹치는 부분에서 나타나는 샘플들의 수가 된다. 이처럼 시사운드에서는 종종 프로그램의 내부에서 처리할 수도 있는 간단한 내용을 사용자가 입력하게 하는 경우가 종종 있다. 예를 들면 오케스트라파일의 머리 부분에 입력하는 ksmps의 값이 이와 같은 경우이다.

(11) 분석 그래픽 윈도 표시

분석 그래픽 윈도 표시(Display - g)는 산출 시 분석된 결과를 그래픽 윈도에서 제시할 것인지의 여부를 정한다.

4) 컨벌루션[31] 분석(Convolution Analysis)

옵코드 시브이아날(cvanal)은 사운드파일을 분석하여 하나의 '싱글 푸리에 트랜스폼'(single Fourier transform) 프레임으로 변환하는 '충격 반응 푸리에 분석'(Impulse Response Fourier Analysis)을 수행한다. 이 분석된 파일은 입력 신호와 원래의 충격 반응 사이에서 빠른 컨벌루션을 수행하는 컨발브 연산자에 의해 사용된다. 시사운드에서의 이 컨벌브 연산자를 위한 옵코드는 컨벌브(convolve)다.

출력된 파일은 머리 부분에 사운드파일의 세부내용을 포함하는 하나의 특별한 컨벌브 부분을 가지며 분석된 데이터는 부동소수 값으로 저장된다.

(1) 파일 입력(File input)

지원하는 사운드파일은 wav, aif/aiff, raw 등이다.

(2) 파일 출력(File output)

분석 결과로 만들어질 파일 이름을 선택한다. 확장자는 cv이다.

(3) 샘플 비율

샘플 비율(Sample Rate − s) 값은 분석할 사운드파일의 샘플(링) 비율을 입력한다. 입력하지 않으면 사운드파일의 머리 부분에 기록되어 있는 샘플 비율이 사용된다. 만약 다른 비율을 입력한다면 사운드파일의 샘플 비율은 무시되고 입력된 값이 사용된다. 둘 다 없을 경우 기본 값인 10,000이 사용된다.

(4) 시작 시간

시작 시간(Begin time − b)은 분석이 시작될 사운드파일의 위치점을 초 단위로 입력한다. 기본 값은 0.0초이며 소수점을 사용할 수 있다.

---

26) 컨벌루션은 하나의 보편화된 필터링 알고리즘이다. 핵심적으로 이것은 두 개의 시그널인 원천 파일과 필터의 충격 반응 사이에서 강열한 스펙트럼의 교차를 수행한다. 세부적으로 Convolution이란 각종 시스템에서 시스템 고유의 동작함수와 신호함수의 상호적분관계를 말한다. 일반수식으로는 $y(t) = 적분\{x(\tau)*h(t − \tau)\}$과 같은 형태가 되며 한 신호를 기준으로 다른 신호가 상대적인 시간변화를 가지며 그에 따른 적분(합)의 계산을 통해 산출된 신호를 의미한다. 결국 convolution은 서로 다른 두 신호를 합성하는 과정을 의미하는 수학적인 시스템 용어다. 그중 한 신호 h(t)가 시스템의 동작을 나타내는 고유 신호인 경우라면 convolution은 그 시스템을 거친 신호의 변화하는 과정과 결과를 의미하는 용어가 된다.

(5) 길이(Duration − d)

분석할 시간을 초 단위로 입력한다. 기본 값은 0.0으로서 파일의 끝까지를 의미한다.

(6) 채널(Channel)

분석할 채널 번호 또는 전체 채널을 선택한다.

5) 사운드파일 정보(Sound File Info)

사운드파일에 관한 정보를 출력 윈도를 통해 출력한다.

6) 페이즈 보코더 파일 정보

페이즈 보코더 파일 정보(Phase Vocoder File Info)는 피브아날(pvanal)에 의해 분석된 'pv' 또는 'pvc' 확장자를 가진 파일을 텍스트 파일로 변환한다.

7) 드 노이저(De Noiser)

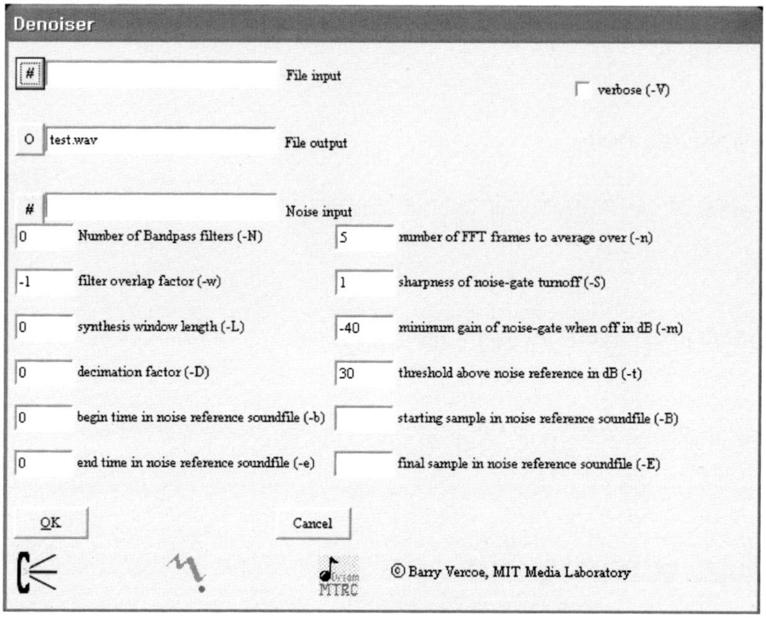

〈그림 30〉 드 노이저(De Noiser) 윈도

사운드파일에 포함되어 있는 잡음을 감소한다. 프로그램 드 노이저에 사용되는 옵코드는 디노이즈(dnoise)로서 진동수 주도 잡음 제어(frequency – domain noise – gating)를 사용하여 잡음을 감소한다. 드 노이저는 히스[27](hiss) 타입의 잡음을 가진 높은 시그널(high signal – to – noise[28])의 잡음일 경우에 최상으로 잘 작동한다.

(1) 파일 입력(File input)

잡음을 감소할 사운드파일을 입력한다. 지원 파일은 wav, aif/aiff, raw 등이다.

---

27) '씨이 –' 소리를 내는 잡음을 말한다.

28) 'high signal – to – noise'는 높은 주파수를 의미하는 것이 아니라 잡음보다 원래의 소리가 더 큰 경우를 말하며 'low signal – to – noise'는 원래의 소리보다 잡음이 더 큰 시그널을 의미한다.

(2) 파일 출력(File output)

실행 후 노이즈가 감소되어 출력될 파일 이름을 정한다. 지원 파일은 wav, aif/aiff, raw 등이다.

(3) 잡음 참고 사운드파일 입력

참고할 잡음이 담겨 있는 사운드파일(Noise input)을 입력한다. 지원 파일은 wav, aif/aiff, raw 등이다. 예를 들면 제거할 잡음과 유사하거나 동일한 잡음이 들어 있는 사운드파일을 입력한다.

(4) 밴드 패스 필터의 수

사용할 밴드 패스 필터들의 수(Number of Bandpass filters － N)를 입력한다. 기본 값은 1,024이다.

(5) 필터의 중복 인수

필터의 중복 인수(filter overlap factor － w)는 필터의 겹치는 정도를 결정한다. 값은 －1(사용하지 않음), 0, 1, 2, 3 중에서 선택한다. 소리마다 그 변화의 차이는 무한대이므로 어느 인수가 낫다고 말할 수 없다. 4가지를 다 만들어서 가장 좋은 결과를 선택하는 것이 최상일 것이다. 사용자가 자주 접하는 잡음들을 위해서는 각각 어떤 인수가 좋았다는 것을 기록으로 남겨 두는 것이 권장된다.

(6) 분석 윈도 길이

분석할 윈도 길이(analysis window length － M)를 설정한다. 시사운드 버전 4 윈도우용에는 없으며 버전 5부터 적용된다. 주의할 점은 다음과 같다.
　* 만약 필터의 중복 인수를 설정했다면 분석 윈도 길이는 사용하지 않아야 한다.
　* 만약 필터의 중복 인수를 설정하지 않았다면 분석 윈도 길이를 '밴드 패스 필터의 수 － 1'의 값을 입력하면 된다. 예를 들어 밴드 패스 필터의 수가 1,024

라면 1,023을 입력한다.

(7) 합성 윈도 길이

합성 윈도 길이(synthesis window length − L)의 기본 값은 '밴드 패스 필터의 수 − 1'이다. 예를 들어 밴드 패스 필터의 수가 1,024라면 1,023을 입력한다.

(8) 축소 인수

입출력 인수(decimation[29] factor − D)인 축소(데서메이션, decimation) 인수를 입력한다. 기본 값은 '밴드 패스 필터의 수/8'의 값이다.

(9) 잡음 참고 사운드파일의 시작 시간

잡음 참고 사운드파일의 시작 시간(begin time in noise reference soundfile − b)은 참고할 잡음이 들어 있는 사운드파일의 시작 시간을 입력한다. 기본 값은 0이다. 초 단위로 입력한다.

(10) 잡음 참고 사운드파일의 끝 시간

잡음 참고 사운드파일의 끝나는 시간(end time in noise reference soundfile − e)은 참고할 잡음이 들어 있는 사운드파일이 끝나는 시간을 입력한다. 기본 값은 0으로서 파일의 끝을 의미한다.

(11) 평균적인 FFT 프레임들의 수

평균적인 FFT 프레임들의 수(number of FFT frames to average over − n)를 입력한다. 기본 값은 5이다.

---

29) 입력과 출력 간의 비율(the ratio of the input rate to the output rate)

(12) 잡음 제어의 민감도

잡음 제어의 민감도(sharpness of noise－gate turnoff －S)의 설정에서 잡음 제어의 민감도는 모두 5개의 범위로 설정된다. 그 범위는 1에서 5까지이며 기본 값은 1이다. 값이 클수록 더 민감하게 반응한다.

(13) 최소한의 증폭 값을 데시벨로

최소한의 증폭 값을 데시벨로(minimum gain of noise－gate when off in dB － m) 옵션은 잡음 제어 범위 밖의 시그널에 대한 최소한의 증가 값을 데시벨 단위로 입력한다. 기본 값은 －40이다. －40 데시벨은 거의 들리지 않는 아주 약한 소리이다.

(14) 잡음 조회를 초과하는 시작점을 데시벨로

잡음 조회를 초과하는 시작점을 데시벨로(threshold above noise reference in dB － t) 옵션은 잡음 조회 파일의 진폭 크기를 초과하는 지점을 데시벨로 입력한다. 기본 값은 30이다. 30데시벨은 아주 큰 소리이다.

(15) 잡음 조회 사운드파일에서 시작할 샘플

잡음 조회를 위한 사운드파일에서 시작할 샘플(starting sample in noise reference soundfile － B) 옵션은 앞서 분석할 사운들 파일에 다른 데이터가 앞에 있을 경우에는 시작할 위치를 0이 아닌 샘플의 색인 값으로 정할 수 있다. 이 경우 시작할 위치의 샘플의 순서 번호(색인)를 입력하면 된다. 기본 값은 0이다.

(16) 잡음 조회 사운드파일에서 참고될 마지막 샘플

잡음 조회를 위한 사운드파일에서의 참고될 마지막 샘플(final sample in noise reference soundfile － E) 옵션은 잡음 조회 사운드파일에서의 참고될 마지막 샘플 번호를 입력한다. 입력하지 않으면 기본 값으로 파일의 끝이 적용된다.

(17) 벌보스(verbose − V)

이 벌보스 체크 버튼을 체크할 경우 산출 시 이에 관한 내용을 출력 윈도에
제시한다.

8) 리스트 옵코드(List Opcodes)

현재 버전의 시사운드 프로그램에 포함되어 있는 모든 옵코드의 이름만을 리
스트로 나열한다. 단지 사용자가 사용하고자 하는 옵코드가 현재 버전에서 가능
한지 여부를 알고자 할 때 사용한다.

9) 옵코드 세부 사항들(Opcode Details)

위의 리스트 옵코드와 같이 현재 버전의 프로그램에서 가능한 모든 옵코드들
을 템플릿과 함께 나열한다.

05

시사운드 버전 5

2006년 12월에 첫 시사운드 5 베타 버전이 공개되었다. 베타 버전도 약간의 부분적인 문제들을 제외하고는 사용상에는 아무런 문제가 없다. 시사운드 버전 5 는 두 개의 GUI를 가진 윈도우용 프로그램과 고전형식의 도스 버전 시사운드 (csound.exe)를 포함하여 모두 3개의 시사운드 프로그램이 포함되고 있다. 윈도우 용 중 그 하나는 모든 OS에 공통된 GUI 인터페이스를 가진 'Csound5Gui'이며 다른 하나는 버전 4의 GUI를 그대로 유지하고 있는 '윈사운드'(Winsound) 버전 5이다.

이들 실행 프로그램(*.exe)들은 인스톨할 때 사용자가 특별히 위치를 변경하지 않는다면 각 프로그램들은 'C:\Program File\Csound\bin\' 폴더에 위치하며 도스버전 은 'csound.exe', 시사운드5Gui는 'csound5gui.exe' 그리고 윈사운드는 winsound.exe 라는 이름으로 나타난다.

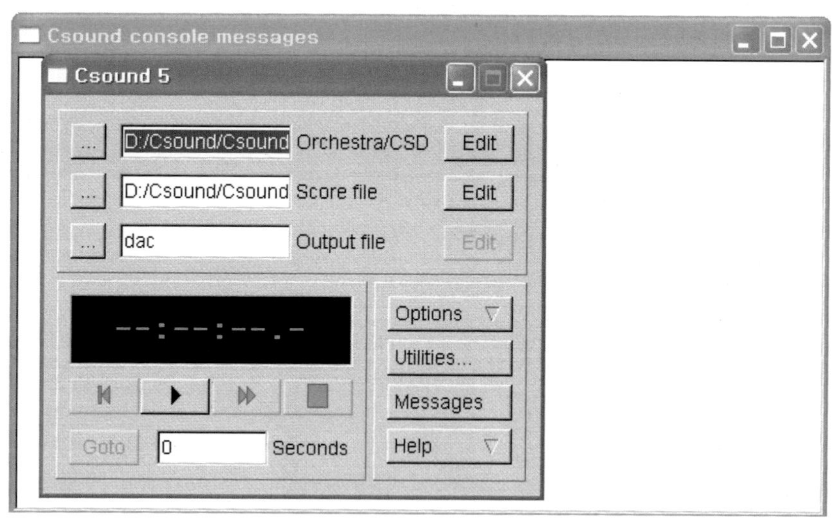

〈그림 31〉 Csound5Gui 프로그램의 모습

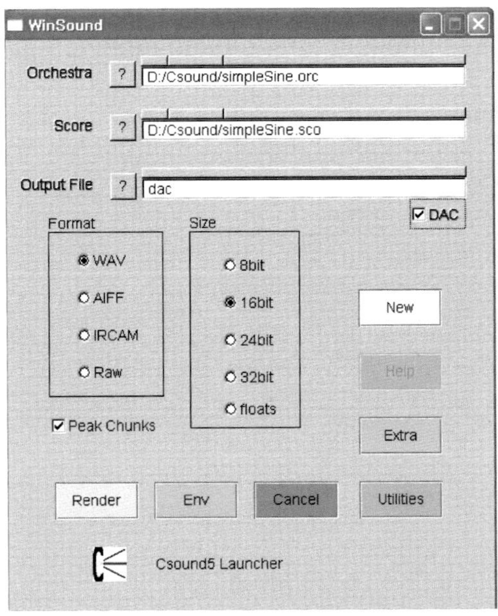

〈그림 32〉 버전 4 형태의 윈사운드(Winsound) 5의 모습

버전 5에 들어와 윈사운드 버전 5는 과거의 형태를 그대로 유지하고 있는 가운데 대신 편집기를 갖춘 '시사운드5Gui'가 사용되다가 버전 5.11부터 큐트시사운드(QuteCsound)로 대체된다.

그러나 파이선은 시사운드VST(버전 5.07까지만 가능)에서만 가능한 것이 아니며 시사운드 자체에서도 파이선을 사용할 수 있게 되었다. 이로써 시사운드는 악기 제작, 실시간 시그널 산출, 미디입출력, 외부의 다양한 플러그인 사용 그리고 가상악기(샘플러) 역할뿐만 아니라 사용자가 시사운드 내에서 보다 다양한 작곡적 알고리즘도 실현할 수 있게 되었다는 점은 획기적인 일이라 할 수 있다.

버전 5.03의 Csound5Gui의 모습은 위 그림과 같이 모든 OS에서 동일하다. 윈사운드와 다른 점은 자체적으로 편집기를 제공하며 그리고 연주를 실행하면 진행시간이 표시된다는 점을 들 수 있다. 그리고 윈사운드 프로그램의 오디오 출력을 위한 기본 포터 설정이 ASIO(Audio Stream Input Output)로 정해졌다. 따라서 사용자 컴퓨터의 사운드카드가 ASIO를 지원하지 않는다면 연주 시마다 엔터키를 눌러 경고 윈도우를 없애야 하는 불편함이 있을 수 있다. 그러나 시사운드 또한 윈도우즈 MME 드라이브를 지원하기 때문에 이 문제는 'Csound5Gui'의 '시사운드 연주 세팅' 윈도에서 실시간 오디오 모듈로서 'MME'를 설정하면 해결된다. 물론 이런 현상은 모든 사운드카드에 다 해당되는 것은 아니다. 아마 버전 5에서 ASIO 드라이브를 기본으로 지원하면서 이런 상황이 생겼다.

버전 5의 핵심은 시사운드에 어떤 획기적인 새로운 옵코드들을 넣은 것도 있지만 시사운드5Gui와 같이 새로운 인터페이스를 구축한 데에도 있다. 이로써 시사운드 5는 첫째로 모든 OS에서 시사운드가 동일한 모습으로 나타나도록 OS에 독립적인 GUI를 구현하였고 둘째로 시사운드의 옵코드를 다른 프로그램에서도 불러서 사용할 수 있도록 플러그인 (plug – in) 인터페이스를 추가하였다. 셋째로 파이선(Python)을 스크립팅 언어로 채택하여 시사운드를 보다 유연성 있게 만들었다.

가. 환경 변수(Environmental Variables)란

'환경 변수'란 '사용자 컴퓨터의 환경을 위한 변수'의 줄임말이다. 여기서 '변수'는 프로그래밍에서 사용하는 용어 '변수'(variable)를 그대로 가져온 것이다. 이 비일반적인 용어인 '변수'란 단어 때문에 선뜻 이에 대한 어떤 구체적인 이미지가 떠오르지 않을 수 있다. 앞 장에서 '변수'(variable)에 대해 언급하였듯이 변수는 컴퓨터의 메모리에서 어떤 데이터가 차지하는 공간의 이름 또는 이 공간을 차지하는 데이터의 이름이다. 이 '환경 변수'도 사용자 컴퓨터의 환경에 관한 중요한 데이터들의 모임으로서 윈도우즈가 시작되면 사용자 컴퓨터의 메모리의 한 부분에 '환경 변수'(Environmental Variables)라는 이름으로 저장된다. 실제 내부에서는 여러 종류의 변수들이 모인 하나의 클래스(class)로서 저장된다.

1) 환경 변수의 내용

이 환경 변수들은 크게 두 가지의 데이터를 가진다. 하나는 특정한 환경 변수들에 대한 값들과 다른 하나는 자주 쓰이는 '패스'(path, 경로)에 관한 데이터들이다. 이 '패스'는 컴퓨터의 메모리에 저장되는 중요한 정보로서 윈도우즈가 종료될 때까지 윈도우즈 자체에서 그리고 사용자에 의해서 자주 사용하는 디렉터리의 위치를 기억한다. 이로써 현재 '패스'의 위치가 어디에 있든 윈도우즈 또는 사용자는 경로 없이 파일 이름만으로 신속히 접근할 수 있게 된다. 한 예로 어떤 프로그램을 인스톨한 후에 윈도우즈를 새로 시작할 것을 요구하는 메시지를 받은 경험이 있을 것이다. 이와 같은 경우의 대부분은 이 환경 변수와 밀접한 관계가 있다. 과거에는 도스 시절의 자동 실행 배치 파일인 'autoexec.bat'가 현재 윈도우즈의 환경 변수와 동일한 역할을 수행하였다.

〈표 16〉 도스와 윈도우즈 3.1의 '환경 변수' 파일 'autoexec.bat'의 내용

```
@ECHO OFF
PROMPT $P$G
PATH=C:\DOS;C:\WINDOWS
SET TEMP=C:\TEMP
SET BLASTER=A220 I7 D1 T2
LH SMARTDRV.EXE
LH DOSKEY
LH MOUSE.COM /Y
WIN
```

2) 윈도우즈의 환경 변수

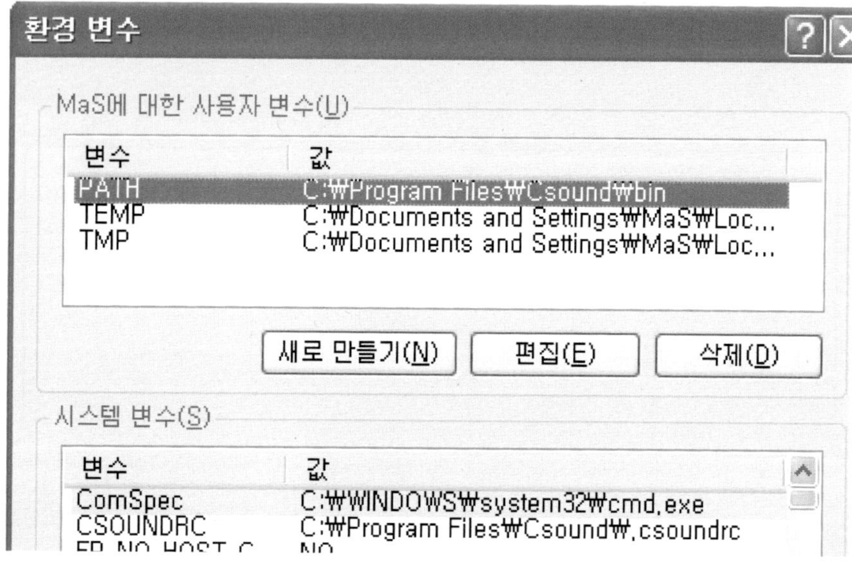

〈그림 33〉 윈도우즈의 환경 변수 위치

윈도우즈의 '환경 변수'는 사용자가 필요한 경우 그 내용을 볼 수 있으며 편집할 수도 있다. 윈도우즈의 '환경 변수'는 사용자 컴퓨터의 '내 컴퓨터'(My Computer) 아이콘을 오른쪽 버튼으로 누른 후 나타나는 팝업 메뉴의 제일 아래쪽의 '속성' 항목을 또는 '제어판'의 항목 중에서 '시스템' 아이콘을 클릭하면 '시스템 등록 정보' 윈도우가 나타난다. 이 윈도우의 가운데에 위치한 '고급' 탭의 제일 아래쪽의 '환경 변수' 버튼을 클릭하면 된다. 패스를 추가할 때는 세미콜론(;)을 현재 패스 라인의 끝에 붙인 후 원하는 패스(경로)를 추가하면 된다. 이 세미콜론의 앞뒤로 빈칸은 있어도 되고 없어도 된다. 세미콜론은 각 패스의 끝을 컴퓨터에 알리는 역할을 한다.

3) 시사운드의 환경 변수

시사운드 버전 5에서는 프로그램을 인스톨하면 자동으로 시사운드 프로그램들의 패스(path)가 위 그림처럼 윈도우즈의 환경 변수에 만들어짐으로써 어디서든 시사운드를 실행할 수 있게 하고 있다. 그리고 그 외 시사운드의 자체적인 '환경 변수'는 시사운드5Gui 프로그램의 '시사운드 연주 세팅'(Csound Performance Settings) 윈도의 '환경'(Environment) 탭에서 설정할 수 있다.

시사운드 프로그램의 '환경 변수'에 대해서는 뒤쪽의 '시사운드5Gui' 장에서 자세히 언급된다.

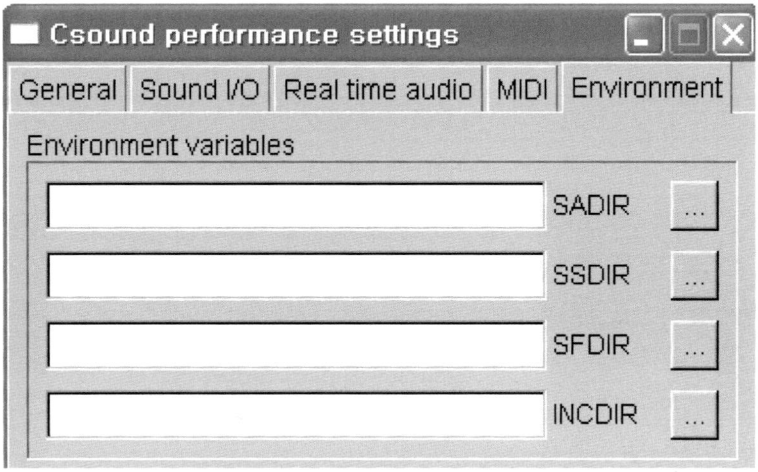

〈그림 34〉 시사운드의 환경 변수 입력 탭

나. 시사운드 5 도스 버전(Csound.exe)

시사운드 5 도스 버전은 윈도가 없는 가장 고전적이며 또한 과거의 형태를 그대로 유지하고 있는 시사운드 프로그램이다. 앞서 2개의 윈도를 가진 시사운드 프로그램들이 잠깐 소개되었지만 이 도스 버전 또한 내부적으로 똑같은 기능을 가지고 있다. 단지 윈도가 없을 뿐이다.

1) 명령 프롬프트 실행

시사운드 5 도스버전을 실행하는 방법은 간단하다. 시사운드 프로그램 이름과 사용할 플래그들(명령들, 명령 라인) 그리고 마지막으로 산출할 사운드파일 이름과 악기파일 이름을 입력하고 '엔터' 키를 누르면 된다. 만약 사운드파일 산출 없이 소리만 듣는다면 사운드파일 이름은 생략하면 된다. 그리고 다음의 그림처럼 파형을 나타내는 명령을 사용했다면 산출 후 이 파형을 나타내는 윈도의 'Quit' 버튼을 눌러 윈도를 닫아야 한다. 그렇지 않으면 '명령 프롬프트'는 파형 윈도에 묶여 있게 되어 이 윈도를 닫기 전에는 사용자는 더 이상 '명령 프롬프트'를 사용할 수 없게 된다.

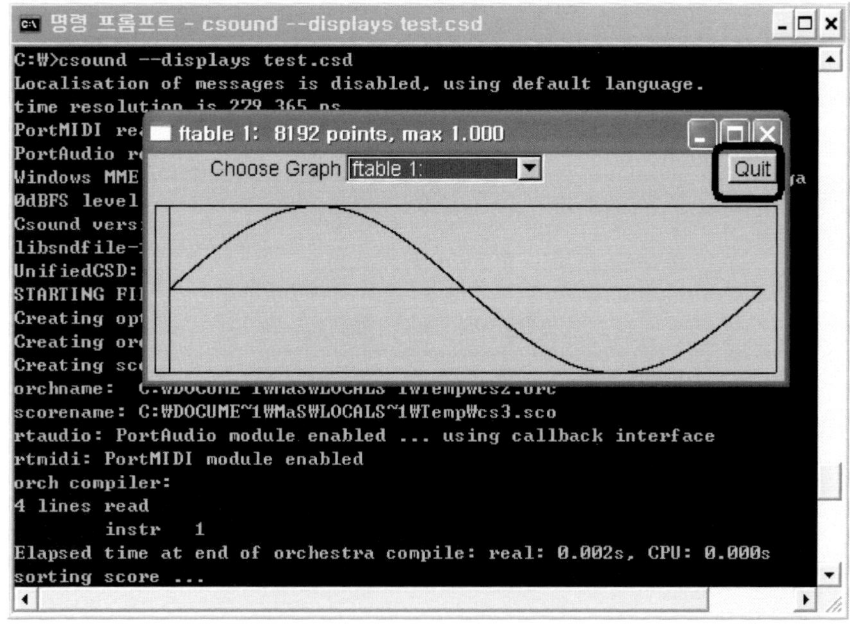

〈그림 35〉 시사운드 5 도스 버전의 실행 모습

위 그림에서처럼 시사운드 5 도스 버전의 실행은 과거 버전과 마찬가지로 한 줄의 명령 라인으로 이루어진다. 위 그림의 예는 시사운드의 실행 파일 이름(이름 끝에 붙은 확장자 '.exe'는 생략할 수 있다)과 사용한 파형과 사운드파일의 웨이브 모양을 제시하라는 명령('−−displays') 그리고 사용자가 만든 악기파일의 이름으로 되어 있다.

이 명령 라인을 키보드로 입력한 후 '엔터' 키를 누르면 시사운드 프로그램이 실행되면서 동시에 다양한 정보 및 산출 과정에 관한 정보들이 검은 화면에 출력된다. 만약 어떤 오류가 발생하면 즉시 이에 관한 내용이 출력된다. 출력이 끝난 후에도 사용자는 '명령 프롬프트'의 스크롤바를 이용해서 처음부터의 출력 과정을 살펴볼 수 있다.

위 명령 라인은 파형의 모양과 사용할 악기파일 이름만으로 된 단 두 가지의 플래그밖에 없다. 그렇다면 다른 플래그(명령)들은 어디서 온 것일까. 그 해답은 시사운드를 인스톨하게 되면 시사운드 인스톨 과정에서 자동으로 기본 '명령 라인'을 가지는 '명령 라인 파일'이 만들어진다. 이 파일의 구체적인 이름은 '.csoundrc'이다. 다음을 보자.

2) 시사운드 버전 5의 '명령 라인' 파일의 위치

시사운드 버전 5를 사용할 때 기본 명령들을 담고 있는 명령 라인(Command−line) 파일은 '.csoundrc'라는 이름을 가진 파일로서 시사운드가 인스톨된 폴더에서 찾을 수 있다. 인스톨할 때 기본 폴더 위치나 이름을 바꾸지 않았다면 'C:\Program Files\Csound\' 폴더에 들어 있다. 이 파일 이름은 점이 맨 앞에 나와 있고 확장자도 없는 이상한 형태지만 텍스트 파일로 되어 있으므로 아무런 문제없이 '워드패드'나 '메모장'으로 열어서 수정할 수 있다.

다음 표는 실제 시사운드 버전 5의 '명령 라인' 파일의 내용이다. 파일의 실제 '명령 라인'은 제일 마지막에 있는 하나의 행이며 그 위의 설명 부호(;)가 붙은 라인들은 자동으로 생성된 것으로서 아래 '명령 라인'에 대한 설명이다. 따라서 사용자는 평소에 자주 쓰는 명령들을 이 파일에 넣어 두고 기타 간혹 사용하는 플래그들은 시사운드를 실행할 때 그때그때 추가 입력한다면 긴 '명령 라인'을 입력할 필요가 없어 편리할 것이다.

그러면 기본 명령 라인 파일과 사용자가 시사운드를 실행 시 입력하는 명령 라인 사이에서 어느 쪽이 우선일까라는 의문이 생길 수 있다. 우선순위는 실행 시 입력하는 명령들이 우선권을 가진다. 예를 들면 '.csoundrc'에는 기본으로 사운드파일 산출 없이 소리만 듣는다고 되어 있더라도 실행 시 명령 라인에 사운드파일을 만드는 명령을 넣으면 기본 명령 라인의 명령은 무시된다. 다음 표는 시사운드 버전 5의 '.csoundrc' 파일의 내용이다. 세미콜론은 설명부호이며 붙지 않은 제일 마지막 행이 명령 라인이다.

〈표 17〉 시사운드 버전 5의 '.csoundrc' 파일의 명령 라인 내용

```
;         Print        Real-time      Use the       Frames      Frames
; Suppress  console    audio      PortAudio    per    per    Optimize
; all  messages No 16 bit WAV    output to  real-time  software  hardware  certain
; displays color-coded heartbeat samples format default port driver buffer buffer
; expressions

--displays  -m135  -H0  -s  -W   -o dac  -+rtaudio=pa  -b 128  -B 2048  --
expression-opt
```

3) '명령 프롬프트'에서 폴더 이동

윈도우즈에서 이 '명령 라인'을 실행하는 프로그램의 실제 이름은 'cmd.exe'로서 윈도우즈 폴더 안의 'system32' 폴더에 들어 있다. 그리고 이 프로그램의 '바로 가기' 아이콘은 '시작' 버튼을 눌러 '모든 프로그램' 안의 '보조 프로그램' 속에서 찾을 수 있다.

이 '명령 프롬프트' 아이콘을 클릭하면 검은색 배경을 가진 윈도가 뜬다. 그리고 현재의 경로는 'Documents and Settings' 안의 현 사용자의 폴더가 된다. 여기서 경로를 바꾸려고 한다면 'cd'(change directories)라는 명령을 입력하고 하나의 빈칸을 띄운 후 원하는 경로를 입력하면 된다. 예를 들면 C 드라이브의 루트로 간다면 'cd c:\'를 입력하면 된다. 'cd' 외의 기타 사용할 수 있는 명령들을 보고

자 한다면 'help'를 입력하고 '엔터' 키를 누르면 다양한 설명이 붙은 사용 가능
한 모든 명령들이 나열된다.

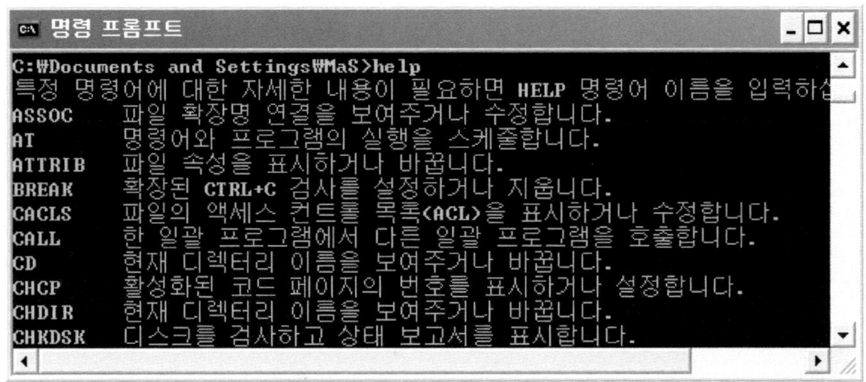

〈그림 36〉 '명령 프롬프트'의 'help' 명령

다. 윈사운드(Winsound) 버전 5

1) 주 윈도(Main Window)

윈사운드 버전 5의 메인 윈도 모양은 앞서 본 그림처럼 마이크로소프트사의
윈도 시스템이 아닌 풀틱(FLTK)을 사용한 외관을 가지고 있다. 외관에 사용된
색깔을 제외하고는 거의 버전 4와 다름이 없다. 다만 버전 4의 기능 중에서 앞으
로 더 이상 지원되지 않을 항목들은 제외되었다.

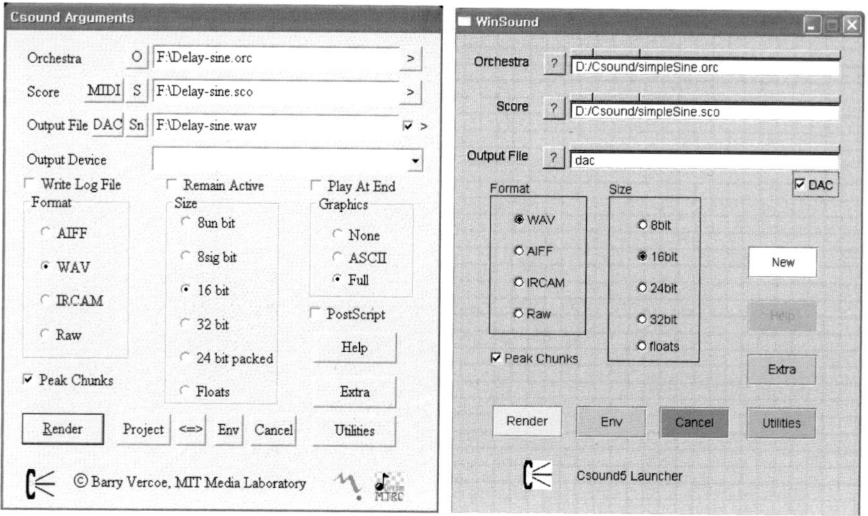

〈그림 37〉 윈사운드 4의 메인 윈도
〈그림 38〉 윈사운드 5의 메인 윈도

한 가지 아쉬운 점은 버전 4의 '프로젝트(Project) 버튼'이 버전 5에서 없어져 같은 이름을 가진 시사운드 악기파일들(orc/sco)을 동시에 열지 못하게 되어 불편하다는 점이다. 이로 미루어 볼 때 앞으로의 '존 피치'를 중심으로 한 새로운 시사운드 개발팀은 과거의 orc와 sco로 된 형태보다는 하나로 된 csd 형태의 악기파일 쪽에 무게를 두고 있음을 알 수 있다.

2) 디렉터리와 파일 접근(Access) 구조

윈사운드 5 프로그램에서 사용하는 디렉터리와 파일의 접근 방법은 윈도우 시스템과는 조금 달라 처음에 당황할 수 있으나 조금 익숙해지면 사용상 큰 어려움은 없다. 다만 디렉터리와 파일 이름들이 나열될 때 종종 알파벳 순서로 제시되지 않는 경우가 있으므로 이 점은 염두에 두어야 한다.

(1) 즐겨 찾기(Favorites)

윈도우즈 폴더 찾기 구조에 비해 윈사운드 버전 5가 사용하는 폴더 구조의 부

족한 점은 이 즐겨 찾기를 잘 활용함으로써 해결할 수 있다. '즐겨 찾기'는 크게
3가지로 나눌 수 있다. 즐겨 찾기에 추가(Add), 즐겨 찾기의 관리(Manage) 그리
고 즐겨 찾기의 제시 등이다.

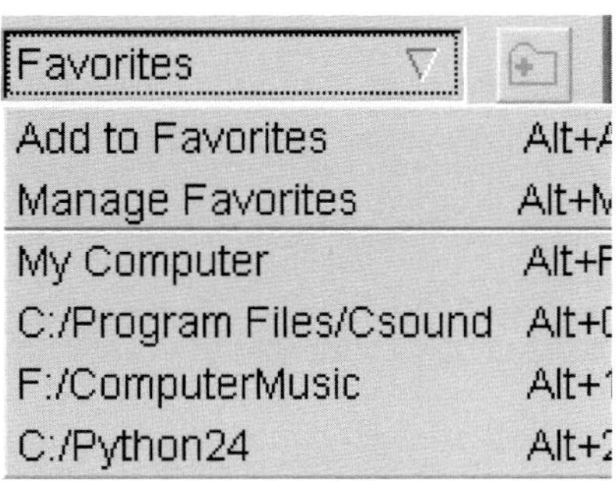

〈그림 39〉 즐겨 찾기

가) 즐겨 찾기에 추가(Add to Favorites)

자주 사용하는 폴더를 등록함으로써 한 번의 클릭으로 원하는 폴더로 갈 수
있다. 너무 많은 세부적인 폴더의 추가보다는 중요한 상위 폴더만을 등록함으로
써 작업을 단순화할 수 있을 것이다.

나) 즐겨 찾기의 관리(Manage Favorites)

즐겨 찾기에 등록한 폴더를 위/아래 화살표 버튼으로 현재의 위치를 바꾸거나
'x' 버튼을 눌러 삭제할 수 있다. 수정/삭제 후에는 반드시 저장('Save') 버튼을
눌러야 한다.

〈그림 40〉 즐겨 찾기 관리 윈도

다) 즐겨 찾기의 제시

사용자가 등록한 폴더로의 이동은 한 번의 클릭으로 해결된다. 즐겨 찾기에 기본으로 등록되어 있는 폴더는 '내 컴퓨터'(My Computer)이며 이 버튼을 누르면 모든 드라이브가 제시된다.

(2) 드라이브(Drive) 사이의 이동

가) 즐겨 찾기('Favorites')에 등록된 폴더 이용

즐겨 찾기('Favorites') 리스트 컨트롤에 있는 '내 컴퓨터'(My Computer) 항목을 클릭하여 전체 드라이브 중에서 선택하거나 또는 이미 등록되어 있는 즐겨 찾기 항목 중에서 하나를 클릭하는 방법이다.

나) 파일 이름('Filename') 상자 이용

다른 방법은 파일 이름 상자에 직접 키보드로 가고자 하는 드라이브의 이름을 입력한 후 엔터(Enter) 키를 누른다. 예) D:

〈그림 41〉 드라이브 이름 입력

(3) 디렉터리(Directories) 사이의 이동

디렉터리 이름들은 항상 굵은체로 나타나며 파일 이름들은 보통체로 나타난다. 디렉터리로 들어가려면 굵은체로 된 폴더이름을 클릭하고 상위 디렉터리로 가기 (빠져나오기)는 2 - 점으로 된 폴더를 클릭한다.

이 2 - 점 폴더는 최상위에 나타나는 것이 기본이지만 디렉터리 이름의 첫 캐릭터(글자)의 성격에 따라 다른 위치에 나타나기도 하므로 이 경우 사용자는 스크롤바를 이동해서 2 - 점 폴더를 찾아야 할 경우도 있다. 예를 들면 한글과 영문으로 된 디렉터리 이름들이 있다면 이 경우 2 - 점 폴더는 한글 디렉터리 이름들 다음에 나타나고 그 다음에 영문 디렉터리 이름들이 나열된다.

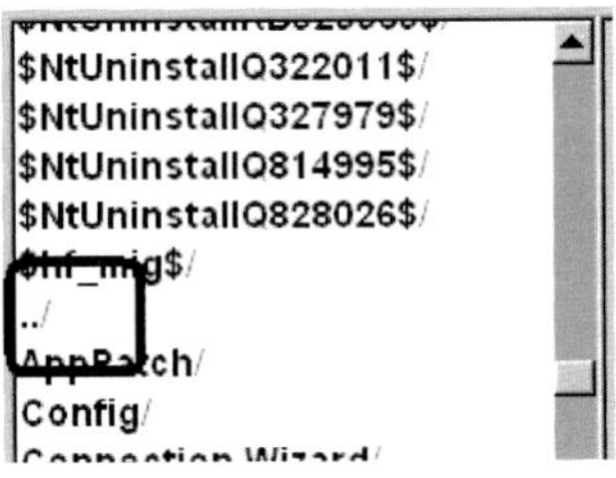

〈그림 42〉 최상위의 2 - 점 폴더　　〈그림 43〉 가운데의 2 - 점 폴더

(4) 미리 보기(Preview)

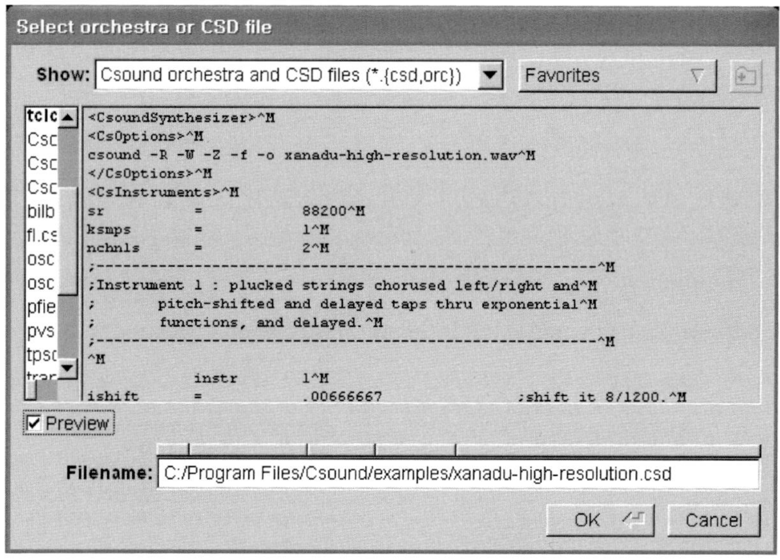

〈그림 44〉 '미리 보기'(Preview) 화면

원사운드 5의 인터페이스에서 새로운 기능의 하나는 '미리 보기'이다. 이 기능을 통해서 산출 전에 악기파일들의 내용을 미리 볼 수 있어 편리하다. 시사운드의 폴더 및 파일 찾기 윈도에는 특별히 윈도를 늘리는 표시는 없지만 마우스로 그 크기를 마음대로 확장할 수 있다. 미리 보기에서 화면이 너무 작을 때는 윈도를 크게 만들어 보면 된다.

3) 추가적 아규먼트(Additional Argument) 윈도

원사운드 5의 명령 라인을 위한 플래그들을 설정하는 윈도다. 버전 4의 약간의 옵션들이 버전 5에서는 사라졌으며 버전 5에서 추가된 것은 아무것도 없다. 주목할 점은 이전의 시사운드 스코어파일을 스코어파일 및 악보와 관련된 'Scot' 기능이 삭제되었다는 점이다. 이에 대한 기능은 앞으로 시사운드의 주 스크립팅 언어 파이선을 중심으로 티클(Tcl/Tk), 자바 등등 각 사용자들의 취향에 맞는 여러 다른 스크립팅 언어들에 의해 전개될 것이다.

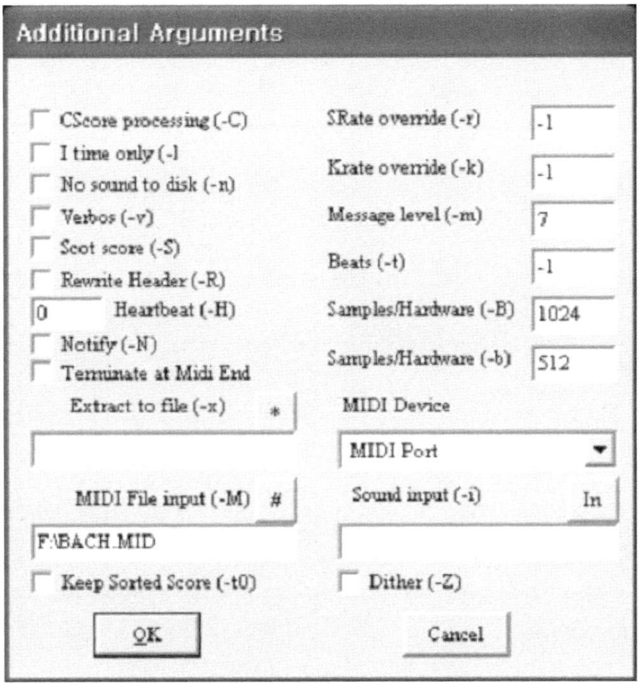

〈그림 45〉 버전 4의 아규먼트 윈도

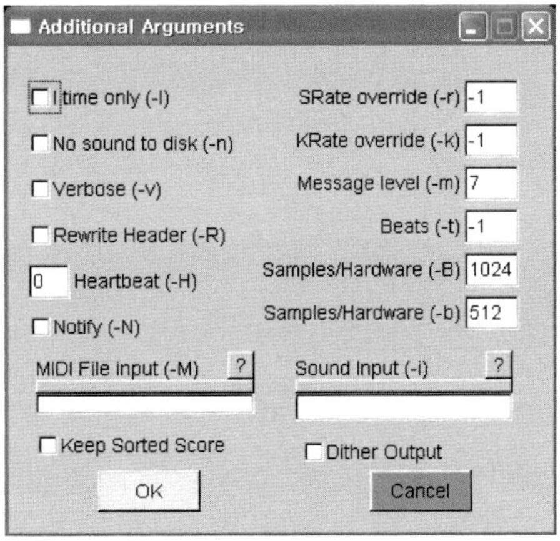

〈그림 46〉 버전 5의 아규먼트 윈도

4) 유틸리티(Utilities) 윈도

시사운드의 사운드파일 분석 및 재합성을 위한 유틸리티 윈도는 버전4와 거의
같은 형태를 유지하고 있다. 시사운드 5의 사운드파일 분석 및 재합성에 관한 내
용은 이어지는 '시사운드5Gui'장 뒤쪽에서 설명된다.

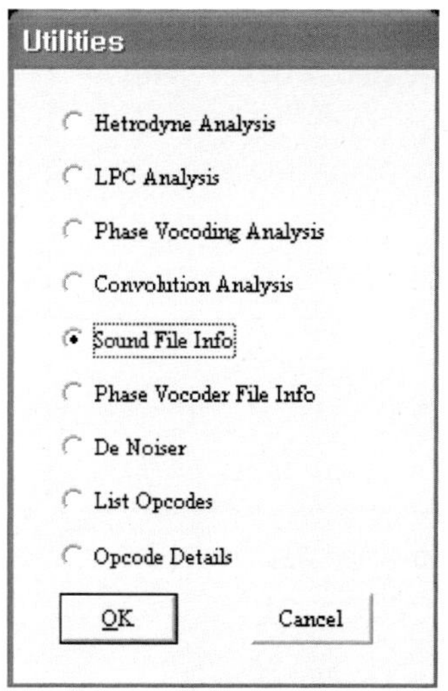

〈그림 47〉 버전 4 유틸리티 윈도　　〈그림 48〉 버전 5 유틸리티 윈도

라. 시사운드5Gui(csound5Gui)

시사운드5Gui 프로그램은 시사운드 버전 5에서 새로이 만들어진 프로그램으로
서 사실상 시사운드 5를 대표하는 프로그램이라 할 수 있다. 시사운드5Gui의 모
습은 윈도우즈 및 리눅스와 매킨토시 등 모든 OS에서 동일하다.

시사운드5Gui 프로그램은 모두 6개의 윈도로 이루어져 있다. 무엇보다 먼저
눈에 들어오는 것이 연주 시 진행시간의 표시와 자체에서 제공하는 편집기다. 진
행 시간 표시에는 잠시 중단하는 기능도 있으며 더 나아가 '앞쪽으로 빨리 가
기'(fast forward) 버튼을 사용하면 실시간 산출과정에서 원하는 시간의 위치로 10

초씩 앞으로 옮겨 가면서 연주할 수도 있다. 이 기능은 사운드파일을 만들 때도 마찬가지로 적용된다. 특히 '고투'(Goto) 기능은 전체의 소리 길이를 대충 알고 있을 때 신속히 이동할 때에 편리하게 사용될 수 있다.

도스 버전 시사운드 프로그램(Csound.exe)은 시사운드를 명령 라인으로 실행하지만 윈도 형태를 가지고 있는 프로그램인 '시사운드5Gui'(Csound5Gui.exe)는 명령 라인 대신 모든 명령들을 윈도에서 제공하는 버튼이나 체크 버튼 그리고 텍스트 상자 등등의 컨트롤들을 통해 만들 수 있어 편리하다.

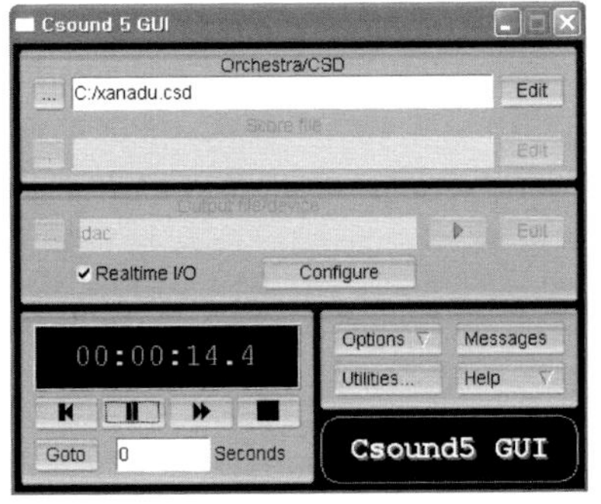

〈그림 49〉 시사운드5Gui 메인 윈도

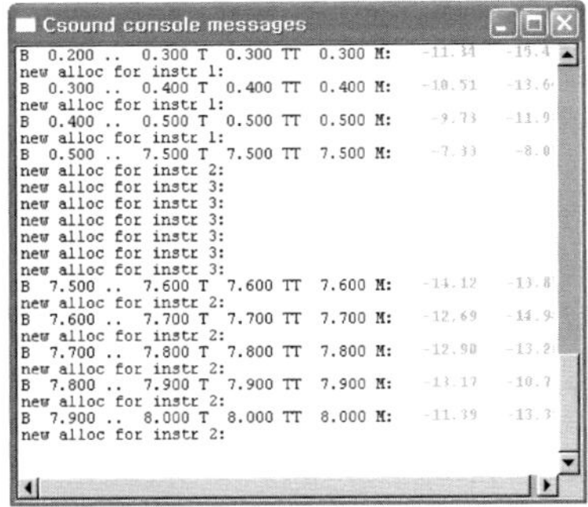

〈그림 50〉 시사운드5Gui의 출력 윈도

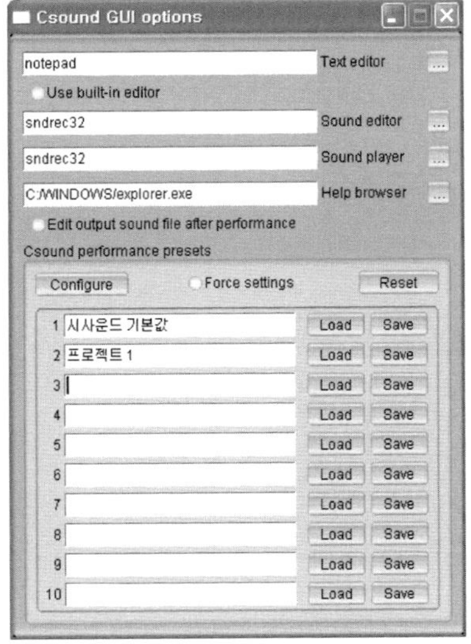

〈그림 51〉 시사운드 GUI 옵션 윈도

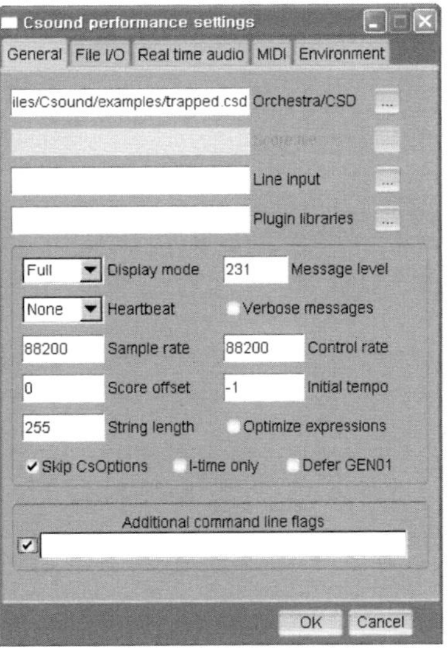

〈그림 52〉 시사운드 연주 세팅 윈도

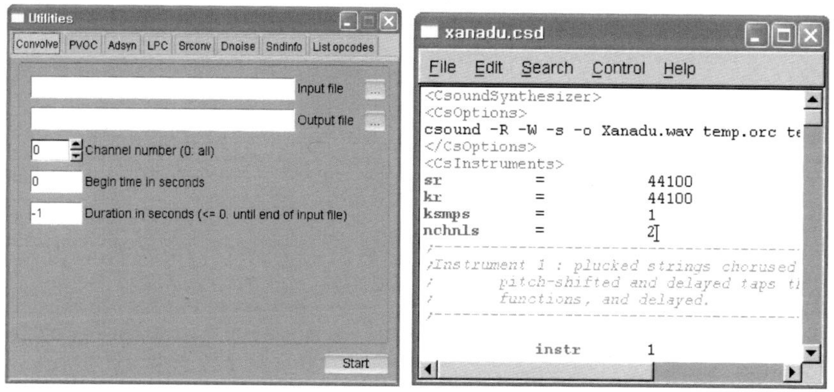

<〈그림 53〉 시사운드5Gui의 유틸리티 윈도>

〈그림 53〉 시사운드5Gui의 유틸리티 윈도 〈그림 54〉 시사운드5Gui의 편집기

1) 메인 윈도(Main window)

(1) Orchestra/CSD 파일 열기

오케스트라파일은 아래의 3점 버튼을 클릭해서 불러온다. 스코어파일(Score file) 열기 3점 버튼은 orc 파일을 불러들일 때만 활성화된다.

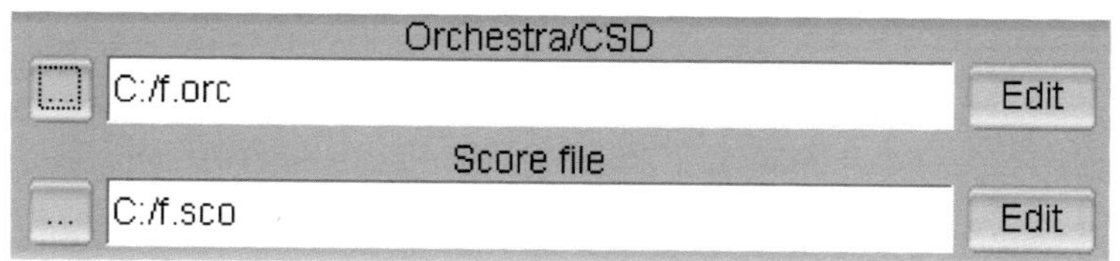

〈그림 55〉 오케스트라파일 열기

편집(Edit) 버튼은 불러온 파일을 편집할 때 사용한다. 윈도우즈 버전의 기본 편집기는 메모장(notepad)으로 되어 있다. 파일을 부른 후 이 버튼을 누르면 자동으로 메모장이 열리면서 그 파일을 읽어 들인다. 만약 다른 편집기를 사용하고자 한다면 아래의 그림처럼 옵션 리스트 컨트롤에서 'GUI...' 항목을 클릭하여 기본 편집기인 메모장 대신 사용하고자 하는 다른 편집 프로그램을 등록할 수 있다. 또는 자체 편집기 사용(Use built－in editor) 체크 버튼을 체크(온)해서 시사운드

5Gui 자체에서 지원하는 편집기를 사용할 수 있다.

= = >

〈그림 56〉 편집기 열기

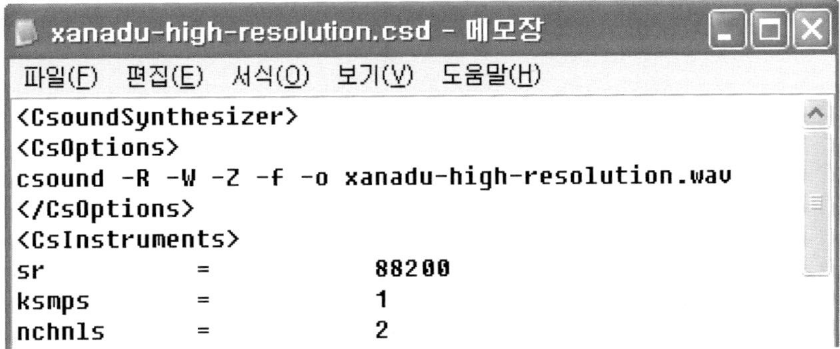

〈그림 57〉 윈도우즈의 메모장을 사용한 예

(2) 출력파일 및 장치 설정

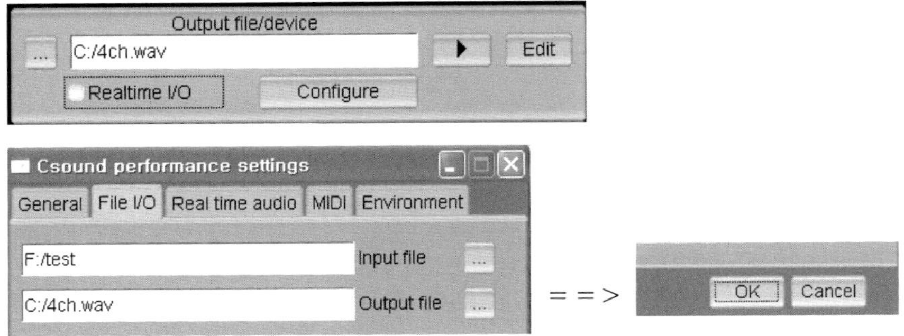

= = >

시사운드의 실행은 출력 결과에 따라 두 가지로 나누어 볼 수 있다. 실시간에 소리를 듣고 싶다면 위 그림의 '실시간 입출력'(Realtime I/O) 체크 버튼을 눌러 체크한다. 만약 사운드파일로 만들고 싶다면 '실시간 입출력'(Realtime I/O) 체크 버튼을 눌러 체크를 지운다. 이때 바로 위의 3점 버튼이 비활성화되어 있는 경우는 바로 옆의 'Configure' 버튼을 눌러 위 두 번째 그림과 같이 '시사운드 연주 세팅'(Csound performance settings) 윈도를 연다. 그 다음 '파일 입출력'(File I/O) 탭에서 '출력파일'(Output file)의 3점 버튼을 눌러 원하는 폴더로 가서 출력파일 이름을 입력하거나 또는 키보드로 직접 입력한다. 그리고 위 오른쪽 그림에서처럼 윈도 아래의 'OK' 버튼을 클릭하면 위 첫 그림과 같이 3점 버튼과 기타 컨트롤들이 활성화된다.

위 첫 번째 그림의 연주 버튼과 바로 옆의 'Edit' 버튼은 각각 출력된 파일을 사용자가 지정한 외부의 사운드파일 편집기로 연주하고자 할 때와 편집할 때 클릭한다.

(3) 연주 컨트롤

시사운드 버전 5의 사용자 인터페이스 중에서 가장 돋보이는 부분이 연주 컨트롤이다. 버전 4에서는 출력 윈도의 복잡한 텍스트로만 볼 수 있었던 연주 시간의 흐름을 버전 5에서는 명료하게 볼 수 있게 되었다.

가) 시간 표시
시간 표시는 단위 순서대로 '시간:분:초. 1/10초'로 제시된다.

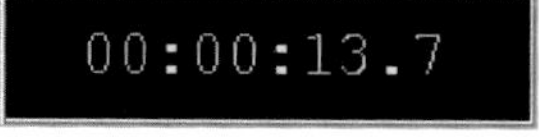

나) 연주 버튼들

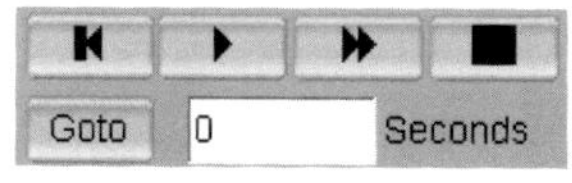

〈그림 58〉 연주 버튼들

윈도의 가장 중요한 버튼은 '연주'(Play) 버튼이다. 이 버튼은 모든 것이 준비된 후 실제 산출을 시작하는 가장 중요한 기능을 수행한다. 만약 출력결과가 사운드파일로 설정되어 있으면 사운드파일로 출력될 것이며 실시간 연주로 되어 있다면 스피커로 소리가 출력될 것이다.

버튼의 기능은 화면 순서대로 '처음으로'(Rewind), '연주/잠시 멈추기'(Play/Pause), '앞쪽으로 빨리 가기'(Fast Forward) 그리고 '연주 또는 산출 중단'(Stop)으로 되어 있다. 이 중 '앞쪽으로 빨리 가기' 버튼은 한 번씩 누르면 10초씩 앞으로 나아갈 수 있으므로 전체 소리를 부분적으로 또는 소리의 뒤쪽으로 재빨리 이동할 때에 편리하다.

위 그림 아래의 고투(Goto) 버튼은 연주가 시작된 후에도 사용할 수 있다. 소리가 길 경우 산출 도중 초 단위로 어떤 특정한 위치로 신속하게 건너뛸 수 있다. 원하는 위치를 초 단위로 입력한 다음 '고투' 버튼을 누르면 된다.

(4) 옵션(Options) 리스트 버튼

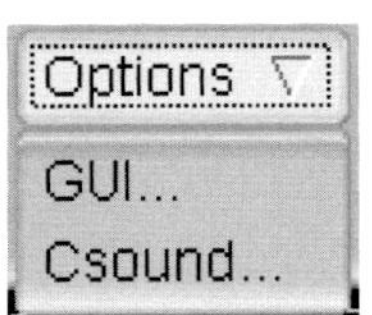

〈그림 59〉 옵션 리스트 버튼

옵션 리스트 버튼을 누르면 두 개의 항목이 리스트 된다. 여기서 일반('GUI...') 버튼을 클릭하면 '시사운드 GUI 옵션'(Csound GUI Options) 윈도가 열리고 시사운드('Csound...') 버튼은 '시사운드 연주 세팅'(Csound Performance Settings) 윈도를 연다.

사용자는 이 두 개의 윈도를 통해 소리 산출에 필요한 플래그들과 환경 변수에 관한 내용 그리고 오디오와 미디 입출력 장치에 관한 정보를 설정할 수 있다. 이들 윈도에 대해서는 조금 뒤에 따로 자세히 설명된다.

(5) 유틸리티(Utilities) 버튼

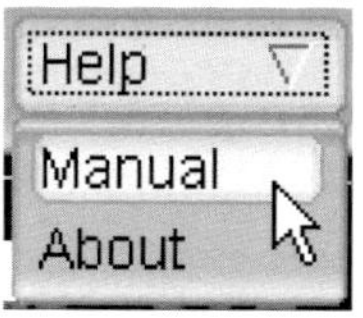

사운드파일을 분석하는 유틸리티 윈도를 연다. 이들 윈도에 대해서도 곧 따로 설명된다.

(6) 메시지(Messages) 버튼

시사운드가 실행될 때의 모든 과정을 출력하는 출력 윈도(Output window)를 연다.

(7) 도움(Help) 버튼

시사운드 매뉴얼을 연다. 이 매뉴얼의 위치 및 매뉴얼을 열기 위해 사용될 프로그램은 사용자가 '시사운드 Gui 옵션 윈도'에서 설정할 수 있다. 현재 이 기능은 약간 문제가 있지만 곧 수정될 것이다.

2) 시사운드 GUI 옵션(Csound GUI Options) 윈도

시사운드 GUI 옵션 윈도는 메인 윈도에서 'Optinos' 리스트 버튼의 'GUI...'

항목을 클릭하면 나타난다. 이 윈도의 주요 기능은 시사운드 악기파일 편집기, 사운드파일 편집기 그리고 도움말 파일을 지정하는 것이다. 그리고 윈도의 하단에는 이전의 세팅을 저장하고 불러들이는 '시사운드 연주 프리세트'(Csound performance presets)라는 프레임이 있다.

(1) 외부 편집 프로그램 설정

시사운드 5에서 기본으로 설정되어 있는 외부 프로그램들은 윈도우즈 자체의 녹음기인 'sndrec32.exe'이며 이 프로그램은 윈도우즈 폴더의 시스템 폴더 (system32) 안에 위치해 있다. 이 윈도우즈 자체에서 지원하는 녹음기는 16비트 (시디 음질)까지의 소리를 녹음할 수 있으며 연주는 24비트 및 32비트 플로트 (DVD 음질) 사운드파일까지도 연주 가능하다. 만약 편집을 위해서 다른 프로그램을 사용하고자 한다면 이 편집('Edit') 버튼을 클릭해서 프로그램(*.exe)을 등록시킨다.

도움말 실행자(Help browser)는 도움말을 실행시킬 실행 프로그램을 설정하는 내용이다.

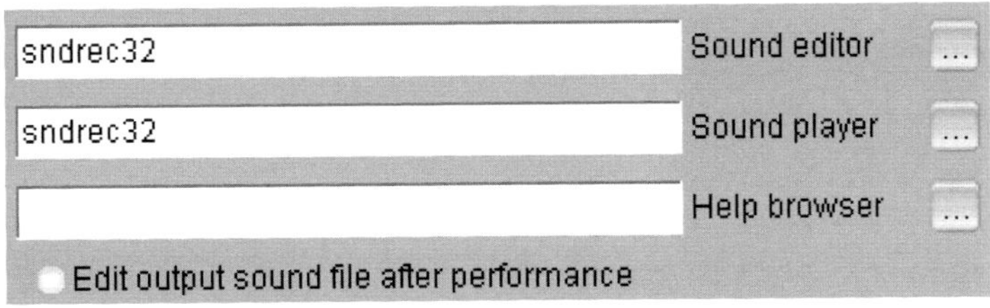

만약 맨 아래의 'Edit output sound ……' 체크 버튼을 체크한 후 사운드파일을 출력하도록 설정된 상태에서 시사운드를 실행했다면 사운드파일이 만들어진 후 만들어진 사운드파일이 자동으로 사운드파일 편집 프로그램에서 열리게 된다.

(2) 시사운드 연주 프리세트

시사운드 연주 프리세트(Csound performance presets)는 이전의 세팅을 저장하
고 다시 불러들이는 기능을 담당한다. 사용자를 위한 편리한 기능이다.

가) 컨피규어(Configure) 버튼

Configure

'컨피규어' 버튼은 메인 윈도에서 열 수 있는 '시사운드 연주 세팅'(Csound
performance settings) 윈도를 현재 윈도에서도 열수 있게 하는 버튼이다.

나) 강제 세팅(Force settings)

Force settings

강제 세팅 체크 버튼을 체크한다면 csd 파일의 'CsOptions'에서 그리고
'.csoundrc' 파일에 설정되어 있는 모든 플래그들이 무시되고 '시사운드 연주 프
리세트'(Csound performance presets) 프레임에서 로드한 내용이 제일 우선된다.

다) 리셋(Reset) 버튼

Reset

리셋 버튼은 조심해서 사용돼야 한다. 이 버튼을 클릭하면 유틸리티 프로그램
들을 제외한 사용자가 여러 윈도에서 설정한 값들이 모두 원래의 기본 값 상태
로 돌아간다. 오케스트라 및 스코어파일의 위치는 비어 있는 상태로 돌아가며 그
외 이전에 설정한 값들은 모두 아무것도 설정하지 않은 상태인 '-1'로 또 어떤
값들은 '0'의 값으로 돌아가게 된다.

참고로 사용자가 설정한 시사운드5Gui의 모든 세팅들 그리고 '유틸리티' 프로

그램들을 포함해서 최근에 변경한 값들은 모두 사용자 계정의 어플리케이션 폴더 안에 '.csound'로 이름 붙여진 폴더에 확장자 'dat'가 붙여져 저장된다. 각 이름은 'g_cfg.dat, p_cfg.dat, p_cfg_1.dat, u_cfg.dat'로 각각 저장된다. 'g'는 일반 윈도, 'p'는 연주 윈도 그리고 'u'는 유틸리티 윈도를 뜻한다. 만약 원래의 기본값으로 돌아가고자 한다면 이들 파일들을 휴지통으로 보내면 된다.

이 파일들은 시사운드5Gui를 실행하면 자동으로 다시 생성된다. 각 파일들은 모두 텍스트 파일 포맷이 아닌 바이너리 포맷으로 되어 있어 내용을 읽어 볼 수 없으며 그리고 이 포맷에 대한 규칙을 모른다면 편집도 불가능하다.

라) 로드(Load) 및 저장(Save) 기능

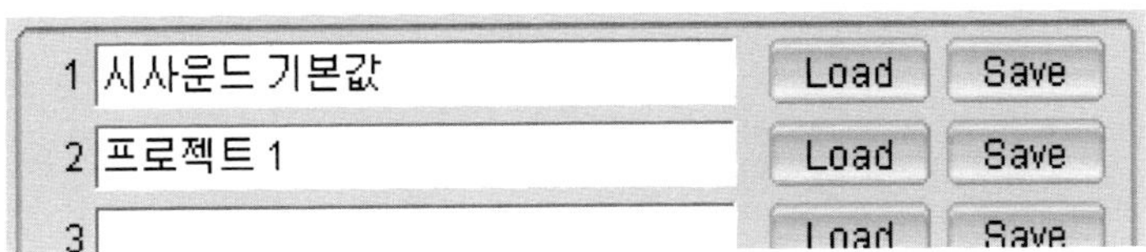

〈그림 60〉 시사운드 연주 프리세트의 저장 및 로드 기능

이 기능은 단지 사용자를 위한 하나의 편리한 기능을 제공한다. 사용자는 '저장'(Save) 버튼을 이용하여 현재 사용자가 입력한 악기파일들의 위치 및 모든 명령들을 저장할 수 있다. 이 저장된 내용을 기억할 수 있도록 왼쪽의 텍스트 상자에 사용자 나름대로의 특정한 이름을 붙인다. 이름을 붙이지 않아도 저장은 되지만 나중에 무엇이 저장되었는지 알 길이 없다. 위 그림의 예처럼 자주 사용하는 명령들이 입력된 상태에 있을 때에 적당한 이름을 붙여 저장해 두면 나중에 이 저장된 입력 값으로 현재의 악기파일을 다시 연주하고자 할 때 새로 모든 값들을 입력할 필요 없이 '로드' 버튼을 눌러 저장된 값들을 불러들일 수 있다.

'로드'(Load) 버튼의 '로드'는 '올리기', '싣기' 또는 '재장전'의 뜻이다. 뜻이 매끄럽지 않아 '로드'를 그대로 사용한다. '로드'는 현재 왼쪽의 번호하에 또는 사용자가 붙인 이름하에 저장된 내용들을 다시 로드한다.

3) 시사운드 연주 세팅(Csound performance settings) 윈도

시사운드 프로그램을 실행하는 데에 필요한 모든 명령들을 도스 버전의 명령 라인 대신 윈도 안의 버튼이나 체크 버튼 그리고 텍스트 상자 등을 통해 입력할 수 있게 하는 윈도다. 모두 5개의 탭으로 이루어져 있다.

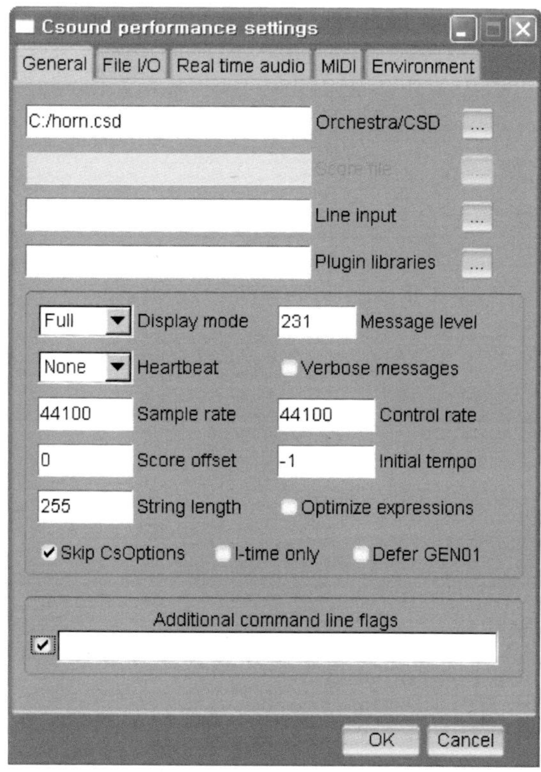

〈그림 61〉 시사운드 연주 세팅 윈도

(1) 일반(General) 탭

가) 라인 입력(Line input)

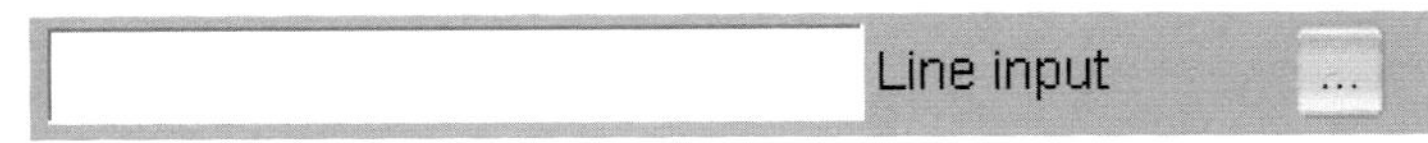

라인 입력 장치(Line input device)를 지정한다. 스코어파일을 지정하는 대신 라인 입력을 통해 스코어 데이터를 읽어 들일 수 있다. 외부의 프로그램으로부터 입력되는 경우 위 상자에 'stdin' (standard input[30])을 입력한다. 예를 들면 파이션에서 'stdout'으로 스코어파일의 내용을 출력하는 경우 시사운드에서 'stdin'으로 이 내용을 받을 수 있다. 그 외에 시스템이나 사용 소프트웨어에 의해 제공되는 특별한 라인 입력 장치가 있다면 그 위치와 장치 이름을 입력한다. 대개의 경우 'stdin'이 사용된다.

나) 플러그인 라이브레리(Plugin libraries)

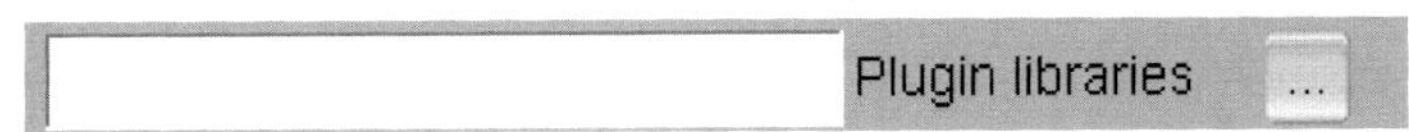

시사운드에 포함된 플러그인파일 외에 제3의 플러그인파일들이 있다면 그 위치와 파일 이름을 입력한다. 윈도우즈에서 이 플러그인파일들은 항상 *.DLL이라는 확장자를 가진다.

다) 디스플레이 모드(Display mode)

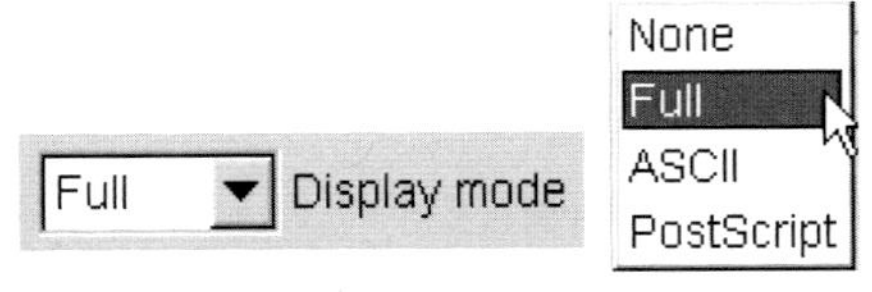

---

30) 표준 입력(Standard input)은 아마 키보드가 등장하면서 만들어졌을 것이다. 따라서 키보드를 통해서 입력되는 경우가 대표적이며 그리고 다른 프로그램에 의해 전달되는 텍스트 데이터를 들 수 있다. 이는 오디오 스트림과 같은 텍스트 스트림이라 할 수 있다. 표준 출력(stdout)의 대표적인 것으로 화면으로의 텍스트 출력을 들 수 있다.

산출 시 악기파일에서 사용한 사운드파일의 모습이나 소리에 사용된 파형을 그래픽으로 보고자 한다면 적당한 보기 모드를 선택한다. 앞서 버전 4의 설명들에서 언급된 바와 같이 '없음'(None), '풀'(Full), '아스키'(ASCII) 그리고 그래픽 파일로 저장하는 '포스트스크립트'(Postscript) 등의 4개의 모드가 있다. 기본 값은 풀(Full)로 되어 있으며 이 경우 별도의 윈도를 통해 매끈한 웨이브 모양이 그래픽으로 제시된다.

라) 메시지 단계(Message level)

231   Message level

'메시지 단계 상자' 안에서 마우스를 누른 채 좌우로 이동하면 쉽게 메시지 단계를 조정할 수 있다. 버전 5에서는 추가적으로 진폭 값을 데시벨(db) 값으로 출력할 수도 있으며 중요한 메시지들은 다른 색깔로 표시할 수 있게 되었다. 버전 4까지는 모든 메시지를 출력하는 값 '135'가 기본 값으로 되어 있었으나 버전 5에서는 진폭 값을 데시벨(db)로 나타내도록 기본 값을 '231'로 바꾸었다. 그러나 메시지 단계를 135로 선택하면 여전히 과거의 0~32,768의 값으로 출력할 수 있다. 최소한의 출력을 원한다면 값을 0으로 두면 된다.

① 진폭 값을 0~32,768으로 표시

만약 출력 결과에서 진폭 값이 버전 4처럼 0~32,768까지의 값으로 보고 싶다면 기본 값으로 135로 또는 그 이하의 값을 두면 된다. 최대 진폭 값은 32,768이다.

② 데시벨(dbfs)[31]로 표시

'메시지 단계 상자' 안에 값을 160 이상으로 두면 진폭 값은 데시벨로 출력된다. 데시벨은 최고의 큰 소리를 0으로 표기하며 이 이하로 떨어질 경우는 음수 값으로 표기된다. 그리고 상자 안에 기본 값인 231을 두면 진폭 값이 눈에 잘 띄는 컬러로 출력된다. 최대 진폭 데시벨은 0이며 최소 데시벨은 -200으로 스코

---

31) dbfs(decibels full scale)은 소리의 전체 크기를 데시벨로 표기한다는 뜻으로 0이 가장 큰 소리이며 음수 값으로 내려갈수록 작은 소리가 된다.

어에 진폭 값으로 0.0000032769의 값을 두면 −200데시벨 값을 볼 수 있다. 최대 데시벨은 버전 4에서와 같이 스코어에 32,768 값을 두면 최댓값인 0데시벨로 출력된다.

마) 박동(Heartbeat)

이 기능은 사실상 윈도가 없는 도스용 시사운드 프로그램을 위한 기능이다. 현재 윈도에 들어 있지만 단지 시각적이며 작동하지도 않으며 또한 작동한다 해도 별 도움을 주지 않는다.

여기서 박동의 의미는 사운드파일이 만들어지고 있을 때 시간의 흐름에 맞추어 시사운드에서 주기적으로 나타내는 시각적 표시 또는 벨소리를 의미한다. 이 옵션은 명령 프롬프트에서 사운드파일을 만들 때 그 산출 과정 동안 몇 가지의 문자나 소리로 진행 중임을 표시하게 하는 기능이다. 가끔 화면에 아무런 표시가 나타나지 않을 경우 실행이 되고 있는지 궁금할 때도 있을 것이다. 이를 위해 0과 1은 원을 그리며 돌아가는 막대, 2는 마침표(.), 3은 파일 크기 표시를 초 단위로 나타내며, 4는 벨소리를 낸다.

바) 벌보스 메시지(Verbose messages)

'벌보스'(verbose)는 '말 많은' 또는 '장황한'의 뜻을 가진 단어다. 이 명령이 붙게 되면 산출과정 동안 일어나는 온갖 내용이 있는 대로 다 출력 윈도우를 통해 화면으로 프린트되며 만약 에러가 있다면 보다 더 자세히 그 위치를 알려 준다.

사) 샘플 비율(Sample rate)

① 샘플 비율의 범위

샘플 비율에 대해서는 앞 장에서 자세히 다루어졌다. 시디 음질은 초당 44,100

(48,000)개의 샘플로 이루어지며 DVD 음질은 초당 88,200(44,100*2)개 또는 96,000(48,000*2)개의 샘플로 이루어진다. 시사운드는 이 DVD 음질의 2배인 176,400개의 샘플 비율을 가진 사운드파일도 만들어 낸다.

또한 시사운드 5에서는 어떠한 샘플 비율로도 소리를 산출하고 만들 수 있다. 예를 들면 초당 55,555개 또는 시디 음질보다 조금 큰 44,199개 등의 샘플 비율로도 소리를 내고 또 사운드파일을 만들어 준다. 그러나 이런 불규칙한 사운드파일들은 전문 사운드파일 편집 프로그램에서는 문제없이 읽히지만 그 외 표준 미디어 장치만을 지원하는 프로그램이나 하드웨어에서는 연주될 수 없다는 점을 유의해야 한다.

시사운드64비트 프로그램을 사용하면 DVD 음질의 두 배인 64비트 플로트 사운드파일을 만들어 낸다. 이렇게 되면 샘플 하나당 8바이트를 차지하게 된다.

② 샘플/컨트롤 비율 우선순위 설정

기본 값은 ‘-1’로서 오케스트라파일에서 설정된 샘플 비율을 사용한다는 뜻이며 값 ‘0’도 ‘-1’과 똑같은 의미를 가진다. 그 외의 값들은 오케스트라파일에서 설정된 샘플 비율을 무시하고 대신 현재 글상자에 입력한 샘플 비율을 사용한다는 명령이 된다. 만약 신속한 계산을 위해 이 오디오 샘플 비율을 내린다면 예를 들면 44,100에서 22,050으로 다운샘플(down sample) 한다면 또는 반대로 22,050에서 44,100으로 또는 44,100에서 88,200으로 업샘플(up sample) 한다면 오른쪽의 컨트롤 비율 상자에서 이에 비례해서 그 값을 수정해야 한다. 그렇지 않다면 시사운드는 아무것도 수행하지 않을 것이다. 이 명령은 원래의 악기(오케스트라) 파일의 내용을 수정함 없이 새로운 샘플 비율로 실행할 수 있게 하는 편리함을 제공한다.

아) 컨트롤 비율(Control Rate)

44100	Control rate

기본 값은 ‘-1’로서 오케스트라파일에서 설정된 컨트롤 비율을 사용한다는 뜻이며 값 ‘0’도 ‘-1’과 똑같은 의미를 가진다. 이 외의 값은 오케스트라파일에

서 설정된 컨트롤 비율을 무시하고 현재 글상자에 입력한 컨트롤 비율을 사용하라는 명령이다.

컨트롤 비율은 반드시 샘플 비율보다 같거나 낮아야 한다. 만약 샘플 비율 값보다 컨트롤 비율 값을 낮게 하는 경우 샘플 비율(피제수)을 어떤 양의 정수(제수)로 나누어서 나머지 없이 떨어지는 경우에만 그 몫이 컨트롤 값으로 사용될 수 있다. 예를 들어 샘플 비율이 44,100이라면 컨트롤 비율은 22,050($=44,100/2$) 또는 11,025(44,100/4) 등의 값이 될 수 있다. 이 컨트롤 값의 의미에 대해서는 뒷장에 가서 실제 소리(악기)를 디자인할 때 자세히 언급된다.

자) 스코어 시작 시간(Score offset) 설정

| 0.5 | Score offset |

스코어 시작 시간을 초 단위로 입력하며 소수점도 사용할 수 있다. 길이가 긴 출력일 때 대충의 길이를 안다면 산출을 시작할 위치를 입력하여 필요 없는 부분은 건너뛰므로 시간을 절약할 수 있는 편리한 기능이다. 예를 들면 전체 소리의 길이가 5분인데 마지막 1분의 소리만 듣고 싶다면 또는 마지막 1분의 소리만 사운드파일로 만들고 싶다면 240($=60*4$)을 입력하면 될 것이다.

차) 초기 템포(Initial tempo)

| -1 | Initial tempo |

시사운드에서 기본 템포는 60(초당 60박, 1초당 1박)이다. 만약 스코어에서 아무런 템포 지시를 하지 않았다면 이 '초기 템포' 명령으로 기본 템포 60을 무시하고 새 템포 값을 산출할 시 적용할 수 있다. 기본 값은 '-1'로서 사용하지 않는다는 뜻이며 '0'도 같은 의미이다. 즉 새 템포 값을 적용하지 않고 악기파일에 있는 템포를 그대로 사용한다는 뜻이다.

카) 스트링 길이(String length)

`255` **String length**

프로그래밍에서 사용하는 용어 '스트링'은 쉽게 말해서 텍스트 또는 글자로 생각하면 된다. 명령 라인에서 간혹 긴 경로를 가진 파일 이름(입력할 사운드파일 이름 등)이나 또는 이름이 아주 긴 입출력 포트 등을 포함하는 명령들이 있을 수 있다. 이 경우 사용자는 이를 통해 긴 텍스트를 담을 수 있도록 텍스트 변수(variable)들의 크기를 충분히 늘려 주는 것이다. 기본 값은 255(0~255)로서 256개의 영문 알파벳을 사용하는 것이다. 부족할 경우에는 충분한 값을 입력한다.

타) 익스프레션 최적화(Optimize expressions)

☐ **Optimize expressions**

수학이나 프로그래밍에서의 '익스프레션'이란 간단히 말하면 어떤 문제를 풀기 위한 하나의 식을 말하며 시사운드에서는 사용자가 소리를 디자인하기 위해 입력하는 코드의 내용이 이에 해당된다. 이 옵션이 선택되면 사용자가 만든 악기파일의 내용들이 잘 정리되어 보다 신속한 연산을 위한 최적화가 적용된다.

예를 들면 i변수(단일 변수)가 들어 있는 계산과 k변수(배열 변수)가 있는 계산에서 이 둘을 서로 곱하는 경우가 있다면 실행 시 k주기마다 이 k변수와 i변수를 곱하는 계산이 이루어질 것이다. 이때 만약 k변수의 값이 고정되어 있다면 불필요한 같은 계산이 계속 반복되는 경우가 발생한다. 이런 경우 시사운드는 불필요한 중복 계산을 한 번만 수행함으로써 최적화한다. 다음 예를 보자.

예) ksig = abs(int(p6) + frac(p5)*589/7*k2)

최적화를 선택한 경우 위 예의 k2를 제외한 나머지 계산들은 처음 한 번만 수행되어 그 값들은 임시 변수에 저장된다. 그리고 두 번째 계산에서는 이 저장된 값이 사용되므로 연산과정을 단축할 수가 있다. 또한 만약 k2의 값도 변하지 않는 경우라면 위의 연산은 단 한 번만 이루어진다. 따라서 복잡한 연산 과정이 요구되는 경우 이 명령이 사용된다면 좀 더 매끄러운 실시간 연주가 가능해 진다.

파) CsOptions 무시(Skip CsOtions)

□ Skip CsOptions

오케스트라파일(*.orc)과는 달리 csd 파일을 사용할 경우에는 파일 안에 '명령라인'을 추가할 수 있다. 이 경우 파일 안의 CsOptions에 들어 있는 명령들을 무시하라는 지시다. 따라서 orc 파일을 사용할 경우에는 이 설정을 하든 안 하든 아무런 의미가 없다.

하) 아이 타임만(I time only)

□ I-time only

이 명령은 연주 없이 또는 사운드파일을 만듦 없이 신속히 오케스트라와 스코어파일에 어떤 오류가 있는지의 여부만을 조사할 때 사용한다. 말 그대로 i로 시작하는 단일 변수와 스코어파일의 P-필드만 조사하며 a와 k로 시작하는 모든 배열들은 제외된다. 따라서 실행해도 아무런 소리를 내지 않으며 또한 파일도 만들지 않으므로 산출 시간이 상당히 긴 파일일 경우 재빨리 파일들의 오자나 문법 그리고 포맷 등을 조사할 때 사용하면 편리하다.

거) 젠01 보류

□ Defer GEN01

보통의 경우에 사용자가 연주 시작을 명령하면 시사운드는 초기화 시점인 맨 처음에 '젠1'(Gen1 = Gen01)이 포함하고 있는 외부의 파일들을 수집하기 시작한다. 그러나 이 명령을 사용하면 젠1에 의해 사운드파일이 불러들여지는 시점을 실제 파일이 사용되는 시점까지 보류하게 할 수 있다. 즉 초기화 때 파일을 함수테이블로 불러들이지 말고 실제 젠 1번 함수테이블을 사용할 때 불러들이라는 명령이다.

드문 일이지만 사용자가 현재 산출하고 있는 사운드파일의 일부를 산출 과정의 뒤쪽에서 젠1을 사용하여 불러들일 수도 있다. 이렇게 하려면 사운드파일의 머리 부분(header)을 되쓰는 명령이 '명령 라인'에 함께 추가되어야 한다. 이 되쓰는 명령을 내리면 시사운드는 컨트롤 주기마다 파일의 머리 부분을 계속 새로운 정보로 되쓰게 되어 파일의 산출이 끝나지 않은 상태에서도 그 파일은 어떤 프로그램에서건 읽힐 수가 있다.

너) OK 버튼

모든 입력이 끝나면 반드시 윈도 하단의 'OK' 버튼을 눌러야 한다. 그렇지 않으면 입력된 내용은 저장되지 않는다.

(2) 파일 입출력(File I/O) 탭

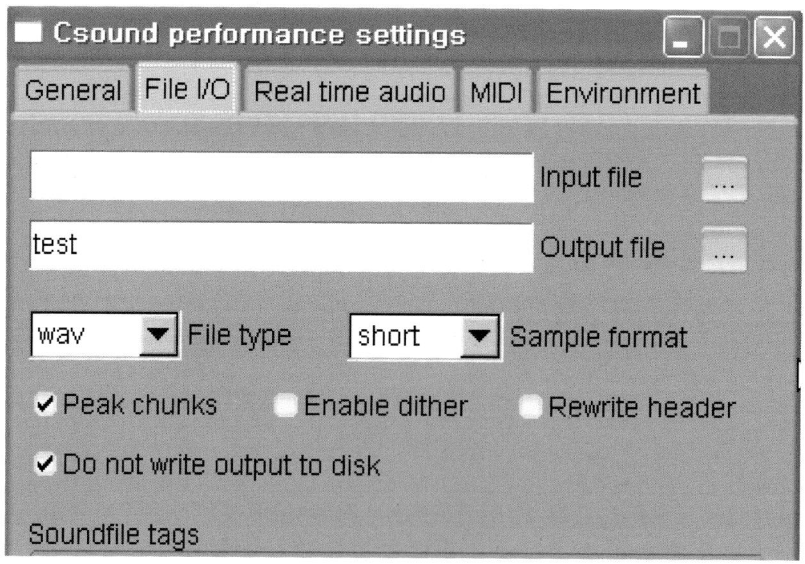

〈그림 62〉 파일 입출력 탭

가) 사운드파일 입력(Input file)

```
C:/Test.wav                                    Input file      ...
```

산출 과정에서 사용할 사운드파일 이름을 입력한다. 또는 입력 장치로부터의 시그널을 사용할 경우에는 'stdin'(표준 입력, standard input stream)을 입력한다. 만약 시사운드 '환경 변수'의 'SSDIR'(Sound Sample Directory)이나 'SFDIR' (Sound File Directory)이 설정되어 있고 이들 폴더에 있는 파일을 사용한다면 경로 없이 파일 이름만 입력하면 된다. 그리고 산출 시 사용하는 악기파일(orc, sco, csd)이 위치하고 있는 같은 폴더에 사운드파일이 있는 경우에도 파일 이름만 입력하면 된다. 그렇지 않은 경우는 파일 경로(path)를 함께 입력한다. 손쉬운 방법은 오른쪽의 '3 - 점' 버튼을 클릭한 후 사용할 파일이 위치하는 폴더로 이동하여 사운드파일을 선택하는 것이다.

위와 같이 '명령 라인'을 이용하여 사운드파일을 불러들이는 방법은 단 한 개의 사운드파일로 제한되어 있다. 그러나 시사운드에는 여러 가지 다른 방법으로 원하는 만큼의 사운드파일들을 제한 없이 불러들여 사용할 수 있다. 그럼에도 이 방식이 유지되고 있는 이유는 시사운드의 초기 때부터 해 왔던 방법이며 여전히 이와 관련된 옵코드들이 존재하고 있기 때문이다. 그리고 없애야 할 별다른 이유도 없다.

이렇게 불러들여진 사운드파일은 옵코드 'in'(모노 사운드), 'ins'(스테레오 사운드), 'inq'(4트랙) 'inh'(6트랙) 그리고 'ino'는 8트랙 사운드파일 또는 입력 장치로부터의 8채널의 시그널들을 위해 사용된다. 만약 입력 장치로부터의 시그널(들)을 선택한다면 스코어파일에서 충분히 시간을 준 다음 시사운드를 실행시킨 후 입력 장치에서 시그널을 입력하면 된다.

'명령 프롬프트'에서 실행한다면 ' - i soundfile.wav' 또는 ' - i stdin'과 같이 입력하면 된다. 그리고 불러들여진 사운드파일은 다음의 표에서처럼 사용할 수 있다. 주의할 점은 반드시 악기 번호를 1번으로 해야 한다는 점이다. 이와 같이 제한된 악기 번호 설정은 곧 설명될 '미디파일 입력'에서도 똑같이 적용된다.

〈표 18〉 입력된 사운드파일(또는 시그널)의 이용

```
    instr  1
asig   in
out    asig
    endin

; 스코어파일
i 1   0   3
e
```

위 표의 예는 모노 사운드파일 또는 모노 시그널을 위한 예로서 입력된 사운드파일(시그널)은 완전히 악기 1번(instr 1)에 고정돼 있어 시사운드가 실행되면 자동으로 옵코드 'in'은 입력 시그널을 전달받게 된다. 위 표에서는 받은 시그널을 그대로 출력하는 간단한 코드로 되어 있지만 만약 받은 시그널을 변형하거나 또는 실행 시간에 만드는 소리들과 결합하거나 또는 필터를 적용하는 등의 다양한 용도로 사용할 수 있다.

이와 같은 방법의 사운드파일 입력은 악기파일(orc, sco, csd)의 내용을 수정할 필요 없이 계속 여러 개의 사운드파일이나 시그널을 입력하여 다양한 결과를 테스트하고 출력할 수 있다는 장점이 있다. 그렇지 않다면 파일이 바뀔 때마다 악기파일에 입력한 사운드파일의 경로와 이름을 계속 바꾸어야 하는 불편함이 뒤따를 것이다.

나) 출력파일 설정(Out file)

시사운드의 기본 설정은 'dac'이다. 즉 실시간에 소리를 산출하는 것이다. 만약 사운드파일을 선택한다면 텍스트 상자에 파일 경로와 파일 이름을 입력한다. 버전 4에서는 'dac'를 선택하는 버튼이 있었지만 버전 5에서는 직접 'dac'를 입력해야 한다.

다) 사운드파일 종류 설정

기본파일형은 'wav' 파일로 설정되어 있으며 다른 파일 포맷으로 바꾸고자 한다면 리스트 버튼을 클릭해서 선택한다.

* wav: 윈도우즈 표준 사운드파일
* aiff: 매킨토시 및 윈도우즈 사운드파일
* au: 선(Sun) 사운드파일 포맷
* raw: 머리 부분이 없는 사운드파일
* ircam: 프랑스의 음악과학 단체에서 만든 포맷
* w64: 64비트 사운드파일
* wavex: 윈도우즈 다중 채널 사운드파일
* sd2: 매킨토시에서 사용됐던 사운드파일 포맷
* flac: (Free Lossless Audio Codec) 압축 사운드파일 포맷

라) 사운드파일 포맷 설정

기본으로 설정된 샘플 포맷은 시디 음질로 사용되는 16비트(short int)가 기본으로 되어 있다. 다른 파일형이나 포맷을 바꾸고자 한다면 리스트 버튼을 클릭해서 선택한다. 주의할 점은 32비트 플로트 포맷은 표준 사운드 플레이어나 장치에서는 잘 읽히지 않을 수도 있다는 점이다.

* alaw: 8비트 사운드파일(8 − bit a − law)
* ulaw: 8비트 사운드파일(8 − bit u − law)

* schar: 8비트 사운드파일(8 – bit signed character)

* uchar: 8비트 사운드파일(8 – bit unsigned character)

* float: 32비트 플로트 사운드파일

* short: 16비트 사인드(signed) 사운드파일(CD 표준)

* long: 32비트 사운드파일

* 24bit: 24비트 사운드파일(DVD 표준)

마) 픽 청크(Peak chunks)

☑ Peak chunks

'픽 청크'는 사운드파일에서 평균 진폭 값을 상당히 초과하는 샘플들의 위치를 모아 놓은 데이터를 말한다. 이 픽 청크 정보는 큰 소리들이 클리핑(최대 진폭 값의 초과로 잘림으로 일어나는 소리의 찌그러짐)되는 것을 막기 위해서 사용될 수도 있다. 이 체크 버튼이 체크되면 사운드파일에 피크 정보(peak information)가 추가된다. 이 데이터는 아주 작은 크기이므로 일반적으로 피크 정보를 추가하는 것이 유리하다.

바) 디더링하기(Enable dither)

☐ Enable dither

시사운드 내부의 부동소수(floating point)로 되어 있는 디지털 데이터를 32, 16 또는 8비트 포맷으로 변환할 때 소리를 다듬는 디더링(dithering)을 사용할 것인지를 결정한다.

사) 머리 부분 되쓰기(Rewrite header)

☐ Rewrite header

이 옵션이 선택되면 시사운드는 사운드파일의 정보를 매 ksmps(컨트롤 주기, 오디오 샘플 비율/컨트롤 샘플 비율) 값마다 계속 고쳐 쓰게 되므로 산출 속도는 약간 느릴 수 있지만 산출 도중에 중단을 해도 그때까지 만들어진 사운드파일은 정상적인 사운드파일로서 작동할 수 있다는 장점이 있다.

아) 사운드파일 출력 없음

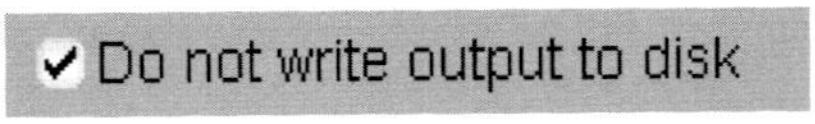

✔ Do not write output to disk

사운드파일 출력 없음(Do not write output to disk) 명령은 사운드파일을 만들지 않으면서 사운드파일을 만드는 과정을 똑같이 수행한다. 물론 소리도 산출되지 않는다. 비록 출력결과를 DAC로 했다 할지라도 소리 산출은 생략된다. 따라서 이 옵션은 위의 'I time only'보다 조사 시간이 조금 더 걸리지만 a, k변수를 포함한 모든 내용을 신속히 조사할 수 있다.

자) 사운드파일 태그들
출력할 사운드파일에 만든 이의 이름, 설명, 날짜 등을 추가한다.

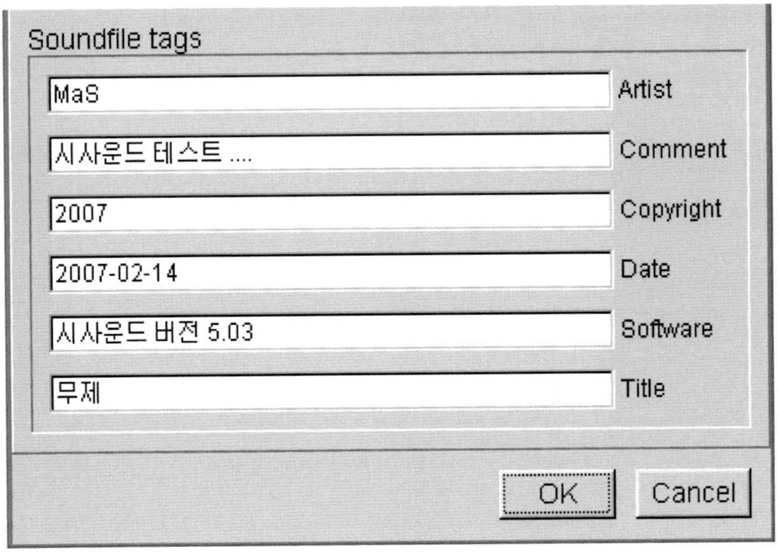

〈그림 63〉 사운드파일 태그들

(3) 실시간 오디오 탭

이 탭에서 사용자는 오디오 입/출력 장치를 설정하고 또 dac로 보내는 시그널을 위한 버퍼의 크기 및 그 수를 설정할 수 있다. 사운드 장치는 설정하지 않아도 시사운드에서 자동으로 윈도우즈의 오디오 장치로 시그널을 내보낸다.

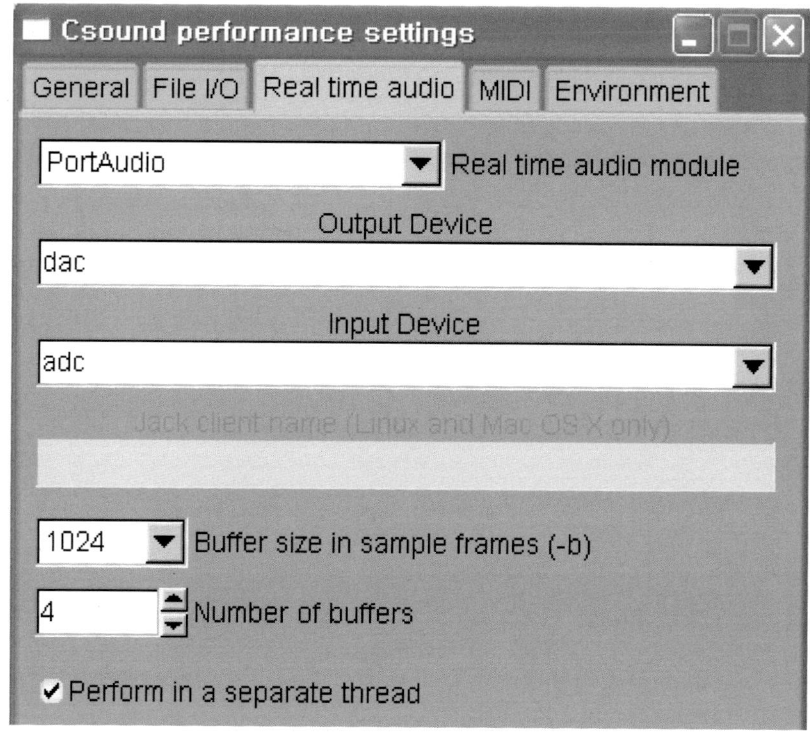

〈그림 64〉 실시간 오디오 설정

가) 실시간 오디오 모듈

실시간 입출력을 통제하는 오디오 모듈은 기본 값으로 포트오디오(PortAudio)가 통제한다. 만약 문제가 있을 경우, 'Pa_cb', 'Pa_bl' 또는 윈도우즈 기본 오디오 시스템인 MME를 선택한다.

실시간 미디 플러그인의 사용을 금지시키는 '널'[32](null)을 선택하는 경우는 시

---

32) 널(null)은 프로그래밍에서 사용하는 용어다. 프로그램 안에서의 어떤 데이터가 아직 아무런 값도 가지고 있지 않다는 것을 표시하는 플래그의 일종이다.

사운드가 다른 프로그램에 종속되어 사용될 때만 선택한다. 이와 같은 경우에는 시사운드는 단지 하나의 소프트웨어 악기로서 VST 플러그인 악기가 상태가 된다. 그리고 널값을 줌으로써 주인(host) 쪽에, 즉 시사운드를 조종하는 쪽에 통제권를 넘겨주기 위함이다. 이때는 반드시 널값을 주는 명령인 ─＋rtmidi를 함께 사용해야 한다. 그렇지 않으면 제대로 작동하지 않는다. 현재까지는 시사운드를 플러그인 악기로 이용할 수 있는 프로그램으로 '큐베이스'밖에 없지만 점차 확대될 것이라 본다.

나) 잭 클라이언트 이름

'잭 세팅'(JACK settings)은 리눅스와 최근의 맥OS X에서만 사용될 수 있다. 현재 새로 채택된 버전 5의 모든 OS를 위한 '포트오디오'는 현재까지 리눅스에서 사용하고 있는 오디오 장치인 '잭'(JACK)보다 성능이 좋다. 그럼에도 '잭'을 사용하고자 한다면 '클라이언트 이름'(Client name)에는 'Csound5'를 입력한다. 입력 포트 이름 접두사(Input port name prefix)에는 'input' 그리고 출력 포트 이름 접두사(Output port name prefix)에는 'output'을 입력하면 된다.

다) 버퍼 사이즈

버퍼 조정은 실시간의 소리 산출에서 문제가 있을 때에 값을 조정할 수 있다. 컴퓨터의 속도가 빠르다면 버퍼 크기는 큰 값이 좋으나 반대로 느리다면 조금 작은 값으로 자주 버퍼를 채워 주는 것이 좋다. 기본 값은 1,024바이트이다.

라) 버퍼 수

동시에 많은 채널로 소리를 내보낼 때는 버퍼의 수를 늘리면 효과가 있다. 기본 값은 4이다.

마) 스레드 분리

스레드(thread)란 여러 지시들이 순서대로 나열된 하나의 집합체이다. 사용자가 시사운드 프로그램을 시작하면 시사운드는 컴퓨터(윈도우즈)로부터 하나의 스레드를 할당받는다. 그리고 모든 작업은 이 스레드 내에서 이루어진다. 만약 '하나의 분리된 스레드로 수행'(Perform in a separate thread)을 체크하면 시사운드는 원래의 스레드를 분리하여 이 분리된 스레드에서 실시간 오디오 작업을 수행한다. 어느 쪽에 더 이점이 있는지의 차이는 분분하지만 시사운드 개발자들이 여러 번의 테스트 끝에 분리된 스레드로 수행한다는 것을 기본 설정으로 채택한 만큼 그대로 사용하는 것이 좋을 것이라 생각된다.

(4) 미디(MIDI) 탭

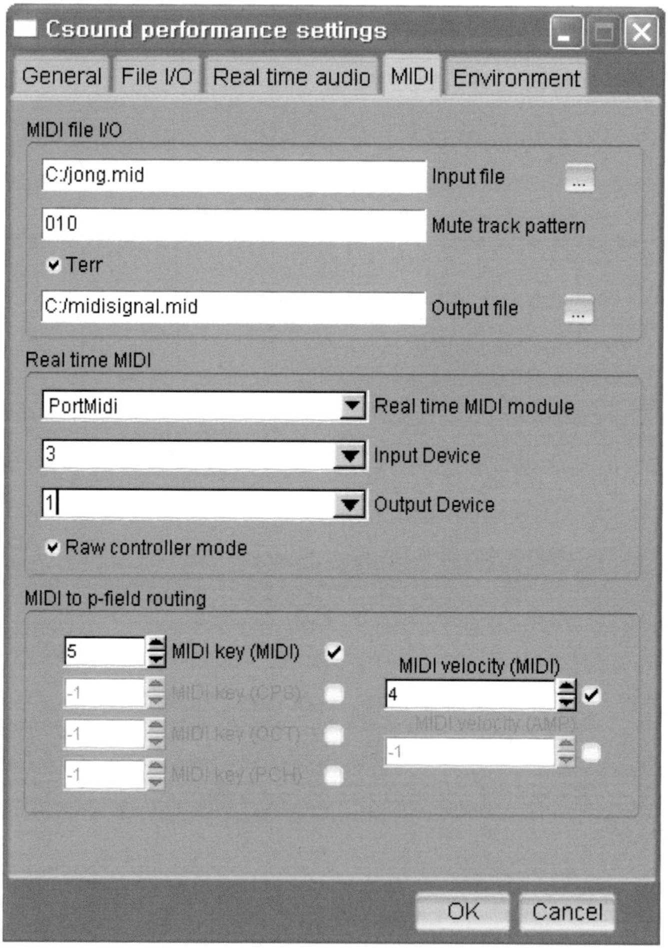

〈그림 65〉 미디 탭 설정

가) 미디파일 입력(Input file)

사용할 미디파일을 연다. 시사운드 버전 5는 미디파일 포맷 1도 지원함으로써 버전 4와는 달리 모든 미디파일을 불러들일 수 있게 되었다.

나) 미디 트랙 뮤트(Mute track pattern)

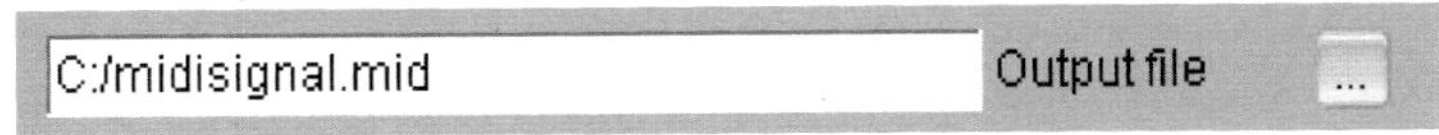

미디파일에서 사용하지 않을 트랙들을 뮤트할 때 사용한다. 즉 사용하지 않을 트랙들을 설정하는 것이다. 사용할 수 있는 패턴의 최대 길이는 '0'과 '1'이 섞인 255개의 숫자로서 '0'은 사용한다는 뜻이며 '1'은 뮤트한다는 뜻이다. 따라서 위 그림과 같이 입력된 '010'을 해석한다면 현재 미디파일에 3개의 트랙이 있으며 이 중에서 2번째 트랙을 뮤트한다는 의미다.

다) 미디파일이 끝나면 연주 중단

스코어에서 'f0'를 사용하여 미디파일 연주 시간을 실제 미디파일의 연주 시간보다 훨씬 많이 주었다 하더라도 미디파일의 모든 이벤트가 끝나면 자동으로 시사운드를 종료하게 하는 명령이다.

라) 미디파일 출력(Output file)

버전 5에서 새로 추가된 기능이다. 버전 4까지 시사운드는 미디 출력 옵코드들을 통해 미디 메시지들을 미디 출력 포터로 출력할 수 있었다. 여기에 보태어 버전 5에서는 동시에 미디파일로도 출력할 수 있다. 이를 위해서는 텍스트 상자에 출력할 미디파일의 경로와 이름을 입력한다. 출력파일의 확장자는 반드시 'mid'를 가져야 한다. 이에 대한 자세한 내용은 '스마일 프로그램' 장에 설명되어 있다.

마) 미디 장치 설정

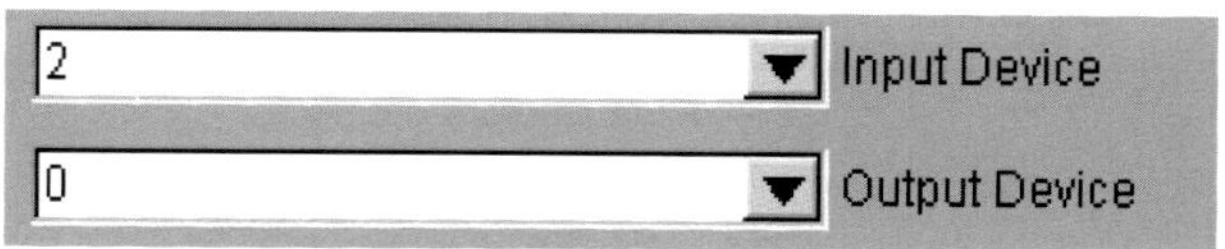

사용할 미디 장치를 설정한다. 모든 OS를 위한 공통 미디 장치는 '포트미디'(PortMidi)이다. 추가로 윈도우용은 'MME'를 리눅스와 맥은 '알사'(ALSA)를 선택할 수 있다.

바) 미디 입출력 장치 설정

윈도우즈에서는 각 장치의 번호를 입력하면 된다. 이 번호는 0부터 시작하므로 예들 들어 미디 장치에서 입력 장치가 하나밖에 없는 경우 0을 입력한다. 따라서 2개가 있는 경우 2번째 장치를 사용하려면 1을 입력한다. 출력 장치의 경우도 마찬가지다.

사) 거친 컨트롤러 모드

체크 버튼을 체크하면 모든 미디 컨트롤러 메시지들을 무시하라는 명령을 보내게 된다. 이 경우는 미디 컨트롤 메시지 대신에 사용자 자신의 특별한 값을 보낼 때 사용할 수 있다. 기본 값은 체크되지 않은 모드로서 미디 컨트롤러 메시지들을 사용하는 것이다.

(5) 환경 변수 설정 탭

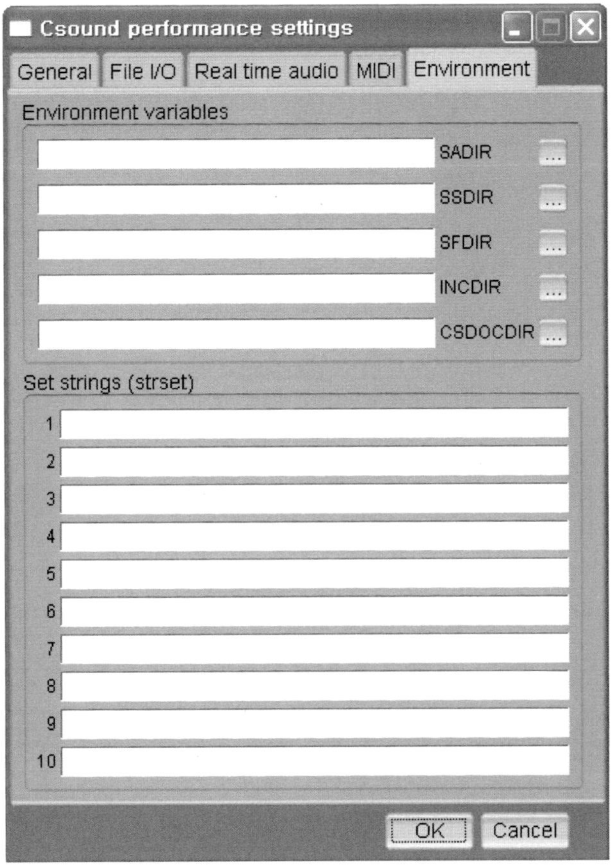

〈그림 66〉 환경 변수 설정 탭

가) '환경 변수'(Environmental variables)

시사운드 자체의 '환경 변수'(Environment variables)를 설정한다. 필수적인 것은 아니며 사용자의 편의를 위해서 정해 놓은 것으로 이와 관련된 폴더들의 위치를 시사운드에 알리는 역할을 한다. 만약 사운드파일이나 미디파일 등을 항상 이들을 사용하는 악기파일이 있는 위치에 같이 두는 사용자라면 '환경 변수'는 정하지 않아야만 할 것이다. 그러나 이들 파일들을 따로 나누어 두는 사용자라면 설정해 두면 편리하다. 모두 5개의 정해진 폴더들이 있다.

① 'SADIR'(Sound Analysis Directory)

입력을 위한 사운드 분석 파일들을 모아 둔 장소를 입력한다. 이 파일들은 예를 들면 시사운드의 분석 프로그램들에 의해서 만들어진 분석 파일들이 이에 해당한다.

② 'SSDIR'(Sound Sample Directory, 사운드 샘플 폴더)

입력을 위한 사운드 샘플(오디오 및 미디파일 포함)들을 두는 곳이다. 이 '사운드 샘플'과 다음의 '사운드파일'과는 크게 다름이 없다. 용어만 다를 뿐 실제로 둘 다 사운드파일들이다. 다만 샘플은 분석과 관련이 있는 사운드파일을 둔다는 것이 다를 뿐이다.

③ 'SFDIR'(Sound File Directory, 사운드파일 폴더)

출력되는 사운드파일이 저장될 장소를 입력한다. 입력하지 않을 경우 현재 사용하는 악기파일이 위치하는 장소에 사운드파일이 만들어진다.

④ 'INCDIR'(Include Directory, 인클루드 폴더)

산출 과정에서 사용할 외부의 특정 파일들이 있다면 이곳에 저장한다. 악기파일에서 이들을 부를 때는 '#include filename'의 형식을 사용해서 부른다. 여기의 'filename'은 사용할 파일 이름을 의미하며 악기파일과 같이 순수한 텍스트 파일 포맷으로 이루어져야 한다. 확장자는 없어도 되며 또한 무엇이든 붙일 수 있다. 인클루드 파일의 내용은 함수테이블의 모임일 수도 있으며 하나의 악기 또는 악기들의 그룹일 수도 있다. 예를 든다면 50개의 함수테이블이 여러 악기파일에서 자주 사용된다면 이 많은 행으로 이루어진 함수테이블들을 각 악기파일마다 모두 입력하기보다는 하나의 인클루드 파일로 저장해 두면 모든 악기파일에서 단 한 줄로 공유할 수 있어 편리하다.

⑤ 'CSDOCDIR'(Csound Doc Directory, 다큐먼트 폴더)

시사운드의 매뉴얼이 있는 폴더를 지정한다.

나) 스트링 세트(strset)

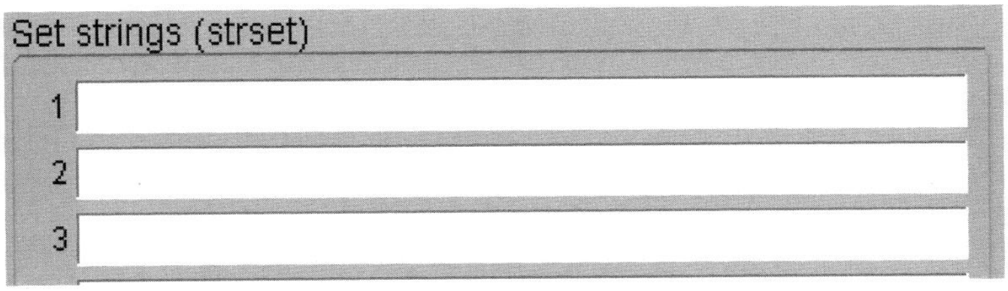

〈그림 67〉 스트링 세트 설정

산출 시 오케스트라파일로 특정한 스트링(텍스트)을 전달할 때 사용한다. 이와 같은 전달의 필요성에 대해 가장 쉽게 생각할 수 있는 예를 들면 외부의 사운드 파일이나 미디파일들을 입력하는 것이다. 이 외에 시사운드를 사용하다 보면 또 다른 유용한 예를 찾을 수 있을 것이다.

앞서 입력할 사운드 및 미디파일들을 설정하는 예가 있었다. 그 경우 자동으로 악기 1번에 연결이 되는 편리함이 있지만 대신 1개의 파일밖에 사용할 수 없는 단점이 있었다. 그러나 '스트링 세트'를 이용하면 1개 이상의 여러 파일을 전달 할 수 있게 된다. 입력하는 방법은 글상자 안에 파일의 경로와 파일의 이름을 입력하면 된다.

이렇게 입력된 파일의 사용 방법에 대해서 잠시 알아보자. 먼저 '스트링 세트'의 글상자의 1번과 2번에 각각 사운드파일을 하나씩 입력했다고 가정하자. 그러면 오케스트라파일에서 다음의 표에서처럼 스트링을 가진다는 옵코드 'strget'와 이 옵코드가 요구하는 하나의 아규먼트에 '1'을 넣어 산출 시 '스트링 세트'의 1번에 입력했던 파일 이름을 가질 수가 있다. 이 이름은 'S'로 시작하는 변수, 즉 스트링을 가질 수 있는 변수로 넘겨지고 이 변수는 사운드파일 입력을 가질 수 있는 'soundin'과 같은 옵코드들에서 이용된다. 그 다음은 옵코드 'soundin'이 사운드파일의 내용을 그대로 출력하는 내용이다. 쉬운 이해를 위해 간단히 입력받은 사운드파일을 그대로 연주하는 내용으로 이루어져 있다.

그 다음 악기 3번은 '스트링 세트'에 있는 두 번째의 파일을 받는 내용이며 그 과정은 앞과 동일하다.

〈표 19〉 스트링 세트의 사용례

```
    instr  1
Sname strget 1        ;첫 번째 글상자
a1 soundin Sname
    out  a1


    instr  3
Sname strget 2        ;두 번째 글상자
a1 soundin Sname
    out  a1
```

마지막으로 입력한 내용들이 다음에 다시 사용될 것 같으면 '시사운드 GUI 옵션' 윈도의 '시사운드 연주 세팅' 프레임 안에 있는 한 장소를 선택한 후 적당한 이름을 붙이고 '저장'(Save) 버튼을 눌러 저장하는 것을 잊지 말자.

4) 시사운드 5의 유틸리티들

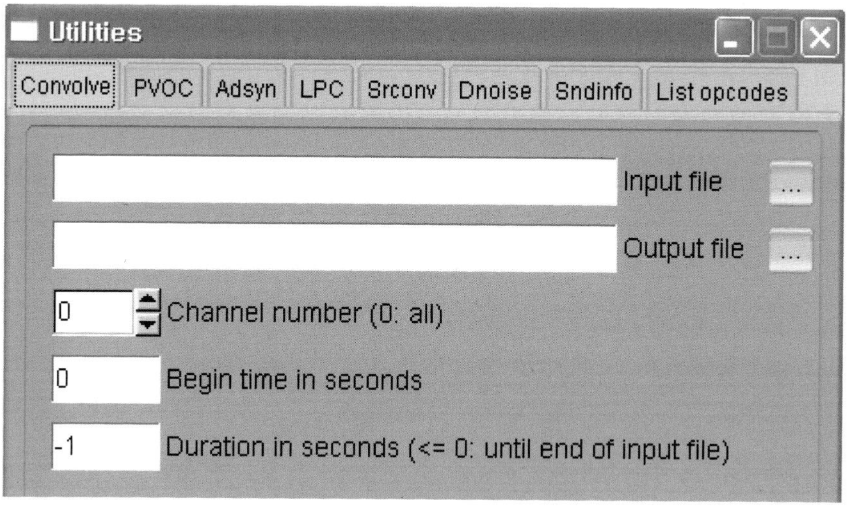

〈그림 68〉 시사운드 5의 유틸리티 윈도

시사운드 5의 유틸리티들은 버전 4와 같이 모두 8가지로 이루어진다. 이들 기능들은 버전 5에서 조금 더 강화되었고 확장되었으며 사용자 편의를 위해 사소한 옵션들을 제거하여 단순화하였다. 이 가운데서 마지막의 2가지 '사운드 정

보'(Sndinfo)와 '리스트 옵코드들'(List opcodes)은 단지 관련 사항에 대한 단순 작업을 수행한다. 이들 유틸리티들의 수는 변함없이 버전 4와 같지만 내용은 버전 4보다 충실해졌다.

추가된 내용으로는 '샘플 비율 변환'(Srconv) 유틸리티, 즉 사운드파일 변환 유틸리티가 추가되었고 대신 버전 4의 '페이즈 보코더 파일 정보'(Phase Vocoder File Info)가 빠졌다. 이 빠진 유틸리티는 대신 옵코드 '피브이 – 익스포터'(PV_EXPORT)를 사용하면 된다.

변경된 내용은 버전 4의 '헤테로다인 분석'(Heterodyne Analysis)의 이름이 '아드신'(Adsyn)으로 바뀌었다. 시사운드의 목적 또한 분석보다는 분석된 결과를 재합성하는 쪽에 더 무게를 두어 분석 방법의 이름보다는 그 결과를 활용하는 재합성 옵코드의 이름이 대신 붙여졌다. 이로써 모든 유틸리티들의 이름은 재합성하는 옵코드들의 이름으로 이루어지게 되었다.

(1) 컨벌루션 분석(Convolve)

'컨벌브' 분석에 사용되는 옵코드는 '시브이아날'(cvanal)이다. 이 옵코드는 하나의 사운드파일을 하나의 푸리에 트랜스폼 프레임(single Fourier transform frame)으로 변환한다. 그리고 분석된 파일은 입력 신호와 원래의 충격 반응 사이에서 빠른 컨벌루션을 수행하는 컨발브 연산자에 의해 사용된다. 시사운드에서의 이 '컨벌브' 연산자를 위한 옵코드는 '컨벌브'(convolve)다.

출력되는 파일은 머리 부분에 사운드파일의 세부내용을 포함하는 하나의 특별한 컨벌브 부분을 가지며 분석된 데이터는 부동소수 값으로 이루어진다.

가) 입력파일(Input file)

입력을 위해 사용될 수 있는 사운드파일은 버전 5에서 크게 확장되었다. 사실상 알려진 모든 사운드파일 포맷을 지원한다(aif/aiff, au, flac, pcm, raw, sd2, sf, snd, wav 등).

나) 출력파일(Output file)

출력될 파일을 위한 경로 및 파일 이름을 입력한다.

다) 채널의 수(Channel number)

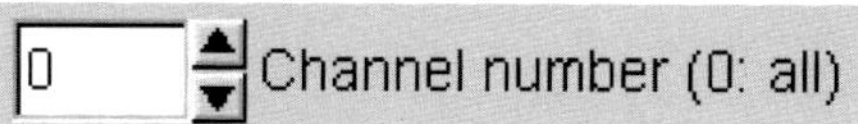

분석할 채널 번호 또는 전체 채널을 선택한다. 기본 값 '0'은 파일에 있는 모든 채널을 분석하는 것이며 최대 채널 수는 8개까지다. 여기서의 채널은 사운드 파일의 트랙과 동일한 개념으로 보면 된다.

라) 시작 시간(Begin time)

분석에서 사운드파일의 시간상 시작 위치를 초 단위로 입력한다. 기본 값은 0.0초[33]이며 소수점을 사용할 수 있다.

마) 길이(Duration)

분석할 시간을 초 단위로 입력한다. 기본 값은 ' - 1'로서 파일의 끝까지를 의미한다. 또한 값 '0'도 같은 의미를 가진다.

[33) 시사운드 매뉴얼에서 종종 '0' 대신 '0.0'으로 표시하여 소수점을 사용할 수 있다는 것을 알린다.

(2) 페이즈 보코딩 분석(PVOC)

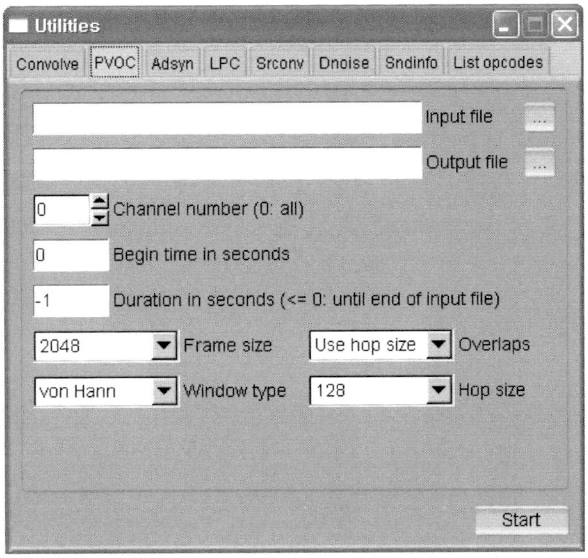

〈그림 69〉 페이즈 보코딩 분석 'PVOC'

'피복'(pvoc)은 분석된 결과를 활용하는 시사운드의 재합성 옵코드 중의 하나다. 이 분석을 위해 사용되는 옵코드는 '피브이아날'(pvanal)이며 '피브이아날'은 푸리에 분석을 활용하여 사운드파일을 하나의 일련의 '짧은 시간 푸리에 변환'(STFT) 프레임들로 전환한다.

푸리에의 트랜스폼(FT, Fourier Transform)은 원래 하나의 정지된 소리에서 한 개의 진동(1사이클)을 분석하는 것에 있다. 문제는 실제 자연의 모든 소리들이 시간이 지남에 따라 배음의 성분이 달라진다는 점이다. 바탕음(fundamental)이 고정되어 있다 해도 마찬가지다.

간단한 예로 어떤 진동이 발생하면 어택이 시작된 후 점차 최고의 진폭에 다다르면서 높은 배음들이 증가한다. 그리고 소리가 사라지면서 이들 높은 배음들이 먼저 감소하는 것이 일반적인 현상이다. 또한 자연에서 발생하는 상당 부분의 소리들은 바탕음 자체가 시간에 따라 변하는 피치를 가지고 있는 경우도 있다.

이처럼 많은 경우에 있어 단지 하나의 시점에 일어나는 진동의 분석만으로는 각 소리의 특징을 제대로 알 수 없는 문제가 발생하게 되어 이를 해결하기 위한 시간대로 나누어 분석하는 방법이 나오게 되었다.

FT를 바탕으로 알고리즘을 이용한 빠른 속도로 분석하는 방법을 FFT(Fast Fourier Transform)라고 하며 이를 시간에 따라 나누어 분석하는 방법을 구체적으로 'STFT'(Short Time or Short Term Fast Fourier Transform)라 한다. 이를 위해 사용하는 기법을 윈도우잉(windowing)이라 하며 이에 따라 나누어진 각 윈도우(창)를 일반적으로 프레임이라 부른다.

버전 5에서 그리고 최근의 버전 4에서 '피브이아날'은 이전보다 확장된 분석이 가능하게 되었다. 그리고 이 결과는 'PVOC‐EX' 포맷 파일로 출력된다. 만약 '피브이아날'에서 이 포맷으로 출력을 하려면 출력될 파일 이름의 확장자를 반드시 'pvx'를 사용해야 한다. 예를 들면 'text.pvx' 등으로 이름을 붙여야 할 것이다. 그렇지 않으면 이전처럼 'pv'를 사용하면 된다.

또한 요구되는 FFT(Fast Fourier Transform) 크기도 반드시 2의 제곱수를 입력해야 하는 것은 아니며 어떤 양의 정수도 사용할 수 있다. 홀수들은 프로그램 내부에서 절상된다. 그러나 여전히 2의 제곱수는 가장 적절한 수다. 현재 채널 설정은 있지만 무시되며 사운드파일의 모든 채널들이 분석되며 또한 출력파일에 포함된다. 최대 채널은 8채널까지다. 그리고 분석 윈도우 크기는 내부적으로 FFT 크기의 두 배로 정해진다.

'피브이아날'은 입력된 사운드파일을 규칙적인 시간점들에서 주파수에 관한 정보를 일련의 '짧은 시간 푸리에 변환' 프레임들로 변환한다. 출력되는 파일은 재합성의 과정에서 원래의 샘플들에 기초한 오디오 시그널을 산출하기 위해 사용되며 이때 시간 크기와 피치들은 임의로 적용된다.

가) 입력파일(Input file)

입력을 위해 사용될 수 있는 사운드파일은 버전 5에서 크게 확장되었다. 사실상 알려진 모든 사운드파일 포맷을 지원한다(aif/aiff, au, flac, pcm, raw, sd2, sf, snd, wav 등).

나) 출력파일(Output file)

출력될 파일, 즉 분석 결과가 저장될 경로 및 파일 이름을 입력한다.

다) 채널 번호(Channel number)

분석할 채널 번호 또는 전체 채널을 선택한다. 기본 값 '0'은 파일에 있는 모든 채널을 분석하는 것이며 최대 채널 수는 8개까지다. 여기서의 채널은 사운드 파일의 트랙과 동일한 개념으로 보면 된다.

라) 시작 시간(Begin time)

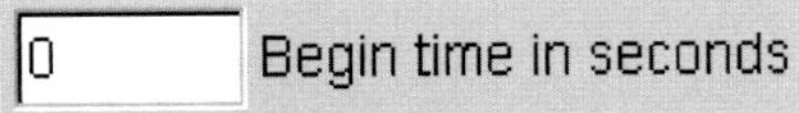

분석이 시작될 사운드파일의 시작 위치를 초 단위로 입력한다. 기본 값은 0.0 초이며 소수점도 사용할 수 있다.

마) 길이(Duration)

분석할 길이를 초 단위로 입력한다. 기본 값은 '－1'로서 파일의 끝까지를 의미한다. 또한 값 '0'도 같은 의미를 가진다.

바) 프레임 크기(Frame size)

STFT 분석에서 각 푸리에 분석 프레임을 위한 샘플들의 수를 입력한다. 이 값

은 반드시 2의 제곱수(예: 2, 4, 8, 16 등등)를 입력해야 하며 범위는 최소 16(2의 4제곱)에서 16,384(2의 14제곱)까지다. 버전 5에서는 사실상 사용되지 않는 지나치게 큰 값과 작은 값을 없애고 최소 256에서 최대 8,192까지의 값을 사용하게 하고 있다. 기본 값은 2,048이다. 그러나 '명령 라인'을 사용하면 전과 같이 16~16,384까지의 값을 사용할 수 있다.

선명한 결과들을 위해 하나의 프레임은 반드시 그 소리의 가장 긴 피치의 주기(1사이클)보다 더 길어야만 한다. 그러나 아주 긴 프레임들은 일시적인 흐릿함이나 잔향을 야기할 수도 있다. 각 STFT의 빈[34](bin) 대역은 '샘플 비율/프레임' 크기로 결정된다. 기본 프레임 크기는 20밀리 세컨드보다 더 큰 시간에 응답하는 가장 작은 2의 제곱수이다. 예를 들면 10khz 샘플링을 위한 프레임 크기 256은 프레임당 25.6ms[35])가 소요된다(즉 시간 간격＝프레임 크기/샘플 비율, 256/10,000 ＝0.0256).

이 프레임 크기는 분석에 있어 가장 중요한 요인이며 또한 결정하기 어려운 사항이다. 가장 좋은 프레임의 크기는 분석할 대상의 특성에 따라 달라지며 정확한 분석은 정확한 재합성의 결과를 낳게 된다. 너무 작게 잡아도 또 너무 크게 잡아도 정확한 결과를 흐리게 만들 수 있다. 이 문제는 정확한 진동수와 시간의 정확성 사이의 문제가 된다. 즉 프레임 크기를 크게 하면 진동수는 더 정확해지지만 시간의 대역이 넓어져 정확한 시간대가 모호해질 수 있다. 그러나 너무 작게 하면 시간대는 더 정확해지지만 진동수의 정확성은 떨어지게 된다. 따라서 가장 좋은 선택은 이 둘의 균형을 잘 잡는 데에 있다.

FFT분석에서는 진동수(주파수)를 분석하기 위해서 주파수 대역(bandwidth)을 설정한다. 즉 분석 대상의 전체 진동수 영역을 여러 개의 대역으로 나누어 분석하는 것이다. 이 주파수 대역을 좁게 잡아 전체 스펙트럼을 가능한 많이 나눈다면 보다 정확하고 세밀한 분석이 이루어진다. 그리고 나누어진 각 대역은 분석 결과에서 '빈'(bin)으로 표시된다. 이 각 채널(대역)의 진동수 범위는 다음과 같은 공식에 따라 얻을 수 있다.

'대역＝샘플 비율/프레임 크기'

---

34) 빠른 푸리에 변환(FFT) 및 이와 유사한 알고리즘들에서 진동수 영역을 여러 개로 쪼개어 구분한다. 이 구분된 각각을 빈(bin)이라 한다.

35) ms: milli－seconds, 1/1,000초.

따라서 프레임 크기는 곧 전체 스펙트럼을 몇 개의 대역으로 나누는가와 일치한다. 예를 들면 시디(CD) 음질을 분석하기 위해 프레임 크기를 1,024로 정한다면 이 말은 곧 전체 진동수 범위(0~22,050)를 1,024개의 대역으로 나눈다는 것을 의미하며 만약 프레임 크기를 8,192로 한다면 전체 스펙트럼을 8,192개의 주파수 대역으로 나누어 분석한다는 것을 의미한다.

만약 시디 음질에서 프레임 크기를 8,192로 한다면 첫 번째 주파수(진동수) 대역은, 즉 첫 번째 빈은 5.38hz에서 시작되며 그 범위는 5.38~10.76hz(5.38+5.38)가 된다(약 5.38＝44,100/8,192). 즉 5.38hz의 소리부터 분석이 가능해진다. 그러나 프레임 크기를 무조건 높인다고 그만큼 정확도가 발생하는 것은 아니다. 시디 음질로 샘플링된 소리는 최대 초당 44,100개의 샘플로 이루어지기 때문에 그 한계가 있다.

정확한 시간대를 알기 위해서는 진동수와는 반대로 작은 크기의 프레임이 더 좋다. 위에서 제시한 바와 같이 시간 간격은 프레임 크기를 샘플 비율로 나눈 몫이 되므로 만약 시디 음질을 위한 분석을 위해 프레임 크기를 8,192로 한다면 약 0.1858초(8,192/44,100)마다 한 프레임씩 분석이 이루어지게 된다. 이 말은 곧 약 0.2초 안에 일어나는 모든 진동수가 하나의 시점으로 합쳐져서 나타난다는 의미다. 이 경우 0.2초 사이에서 일어나는 모든 시간대의 진동수들이 변함이 없다면 문제가 없지만 그렇지 않을 경우는 예를 들어 0.1초 후에 새로운 진동수(들)가 나타난다면 이 두 개의 소리가 합쳐진 잘못된 분석이 이루어지게 된다. 그러나 이를 막기 위해 4,096으로 낮춘다면 프레임당 약 0.0928(4,096/44,100)초 간격으로 분석이 되어 문제는 해결이 되었지만 대신 진동수들에 대한 정확성이 떨어지게 된다. 이를 막기 위해 사용하는 것이 다음의 '윈도 중복 값'이다. 즉 진동수의 정확성을 그대로 유지함으로써 발생하는 긴 시간대를 좁히기 위해 각 프레임들의 마지막과 처음을 겹쳐 중복시키는 방법이다.

사) 윈도 중복 값(Overlaps)

STFT 분석에서는 사운드파일을 적당한 단위로 잘라서 분석을 한다. 이 단위로 잘리는 하나의 범위 또는 윈도(창)를 프레임이라 한다. 보다 이상적인 결과를 위해 STFT는 이 프레임들의 시작과 끝을 같게 하지 않고 각 프레임들이 조금씩 겹치게 한다.

따라서 이 값은 초당 푸리에 변환 프레임의 수를 결정하게 된다. 즉 겹치는 만큼 더 많은 프레임들이 요구되는 것이다. 버전 4에서는 일반적으로 무난한 값 4가[36] 기본 값으로 되어 있었으나 버전 5에서는 이 윈도 중복 값을 위해 홉(hop) 크기에서 설정한 크기를 대신 적용하는 것을 기본으로 하고 있다.

아) 윈도 종류 선택(Window type)

버전 5에서는 '본 한'(von Hann) 방식 외에 2개의 윈도우가 새로 추가되어 모두 3가지 중에서 하나를 선택할 수 있다. 기본으로 설정된 윈도우 방식[37]은 '본 한'이다. 이 윈도우함수의 적용은 FFT 이론의 주기함수에 국한되므로 측정신호를 주기함수화 하기 위하여 적용하는 것이다. 그리고 이들 윈도(윈도 함수)들은 분석하는 윈도(프레임) 안의 신호를 처음과 끝을 0으로 만들어 줌으로서 불필요한 신호를 차단하는 역할을 한다.

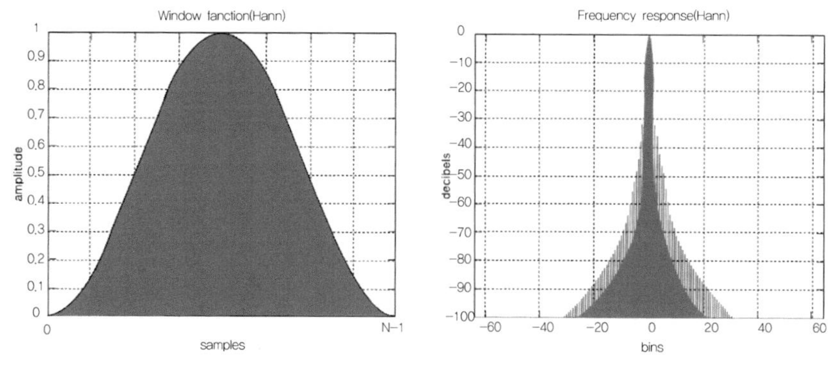

---

36) 이 값은 프레임 '크기/4'로 말할 수 있으며 1/4이 겹친다는 의미다.
37) 시사운드 버전 4에서의 '페이즈 보코딩 분석' 참조 바람.

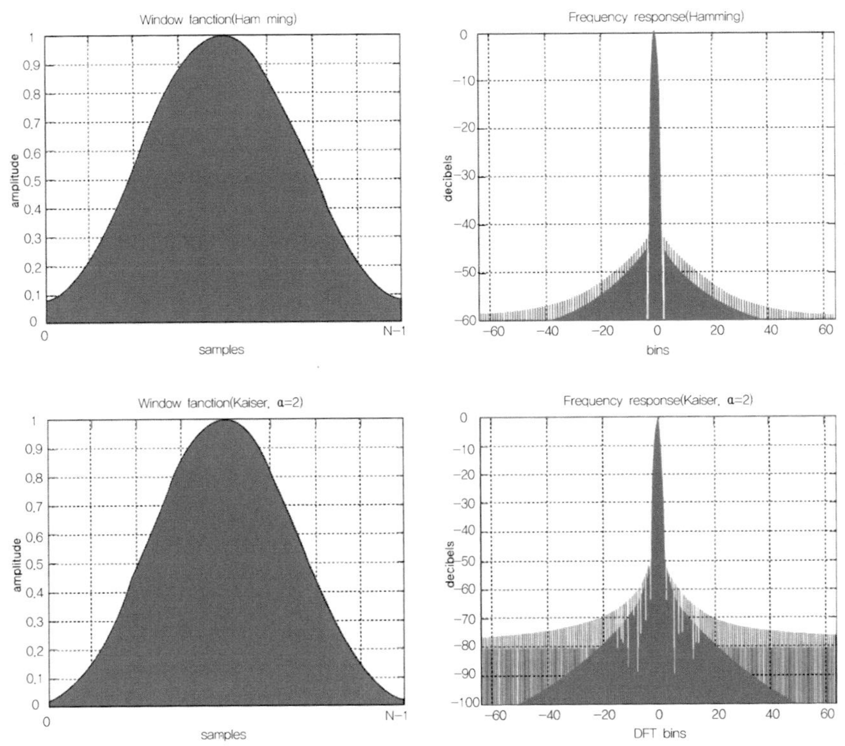

〈그림 87〉 한, 해밍, 카이서 윈도우(위에서부터)

자) 홉 크기(Hop size)

앞서 프레임 크기에서 설정한 값을 바로 이전의 윈도 중복 요소에서 설정한 값으로 나눈 값을 입력하면 된다. 결국 겹치는 부분에 해당하는 샘플들의 수가 된다. 이처럼 시사운드에서는 종종 프로그램의 내부에서 처리할 수 있는 간단한 부분을 사용자가 입력하게 하는 경우가 종종 있다. 예를 들면 오케스트라의 머리 부분에서 입력하는 ksmps가 그러하다. 최소 16에서 4,096까지의 2의 제곱수와 일치하는 값을 입력할 수 있다.

(3) 아드신(Adsyn)

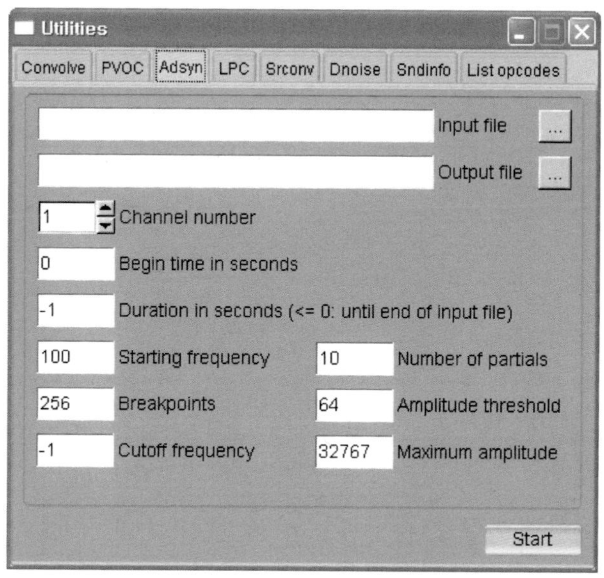

〈그림 70〉 'Adsyn' 재합성을 위한 헤테로다인 분석

버전 4까지 '헤테로다인 분석'(Heterodyne analysis)으로 명명되었던 방법이다. 이 분석은 사운드파일을 사인곡선 성분으로 분해하여 진폭과 진동수로 분리된 분석 결과를 파일로 출력한다. 이를 위해 옵코드 헤트로(hetro)가 사용되며 분석의 결과는 시그널을 재합성(resynthesis)하는 옵코드 아드신(adsyn)에서 이용된다.

페이즈 보코드 분석은 정수비 배음들은 물론 소수(小數) 비율에 있는 파셜음들을 모두 포함하는 반면 '아드신' 재합성을 위한 '헤트로' 분석은 정수비 배음들만 사용된다. 이 때문에 페이즈 보코드 분석을 이용한 재합성은 '헤트로'를 이용하는 '아드신'보다 훨씬 더 많은 시간이 요구된다. 그러나 요사이 계속 발전되는 컴퓨터 CPU의 빠른 속도로 인해 그 차이는 그렇게 크게 느껴지지는 않으며 과거처럼 몇 분씩을 기다려야 했던 그런 일은 드물게 되었다.

또한 페이즈 보코드 분석은 조건 없이 사운드파일에 있는 모든 정보를 가져오지만 '헤트로' 분석에서는 사용자가 분석할 진폭의 범위와 배음의 단계를 지정할 수 있어 고른음을 가진, 즉 풍부한 정수비 배음을 가진 악기나 소리의 재합성에 있어 아주 효과적으로 이용될 수 있다.

출력된 파일은 시간에 따른 반복되는 진폭 값과 진동 값들로 이루어지며 여기서 진동 값들은 하나의 가산된 복합적인 사운드에 포함된 각 배음의 진동수로 이루어진다. 이 정보는 0~32,767의 범위에 있는 16비트 값을 사용하여 분리된 단위마다 시간과 값의 두 구분으로 나타낸다. 시간은 1/1,000초(milliseconds)로 제시되며 진동수는 헤르츠로 양수로만 표시된다.

출력되는 정보는 각 트랙마다 새 진폭과 진동수의 시작을 알리는 표시로서 −1과 −2가 사용된다. 각 트랙의 끝은 32,767로 표시되고 마지막 파일로 만들어질 때 각 트랙은 진폭 분계점(amplitude thresholding)과 선적 분리점 통합(linear breakpoint consolidation)으로 데이터는 감축된다.

하나의 구성 배음은 2개의 분리점 세트들 — 진폭 세트와 진동수 세트 — 에 의해 정의되지만 파일 안에는 이들 세트들이 다른 순서로 섞여 나타날 수 있다. 그러나 이들 세트들은 '아드신' 재합성(adsyn resynthesis)에서 자동으로 한 쌍씩 맞춰진다. 실제 분석된 정보는 다음과 같은 포맷으로 나타난다(한 쌍으로 맞춰지지 않은 부분도 있다).

〈표 20〉 헤트로다인 분석 결과의 포맷의 예

```
−1 time1 value1 ... timeK valueK 32767   ;amplitude breakpoints for partial 1
−2 time1 value1 ... timeL valueL 32767   ;frequency breakpoints for partial 1
−1 time1 value1 ... timeM valueM 32767   ;amplitude breakpoints for partial 2
−2 time1 value1 ... timeN valueN 32767   ;frequency breakpoints for partial 2
−2 time1 value1 .........
−2 time1 value1 .........                ;pairable tracks for partials 3 and 4
−1 time1 value1 .........
−1 time2 value1 .........
```

시사운드 버전 4.08부터 만약 사용자가 출력될 파일 이름의 확장자로 'sdif' 또는 'SDIF'를 사용한다면 '헤트로'는 SDIF 파일을 출력할 수 있다. 이에 관한 더 많은 정보는 옵코드 'sdif2ad'를 참고하기 바란다.

가) 입력파일(Input file)

입력을 위해 사용될 수 있는 사운드파일은 버전 5에서 크게 확장되었다. 사실상 알려진 모든 사운드파일 포맷을 지원한다(aif/aiff, au, flac, pcm, raw, sd2, sf, snd, wav 등).

나) 출력파일(Output file)

출력될 파일을 위한 경로 및 파일 이름을 입력한다.

다) 채널 번호(Channel number)

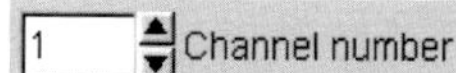

분석할 채널(트랙)을 선택한다. 기본 값은 1번이다. 모노 파일이면 1을 넣으면 되고 스테레오의 경우 1은 왼쪽을 2는 오른쪽 채널을 말한다. 최대 채널은 8채널까지다.

라) 시작 시간(Begin time)

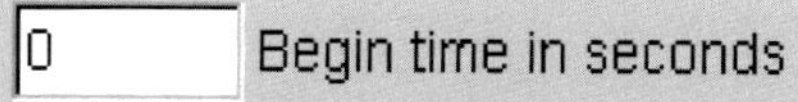

분석이 시작될 사운드파일의 위치점을 초 단위로 입력한다. 기본 값은 0으로 사운드파일의 처음부터이며 소수점을 사용할 수 있다.

마) 길이(Duration)

분석할 시간을 초 단위로 입력한다. 기본 값은 −1로서 파일의 끝까지를 의미하며 버전 4에서와 같이 값 '0'도 같은 의미이며 최대 분석 길이는 32.766초다.

바) 시작 진동수(Starting frequency)

바탕음을 위해 추정되는 진동수를 입력한다. 이 값은 사용될 필터의 초기화를 위해 필요한 값이다. 기본 값은 100cps(초당 사이클, hz)이다.

사) 배음의 수(Number of partials)

10	Number of partials

사운드파일에서 찾고자 하는 배음의 수를 입력한다. 기본 값은 10개이며 최대 배음 수는 가능한 메모리에 달려 있다.

아) 분석점들의 수(Breakpoints)

256	Breakpoints

한계점과 선적인 부분별 통합에 앞서 진폭과 진동수 분석을 위한 분석점의 수를 입력한다. 즉 분석을 위해 선택한 길이를 몇 개로 나누어서 분석할 것인가를 지시한다. 이 초기 값들로 분석할 전체 길이를 똑같이 나누게 된다. 기본 값은 256이다.

자) 진폭 한계(Amplitude threshold)

64	Amplitude threshold

진폭을 위한 한계 값을 입력한다. 이 값보다 작은 진폭들은 거의 소리가 없는 상태에 있다고 고려되는 진동들이며 그리고 이 진동들은 결과 산출 때 포함되지 않는다. 전형적인 값들은 128(최대 소리에서 48db 아래), 64(54db 아래), 32(60db 아래), 0(진폭 값은 0으로 모든 소리를 포함)이다. 진폭 한계의 기본 값은 64(54db 아래)이다.

차) 시작 진동수(Cutoff frequency)

사용되는 기본 필터는 콤(comb) 필터다. 이 기본 필터를 사용하려면 −1 또는 버전 4 처럼 0을 입력하면 된다. 만약 3번째 순서 버터월스 로우 패스 필터[43](3rd order Butterworth low−pass filter)를 사용하려면 잘릴 시작 진동수(cutoff frequency)를 입력한다.

카) 최대 진폭(Maximum amplitude)

사운드파일의 모든 트랙에서의 최대 진폭 값을 입력한다. 기본 값은 최대 진폭 값인 32,767을 사용한다.

(4) 엘피시 분석(LPC)

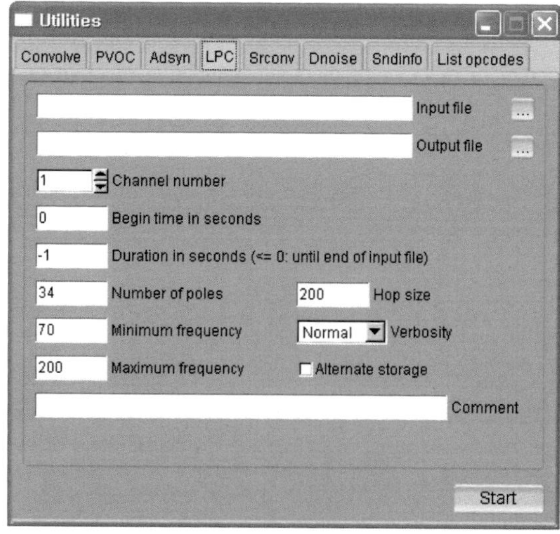

〈그림 71〉 LPC 분석

시사운드 버전 5의 6가지 분석 방법 중 LPC 분석은 특별히 노래하는 목소리나 또는 목소리 음향과 유사한 말소리 분석을 위해 유용하게 사용된다. LPC(Linear predictive coding)는 하나의 선적으로 예측 가능한 모델의 정보를 사용하여 목소리를 담고 있는 디지털 시그널의 스펙트럴(각 진동수대역들의) 인벨로프를 제시하는 것으로서 시그널 처리와 목소리 처리에 있어 가장 널리 사용되는 방법이다. 이는 가장 강력한 목소리 분석 방법 중 하나이며 그리고 낮은 비트 비율에서 좋은 목소리를 암호화하는 가장 유용한 방법으로서 목소리에 관한 극단적으로 정확한 예측을 제공한다.

시사운드의 엘피시 분석(Linear predictive analysis)은 이와 같은 본래의 엘피시 분석과 아울러 피치 추적(pitch－tracking) 분석을 하며 이 양쪽을 시간 순서대로 수행한 다음 재합성에 필요한 정보를 산출한다. 시사운드의 엘피시 분석에 사용되는 옵코드는 엘피아날(lpanal)이다.

엘피시는 말소리 분석과 합성을 위한 잘 알려진 방법 중의 하나다. 이 분석은 말소리 시그널의 모음소리(formant)에 잘 적용될 수 있는 엔폴(n－pole) 투아이알 필터(IIR, Infinite Impulse Response filter, 무한 충격 응답 필터)들에 의한 시간에 따른 일련의 분석과정으로 이루어진다.

엘피시 분석의 주 아이디어는 말소리의 어떤 하나의 샘플은 이전의 샘플들과의 하나의 선적인 복합체로서 가까워질 수 있다는, 즉 서로 연관성을 가지고 있다는 것에 있다. 이를 위해서는 그 샘플이 분석에서 말소리의 모음소리 영역들과 일치할 수 있도록 반드시 하나의 역(inverse, 逆)필터가 제공되어야만 한다. 이 역 필터를 위한 계수들(coefficients)은 그 샘플과 선적으로 예상되는 것들과의 사이에서 일어나는 이질성을 최소화함에 의해 결정된다. 따라서 '엘피시' 분석의 과정은 바로 말소리 샘플들을 위한 이 필터의 모호한 또는 시험적인 적용이라고도 할 수 있다.

가) 입력파일(Input file)

입력을 위해 사용될 수 있는 사운드파일은 버전 5에서 크게 확장되었다. 사실상 알려진 모든 사운드파일 포맷을 지원한다(aif/aiff, au, flac, pcm, raw, sd2, sf,

---

38) 보통 1번에서 5번까지가 사용되고 있으며 숫자가 작을수록 가파른 직선을 그리며 높은 주파수들을 잘라낸다. 3번째는 보통의 무난한 경사를 가진다.

snd, wav 등).

나) 출력파일(Output file)

출력될 파일을 위한 경로 및 파일 이름을 입력한다.

다) 채널 번호(Channel number)

분석할 채널(트랙)을 선택한다. 기본 값은 1번이다. 모노 파일이면 1을 넣으면
되고 스테레오의 경우 1은 왼쪽, 2는 오른쪽 채널을 말한다. 최대 채널은 8채널
까지다.

라) 시작 시간(Begin time)

분석이 시작될 사운드파일의 위치점을 초 단위로 입력한다. 기본 값은 0으로
사운드파일의 처음부터이며 소수점을 사용할 수 있다.

마) 길이(Duration)

분석할 시간을 초 단위로 입력한다. 기본 값은 −1로서 파일의 끝까지를 의미
하며 버전 4에서와 같이 값 ‘0’도 같은 의미다.

바) 극(pole)의 수(Number of poles)

| 34 | Number of poles |

분석할 극(pole)들의 수를 입력한다. 기본 값은 34개로 최대 50개까지 가능하다. 이 '극'이란 공식에서 사용되는 단일 값을 가지는 인수이다. 이 극의 수는 얼마나 세부적으로 진동들을 추적하는가를 결정하며 값이 클수록 치밀한 분석이 행해진다.

사) 홉 크기(Hop size)

| 200 | Hop size |

분석될 프레임들 사이의 거리를 입력한다. 이 값은 출력될 파일에서 초당 프레임의 수(오디오 샘플 비율/홉 크기)를 결정한다. 분석에서 한 프레임 크기는 '홉 크기*2' 샘플 수로 된다. 기본 값은 200이며 최대 입력 가능 값은 500이다.

아) 최저 피치(minimum frequency)

| 70 | Minimum frequency |

피치 추적(pitch - tracking)에서 사용할 가장 낮은 진동수를 입력한다. 입력 값 0은 피치 추적을 생략한다는 것을 의미한다. 기본 값은 70이다.

자) 정보 단계(verbosity)

| Normal ▼ | Verbosity |

분석 과정에서 터미널 정보의 출력의 단계를 입력한다. '없음'(normal), '세부'(verbose) 그리고 '보통'(debug)의 3단계가 있다. 기본 값은 '없음'(normal)이다.

차) 최대 피치(Maximum frequency)

200   Maximum frequency

피치 추적에서 사용할 가장 높은 피치(진동수)를 입력한다. 최저 피치와 최대 피치 사이의 간격이 좁으면 좁을수록 더욱 정확한 피치 측정이 가능해진다. 기본 값은 200이다.

카) 대체 저장(Alternate storage － a)

☐ Alternate storage

윈도우즈(Windows GUI)에서는 이 옵션의 기본 값은 필터 계수들을 가지는 파일 대신 필터 극 값들을 가지는 파일을 산출하도록 한다. '엘피리드'(lpread)와 '엘피레손'(lpreson)이 극 파일과 함께 사용될 때 자동 안정화가 수행되어 필터는 거칠게 되지 않게 된다. 따라서 이 옵션이 체크되면 필터 극 값을 가지는 파일을 산출한다.

타) 설명(Comment)

[   ] Comment

산출되는 파일에 추가하고 싶은 설명을 넣는다.

파) 예(examples)

명령 라인의 예) lpanal －a －p26 －d2.5 －P100 －Q400 audiofile.test lpfil22

위의 명령은 'audiofile.test' 파일의 첫 2.5초 동안을 분석하는 것이다. 그 내용은 오디오 비율로 초당 200프레임을 산출하며 각 프레임은 26개의 극을 가진 필터 계수들로 이루어지고 피치는 100에서 400헤르츠 사이에 있다고 추정한다는 것을 의미한다. 마지막으로 안정화된(−a) 출력은 현재 폴더에 'lpfil22'로 쓰인다는 것을 뜻한다.

하) 파일 포맷에 대하여

출력되는 파일은 하나의 인식 가능한 머리 부분과 함께 부동소수로 된 분석 데이터를 가지는 프레임들의 세트로 이루어진다. 각 프레임은 피치와 증폭(gain) 정보에 관한 4가지 값들을 포함하며 이에 이어 사용한 극의 수에 따른 필터 계수들이 뒤따른다. 마지막으로 출력된 파일은 옵코드 '엘피리드'(lpread)에서 사용될 수 있다.

(5) 사운드파일 변환(Srconv)

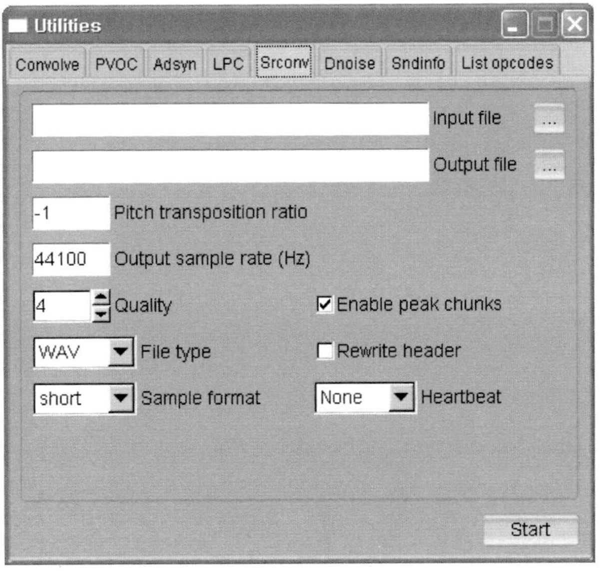

〈그림 72〉 Srconv(사운드파일 변환) 유틸리티

'Srconv'(Sample rate conversion)는 오디오(사운드) 파일의 샘플 비율을 변환한다. 이 프로그램은 임의의 샘플 비율 변환을 아주 충실하게 수행한다. 변환을 위해 사용되는 방법은 요구한 샘플 비율 증감 값에 따라 사운드파일의 각 입력점 주위의 적절한 가중 평균들로서 출력지점들을 산출하는 것이다. 이 작업에는 2가지의 고려사항들이 있다. 샘플 비율들이 비교적 낮은 정수비로 있을 경우 그 가중치들은 테이블로부터 가져오는 것이며 샘플 비율들이 높은 정수비로 있을 경우는 가중치들이 테이블에서 선적으로 삽입되어 이루어진다.

이 계산에서 줄이는 과정은 출력 샘플 비율의 절반에서 캇오프(cutoff) 진동수를 가진 충격 반응 로우 패스 필터가 적용되고 늘리는 과정은 입력 샘플 비율의 절반에서 캇오프 진동수를 가진 충격 반응 로우 패스 필터가 적용된다.

가) 입력파일(Input file)

입력을 위해 사용될 수 있는 사운드파일은 버전 5에서 크게 확장되었다. 사실상 알려진 모든 사운드파일 포맷을 지원한다(aif/aiff, au, flac, pcm, raw, sd2, sf, snd, wav 등).

나) 출력파일(Output file)

출력될 파일을 위한 경로 및 파일 이름을 입력한다.

다) 피치 이조 비율(Pitch transposition ratio)

1   Pitch transposition ratio

피치 이조 비율을 입력한다. 이 값은 '샘플 비율/입력 값'의 결과가 된다. 예를 들면 입력한 사운드파일이 시디 음질로 되어 있다면 '44,100/입력 값'이 될 것이다. 기본 값은 1로서 어떤 값을 1로 나누면 원래의 값이 그대로 유지되므로 아무런 변화가 없는 결과가 된다. 즉 피치 이조 비율을 사용하지 않는다는 의미다. 따라서 피치를 올리고자 한다면 값을 1보다 큰 값을 내리고자 한다면 1보다 작은 값을 넣으면 된다.

이와 같은 샘플 비율의 조정에 있어 각 사용자의 취향에 따라 만약 '피치 이조 비율'보다는 아래의 '출력 샘플 비율'이 더 편리하다고 생각한다면 텍스트 상자에 '0'이나 '-1' 값을 넣으면 아래의 '출력 샘플 비율' 상자가 '입력 가능 상태'(활성화)가 된다.

라) 출력 샘플 비율(Hz)

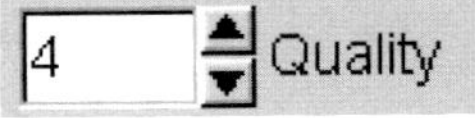

위의 '피치 이조 비율'의 입력 상자들의 일부의 항목에서 사용하지 않겠다는 표시인 '0'이나 '－1' 값을 넣으면 이 '출력 샘플 비율' 상자가 입력 가능 상태가 된다. 여기서는 직접적으로 원하는 샘플 비율을 넣으면 된다. 예를 들면 현재 음질이 44,100이라면 '33,898'이라는 값을 넣을 수 있을 것이다. 이렇게 되면 피치가 내려가는 것은 당연하지만 정확한 피치의 예측은 불가능하므로 이를 위해 또 다른 계산을 해야 할 것이다. 따라서 2배로 내리거나 올리는 경우나 미묘하게 피치를 내리거나 올릴 때 간편하게 사용할 수 있다. 기본 값은 시디 음질 비율인 44,100이다.

마) 음질(Quality)

음질 인수를 입력한다. 기본 값은 4이며 1～8까지의 값을 사용할 수 있다. 이 인수가 어떤 작용을 하는지에 대해서는 시사운드의 모든 매뉴얼이나 설명서 그리고 관련 자료들 어디에도 찾을 수 없다. 기본 값을 그대로 사용하는 것이 권장된다.

바) 픽 청크(Peak chunks)

산출할 사운드파일의 머리 부분에 '픽 청크' 정보를 포함할지의 여부를 결정한다.

사) 파일 종료(File type)

산출할 사운드파일의 종류를 선택한다. 기본 값은 'wav' 파일이다.

아) 머리 부분 되쓰기

산출할 동안 일정 주기마다 계속 머리 부분을 되쓰기를 할 것인지를 결정한다.
기본 값은 사용하지 않는 것이다. 이 옵션을 선택하면 상당히 긴 파일일 경우 파
일이 만들어지는 도중에도 소리를 들어 볼 수 있다.

자) 샘플 포맷(Sample format)

기본 값은 표준 시디 음질인 16비트 포맷이다. '유차'(uchar)는 8비트, '롱'(long)
은 32비트 정수, '플로트'(float)는 32비트 부동소수로 된 포맷이다.

차) 박동(Heartbeat)

여기서 '박동'의 의미는 사운드파일이 만들어지고 있을 때 시간의 흐름에 맞추어 시사운드에서 주기적으로 나타내는 시각적 표시 또는 벨소리를 의미한다. 이 옵션은 명령 프롬프트에서 사운드파일을 만들 때 그 산출 과정 동안 몇 가지의 문자나 소리로 진행 중임을 표시하게 한다.

산출 과정이 길 때 화면에 아무런 표시가 없다면 현재 실행이 되고 있는지 아니면 어떤 문제가 발생되어 정지상태에 있는 것인지 궁금할 것이다. 0과 1은 원을 그리며 돌아가는 막대, 2는 마침표(.), 3은 파일 크기 표시를 초 단위로 나타내며, 4는 벨소리를 낸다. 윈도우용 시사운드에서는 출력 윈도가 표시될 때는 3번을 제외하고는 모두 윈도의 제목 표시줄에 현재의 연월일과 시분초가 표시되며 3번을 선택하면 이에 보태어 현재까지 만들어지고 있는 총 바이트 수가 표시된다. 기본 값은 '없음'(None)이다.

(6) 디노이저(Dnoise)

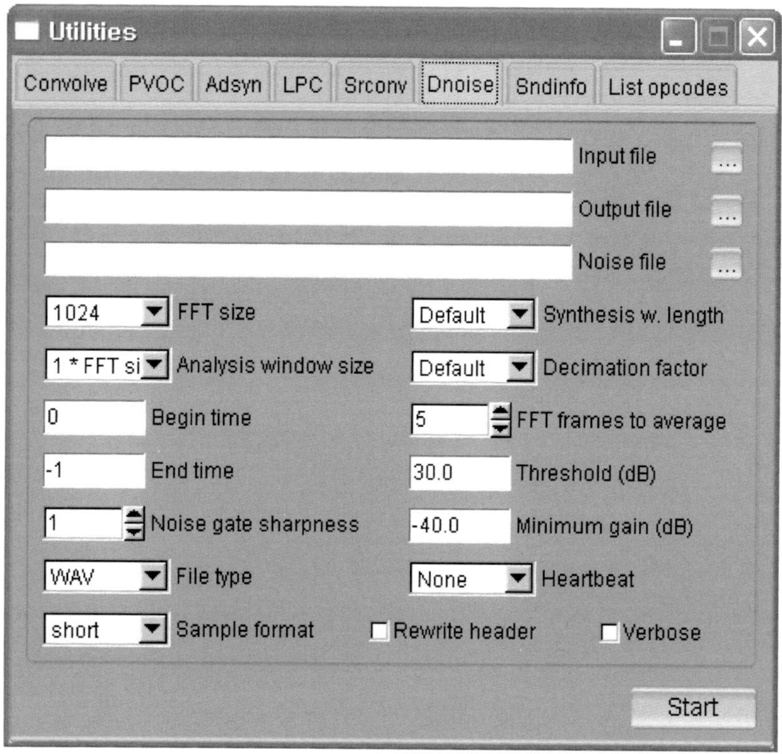

<그림 73> 잡음 제거 유틸리티 'Dnoise'

잡음 제거 유틸리티 '디노이저'(Delete noise)는 버전 5에서 좀 더 세부적인 사항이 추가되었다. 프로그램 '디노이저'에 사용되는 옵코드는 '디노이즈'(Dnoise)로서 진동수 주도 잡음 제어(frequency – domain noise – gating)를 사용하여 잡음을 감소시킨다. '디노이저'는 히스(hiss) 타입과 같은 높은 시그널(high signal – to – noise)의 잡음일 경우 최상으로 잘 작동한다.

이 알고리즘은 1984년 10월 11일 뉴욕의 오디오 공학 협회(재인쇄 #2132)에 의한 76가 회의장에서 무어와 버거(Moor & Berger)의 '선적 페이즈 대역 나누기: 이론과 응용'이라는 제목으로 발표된 내용으로 이루어진다. 다만 이 알고리즘은 여기서 무어와 버거의 귀납하는(recursive) 공식 대신에 짧은 시간 푸리에 분석 합성을 위해 가중된 중복 가산 공식을 사용한다. 각 진동수 빈에서 증폭 값은 다음의 공식에 따라 독립적으로 계산된다.

'gain = g0 + (1 − g0)*[avg/(avg + th*th*nref)] ^ sh'

여기서 'avg'와 'nref'는 요구되는 빈을 위한 각각 시그널 및 잡음의 제곱의 평균으로 이루어진다(이 부분은 '무어와 버거'에서의 사용 방법과 약간 다르다).

가장 중요한 항목인 'th'와 'g0'은 데시벨(dB)로 표기되며 내부적으로 부동소수 값으로 전환된다. 'nref' 값들은 '명령 라인'과 함께 입력한 단지 잡음만을 함유하는 '잡음 사운드파일'에 기초하여 프로그램이 시작할 때에 계산된다.

'avg' 값들은 FFT 프레임들의 사각 윈도 위에서 현재 시간의 앞뒤를 살피며 계산된다. 이것은 'm*D/R'의 임시적 확장과 상응한다(일반적으로 'm*D/R'은 'm*N/8/R'로 사용된다). 기본 세팅 값들인 'N', 'M' 그리고 'D'에는 대부분의 경우에 적절한 값들이 적용되어야 한다. 16Khz보다 더 높은 샘플 비율은 더 높은 'N' 값을 지시하는 것일 수 있다.

가) 입력파일(Input file)

입력을 위해 사용될 수 있는 사운드파일은 버전 5에서 크게 확장되었다. 사실상 알려진 모든 사운드파일 포맷을 지원한다(aif/aiff, au, flac, pcm, raw, sd2, sf, snd, wav 등).

나) 출력파일(Output file)

출력될 파일을 위한 경로 및 파일 이름을 입력한다. 출력파일 또한 알려진 모든 사운드파일 포맷을 지원한다(aif/aiff, au, flac, pcm, raw, sd2, sf, snd, wav 등).

다) 잡음 파일(Noise file)

참고할 잡음이 담겨 있는 사운드파일을 입력한다. 즉 제거할 잡음과 유사하거나 동일한 잡음이 들어 있는 사운드파일을 입력한다. 이 지원 파일 또한 알려진 모든 사운드파일 포맷을 지원한다(aif/aiff, au, flac, pcm, raw, sd2, sf, snd, wav 등).

라) FFT 크기(FFT size)

FFT 프레임 사이즈에 대응하는 필터의 수를 설정하는 것으로 사용할 밴드 패스 필터들의 수를 입력한다. 기본 값은 '1,024'이다. 일반적으로 FFT 프레임 값이 클수록 정밀한 진동수 분석이 이루어진다. 그러나 이 프로그램의 목적은 분석이 아니므로 정밀한 분석일수록 잡음을 더 잘 제거할 것이라는 보장은 없다. 이는 완전히 입력한 사운드파일의 잡음 수준과 상황 그리고 분포 상황에 달려 있다 할 수 있다. 따라서 최상의 결과를 얻기 위해서는 여러 가지 값으로 시도하는 것이 중요하다. 이 부분에 대한 보다 자세한 설명은 앞서의 '피복' 분석에서 FFT 크기에 관한 내용을 참고 바란다.

마) 합성 윈도 길이(synthesis w. length)

분석된 FFT 프레임을 바탕으로 잡음 제거 후 재합성을 위한 프레임 크기를 설정한다. 기본 값은 위의 FFT 프레임의 크기와 동일한 값을 사용하는 것으로 '기본 값'(Default)이 '리스트 상자'에서 선택되어 있다. 선택 범위는 '최저 64~최대 32,768'이며 이 값은 항상 2의 제곱수가 되어야만 한다. 이 값도 먼저 기본 값을 선택한 후 기타 여러 값을 넣은 후 각 결과를 비교한 후 최상의 것을 선택하는 것이 바람직할 것이다.

바) 분석 윈도 길이(analysis window length)

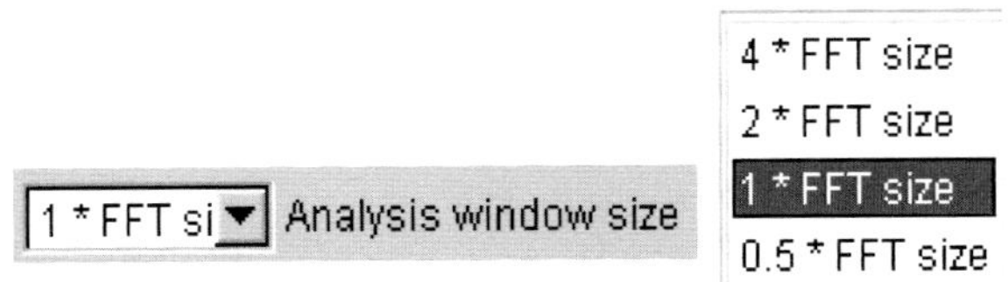

분석할 윈도 길이(크기)를 설정한다. 시사운드 버전 4 윈도우용에는 없으며 버전 5에서 추가되었다. 기본 값은 FFT 크기와 같은 크기로 되어 있다. 그리고 원한다면 FFT 사이즈를 절반으로 줄여 분석의 세부를 낮추거나 반대로 2배 또는 4배로 높일 수도 있다.

사) 축소 인수(decimation factor − D)

축소(decimation, 데서메이션) 인수를 입력한다. 이 인수는 'FFT 크기(밴드 패스 필터의 수)/축소인수'와 같이 사용된다. 기본 값은 8이며 최소 8에서 최대 4,096까지의 값을 사용할 수 있다. 반드시 2의 제곱수를 사용해야 한다.

아) 시작 시간(Begin time)

참고할 잡음이 들어 있는 사운드파일(noise reference soundfile)의 시작 시간을 입력한다. 기본 값은 처음부터를 의미하는 '0'이다. 초 단위로 입력한다.

자) 평균 FFT 프레임들의 수

평균 FFT 프레임들의 수(FFT frames to average) 항목은 전체 평균적인 FFT 프레임들의 수를 입력한다. 기본 값은 5이며 최소 1에서 최대 20까지의 값을 입력할 수 있다.

차) 끝나는 시간(end time)

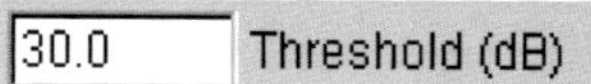

참고할 잡음이 들어 있는 사운드파일(noise reference soundfile)의 끝나는 시간을 입력한다. 기본 값은 '-1'로서 '0'의 값도 같은 의미를 가지며 파일의 끝까지를 의미한다. 초 단위로 입력한다.

카) 잡음 초과 시작점(threshold)

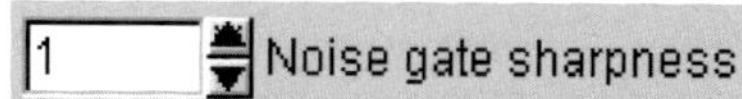

잡음 조회 파일(noise soundfile)에서 진폭 크기를 초과하는 시작점을 데시벨로 입력한다. 기본 값은 30이다. 30데시벨은 아주 큰 소리이다. 만약 30을 입력한다면 30dB 이후부터는 참조하지 않는다는 의미가 된다.

타) 잡음 제어 민감도(noise gate sharpness)

잡음 제어 민감도의 분기점을 5개의 범위로 설정하고 있으며 범위는 1에서 5

까지다. 기본 값은 1이며 값이 클수록 민감하게 반응한다.

파) 최소한의 증폭을 데시벨로(minimum gain in dB)

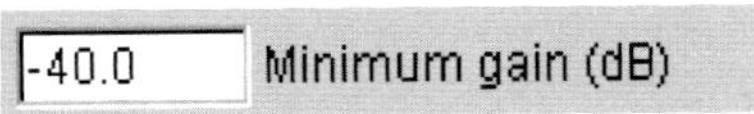

선택된 잡음 제어 범위 밖의 시그널들에 대한 최소한의 증가 값을 데시벨로
입력한다. 기본 값은 −40이다. 0이 가장 큰 소리이며 −40데시벨은 거의 들리
지 않는 아주 약한 소리이다.

하) 출력파일 종류(File type)

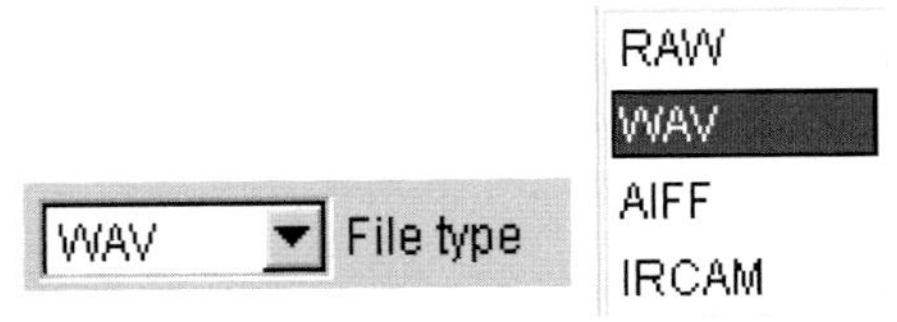

출력할 파일의 종류를 선택한다. 4가지 종류의 파일이 지원된다.

거) 박동(Heartbeat)

여기서 '박동'의 의미는 사운드파일이 만들어지고 있을 때 시간의 흐름에 맞추
어 시사운드에서 주기적으로 나타내는 시각적 표시 또는 벨소리를 의미한다. 이
옵션은 명령 프롬프트에서 사운드파일을 만들 때 그 산출 과정 동안 몇 가지의
문자나 소리로 진행 중임을 표시하게 한다.

산출 과정이 길 때 화면에 아무런 표시가 없다면 실행이 되고 있는지 궁금할
것이다. 0과 1은 원을 그리며 돌아가는 막대, 2는 마침표(.), 3은 파일 크기 표시
를 초 단위로 나타내며, 4는 벨소리를 낸다. 윈도우용 시사운드에서는 출력 윈도

가 표시될 때는 3번을 제외하고는 모두 윈도의 제목 표시줄에 현재의 연월일과
시분초가 표시되며 3번을 선택하면 이에 보태어 현재까지 만들어지고 있는 총
바이트 수가 표시된다. 기본 값은 '없음'(None)이다.

너) 샘플 포맷(Sample format)

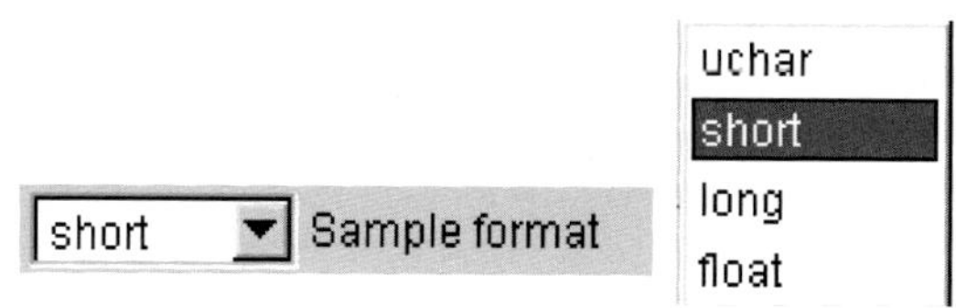

출력할 파일의 샘플 포맷을 설정한다. 기본 값은 표준 시디 음질인 16비트 포
맷이다. '유차'(uchar)는 8비트, '롱'(long)은 32비트 정수, '플로트'(float)는 32비트
부동소수로 된 포맷을 말한다. 여기서 '플로트' 포맷은 시사운드의 내부에서 그
리고 전문 오디오 편집 프로그램들에서만 사용되는 형식으로 이 파일로 저장하
면 일부 표준 미디어 장치들 예를 들면 낮은 버전의 윈도우즈 미디어 플레이어
등은 읽지 못할 수도 있다.

더) 머리 부분 되쓰기(Rewrite header)

산출할 동안 일정 주기마다 계속 머리 부분을 되쓰기를 할 것인지를 결정한다.
기본 값은 사용하지 않는 것이다. 이 옵션을 선택하면 상당히 긴 파일일 경우 파
일이 만들어지는 도중에도 소리를 들어 볼 수 있다.

러) 벌보스(verbose − V)

이 벌보스 체크 버튼을 체크할 경우 산출 시 그 과정이 자세히 출력 윈도에

제시된다.

(7) 사운드파일 정보(Sndinfo)

Input file ...

속도 빠른 컴퓨터가 등장하면서 점차 다양한 포맷으로 된 사운드파일이 증가
하고 있다. 특히 윈도우 64비트가 등장하면서 이에 따라 사운드파일 포맷 64비
트도 등장하고 있어 점차 빈번히 사용될 유틸리티다. 시사운드는 물론 어떤 프로
그램에서 사운드파일이 읽히지 않는다면 먼저 이 '사운드파일 정보' 프로그램을
통해서 파일 포맷에 관한 정보를 살펴보는 일이 필요하다. 또한 시사운드에서 외
부의 파일을 불러 샘플러로서 이용할 때나 기타 옵코드들의 사용에 있어 사용할
파일의 종류나 포맷 그리고 샘플 사이즈를 알고자 할 때 유용하게 이용될 수 있다.

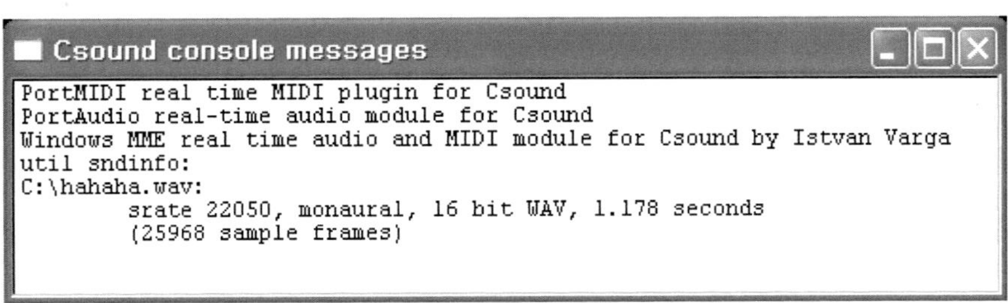

〈그림 74〉 '사운드파일 정보'에서 출력한 내용

(8) 리스트 옵코드(List Opcodes)

현재 버전의 시사운드 프로그램에 포함되어 있는 모든 옵코드의 이름들을 리
스트로 나열한다. 따라서 사용자가 현재 사용하고 있는 시사운드 버전에서 사용
하고자 하는 옵코드가 현재 가능한지의 여부를 또는 현재 사용 중인 버전의 번
호를 알고자 할 때 도움이 될 것이다. 그리고 아래 그림과 같이 이 모든 정보를
프린트할 수도 있다.

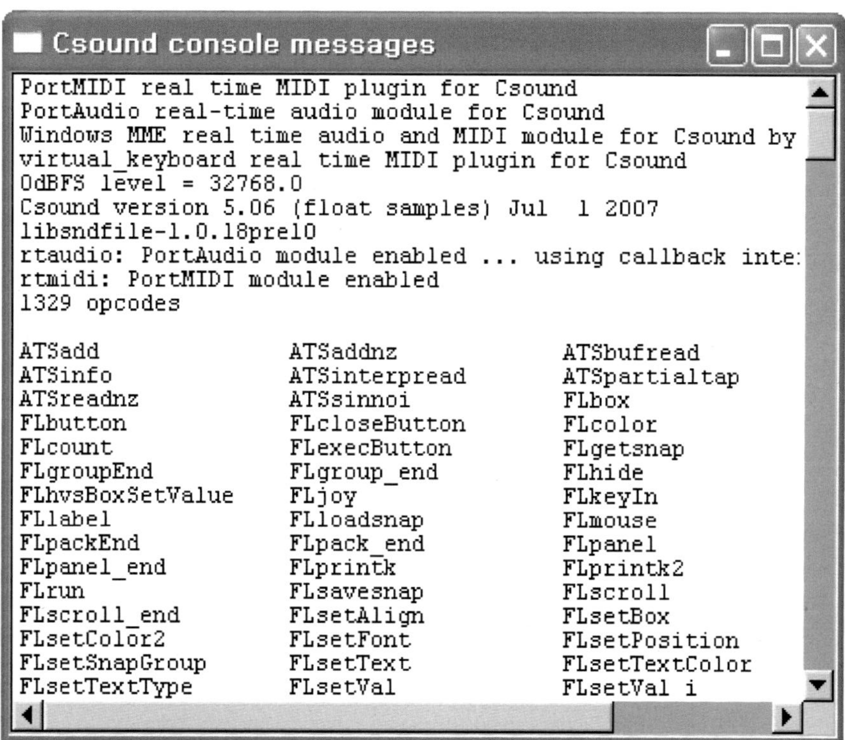

〈그림 75〉 List Opcodes에 의해 출력 창에 출력된 모든 옵코드들

06 시사운드 5의 새로운 모습들 

시사운드의 원저자 배리 버코와 MIT 기술 저작권 사무소는 2003년 5월에 마침내 시사운드를 완전한 공공의 프로그램으로 전환하는 데에 서명하였고 사실상 나이 많은 버코는 실제의 시사운드 프로그래밍에서 손을 뗐고 이후부터 존 피치(John ffitch)를 중심으로 시사운드 버전 5의 계획이 진행되었다. 따라서 2003년까지의 시사운드 버전 4.23이 사실상의 버전 4의 최후 버전이 되었다. 이후 버전 5가 개발되는 동안 버전 4.23에도 계속 약간의 수정은 추가되어 왔지만 버전 5를 위해 버전 4의 개발은 사실상 일단락되었고 모든 힘은 버전 5에 가해져 왔다.

그리고 시사운드VST는 시사운드의 틀에서 VST(Virtual Studio Technology)를 지원케 함으로써 외부의 가상악기를 시사운드에서 불러 사용할 수 있게 하며 시사운드 또한 외부의 가상악기를 요구하는 프로그램에 시사운드의 기능을 VST 플러그인으로서 제공할 수 있게 한다.

가. GNU 레서 일반 공공 라이선스 등록

2003년 5월 1일 시사운드의 원저자 배리 버코와 MIT 기술 저작권 사무소는 마침내 시사운드를 완전한 공공의 프로그램으로 전환하는 데에 사인함으로써 GNU 레서 일반 공공 라이선스(GNU Lesser General Public License)에 등록함으로써 공식적인 공개 소스 면허를 가지게 되었다.

나. 에스콘스(SCons) 채택

새롭고 더 쉬운 시스템 구축을 위한 '에스콘스'(SCons)를 채택하였다. 에스콘스는 공개 소스 소프트웨어 제작 도구로서 과거부터 널리 사용되어 온 메이커

(Make) 유틸리티 컨피규레이션 파일들을 대체하게 되었다. 이 '에스콘스'의 장점은 많지만 몇 개만을 소개한다.

1) 컨피규레이션 파일

컨피규레이션 파일들은 완전히 파이선(Python) 스크립트로 쓰인다. 이로써 사용자가 만든 구조는 일반 목적의 프로그래밍언어에 대한 완전한 접근이 가능하게 되었다.

2) 자동 의존파일 분석

C, C++ 그리고 포트란을 위한 자동 의존파일 분석(Automatic dependency analysis built-in)을 지원한다.

3) 자동 지원

C, C++, D, 자바, 포트란, Objective-C, Yacc, Lex, Qt 그리고 SWIG, 그리고 TeX와 LaTeX 문서 제작을 자동지원한다.

4) 자동 지원

마이크로소프트 비주얼 스튜디오 .넷 그리고 과거의 비주얼 스튜디오 버전을 자동 지원한다.

다. 인정된 공개소스 라이브레리들의 광범위한 사용

1) 립사운드파일(libsndfile)

립사운드파일(libsndfile)은 다양한 오디오 압축과 사운드파일 포맷을 지원하는 널리 사용되는 C 라이브레리다. 시사운드 버전 5에서는 사운드파일 입출력을 위해 립사운드파일(libsndfile)을 채택했다. 립사운드파일은 오디오 입출력도 지원하지만 이 부분을 위해서는 포트오디오를 선택했다.

2) 포트오디오(PortAudio)

낮은 지연(low–latency)과 실시간 오디오 입출력을 위해 포트오디오 및 아시오(ASIO) 드라이브를 채택하였다. PortAudio와 PortMidi는 오디오 및 미디 입출력을 위한 OS 독립 공개 소스 C 라이브레리로서 윈도우, 리눅스 및 매킨토시 플랫폼에서 똑같이 적용된다.

3) 풀틱(FLTK)[39]

오케스트라파일에서 프로그래밍될 수 있는 그래픽 컨트롤(widgets) 풀틱을 사용한다.

4) 포트미디(PortMidi)

실시간 미디 입출력을 위해 포트미디(PortMidi)를 사용한다.

---

39) 풀틱(FLTK)은 "Fast, Light Toolkit"(발음 "fulltick")은 오픈지엘(OpenGL, Open Graphics Library)의 인터페이스를 가지고 있으며 3D 그래픽 프로그래밍을 위해 개발되었다.

5) 오디오 버퍼링 시스템의 단순화

6) 모든 함수 및 옵코드들의 상태 반환

모든 옵코드 함수 및 기타 내부 함수들의 현재 상태(status)를 반환하는 기능을 가진다.

7) 미디 상호운영 옵코드들

새로운 미디 상호운영 옵코드들(MIDI interop opcodes)은 보다 강화된 상호운영(interoperablity)으로 이전에는 실시간으로만 가능했던 또는 미디파일이나 스코어로만 가능했던 옵코드들을 양쪽 상황에 다 사용할 수 있게 하고 있다.

(1) 미디채널에프터타치

미디채널에프터타치(midichannelaftertouch) 옵코드는 입력 미디신호로부터 하나의 미디채널의 에프터타치 값을 얻는다. 미디파일에서는 악기 1번(instr 1)이 미디채널 0번이 된다.

(2) 미디채널(midichn)

미디 키보드가 눌려졌을 때 그 피치의 미디채널(1∼16)을 반환한다. 스코어에서는 채널이 악기 번호에 의해 정해져 있으므로 0을 반환한다.

(3) 미디컨트롤체인지(midicontrolchange)

하나의 미디컨트롤체인지 값을 얻는다.

(4) 미디디폴트(mididefault)

미디신호의 기본 값을 설정한다.

(5) 미디노트오프(midinoteoff)

미디노트오프 값(피치와 벨로서티)을 받는다.

(6) 미디노트온사이클(midinoteoncps)

미디노트 번호를 진동수(Hz)로 받는다.

(7) 미디노트온키(midinoteonkey)

미디노트 번호 값을 받는다.

(8) 미디노트온옥타브(midinoteonoct)

미디노트 번호 값을 옥타브 부동소수(octave – point – decimal) 값으로 받는다.

(9) 미디노트온피치(midinoteonpch)

미디노트 번호 값을 시사운드 고유의 피치 클래스 값으로 받는다.

(10) 미디피치밴드(midipitchbend)

미디피치밴드 값을 받는다.

(11) 미디폴리포닉에프터타치

미디폴리포닉에프터타치(midipolyaftertouch) 옵코드는 미디폴리포닉에프터타치
값을 받는다.

(12) 미디프로그램체인지(midiprogramchange)

미디프로그램체인지 값을 받는다.

8) 플러그인 옵코드들(Plugin opcodes)

대부분의 새로이 등장한 옵코드들이 플러그인[40] 형태로 만들어졌으며 또한 많은 수의 이전의 옵코드들도 플러그인으로 변환되었다.

(1) 사운드폰트 옵코드들

플루이드신스[41](FluidSynth)에 기초한 사운드폰트(SoundFont) 옵코드들

(2) 파이선(Python) 옵코드들

오케스트라파일에서 파이선 코드를 실행케 하는 파이선(Python) 옵코드들

가) 파이이닛(pyinit)
파이선 해석기를 초기화한다(메모리에 로드한다).

나) 파이런(pyrun)
하나의 파이선 명령을 작동시킨다.

다) 파이익잭(pyexec)
하나의 파이선 스크립트를 실행시킨다.

라) 파이콜(pycall)
아규먼트와 함께 파이선 함수를 부르고 이로부터 값을 반환받는다.

---

40) 플러그인: 주 프로그램과 상호 작용하는 작은 규모의 프로그램들. 예) 인터넷의 문서 번역기, 소프트웨어 신디사이저 등.
41) 플루이드신스: 사운드폰트2(SoundFont2)에 기초한 실시간 소프트웨어 신디사이저.

마) 파이에발(pyeval)

파이선의 한 식(expression)을 평가한 후 그 값을 시사운드 변수로 반환한다.

바) 파이어사인(pyassign)

시사운드 변수의 값을 파이선의 변수로 그 값을 넘긴다.

(3) 로리스(Loris) 옵코드들

시간 및 진동수 분석 및 재합성을 위한 로리스(Loris)[42] 옵코드들이 새로 추가되었다.

가) 로리스리드(lorisread)

SDIF − 포맷 데이터 파일로부터 대역너비(bandwidth) 파셜들의 한 세트를 읽는다.

나) 로리스몰프(lorismorph)

2개의 파셜들을 몰프한다.

다) 로리스플레이(lorisplay)

향상된 대역너비 가산합성을 사용해서 파셜들로부터 시그널을 산출한다.

(4) 소프트웨어 버스(bus)[43] 옵코드들

시사운드는 내부의 새로운 통로를 위해서 특히 시사운드 API[44]를 부르는 외부의 소프트웨어로 가는 통로를 위해서 소프트웨어 버스를 구현했다. 이 옵코드들은 현재 7개로 이루어진다. 이 소프트웨어 버스의 활용의 예를 들면 시사운드의 오케스트라파일에서 진행되는 오디오나 컨트롤 시그널을 이 소프트웨어 버스를 통해 외부의 프로그램으로 전달할 수가 있다. 시사운드의 오디오 출력과 애니메

---

42) 로리스(Loris) 소프트웨어는 공개 소스로서 소리 모방 작업(sound modelling) 및 산출(processing) 소프트웨어이다.

43) 버스(bus)는 예를 들면 컴퓨터의 CPU에서 머더보드의 PCI, AGP카드로 가는 길(회선)을 버스라고 한다. 소프트웨어 버스는 메모리 속에 만드는 가상의 통로다. 어쩌면 일종의 버퍼라고도 할 수 있다.

44) API(Application Programming Interface): 여러 프로그램들이 공유하는 빈번한 함수들의 모임으로 함수의 이름과 아규먼트를 보내 결과를 반환받는다.

이션이나 그림파일을 동시 산출하는 시사운드AV와 유사한 HPKComposer 같은
프로그램은 이 소프트웨어 버스를 이용해서 시사운드의 시그널을 외부로 보내
초당 30프레임의 애니메이션을 제작할 수 있다(HPKComposer도 무료 프로그램이다).

가) chn_k

컨트롤 시그널을 위한 입출력 소프트웨어 버스의 채널을 설정한다.

나) chn_a

오디오 시그널을 위한 입출력 소프트웨어 버스의 채널을 설정한다.

다) chn_S

스트링(문자열) 시그널을 위한 입출력 소프트웨어 버스의 채널을 설정한다.

라) chnclear

소프트웨어 버스의 오디오 출력 채널을 비운다.

마) chnexport

특정 소프트웨어 버스 채널을 가리키는 하나의 전역 변수를 내보낸다.

바) chnmix

특정 소프트웨어 버스 채널에 오디오 데이터를 보탠다.

사) chnparams

특정 채널의 파라미터(parameter)를 가져온다.

(5) 믹서(Mixer) 옵코드들

이전 버전에서는 한 악기의 오디오 시그널을 다른 악기로 보낼 때는 예를 들
면 리벌브 악기나 코러스 악기 등에 신호를 보낼 때에는 전역 변수를 사용해야
했지만 버전 5에서는 믹서 옵코드를 사용하여 어느 악기에서든 손쉽게 시그널을
보낼 수 있게 되었다. 이 믹서 옵코드는 모두 5개로 이루어진다.

가) 믹서샌드(MixerSend)

어떤 악기에서든 하나의 채널로 오디오 시그널을 보낸다.

나) 믹서리시브(MixerReceive)

어떤 악기에서든 하나의 채널로부터 오디오 시그널을 받는다.

다) 믹서셋레벨(MixerSetLevel)

오디오 시그널을 보낼 때의 시그널의 레벨(크기)을 설정한다.

라) 믹서겟레벨(MixerGetLevel)

오디오 시그널을 받을 때의 시그널의 레벨(크기)을 설정한다.

마) 믹서클리어(MixerClear)

마지막 시그널의 출력이 끝나면 반드시 모든 채널의 신호를 0으로 초기화해야
한다. 이를 위해 믹서클리어 옵코드를 사용한다.

(6) 새 스트링 옵코드들

새로운 스트링[45] 변환(String conversion) 옵코드들

가) 스트링 조작 옵코드들

스트링 복사: strcpy, strcpyk — 스트링 변수를 복사한다.

스트링 잇기: strcat, strcatk — 스트링들을 잇는다.

스트링 비교: strcmp, strcmpk — 스트링들을 비교한다.

스트링 얻기: strget — 테이블의 색인(인덱스)이나 스코어의 p - 필드로부터 스
트링 값을 가져온다.

스트링 길이: strlen, strlenk — 스트링의 길이를 얻는다.

스트링 인쇄: sprintf — 스트링의 값을 포맷된 형태로 프린트한다.

스트링 인쇄: puts — 스트링을 프린트한다.

스트링 반환: strindex, strindexk — 스트링의 첫 번째 값을 반환한다.

스트링 반환: strrindex, strrindexk — 스트링의 마지막 값을 반환한다.

---

45) 스트링(string)이란 프로그래밍에서 하나의 데이터 종류이다. 쉽게 텍스트로 생각하면 된다.

스트링 반환: strsub, strsubk - 스트링의 아래 문자열(substring)을 반환한다.

나) 스트링 변환 옵코드

스트링 변환(String Conversion) 옵코드들의 대부분 옵코드들은 초기화 때에만 사용되며 옵코드에 접미사 k가 붙는 경우 연주 시간에도 적용된다.

부동소수 변환: strtod, strtodk - 스트링 값을 부동소수로 변환한다.
정수 변환: strtol, strtolk - 스트링 값을 사인드(signed) 정수[46]로 변환한다.
아스키 변환: strchar, strchark - 스트링을 아스키 값으로 변환한다.
소문자 변환: strlower, strlowerk - 스트링을 소문자로 변환한다.
대문자 변환: strupper, strupperk - 스트링을 대문자로 변환한다.

(7) 오픈 사운드 컨트롤 옵코드들

향상된 오픈 사운드 컨트롤(OSC, Open Sound Control) 옵코드들의 컴퓨터들, 또는 신디사이저들 그리고 기타 멀티미디어 장치들 사이에서 의사소통을 위한 넷 워킹 기술을 위한 프로토콜(protocol)[47]이다. 시사운드에서는 이들 옵코드들을 통해 컴퓨터 도메인 이름과 포트 번호, 주소 그리고 아규먼트들을 전달하고 수신한다.

OSC 초기화 - OSCinit
OSC 메시지 수신 - OSClisten
OSC 메시지 송신 - OSCsend

(8) 벡토리얼(Vectorial) 옵코드들

벡토리얼(Vectorial)[48] 옵코드들은 함수테이블의 내용들을 여러 목적을 위하여 벡터(vector)들로 표현하는 데에 사용한다. 이 함수들은 원래 시사운드AV에서 사

---

46) 0을 포함하여 음수와 양수로 된 정수이며 unsigned는 0부터 양수만으로 이루어지는 정수를 말한다.
47) 컴퓨터 사이의 통신에 관한 약속으로 자료의 형식 및 통신 방법 등을 미리 정한 규약.
48) 선의 모양을 2차원 배열로 표시한다.

용되었던 것을 버전 5에서 포함하게 되었다. 전체 옵코드의 수는 43개이다.

(9) 실시간 스펙트럴 산출 'pvs' 옵코드들

실시간 스펙트럴(spectral) 산출 'pvs' 옵코드들은 페이즈 보코딩(phase vocoding)에 의해 분석된 데이터로 실시간 재합성 및 산출을 위한 옵코드들이다. 모두 30개가 추가되었다. 이 옵코드들은 모두 접두어 'pvs'가 붙는 옵코드들이다.

(10) ATS 옵코드들

ATS는 분석(Analysis), 변환(Transformation) 그리고 합성(Synthesis)의 약자로서 사인곡선과 중요한 밴드 노이즈 모델(critical − band noise model)을 바탕으로 한 함수들의 소프트웨어 라이브레리다. ATS의 소리는 하나의 심벌 객체다. 이 객체는 다양한 변환 함수들을 사용하여 조작될 수 있는 하나의 스펙트럴 모델을 제시한다. 시사운드의 일부 ATS 옵코드들은 다른 일부의 ATS 옵코드들이 만든 분석 파일들을 읽고 변환하고 재합성한다. 이 옵코드들은 모두 10개이며 각 옵코드의 이름은 접두어 ATS로 시작한다.

(11) STK 옵코드들

STK 옵코드는 아직 포함되지 않았다. 나중에 포함되면 STK 옵코드들의 이름은 모두 접두어 STK로 시작하는 옵코드들이 될 것이다. 이 옵코드들은 페리 쿡(Perry Cook)의 C++ 악기들에 있는 합성 툴킷(Synthesis Toolkit)을 바탕으로 이루어진다.

(12) DSSI와 LADSPA 적용 옵코드들

LADSPA 또는 DSSI 플러그인으로부터 나온 오디오를 사용할 수 있게 해 준다. 이 옵코드들은 dssiinit, dssiactivate, dssilist, dssiaudio, dssictls 등 모두 5개로 이루어진다.

가) LADSPA

LADSPA는 'Linux Audio Developer's Simple Plugin API'의 약자다. 시사운드에서 이 플러그인들을 포함하고 있지는 않다. 만약 리눅스를 사용하고 있다면 이 플러그인들을 시사운드의 LADSPA 적용 옵코드를 사용하여 이용할 수 있다.

나) DSSI

DSSI는(발음: '디지(dizzy)') 오디오 산출 플러그인을 위한 리눅스의 API다. 이 API는 사용자 인터페이스를 갖추고 있어 소프트웨어 합성을 위해 아주 유용하다. 시사운드에서 이 플러그인들을 포함하고 있지는 않다. 만약 리눅스를 사용하고 있다면 이 플러그인들을 시사운드의 DSSI 적용 옵코드를 사용하여 이용할 수 있다.

(13) VST 플러그인 옵코드들

vst4cs(vst for csound) 적용 옵코드들은 시사운드에서 VST 플러그인(plugin) 효과음향이나 신디사이저들을 사용할 수 있게 해 준다. 모두 9개로 이루어지며 시사운드에서 이 플러그인들을 포함하고 있지는 않다.

가) vstinit

하나의 플러그인을 초기화(로드)한다. 즉 시사운드에 플러그인을 사용하겠다는 것을 알리고 시사운드는 이 플러그인에 맞는 컴퓨터 메모리를 확보한다.

나) vstaudio, vstaudiog

플러그인의 출력(시그널)을 반환한다.

다) vstmidiout

미디데이터를 플러그인에 보낸다.

라) vstparamset, vstparamget

플러그인에 또는 플러그인으로부터 자동화 데이터(automation data)를 보내거나 받는다.

마) vstnote

정확한 길이와 함께 미디노트를 보낸다.

바) vstinfo

플러그인의 이름과 플러그인이 요구하는 파라미터(Parameter)를 출력한다.

사) vstbankload

fxb 뱅크를 로드한다.

아) vstprogset

fxb 뱅크 안에 하나의 프로그램을 둔다.

자) vstedit

가능할 때 플러그인을 위한 GUI 편집기를 연다.

9) C++로 플러그인 옵코드 만들기

시사운드는 C++로 플러그인을 만들 수 있도록 OpcodeBase.hpp 머리말 파일(header file)을 제공한다. 이는 템플릿 상속으로 가는 정적 폴리몰피즘[49](static polymorphism)의 기술에 바탕을 두고 있다.

10) 통합된 csound5gui 프로그램

이전에는 여러 사람이 분담해서 각 OS에 맞는 인터페이스를 구축해 오다가 시사운드 버전 5에 와서는 윈도우즈, 리눅스, 매킨토시 등의 모든 OS에서 같은 인터페이스를 가지게 되었으며 또한 동일한 입출력 장치인 '포트오디오'를 사용하게 되었다. 이로써 앞으로의 개발 작업은 보다 힘을 얻게 되었으며 사용자 인터페이스도 점차 향상될 것이라 생각된다.

---

49) 하나의 속성이 여러 가지의 형태로 변할 수 있는 상태를 의미한다.

11) Tcl/Tk 스크립팅 지원

Tck/Tk(Tool Command Language/ToolKit, 발음: 티클(tickle) 또는 티클릿(ticklet))
은 널리 활용되고 있는 스크립트 언어(script language)[50]로서 Tcl 환경에서도 시
사운드 API를 이용하여 시사운드를 사용할 수 있게 하고 있다. 장점은 Tcl에 익
숙한 사람들이 Tcl 모드에서 시사운드를 사용할 수 있게 함으로써 Tcl을 이용하
여 윈도와 버튼을 만드는 등의 사용자 그래픽 인터페이스를 제작할 수 있으며
알고리즘으로 시사운드 스코어를 만들거나 기타 자동화 매크로 등을 실현할 수
있다.

12) 보다 표준화된 시사운드 API

시사운드 API는 다른 프로그램에서 시사운드의 기능을 사용할 수 있도록 해
준다. 시사운드 API는 버전 5를 통해 표준화되어 점차 그 이용이 확산되고 있다.
현재 시사운드 API를 사용할 수 있는 언어와 이들의 래퍼(wrapper)[51]는 다음과
같다.

(1) C언어
include csound.h
(2) C++언어
include csound.hpp
(3) 파이선
import csnd
(4) 자바
import csnd.*;
(5) 루아(Lua)
require "csnd";

---

50) 스크립트 언어의 특징은 명령 하나하나마다 그때 기계어로 컴파일되어 컴퓨터에 전달된다.
51) 두 개의 서로 다른 대상을 연결해 주는 인터페이스.

(6) Lisp

csound5.lisp

라. 시사운드VST

1) 이해

먼저 '시사운드API'는 시사운드의 순수한 오디오 및 미디와 관련된 시사운드의 기능들을 다른 프로그램에서 불러 사용할 수 있도록 만든 프로그램이다. 따라서 외부로부터 명령을 받고 또 그 결과를 반환할 수 있도록 원래의 C 코드에 서로가 교신할 수 있는 하나의 인터페이스를 부가한 프로그램들이다. 그러나 이 API 프로그램들 스스로는 아무 일도 할 수 없으므로 프로그램이라는 말보다는 '모듈'(modual)이라는 말이 붙여졌다.

시사운드VST 또한 이름만 다를 뿐 일종의 API이다. 그러나 시사운드API에 함께 묶지 않고 이처럼 다른 용어를 써서 분리한 이유는 첫 번째는 저자와 관련된 문제 때문이라 할 수 있다. 시사운드API에 들어 있는 코드는 시사운드의 원저자 '배리 버코'(Barry Vercoe)에 의한 노력이 대부분이다. 그리고 중반기에 와서는 '존 피치'(John ffitch)가 가담하여 상당수의 새로운 옵코드들을 만들었고 배리 버코의 뒤를 이어 많은 일을 해 왔다. 이에 따라 최근 시사운드의 저작권 표시에는 배리 버코와 존 피치 이 두 사람의 이름이 같이 표기되고 있다.

시사운드VST는 2001년부터 마이클 고긴스(Michael Gogins)의 주도로 시사운드의 기능들을 API 형태로 변환하는 작업이 이루어지기 시작한다. 이와 동시에 고긴스는 스스로 새로운 많은 기능들을 개발하기 시작했다. 그 주요한 내용이 조금 전의 순수 시사운드 코드들을 API로 변환하는 작업을 포함하며 그리고 파이선과 함께 알고리즘으로 스코어 산출을 지원하는 기능들, 그래픽 인터페이스 작업들 (시사운드VST 프로그램), 그리고 아직 개발 중에 있는 노테이션으로 악보를 출력하는 기능들이다.

이처럼 원래 시사운드의 내용과 고긴스의 내용은 상당히 달라 이 둘을 한데 묶어서 표현하는 것은 여러 가지로 맞지 않아 비록 같은 API의 형태로 있지만 새로운 이름이 필요했을 것이다. 아마 VST(Virtual Studio Technology, 가상 스튜디오 기술)란 용어가 조금 부적절할 수도 있지만 API 형태로 시사운드의 악기 기능을 외부로 입출력하는 모듈로서 그리고 소프트웨어적인 가상의 형태로 또 스타인버그사의 VST 플러그인으로 확장되고 있어 이 용어를 선택한 것으로 본다.

마지막으로 현재 시사운드VST API는 본래의 시사운드API를 포함하고 있다. 따라서 이 둘을 따로 불러서 사용할 필요 없이 시사운드VST를 부르면 둘 다 사용이 가능하다. 시사운드API를 위한 파이선에서 사용하는 랩퍼는 'csnd'다. 아래의 첫 번째 그림은 시사운드API를 부르는 내용이다. 파이선 자체가 C나 C++가 아니기에 직접 수입하지 못하고 C++로 만들어진 다른 모듈을 거친다. 두 번째 그림은 시사운드API를 포함한 시사운드VST API를 사용하는 간편한 예다.

현재 시사운드VST와 시사운드API를 따로 떼지 않고 함께 묶었으므로 시사운드API만을 따로 사용할 일은 없을 것이며 그냥 시사운드VST를 사용하면 앞으로 시사운드의 모든 API 기능을 사용할 수 있을 것이다.

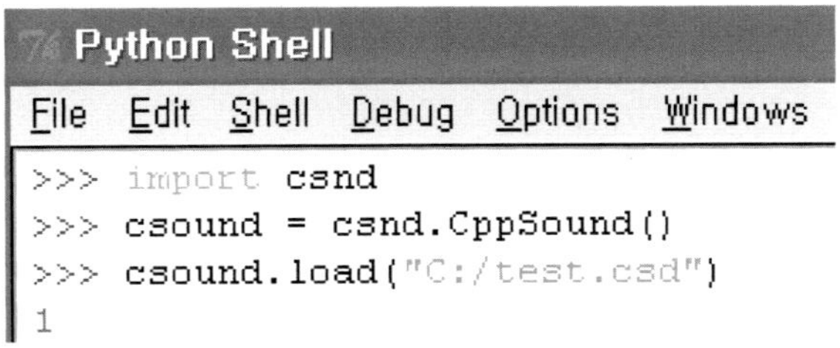

〈그림 76〉 시사운드API 가져오기

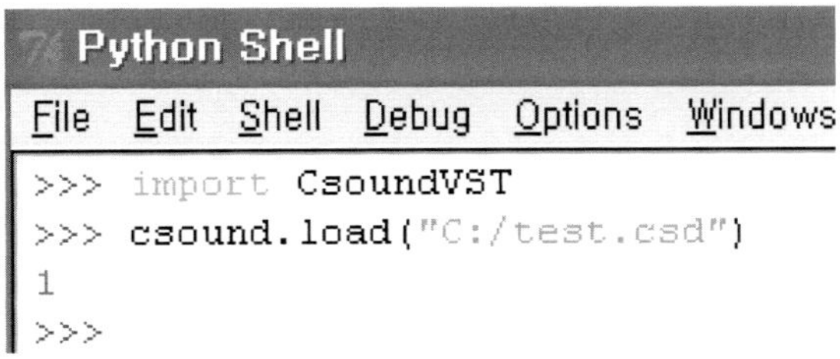

〈그림 77〉 시사운드VST 가져오기

2) 용어의 혼란

'시사운드VST'는 위에서 본 바와 같이 본래의 시사운드 API와 함께 새로이 추가된 API로서 가상의 모듈이다. 문제는 고긴스 자신이 개발한 프로그램 이름에 이 시사운드VST라는 API 이름과 똑같은 이름을 사용을 하고 있어 사용자에게 약간 혼란을 주고 있다. 시사운드VST는 눈에 보이지 않는 가상의, 즉 하나의 소프트웨어 모듈이며 시사운드VST 프로그램은 이 모듈과 그리고 시사운드API 모듈을 파이선의 환경에서 이용하는 하나의 프로그램 이름이라는 점을 이해할 필요가 있다.

3) 시사운드VST 프로그램

시사운드VST 프로그램은 사용자를 위한 편집기도 제공하고 있으며 중요한 점은 파이선 스크립트를 이용해서 스코어를 만들 수 있다. 그 다음 시사운드VST API와 시사운드API를 이용하여 만들어진 스코어로 소리를 만들고 산출하는 기능을 가지고 있다. 현재 시사운드에서도 파이선을 활용하는 옵코드들이 있지만 이것의 장점은 하나의 프로그램 안에서 보다 자유로운 스크립팅으로 스코어를 만들고 시사운드를 실행할 수 있다는 점이다. 또 하나는 아직 스타인버그사의 큐베이스에서만 가능하다고 생각하지만 시사운드 기능을 플러그인 VST 악기로서도 이용할 수 있다는 점이다. 이는 앞으로 보다 확대될 것이다.

그리고 시사운드VST와 관계없이 시사운드 프로그램 자체에도 VST 플러그인들을 불러서 사용하는 옵코드들(vstinit, vstaudio, vstaudiog, vstmidiout, vstparamset, vstparamget, vstnote, vstinfo, vstbankload, vstprogset, vstedit 등 11개)이 있으며 그리고 시사운드 자체에서 파이선 스크립트를 실행하는 옵코드들(pyinit, pyrun, pyexec, pycall, pyeval, pyassign 등 6개)이 있다.

어느 쪽을 사용하느냐는 완전히 사용자의 자유다. 시사운드의 기능에 만족하는 사람들은 굳이 시간을 내어 알고리즘을 짜기 위해 시사운드VST를 위한 파이선 스크립팅을 하며 머리를 싸맬 필요가 없다. 그러나 플러그인으로서 시사운드VST를 사용하는 방법은 간단하며 파이선 스크립팅이 전혀 필요 없기 때문에 시사운드VST와 완전히 담을 쌓을 필요는 없다.

파이선은 스크립트 언어다. 이를 이용해서 제대로 된 알고리즘을 만들려면 디버그 기능[52])이 잘된 프로그램이 권장되지만 파이선은 이 기능이 약해 사용자가 이미 익숙한 프로그래밍 경험을 가지고 있지 않은 경우 알고리즘을 만들고 테스트하는 과정에서 상당한 스트레스를 받을 것이다. 따라서 가능하면 자신에게 익숙한 그리고 디버그 기능이 잘되어 있는 툴로 알고리즘을 완성한 후 파이선 코드로 바꾸는 방법이 권장된다.

버전 5.07의 예제에 실려 있는 py 코드들(파이선 예제들)은 프로그래밍에 익숙한 전문가가 만든 코드들이며 이를 만든 사람도 파이선으로 프로그래밍을 배운 사람이 아니다.

4) 시사운드VST 프로그램의 기능

시사운드VST(CsoundVST)는 시사운드 API를 바탕으로 한 사용자를 위한 다기능 시사운드 프로그램이다. 시사운드VST는 시사운드를 위한 그래픽 사용자 인터페이스(GUI)를 갖춘 독립적인 프로그램으로서 현재 큐베이스 프로그램에 VST 플러그인을 지원해 주고 있다. 시사운드VST는 C++와 파이선(Python)을 위한 시사운드 API 그리고 파이선을 통한 알고리즘 작곡을 위한 하나의 클래스 세트를 제공한다.

따라서 시사운드VST는 파이선 해석기를 가지고 있다. 사용자는 파이선과 함께 시사운드 스코어를 산출할 수 있으며 미디파일을 가져와 시사운드의 악기로 연주할 수 있다. 그리고 일반적으로 시사운드와 파이선 양쪽에서 수행 가능한 대부분을 가능케 한다.

CsoundVST에는 시사운드 악기파일 편집기가 포함되어 있으며 파이선 스크립트를 이용하여 보다 풍부한 프로그래밍을 할 수 있도록 하고 있다. 예를 들면 현재의 시사운드에서는 IF문과 GOTO문 정도를 활용할 수 있지만 파이선을 추가하면 FOR 반복문을 비롯한 기타 파이선에서 제공하는 여러 프로그래밍 명령문들을 사용할 수 있다.

사실상 이 시사운드VST는 최근에 나온 것은 아니다. 개인이 시작한 프로그램으

---

52) 잘못된 부분을 지적해 주고 고치는 기능.

로 잠시 주춤했다가 최근 시사운드 5의 개발팀과 합류하면서 현재 함께 패키지로 프로그램이 끼워져 나왔다. 현재 편집기의 폰트가 너무 작고 하나로 고정되어 있어 사용함에 있어 조금 무리가 있다. 그리고 멀티 바이트를 사용하는 비영어권 사용자들에게는 코드에 자신의 언어로 설명을 붙이는 것에 대한 문제가 남아 있다.

5) 시사운드VST 프로그램 실행

(1) 파이선(Python) 인스톨

시사운드VST 프로그램을 실행하기 위해서는 반드시 '파이선'(Python) 스크립팅 프로그램을 인스톨해야 한다. 파이선은 무료 스크립팅 프로그램이지만 시사운드 프로그램과는 또 다른 개발자의 프로그램이기에 시사운드에서 파이선을 함께 배포하지 않는다. 따라서 시사운드VST 프로그램을 사용하기 위해서는 사용자 스스로 파이선 홈페이지에 들러 프로그램을 다운받아 인스톨해야만 한다.

(2) 주의 사항

파이선의 홈페이지에는 많은 버전들이 있다. 가급적이면 'Final'이라는 이름이 붙은 최종 버전을 선택하는 것이 좋다. 시사운드VST 프로그램 또는 시사운드API를 사용하기 위해서는 버전 5.05까지는 반드시 파이선 버전 2.4를 그러나 가능하면 2.4의 마지막 버전인 2.4.4를 사용하는 것이 좋을 것이다. 이는 버전 5.05까지는 시사운드API와 시사운드VST API가 파이선 버전 2.4를 토대로 만들어졌기 때문이다. 만약 파이선 버전 2.5를 인스톨할 경우 파이선은 시사운드 API를 제대로 인식하지 못한다. 그리고 버전 5.06부터는 최근의 파이선 버전 2.5이상을 사용해야 제대로 작동한다.

파이선 프로그램을 다운받기 위해서는 먼저 사용자의 인터넷의 '검색' 기능을 이용해 손쉽게 파이선 홈페이지를 찾을 수 있다. 어떤 검색 프로그램이든 검색 상자에 'Python Home Page' 등의 단어를 입력하면 된다. 주소를 찾은 후 파이선 홈페이지에서 버전 2.4또는 2.5(버전 5.06부터) 최종 버전을 다운받은 후 컴퓨터에 인스톨한다.

6) 시사운드VST에서 악기파일 실행

(1) 시사운드VST Gui 실행

만약 파이선을 인스톨했다면 이제 실행 파일인 시사운드VST.exe를 클릭하면 또는 시사운드VST를 위한 단축 아이콘을 클릭하면 시사운드VST 프로그램이 화면에 뜰 것이다. 위쪽에 여러 개의 버튼들이 있으며 중간에는 '명령 라인' 입력 상자가 있고 그 아래에는 시사운드 악기파일들을 편집하는 큰 텍스트 상자가 자리 잡고 있다.

편집기는 아직 기본적인 필수 기능만 가지고 있으므로 관심이 가는 부분은 파이선을 활용하는 문제일 것이다. 이에 대해서는 잠시 후 설명된다.

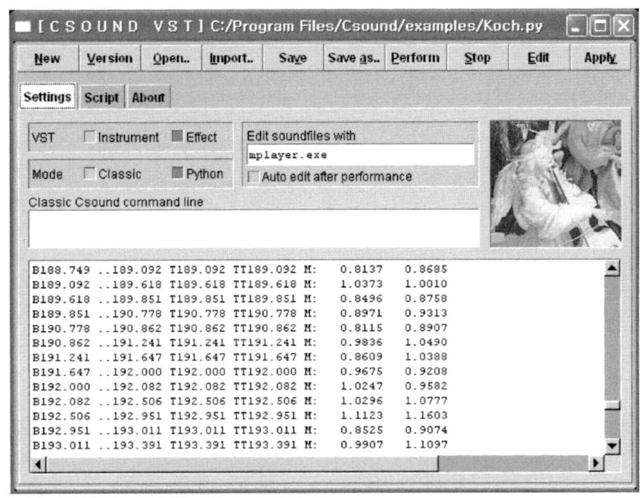

〈그림 78〉 시사운드VST 프로그램

(2) 두 개의 모드

시사운드VST를 주도하는 개발자는 앞으로 파이선 스크립트를 함께 사용하는

쪽을 지향함으로써 사용하지 않는 쪽은 위 그림과 같이 '클래식 시사운드'라는
이름을 사용한다.

가) 클래식 모드(Classic mode)

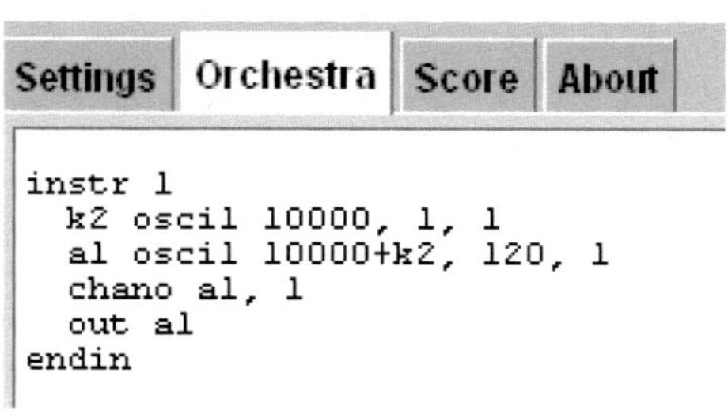

〈그림 79〉 2개의 편집창을 가지는 클래식 모드

클래식 모드는 이전처럼 orc/sco 파일이나 csd 파일을 불러들이거나 또는 편집
기에서 직접 이들 파일들을 만들어 시사운드를 실행하는 방식이다. 클래식 모드
를 선택하면 오케스트라 및 스코어파일을 편집할 텍스트 상자를 담고 있는 탭들
이 나타난다. 또한 orc/sco 또는 csd 파일을 열면 자동으로 나타난다.

나) 파이선 모드(Python mode)

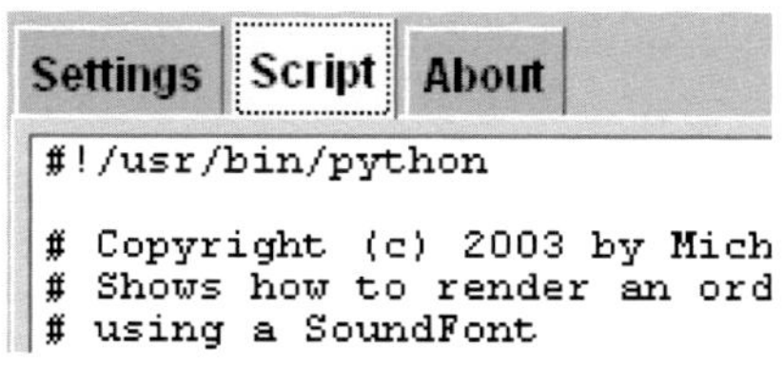

〈그림 80〉 하나의 편집창을 가지는 스크립트
모드

파이선 모드(Python)를 선택하면 오케스트라 및 스코어 탭은 사라지고 대신
'스크립트'(Script)라는 이름을 가진 하나의 탭이 대신 나타난다. 또한 이 모드는
'py'[53] 파일을 열면 자동으로 나타난다.

---

53) 파이선의 스크립트를 담고 있는 파이선 고유의 확장자이다.

(3) 시사운드 실행

시사운드VST 프로그램에서 시사운드를 실행하는 방법은 먼저 위쪽의 '열기'(Open) 버튼을 클릭한 후 시사운드 악기파일 중 하나를 불러온다. 모든 것이 준비되었으면 소리를 산출하기 위해 '연주'(Performance) 버튼을 누른다. 연주 중지를 위해서는 '멈춤'(Stop) 버튼을 누르면 된다.

가) Orc/Sco 파일

'열기'(Open) 버튼을 클릭한 후 orc 파일을 부른다. sco 파일을 부르기 위해서는 '수입'(Import) 버튼을 클릭해서 sco 파일을 부른다. 물론 '열기' 버튼을 계속 사용해도 된다. 이제 남은 것은 어떻게 연주할 것인가를 결정하는 것이다.

나) Csd 파일

csd 파일을 열게 되면 자동으로 csd 파일의 '옵션'(<CsOptions>) 난에 있는 '명령 라인'은 '고전 시사운드 명령 라인'(Classic Csound Command line) 상자에 나타난다. 그리고 csd 파일의 내용은 orc와 sco의 형태인 두 부분으로 나누어져 각각 오케스트라와 스코어 탭에 나누어 제시된다. 연주를 수행하면 또는 저장 버튼을 누르면 원래의 csd 형태로 저장된다.

다) 시사운드VST 프로그램의 명령 라인

구체적인 명령들은 '고전 시사운드 명령 라인'(Classic Csound Command line) 상자 안에 사용하고자 하는 명령(flag)들을 입력하면 된다. 만약 입력하지 않고 실행할 경우는 기본으로 시디 음질인 16비트 깊이로 그리고 샘플 비율은 오케스트라에 있는 'sr'의 값에 따라 'dac'를 통해 연주만 하게 된다. 만약 사운드파일을 만들거나 기타 명령을 수행하려고 한다면 이에 필요한 추가 명령을 붙여야 한다.

아무런 명령 없이 연주를 실행하면 연주 후는 다음의 그림과 같이 자동으로 '고전 시사운드 명령 라인' 상자에 기본적인 명령 라인이 만들어진다. 그러나 자세히 보면 실제 사용자가 사용한 악기파일 이름은 없다는 것을 볼 수 있다. 즉 이 명령 라인은 단지 시사운드VST 프로그램에서만 사용되는 형태라는 점을 염두에 두어야 한다.

위 그림에서 'csound'라는 명령은 이해될 것이다. 이 명령은 '명령 프롬프트'에서 실행할 때 또는 편집기의 내부에서 시사운드를 실행하기 위해서 사용하는 시사운드 프로그램의 실행 파일 이름이다. 그 다음에 나타나는 'temp.orc'와 'temp.sco'는 생소하다. 이 파일 이름은 시사운드 5에서부터 본격적으로 csd 파일이 사용되면서 소리를 컴파일하기 전에 이 csd 파일의 내용을 전처럼 orc와 sco로 나누기 위해서 임시로 사용되는 파일 이름들이다. 따라서 사용자가 다른 이름을 붙인다 하더라도 무시되고 이 이름이 사용된다. 이는 단지 시사운드VST 프로그램에서 사용자에게 보여 주는 것뿐이다.

추가 명령이 있다면 'csound' 다음에 넣으면 된다. 만약 사운드파일을 산출하고자 한다면 다음의 그림에서처럼 사운드파일 이름만 경로 없이 넣으면 현재 실행하는 시사운드 악기파일이 있는 같은 폴더에 만들어진다. 그리고 'temp.orc'와 'temp.sco' 이름은 붙이지 않아도 무방하다. 이는 단지 시사운드VST 프로그램에서 사용하는 형태이며 실제 명령 라인에서는 반드시 시사운드 악기파일 이름이 포함되어야 한다.

7) 파이선 자체에서 시사운드 활용(Python Scripting)

파이선에서 시사운드를 활용하는 방법은 파이선에서 시사운드API를 불러서 사용하는 것이다. 따라서 파이선을 실행한 후 시사운드API 또는 시사운드VST API 모듈을 파이선으로 불러들이는 것으로 시작된다. 그러나 사실상 시사운드VST API 안에는 시사운드API가 포함되어 있다. 따라서 시사운드VST API를 부르면 모든 것이 포함된다.

(1) 파이선 실행

IDLE (Python GUI)
Module Docs
Python (command line)
Python Manuals
Uninstall Python

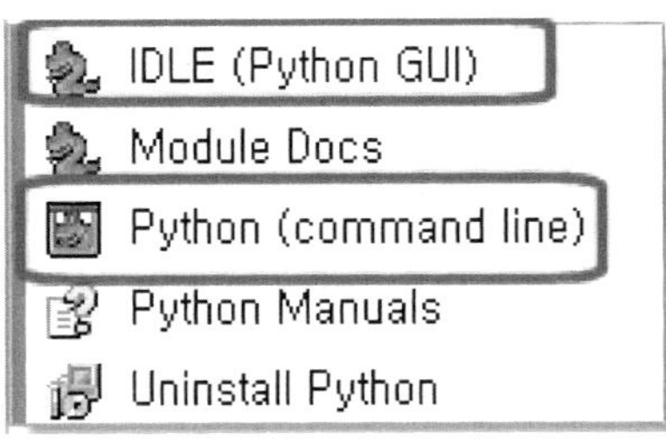

〈그림 81〉 윈도우즈의 시작 메뉴에서의
파이선 2.4

파이선 인스톨을 끝내면 파이선을 실행하는 방법으로는 2가지가 있다. 하나는 그래픽 인터페이스를 갖춘 'IDLE(Python GUI)'을 실행하는 것이며 다른 하나는 도스 모드의 '명령 프롬프트'에서 파이선을 실행하는 것이다. 이 둘의 수행과정은 똑같지만 GUI 버전에서만 자유롭게 내용을 편집할 수 있어 대부분의 경우 GUI 버전이 편리할 것이다.

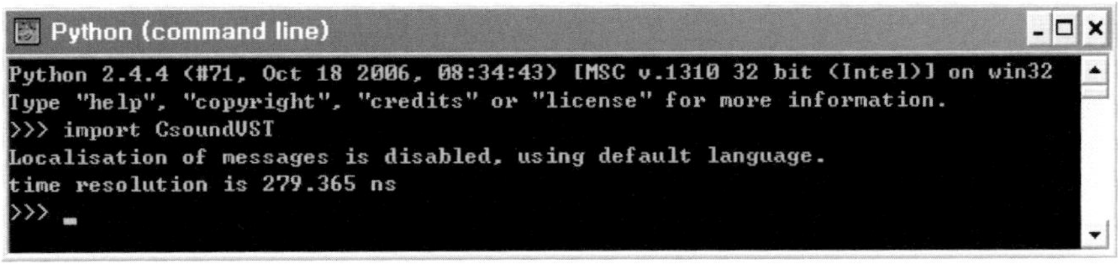

Python (command line)
Python 2.4.4 (#71, Oct 18 2006, 08:34:43) [MSC v.1310 32 bit (Intel)] on win32
Type "help", "copyright", "credits" or "license" for more information.
>>> import CsoundVST
Localisation of messages is disabled, using default language.
time resolution is 279.365 ns
>>>

〈그림 82〉 '명령 프롬프트'에서 파이선 실행

(2) 시사운드VST 가져오기(Import)

파이선에서 시사운드를 사용하기 위해서는 먼저 시사운드VST API를 가져와야 한다. 이를 위해서는 파이선의 '명령 라인'에서 'import CsoundVST'를 입력한다. 모듈 이름인 'CsoundVST'를 입력할 때는 반드시 대소문자를 구분해서 입력해야 한다. 만약 어떤 문제가 있다면 에러 메시지를 출력할 것이며 아무런 문제가 없다면 다음 명령을 위한 새 프롬프트를 만들어 줄 것이다.

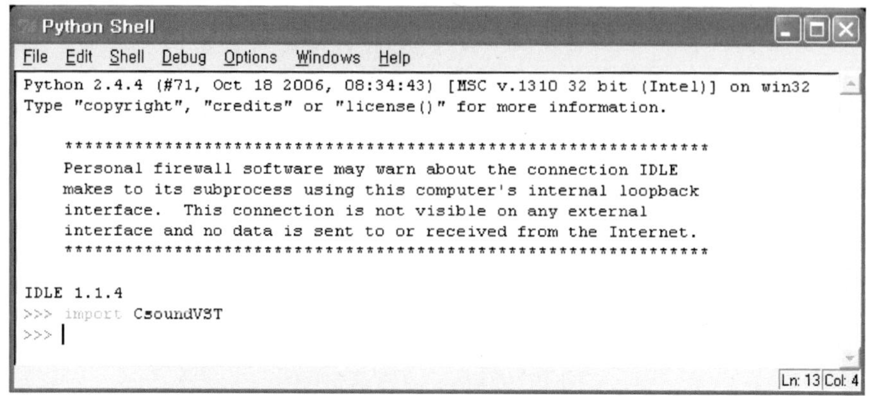

〈그림 83〉 시사운드VST가 파이선에서 무사히 로드된 모습

시사운드VST 모듈이 수입되면 자동으로 'csound'라는 이름을 가지는 'CppSound'의 인스턴스[54](instance)가 만들어지고 이 인스턴스는 시사운드API로 가는 객체지향 인터페이스를 제공해 준다.

(3) 시사운드 악기파일 실행

먼저 실행할 시사운드의 악기파일(csd)을 불러들인다. 그러나 고전 형태인 orc/sco 파일들은 지원되지 않는다. 그러면 다음의 예와 같이 입력하고 '엔터' 한다. 아무런 문제가 없으면 값 '1'을, 파일이 없거나 찾지 못할 경우 값 '0'을 반환할 것이다. 그리고 윈도우즈에서와는 반대로 반드시 백슬래시('\') 대신에 슬래시('/')를 사용해야 한다.

>>> csound.load("c:/test.csd")

그 다음 수행을 위한 준비로서 다음의 라인을 입력하고 '엔터' 한다.

>> csound.exportForPerformance()

---

54) 클래스의 구조에 따라 생성되어 실제 컴퓨터 메모리(데이터 영역)에 자리 잡고 있는 객체이며 클래스란 간단히 말하면 목적에 맞추어 구분되고 잘 정리된 소스 코드라고 말할 수 있다.

마지막으로 연주를 실행한다. 다음의 라인을 입력하고 '엔터' 한다.

>>> csound.perform()

실행되면 특별히 출력 메시지를 통제하는 명령을 '옵션'(<CsOptions>)에서 설정하지 않았다면 출력 과정의 메시지들이 파이선 윈도에 제시될 것이다.

8) 시사운드VST 프로그램에서 파이선 활용

시사운드VST 프로그램에서 파이선 스크립트를 실행하기 위해서는 먼저 시사운드VST 세팅(Settings) 탭을 선택한 후 '모드'(Mode) 패널에서 '파이선'(Python)을 선택하면 된다. 위쪽의 VST 플러그인은 플러그인을 불러들여 사용할 때만 그 종류를 선택한다.

시사운드 5의 예제(Examples) 폴더에는 몇 개의 파이선을 이용한 예제들이 있다. 이들을 불러서 내용을 보고 또 실행해 보면 시사운드VST와 파이선이 결합된 형태가 사용자에게 어느 정도 도움이 될 수 있을지 판단해 볼 수 있을 것이다.

9) VST 플러그인(Plugin)

시사운드VST는 외부로부터 지시를 받으면 지시받은 대로 일을 수행한 후 그 결과를 반환하는 하나의 모듈이므로 반드시 지시하는 프로그램이 있어야만 작동될 수 있다. 다음의 내용은 큐베이스 SX에서 시사운드VST API를 플러그인으로서 활용하는 내용이다.

(1) 파이선과 환경 변수

무엇보다 먼저 시사운드 5.05까지는 파이선 2.4가 그리고 5.06부터는 파이선 2.5 이상이 인스톨되어 있어야 하며 환경 변수의 파이선 경로에 시사운드 빈(bin)

의 위치가 추가되어 있어야 한다. 따라서 미래의 각 시사운드 버전도 이에 상응하는 파이선 버전이 인스톨되어야만 제대로 작동할 것이다.

파이선을 인스톨한 후 시사운드 5를 인스톨했다면 자동으로 파이선의 경로에 시사운드의 폴더 경로가 자동으로 만들어진다. 만약 양쪽 다 인스톨이 되어 있는데 시사운드VST가 독립 모드에서 실행이 안 된다면 이 경로 설정에 문제가 있는 것이므로 윈도우즈의 환경 변수를 검사해 보기 바라며 윈도우즈의 '환경 변수'에 경로를 추가하는 부분은 앞 장에서 실명되었으므로 참고 바란다. 또 하나의 방법은 인스톨을 새로 해 보는 것이다.

시스템 변수 편집	[?][X]
변수 이름(N):	PYTHONPATH
변수 값(V):	C:\Program Files\Csound\bin;
	확인　　취소

〈그림 84〉 환경 변수에 경로 입력

(2) 시사운드VST 가져오기(import)

큐베이스에서 시사운드의 플러그인(시사운드VST)을 사용하기 위해서는 먼저 큐베이스의 플러그인 경로에 시사운드 5의 디렉터리를 추가한다. 큐베이스를 실행한 후 '공유(shared) VST 플러그인 폴더'에 '_CsoundVST.dll' 파일이 위치해있는 경로를 입력한다.

예) C:\Program Files\Csound\bin

그 다음 '추가' 버튼을 눌러 현재의 큐베이스 플러그인 경로에 추가한다. 이제 큐베이스를 끝내고 다시 시작한다. '디바이스' 메뉴에서 'VSTi'로서 _CsoundVST를 선택하기 위해 'VST Instruments' 윈도를 선택한다. 잠시 로드하는 시간이 지나면 다음의 그림처럼 시사운드VST 윈도가 화면에 나타날 것이다.

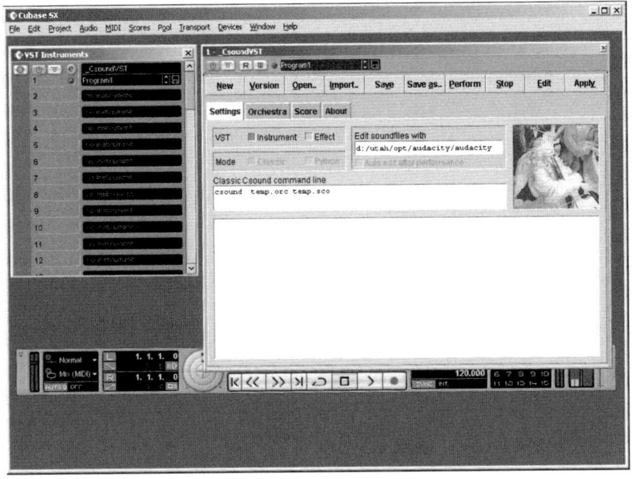

〈그림 85〉 큐베이스에서 시사운드가 VSTi로 수입(import)된 모습

(3) 시사운드VST 사용

가) 시사운드VST 인스턴스 만들기

'디바이스' 메뉴에서 시사운드VST의 인스턴스를 만들기 위해 'VST 악기' 윈도를 연다(F11 키). 오른쪽 버튼을 클릭하여 팝업 리스트에서 '_CsoundVST'를 선택한다. 그러면 다음 그림처럼 시사운드VST의 인스턴스가 만들어지며 화면에 시사운드VST가 나타날 것이다. 그러면 아래의 왼쪽 그림과 같이 시사운드VST 프로그램의 VST 모드 패널에서 '악기'(Instrument)를 선택한다.

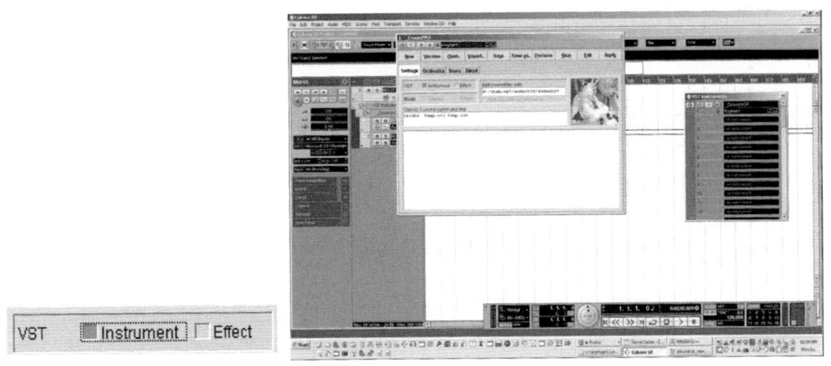

〈그림 86〉 생성된 시사운드VST의 인스턴스

나) 시사운드 악기 부르기

이제 시사운드에서 악기를 준비할 차례다. 사용할 악기파일을 불러들인다. 또는 간단한 악기를 디자인할 수도 있을 것이다. VSTi로서 사용될 악기는 스코어가 필요 없다. 미디파일을 사용하는 경우와 같이 단지 'f0'을 사용해 실행시간의 길이만 정해 주면 된다(예: f0 2000). 오케스트라에서는 미디신호를 받을 수 있도록 머리 부분에 옵코드 'massign'을 사용하여 각 악기를 위한 미디채널 설정을 해야 한다.

다) 명령 라인

명령 라인의 설정에서는 다음과 같은 필수적인 몇 가지가 추가되어야 한다.
예) csound － ＋rtmidi＝null － M0 － d － n midi － key － oct＝4 midi － velocity＝5 temp.orc temp.sco

위의 예에서 'csound'는 시사운드VST에서도 입력해야 하며 마지막의 'temp.orc' 와 'temp.sco'도 형식적이지만 글자 그대로 똑같이 입력을 해야 한다. － ＋rtmidi ＝null은 모든 실시간 미디 명령을 큐베이스로 넘기는 명령이므로 반드시 사용되어야 한다. － M0은 첫 번째 미디장치(0부터 시작)를 설정하는 것이며 － d는 시사운드가 디스플레이 윈도를 나타내지 않도록 하는 명령이며 그리고 － n은 시사운드에서 소리를 출력하지 않도록 하는 명령이다. 이는 시사운드VST에서 소리출력을 담당하기 때문에 반드시 사용되어야만 한다. 'midi － key － oct＝4'와 'midi － velocity＝5'와 같은 명령들도 미디 메시지를 처리하는 명령이므로 필수적으로 사용되어야 하는 명령들이다. 이들 각 명령에 대한 보다 자세한 설명은 이 책의 마지막 장에서 언급되는 '시사운드의 명령 라인과 플래그들'을 참고 바란다.

(4) 인스턴스의 사용

이제 모든 조종은 시사운드 플러그인을 지휘하는 주인(host)인 큐베이스가 하게 되며 시사운드VST에서 할 일은 없다. 시사운드는 단지 큐베이스가 지시하는 대로 소리만 산출하게 되는 것이다. 시사운드의 오케스트라를 실행하는 일은 큐베이스에서 플러그인을 켜고 끔(activate or deactivate)에 따라 산출이 시작되고 중지가 된다. 그리고 사운드VST의 볼륨조정 및 미디채널 설정 등 모두 플러그인의 주인(host)인 큐베이스의 통제에 있다.

(5) 연주

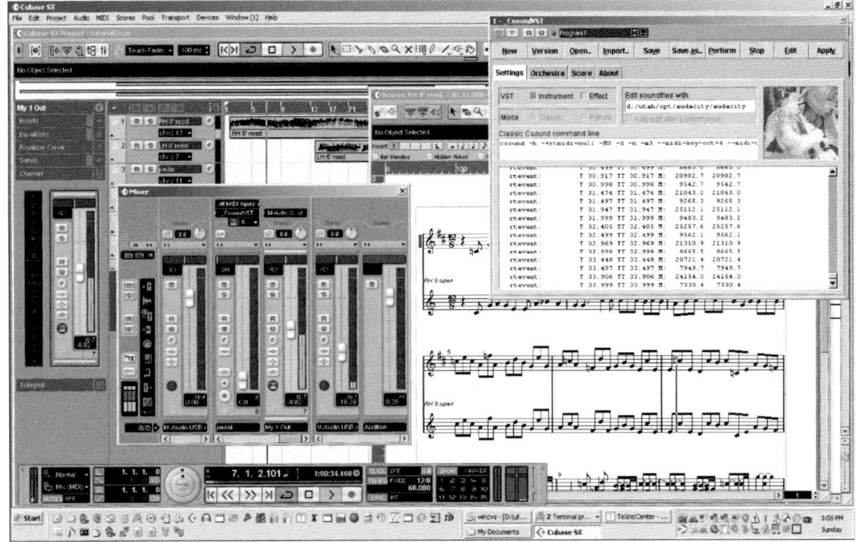

〈그림 87〉 큐베이스에서 시사운드 악기를 연주하는 모습

큐베이스에서 연주가 시작되면 시사운드VST의 출력 창에는 시사운드 악기가
산출되는 과정이 출력이 된다. 물론 이 메시지를 출력하지 않도록 명령 라인에서
명령을 넣으면 메시지는 출력되지 않을 것이다.

10) 시사운드VST의 미래

현재까지의 경과로는 시사운드의 VSTi로서의 수행은 무난하고 고무적이다. 사
용자가 오선보로 음악을 입력해 왔고 이에 익숙하다면 이제 굳이 시사운드에서
텍스트로 악보를 만들지 않아도 되기 때문이다. 사실상 이에 대한 연구는 최근이
아니라 꽤 전에 이루어졌다. 다만 컴퓨터 CPU가 실시간에 거의 지연 없이 연주
가 될 만큼의 발전이 최근에 이루어졌기 때문이다. 그러나 여전히 상당한 연산이

요구되는 악기들은 실시간의 속도를 따라가지 못하고 끊어지거나 지연되는 현상
이 발생하기 때문에 이를 염두에 두고 적절한 정도의 연산이 요구되는 악기를
디자인해야 할 것이다.

파이선 스크립팅이나 C++ 등에서의 시사운드VST의 사용은 아직 좀 더 기다
리는 것이 좋을 것이다. 현재는 시사운드 API를 포함하는 시사운드VST의 각 객
체에 대한 설명과 이들을 사용하는 방법에 대한 내용이 별로 없다는 것이 문제
다. 특히 시사운드VST 부분은 마이클 고긴스가 거의 혼자시 주도하다 보니 개발
및 이와 관련한 많은 설명을 혼자서 단기간에 한다는 것은 불가능할 것이다.

물론 개발자가 만든 몇 가지의 예제들이 나와 있지만 이것이 현재 전부이며
지금 나와 있는 것은 시사운드VST의 데이터 구조만을 망라한 참고 매뉴얼뿐이
다. 조금 더 기다리면 앞으로 보다 상세한 설명서가 나올 것이라 생각된다.

07 스마일 프로그램

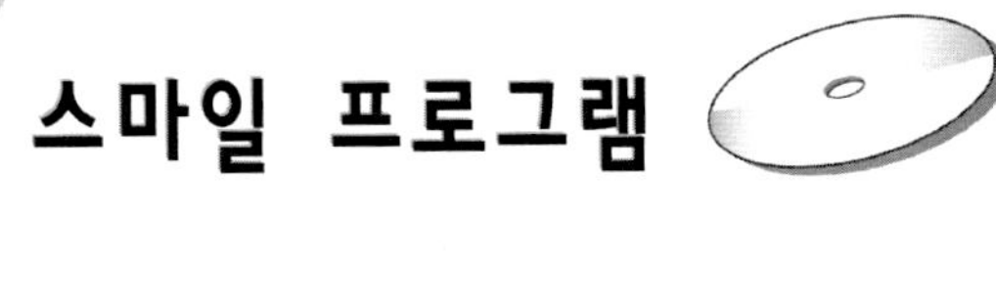

스마일 프로그램은 시사운드 악기파일을 작성하는 편집기다. 그리고 작성된 악기파일들을 연주할 때 요구되는 명령들을 간편히 사용할 수 있게 한다. 저자가 처음으로 시사운드를 접한 후 시간이 갈수록 시사운드는 작곡가를 위한 뛰어난 프로그램이라는 확신을 가지면서 곧 우리밀로 된 편리한 편집기가 필요하다는 생각을 하였다. 이에 먼저 시사운드 버전 4를 위한 간단한 편집기를 만들었고 버전 5가 나오면서 이에 맞추어 스마일 버전 5를 만들게 되었다. 스마일 버전 1.5 의 장점은 스마일을 인스톨하는 과정에서 자체에 내장되어 있는 시사운드 버전 4가 자동으로 인스톨된다는 점이다.

가. 스마일 v.1.5 프로그램

1) 스마일 프로그램 1.5의 구조

스마일 프로그램은 2개의 창으로 나뉘어 있다. 위쪽의 창은 오케스트라파일을 아래쪽의 창은 스코어파일을 편집하도록 되어 있다. 맨 아래의 작은 창에는 시사 운드 프로그램과 현재 편집하고 있는 파일들 그리고 도움말 파일이 있는 장소를 나타낸다. 만약 어떤 파일이 존재하지 않는다면 창에도 그 위치가 나타나지 않는 다. 이로써 쉽게 프로그램이나 파일의 현재 상태를 알 수 있다.

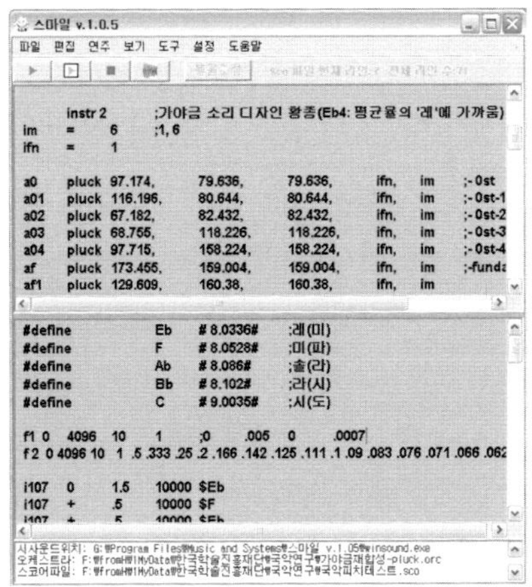

〈그림 88〉 스마일 프로그램의 모습

2) 스마일 버전 1.5의 기능

(1) 파일 메뉴

가) 열기(orc, sco)

사용자가 시사운드의 2가지 악기파일 중 어느 한 파일만 열면 그 다른 파일이 존재한다면 자동으로 함께 불러들인다.

나) 열기(orc) 및 열기(sco)

특별히 하나의 특정 파일만을 불러들일 때 사용한다.

다) 저장 및 다른 이름으로 저장

파일을 저장하거나 또는 다른 이름으로 저장을 하면 입력한 이름대로 2가지 파일이 같은 이름으로 동시에 저장된다.

라) 다른 이름으로 저장(orc) 및 (sco)

특별히 하나의 파일을 다른 이름으로 저장할 때 사용한다.

(2) 연주 메뉴

연주 메뉴의 명령들은 제작한 소리나 음악을 체크하기 위해 빈번히 사용되므로 연주 메뉴를 통해서 실행할 수 있지만 도구 상자에 따로 아이콘들이 만들어져 있어 신속하게 마우스로 실행할 수 있다.

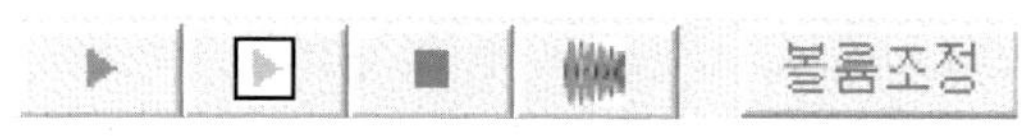

〈그림 89〉 도구 상자

가) 소리 듣기(F5)
만들어진 소리를 듣는다.

나) 소리 듣기(F6, 윈도우 표시)
만들어진 소리를 듣는 동시에 화면에 시사운드에서 현재 소리를 산출하는 과정을 제시하는 윈도우를 로드한다. 이 윈도우를 통해 소리 산출 시 현재의 진행 과정과 시간 그리고 에러(error)가 발생했는지의 여부를 알 수 있다.

다) 소리 중단(F7)
연주 도중 소리를 중단하고자 할 때 사용하는 편리한 기능이다.

라) 파일 만들기(wav, aiff)
디자인한 소리를 사운드파일로 만들 때 사용한다. 윈도우즈에서 많이 사용하는 PCM방식의 웨이브(Wave) 파일과 매킨토시에서 많이 사용하는 AIFF(Audio Interchange File Format) 파일을 만들 수 있다. 파일이 만들어질 때는 연주 없이 파일만 신속하게 만들어진다.

(3) 보기 메뉴

가) 축소 및 확대
현재의 글자체(font, 폰트) 크기의 변화 없이 화면 자체를 확대하는 기능이다.

나) 텍스트 둘러싸기

하나의 행(라인, line)이 화면을 초과할 때 자동으로 다음 줄로 넘겨서 보여 주는 기능이다. 편리할 때도 있지만 경우에 따라 초과하여 넘겨진 부분을 실제의 다른 행으로 착각할 수 있다는 점을 염두에 두어야 할 것이다.

다) 배경색

오랫동안 사운드를 디자인할 때 특별히 눈을 보호한다든지 또는 분위기를 바꾸고자 할 때 사용자가 원하는 배경색을 선택할 수 있다.

(4) 도구 메뉴

가) 계산기

사운드를 디자인하는 실력이 증가하면 이따금 계산기의 필요성을 느끼게 된다. 물론 따로 '바로 가기' 아이콘을 만들어 둘 수도 있지만 스마일 윈도우에서 바로 윈도우에서 제공하는 계산기를 열어서 사용할 수 있다.

나) 시사운드 열기

가끔 시사운드 프로그램 자체를 로드할 필요를 느낄 때가 있다. 예를 들면 시사운드에서 제공하는 기타 유틸리티들을 사용하고자 할 때 그렇다.

(5) 설정 메뉴

가) 시사운드 위치 설정

경우에 따라 시사운드 프로그램의 위치를 옮긴 경우나 또는 다른 버전의 시사운드 프로그램을 사용하고자 할 때 시사운드 프로그램의 현재 위치를 재설정하는 경우에 사용한다. 스마일에서는 항상 윈사운드(winsound.exe) 또는 윈사운드 64(winsound64.exe)를 사용한다.

나) 도움말 파일과 매뉴얼 등의 위치 설정

사용자는 시사운드의 도움말이나 기타 원하는 다른 매뉴얼들을 등록시켜 필요할 때 신속하게 열어 볼 수 있다.

나. 스마일 버전 5

스마일 버전 5는 시사운드 5가 출시된 후 복잡해 보이는 시사운드 프로그램을 쉽고 편리하게 사용할 수 있도록 만든 우리말로 된 편집기다. 무엇이든 사용하기 불편하다면 시간적 손실도 있겠지만 사용자의 열의를 떨어뜨릴 수 있다. 저자가 1995년에 시사운드를 처음 대했을 때도 마찬가지였다. 그 당시는 스마일과 같은 편집기나 현재의 시사운드5Gui와 같은 자체적인 편집기도 없었으므로 저자는 매킨토시 컴퓨터에서 윈도우즈의 '워드 패드'와 같은 편집기 2개를 스크린에 띄워놓고 작업을 하였다. 이는 시사운드를 처음 접할 때 윈도우즈의 보기 좋은 그래픽과 마우스를 즐겨 사용해 온 자에게 약간 실망을 가져다줄 수도 있다.

특히 버전 5에 들어오면서 옵코드의 수는 버전 4에 비해 거의 3배가 증가되어 처음 접하는 사람들로서는 새로운 옵코드가 무엇인지 텍스트만 봐서는 알 길이 없다. 버전 5에 와서 시사운드5Gui에서도 이를 인식하고 색깔로 구문 강조를 하고 있다. 스마일 버전 5도 시사운드의 모든 옵코드를 색깔로 강조함으로써 한눈에 이들을 쉽게 구분할 수 있게 하였다. 이는 작업 효율을 크게 높일 수 있으리라 생각된다.

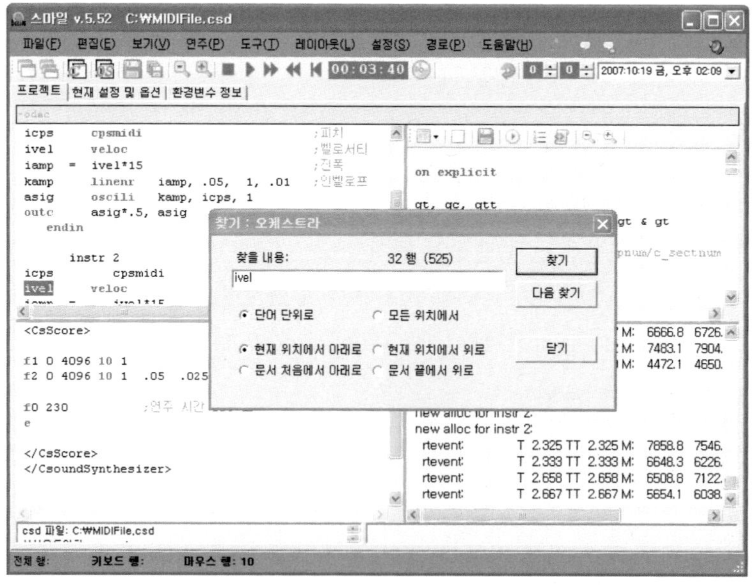

〈그림 90〉 스마일 버전 5.53의 주 화면

1) 전체적인 구조

(1) 메뉴

모두 9개의 메뉴를 가지고 있다. 자주 사용하는 메뉴 명령들은 메뉴 아래에
있는 툴바의 아이콘에 연결되어 있어 신속히 실행할 수 있다.

(2) 팝업 메뉴

텍스트 창에서 오른쪽 버튼을 클릭하면 팝업 메뉴가 나타난다. 이 팝업 메뉴는
텍스트를 정렬할 때에 도움을 주는 명령들과 '찾기' 명령이 들어 있다. 따라서
텍스트를 정렬할 때 이 팝업 메뉴를 사용하면 시간을 절약할 수 있다.

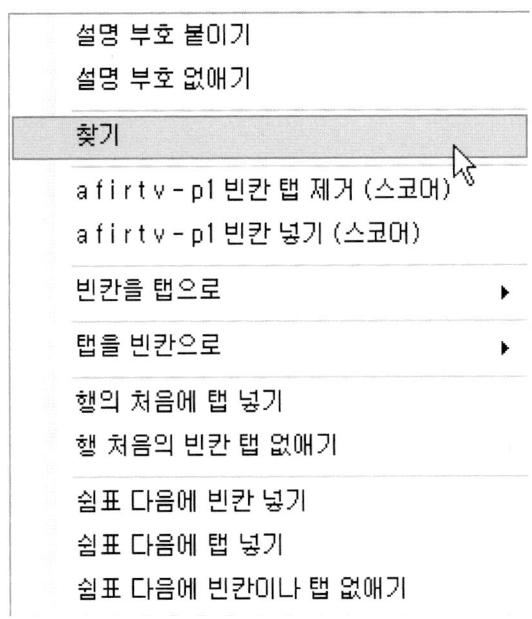

〈그림 91〉 팝업 메뉴

(3) 툴바

툴바에는 자주 사용하는 메뉴의 명령들이 아이콘의 형태로 제시되어 있어 신속하게 메뉴의 명령들을 실행할 수 있다.

(4) 탭

탭은 모두 3개로 되어 있다. 그중 첫 번째 탭 '프로젝트 탭'은 소리를 제작하기 위한 주 작업 화면으로서 모두 4개의 창으로 이루어진다.

(5) 파일 경로 보기

화면의 아래에는 현재 사용하고 있는 악기파일의 위치와 사운드 및 미디 입력 파일 등의 현재 위치를 손쉽게 확인할 수 있는 파일 경로 창이 있다.

(6) 상태 바

화면의 맨 아래에는 현재 작업 중인 악기파일의 전체 행의 수 및 마우스와 키보드가 가리키는 각 행의 위치를 제시한다. 연주 시 에러가 있을 경우 출력 창에

서 문제가 발생한 행을 제시할 때 그 위치를 손쉽게 찾을 수 있으며 시사운드의
코드를 설명할 때도 이를 통해 현재 행의 위치를 손쉽게 알 수 있다.

2) 기본 설정 모드와 사용자 모드

(1) 기본 설정 모드

기본 설정 모드는 스마일에서 제공하는 모든 옵션을 사용하는 모드다. 프로그
램을 실행하면 기본 설정 모드로 시작된다.

(2) 사용자 모드

사용자 모드는 사용자가 연주를 위해서 또는 사운드파일을 출력하기 위해서
직접 시사운드 프로그램에 사용할 명령들을 위해 명령 라인(command line)을 사
용하는 모드를 말한다. 특별한 경우가 아니라면 스마일의 기본 설정 모드에서 모
든 명령이 다 가능하다.

가) orc/sco 파일 모드에서의 사용자 모드

먼저 연주 메뉴의 '사용자 모드' 명령을 클릭해서 선택한다. 그러면 메뉴 아래
에 한 줄로 입력하는 명령 라인 상자(기다란 텍스트 상자)가 활성화된다. 그 다음
사용할 명령들을 입력한다. 악기파일과 스코어파일(orc 및 sco), 입출력 사운드/미
디파일 그리고 플러그인파일은 스마일의 기본 모드에서와 같이 '현재 설정 및 옵
션' 탭에서 설정하면 자동으로 명령 라인에 추가된다. 물론 위의 명령 라인 상자
에 입력할 수도 있다.

나) csd 파일 모드에서 사용자 모드

<CsOptions>과 </CsOptions> 사이에 원하는 명령을 입력한다. 그리고 연주
할 때 메뉴의 '사용자 모드' 명령을 클릭해서 사용자 모드로 전환한 후 연주 또
는 사운드파일 만들기를 클릭한다. 악기와 스코어파일(orc 및 sco), 입출력 사운드
/미디파일 그리고 플러그인파일은 스마일의 기본 모드에서와 같이 '현재 설정 및

옵션' 탭에서 설정하면 자동으로 명령 라인에 추가된다. 물론 위의 명령 라인 상자에 입력할 수도 있다.

3) 메뉴

(1) 파일 메뉴

스마일 프로그램은 시사운드의 초기 때부터 사용해 온 2개의 파일형태(orc와 sco)와 최근의 단일파일인 csd 파일을 지원한다. 파일 메뉴에서는 오케스트라파일과 스코어파일로 이루어지는 2개의 파일 포맷을 단일파일 형태로 변환하는 기능을 포함하고 있다.

가) 새 스마일

또 하나의 새로운 스마일 프로그램을 시작할 때 클릭한다. 다른 시사운드파일을 열어서 참고하고자 할 때 사용하면 편리할 것이다. 새로운 스마일이 시작되면 현재 열려 있거나 사용 중인 모든 시사운드 프로그램은 종료된다. 즉 연주가 되고 있다면 연주는 종료된다. 이는 필요 없이 많은 시사운드 인스턴스(복사본)가 메모리에 로드되어 있는 경우를 막고자 함이다.

나) 샘플 파일 열기

스마일 프로그램을 인스톨하면 샘플 파일들이 함께 포함되어 있어 샘플 파일을 실행해서 시사운드 프로그램이 제대로 인스톨이 되어 있는지 그리고 미디 및 오디오 장치가 제대로 작동하는지 여부를 쉽게 알 수 있다. 또한 시사운드를 처음 대하는 사람이라면 바로 샘플 파일을 열어서 직접 시사운드 기능의 일부를 시도해 볼 수 있다.

다) CSD 파일 변환

만약 과거의 orc와 sco 형태로 나뉘어 있는 파일을 단일 파일인 csd 파일로 바꾸고자 할 때 편리하게 이용할 수 있다.

라) 끝내기

프로그램을 종료하면 현재 열려 있거나 사용 중인 모든 시사운드 프로그램을 종료시킨다. 만약 현재 실행하고 있는 다른 스마일 프로그램에서 연주가 되고 있다면 이 연주도 종료된다. 이는 필요 없이 많은 시사운드 인스턴스가 메모리에 로드되어 있는 경우를 막고자 함이다.

(2) 편집 메뉴

텍스트 편집에 필요한 실행취소와 다시실행, 잘라내기, 복사하기, 붙여넣기 그리고 지우기 등의 기본적인 기능들과 '찾기' 기능을 제공한다.

가) 실행취소와 다시실행

스마일 버전 5.53부터 실행취소와 다시실행은 제한이 없게 되었다.

나) 찾기

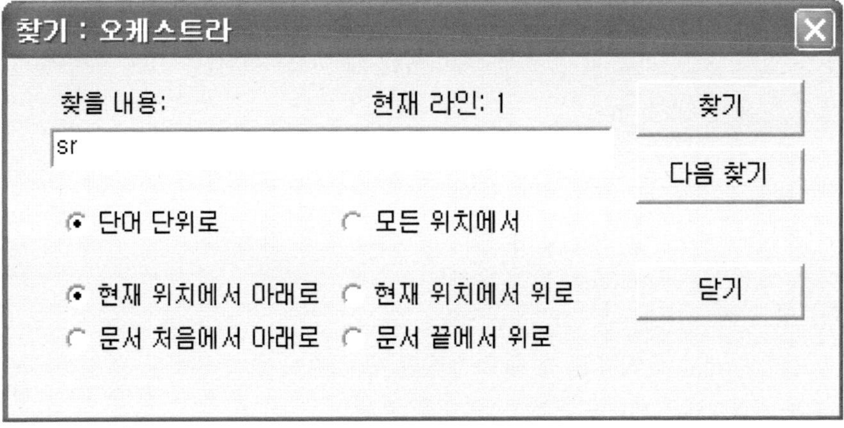

〈그림 92〉 '찾기' 윈도

원하는 단어를 찾는 기능은 오케스트라 창, 스코어 창 그리고 스크립트 창 모두에서 공통으로 이용된다. 찾기를 시작할 때 찾을 단어를 마우스로 선택한 후 'Ctrl＋F'를 누르면 찾을 단어가 자동으로 입력된다. '찾기' 윈도에서 현재 라인은 '찾기' 윈도가 나타날 때의 키보드 커서가 위치해 있는 행을 가리킨다.

기본 찾기 모드는 단어 단위로서 찾는 것이며 빈 공간이나 탭으로 분리되어 있지 않은 부분적인 내용을 찾고자 할 경우는 '모든 위치'를 선택해서 찾는다.

(3) 보기 메뉴

가) 색상

색상의 선택은 모두 15가지로서 이는 사용자의 기분전환을 위해 만들어졌다. 특히 장시간 시사운드를 사용할 경우 색상의 전환은 기분을 바꾸어 줄 수 있을 것이다.

나) 폰트

글자체는 두 개의 모노 타입 폰트를 사용할 수 있다. 이 글자체는 시각적인 것이며 저장할 때는 텍스트만 저장된다.

다) 확대 및 축소

화면 확대는 글자의 형태가 비슷하거나 어떤 부분을 자세히 보고자 할 경우 사용한다. 예를 들어 숫자 '1'과 알파벳 'l'은 서로 비슷하게 보여 종종 실수할 경우가 있다. 또 강의할 때나 프레젠테이션할 때 어떤 부분들을 크게 보여 줄 상황에서 도움이 될 것이다.

라) 글자 스타일 및 강조 단어

이 기능도 시각적인 것이며 저장할 때는 텍스트만 저장된다.

마) 탭 간격

탭 간격은 파일이 저장될 때 새로 설정한 탭 간격이 함께 저장된다. 탭 간격은 3개에서 6개까지의 빈칸을 가지는 탭으로 설정할 수 있다.

(4) 연주 메뉴

가) 시작 시간

툴바에 있는 시작 시간 스크롤바들은 초기 시작 시간을 설정하기 위해 사용된
다. 앞쪽의 스크롤바는 '분'을 뒤쪽은 '초'를 설정한다. 이 시작 시간이 설정되면
'처음으로' 버튼을 누르면 시작 시간은 이 시작 시간에서 설정한 위치로 돌아간
다. 어떤 한 부분을 계속 반복적으로 테스트할 경우 이 시작 시간을 설정해 두면
편리하다.

나) 연주 시작 및 연주 중지

시작 버튼은 똑딱[55] 단추의 기능을 가져 시작 및 중지의 두 기능을 수행한다.

다) 파형 윈도 제시

스코어파일이나 오케스트라파일에서 작성한 함수테이블의 실제 그래프(파형)
모양이나 사운드파일의 모양을 연주 시 제시할 것인지를 설정한다.

라) 사운드파일 만들기

사운드파일을 만들 경우도 앞서의 '시작 시간' 설정의 영향을 받는다. 예를 들
어 '시작 시간'이 2분으로 설정되었다면 사운드파일은 2분이 되는 시점부터 시작
해서 사운드파일을 만든다. 만약 사운드파일 만들기를 중지하고자 할 경우는 다
시 버튼을 누르면 된다. 앞서의 연주 시작 버튼과 같이 똑딱 단추 기능을 가지고
있다.

마) 음질 선택

음질은 기본으로 표준 CD 음질인 16비트로 되어 있으며 8비트에서 32비트까
지 선택 가능하다. 여기서 설정된 음질은 사운드파일을 산출할 때도 적용된다.

---

55) '똑딱'이라는 단어는 영어의 '토글'(toggle)의 뜻과 동일한 우리말이다.

바) 똑딱: 사용자 모드

마우스를 클릭해서 사용자 모드 명령에 체크표가 붙는다면 현재 스마일이 사용자 모드에 있다는 것을 의미한다. 이 경우 사용자는 직접 필요한 명령을 입력한다. orc/sco 파일 모드에 있는 경우는 메뉴 아래의 한 줄로 입력하는 명령 라인 상자(기다란 텍스트 상자)에 사용할 명령들을 입력하고 csd 파일모드에 있는 경우는 <CsOptions>와 </CsOptions> 사이에 원하는 명령을 입력하면 된다. 시사운드에 전달할 오케스트라/스코어파일과 미디/사운드파일 그리고 플러그인파일은 입력할 필요 없이 스마일에서 자동으로 추가된다. 그러나 명령 라인에서 중복 입력해도 아무런 문제가 없다. 시사운드에서는 같은 사항의 명령이 반복될 경우 항상 제일 마지막 명령을 취한다. 이는 항상 제일 마지막 명령이 이전의 명령을 덮어쓰기 때문이다.

사) No 출력 메시지(라이브)

이 명령은 시사운드에 아무런 메시지도 출력하지 말 것을 지시하는 명령이다. 이 명령이 체크되면 출력 창으로 제시되는 모든 메시지를 시사운드에서 출력하지 않게 되므로 연산 속도가 증가하게 된다. 특히 연주 시 소리의 끊어짐이 발생하면 이 버튼을 눌러 체크하면 조금 더 매끄러운 연주가 가능하다.

(5) 도구 메뉴

가) 계산기

윈도우즈의 보조프로그램 계산기를 부른다. 윈도우즈의 계산기는 비록 공학용 모드로 전환한다 해도 일부의 기능은 십진법에서의 기능만 제공한다. 예를 들면 자연로그 값 같은 경우는 지원되지 않으므로 이와 같은 경우는 스크립트 창을 이용하면 된다.

나) 시사운드5Gui 열기

시사운드5Gui 프로그램을 시작한다. 먼저 스마일의 설정메뉴에서 그 위치가 설정되어 있어야 한다.

다) 사운드파일 편집기 부르기

사용자가 사운드파일 편집을 위해 스마일의 설정메뉴에서 설정한 사운드파일 편집기를 부른다.

라) 볼륨 조정

윈도우즈의 오디오 볼륨 조정을 위한 볼륨 조정 장치를 시작한다.

(6) 레이아웃 메뉴

레이아웃 메뉴는 총 25가지가 있다. 이는 모두 텍스트를 정렬하는 데에 그 목적이 있다. 잘 정리된 텍스트는 보기도 좋을 뿐만 아니라 실수도 예방할 수 있으며 또한 코드를 이해하는 데에도 큰 도움이 된다. 그리고 제삼자에게 제시할 경우에도 잘 정리된 코드는 좋은 인상을 줄 것이다. 이 레이아웃 메뉴는 오른쪽 버튼을 클릭하면 팝업 메뉴로 사용할 수 있다.

(7) 설정 메뉴

가) 시사운드/시사운드5Gui 위치 설정

시사운드를 설치했으며 환경 변수 변경이나 파일들을 이동하지 않았다면 시사운드 및 시사운드5Gui 프로그램의 위치 설정은 할 필요가 없다. 만약 2개 이상의 다른 시사운드 5 버전들을 인스톨했다면 이들을 번갈아 사용하기 위해서는 매번 원하는 시사운드파일의 위치를 설정해야 한다.

나) 시사운드 관련 도움말들 위치 설정

시사운드가 설치된 폴더 안의 'Doc\manual' 폴더에 있는 'index.html'을 선택하면 된다. 그 외 도움말 파일들은 찾아서 '열기' 버튼을 클릭하면 설정된다.

다) 스크립트 도움말 위치 설정

VB스크립트를 위한 도움말 파일을 설정한다.

라) 사운드파일 편집기 위치 설정

사용자가 즐겨 사용하는 사운드파일 편집을 위한 프로그램의 실행 파일을 등록한다. 이 파일은 대부분의 확장자로 'exe'를 가지고 있다. 만약 '열기' 윈도에서 파일의 확장자가 보이지 않는다면 아무 윈도에서나 '도구' 메뉴의 하단에 위치해 있는 '폴더 옵션' 명령을 클릭해서 확장자 나타내기를 선택하면 된다.

마) 설정 초기화하기

이 명령은 현재 설정을 스마일의 기본 설정으로 되돌릴 때 사용한다. 초기화되면 색깔이나 탭 크기 등의 시각적인 설정들이 원래의 기본 설정으로 돌아가며 그리고 도움말 메뉴에 설정된 도움말 위치 및 최근 사용한 파일목록과 경로 메뉴의 파일목록이 모두 지워진다.

바) 최근 사용한 파일 목록 지우기

파일메뉴의 하단에 기록되는 최근에 사용한 파일들의 목록을 지운다.

사) 최근 사용한 패스 목록 지우기

경로 메뉴의 하부 메뉴로 기록되는 최근에 사용된 디렉터리들의 목록을 지운다.

(8) 경로 메뉴

이 메뉴는 사용자의 편리를 위함이다. 최근 사용한 파일 목록과 같이 사용자가 사용한 디렉터리는 자동으로 기록된다. 그러나 중복되는 경우는 제외된다. 사용자에 따라 오케스트라/스코어파일들이 여러 하드드라이브나 폴더에 흩어져 있을 수 있다. 이 경우 경로 메뉴에 등록된 디렉터리를 클릭하면 바로 다음의 '열기'나 '다른 이름으로 저장'을 할 때 현재 윈도의 경로가 경로 메뉴에서 클릭한 디렉터리로 바뀐다.

(9) 도움말 메뉴

설정 메뉴에서 설정한 도움말들을 열어 볼 때 사용한다. 따라서 먼저 설정 메뉴에서 도움말들의 위치를 설정해야 사용할 수 있다.

4) 툴바

툴바에 있는 대부분의 아이콘 버튼은 메뉴의 명령 중에서 자주 쓰이는 명령들의 모임이다.

(1) 연주 버튼들

가) 중지

현재 연주를 중지한다.

나) 연주시작/중지

연주 시작과 중지가 교대된다. 즉 연주가 시작되었을 경우는 연주가 중지되고 그렇지 않은 경우는 연주가 시작된다.

다) 뒤쪽으로

10초씩 뒤쪽으로 건너뛰어 연주된다.

라) 앞쪽으로

10초씩 앞쪽으로 건너뛰어 연주된다.

마) 처음으로

시작 시간으로 되돌아간다.

바) 시간표시

분:초:1/10초의 형태로 현재의 시간 위치를 표시한다.

사) 사운드파일 만들기

연주 메뉴의 사운드파일 만들기와 동일하다. 연주 대신 사운드파일을 산출한다. 산출되는 사운드파일은 현재의 악기파일이 있는 폴더에 만들어지며 산출되는 사운드파일의 이름은 오케스트라 또는 CSD 파일 이름에 만들어질 때의 날짜 및 시간, 분, 초가 붙여진다. 아래의 예는 악기파일의 이름이 SoundFile로 되어 있는 경우이며 이 이름 뒤에 산출 시의 날짜 및 시간, 분, 초가 붙여졌다.

예) SoundFile – 5'22'55'11.wav

의미) 5(날짜: 5일), 22(시간: PM 10시), 55(분: 55분), 11(초: 11초)

(2) 시작 시간 설정

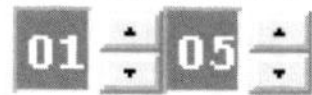

시작 시간 설정은 앞서 언급되었다. 위 그림의 설정은 연주가 시작되면 1분 5초 지점에서 연주가 시작된다. 시작 시간이 현재 음악(소리)의 연주 시간을 초과해 있는 경우는 아무런 소리가 나지 않으므로 연주가 안 될 때는 이 시작 시간 설정을 살펴보기 바란다.

5) 프로젝트 탭

프로젝트 탭은 모두 4개의 창으로 이루어진다. 왼쪽 위아래 2개의 창은 각각 오케스트라와 스코어를 편집하기 위한 창이며 오른쪽의 위쪽 창은 사용자에 의한 알고리즘을 만들 수 있는 스크립트를 위한 편집 창이다. 그 아래의 창은 시사운드가 소리를 산출할 때 출력하는 내용들을 제시하는 출력 창이다.

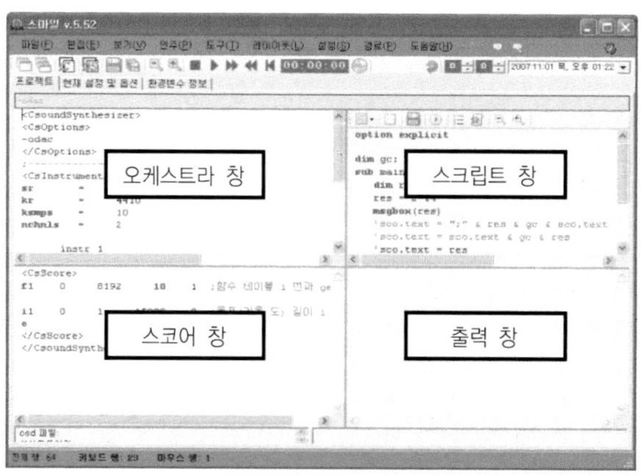

〈그림 93〉 스마일의 4개의 창들

(1) 오케스트라 창

악기를 디자인할 때 사용하는 창이다. 단일 파일인 CSD 파일을 사용할 시는 파일 안의 오케스트라 부분만 따로 떼어져 이 창에 나타난다. 저장할 때는 다시 현재 창의 내용과 스코어 창의 스코어의 내용이 결합되어 하나의 파일로 저장된다.

두 개의 파일로 이루어지는 orc/sco 파일의 경우는 오케스트라파일은 오케스트라 창에 스코어파일은 스코어 창에 각각 나타난다. 그리고 저장 시는 각각의 창이 각각의 파일로 저장된다.

(2) 스코어 창

스코어를 디자인할 때 사용하는 창이다. 단일 파일인 CSD 파일을 사용할 시는 파일 안의 스코어 부분만 따로 떼어져 이 창에 나타난다. 저장할 때는 다시 현재 창의 내용과 위쪽의 스코어 창의 내용이 결합되어 하나의 파일로 저장된다.

두 개의 파일로 이루어지는 orc/sco 파일의 경우에는 스코어파일의 내용이 이 창에 제시된다.

(3) 스크립트 창

〈그림 94〉 스크립트 창의 툴바

스크립트 창은 사용자가 스마일에서 지원하는 비주얼베이직 스크립트를 사용하여 알고리즘을 만들 수 있게 하며 만들어진 알고리즘을 실행하여 시사운드의 스코어파일을 만드는 기능을 제공한다.

가) 문서 관리 버튼

이미 작성된 VB스크립트 파일(*.vbs)을 불러들이거나 현재 스크립트 창의 내용을 다른 이름으로 저장할 때 사용한다.

나) 새 스크립트 버튼

새 스크립트를 시작할 때 사용한다. 버튼을 클릭하면 사용자를 돕기 위한 간단한 내용이 포함되어 있다.

다) 저장 버튼

현재 창의 내용을 저장할 때 사용한다.

라) 실행 버튼

스크립트 창에서의 실행은 시사운드의 경우와는 조금 다르다. 시사운드에서는 실행 시 반드시 현재 창들의 내용이 파일로서 저장되고 그 다음 시사운드에서 이 저장된 파일들을 읽고 연주가 시작된다. 그러나 스크립트 창에서는 이와 달리 파일 저장 여부와 관계없이 실행 버튼을 누르기 전까지의 현재 창에 입력된 내용이 그대로 실행된다. 따라서 실행에서 아무런 문제가 없을 때는 나중을 위해서 바로 저장 버튼을 눌러 현재 창의 내용을 파일로 저장해 둔다.

마) 빈 악보 만들기 버튼

사용자의 편의를 위해서 이미 만들어진 간단한 내용이 들어 있다. 그 내용은 5개의 p필드 항목을 담은 i문을 20행 출력하는 내용으로 추가적인 편집을 통해 사용자가 간편하게 악보를 만들 수 있도록 한다.

바) 샘플 스크립트 버튼

저자가 만든 간단한 음악을 산출하는 알고리즘이 프로그램 속에 포함되어 있다. 이 내용은 사용자가 스크립트를 이용해서 코드를 짤 때 도움이 될 수 있도록 일종의 예를 담은 것이다. 실행하면 오케스트라 창에 샘플 스크립트에서 출력된 스코어를 연주할 필요한 악기가 오케스트라 창에 자동으로 쓰이며 스코어 창에는 스크립트의 실행된 결과가 삽입된다. 이 내용을 실행하려면 먼저 스크립트를 실행하기 전에 있었던 창의 내용들을 설명문 부호를 붙이거나 지운 후 새로운 파일 이름으로 저장한 후에야 가능하다.

사) 화면 축소 및 확대 버튼

현재 스크립트 창의 내용을 확대 또는 축소한다.

(4) 출력 창

출력 창은 시사운드가 실행될 때 시사운드에서 출력하는 모든 출력 메시지를 제시하는 창이다. 현재 시사운드에서 출력하는 오류 메시지는 빈약하지만 앞으로 이 문제는 계속 개선되리라 생각한다. 그 외 연주 중에 시사운드가 출력하는 메시지들은 만족할 만하다.

6) 현재 설정 및 옵션 탭

이 탭에 속하는 대부분의 내용들은 시사운드를 실행하기 바로 전에 시사운드에 전달되는 명령들로 이루어진다.

(1) 오디오 모듈 선택

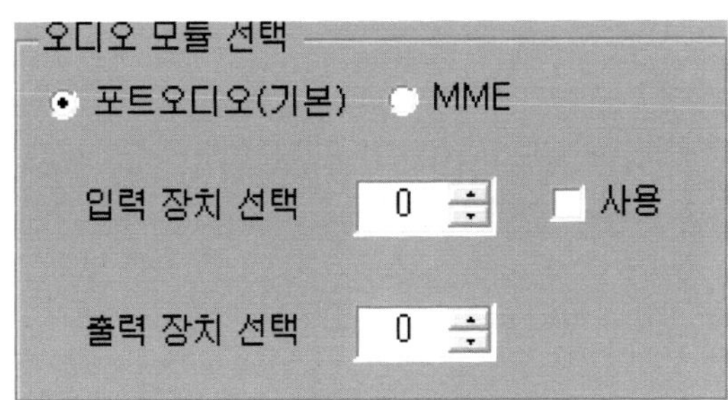

〈그림 95〉 오디오 모듈 선택 상자

시사운드 버전 5부터 기본 오디오 장치는 포트오디오(PortAudio)로 정해졌다. 이는 모든 OS에서 하나의 동일한 인터페이스를 갖도록 하기 위함이라 할 수 있다. 따라서 윈도우즈나 매킨토시 그리고 리눅스에서도 모두 포트오디오 장치가 기본으로 되어 있다. 비록 윈도우즈의 경우는 마이크로소프트사에서 통제하는 MME가 기본적인 오디오 통제장치지만 이 포트오디오가 선택되면 윈도우즈에 설치된 모든 오디오 장치는 포트오디오에 의해 통제된다. 대부분의 경우 시사운드에서 기본모드로 설정한 포트오디오를 선택하면 아무런 문제가 없다.

포트오디오를 선택했을 경우 현재 사용할 수 있는 번호를 알기 위해서는 먼저 시사운드를 실행한다. 이때 사용할 모든 장치를 설정해 두고 시사운드를 실행해야 한다. 예를 들면 미디 입력을 사용한다면 미디 입력 설정을 해 두고 시사운드를 실행한다.

그러면 포트오디오는 출력 창을 통해 현재 컴퓨터에서 사용 가능한 모든 미디 입력 장치를 0번부터 번호를 붙여 나열할 것이다. 이때 그중 사용할 하나의 번호를 위의 입력 또는 출력 장치 선택에서 신택한 후 다시 실행하면 된다.

오디오 입력 장치를 사용할 경우는 오른쪽의 '사용' 체크 버튼을 클릭해서 체크한다. 이 입력 장치 선택은 사용하지 않을 때 '사용'으로 되어 있으면 시사운드의 실행에서 오류가 발생할 수 있기 때문에 사용하지 않을 경우는 꺼 놓는 것이 좋다.

만약 윈도우즈에서 통제하는 MME를 사용할 경우는 바로 밑의 '입출력 오디오 장치 선택' 그룹 상자가 활성화되므로 원하는 장치를 리스트 상자에서 마우스로 클릭해서 선택하면 된다. 포트오디오에서와 마찬가지로 입력 장치를 사용할 경우는 오른쪽의 '사용' 체크 버튼을 클릭해서 체크한다. 이 입력 장치 선택은 사용하지 않을 때 '사용'으로 되어 있으면 시사운드의 실행에서 오류가 발생할 수 있기 때문에 사용하지 않을 경우는 꺼 놓는 것이 좋다.

(2) 사운드파일 입력

〈그림 96〉 사운드파일 입력 그룹 상자

사운드파일 입력은 아주 초기 때부터 사용되었던 방법으로 명령 라인을 통해 외부의 사운드파일을 입력하는 방법이다. 지금은 이보다 오케스트라나 스코어파일 안에서 직접 사용할 사운드파일 이름을 입력하는 방법이 주로 애용된다. 위와 같은 입력 방법은 단지 하나의 사운드파일만 입력할 수 있으므로 입력하는 파일의 수에 제한이 있으며 또한 함수테이블로 불러들일 방법도 없다.

따라서 파일 안에서 젠 1번을 사용하여 사운드파일을 함수테이블로 불러들이는 방법이 권장된다. 이 기능을 테스트하려면 스마일의 '파일' 메뉴에서 하부 메뉴인 '샘플 파일 열기' 메뉴의 '사운드파일 입력 샘플' 명령을 클릭하면 된다.

위 그림의 '지우기' 버튼을 클릭하면 실제 파일 자체가 지워지는 것은 아니며 현재 등록된 기록에서만 지워진다. 그리고 등록된 상태에서도 '사용' 체크 버튼을 이용해서 '사용' 또는 '사용해제'를 선택할 수 있다.

(3) 출력 사운드파일 포맷 선택

〈그림 97〉 출력 사운드파일 포맷 선택 상자

현재의 오케스트라와 스코어를 실행해서 사운드파일을 만들 때의 사운드파일 포맷을 선택한다. 시사운드는 현재 사용되는 온갖 사운드파일 포맷으로 파일을 출력할 수 있다. 기본 포맷은 윈도우즈의 PCM 형태의 'wav'이며 기타 원하는 포맷이 있다면 마우스로 클릭해서 선택한다.

실시간 출력채널 수는 사운드카드의 동시 출력채널 수에 제한되지만 파일로서는 32채널까지 지원한다. 그리고 이렇게 3개 이상의 다중 트랙으로 출력된 사운드파일은 상당수의 사운드파일 편집기에서 그대로 읽어 들일 수 있으므로 이들 편집기에서 사운드를 최종 편집할 때 편리하게 이용될 수 있다.

(4) 미디 모듈 선택

〈그림 98〉 미디 모듈 선택 상자

　미디 장치의 통제를 위해 어떤 시스템을 사용할지를 선택한다. 오디오 모듈과 마찬가지로 미디장치 관리도 포트미디가 기본으로 되어 있다. 마이크로소프트사의 윈도우즈를 위한 MME를 선택하면 아래의 '입출력 미디 장치 선택' 그룹 상자가 활성화되고 현재 컴퓨터에서 가능한 입출력 장치들이 리스트 상자에 표시된다. 그 다음 리스트 상자 안의 목록에서 사용할 장치를 마우스로 클릭하면 선택이 된다. 마지막으로 반드시 오른쪽의 '사용' 버튼을 클릭해서 체크버튼에 체크하고 사용하지 않을 시는 다시 체크버튼을 클릭해서 끈다.

(5) 미디파일 입력

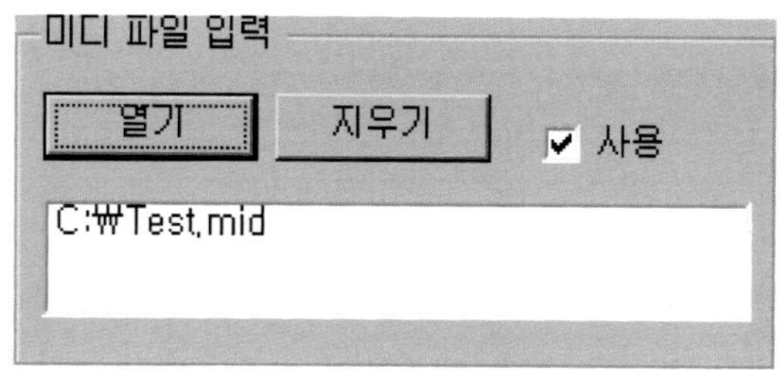

〈그림 99〉 미디파일 입력 그룹 상자

　미디파일을 입력하게 되면 시사운드에서 스코어파일 대신 입력된 미디파일을 사용할 수 있다. 이 기능을 테스트하려면 스마일의 '파일' 메뉴에서 하부 메뉴인 '샘플 파일 열기' 메뉴의 '미디파일 입력 샘플' 명령을 클릭하면 된다. '지우기' 버튼을 클릭하면 파일 자체가 지워지는 것이 아니며 현재 등록된 기록에서만 지워진다. 그리고 등록된 상태에서도 '사용' 체크 버튼을 이용해서 사용 또는 사용 해제를 선택할 수 있다.

미디파일을 사용하지 않을 시는 반드시 '사용' 버튼을 다시 클릭해서 사용 상
태를 해제해야 한다. 이 항목은 시사운드의 스코어 대신 미디파일을 사용한다는
명령이므로 사용 상태가 켜져 있으면 스코어 대신 계속 미디파일만 읽어 들일
것이며 미디파일이 없을 시는 출력 창에 오류 메시지를 출력할 것이다. 따라서
사용하지 않을 시는 반드시 해제해야 한다.

(6) 미디 옵션

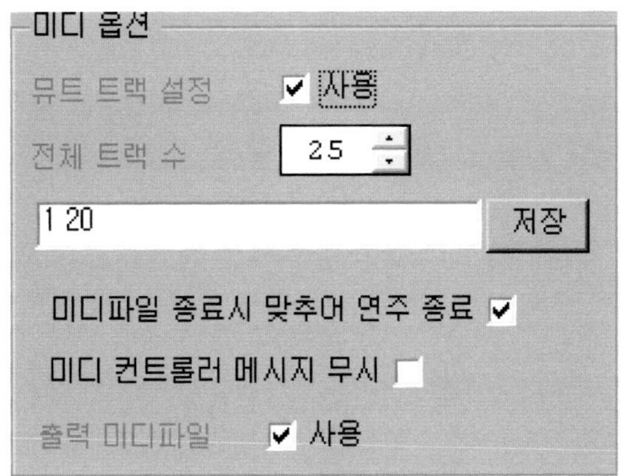

<그림 100> 미디 옵션 그룹 상자

가) 뮤트 트랙

① '사용' 체크 버튼

다른 항목들처럼 사용 시는 반드시 '사용' 체크 버튼을 클릭해서 체크한다. 그
리고 잠시 뮤트 트랙 설정을 적용치 않고 전체 트랙을 연주할 시는 다시 '사용'
체크 버튼을 클릭해서 체크 표시를 해제한다.

② 전체 트랙 수

시사운드 버전 5부터는 미디파일 포맷 0과 1도 지원하게 되었다. 그 이전에는
미디파일 포맷 0만을 지원했기 때문에 사실상 사용할 수 있는 미디 트랙은 16개
로 제한되어 있었으나 포맷 1을 지원함으로써 256트랙으로 확장되었으며 이 트
랙들은 16개의 채널로 분배될 수 있다. 이에 따라 연주 시 어떤 특정 트랙을 연

주에 포함할 것인지 아니면 뮤트[56](mute)시킬 것인지를 설정하는 옵션이 추가되었다. 예를 들어 채널 1번에 2개의 트랙이 있다면 그리고 이 중 두 번째 트랙만을 연주하고자 한다면 첫 번째 트랙은 뮤트되어야 한다. 이와 같은 경우에 '뮤트 트랙'을 설정한다.

전체 트랙 수는 사용할 입력 미디파일의 전체 트랙 수를 입력한다. 이 수는 대충의 수를 입력하면 된다. 예를 들어 30트랙이라면 정확한 트랙의 수를 안다면 그대로 입력하면 된다. 그렇지 않으면 40과 같이 넉넉한 수를 입력한다.

③ 뮤트 트랙 번호 입력

뮤트 트랙 번호 입력 상자에는 뮤트할 트랙의 번호를 입력한다. 트랙 사이에는 빈칸을 두어 구별한다. 예를 들어 2번째와 5번째 트랙을 뮤트한다면 '2 5'와 같이 입력한다. 위 그림의 경우는 1번과 20번 트랙을 뮤트한 예이다.

나) 미디파일 종료 시 맞추어 연주 종료

이 옵션은 미디파일의 길이가 정확히 얼마나 되는지 모를 경우 스코어에 'f0 36000'과 같이 긴 시간을 주고 이 옵션을 사용하면 시사운드는 미디파일의 연주가 끝나면 출력 메시지를 통해 연주가 끝났다는 것을 알리며 자동으로 연주를 종료한다.

다) 미디 컨트롤러 메시지 무시

미디 컨트롤러(controller) 메시지는 미디 메시지에서 176번이며 이 메시지는 모두 128가지의 하부 메시지를 포함한다. 이 하부 메시지들은 악기에서 표현될 수 있는 여러 가지의 아티큘레이션을 표현하는 내용을 담는다. 예를 들면 1번은 비브라토를 표현하는 마듈레이션 휠 메시지(modulation wheel)이며 7번은 볼륨, 11번은 다이내믹 등을 표현한다. 그러나 이 옵션을 켜게 되면 이들 메시지들은 모두 무시되고 대신 사용자는 이 메시지를 통해 사용자 자신의 특별한 값을 보낼 수 있다.

---

56) '제외'로 해석하면 제일 잘 어울릴 것이다.

라) 출력 미디파일

이 항목은 버전 5에서 추가된 내용으로 실시간에 사용자가 미디 키보드를 컴퓨터에 연결한 후 키보드를 누르면 시사운드는 이에 맞추어 연주하게 된다. 이때 이 '출력 미디파일' 옵션이 켜져 있으면 시사운드는 연주 종료 시 지금까지 입력받은 미디 메시지들을 미디파일로 출력한다. 출력되는 미디파일의 이름은 현재의 악기파일 이름에 확장자 'mid'가 붙여져 저장된다.

또한 오케스트라의 악기 자체에서도 미디신호를 시사운드에 보낼 수 있다. 이 경우도 이 옵션이 켜져 있는 경우는 미디파일을 출력한다. 보다 자세한 실제 내용과 사용 방법들은 '미디' 장에 언급되어 있다.

(7) 미디 메시지 '벨로서티' 설정

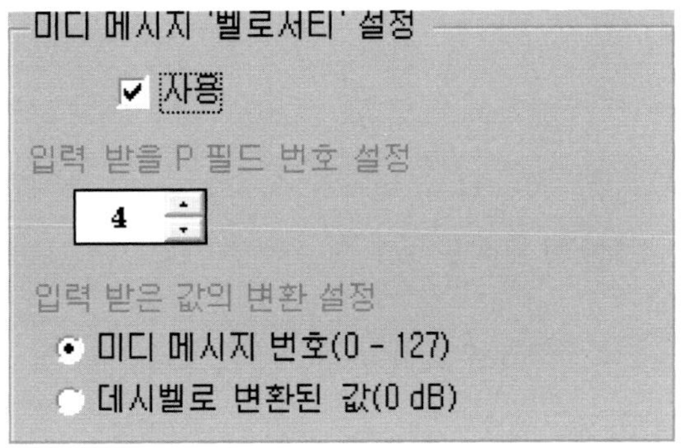

〈그림 101〉 미디 메시지 벨로서티 설정

이 설정은 실시간에 미디 메시지를 처리할 때만 사용한다. 미디파일과는 아무런 관계가 없다. 즉 컴퓨터와 연결된 미디 키보드를 눌렀을 때나 외부로부터 미디 시그널을 입력받을 때에 벨로서티 값을 p필드의 몇 번에서 받을 것인가를 설정한다.

미디 메시지에서 가장 중요한 메시지는 음표 메시지라 할 수 있다. 음표 메시지는 일반적으로 생각하는 음표의 개념과는 달리 2개의 메시지로 나누어진다. 첫 번째는 음표 시작 메시지(noteon message)이며 두 번째는 음표 끝 메시지(noteoff message)다.

이와 같은 내용은 1980년경 미디 규약이 만들어질 때 각 전자악기 회사들이 자회사의 전자악기들을 위해 사용되었던 내용들이 토대가 되었기 때문이다. 즉 전자악기 건반을 누르면 키의 밑바닥과 몸체의 접점이 붙음으로써 전기가 통하게 되어 소리가 나게 되고 떼게 되면 전기가 단절되어 비로소 음표의 연주가 끝나기 때문이었다. 이 때문에 전자악기에서는 하나의 음표를 위해서는 2개의 메시지가 필요하게 되었고 이에 따라 미디에서의 음표 메시지는 2개의 메시지로 나뉘어 미디 규약에 정의되었다.

음표 메시지의 내용은 시작 시간(틱의 수, ticks)과 피치(0 – 127) 그리고 벨로서티 값(0 – 127)을 포함한다. 벨로서티(velocity)는 건반을 얼마나 세게 누르는가를 나타내는 값이다. 이 벨로서티는 실제 전통음악에서는 잘 사용되지 않는 내용이다. 물론 음악에서도 어떤 음을 특히 강하게 연주하라는 지시도 있지만 이보다는 이 값은 실제 음악에서 모든 음표가 가지는 값이므로 다이내믹과 밀접한 관계가 있다고 할 수 있다. 따라서 많은 경우에 있어 볼륨과 같이 사용되기도 한다.

가) 입력받을 p필드 번호 설정

시사운드에서는 이 벨로서티 값을 진폭의 크기로 변환한다. 즉 각 음표의 벨로서티 값을 시사운드에서는 음표의 최대 진폭으로 변환한다. 그리고 음표 메시지는 시사운드 스코어의 i문에 일치하므로 이 벨로서티를 i문의 몇 번째 항목으로 받을 것인가를 설정하는 옵션이다. 저자의 경험으로 p4와 p5 항목은 고정되어 있지 않으므로 사용자마다 그 위치가 달라진다. 그러나 진폭 값은 고정적으로 p4에 두는 것이 좋고 p5에는 피치 또는 진동수를 두는 것이 좋다. 이렇게 한다면 스코어를 읽을 때 혼란을 막을 수 있어 좋다. 예를 들어 어떤 때는 p4에 진동수를 어떤 때는 p4에 진폭 값을 둔다면 스코어 리딩에서 늘 약간의 혼란이 생길 것이다.

만약 위의 벨로서티 값을 p4로 결정했다면 미디 키보드를 사용해서 연주할 때 시사운드는 p4에 벨로서티 값을 넘겨준다.

나) 입력받은 값의 변환 설정

사용자는 두 가지의 값 중에서 편리한 하나를 선택할 수 있다. 그 하나는 미디 파일에 있는 그대로의 값인 벨로서티 값이다. 이 값은 0～127까지의 값으로 되

어 있다. 다른 하나는 시사운드에서 이 벨로서티 값을 데시벨 값으로 변환한 값
을 사용하는 것이다.

(8) 미디 메시지 피치 설정

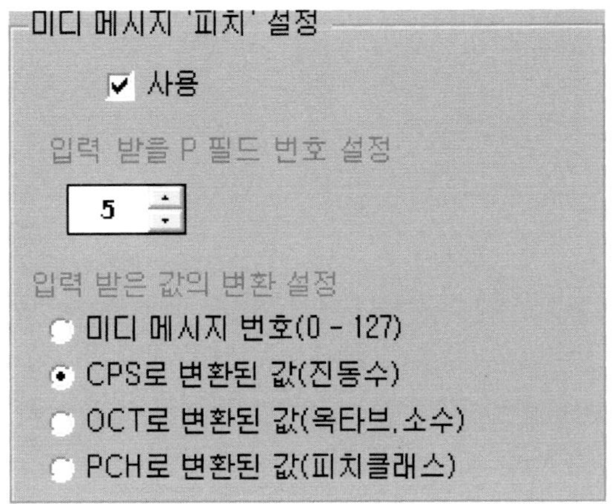

〈그림 102〉 미디 메시지 피치 설정

위의 '미디 메시지 벨로서티 설정'과 마찬가지로 입력받을 음표 메시지에서 피
치 값을 p필드의 몇 번으로 받을 것인가를 설정한다. 그리고 입력받은 값은 변환
할 것인지 또 변환한다면 어떤 값으로 변환된 값을 사용할지를 설정한다.

(9) 메시지 표시

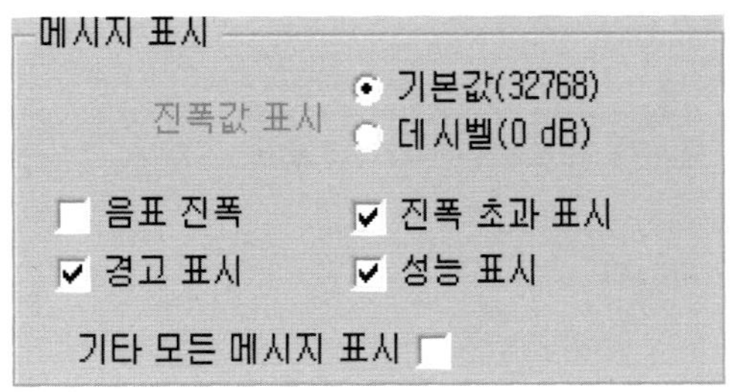

〈그림 103〉 메시지 표시

메시지 표시는 연주 시작 지시가 시사운드에 전달되면 시사운드에서는 먼저 여러 가지 내용들을 출력 메시지로 출력한다. 이 메시지들은 현재 사용하는 시스템의 정보와 오디오 및 미디 장치에 관한 정보도 포함한다. 이 중에서 사용자는 어떤 종류의 메시지들만을 출력할 것인지를 이 메시지 표시 상자에서 설정할 수 있다.

실시간에 상당히 많은 연산을 포함하는 경우는 모든 출력 메시지를 출력하지 않게 한다면 보다 매끄러운 연주를 할 수 있다. 진폭 값 표시의 기본 값은 초기부터 사용해 온 0~32,768이지만 데시벨 값으로 표현하고자 한다면 '데시벨'을 선택할 수 있다. 그러면 최대 진폭 값은 '0'이 될 것이며 그 이하의 값들은 0보다 작은 음수 값으로 제시된다.

마지막의 '기타 모든 메시지 표시'는 사용자를 위한 내용이라기보다는 개발자들이 프로그램을 실행할 때 오류를 찾기 위해 사용된다. 이 메시지 중에는 현재 사용된 프로시저들이 로드된 메모리 주소들을 포함하고 있으며 실행과정에서 실행된 시간 순서대로 모든 내용들이 하나하나 제시된다.

(10) 추가 명령

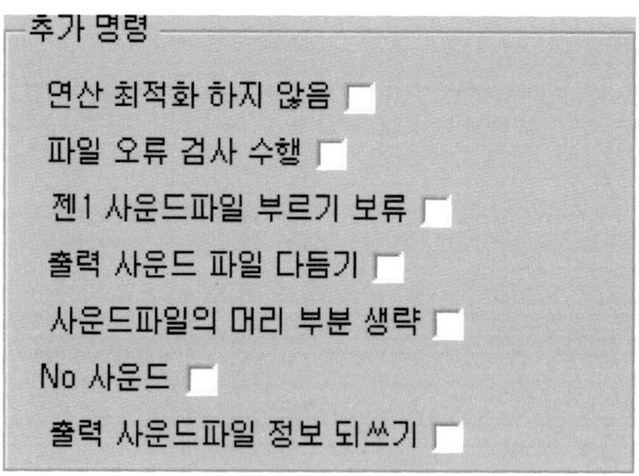

〈그림 104〉 추가 명령

가) 연산 최적화하지 않음

시사운드 버전 5에 추가된 내용으로 빠른 수행을 위해 오케스트라에 사용된 연산들을 최적화하는 것이다. 이 설정은 기본 값으로 채택되어 있다. 이 과정의 내용은 중복되는 수행은 언제나 제거하여 더 적은 연산으로 CPU 사용을 감소시킨다. 따라서 이 설정을 사용함으로써 경우에 따라 약 10% 정도 속도를 증가할 수 있으며 오디오 및 컨트롤의 임시 변수들의 수도 현저히 감소된다.

나) 파일 오류 검사 수행

이 옵션을 선택한 후 연주를 실행하면 소리 산출 대신 순서대로 스코어의 모든 악기들을 초기화하고 할당하면서 단지 스코어의 p – 필드와 오케스트라의 i – 변수들의 오류 여부만을 재빠르게 조사한다. 그러나 모든 p – 시간의 산출에서 a 와 k – 시그널은 포함하지 않는다.

다) 젠1 사운드파일 부르기 보류

연주 시간까지 젠1에서 사운드파일 로드를 연기하게 한다. 이 명령은 '젠 1'(gen 1)에 의해 사운드파일이 불러들여지는 시점을 연주 시간 때까지 보류하게 하는 명령이다. 예를 들면 사용자가 산출 명령을 내리면 시사운드는 초기화 때에 젠1이 포함하고 있는 외부의 파일들을 수집하기 시작한다. 이때 사운드파일을 함수테이블로 불러들이지 않고 나중에 필요할 때 불러들이게 하는 명령이다.

드문 일이지만 사용자가 현재 산출하고 있는 사운드파일의 일부를 산출 과정의 뒤쪽에서 젠1을 사용하여 불러들일 수 있다. 이렇게 하려면 '출력 사운드파일 정보 되쓰기' 명령이 '명령 라인'에 함께 추가되어야 한다. 이 되쓰는 명령을 내리면 시사운드는 컨트롤 주기마다 파일의 머리 부분에 계속 새로운 정보를 되쓰게 된다. 따라서 파일의 산출이 끝나지 않은 상태에서도 이 파일은 다른 프로그램에서 읽힐 수가 있다.

라) 출력 사운드파일 다듬기

이 옵션이 선택되면 시사운드 내부에서 사용하는 32비트 부동소수(floating point) 값에서 사용자가 요구한 32, 16 또는 8비트 포맷으로 변환할 때 소리를 보다 매끄럽게 하는 디더링(dithering, 다듬기)이 실행된다.

마) 사운드파일의 머리 부분 생략

출력할 사운드파일에 머리 부분(header)을 쓰지 말기(No header, 단지 샘플 데이터만)를 명령한다. 이렇게 만들어진 사운드파일은 소리에 관한 디지털 데이터만 기록하게 된다. 특정한 목적이 없는 한 이 옵션을 선택할 일은 없다.

바) No 사운드

이 명령은 사운드파일을 만들지 않으면서 사운드파일을 만드는 모든 과정을 있는 그대로 수행하게 한다. 물론 소리도 산출하지 않는다. 이는 단지 오케스트라와 스코어파일에서의 오류가 있는지를 신속하게 검사할 때 사용한다.

사) 출력 사운드파일 정보 되쓰기

이 명령을 사용하면 시사운드는 사운드파일의 정보를 매 ksmps(오디오 샘플 비율/컨트롤 샘플 비율) 값마다 현재 산출하고 있는 사운드파일의 머리 부분의 정보를 고쳐 쓰게 되므로 산출 속도는 느릴 수 있다. 그러나 대신 이 옵션이 선택되면 산출 과정에서 어떤 문제로 시사운드가 중단되더라도 그때까지 만들어진 파일은 항상 사용 가능한 파일이 된다.

(11) 최대 텍스트 길이

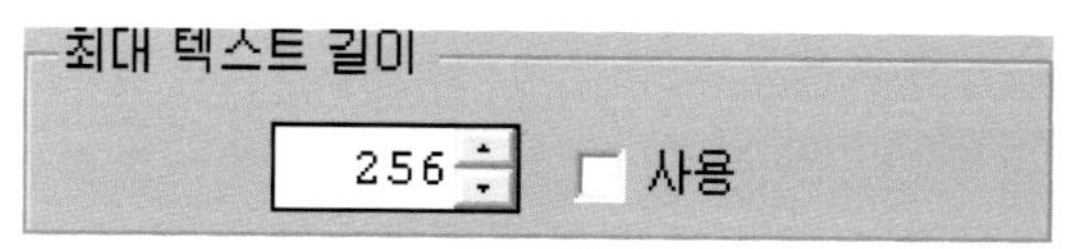

〈그림 105〉 최대 텍스트 길이

시사운드를 실행할 때 간혹 긴 경로를 가진 파일 이름(입력할 사운드파일 이름 등)이나 또는 이름이 아주 긴 입출력 포트 등을 포함하는 명령들이 있을 수 있다. 이 경우 사용자는 이 명령을 사용해서 이들 긴 텍스트를 담을 수 있도록 명령 라인을 위한 메모리의 크기를 충분히 늘려 준다. 기본 값은 255(0~255)로서 256개의 영문 알파벳을 사용할 수 있다. 부족할 경우 충분한 값으로 늘린다.

(12) 플러그그인파일 입력

〈그림 106〉 플러그그인파일 입력

여기서 입력하는 플러그그인파일들은 시사운드에서 제공하는 플러그그인파일들 외에 기타 사용자가 만든 제3의 플러그그인파일들이 있을 경우 이를 시사운드에 알리고 이(들)를 실행할 때 함께 포함하기를 명령하는 옵션이다. 이 상자에는 한 개이상의 여러 플러그그인파일들을 입력할 수 있다. 윈도우즈 환경에서 이들 플러그그인파일들은 항상 확장자로서 '*.DLL/*.dll'을 가진다.

(13) 텍스트 세트

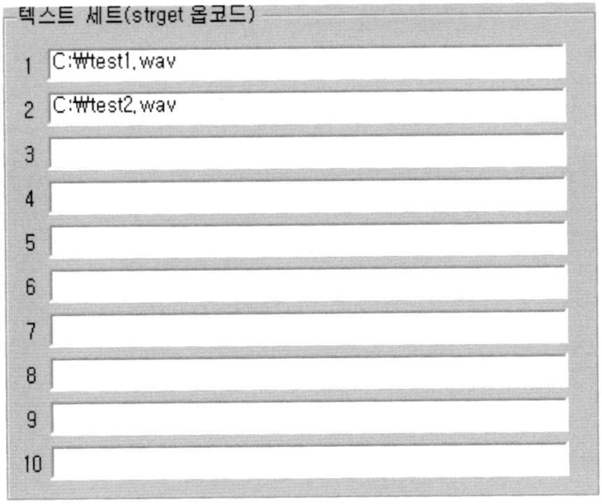

〈그림 107〉 텍스트 세트

산출 시 오케스트라파일로 특정한 스트링(텍스트)을 전달할 때 사용한다. 이와

같은 전달의 필요성에 대해 가장 쉽게 생각할 수 있는 예를 하나 들면 외부의
사운드파일들을 입력하는 것이다. 이 외에 깊이 생각해 보면 또 다른 유용한 예
도 생각해 볼 수 있다. 앞서 사운드파일을 입력하는 예가 있었다. 그때는 단지 1
개의 파일만을 불러들일 수 있었지만 자동으로 악기 1번에 연결이 되는 편리함
이 있었다. 그러나 '텍스트 세트'를 이용하면 1개 이상의 여러 파일들을 입력할
수 있다. 입력하는 방법은 글상자 안에 파일의 경로와 파일의 이름을 입력한다.

이에 대한 보다 자세한 내용과 예는 앞서 소개된 시사운드5Gui에서 언급되었다.

(14) 출력 사운드파일 정보 입력

출력 사운드파일 정보 입력
제목
작곡자
저작권
제작일
설명
소프트웨어   시사운드 5

〈그림 108〉 출력 사운드파일 정보 입력

사용자 자신이 만든 음악이나 소리에 대한 정보를 입력하는 옵션이다. 공개적
으로 자신의 음악을 배포할 때는 반드시 저자의 이름과 제목 그리고 제작 날짜
등은 입력해 두는 것이 권장된다.

7) 환경 변수 탭

시사운드 5에 들어와서 새로운 많은 파일들이 만들어져 이들을 서로 다른 디
렉터리로 분류하는 과정이 필요하게 되었다. 이에 따라 시사운드에서는 각 파일
들이 있는 경로를 사용자 컴퓨터의 환경 변수에 담게 되었고 이 경우 각 경로가
제대로 되어 있는지 알기 위해서 윈도우즈의 환경 변수들의 내용을 참조할 수밖

에 없었다. 그러나 이는 여러 단계를 거쳐 들어가야 되는 성가신 일이므로 스마일에서는 이를 위해 손쉽게 현재 환경 변수의 내용을 알 수 있도록 환경 변수 탭을 통해 그 정보를 제공하고 있다.

08

기초 이론

현재의 시사운드 사이트에서 다운받을 수 있는 시사운드 매뉴얼, 지침서, 시사운드에 관한 책들 그리고 각 개인들의 수많은 웹페이지들에서 프로그래밍 언어나 수학 및 음향에 관련한 전문 용어와 속어들 그리고 시사운드 자체가 빚어낸 용어들이 빈번히 사용되고 있다. 특히 이들은 모두 영어로 되어 있다는 점에서 시사운드에 관심 있는 많은 사람들의 접근을 어렵게 하고 있다. 이 장에서는 시사운드를 누구나 쉽게 사용할 수 있도록 그 기본 원리에 대한 설명에 최대한 중점을 두었다. 따라서 초보자는 물론 현재 시사운드를 사용하고 있는 사람들도 한 번 읽고 넘어가면 도움이 될 것이다.

시사운드는 어려운 프로그램이 아니다. 단지 설명이 부족할 뿐이다. 실제로 시사운드 매뉴얼에서 시사운드를 제대로 설명하고자 한다면 프로그램 내부에서 일어나는 과정도 함께 설명되어야 할 것이다. 그렇지 않다면 각 옵코드[57](opcode, operator code, operator in the code)의 사용법만이라도 보다 세부적인 설명과 함께 많은 예들이 제시되어야 할 것이다. 현재 이 두 가지가 다 조금 빈약하며 또 일부의 애매한 설명이나 용어들은 초보자들을 당황케 한다.

그러나 이와 같은 문제는 단지 시사운드만 그런 것이 아니다. 거의 모든 컴퓨터 프로그램들을 구입할 때 주어지는 도움말이나 설명서들이 똑같은 문제점을 안고 있다. 또한 개발자에게 질문을 던질 수 있는 창구는 아주 좁고 제때에 답을 기대할 수도 없는 것이 현실이다. 더욱이 시사운드는 프리웨어이기 때문에 질문에 대한 답을 강제할 수도 없으며 또 바쁜 개발자들이 모든 질문에 대해 빠짐없이 답을 해야 할 의무가 없는 것도 사실이다.

이렇듯 설명에 대한 불만이 있을 수 있겠지만 시사운드 매뉴얼의 분량도 방대하다. 버전 5에 와서는 총 페이지가 2,000이 넘는다. 이렇게 시사운드 개발자들은 열심히 시사운드를 개발하고 있지만 그럼에도 사용자들은 보다 자세한 설명과 함께 풍부한 예제들이 매뉴얼에 포함되기를 바라고 있다. 그러나 모든 것을 개발자

---

57) 우리말 사전에 '연산부호'로 정의되어 있는 것처럼 이 옵코드라는 용어는 일반적으로 어떤 간결한 연산을 처리하는 부호를 지칭하는 것에 더 타당할 것이다. 시사운드에서는 길고 짧은 과정의 모든 함수들을 옵코드라고 부른다. 그러나 대부분의 프로그래밍 언어에서는 옵코드보다는 함수(function)라는 말을 사용한다.

에게 의지하기보다는 능력 있는 제삼자의 친절한 설명도 뒤따라야 할 것이다.

가. 진동(vibrations)에서 전압으로

1) 진동

시사운드를 하는데 왜 진동에 대해서 알아야 하는가라는 의문을 가질 수 있다. 이에 대한 답은 바로 시사운드는 진동을 만드는 프로그램이기 때문이다. 진동을 만드는 일을 배우는 데 있어 진동의 원리를 이해함 없이 소리를 만들 수는 없다.

진동은 어떤 물체의 움직임에 의해 발생한다. 이 진동은 우리 눈에는 보이지 않는 공기 속 물질들의 움직임에 의해 전달된다. 이 물질들은 작고 큰 먼지를 포함해서 수소, 산소, 질소, 이산화탄소 등등의 아주 작은 입자들로 이루어진다. 따라서 진공상태에서는 거의 아무런 물질이 존재하지 않기 때문에 소리를 전달할 수 없으며 소리를 들을 수도 없다.

어떤 물체가 진동하게 되면 공기에는 압력 변화가 일어나며 이로써 우리는 소리의 높고 낮음이나 소리의 서로 다름을 감지할 수 있게 된다. 이 진동이 일어나는 주원인은 가해진 충격과 탄성을 가진 물체의 복원력 때문이다. 한번 충격을 받은 물체는 원래의 모양으로 돌아오기 위해 물체에 가해진 힘과 싸우는 과정에서 진동을 하게 된다. 이때 물체는 충격을 받지 않았을 때의 원래 형태인 0지점을 중심으로 상하로 또는 좌우로 진동한다. 이처럼 충격된 방향으로 한 번 들어갔다 원래의 형태를 지나 반대방향으로 가서 다시 원래의 형태로 돌아올 때까지를 한 사이클(cycle)이라 한다. 물론 이와 같은 움직임은 즉각 똑같이 공기에 전달된다. 이 사이클은 헤르츠(Hertz or Hz)라고도 하며 한 사이클을 1Hz로 표시하며 이 하나의 사이클은 반복하는 진동의 파형이 된다.

이와 같은 공기 속 진동은 보통 1개나 2개의 채널로 녹음되는 경우가 많다. 이와 같은 경우 서로 다른 여러 진동들이 한 두개의 채널로 믹서(결합)되는 과정에서 작은 세기의 진동들은 사라지기 때문에 실제 소리와는 상당한 왜곡 현상이 발생하게 된다. 이 문제를 해결하기 위해서는 녹음을 하고 소리를 들을 때 가능하면 많은 채널을 사용하는 것뿐이다. 아직까지는 경제성의 이유로 스테레오가 여전히 보편화되어 있지만 좀 더 경제적인 여유를 가지게 되고 문화가 강조되면 4채널 또는 8채널로 확대되리라 생각한다.

그러면 모든 사운드파일에 출력 루트 및 몇 채널로 되어 있다는 것이 명시되고 사용자는 여러 개의 스피커로 서로 다른 채널의 소리를 들을 수 있는 날이 올 것이다. 이렇게 되면 보다 현장감 있고 입체감 있는 소리를 즐길 수 있겠지만 소리 파일의 크기는 지금보다 몇 배로 커지게 될 것은 분명하다. 거기다 DVD 음질로 녹음 된다면 현재의 스테레오 CD의 데이터 크기에 비해 그 크기가 몇십 배까지 증가하기 때문에 해결할 문제가 많이 남아 있다.

2) 소리의 전달 과정

소리도 에너지를 필요로 하며 이 에너지는 물체의 진동에 의해 발생된다. 그리고 이 에너지는 공기를 진동시키며 공기의 진동은 공기 압력의 변화를 발생시킨다. 소리의 감지는 이 공기 속 진동에 의한 압력의 변화에 따라 우리 귀의 고막이 이에 반응하기 때문이다. 진동은 물체의 모양에 따라 또 그 세기에 따라 각각 다르게 나타난다. 모든 에너지는 영원한 것이 없는 것처럼 공기의 진동도 시간이 지남에 따라 약해지면서 결국 사라진다. 만약 선풍기 바람에 의해서나 태풍에 의해서 부근의 공기가 계속 밀려 나간다면 이는 진동이 아니며 단지 바람이다.

공기가 진동하게 되면 공기 속의 여러 가지 분자들과 먼지 입자들이 밀려 나간다. 진동에 의한 공기 속 입자들은 밀고 당기는 규칙적인 운동 때문에 바람과는 달리 계속적으로 밀려갈 수 없으며 밀려가고 당겨지는 거리는 반복되는 진동의 속도에 반비례한다. 진동이 시작되면 먼저 충격이 가해진 방향에서 물체와 가장 가까이에 있는 입자들이 밀려 나가면서 압축(compression)이 시작된다. 그리고 다시 물체가 원래의 모양으로 복원하려는 힘은 입자들을 다시 당김으로서 희박이 시작되고 다시 원래의 모양으로 돌아오면서 진동의 반사이클(half cycle)을 형성하게 된다. 이 현상은 그 다음 부근의 압축되어 있지 않은 입자들에 전달되고 이와 같은 계속적인 연쇄 반응은 마침내 우리 귀의 고막을 밀어내게 된다.

곧 압축된 입자들은 입자의 밀도 차이와 물체의 복원 현상으로 공기를 당기게 되며 이와 같은 결과도 입자를 밀어낼 때와 같이 연쇄 반응한다. 이것은 다시 밀린 우리 귀의 고막을 반대로 당기게 된다. 물론 이 과정에는 탄성 있는 고막의 복원현상도 포함된다. 이로써 진동의 완전한 하나의 사이클이 이루어지며 이 진동의 사이클이 연속적으로 이루어짐에 따라 우리는 이 공기의 진동을 소리로 감지할 수 있게 된다. 그러나 제한된 귀의 구조로 인해 최소한 1초에 20번 정도의 진동이 일어나야만 소리로 감지가 가능하다.

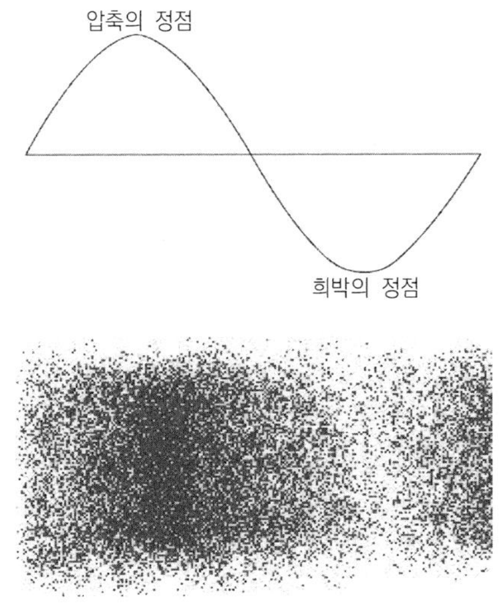

〈그림 109〉 진동의 한 주기

위 그림은 진동의 한 사이클을 보여 주고 있다. 그림 위쪽은 소리의 형태를 물결 모양(wave form)으로 나타낸 것이며 아래 그림은 공기 속 입자들의 모습을 보이고 있다. 이 진동의 앞부분 절반은 물체가 진동을 시작할 때 먼저 공기가 압축된 부분이다. 그 다음 절반은 물체의 복원현상으로 물체가 되돌아감으로써 입자를 당겨 공기 중 입자의 밀도가 희박해지는 부분이다.

물체를 진동시킬 때 어느 쪽 어느 각도에서 물체를 치든 간에 반드시 미는 현상이 먼저 생긴다. 물론 디지털 오디오에서 사운드를 디자인할 때 인위적으로 소리의 초기 페이즈(phase, 위상)를 180도에서 시작함으로써 당기는 부분이 먼저 시작되는 소리를 만들 수는 있지만 자연적인 현상에서는 항상 미는 부분이 먼저 시작된다. 또한 인위적으로 미는 부분에서만 진동하는 소리도 만들 수 있다. 즉 스피커가 계속 튀어나온 상태에서 진동하는 것이다.

3) 웨이브폼(waveform, 파형)의 구조

웨이브 폼(waveform＝물결 모양)은 진동에 의한 공기의 압력 변화를 물결 형태로 나타낸 것이다. 소리 구조를 설명할 때에 늘 단순한 형태의 파형을 모델로 제시하지만 실제 자연의 모든 소리들은 배음과 반사음(잔향)들이 결합되어 아주 불규칙한 형태로 나타난다. 과거에는 이와 같은 자연의 소리를 녹음하기 위해 전축판(LP)을 사용하였다. 이때 소리를 모으는 큰 깔때기 모양으로 된 형태의 끝에 바늘(stylus)을 달고 규칙적으로 돌아가는 부드러운 왁스판에 이 진동하는 바늘을 얹어 진동의 모양을 새겼다. 이렇게 새겨진 원판(마스터 디스크)으로 LP판을 대량 복제하였다. 다시 들을 때는 새겨진 홈을 따라 움직이는 바늘의 진동을 흡수하여 이 진동의 변화를 전압의 변화로 바꿔 주는 카트리지(Cartridge)를 통해 소리를 재생하였다. 현재의 시디(Compact Disk)도 마찬가지지만 단지 소리의 모양을 숫자로 저장하는 것만이 다를 뿐이다.

실제 우리가 생활 속에서 귀로 듣는 자연의 소리와 녹음된 소리 사이에는 많은 차이가 있다. 보통 우리 귀는 생활 속에서 발생하는 모든 소리들을 개별적으로 감지하고 있지만 녹음된 소리들은 하나의 웨이브 라인으로 합쳐져 있어 우선 입체감이 없다. 우리가 일상생활에서 소리를 들을 때는 그 소리가 대충 어디서 나고 있다는 것을 또 거리가 어느 정도 떨어져 있다는 것을 예측할 수 있지만 녹음된 소리는 평면적이다. 또한 녹음된 소리에는 한두 개의 트랙으로 믹싱되면서 많은 사소한 소리들이 왜곡되며 심한 경우에는 그 소리들이 사라지는 현상도 생기게 된다.

이런 현상을 조금이나마 감추고 입체감을 주기 위해 때문에 스테레오(2트랙＝2채널)가 나왔고 서라운드 채널들이 등장하기 시작했으며 현재는 스테레오채널을 6.1채널로 분리해 주는 서라운드 기능도 널리 유행하고 있다. 6.1채널은 아래의 그림과 같이 5.1채널에 뒤쪽의 저음채널을 추가한 것으로 5개(Left, Center, Light, Left Surround, Right Surround) 채널과 앞쪽과 뒤쪽에 2개(LFE: Low

Frequency Effect)의 저음을 담당하는 채널로 구성된 것이다. 아직까지는 이처럼 사운드 정보에 채널 설정이 포함된 경우는 많지 않으며 대부분의 경우에 있어 단지 전체 주파수대를 특정 주파수대로 분리한 시그널을 각 스피커로 내보냄으로써 좀 더 실감나는 소리를 만들고 있다.

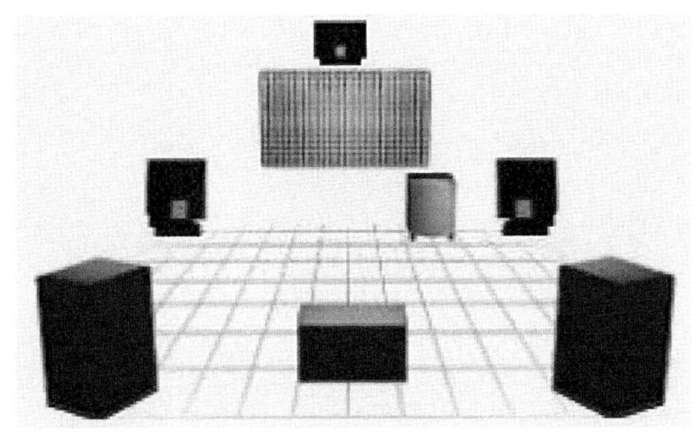

〈그림 110〉 6.1채널 시스템의 스피커 배치

웨이브폼의 구조는 진동이 없을 때를 0으로 표시하며 진동의 한 주기는 다음 그림과 같이 제시할 수 있다. 지난 장에서 본 것처럼 이 그림은 이해를 돕기 위해 배음이 없는 순수한 사인파(Sine Wave) 모양이 사용되었다. 아래 그림에서 초기의 미는 운동에서 물체가 튀어나오고 값이 점차 증가하여 최고의 값에 도달했을 때 그 점을 꼭대기(crest) 또는 정상(peak)이라고 하며 다시 반작용에 의해서 또는 물체의 복원력에 의해서 그리고 공기의 밀도에 의해서 당겨지는 운동이 시작되어 최저점에 도달했을 때 이 점을 골(trough)이라 한다. 이와 같이 각 한 번의 꼭대기와 골이 포함되는 한 번의 진동을 한 주기 또는 사이클이라 한다.

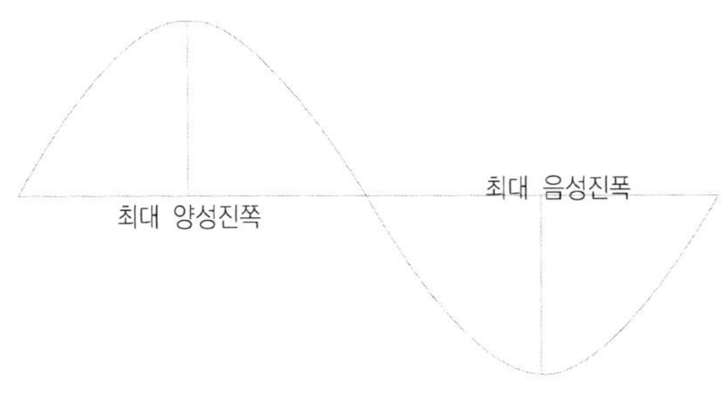

〈그림 111〉 진동의 한 주기

진폭(amplitude)은 진동의 크기를 나타낸다. 소리가 세면 진폭은 크고 약하면 그 반대가 된다. 가해진 충격에 의해서 초기의 미는 부분을 양성진폭(positive amplitude)이라 하고 그 반대를 음성진폭(negative amplitude)이라 한다. 일반적으로 진폭의 크기는 양쪽 둘 다의 합산이 아니라 이들 중 어느 한쪽의 크기로 표시한다.

시사운드에서는 함수 테이블(function table)을 사용하여 이와 같은 온갖 모양의 웨이브폼을 디자인할 수 있다. 이 함수테이블과 그리고 이에 사용되는 젠 루틴(GEN routines)에 대해서는 뒤에서 자세히 논의된다.

〈표 21〉 함수테이블 1번 - 젠 16번을 사용한 파형 디자인

				;값	길이	종류,	값	길이	종류,	값	길이	종류
f1	0	1024	16	0	300	5	1	400	0	1	324	10

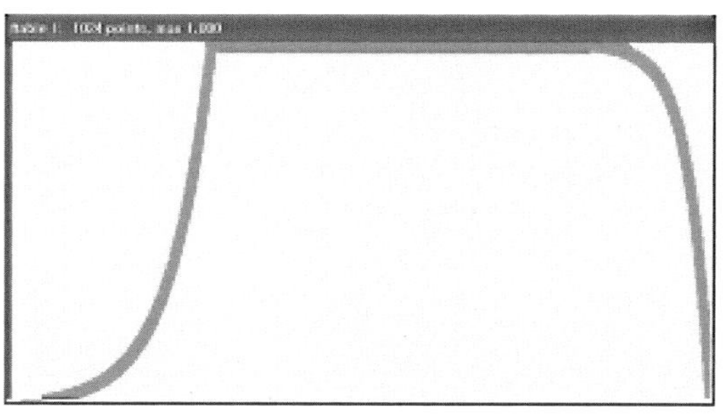

〈그림 112〉 위 예의 결과로 만들어진 파형

4) 진동과 교류 전류(AC: Alternating Current)

전기가 흐를 수 있는 코일 속에서 자석을 회전운동시키면 코일 속에 전기가 생기는데 이를 우리는 교류 전기라 하며 이와 같은 기기를 교류발전기라 한다. 이는 자연이 주는 놀라운 선물이라 할 수 있다. 이 눈에 보이지 않는 대기 속에 거의 무한대의 전기가 흩어져 있다. 이 교류 전기는 항상 전압의 방향이 +와 - 로 교대하여 그 모습은 사인곡선과 일치하며 자연 속의 물체가 진동할 때 주기적으로 들어가고 나오는 패턴과 일치한다. 따라서 우리는 소리가 진동하는 모양

을 전압의 변화로 똑같이 변환함으로써 원래의 소리를 테이프 등에 저장할 수 있었고 또 전류에 실어 먼 곳으로 보낼 수 있었다.

우리가 가정에서 사용하는 전기도 220볼트(volt) 60hz의 교류 전기를 사용한다. 여기서 초당 60주기는 발전기가 돌아가는 속도에 의해 결정된다. 실제로 우리가 느끼지는 못하지만 교류 전기의 한 사이클에는 0으로 가는 시점이 2번이 있어 형광등이나 전등에서는 늘 초당 120번의 깜박임이 일어난다. 이 발전기의 회전 수는 기계 자체의 효율성과 형광등이나 기타 모든 것을 고려해서 60회전수가 선택된 것으로 초당 60진동은 상당히 낮은 소리다. 그러나 발전기를 빨리 돌리게 되면 진동수가 증가되어 높은 피치도 낼 수가 있다.

또한 암페어(ampere)로 나타내는 전류의 세기는 전기가 동시에 흐를 수 있는 양을 나타내지만 볼트(volt)로 나타내는 전압(voltage)의 세기는 0.128534⋯⋯볼트나 3.2678⋯⋯볼트 등으로 아주 정밀하게 변화될 수 있으며 또 조정될 수 있기에 아무리 복잡한 소리의 진동도 표현하는 데에 아무런 문제가 없다.

1906년 이와 같은 교류 전기 및 발전기의 원리를 이용하여 카힐(Cahill)은 여러 음역대에 걸친 피치들을 소리 내기 위해 145개의 서로 다른 회전을 하는 교류발전기를 그의 전자악기 텔하모니움(Telharmonium)에 사용하였다. 경제성을 떠나 악기 그 자체로서는 대중의 주목과 어느 정도의 인기를 얻었다고 되어 있지만 이 전자악기의 무게는 거의 30톤에 달하며 또한 엄청난 제작비용 때문에 결국 회사는 파산하고 말았다. 어쨌든 이 교류 전기가 없다면 전선을 통해서 소리를 보낸다는 것은 불가능했을 것이며 전자/컴퓨터음악은 제쳐 두고 지금 우리 사회의 환경은 완전히 달라져 있을 것이다.

5) 전압(voltage)과 스피커

스피커도 인위적으로 조작이 가능하다는 점 외에는 인간의 고막과 같은 구조로 되어 있다고 할 수 있다. 예를 들어 우리가 볼륨을 올리면 스피커로 가는 전압이 증가되며 완전히 내리면 스피커로 가는 전압은 0이 된다. 민감한 스피커의 경우 앰프의 볼륨을 완전히 올리거나 내릴 때 이 현상을 볼 수 있으며 전압이 증가되면 스피커의 진동판이 약간 앞쪽으로 튀어나오고 완전히 내리면 반작용에 의해 또 스피커의 탄성에 의해 안으로 약간 들어갔다가 원래의 상태로 돌아온다.

만약 60hz의 가정의 전기를 스피커에 연결한다면 아마 이 소리는 A음(440hz)의 2옥타브 아래의 Bb음에 가까운 소리를 낼 것이다. 물론 스피커는 220볼트 이상의 전압을 감당할 수 있는 대형 스피커라야만 손상됨 없이 소리를 낼 것이다.

반대로 만약 우리가 마이크로 말을 한다면 마이크의 진동 막의 변화에 따라 공기의 진동은 전압의 세기로 바뀌고 이 미약한 전압의 변화는 앰프에서 증폭되어 스피커를 울리게 된다. 스피커는 이 전압의 변화에 따라 진동판이 똑같이 반응하면서 원래의 소리를 재생하게 된다. 따라서 최대한 원래의 소리를 그대로 전달하거나 녹음하려 한다면 좋은 마이크는 물론 일그러짐 없이 약한 전압을 그대로 증폭시키는 앰프 그리고 전압의 변화에 민감하게 반응하는 좋은 스피커가 필요하다.

6) 가청 주파수

고양이는 청각이 매우 발달한 동물로 좌우로 귀를 움직일 수 있고 인간의 2배가 넘는 5만Hz까지의 소리도 들을 수 있다. 그러나 인간의 가청 주파수는 일반적으로 20~22,000Hz 정도의 범위에 있으며 이 수치를 넘는 진동을 초음파라 한다. 이 때문에 현재의 시디 음질도 최대 가청 주파수에 맞추어 44.1K 또는 48K로 표준화하게 된 것이다. 이 44.1k(48k) 또는 44,100(48,000)은 진동수가 아니라 초당 샘플 수를 나타낸다. 즉 하나의 진동은 무진동 상태인 0을 중심으로 위아래로 움직여야 소리가 발생하므로 한 진동을 만들기 위한 최소의 점 또는 샘플의 수는 위아래로 각각 1개씩 필요하게 된다. 따라서 44,100(48,000) 개의 샘플 수를 2로 나누면 최대 22,050(24,000)hz의 소리를 만들 수 있다.

최근 이 22,000의 진동수를 능가하는 DVD 음질(88,200/96,000)이 서서히 확산되고 있다. 실제 사람은 22,000 진동수보다 더 높은 소리를 들을 수도 있다고 생각되기 때문이다. 그러나 그보다는 소리의 진폭 변화의 단계를 보다 미세하게 담을 수 있기에 실제의 소리에 더 가까이 다가가는 데에 있다. 따라서 DVD 음질은 단지 CD 음질에서 담아낼 수 없는 초고음만을 추가하는 것만이 아니라 초당 샘플 수의 증가와 아울러 진폭의 분해도(24비트)가 같이 증가함에 따라 CD 음질보다 더 세밀하고 정밀한 소리(웨이브 라인)의 녹음과 재생을 가능하게 한다.

나. 아날로그(voltage)에서 디지털로

1) ADC와 DAC

'디지털 오디오'(digital audio) 또는 '디지털 사운드'란 말 그대로 '숫자로 된 소리 또는 숫자로 전달되는 소리'라는 뜻이다. 실시간에 전달되는 디지털 시그널/신호(signal)들은 물론 저장된 사운드파일들 그리고 기타 모든 디지털 데이터들을 포함한다. 우리가 즐겨 듣는 시디에 녹음된 소리나 MP3 파일 등도 모두 디지털 소리다. 이와 같이 소리를 디지털로 저장하기 위해서는 전압의 변화를 디지털 데이터로 바꾸어야 한다. 반대로 다시 디지털 소리를 듣기 위해서는 디지털 데이터를 아날로그 신호인 전압의 변화로 바꾸어야 한다.

〈그림 113〉 TDA1543 DAC칩(Chip)

이를 위해 1980년 전후 무렵부터 ADC(Analog - to - Digital Converter) 칩(chip)을 통해 전압의 변화들이 숫자로 변환되었으며 또 DAC(Digital - to - Analog Converter) 칩을 통해 디지털 데이터를 전압의 변화로 바꿀 수 있게 되었다. 이 칩들이 나오기 전에는 전적으로 컴퓨터 CPU의 연산에 의존했기 때문에 변환과정에 많은 시간이 요구되었다.

현재 컴퓨터만 있으면 누구든 디지털악기를 만들 수 있게 된 데에는 디지털 오디오 변환기(DAC, Digital - to - Analog Converter)의 등장이 큰 비중을 차지한다. 이 칩은 숫자로 된 데이터를 받으면 지체 없이 아날로그 데이터(전압의 세기)로 변환해 줌으로써 실시간에 소리를 산출하고 들을 수 있게 된 것이다.

아직까지 즐겨 사용하는 16비트 디지털 사운드는 1982년에 소니와 필립스사에 의해 처음으로 16비트 44.1K 샘플 비율을 가진 CD가 소개되었고 그 다음 해에 첫 CD가 시장에 나왔지만 여전히 1980년대 중반까지의 개별적인 ADC와 DAC칩의 성능은 8비트가 보편화되어 있었다. 그리고 1990년대 초 무렵에서야 16비트용 사운드카드가 널리 보급되기 시작했다.

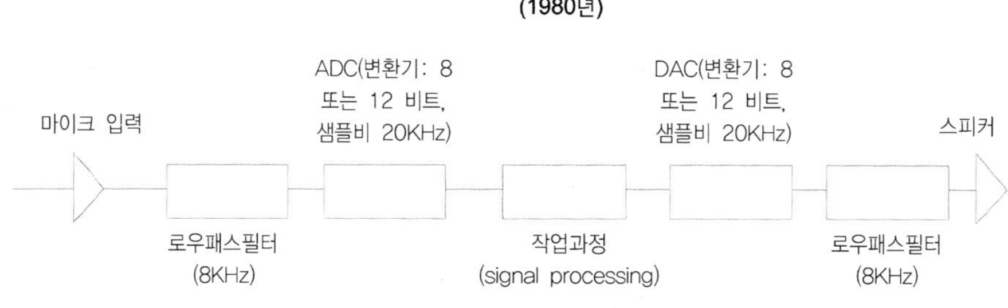

〈그림 114〉 1980년대 초의 디지털 오디오 시스템

위 그림 앞쪽의 로우 패스 필터(Low - pass filter)는 8,000hz 아래의 주파수만 통과시키고 있다. 변환기가 받을 수 없는 진동수는 엘리아싱(aliasing, 잘못된 신호/시그널)을 막기 위해 미리 제거해 버리는 것이다. 마지막의 로우 패스 필터도 마찬가지로 작업과정이나 DAC의 변환과정에서 일어날 수 있는 높은 진동수를 제거하기 위해 사용된다. 이 로우 패스 8,000hz는 샘플비 20KHz의 최대 진동수인 10,000KHz를 위해서 충분하다. 필터에서 8,000hz까지를 통과시키면 정확히 8,000hz에서 잘리는 것은 아니며 하향곡선을 그리며 패스되기 때문에 약 10,000hz까지의 진동수도 실제 포함되기 때문이다. 아래 예는 값비싼 하드웨어 대신 소프트웨어 시사운드로 구현한 간단한 예이다.

```
sr       = 22050
kr       = 2205
ksmps    = 10
nchnls   = 1

gigen ftgen 1, 0, 0, 1, "AndItsAll.wav", 0, 0, 0    ;젠 1번

   instr 1
asig     loscil    p4, 1, 1, 1          ;input.wav를 불러들임
abpass   butterlp  asig, 8000           ;로우 패스 필터, 0 - 8000Hz까지 패스
asig     balance   abpass, asig         ;원래 시그널의 진폭에 맞추어 재조정
out      asig                 ;DAC로 출력
   endin
;- - - - - - - - - - - - - - - - - - - - - - - - - - - - - - - - - - - - - - - -스코어
i1    0    7    15000
```

1980년대 초에 많이 사용된 8비트는 2의 8제곱으로서 소리의 진폭 값을 최대 256단계로 분해 가능하다. 따라서 −128에서 +127까지의 진폭단계가 형성될 수 있다. 현재의 CD 음질의 −32,768에서 +32,767에 이르는 2의 16제곱인 65,536단계와 비교하면 그 음질은 아주 떨어졌다.

가) 샘플(samples)이란

'샘플'이나 '표본' 또는 '견본'이라는 말을 우리는 자주 사용하고 있다. 예를 들면 전체 국민들의 의견을 백분율로 알아볼 때 무작위로 전화를 연결해서 의견을 묻는다. 이때 선택된 의견이 하나의 샘플이 된다. 또 물건을 대량으로 구입하기 전 물건의 질을 평가하기 위해서 같은 물건 중 하나를 사용자는 테스트해 본다. 이때 테스트하는 물품을 우리는 샘플이라고 한다. 그러나 디지털 오디오에서의 샘플이란 소리의 모양을 이루는 아주 미세한 점들을 말하며 이들의 수직적 위치는 숫자로 저장되어 소리의 웨이브 라인의 모양을 녹음하거나 재현할 때 사용된다.

또 하드웨어 또는 소프트웨어 전자악기 중에 전자합성 방식이 아닌 녹음된 실제 악기 소리를 사용하는 샘플러(sampler)가 있다. 여기서의 샘플러도 악기 소리의 모양을 하나하나의 샘플로 디지털로 녹음 또는 재현하는 악기라는 것을 의미

하며 이때 아날로그 악기 소리를 디지털로 변환하는 과정을 샘플링(sampling)이
라 한다.

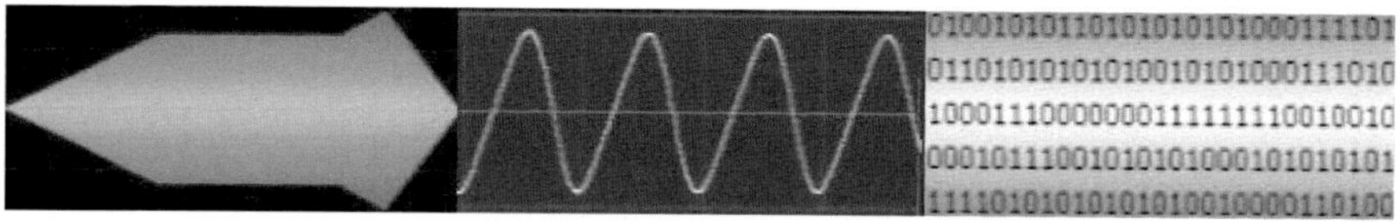

〈그림 115〉 한 아날로그 소리의 전체 모양 및 확대된 모습 그리고 디지털 데이터로의 변환

아날로그 소리가 디지털로 녹음될 때는 다음의 그림에서처럼 나중에 다시 재
생될 수 있도록 소리의 웨이브 라인을 따라 일정한 시간 간격마다 각 시점의 수
직적인 값이 숫자로 저장된다. 여기서 시간 간격이란 소리의 질과 밀접한 관계를
가지고 있어 보다 짧은 시간 간격으로 각 위치의 값이 저장되면 될수록 더 정밀
한 소리가 녹음될 수 있다.

앞서 시디 음질에서 44,100이라는 숫자도 1초 동안 소리의 모양을 재생하기
위해 기록되는 전체 점들의 수를 의미하며 하나의 샘플이란 바로 이 하나의 점
을 가리키며 영어로 표현된 것이다.

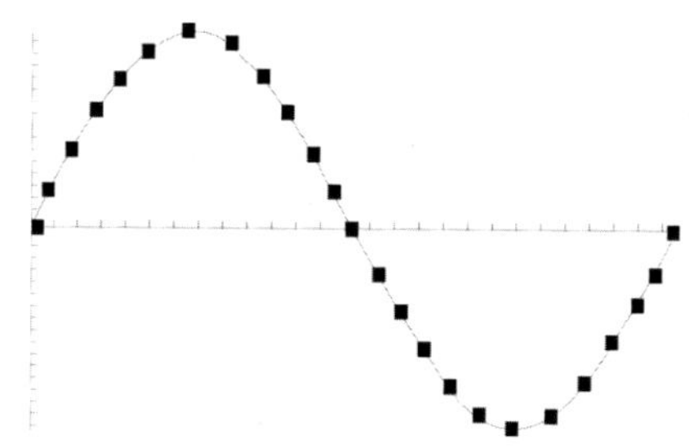

〈그림 116〉 샘플링된 하나의 진동

2) 샘플(링) 비율과 비트 깊이

(1) 나이퀴스트 이론

나이퀴스트(Henry Nyquist: 1889~1976, 스웨덴)는 하나의 진동을 녹음하기 위해서는 최소한 그 2배의 수가 필요하다고 정의했다. 이것을 또한 나이퀴스트 진동수/주파수(Nyquist Frequency)라고도 하며 이 한계를 나이퀴스트 한계(Nyquist Limit)라 부른다. 예를 들면 100HZ의 소리를 녹음하기 위해서는 최소한 200개의 샘플이 필요하다는 것이다.

자연 속에서 발생하는 또 발생할 수 있는 모든 소리는 공기 압력의 변화로 발생된다. 이와 같은 공기의 압력 변화를 2차원의 그래프로 나타내면 위아래로 움직이는 모양으로 표시된다. 하나의 진동은 각각 한 번의 공기의 압축과 팽창에서 일어나며 따라서 2차원의 그래프로는 위와 아래로 움직이는 양진폭과 음진폭으로 이루어진다. 인공적인 방법으로는 물론 양진폭 또는 음진폭의 범위 안에서 위아래로 움직이는 진동을 만드는 것이 가능하지만 자연의 소리들은 늘 물체 본래의 모양으로 돌아가려는 탄성이 있어 양진폭과 음진폭의 크기와 모양은 거의 동일하다.

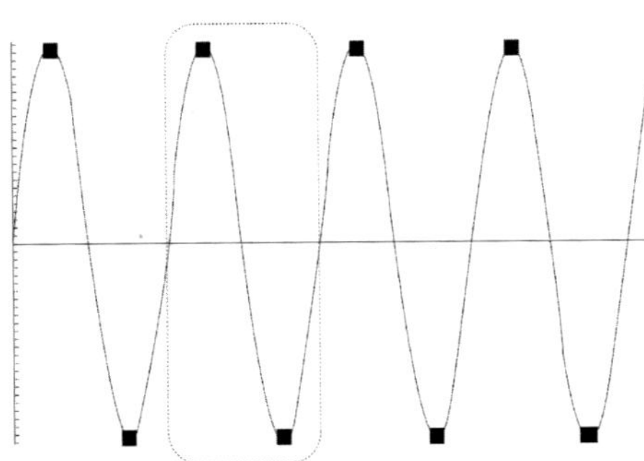

〈**그림 117**〉 2개의 샘플로만 구성된 진동들

따라서 사람의 일반적인 최대 가청 주파수와 비슷한 22,050 진동의 소리를 담는 CD 음질은 초당 44,100개의 샘플이 필요하다. 이 샘플들이 낼 수 있는 최고의 높은 소리는 44,100개 샘플의 절반인 22,050HZ이다. 만약 44.1K에서 22,050

진동이 일어나는 경우에는 위의 그림과 같이 각 하나의 진동에는 양진폭에 1개 그리고 음진폭에 1개로 된 단 2개의 샘플만이 존재한다.

만약 22,050 진동을 위한 초당 샘플 수가 이 수의 2배인 44,100보다 적다면 엘리아싱이 발생하게 된다. 그러나 초당 샘플 수가 2배가 아닌 2.1배나 3배 등등 은 아무런 문제가 없다. 단지 웨이브 라인의 모양에 좀 더 많은 샘플들이 삽입될 뿐이다. 예를 들어 22,050의 진동을 위해서 44,100보다 한 개 더 많은 44,101개 의 샘플 비율이 사용된다면 매초마다 어떤 단 하나의 진동은 3개의 샘플로 이루 어질 것이다. 이는 아무런 이득이 없는 일이다.

그러면 CD 음질에서 20HZ의 소리는 한 진동에 몇 개의 샘플을 가질까? 시디 음질에서 초당 샘플 비율은 44,100이므로 2,205(44,100/20)개의 샘플을 가지게 된다. 저음일수록 더욱 정교한 웨이브 라인(진동의 모양)을 가지게 된다. 실제 샘 플 비율의 변화에서도 저음을 고음으로 올릴 때는 각 진동의 샘플 수를 축소함 으로써 그리고 고음을 저음으로 내리는 경우는 반대로 인위적으로 샘플들을 채 워 넣음으로써 해결하고 있다. 예를 들면 DVD 음질에서 CD 음질로 다운샘플 (downsample)할 때나 또는 거꾸로 CD 음질에서 DVD 음질로 업샘플할 때 사용 될 수 있다. 이 경우 업샘플(upsample)할 때의 결과는 처리하는 방법에 따라 조금 씩 달라진다.

(2) 샘플 비율(sample rate)

CD 음질은 16비트(bit) 44.1k로 표시한다. 여기서 44.1k 또는 44,100은 초당 샘플된 샘플의 수를 나타낸다. 따라서 44.1k 또는 44,100이란 말은 소리를 디지 털로 바꿀 때 1초마다 소리를 44,100개의 점(sample)들로 기록하였다는 내용을 알리는 것이다. 나중에 이 소리를 들을 때는 이 점들의 값에 따라 DAC에 의해 전압의 변화로 바뀌어 스피커를 울리게 된다.

이 샘플 비율은 피치 대역과 밀접한 관계를 가진다. 예를 들어 44.1k의 절반인 초당 22,050개의 샘플 비율로 어떤 소리를 샘플링한다면 이 샘플된 소리에 포함 되는 최대 높은 진동수는 22,050의 절반인 11,025hz가 될 것이다. 이 진동수는 가온도에서 5번째 옥타브에 있는 F음보다 약간 낮은 소리가 된다. 이 정도의 음 역이면 대화나 대중가요녹음에는 충분하다.

(3) 비트 깊이(bit – depth)

비트 깊이(depth)는 그래픽 파일에서는 색깔의 다름을 나타내지만 사운드파일에서는 진폭(진동의 폭)의 수직적인 다름 또는 각 샘플의 수직적인 위치의 다름을 나타낸다. 음질은 비트 깊이와 샘플 비율의 적절한 조화에 달려 있다. 비트 깊이의 변화 없이 샘플 비율만을 높이는 것은 단지 음역만 확대할 뿐이며 비트 깊이의 변화가 없으면 음질은 거의 변화가 없다. 반대로 샘플 비율의 변화 없이 비트 깊이만 늘리는 것 또한 음질을 거의 향상시키지 못하면서 데이터의 크기만 증가시킬 뿐이다. 그러나 비트 깊이가 깊다면 녹음 시 미세하지만 조금 더 원래의 소리와 가까워질 수는 있다.

예를 들면 CD 음질의 사운드파일에 사용되는 비트 깊이는 0에서 32,768까지의 정수로 표현된다. 이 때문에 만약 어떤 샘플의 값이 1과 2의 중간에 있다면 그 값은 1 또는 2로 표현될 수밖에 없다. 결국 원래의 소리와 약간 차이가 날 수밖에 없다. 그러나 그 차이는 전체가 3만이 넘는 수직적 분해도에서 볼 때 거의 귀로 감지하기는 어려운 정도여서 CD 음질을 위한 표준 포맷으로 채택되었다. 그러나 컴퓨터 CPU가 빨라지고 메모리가 커졌으며 또 저장장치들의 능력이 현저히 발전했기 때문에 최근에는 가능하면 원래의 소리에 더 가까운 단계로 나아가려고 하고 있다. 이에 DVD 음질이 나왔으며 시사운드에서도 내부적으로는 32비트 또는 64비트 부동소수로 모든 샘플들의 값을 처리하고 있다.

이제는 거의 사용하지 않는 과거의 8비트 소리는 256단계의 비트 깊이를 가지므로 그 음질은 거칠다. 현재 여전히 가장 많이 사용되고 있는 16비트의 소리는 －32,768(음진폭)에서 ＋32,767(양진폭)에 이르는 2의 16제곱인 65,536단계로 나누어진다. 그러나 진폭을 지칭 할 때는 한쪽의 진폭만을 사용하므로 16비트 소리의 최대 진폭 값은 32,767 또는 32,768이 된다. 여기서 32,767과 32,768의 차이는 0을 단계로 포함하는 측면에서는 32,768이라는 단계가 사용되며 실제 데이터 값의 측면에서는 32,767이 맞다. 그리고 DVD 음질의 비트 깊이는 24비트로 2의 24제곱이 된다. 정확한 값은 16,777,216으로서 천육백만이 넘는 단계를 가진다. 여기서 한쪽 진폭을 뺀 실제 진폭 값은 8,388,608로서 팔백만이 넘는 단계로 세분화할 수 있어 각 샘플의 수직적인 위치의 값을 보다 자세히 나타낼 수 있다. 예를 들어 하나의 진동에 단 2개의 샘플로 된 소리라 할지라도 16비트 정수로는

30,000을 조금 초과하는 경우는 −30,000과 +30,000으로 나타낼 수밖에 없었지만 32비트 부동소수로는 −30,000.23483과 +30,000.23483 등과 같이 보다 실제 소리와 흡사한 값으로 저장하고 연주할 수 있게 되었다.

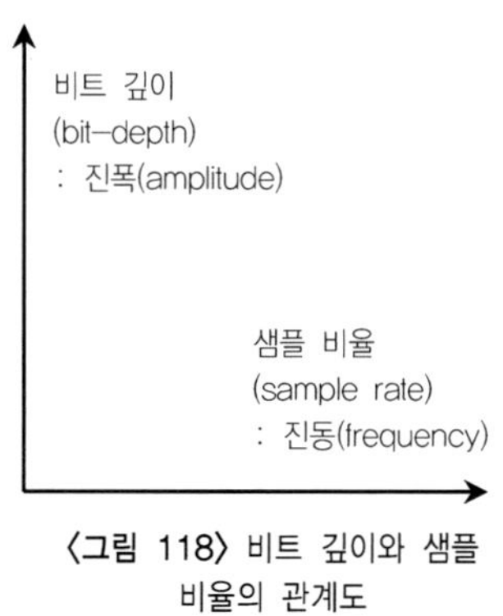

〈그림 118〉 비트 깊이와 샘플
비율의 관계도

(4) 샘플의 크기

16비트 음질에서의 각 샘플의 크기는 당연히 16비트 또는 2바이트(byte)다. 1바이트는 8개의 비트로 이루어지며 1바이트로 나타낼 수 있는 수의 범위는 0에서 255까지로 256개의 수를 나타낼 수 있다. 또는 2의 8제곱으로 표현된다. CD 음질인 16비트에서는 2의 16제곱으로 진폭을 65,536단계로 분해할 수 있다. 그러나 진폭을 이야기할 때는 양진폭과 음진폭 중 한쪽만을 사용하므로 진폭의 단계는 32,768개로 나누어진다.

만약 만들어진 소리를 저장하기 위해 파일로 만든다면 CD 음질의 경우 초당 44,100개의 샘플을 가지므로 모노 파일의 1초 길이의 크기는 44,100*2바이트로서 88,200바이트 또는 88.2킬로바이트가 되며 1분 길이의 소리를 위해서는 88.2*60=5,292 킬로바이트 또는 5.292메가바이트 그리고 스테레오 파일은 10.584메가바이트가 된다.

여기서 한 가지 생각하고 넘어가야 할 것은 각 샘플이 나타나는 시간의 값인 x축의 값은 파일에 저장할 필요가 없다는 점이다. 이는 사운드파일이나 실시간에 시그널을 보낼 때 파일의 머리 부분에 저장된 샘플 비율에 따라 또는 미리 약속에 의해서 각 샘플의 시간은 DAC에 의해 자동으로 처리되기 때문이다.

〈표 23〉 각 샘플 비율에 따른 1분당 사운드파일의 크기

8비트 22.05k	22,050(22.05k)×1byte(8bit)×60(초)=1,323,000(1.323메가바이트) 스테레오: 2,646,000(2.646메가바이트)
16비트 44.1k	44,100(44.1k)×2byte(16bit)×60(초)=5,592,000(5.292메가바이트) 스테레오: 10,584,000(10.584메가바이트)
24비트 96.0k	96,000(96.0k)×3byte(24bit)×60(초)=17,280,000(17.28메가바이트) 스테레오: 34,560,000(34.56메가바이트)

다. 컴퓨터 데이터

시사운드를 사용하여 소리를 만드는 작업은 컴퓨터의 재빠른 연산 과정을 필요로 한다. 이런 연산은 컴퓨터의 CPU가 처리하며 연산에서 필요한 데이터들은 모두 컴퓨터의 메모리로부터 또 일부는 가상 메모리로부터 불러들여진다. 컴퓨터의 CPU와 메모리는 인간의 두뇌와 같은 역할을 하지만 현재도 여전히 메모리의 가격은 비싸 대부분의 데이터는 하드드라이브에 저장되고 당장 사용되어야 할 속도가 요구되는 꼭 필요한 데이터들만이 메모리에 저장된다.

이렇게 저장된 메모리 속의 데이터들은 컴퓨터가 꺼지면 모든 정보는 사라지며 부팅 때마다 다시 필요한 데이터를 메모리 속으로 불러들여야 하는 단점이 있다. 이와 같은 불편함은 훗날 메모리나 하드드라이브가 플래시 메모리(Flash Memory)와 같은 새로운 형태로 정착하게 되면 인간의 두뇌처럼 모든 정보는 늘 메모리 속에 들어가 있게 되어 컴퓨터를 켤 때 보다 신속히 이전의 작업을 시작할 수 있게 될 것이다.

1) 컴퓨터 데이터의 구조

컴퓨터에서 사용하는 가장 작은 데이터는 비트(bit)다. 이 비트가 8개가 모이면 1바이트(byte)라 한다. 1바이트가 1,024개가 모이면 1킬로바이트(kilo byte)라 하며 1킬로바이트가 1,024개가 모이면 1메가바이트(mega byte)라 한다. 그리고 1메가바이트가 1,024개가 모이면 1기가바이트(giga byte)라 한다.

보통 킬로(kilo)라 하면 1,000을 이야기하지만 컴퓨터의 메모리만큼은 예외로 1,024를 사용한다. 이는 사람은 십진법(decimal system)을 사용하지만 컴퓨터는 이진법을 사용하기 때문이다. 이 값 1,024는 2의 10제곱이 되는 수다. 현재 우리가 쓰고 있는 많은 개인용 컴퓨터의 CPU는 2의 5제곱인 32비트 단위로 데이터를 전달하는 CPU를 사용하고 있으며 이제 갈수록 표준으로 자리 잡고 있는 64비트 CPU는 2의 6제곱의 수로 되어 있다. 물론 이를 십진법으로 할 수도 있지만 컴퓨터는 항상 0과 1로 된 두 개의 수만으로 된 데이터만 받아들일 수 있기 때문에 결국 다시 십진법을 이진법으로 바꾸어야 하는 시간적 손실이 따른다. 또한 2의 제곱수가 되지 않을 경우 사용되지 않는 자투리 공간을 버리거나 아니면 이를 사용하기 위한 추가적인 연산은 시간을 요하기에 그렇게 할 이유는 전혀 없다.

2) 이진법(binary system)

이전 페이지들에서 2의 제곱이란 말이 많이 사용되었다. 실제 시사운드에서 소리를 만드는 과정에서도 종종 2의 제곱수라는 표현을 보게 된다. 이진법을 사용하는 컴퓨터는 항상 '온/오프'(on/off) 또는 '0과 1'만을 가지고 계산하기 때문이다. 십진법에서는 9가 된 후 그 다음에 1이 보태어지면 10자리로 올라가지만 이진법에서는 1 다음에 1이 보태어지면 2가 되어 다음 자리로 올라가서 두 자리수인 ('10')이 된다. 이 '10'은 십진법의 10이 아니라 이진법의 '10'이다.

〈표 24〉 이진법과 십진법의 비교

이진법			십진법	
	자릿수	십진수에서 값		자릿수
2의 0제곱	1	1	10의 0제곱	1
2의 1제곱	10	2	10의 1제곱	10
2의 2제곱	100	4	10의 2제곱	100
2의 3제곱	1000	8	10의 3제곱	1000
2의 4제곱	1 0000	16	10의 4제곱	1 0000
2의 5제곱	10 0000	32	10의 5제곱	10 0000
2의 6제곱	100 0000	64	10의 6제곱	100 0000
2의 7제곱	1000 0000	128	10의 7제곱	1000 0000

우리가 어떤 물건을 10개나 100개 또는 1,000개 등으로, 즉 10의 제곱수로 표현하면 쉬운 것처럼 이진법을 사용하는 컴퓨터는 2의 제곱수를 사용하면 불필요한 과정을 피할 수 있다. 위의 예에서 3은 이진법으로 표현하면 11이 될 것이며 5는 100+1=101 그리고 6은 101+1=110이 된다.

컴퓨터가 1바이트로 최대한 표시할 수 있는 수는 0에서 255까지 또는 -128에서 $+127$까지이며 숫자 대신 문자로는 영어 알파벳과 숫자를 포함하는 256개의 아스키 문자들이다. 255는 이진법으로 '1111 1111'로서 $2^7+2^6+2^5+2^4+2^3+2^2+2^1+2^0$의 값이 된다. 255를 넘는 수는 2바이트를 필요로 하며 최대 표현할 수 있는 수는 $0 \sim 65,535$ 또는 $-32,768 \sim +32,767$이다. 256은 이진법으로 '0000 0001 0000 0000'이 되며 257은 '0000 0001 0000 0001'로 2의 8제곱+2의 0제곱의 값이 된다.

<표 25> 컴퓨터 메모리 단위

단위	비교 단위	이진법	바이트 수
1비트(Bit)	1비트	$-$	1/8
1바이트(Byte)	8비트	2^0	1
1킬로바이트(Kilo) Kb	1,024바이트	2^{10}	1024
1메가바이트(Mega) Mb	1,024킬로바이트	2^{20}	1048576
1기가바이트(Giga) Gb	1,024메가바이트	2^{30}	1073741824
1테라바이트(Tera; 10조) Tb	1,024기가바이트	2^{40}	1099511627776
1페타바이트(Peta; 1000조) Pb	1,024테라바이트	2^{50}	1125899906842624
1엑사바이트(Exa; 100경) Eb	1,024페타바이트	2^{60}	1152921504606846976
1제타바이트(Zetta; 10해) Zb	1,024엑사바이트	2^{70}	1180591620717411303424
1요타바이트(Yotta; 자) Yb	1,024제타바이트	2^{80}	1208925819614629174706176

3) 컴퓨터의 메모리 구조

컴퓨터에 있어 메모리는 필수적인 부품이다. 아무리 좋은 CPU나 하드드라이브가 있다 하더라도 메모리가 없으면 컴퓨터는 아무런 일도 할 수 없음은 물론 전원 버튼을 눌러도 컴퓨터는 아예 시작을 하지 못한다. 그 이유는 CPU로 가는 아무런 지시가 없기 때문에 컴퓨터는 그냥 기다리고 있을 뿐으로 CPU는 단지 연산만 할 수 있을 뿐 모든 정보나 지시는 메모리를 통해 이루어지기 때문이다.

컴퓨터의 CPU가 빠르면 빠를수록 메모리의 속도도 같이 빨라져야 한다. 그렇지 않으면 빠른 CPU를 사용하더라도 속도의 증가는 크게 없음은 물론 이 속도의 차이 때문에 많은 문제가 생기게 된다. 이 때문에 속도가 빨라진 새로운 종류의 CPU가 등장하면 이에 맞는 새로운 빠른 속도의 메모리가 나오고 있으며 이전의 메모리는 새 컴퓨터에 사용할 수 없게 된다. 따라서 컴퓨터는 필요할 때 사는 것이 좋고 미리 사 두면 늘 손해를 보게 된다.

컴퓨터의 메모리는 김퓨터 데이터의 가장 작은 단위인 비트 값들을 저장하는 수많은 방들로 이루어진다. 이 방에 전기가 들어 있으면 1이 되고 전기가 없으면 0이 된다.[58] 그리고 모든 컴퓨터의 메모리는 주소(address)를 가지고 있다. 이 주소를 가질 수 있는 최소의 단위는 8개의 비트로 이루어지는 바이트다. 만약 컴퓨터가 1메가바이트의 램(RAM, Random Access Memory)을 가지고 있다면 1,024킬로바이트(1,024*1,024 = 1,048,576바이트)를 가지고 있다는 이야기이므로 메모리 주소는 0에서부터 시작하므로 0에서 1,048,575까지가 된다. 만약 1기가바이트의 메모리를 가지고 있다면 메모리 주소는 0에서 1,073,741,823까지가 된다.

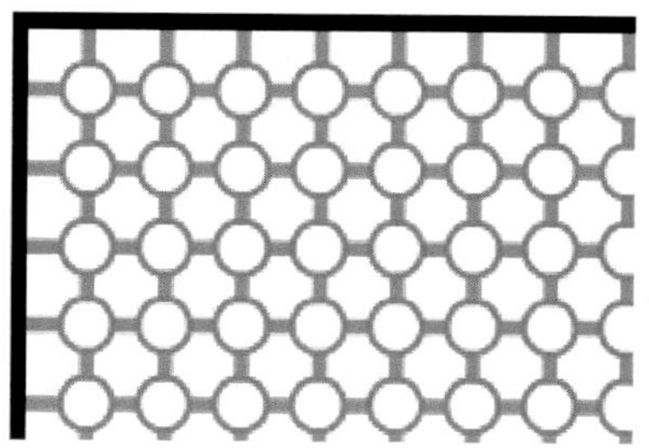

〈그림 119〉 컴퓨터 메모리의 내부 모습:
작은 원이 1비트의 방이다.

프로그래밍에서 컴퓨터 메모리의 어딘가에 저장되어 있는 어떤 2개의 데이터를 더한다고 가정해 보자. 만약 계산을 위해 이 두 데이터가 저장되어 있는 주소를 사용하여 화면에서 계산한다면 실제 계산에서 사용되는 숫자들과 혼동을 가져올 것은 분명하다. 이 때문에 컴퓨터 프로그래밍에서는 저장되어 있는 데이터들의 메모리 주소 외에 이들 데이터에 특정한 이름을 붙이게 된다. 이들이 바로

---

58) 자세히 언급하면 50% 이하의 전기가 있으면 0으로 50% 이상의 전기가 있으면 1로 취급한다.

변수(variable)와 배열(array)이다. 또 여러 개의 변수 및 배열을 한데 묶은 구조체 (structure)가 있으며 그리고 이 구조체를 확장한 클래스(class)도 있다.

C/C++언어에서는 한번 변수를 정해 놓고 그 다음부터는 컴퓨터가 이름을 가지고 현재 등록된 변수들의 리스트를 읽어 내려가면서 주소를 찾기보다는 바로 이 변수들의 주소를 가지고 있는 또 다른 형태의 변수인 포인터[59](pointer)를 이용해 보다 신속히 접근하는 방법을 빈번히 사용한다. 시사운드에서는 사용자가 배열이나 포인터 등을 직접 만들거나 사용하지는 않지만 매뉴얼에서 어떤 내용 이 설명될 때는 이와 같은 유사한 내용이 섞여 있는 경우가 가끔 있어 변수와 배열에 대한 이해는 하고 있어야 한다. 이는 조금도 어려운 내용이 아니며 딱딱 하다고 생각된다면 단지 지금까지 축적해 온 어떤 이미지와 연관이 되지 않는 조금 생소한 몇 가지 용어들 때문이라 할 수 있다.

4) 변수(variable)와 배열(array)

시사운드 매뉴얼에서는 변수에 대한 설명이 필요한 경우 단일 변수든 배열 (array)이든 가리지 않고 변수(variable)라는 하나의 이름하에 설명하고 있으며 가 끔 단일 변수는 '스칼라'[60](scalar)로 배열은 '벡터'[61](vector)라는 용어로 표현하고 있어 사용자들이 시사운드를 이해하는 과정에서 약간 혼란을 가질 수 있다.

이를 확실히 하자면 변수란 컴퓨터의 메모리칩에 저장된 데이터들을 가리키는 이름 또는 저장된 장소를 가리키는 이름이다. 이 데이터들은 1바이트 크기에서 시작해 수십, 수백 바이트의 크기로 다양하며 나중에 이 이름들을 통해 새로운 값을 넣거나 저장된 값을 얻는다.

---

59) 포인터(pointer)는 각 변수의 실제 컴퓨터 메모리의 주소만을 가지는 변수다. 이것을 사용하는 가장 큰 이 유는 속도와 편리함 때문이다. 프로그램이 실행되면 컴퓨터는 사용자가 선언한 수많은 변수들 중에서 먼 저 이름을 통해 변수를 찾는다. 그 다음 그 변수의 주소를 얻는다. 그러나 컴퓨터에 바로 주소를 주게 되 면 속도는 더 빠르게 된다. 대신 이 포인터의 사용은 코드를 이해하기 어렵고 디버그할 때 이 포인터를 통해서는 전체 배열의 내용을 알 수 없는 등의 단점이 있다.

60) '스칼라'는 양을 나타내며 '벡터'는 양과 방향을 가진다. 현재 이들 단어들 특히 '벡터'는 컴퓨터 그래픽을 포함한 여러 분야에서 폭넓은 뜻으로 사용되고 있으며 컴퓨터 프로그래밍에서의 벡터는 배열을 의미한다.

61) 위의 각주 참조.

〈표 26〉 변수가 한 번에 가질 수 있는 값의 수에 따른 구분

변수들(variables)	
하나의 값을 가지는 변수들	둘 이상의 값을 가질 수 있는 변수들
단일 변수(variable) 또는 스칼라(scalar) 시사운드: i로 시작하는 변수들	배열 변수(array) 또는 벡터(vector) 시사운드: a와 k로 시작하는 변수들

변수는 크게 하나의 값만을 가지는 단일 변수와 같은 이름하에 여러 개의 값을 가지는 배열 변수(array)로 나누어진다. 시사운드에는 a와 k로 시작하는 모든 변수들은 실제로 배열 변수들처럼 취급되며 그 외 p와 i는 한 개의 값만 가지는 단일 변수들이다. 그리고 시사운드에서 배열 변수들은 비록 논리적으로는 배열처럼 다루지만 실제 보통의 프로그래밍에서처럼 실질적으로 컴퓨터의 메모리를 확보하는 경우는 드물다. 이에 관해서는 뒤쪽에서 자세히 언급될 것이다. 그러나 시사운드에서 a와 k로 시작하는 모든 변수들은 실제 배열 변수들처럼 생각해야 된다.

(1) 단일 변수(variables)

컴퓨터가 어떤 계산을 하기 위해서는 반드시 메모리를 통해서 필요한 값을 얻는다. 따라서 사용자는 먼저 사용할 변수의 크기와 이 변수에 붙일 적당한 이름을 정한다. 그러면 컴퓨터는 현재 컴퓨터 메모리에서 비어 있는 곳을 찾아 재빨리 자리를 내어 준다.

컴퓨터가 내어 주는 장소는 어떤 특별한 우선순위는 없으며 무작위로 최대한 빨리 정해진다. 이 때문에 컴퓨터의 메모리를 랜덤 액세스 메모리(random access memory)라 부른다. 이후부터 사용자는 프로그래밍 과정에서 자신이 정한 변수의 이름에 필요한 값들을 넣고 어떤 연산을 실행하면 컴퓨터는 이 이름이 위치해 있는 메모리의 주소를 찾아 이 장소에 입력되어 있는 값으로 연산을 실행한다.

위와 같은 과정에서 변수는 계산을 위해 입력되는 값에 따라 여러 다른 값들을 가지는데 프로그래밍에서는 이처럼 다양하게 변하는 값을 가지는 메모리 공간들에 붙여진 이름을 우리말로 변수(變數)라 한다. 이 용어는 수학에서의 변수와 동일한 개념이다. 즉 'x = 1'과 같이 x는 변수이므로 여러 가지의 값을 넣을

수가 있다. 여기서 '수(數)'라는 말은 영어의 뜻에 맞는 우리말을 최대한 찾다 보니 이 변수란 이름이 정해진 것이며 숫자만 넣을 수 있다는 것은 아니며 문자 및 온갖 종류의 데이터를 사용할 수 있다.

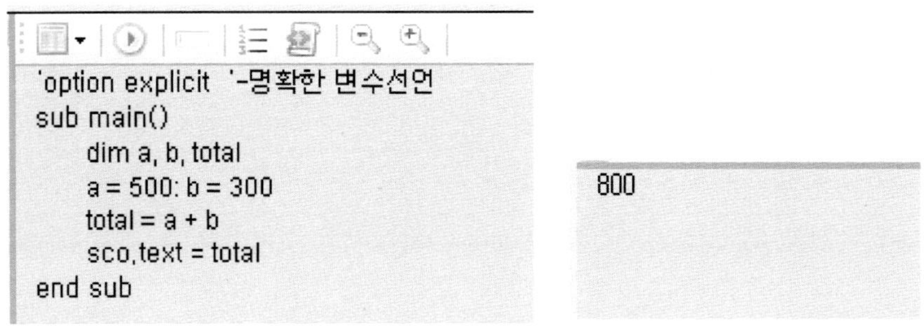

〈그림 120〉 변수 선언의 예 및 출력 결과

위 그림은 '스마일 5' 프로그램에서의 스크립트 창의 모습이다(스마일 프로그램은 제8장에서 자세히 소개된다). 위 코드에서 'dim a, b, total'은 각각 a와 b 그리고 total이라는 이름을 가지는 변수를 선언하고 있다. dim 문은 컴퓨터에 변수를 사용한다는 것을 알리고 이에 필요한 메모리 공간을 요구한다. 실제 프로그램이 실행되면 컴퓨터는 첫 번째 라인을 읽고 a와 b 그리고 total이라는 이름을 가지는 변수를 위한 메모리 공간을 마련해 준다. 그리고 이들 각각의 공간에 a, b 그리고 total이라는 이름을 붙인다. 만약 컴퓨터에 메모리가 부족하다면 오류 메시지를 반환하며 실행은 중단된다.

그 다음 라인 'a = 500: b = 300'을 위해서 컴퓨터는 a라고 이름이 붙여진 메모리의 주소지를 찾아 500이라는 값을 a에 그리고 b에는 300의 값을 대입한다. 여기서 ':' 콜론은 새로운 행의 시작을 알리는 부호로서 여러 개의 짧은 행을 한 행에서 연속으로 사용할 때 각 행의 끝에 붙여 사용한다. 그 다음 라인 'total = a + b'에서는 컴퓨터는 a와 b에 저장된 값들을 더한 후 그 결과를 변수 total에 대입하게 된다. 따라서 이 프로그램을 실행하면 출력 값 800이 왼쪽의 스코어 창에 출력된다.

위 그림의 예에서는 'dim a, b, total'과 같이 3개의 변수 선언을 했지만 만약 option explicit 문을 없앤다면 VB스크립트에서는 변수 선언 없이 변수를 사용할 수도 있다. 이럴 경우는 위의 코드에서 'dim a, b, total' 행을 제거해도 아무런 문제 없이 실행이 된다. 그러나 option explicit 문을 사용하는 경우 실행 속도는 더 빨라지며 또한 사용자에 의한 오류도 쉽게 찾아 준다.

이처럼 특별히 변수 선언 없이 필요할 때 아무 곳에서 변수를 사용할 수 있는 이유는 VB스크립트에서는 사용자의 편의를 위해서 모든 변수를 하나의 데이터 형식인 'variant'(배리언트)로 묶었기 때문이다. 이는 시사운드에서도 마찬가지다. 시사운드에서는 특별히 초기 값이 필요한 경우 외에는 변수 선언 없이 사용자가 필요할 때에 변수를 사용할 수 있다.

그러나 만약 위 그림의 첫 행의 'option explicit'의 첫머리에 붙은 설명문임을 알리는 작은따옴표를 지운다면 사용자는 위의 예와 같이 항상 dim 문을 사용해서 변수를 선언해야만 한다.

(2) 변수의 크기

위에서 변수가 사용하는 '데이터형/형식'이라는 말과 VB스크립트에서는 하나의 데이터 형식인 배리언트를 사용한다는 내용이 언급되었다. 이에 대해서 잠시 살펴본다.

컴퓨터는 어떤 계산을 위해 먼저 그 계산에 사용될 변수들을 저장할 메모리 공간이 필요하다 하였다. 그렇다면 도대체 얼마나 큰 공간을 마련해야 할지 컴퓨터는 아무런 대책이 없다. 이를 위해 사용자는 컴퓨터에 각 변수를 위해 사용될 메모리의 크기를 지시하는 내용이 필요하다. 예를 들어 어떤 계산에 사용되는 값들이 늘 $-32,768 \sim +32,767$까지의 정수라면 컴퓨터는 이 값을 가지는 하나의 변수를 위해서 단지 2바이트만 있으면 충분하므로 굳이 이보다 큰 공간을 마련할 필요가 없다. 그 이유는 이와 같은 변수들이 실제 사용하는 큰 프로그램들에서는 수백, 수천 개의 변수들이 동시에 사용되기 때문에 필요 없이 큰 공간을 사용하여 사용자에게 계속 메모리를 늘리라고 요구할 수 없기 때문이다.

따라서 모든 프로그래밍 언어들은 각자 나름대로 사용자가 변수를 선언할 때 각 변수들이 가지는 데이터의 종류에 따라 그 크기를 지시하는 내용이 있다. 이를 '데이터의 종류', '데이터형' 또는 '자료형'이라 한다. 그리고 이 데이터의 종류에 따라 변수를 선언하는 방법이 다르다. 예를 들어 32비트 C언어에서는 −

32,768~+32,767까지의 값을 가지는 변수는 'short 변수이름;'과 같이 변수를 선언하며 마지막에 붙은 ';' 세미콜론은 C/C++언어에서 문장의 끝을 알리기 위해 반드시 사용되어야 하는 부호다. 이와 같이 2바이트만 필요로 하는 'short'라는 데이터형을 가리키는 이름을 변수 이름 앞에 붙여 선언하면 컴퓨터는 이 변수를 위해 2바이트의 공간을 마련한다.

그러면 프로그래밍을 처음 해 보는 사람은 막연히 얼마나 큰 값이 사용될지 어떻게 미리 아는가라고 반문할 수 있을지 모르지만 실제 자신이 만들 어떤 프로그램의 내용이 명확하면 이는 간단히 생각되는 문제다.

VB스크립트에서는 이와 같이 모든 형태의 값에 따른 변수 선언을 달리하는 복잡함을 최소화하기 위해 모든 형태의 데이터를 다 가질 수 있도록 단 하나의 큰 크기로 된 변수만을 사용한다. 이런 상황이 가능하게 된 것은 이제 대부분 사용자의 컴퓨터에 넉넉한 메모리가 장착되어 있으며 그리고 스크립트로서는 아주 큰 프로그램을 짜기에는 제한이 있기 때문이다. 따라서 VB스크립트에서 'dim 변수 이름'과 같이 선언하면 컴퓨터는 무조건 이 변수에 8바이트의 공간을 마련한다. 그리고 사용자는 이 변수에 어떤 데이터든 다 집어넣을 수 있다.

더 나아가 VB스크립트에서는 변수 선언 없이도 사용할 수 있도록 편리하게 만들어 놓았다. 앞서의 'option explicit'을 사용하지 않으면 사용자는 변수의 선언 없이 변수가 필요할 때 그냥 변수 이름을 쓰고 값을 집어넣으면 된다. 그러면 'option explicit' 행을 입력해 두면 어떤 장점이 있는가 하면 사용자가 만든 스크립트가 실행될 경우 컴파일러가 입력된 내용을 기계어로 바꾸기 전에 어떤 것이 변수인지를 일일이 찾아야 하는 시간이 단축되므로 약간 속도가 빨라진다는 점을 들 수 있다.

(3) 배열(array)

배열이란 여러 개의 같은 크기의 단일 변수들을 하나의 이름으로 묶은 것이다. 예를 들면 C언어에서 '값[5]'라는 배열을 만들었다면 이 '값'이란 하나의 이름하에 동일한 크기의 변수 5개를 하나의 그룹으로 사용한다는 뜻이다. 여기에 값을 넣을 때는 값[0]=12, 값[1]=23, ……, 값[4]=88 등으로 사용할 수 있다. 여기서 0, 1, …… 등과 같이 괄호 안의 0부터 시작해서 1씩 증가하는 일련의 연속되는 숫자를 색인(index, 인덱스)이라 하며 이와 같은 색인 구조는 이 세상의 모든 프로그래밍 언어에서 동일하다. 이렇게 배열을 사용하는 것은 데이터 수가 많을 경우 아주 편리하다. 물론 시사운드에서는 이처럼 직접적으로 배열을 괄호로 표시하지는 않지만 a와 k를 이름 첫머리에 갖는 모든 변수들은 배열 변수라는 점을 기억하자.

```
sub myscore()
    dim a(2), b(2), total
    a(0) = 1: a(1)=2: a(2) = 3
    b(0) = 4: b(1)=5: b(2) = 6
    total = a(0)+a(1)+a(2)+b(0)+b(1)+b(2)
    sco.text = total
end sub
```

〈그림 121〉 '스마일'의 '스크립트 창'에서 배열의 실제 예

'스마일 5' 프로그램에서 사용하는 스크립트는 VB스크립트다. 위 그림의 코드에서 'dim a(2)'라는 의미는 0부터 시작해서 2까지, 즉 3개의 데이터를 가지는 하나의 배열 변수를 선언하는 것이다. 그 다음 이어지는 2개의 행에서는 이들 각 배열에 값을 넣는 과정이며 그 다음은 모든 배열의 값을 더한 후 변수 total에 그 합을 대입하는 내용이다. 실행하면 이 프로그램의 출력 값은 21이 된다.

그러면 왜 배열이 필요한지를 알아보자. CD 음질의 오디오 데이터 1초의 모노 소리를 담기 위해서는 44,100개의 샘플들이 필요하다. 만약 단일 변수를 사용해서 각 샘플의 값을 입력한다면 44,100개의 이름을 하나하나 나열해서 값을 넣어야 하므로 그 코드 길이는 엄청나게 길어져 입력 작업은 도저히 감당할 수 없다. 이를 위해 프로그래밍에서는 for, do 등의 반복(loop, 루프)문을 사용한다.

```
sub myscore()
    dim audio_data(44099)
    for j = 0 to 44099
        audio_data(j)=j
        s = s & j
    next
    sco.text = s
end sub
```

<그림 122> 'for' 반복문의 실례

위 그림의 첫 라인은 44,100개(0에서 44,099)의 색인(인덱스)들로 이루어지는 배열을 사용하겠다는 것을 컴퓨터에 알리고 있다. 그러면 컴퓨터는 비어 있는 메모리를 찾아 그 공간을 마련해 준다. 그 다음 행들은 for 반복문을 사용해서 각 변수에 값을 넣는 과정이다.

단어 'for'는 '위하여', '왜냐하면' 등의 전치사나 접속사 등의 여러 뜻도 있지만 여기서는 '-할 동안'의 뜻을 가진다. 즉 j가 0일 때부터 시작해서 44,099가 될 때까지 'next'(의미: 다음 반복으로) 안의 내용을 반복한다는 뜻이다. 프로그램이 실행되면 먼저 j가 0일 때 아래의 'next'까지의 내용이 수행된다. 그 다음 행의 'audio_data(j)=j'에 도달하면 실제 결과는 현재 j가 0이기 때문에 'audio_data(0)=0'이 된다.

마지막 'next' 행에서 다시 다음 반복을 위해 'for'로 올라가면 j의 값은 이제 1이 증가되어 j의 값은 1이 된다. 이제 j의 값은 1이 되어 다시 'next'까지의 내용이 수행된다. 이와 같이 계속해서 j가 'to 44,099', 즉 44,099가 될 때까지 반복된다. 이처럼 단일 변수를 사용하지 않고 배열 변수를 사용하면 간단히 44,100개의 값을 입력하는 과정을 몇 줄의 코드로 만들 수 있다.

위의 그림에서의 코드 내용은 CD 음질로 1초 길이의 모노 소리를 산출하는 내용이다. 단지 아래의 그림과 같이 그 결과를 우리가 눈으로 식별할 수 있는 텍스트로 산출했다는 점 외에는 실제의 오디오 데이터와 아무런 다름이 없다. 그러나 만약 이 데이터를 그대로 DAC로 보낸다면 우리는 아무런 소리를 듣지는 못한다. 그 이유는 진동이 발생하기 위해서는 위아래로 움직이는 모양이 만들어져야 하는데 이 시그널의 진폭은 그냥 0에서 시작해서 서서히 증가하여 마지막에는 44,099로 끝나는 1초의 소리이기 때문이다. 결과는 스피커 표면이 1초 동안 조금 나왔다가 들어갈 뿐이다.

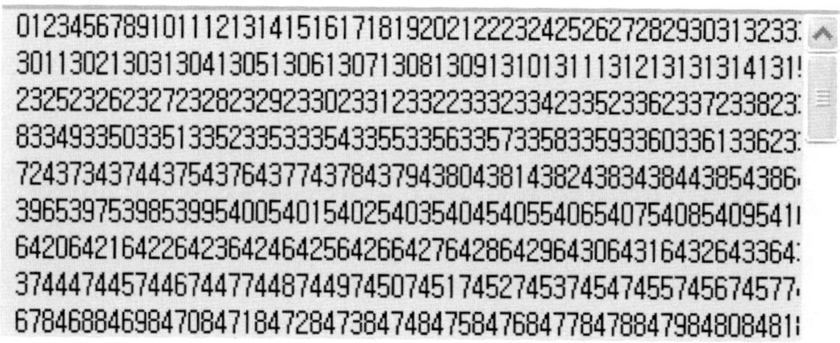

〈그림 123〉 출력 결과

(4) 지역(local) 변수와 전역(global) 변수

가) 지역 변수

지역 변수는 말 그대로 어떤 한정된 코드 안에서만 사용될 수 있는 변수다. 이 말은 곧 어떤 한정된 코드 안에서 다른 한정된 코드에 속하는 변수들은 이용할 수 없다는 뜻이 포함된다. 시사운드를 예로 들면 사용자는 오케스트라파일 안에 여러 개의 악기들을 만들 수 있다. 이때 악기 1번에 속하는 지역 변수는 악기 2번에서는 사용될 수 없다. 즉 악기 1번 안에서 사용된 변수는 지역 변수로서 악기 1번 안에서만 사용할 수 있다.

나) 전역 변수

파일 안의 어느 곳에서든 불러서 조회하거나 경우에 따라서는 새로운 값을 입력할 수 있는 변수를 말한다. 시사운드에서의 전역 변수는 악기 밖에서 선언을 하고 초기화함으로써 만들어진다. 스크립트 창에서도 마찬가지다. 프로시저 밖에서 'dim'을 사용해서 변수를 선언하면 이 변수는 전역 변수가 된다. 그러나 전역 변수는 여러 곳에서 사용되기 때문에 프로그램이 커질 경우 그 오류를 찾기가 쉽지 않다. 또 프로그램이 종료될 때까지 메모리를 차지하고 있기 때문에 가능하면 전역 변수의 사용을 줄이고 대신에 사용 후에는 바로 메모리에서 사라지는 지역 변수 사용이 늘 권장된다.

예를 들어 여러 개의 프로시저(procedure, 함수, sub 및 function)들을 만들어 사용한다 하더라도 굳이 전역 변수를 사용할 필요 없이 대신 각 프로시저에 사용할 변수의 값이나 주소를 보내면 되기 때문이다. C/C++ 등에서는 sub이라는 함수는 없지만 VB스크립트에서는 C/C++에서 값을 반환하지 않는 'void'(뜻: 비어 있는)로 시작하는 함수들은 모두 sub으로 분류하고 있다.

다음 그림의 코드는 스마일 5의 스크립트 창에서 sub과 function의 사용례다. 이와 같이 전체 코드를 여러 개로 나누는 것은 프로그램이 점점 커짐에 따라 쉽게 오류를 발견하기 위해서다. 그리고 자주 쓰이는 어떤 복합적인 내용으로 된 처리 방법들은 세분화하여 다른 함수와 함께 공유하기 위함이다. 아래의 그림처럼 짧은 경우는 굳이 쪼개어 여러 개의 함수 또는 프로시저로 만들 필요는 없지만 이는 설명을 위한 하나의 예를 제시하기 위함이다.

결국 이와 같은 방법이 점차 발달하여 클래스(class)라는 개념으로 발전되었고 현재 빈번히 사용되는 DLL이나 ActiveX 등과 같은 파일들도 이와 같은 이치에서 시작되었다. 그리고 시사운드 5의 API나 VST 같은 기능들도 같은 프로그램 안에서는 물론 프로그램들 사이에서 그리고 서로 다른 플랫폼 사이에서까지도 시사운드의 기능을 쉽게 공유하기 위해 개발되었다.

```
sub myscore()
    dim a(4)
    call getPentatonic(a)
    for j = 0 to 4
        s = s & a(j) & " "
    next
    sco.text = s
    n = getTotalNumber(a)
    sco.text = sco.text & vbcrlf & "전체 수: " & n
end sub

sub getPentatonic(a)
    a(0) = 0:a(1) = 2:a(2) = 4:a(3) = 7:a(4) = 9
end sub

function getTotalNumber(a)
    getTotalNumber = ubound(a) + 1
end function
```

〈그림 124〉 여러 개의 함수/프로시저로 구분한 예

시사운드에서 옵코드라는 말이 빈번히 등장하는데 이 개개의 옵코드 또한 위 그림과 같이 섭(sub)이나 함수(펑션, function)로 구분된 하나의 프로시저로서 각 프로시저는 자신이 맡은 계산을 해서 그 결과를 부른 쪽에 반환한다.

위 예의 경우 프로시저 'myscore'에서 프로시저 'getPentatonic'과 'getTotalNumber'의 내용을 모두 포함할 수 있다. 그러나 위와 같이 분리한다면 'myscore'에서뿐만 아니라 또 다른 프로시저에서도 필요한 경우에 'getPentatonic'과 'getTotalNumber'를 불러 사용할 수 있나. 또한 문제가 발생할 경우 어디서 문제가 발생했는지 여부도 신속히 알 수 있으며 긴 코드의 내용보다는 분리되어 있을 경우 이해가 쉽다는 장점이 있다. 물론 경우에 따라서 일련의 내용이 여러 개의 서브루틴으로 분리되어 있을 경우 화면상에서 여러 곳을 옮겨 다니며 코드를 읽어야 하는 불편한 경우도 있으나 긴 코드는 대체적으로 분리해 두는 것이 좋다는 견해가 일반적이다.

다) 상수(constant, 常數)

항상 상(常) 자를 사용하는 상수는 변수와는 달리 한번 값을 저장해 놓으면 변하지 않는 그리고 변화시킬 수 없는 변수를 말한다. 시사운드에서 예를 들면 오케스트라파일의 머리 부분에 정해 놓는 샘플 비율이나 컨트롤 비율 등이 이에 속한다. 따라서 'sr = 44,100'이라고 한번 정해 놓으면 다음의 어떤 행에서든 이 'sr'의 값을 바꿀 수 없다. 비록 나중의 행에서 'sr'의 값을 읽을 수는 있지만 결코 여기에 새로운 값을 넣을 수는 없다. 그리고 이와 같은 변수들은 상수이면서 동시에 전역 변수에 속한다.

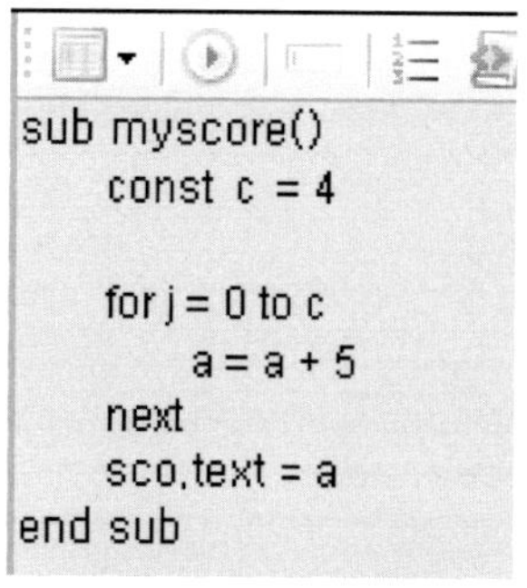

〈그림 125〉 상수 'c'의 예

VB스크립트에서 상수를 사용하기 위해서는 변수 이름 앞에 const를 붙여 사용한다. VB스크립트에서도 마찬가지로 const가 붙여진 변수는 한번 값이 정해진 다음에는 결코 새로운 값을 넣을 수 없다. 위 그림을 보면 'const c = 4'라고 정의하였다. 만약 그 다음 행에서 이 상수 'c'에 다른 값을 넣게 되면 프로그램 실행 시 에러 메시지를 받을 것이며 이를 수정하지 않는 이상 프로그램은 더 이상 진행되지 않는다.

이 상수의 사용에 관한 장점은 편리하다는 점과 동시에 실수로 이 상수의 값을 변경하는 일을 미연에 방지할 수 있다는 점이다. 편리하다는 점에 관한 한 가지 예를 들면 위 상수 c에 사용한 값 '4'가 프로그램의 전체에 걸쳐 많은 곳에 사용되었다고 가정하자. 그리고 나중에 이 값을 8로 고친다고 가정한다면 단지 'const c = 8'이라고 수정하면 모든 것은 끝이 난다. 그러나 그렇지 않고 개별적으로 값을 입력했다면 프로그램에서 사용한 모든 '4'를 찾아서 그리고 이 '4'가 찾는 대상인지 확인한 후 하나하나 8로 수정해야 하는 성가신 일이 생긴다. 더 큰 문제는 이 과정에서 경우에 따라 실수가 발생할 수도 있다는 점이다.

시사운드 프로그래밍의 이해 

시사운드는 일종의 프로그래밍 언어다. 이 언어는 기존의 웹페이지에서 사용되는 스크립트 언어나 매크로들 또는 프로그램을 제작하기 위해 사용되는 언어들과는 조금 다르다. 그러나 비록 시사운드는 소리를 제작하고 연주하기 위해 사용하는 특별한 프로그래밍 언어지만 그 원리는 같다.

만약 사용자가 직접 프로그래밍 언어를 사용해서 소리를 제작하려고 한다면 엄청난 시간과 노력이 요구된다. 예를 들면 수학 및 물리 그리고 음향학의 이해는 물론 관련된 수많은 공식들의 수집과 응용 그리고 프로그래밍에 관한 전문적인 지식과 경험들이 총집합이 된 후에 그리고 수많은 갖가지 시행착오의 오랜 세월을 거쳐야만 가능할 것이다.

이 때문에 시사운드 개발자들은 각 사용자들이 개별로 낭비하는 시간을 줄이기 위해 수많은 옵코드들을 만들고 축적해 왔으며 이에 대한 사용 방법도 체계화해 놓았다. 이제 사용자가 할 일은 이들 옵코드를 이해하고 필요한 문법을 익혀 각자의 목적에 맞는 음향이나 악기를 제작하는 것이다.

최근의 프로그래밍 추세도 마찬가지다. 더 이상 과거와 같이 사용자가 모든 것을 기초부터 디자인하는 시대는 지났다. 빈번히 사용되는 그래픽 작업이나 일련의 코드 작업들은 컴파일러에서 이미 만들어 사용자에게 제공한다. 실제로 수천만 명의 사람들이 똑같은 작업을 언제나 기초에서 시작해서 각자 모든 것을 만들어 사용해야 한다면 그 시간 낭비는 엄청날 것이다.

예를 들면 우리가 인터넷을 할 때 흔히 보는 윈도를 생각해 보자. 개발자가 어떤 목적을 위해 웹 프로그래밍을 한다면 사용자에게 무언가 보여 주기 위해서는 반드시 내용을 담을 윈도 또는 프레임이 필요하다. 과거의 개발자들은 이 윈도부터 시작해서 모든 컨트롤들을 개별적으로 많은 시간을 들여 만들곤 했다. 이제는 이와 같은 윈도나 컨트롤들은 단 한 번의 클릭으로 만들어진다. 이처럼 시사운드에서도 사용자를 위한 많은 배려를 하고 있으므로 앞으로 갈수록 시사운드를 더 편리하게 사용할 수 있을 것이다.

가. 시사운드 프로그램 다운받기

시사운드 프로그램 다운로드 위치는 책의 맨 앞부분 '이 책의 사용 방법'편에 실려 있다. 시사운드 관련 정보는 www.csounds.com에 담겨 있으며 새로운 내용들이 수시로 업데이트 된다.

시사운드 프로그램은 크게 3가지의 플랫폼으로 나누어진다. 리눅스와 윈도우즈 그리고 매킨토시용이다. 이 책에서는 윈도우용 시사운드 프로그램을 사용하여 설명한다. 만약 사용자가 매킨토시나 리눅스를 사용한다 해도 서로 다름이 거의 없으므로 아무런 문제가 없다. 시간의 여유가 있다면 리눅스 OS를 다운받아 윈도우즈와 함께 PC에 설치한다면 사용자는 갖가지 편리한 리눅스용 유틸리티들은 물론 소스코드 및 리눅스용 C언어 컴파일러도 무료로 얻을 수 있어 큰 도움이 될 것이다.

그리고 시사운드에 관한 보다 많은 정보는 시사운드 홈페이지에 접속하면 쉽게 얻을 수 있다. 비록 영문으로 되어 있어 불편한 점이 있지만 시간이 날 때 여기저기 들어가 살펴보면 많은 새로운 정보를 얻을 수 있다.

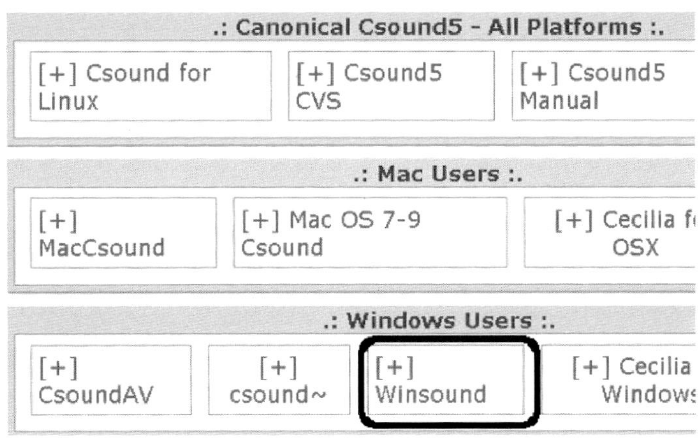

〈그림 126〉 윈도우용 시사운드 프로그램의 위치

나. 스마일 프로그램 다운받기

스마일 프로그램의 다운로드 장소는 책의 맨앞 '이 책의 사용 방법'편에 실려 있다.

다. 시사운드의 악기 파일들

현재 시사운드 프로그램에서 사용되는 악기파일에는 두 가지 종류가 있다. 그 하나는 두 개의 파일로 분리된 orc와 sco 확장자를 가지는 타입이며 다른 하나는 이 둘을 하나로 묶은 csd 확장자를 가지는 파일이다. 현재 후자인 하나의 파일로 된 형태가 널리 사용되고 있다.

이 악기파일은 사용자가 시사운드 프로그램으로 소리를 만들고 음악을 연주하기 위해서는 반드시 작성해야 하는 파일이며 이것 없이는 시사운드는 아무것도 수행하지 않는다. 또한 자신이 만든 악기들을 저장하고 훗날을 위한 보관을 위해서도 없어서 안 될 중요한 파일들이다.

초기의 시사운드 악기파일은 오케스트라파일과 스코어파일로 구분되는 2개의 파일(*.orc와 *.sco)로 이루어졌다. 지금도 이 2개의 파일로 된 형태는 여전히 사용되고 있으며 최근에는 이 2개의 파일을 하나로 통합한 *.csd 파일이 점차 그 사용을 확대하고 있다. 이 글에서는 이 두 가지 종류의 시사운드파일을 하나의 단어로 묶어 '악기파일'이라 부르기로 한다.

시사운드는 사운드 컴파일러[62](sound compiler)이다. 즉 사용자가 텍스트를 입력하면 시사운드는 이를 소리로 출력한다. 이때 사용자가 입력하는 텍스트는 파일 형태로 시사운드 프로그램에 전달된다. 그리고 이 악기파일은 반드시 순수한 텍스트 파일 포맷으로 되어 있어야 한다. 그렇지 않으면 시사운드가 이들 파일을 읽을 때 오류 메시지를 내며 수행을 중단한다.

텍스트 파일이란 쉽게 말하면 PC 윈도우즈의 '메모장' 프로그램에서 만들어지

---

62) 컴파일러는 사용자의 텍스트를 컴퓨터가 인식할 수 있는 기계어로 변환해 주는 프로그램이다.

는 포맷이다. 이 텍스트 파일 포맷은 순수한 ASCII[63](아스키) 부호들로만 이루어진다. 만약 '메모장' 이외의 프로그램에서 파일을 작성한다면 저장할 때 반드시 텍스트 파일 포맷으로 저장해야 한다. 예를 들면 '흔글'과 같은 워드 프로세서에서 만들어지는 파일들은 실제 화면에서 볼 때는 텍스트 파일과 별 다름 없어 보이지만 '흔글' 자체의 포맷을 유지하기 위해 화면에 보이지 않는 수많은 추가적인 텍스트와 부호들이 파일에 포함되기 때문이다.

사용자가 '메모장'을 이용해서 악기를 제작하고 난 후에 저장을 하게 되면 자동으로 파일 이름 끝에 'txt'라는 확장자(extension)가 붙여진다. 이와 같은 경우에는 이 확장자를 지우고 대신 시사운드가 요구하는 확장자 이름으로 대체해야 한다. 확장자 이름은 다음의 시사운드의 2가지 파일 타입 중 해당하는 타입에 맞는 확장자 이름을 붙이면 된다.

1) 2개의 파일 형태(orc, sco)

2개의 파일을 사용하는 형태에서는 그 둘 중 하나의 파일은 'orc'라는 확장자를 다른 하나는 'sco'라는 확장자를 가진다. 'orc'는 'orchestra'의 약자다. 관현악단이라는 뜻으로 제작한 악기들의 구조와 설계에 관한 내용을 담는다. 'sco'는 'score'의 약자로 악보라는 뜻이다. 스코어파일은 오케스트라(orc)파일에서 만들어진 악기를 어떻게 연주할 것인가에 대한 지시들을 담게 된다.

(1) 오케스트라파일(orc file)

오케스트라파일은 크게 2개의 부분으로 나누어진다. 다음의 예에서와 같이 제작할 악기(소리)의 음질과 채널의 수 등을 설정하는 명령들은 머리 부분(header)에 그리고 실제 악기가 설계되는 부분은 그 다음에 이어진다. 대부분의 경우에 있어 머리 부분은 모든 파일에서 거의 유사한 크기와 길이를 갖는다. 다음 예의

---

63) American Standard Code for Information Interchange(미국 정보 교환 표준 부호/기호)의 약자로서 텍스트 파일이 가지는 최소한의 부호들이다. 아스키는 알파벳이나 숫자 그리고 특수문자들을 포함한 95개의 출력 가능한(프린트 가능한) 문자들과 출력 불가능한 33개의 문자를 합쳐 총 128개의 문자(부호, 기호)로 정의되어 있다.

머리 부분에서는 악기를 위한 음질은 CD 음질로 출력 채널은 하나인 모노로 설정하고 있다. 이 머리 부분 다음에는 실제 악기 제작에 관한 내용이 이어진다.

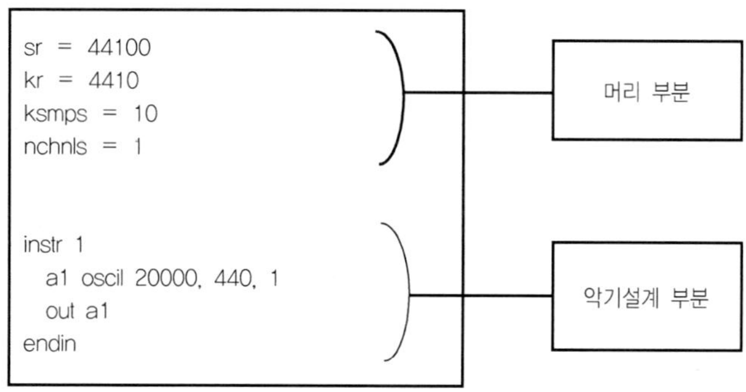

〈표 27〉 오케스트라의 두 부분

(2) 스코어파일(sco file)

스코어 파일 또한 2개의 부분으로 이루어진다. 먼저 오케스트라파일에서 사용할 함수테이블(function table)이 있다면 모두 맨 위에 제시한다. 그 다음 실제 연주에 관한 지시사항들을 입력한다.

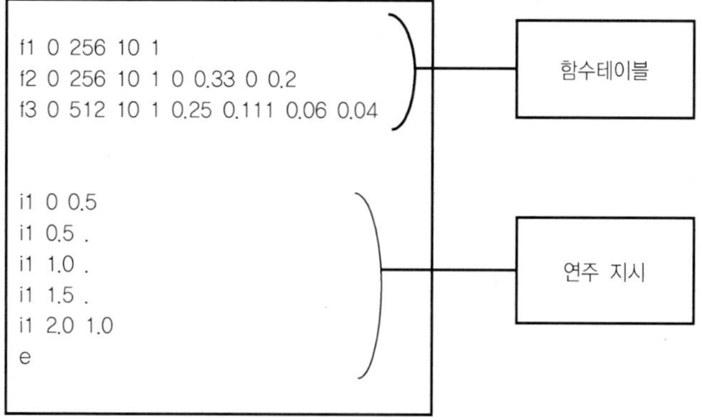

〈표 28〉 스코어파일의 두 부분

2) 1개의 파일 형태(csd)

여기서 설명하는 여러 태그들을 직접 입력하는 것은 상당히 번거로운 일이다. 따라서 csd파일을 사용할 경우 가급적이면 시사운드에서 제공하는 편집기나 또는 이책에서 소개하는 '스마일'편집기를 권한다. 편집기를 사용하면 태그들은 자동으로 입력된다. 그러나 csd파일의 각 태그들의 용도는 알고 있어야 한다. CSD 파일은 HTML 등과 같은 SGML[64]과 유사한 마크 업 언어[65]를 사용하는 구조화된 악기파일이다. 시작 태그[66](tag)(<어떤 글자>)와 끝 태그(</어떤 글자>)는 다양한 요소들의 범위를 정하기 위해 사용되며 파일은 텍스트 파일로서 저장된다.

이와 같은 단일 파일 포맷(Unified File Format)은 시사운드 버전 3.5에서 소개되었으며 오케스트라 및 스코어파일을 하나의 파일 속에 그리고 동시에 명령 라인을 파일 안에 포함할 수 있는 구조를 가지고 있다(이 포맷은 원래 AXCsound[67]에서 마이크 고긴스에 의해 처음 소개되었다).

이 형태는 2개의 파일을 통합해서 사용하는 구조이기 때문에 다음과 같은 포맷을 지켜서 오케스트라파일과 스코어(score) 파일이 각각 어디서 시작되고 끝나는지를 알려야만 시사운드가 제대로 파일을 읽어 들일 수 있다.

파일 구조는 HTML과 유사한 태그를 사용한다. 각 섹션의 끝은 항상 '/' 슬래시를 사용하여 그 끝을 나타낸다. 옵션 부분에는 음악을 연주하거나 사운드파일을 만들 때 특별히 요구되는 내용이 있다면 여기에 플래그[68](flag)들을 추가할 수 있다. 현재 이 파일 타입은 CsoundAV 프로그램에서도 사용되고 있다.

---

64) Standard Generalized Markup Language

65) 마크업 언어(ML)는 문서의 구조와 내용에 추가적인 의미를 부여하는 마크업 규칙들을 규정하는 언어다.

66) 어떤 부분의 시작과 끝을 알리는 구문

67) AXCsound는 가브리엘 말도나도(Gabriel Maldonado)의 시사운드의 실시간 버전이다.

68) 어떤 특별한 지시를 표시하는 심벌이나 부호.

```
〈CsoundSynthesizer〉      - 〉 파일의 시작
  〈CsVersion〉           - 〉 시사운드 버전 조사(옵션)
  〈/CsVersion〉          - 〉 시사운드 버전 조사의 끝
  〈CsOptions〉           - 〉 옵션의 시작
  〈/CsOptions〉          - 〉 옵션의 끝
  〈CsInstruments〉       - 〉 오케스트라의 시작
  〈/CsInstruments〉      - 〉 오케스트라의 끝
  〈CsScore〉             - 〉 스코어의 시작
  〈/CsScore〉            - 〉 스코어의 끝
〈/CsoundSynthesizer〉    - 〉 파일의 끝
```

〈표 30〉 csd 파일의 예

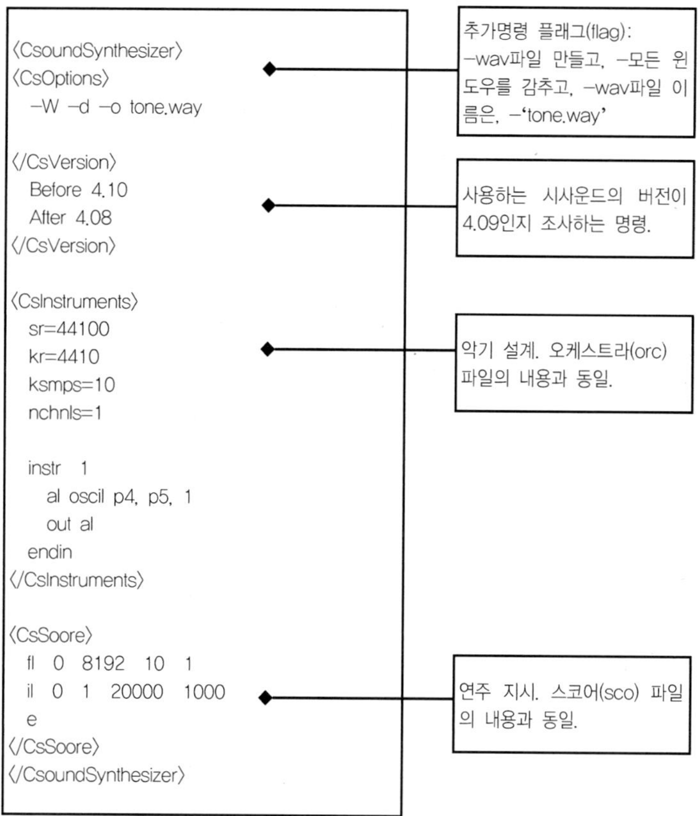

(1) 〈CsoundSynthesizer〉

시사운드파일 시작 태그로서 시사운드파일의 시작은 반드시 이 시작 태그 <CsoundSynthesizer>와 함께 시작하며 파일의 끝은 반드시 이 시작 태그의 끝을 알리는 태그 </CsoundSynthesizer>가 붙여져야만 한다. 이 파일 시작 태그는 시사운드에 CSD 파일임을 확인시켜 주기 위해 사용된다.

(2) 〈CsOptions〉

옵션 태그는 시사운드의 명령 라인 플래그들을 두는 곳이다. 이 섹션은 시작 태그 <CsOptions>과 끝 태그 </CsOptions>에 위해 범위가 정해진다. '#' 또는 ';'로 시작하는 행들은 설명으로 취급된다.

(3) 〈CsInstruments〉

오케스트라의 시작을 알리는 태그로서 이 태그 안에 악기에 관한 정의들을 담는다. 각 진술문과 구문들은 원래의 2개의 파일로 구분된 orc 형태와 일치하므로 이 태그 안의 내용들은 orc 파일과 같은 내용으로 이루어진다. 오케스트라의 끝은 </CsInstruments> 태그로 그 범위가 정해진다.

(4) 〈CsScore〉

스코어의 시작을 알리는 태그이다. 이 스코어 태그는 원래 2개의 파일로 된 형태의 sco 파일과 동일한 내용을 담는다. 스코어의 끝은 </CsScore> 태그로 그 범위가 정해진다.

(5) 추가적인 요소들

가) 〈CsFileB〉 태그

이 태그는 베이스64 파일[69]을 위한 태그이다. 베이스64 파일들은 <CsFileB>

---

69) 바이너리 파일을 아스키 텍스트로 또는 이의 역으로 변환된 일종의 암호화된 파일이다. 초기에 개인 정보

태그를 사용하여 '<CsFileB filename=파일 이름>'과 같이 명시될 수 있다. 태그의 끝은 반드시 </CsFileB> 태그로 종결되어야 한다. 시사운드 버전 5부터 베이스64 파일로 암호화하기 위해서는 csb64enc와 makecsd 유틸리티들이 사용될 수 있다. 이 파일은 시사운드의 실행 시 현재의 디렉터리에 임시 이름으로 풀려지고 실행의 종료에서 임시 파일은 지워진다. 이미 같은 이름이 있다면 덮어쓰지는 않으며 대신 에러 메시지를 출력한다.

나) 〈CsMidifileB〉 태그

베이스64(암호화된) 미디파일들은 <CsMidifileB> 태그를 사용하여 다음과 같이 '<CsMidifileB filename=파일 이름>'로 명시할 수 있다. 시사운드 버전 4.07에서 시작된 것으로 현재 이 태그와 일치하는 끝 태그가 없으므로 이 태그를 사용하는 것은 권장하지 않으며 대신 <CsFileB> 태그를 사용한다.

다) 〈CsSampleB〉 태그

베이스64 샘플 파일들은 <CsSampleB> 태그를 사용하여 다음과 같이 '<CsSampleB filename=파일 이름>'로 명시할 수 있다. 시사운드 버전 4.07에서 시작된 것으로 현재 이 태그와 일치하는 끝 태그가 없으므로 이 태그를 사용하는 것은 권장되지 않는다. 대신 <CsFileB> 태그를 사용한다.

라) 〈CsVersion〉 태그

사용하기를 원치 않은 시사운드 버전들은 다음의 예와 같이 <CsVersion> 태그를 사용하여 막을 수 있다. 태그의 끝은 </CsVersion>를 사용한다(시사운드 버전 4.09부터).

Before #.#
또는
After #.#

여기서 #.#은 요구하는 시사운드 버전 번호다. 정확한 하나의 시사운드 버전

강화를 위한 전자 메일을 위해 사용되었다.

을 막는다면 다음의 예처럼 사용한다.

    #.#

라. 시사운드의 오디오 시그널

1) 시그널(signal)

디지털 오디오에서 시그널 또는 신호란 무선 또는 유선을 타고 움직이는 디지털 데이터를 의미한다. 시그널은 컴퓨터에서뿐만 아니라 디지털 방송, 휴대폰의 송수신 그리고 인터넷 등에서 광범위하게 사용되고 있어 갈수록 우리는 이 '시그널'이라는 용어와 자주 접하게 된다.

과거에 '시그널' 또는 신호라는 용어는 아날로그(analog) 전기기기에서 특정한 전압(voltage) 변화의 흐름을 지칭하였으나 이제는 숫자로 변환된 디지털 데이터도 이에 포함된다. 디지털 신호를 처리하는 시그널 프로세싱(signal processing)도 아날로그의 그것과 크게 다름이 없다. 실제로 시사운드의 많은 옵코드들은 과거의 아날로그 음향 장치들이 그대로 소프트웨어로 구현된 것들이다. 현재는 이렇게 숫자로 변환된 디지털 데이터 덕분에 아날로그의 많은 부분이 디지털화되어 소형화되었고 음악 분야에서는 별다른 아날로그 기재들 없이 컴퓨터만으로 모든 소리를 제작/편집하고 연주할 수 있게 되었다.

2) 샘플 비율과 비트 깊이

샘플 비율은 시간의 흐름에 있어서 전개되는 진동의 모양을 얼마나 세부적으로 나누는가를 그리고 비트 깊이는 이 나누어진 각 샘플 또는 진동의 단편을 수직적으로 얼마나 세부적으로 표현하는가를 나타낸다. 예를 들면 CD 음질의 16비트 오디오 시그널은 항상 -32,768에서 +32,767까지의 값들로 이루어지며 이 값들은 바로 소리의 진폭 값으로서 각 샘플의 시간적 위치와 함께 소리의 웨이브 라인의 모양을 나타낸다. 따라서 비트 깊이는 2차원 그래프에서 y축의 값과 각 샘플의 위치는 x축의 값과 일치한다고 할 수 있다.

CD 음질에서 샘플 비율과 비트 깊이는 각각 44,100 대 65,536으로 또는 한쪽 진폭만 나타내면 각각 22,050 대 32,768로 되어 있어 상당히 이상적이다. 그러나 DVD 음질에서는 이 균형은 맞지 않다. 컴퓨터에서 2바이트로는 최대 65,536을 표현할 수 있지만 3바이트(24비트)로는 그 수가 폭빌적으로 늘어나 2의 24제곱이 되어 정확히 16,777,216으로서 천육백만이 넘는 수를 나타낼 수 있다.

즉 전에는 20 또는 30으로 나타낼 수밖에 없었던 위치를 이제는 20.0009 또는 30.487 등으로 각 샘플의 위치를 보다 정밀하게 나타낼 수 있게 되었다. 따라서 이전보다 더 정확하게 원래의 소리와 가까운 진동의 모양을 표현할 수 있게 되었다.

그러나 자연의 소리와 보다 더 가까운 형태를 나타내려면 결국 늘어난 비트 깊이와 함께 초당 샘플 비율도 1,000만 정도로 늘어나는 것이 이상적이지만 현재의 기술로는 슈퍼컴퓨터 외에는 어떤 컴퓨터도 실시간에 이를 수행할 수는 없을 것이며 또한 폭발적으로 늘어나는 데이터를 감당하기에는 아직 경제적인 비용이 너무 커서 감당할 수 없는 것이 현실이다.

(1) 비트 깊이(bit-depth)

시사운드에서 아무런 추가적 설정 없이 사운드파일을 만들게 되면 기본 비트 깊이인 16비트가 적용된다. 그러나 시사운드 내부에서는 32비트(4바이트) 부동소수 또는 64비트(8바이트, csound64.exe) 부동소수로 수직적인 단계를 표시할 수 있어 아주 정밀하게 각 샘플의 수직적인 위치를 나타낼 수 있다.

만약 사용자가 시사운드에서 DVD 음질로 사운드파일을 만들고자 한다면 샘플 비율을 88,200이나 96,000으로 설정하고 비트 깊이는 24비트를 선택해야 하며 명령 라인을 사용한다면 명령 플래그에서 '-3'을 추가하여 비트 깊이를 24비트로 설정해야 한다. 그렇지 않고 샘플 비율만 88,200이나 96,000으로 설정한다면 초당 샘플 수는 늘어나지만 비트 깊이는 변하지 않아 수직적인 값은 16비트의 값으로 절상된 대충의 값으로 이루어지며 파일 크기는 두 배로 커진다. 그러나 16비트 비율에서 88,200의 샘플 비율을 사용했다면 인간의 가청 주파수라

고 통용되는 22,000hz를 넘는 최대 44,100까지의 진동수를 가지는 소리의 녹음
이나 연주는 가능하다.

(2) 샘플 값

2차원에서 어떤 점의 위치를 나타내려면 반드시 x축(수평)과 y축(수직)의 값을
필요로 한다. 그러나 오디오의 시그널은 단지 일련의 y축 값만을 담고 있다. 그
럼에도 불구하고 아무런 문제 없이 정확히 소리를 재생하고 연주해 낸다. 그 이
유는 x축 값을 위한 기본적인 데이터는 샘플 비율에서 정해져 있기 때문이다.

즉 샘플 비율이 20,000이라면 1초는 20,000개로 나누어지며 이 분할된 각 짧
은 시간에 정확히 맞추어 y축의 값(샘플 값, 진폭 값)들이 아날로그 값(전압의 변
화)으로 변환된다. 이에 관한 타이밍과 데이터의 처리 등 모든 것은 DAC칩에서
전적으로 처리한다. 컴퓨터나 CD 플레이어 등에서는 단지 출력포터에 데이터만
보내면 이 칩에서 모든 것을 알아서 처리한다. 이처럼 x축의 값은 자동으로 계산
되기 때문에 사운드파일에 x축의 값을 포함할 필요가 없다.

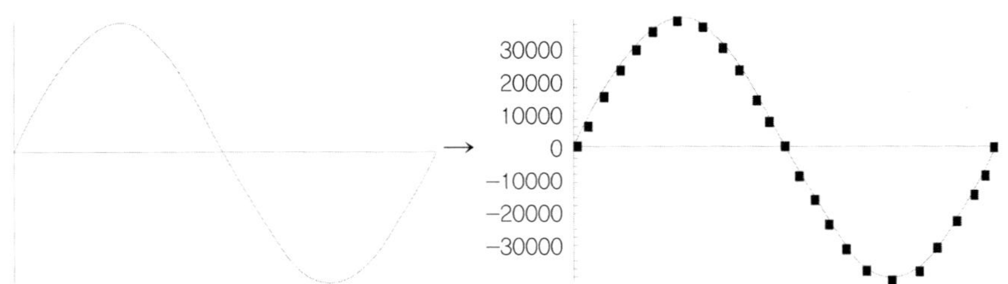

〈그림 127〉 아날로그 소리가 −32,768에서 +32,767의 범위에서 샘플된 모습

(3) 시사운드의 오디오 데이터

시사운드에서 오디오 시그널은 어떤 하나의 배열(array)에 저장되며 이들 배열
의 이름은 첫머리에 'a'를 붙여서 오디오 시그널이라는 것을 알린다. 다음의 예
는 옵코드 '오실'(oscil)을 통해 만들어진 오디오 시그널을 'ar'이라고 이름이 붙여
진 배열 변수로 넘겨주고 있다. 그러나 일반적인 프로그래밍 언어들이 사용하는
ar[0], ar[1], …… 등과 같이 배열임을 나타내는 대신 시사운드에서는 간단히 'a'

를 첫머리에 붙임으로써 오디오 시그널을 위한 배열 변수라는 것을 나타낸다. 그러나 내부적으로는 ar[0], ar[1], …… 등과 같이 사용되며 이들 각 색인(인덱스)들은 하나의 샘플 값을 담는다.

시사운드에서 배열을 단일 변수처럼 표시하는 가장 큰 이유는 실제적으로 사용자가 개개의 색인에 접근할 필요가 없기 때문이라 할 수 있다. 그러나 이러한 방법은 시각적으로 단순화하는 데에는 기여하고 있지만 많은 사용자들에게 상당한 혼란을 주어 왔다는 짐도 있다. 그 이유는 같은 변수처럼 보이는데 어띤 깃은 하나의 값을 가지고 어떤 것은 여러 개의 값을 가진다는 것은 충분히 사용자를 혼란에 빠뜨릴 수가 있다. 비록 변수 이름에 a 또는 k를 사용해서 이들이 각각 오디오 또는 컨트롤 시그널이라고 알리고는 있지만 이들에 대한 근원적인 자세한 설명은 매뉴얼에서 언급하지 않기 때문이다.

이 'ar'이란 배열 변수는 실제 소리가 10초라면 10초 길이만큼의 긴 길이를 가지는 것은 아니다. 일종의 버퍼[70](buffer)와 같은 작은 크기로 이루어져 있으며 반복적으로 재사용된다. 현재 시사운드의 기본 버퍼 사이즈는 1,024개의 샘플로, 즉 2,048바이트(2k)로 되어 있다. 연주가 시작되면 시사운드는 먼저 2,048바이트의 디지털 데이터를 DAC의 하드웨어 버퍼로 보낸다. 그 후 아직 데이터가 남아 있다면 그리고 DAC가 요구하면 다음의 2,048바이트의 데이터를 내보낸다. 그리고 이 과정은 소리가 끝날 때가지 계속 반복된다. 이와 같은 방법으로 시사운드는 수십 또는 수백, 수천 개의 소리들도 별로 크지 않은 메모리로 동시 출력할 수 있다.

〈표 31〉 'ar'은 oscil에서 만든 샘플 값들을 넘겨받는다.

ar   **oscil** 10000, 440, 1

---

70) 프로그램 사이에서 데이터를 주고받기 위한 목적으로 사용되는 임시 기억 장소.

마. 변수의 선언과 초기화

시사운드는 소문자와 대문자를 완전히 서로 다른 글자로 인식한다. 따라서 'iAmp'와 'iamp'는 서로 다른 변수로 인식되므로 가급적이면 소문자만을 사용하는 것이 실수를 예방할 수 있다. 만약 대소문자를 섞어 쓴다면 사용자 자신의 규칙에 따라 일관되게 사용하고 변수 이름들은 가능하면 나중에 이해하기 쉽도록 변수 이름을 통해 용도를 쉽게 인식할 수 있는 이름을 붙이는 것이 좋다.

대부분의 프로그래밍 언어들과는 달리 시사운드에서는 많은 경우에 있어 변수를 사용하기 전에 미리 어떤 종류의 변수를 사용하겠다는 등의 선언을 할 필요가 없다. 대신 변수가 필요한 시점에 변수 이름을 입력하고 사용할 값을 대입하면 시사운드에서는 자동으로 이 변수를 컴퓨터 메모리에 등록시킨다.

시사운드에서 이처럼 변수의 선언 없이 변수 사용이 가능한 이유는 바로 시사운드에서 사용되는 데이터의 크기와 종류가 하나로 고정되어 있기 때문이다. 그러나 예를 들면 C/C++, net 등의 언어에서는 1바이트부터 시작해서 16바이트짜리까지 무려 20여 가지에 달하는 데이터 종류가 있으며 또한 각 종류마다 서로 가질 수 있는 값의 한계와 종류가 엄격히 구분되어 있어 반드시 사용할 데이터의 종류를 명시하고 변수 선언을 하도록 하고 있다. 이에 대한 가장 큰 이유는 메모리의 절약 때문이다. 즉 사용하고자 하는 각 값의 크기에 따라 알맞은 크기의 메모리를 사용하도록 하여 제한된 컴퓨터의 메모리를 효율적으로 이용하기 위함이다.

현재 시사운드 버전 5에서 사용하는 데이터 단위는 Csound.exe는 32비트(4 바이트)로 고정되어 있으며 Csound64.exe에서는 64비트(8바이트)로 고정되어 있다. 이처럼 시사운드에서는 한 가지의 데이터형으로 고정되어 있어 일반적인 프로그래밍 언어와는 달리 어떤 데이터형을 사용하겠다고 알리는 선언은 필요 없는 것이다.

1) 단일 변수의 선언

시사운드에서는 사용자가 지정하는 단일 변수에는 항상 i를 붙여서 사용한다.

그리고 이 'i' 다음에 사용하고 싶은 변수 이름을 쓰고 값을 입력하면 그 변수의 선언과 대입은 자동으로 함께 이루어진다.

<표 32> 시사운드의 단일 변수의 자동 선언

```
gidelay  =  3              ;전역 변수의 선언과 대입

instr 1
   iamp  =  20000          ;지역 변수의 선언과 대입
```

그러나 단일 변수도 초기화가 필요한 경우가 있다. 예를 들면 다음의 예는 실행되지 않는다. 문제가 되는 라인은 'iamp = iamp + 1,000'이다. 다른 프로그래밍 언어에서와 같이 시사운드에서도 항상 왼쪽에서 오른쪽으로 진행된다. 만약 아래의 코드가 실행되면 컴퓨터는 먼저 'iamp + 1,000'을 계산하려고 한다. 그러나 컴퓨터는 iamp라는 변수를 메모리의 어디에서도 찾을 수 없기에 오류를 내며 실행은 중단된다.

<표 33> 단일 변수에서 초기화가 필요한 경우

```
sr       =       44100
kr       =       4410
ksmps    =       10
nchnls   =       2

   instr 1
iamp = iamp + 1000       ;<= =문제 지점
a1       oscil  10 * iamp,  440,   1
outs a1,       a1
   endin
```

이와 같은 경우에는 단일 변수 iamp를 미리 컴퓨터의 메모리에 등록해 둘 필요가 있다. 시사운드에서 변수 선언은 변수의 이름을 입력하고 이 변수에 어떤 값을 입력하는 방법으로 이루어진다. 따라서 특별히 어떤 값이 필요하지 않는 경우에는 0을 입력한다.

<표 34> 시사운드에서 단일 변수의 선언 및 초기화

```
sr          =        44100
kr          =        4410
ksmps       =        10
nchnls      =        2

instr  1
   iamp  =  0                 ;초기화
   iamp  =  iamp  +  1000     ;〈==이전의 문제 지점
   a1     oscil        10 * iamp,  440,       1
   outs   a1,         a1
endin
```

그러나 일반 프로그래밍 언어에서는 변수를 사용하기 전에 반드시 먼저 사용할 데이터 종류의 이름을 그리고 그 다음에 변수 이름을 입력해서 사용할 변수의 선언을 한다. 그렇지 않은 경우 컴파일러는 그 변수의 크기가 어느 정도인지 그리고 어떤 종류의 데이터를 담을 것인지를 전혀 모르기 때문에 아무것도 실행할 수가 없게 된다.

<표 35> 일반 프로그래밍 언어에서 변수 선언과 초기화(초기 값 입력)

```
〈C/C++〉
float i;               ;변수의 선언
i  =  2.0;             ;그리고 초기 값 입력
//- - - - - - - - - - - - - - - - - - - - - - - - - - - - - -
float  i  =  2.0;      ;또는 변수의 선언과 동시에 초기 값 입력

〈VB.net〉
dim  i  as  single              ;변수의 선언
i  =  2.0                        ;초기 값 입력
'- - - - - - - - - - - - - - - - - - - - - - - - - - - - - -
dim  i  as  single  =  2.0      ;또는 변수의 선언과 동시에 초기 값 입력
```

2) 배열 변수의 선언

시사운드에서 사용되는 배열 변수도 앞서의 단일 변수와 마찬가지로 사용할 시점에 a 또는 k로 시작하는 어떤 하나의 변수 이름을 입력하고 값을 대입하면 된다. 다음 표를 보자. 이 표의 예제가 실행되면 시사운드는 내부적으로 각 데이터를

위한 변수 선언을 자동으로 처리한다. 표에서 oscil 옵코드가 있는 행이 실행되면 시사운드는 ar이 a로 시작하는 이름을 가지고 있으므로 이 변수는 오디오 시그널을 위한 배열 변수라는 것을 파악하고 ar을 메모리에 등록한 후 샘플 비율에서 설정한 'sr'의 값에 맞추어 ar에 필요한 메모리 할당을 자동으로 수행한다.

〈표 36〉 'ar'은 oscil에서 만든 샘플 값들을 넘겨받는다.

```
ar   oscil 10000, 440, 1
```

그러나 위의 경우와는 달리 시사운드가 소리 만들기를 시작하기도 전에 사용자가 사용할 a 또는 k로 시작하는 배열 변수를 미리 메모리에 등록하고 경우에 따라서 어떤 특별한 초기 값을 입력해야 할 경우가 종종 있다.

다음의 표와 같은 경우에는 프로그램이 실행되면 오류 메시지를 내며 실행은 중단된다. 그 이유는 변수 k가 아직 컴퓨터의 메모리에 등록되어 있지 않기 때문이다.

〈표 37〉 메모리에 등록되지 않은 배열 변수의 사용

```
sr       =       44100
kr       =       4410
ksmps    =       10
nchnls   =       2

   instr 1
k = k + .0005        ;<==문제 지점
a1       oscil       10000 * k,  440,      1
outs     a1,         a1
   endin

;=======================================
<CsScore>
f1       0       8192    10      1

i1       0       1       15000   1000
e
```

시사운드가 실행되면 위 표의 'k=k+.0005' 행이 읽히자마자 실행은 중단된다. 컴퓨터가 'k=k+.0005' 라인의 계산을 위해 먼저 오른쪽의 k+.0005를 계산하려고 할 때 k라는 변수를 컴퓨터 메모리의 어디에서도 찾을 수가 없기 때문이다.

이와 같은 문제를 해결하기 위해서 배열을 위한 초기화를 위해 시사운드는 특별한 옵코드 'init'을 제공한다. 사용자는 이를 이용해서 악기 소리를 위한 계산이 시작되기 전에 미리 이 k 배열 변수를 위한 선언 및 초기화(메모리 할당 그리고 시작 값 입력)를 할 수가 있다.

<표 38> 옵코드 init을 이용한 초기화의 예

```
sr        =        44100
kr        =        4410
ksmps     =        10
nchnls    =        2

    instr  1
k      init  0          ;변수 선언과 동시에 초기화(값 0을 대입)
k    =   k + .0005      ;<==이전의 문제 지점
a1     oscil   10000 * k,  440,   1
outs  a1,    a1
    endin
```

위 표와 같이 배열 변수 k를 초기화해 주면 시사운드는 아무런 문제 없이 코드를 실행하며 소리를 산출한다. 여기서 옵코드 init으로 초기화된 k는 단지 하나의 색인(인덱스)만 가지는 배열 변수가 된다. 즉 C/C++에서는 'float k[1]=0;'과 같다. 위 예에서의 k는 초기 값으로 0이 필요하기 때문에 0이 사용되었다. 기억해야 할 점은 이 init이 사용되는 라인은 어느 위치에 있든지 단지 한 번만 수행이 된다는 점이다. 즉 컨트롤 비율이 4,410으로 되어 있다고 해서 초당 4,410번의 초기화가 계속 이루어지는 것이 아니다. 그러나 그 다음 행의 'k=k+.0005'는 물론 초당 4,410번 계속 연산이 이루어진다.

종종 시사운드 악기파일들을 보게 되면 a나 k와 같은 배열 변수 외에 단일 변수에도 'init' 옵코드를 사용하는 경우를 보게 되는데 시사운드는 별 불평 없이 수행하지만 사실상 이는 필요 없으며 대신 필요한 값을 대입해 주면 된다.

〈표 39〉옵코드 init을 사용할 필요가 없는 경우

```
gi   init   0                  ;〈 - -필요 없는 init
gi   =   0                     ;대신 대입으로 단일 변수의 초기화
     instr  1
k    init   0 ;초기화
k = k + .0005                  ;〈= =이전의 문제 지점
a1           oscil     10000 * k,  440 + gi,  1
outs         a1,       a1
     endin
```

바. 단일 변수의 활용

단일 변수는 하나의 값만을 가지는 변수를 말한다. 이 변수에는 크게 오케스트라에서 사용되는 예약된 전역 변수들(sr, kr, ksmps, nchnls 등)과 스코어에서 사용되는 예약된 변수들(f테이블 번호, i악기 번호 등)과 오케스트라에서 사용되는 예약된 지역 변수(p필드번호)가 있으며 그리고 사용자가 마음대로 만들어 사용할 수 있는 사용자 지역 변수와 전역 변수가 있다.

사용자 지역 변수는 이름의 맨 앞에 i, S(대문자)를 붙여서 사용할 수 있는 변수들이다. 대부분 i변수가 사용되며 S는 특별히 텍스트만을 가지는 변수로서 악기 제작에 필요한 연산과는 관계없는 단지 명령 라인에서 입력된 파일 이름 등을 대입받기 위해서 사용된다. 그리고 사용자 전역 변수는 이 i로 시작하는 지역 변수 맨 앞에 전역 변수임을 알리는 'g'를 붙이면 된다.

시사운드에서도 다른 프로그래밍 언어에서와 똑같이 프로그램이 실행되면 파일 속의 내용이 한 라인씩 순서대로 읽히며 이때 모든 변수의 값들은 일단 메모리에 저장된다. 그리고 컴퓨터는 계산을 위해 이들 메모리에 저장된 값들을 가져와 계산을 한 후 그 결과를 출력하며 계산이 끝나면 더 이상 필요 없는 지역 변수들은 다른 프로그램들을 위해서 또 재사용을 위해서 즉시 메모리에서 지워진다.

아래의 그림은 아주 간단한 사인파를 이용해서 소리를 산출하는 대표적인 시사운드 코드의 예다. 시사운드가 실행되면 일단 아래 텍스트의 내용들은 모두 컴퓨터의 메모리 속으로 들어간다. 'sr'부터 시작해서 44,100, kr, 등등. 여기서 44,100, 4,410 등은 사용자가 지정한 변수는 아니지만 이들 값들도 리터럴(litera

l)[71]에 속하는 일종의 상수로서 일단 메모리 속에 저장되며 컴퓨터에서 한번 읽
히고 사용된 후에는 즉시 메모리에서 지워진다. 그리고 'sr, kr' 등등은 예약된
전역 변수로서 한번 메모리에 저장된 후에는 연주가 끝날 때까지 계속 메모리
속에서 유지된다.

〈표 40〉 지역 변수와 예약된 전역 상수

```
sr        =        44100
kr        =        4410
ksmps     =        10
nchnls    =        2

    instr  1
a1        oscil      10000,      440,       1
outs      a1,        a1
    endin
```

1) 전역 변수

전역 변수는 파일 안의 모든 곳에서 불러서 사용할 수 있는 변수를 말한다. 전
역 변수는 시사운드가 실행되면 메모리에 저장되고 종료될 때까지 메모리에서
유지된다. 이 전역 변수에는 2가지 종류가 있다. 첫 번째는 시사운드에서 예약한
전역 변수이며 다른 하나는 사용자가 지정하는 전역 변수다.

(1) 예약된 전역 변수

예약된 전역 변수/상수는 시사운드 자체에서 사용한다고 예약한 이름들이기
때문에 사용자가 개인적으로 사용할 수 없는 변수들을 말한다. 이들은 아래의 표
에서 보는 바와 같이 'sr', 'kr', 'ksmps', 'nchnls' 등이 이에 해당된다. 그리고
'instr'과 'endin'은 각각 악기의 시작과 끝을 알리는 옵코드다. 이들 옵코드의 이
름도 시사운드에서 예약한 이름들이기에 사용자는 사용할 수 없다.

---

71) 자신의 표기가 또한 자신의 값이 되는 상수를 리터럴(literal)이라 한다. 예를 들면 '800'이라고 입력하면
    이 '800'이 변수 이름이며 또한 이 변수의 값이 되는 것이다. 물론 이 리터럴에는 어떤 값도 대입할 수는
    없다.

이들 예약된 전역 변수들은 한번 값이 결정되면 그 이후의 행에서 다시 수정할 수 없다. 물론 그 값을 이용할 수는 있지만 다른 값으로 변경할 수는 없다.

<표 41> 예약된 전역 변수/상수

```
sr       =        44100
kr       =        4410
ksmps    =        10
nchnls   =        2


   instr 1
a1  oscil  sr - 20000,  440,   1      ;예약된 전역 변수 sr의 이용
outs     a1,        a1
   endin
```

가) 샘플 비율(sr)

위의 sr은 전역 변수기 때문에 이때 정해진 샘플 비율은 파일의 모든 a로 시작하는 오디오 시그널 비율로 된 오디오 비율 배열 변수에 똑같이 적용된다. 샘플 비율이란 이전의 장에서 자세히 설명된 바와 같이 1초당 소리의 모양을 기록하고 재생하기 위해 사용되는 전체 샘플들의 수를 말한다. 예를 들면 CD 음질의 샘플 비율은 44,100이며 DVD 음질의 샘플 비율은 88,200 또는 96,000이다. 따라서 위 표의 변수 a1은 CD 음질의 오디오 비율로 된 배열 변수이므로 그 크기는 초당 44,100개 색인(인덱스)들로 이루어진다. 그러나 앞서 언급했듯이 소리가 10초의 길이로 이루어진다고 해서 10초 길이만큼의 커다란 배열이 만들어지는 것은 아니다. 실제로는 각 악기당 2,048바이트를 오디오 시그널을 위한 버퍼(오디오 배열 변수)로 설정하고 이 버퍼가 가득 차면 DAC로 내보내고 다시 버퍼 크기만큼의 데이터를 버퍼에 채운다. 따라서 소리의 길이가 얼마가 되던 실제 메모리에서 만들어지는 오디오 배열 변수의 크기는 단지 2,048바이트만이 만들어지고 이 메모리가 계속 재사용된다.

샘플 비율의 한계와 범위는 사용자 컴퓨터에 장착된 사운드카드의 역량에 달려 있다. 대부분의 사운드카드와 오디오 프로그램들은 22,050, 24,000, 44,100, 48,000, 88,200, 96,000 등의 샘플 비율로 연주하는 데에는 아무런 문제가 없다. 더 나아가 최근에는 온갖 불규칙한 샘플 비율을 가진 사운드파일도 별문제 없이 연주된다. 그 이유는 현재 DVD 음질을 위해서 사운드카드에서 사용되는 DAC칩

의 기능이 과거보다 훨씬 더 향상되었기 때문이다. 그러나 적당한 비트 깊이와 함께 샘플 비율이 높을수록 소리의 질은 좋아지지만 대신 그만큼 사운드파일의 데이터 크기가 증가하는 단점이 있다.

나) 컨트롤 비율(kr)

kr 값은 최대 위의 sr 값과 같든지 아니면 그보다 작아야 한다. 이 컨트롤 시그널의 샘플 비율을 결정하는 kr 값은 현재 파일에 사용되는 모든 k로 시작하는 배열 변수들의 비율을 결정하게 된다. 뒤에서 설명되지만 kr값은 악기안의 내용이 반복되는 초당 회수가 된다. 즉 이 값이 4410이면 1초당 4410번 악기안의 내용이 반복된다는 의미다. 이는 악기파일의 모든 악기에 똑같이 적용된다. 이와 같은 컨트롤 시그널들은 주로 오디오 시그널을 제어하기 위해서 그리고 오디오 시그널을 출력 윈도에 출력하기 위해서 또는 테이블(table) 옵코드 등과 같이 사용자 목적의 기타 배열을 설정하기 위해서 사용된다.

예를 들면 가공되지 않은 오디오 시그널에 어택(attack)과 디케이(decay)를 가지는 인벨로프(envelop)를 적용하고자 한다면 컨트롤 시그널을 이용하여 오디오 시그널이 가지고 있는 전체 샘플들의 값을 올리거나 내릴 수 있다. 또 테이블 옵코드를 사용해서 사용자 자신의 음악을 위한 독특한 음계를 만들 수도 있다.

모든 경우에 있어 사용자는 컨트롤 시그널 대신 오디오 시그널을 사용할 수도 있다. 그러나 파일에서 사용되는 모든 시그널을 위해 'a'로 시작하는 오디오 시그널을 사용한다면 코드를 이해할 때 어떤 것이 오디오 시그널이며 어떤 것이 컨트롤 시그널인지 한눈에 파악되지 않는 문제를 야기시킨다.

그러나 무엇보다도 컨트롤 시그널을 사용하는 가장 중요한 이유는 사용자가 오디오 비율보다 느린 비율로 된 배열 변수를 만들어 사용할 수 있다는 점이다. 이는 적당한 비율의 컨트롤 시그널을 사용함으로써 그만큼 실행 속도를 개선할 수 있게 한다.

대개의 경우 컴퓨터 앞에서 잠시 기다리는 시간들은 다른 사소한 일이라도 하나 할 수 있을 만큼 그렇게 길지 않는 쓸모없는 자투리 시간이 많기에 현재의 컴퓨터 CPU가 과거보다 무척 빨라졌다고 하지만 수없이 이루어지는 테스팅 시간들을 생각한다면 여전히 적절한 컨트롤 시그널 비율에 의한 신속한 산출은 중요하다.

다음의 표에서 kr의 값은 4,410이다. 모든 k로 시작하는 컨트롤 변수들은 초당

4,410개의 배열로 이루어지므로 이 값은 오디오 비율인 sr의 10분의 1의 크기다. 아래 표가 실행되면 배열 'k'와 배열 'a'는 동시에 시작한다. 그러나 k 배열은 a 배열의 10분의 1이므로 배열 a의 색인(index)[72]이 10번째에 이를 때에야 배열 k 의 색인(인덱스)은 1이 된다. 따라서 'p4*k'는 오디오 샘플 10개가 지나갈 때마 다 한 번씩 수행된다. 예를 들면 처음의 오디오 샘플 10개는 0의 값을 가지고 그 다음 10개는 0.00035와 같은 값을 가진다.

〈표 42〉 컨트롤 비율 배열 변수와 오디오 비율 배열 변수

```
sr        =        44100
kr        =        4410
ksmps     =        10
nchnls    =        2

    instr 1
k         linseg     0,         p3*.1,      1,    p3*.9,    0
asig      oscil      p4*k,      p5,         1
outs      asig,      asig
    endin
```

이처럼 오디오 샘플 10개당 kr 값의 계산은 1번만 이루어지므로 모든 것을 오 디오 비율로 계산하는 경우에 비해 연산 속도는 더 빨라진다. 실제 우리 사람이 하는 과정을 생각해 보면 쉽게 이해될 것이다. 44,100번 동안 매번 머리를 돌려 컴퓨터 옆의 서류에 있는 데이터를 보고 머릿속에 옮긴 다음 다시 컴퓨터 화면 에 입력하는 과정과 한번 머릿속에 기억한 다음 같은 데이터를 열 번 연속으로 입력하는 과정을 비교해 보면 이 둘의 속도 차이를 상상해 볼 수 있다. 특히 연 산이 많으면 많을수록 그리고 소리의 길이가 길면 길수록 그 속도는 현저한 차 이를 드러낸다.

다) ksmps

ksmps는 한 번의 컨트롤 주기 동안 사용되는 오디오 샘플의 수(ksmps, kontrol samples)를 값으로 가진다. 즉 이 수는 'sr 나누기 kr', 즉 'sr / kr' 값의 결과를 가지게 된다. 시사운드를 사용해 본 사용자라면 한 번쯤 다음과 같은 생각을 해

---

72) 인덱스는 약자로 흔히 id라고 쓰며 배열에서 차례로 붙여지는 번호를 말한다. 시사운드를 포함한 모든 프 로그래밍에서 인덱스는 0(zero)부터 시작한다.

보았을 것이다. 이미 sr과 kr 값을 입력했으므로 sr/kr 값은 시사운드가 자동으로 계산할 수도 있는데 왜 굳이 사용자가 입력을 하도록 요구하고 있는가라는 점이다.

이에 대한 이유는 sr/kr의 결과 값은 항상 소수점 없는 정수로 나누어 떨어져야 하기 때문이다. 예를 들면 sr 값이 22,000이라면 kr 값으로 19,999와 같은 수는 입력할 수 없다. '22,000/19,999'의 결과는 소수점을 가지는 값이 되기 때문이며 또한 샘플의 수는 시그널에서의 최소단위로서 항상 정수로 이루어져야 하기 때문이다. 즉 1.05 등과 같은 샘플 개수는 있을 수가 없기 때문이다.

프로그램이 실행되면 시사운드는 이 kr의 주기인 컨트롤 주기마다 오디오 배열에 값을 집어넣는다. 예를 들어 kr 값이 10이라면 kr의 주기는 초당 10을 의미하며 이는 CD음질에서 4410개의 오디오 샘플마다 컨트롤 배열 변수의 계산이 이루어지는 것이다. 따라서 만약 sr과 kr이의 똑같이 44,100이라면 컨트롤 주기는 44100이 되며 초당 44,100번의 연산이 일어나게 된다.

결국 kr 값이 크면 클수록 더욱 빈번하게 계산을 해야 하기 때문에 경우에 따라서 제때에 DAC로 데이터를 전달하지 못하는 경우도 일어나 실시간의 경우는 소리가 끊어지는 현상이 일어나는 것이다.

라) nchnls

'nchnls'(number of channels)는 사용할 출력 채널의 수를 결정한다. 시사운드는 현재 최대 32채널을 가지는 사운드파일까지 산출할 수 있으며 실시간의 채널 수는 사운드카드의 동시 채널 수에 달려 있다. 사용할 채널의 수는 '1, 2, 4, 6, 8, 16, 32'의 수로 한정된다. 그리고 각 악기에서 오디오 시그널을 출력할 때는 다음과 같이 'nchnls'에서 설정한 채널 수에 맞는 출력 옵코드를 사용해야 한다. 따라서 모노 소리는 out, 스테레오는 outs, 4채널은 outq, 8채널은 outo, 16채널은 outx 그리고 32채널을 위해서는 out32를 사용한다.

시사운드는 모든 악기에서 항상 같은 수의 채널로 시그널을 내보내야 하는 경직된 오디오 채널의 출력을 완화하기 위해 특별한 옵코드들을 제공한다. 옵코드 outc는 각 악기에서 원하는 수만큼의 채널로 시그널을 내보낼 수 있다. 예를 들어 4채널 설정에서 2번째까지의 시그널을 내보낸다면 'outc a1, a2'로 사용할 수 있다. 옵코드 outch를 사용하면 컨트롤 배열 변수를 사용해서 자유로이 각 채널의 시그널의 입출력을 통제할 수 있다. 예를 들면 'outch kchnum, asig'가 있다면 그리고 현재 kchnum의 값이 3이라면 오디오 시그널 asig는 3번 채널로 출력이 된다.

스테레오 채널에서는 왼쪽, 오른쪽 채널 중 원하는 채널만을 선택해서 오디오 시그널을 출력할 수 있다. 예를 들면 'outs1 asig'는 asig를 왼쪽 채널로, 'outs2 asig'는 asig를 오른쪽 채널로 출력한다. 이와 유사한 방법으로 4채널을 위한 outq1, outq2, outq3, outq4 옵코드들도 있다.

만약 사운드카드가 2개의 채널만 출력한다면 모든 소리를 2채널로 연주하고 완성한 후 4채널이 필요하다면 4채널로 된 사운드파일을 만들어 연주할 수가 있다. 예를 들면 현재의 2채널 악기파일을 다른 이름으로 바꾸어 저장한 후 'nchnls =4' 그리고 출력 옵코드를 'outq a1, a2, a3, a4'로 변경하고 그 다음 이 증가된 출력 포터의 수에 맞는 적당한 약간의 수정을 가한 후 4채널로 사운드파일을 만들면 된다.

긴 음악을 만들 경우 사실상 모든 작업을 시사운드에서 마무리하는 것은 많은 경우에 있어 성가신 일들이 추가된다. 따라서 모든 것을 시사운드에서 처리하려고 지나치게 시간을 소모하기보다는 여러 개의 출력 덩어리들을 만든 후 이 소리들을 사용자의 오디오 프로그램에서 세부적인 마무리를 하는 것이 시간도 절약되고 편리하다.

<표 43> 32채널 동시 출력의 예

```
sr          =           44100
kr          =           4410
ksmps       =           10
nchnls      =           32

    instr  1
k        linseg     0,           p3*.1,      1,           p3*.9,      0
a1       oscil      p4*k,        p5,         1
out32 a1, a1, a1, a1, a1, a1, a1, a1, a1, a1, a1, a1, a1, a1, a1, ₩
      a1, a1, a1, a1, a1, a1, a1, a1, a1, a1, a1, a1, a1, a1, a1, a1
    endin
```

```
audio buffered in 128 sample-frame blocks
writing 8192-byte blks of shorts to 32ch.wav (WAV)
SECTION 1:
ftable 1:
new alloc for instr 1:
B 0.000 .. 1.000 T 1.000 TT 1.000 M: 14996.0 14996.0 14996.0 14996.0 14996.
Score finished in csoundPerform().
inactive allocs returned to freespace
end of score.           overall amps: 14996.0 14996.0 14996.0 14996.0 149
         overall samples out of range:    0    0    0    0    0
0 errors in performance
Elapsed time at end of performance: real: 0.118s, CPU: 0.125s
345 8192-byte soundblks of shorts written to 32ch.wav (WAV)
```

〈그림 128〉 32채널을 가지는 사운드파일의 출력 모습(스마일 5 프로그램)

〈표 44〉 시사운드의 오디오 출력 옵코드의 사용 방법

옵코드	설명	구문
outc	원하는 채널들을 자유로 선택해서 출력	outc a1, a2, ……
outch	실시간 자유 선택(컨트롤 시그널 값으로 조종)	outch k1, a1, k2, a2, ……
out	모노 채널(1채널)	out a1
outs	스테레오 채널(2채널, 순서 - 왼쪽, 오른쪽)	outs a1, a2
outs1	스테레오 채널에서 왼쪽 채널만	outs1 a
outs2	스테레오 채널의 오른쪽 채널만	outs2 a
outq	4채널	outq a1, a2, a3, a4
outq1	4채널 중 1번 채널만	outq1 a
outq2	4채널 중 2번 채널만	outq2 a
outq3	4채널 중 3번 채널만	outq3 a
outq4	4채널 중 4번 채널만	outq4 a
outh	6채널	outh a1, a2, a3, a4, a5, a6
outo	8채널	outo a1, a2, ……
outx	16채널	outx a1, a2, ……
out32	32채널	out32 a1, a2, ……
outvalue	1. 컨트롤 시그널 값으로 조종(예: 1, k1; '이름', k1) 2. 텍스트로 조종(예: 1, 변수; '이름', 변수)	outvalue 'channel name', kvalue outvalue 'channel name', 'string'

(2) 사용자 전역 변수

사용자가 만들어 사용할 수 있는 전역 변수는 변수 이름의 맨 앞에 global(세
계적인, 전체적인)의 약자인 'g'를 붙여서 구별한다. 예를 들면 'iamp'는 지역 변

수지만 'giamp'는 전역 변수가 되어 파일 안 어느 곳에서나 이 giamp의 값을 읽
거나 또는 이 변수에 새로운 값을 대입할 수 있게 된다.

전역 변수의 선언[73]은 항상 악기 구역(block) 밖에서 하면 되지만 가능하면 첫
악기가 시작되기 전인 파일의 머리 부분에서 하는 것이 나중에 파일을 다시 볼
때 코드의 이해에 훨씬 도움이 될 것이다.

<표 45> 전역 변수 선언

```
sr        =        44100
kr        =        4410
ksmps     =        10
nchnls    =        2

garvbsig  init     0              ;전역 변수 선언 및 초기 값 대입

instr 9
idur      =        p3
```

2) 지역 변수(local variables)

지역 변수란 어떤 하나의 악기 구역 안에서만 사용될 수 있는 변수들을 말한
다. 대개의 경우 지역 변수는 악기의 내부에서 자주 이용되는 값들을 하나의 변
수에 대입하여 코드를 쉽게 이해하기 위해서 그리고 필요할 때 손쉽게 전체의
값을 한 번에 바꾸기 위해서 사용된다.

(1) 지역 변수 i

다음의 표에서의 iamp와 ifreq는 지역 변수다. 따라서 이들 변수는 항상 악기
구역 안에서만 인식된다. 현재의 코드 길이는 짧아서 구태여 지역 변수를 사용할
필요는 없지만 코드가 길어져서 현재 iamp가 가지는 값인 10,000이 10번 사용된
다고 가정하자. 그러면 나중에 이 값을 수정하고자 할 때는 간단히 'iamp =
12,000'과 같이 입력함으로써 값을 10번이나 수정해야 하는 불편함을 한 번에

---

73) 컴퓨터에 변수를 사용하겠다는 것과 변수의 이름을 알리는 것.

해결할 수 있다.

〈표 46〉 지역 변수들

```
sr        =        44100
kr        =        4410
ksmps     =        10
nchnls    =        2
|
    instr 1
iamp  =   10000
ifreq =   440
k       linseg    0,    1 *.1,    1,    1 *.9,    0
a1      oscil     iamp * k,      ifreq,  1
outs  a1,    a1
    endin
```

(2) 예약된 지역 변수 p

변수 p(parameter)는 오케스트라파일에서 사용되는 예약된 변수다. 이 변수 p는
스코어파일의 음표문인, 즉 i문(instrument 또는 note statement)에서 사용되는 항
목들(fields)의 순서를 가리킨다. 특히 스코어의 i문에서 첫 번째 항목인 '악기 번
호'와 두 번째 항목의 '시작 시간' 그리고 세 번째 항목의 '소리 길이'는 고정되
어 있는 항목이다. 이후의 항목들은 악기에서 사용하는 옵코드의 종류에 따라서
그리고 특별한 용도에 의한 사용자의 설정에 따라 이 p 항목들의 수는 얼마든지
길어질 수 있다.

〈표 47〉 예약된 지역 변수 p

```
;p1       p2        p3        p4        p5
i1        0         1         15000     1000
```

〈표 48〉 예약된 지역 변수 p의 악기에서의 활용

```
    instr 1
a1      oscil     p4,       p5,         1
outs  a1,    a1
    endin
```

즉 스코어의 i문의 구조는 오케스트라에서 만들어진 악기의 요구조건에 따라 구성되며 오케스트라파일에서 p1이란 스코어의 i문의 악기 번호를, p2는 시작 시간을, p3은 소리 길이를 나타낸다. 그리고 그 다음의 p 필드 번호는 차례대로 스코어의 i문의 항목을 가리킨다. 따라서 만약 위의 두 개의 표가 서로 관련이 있다면 악기 1번의 p4는 값 15,000을 그리고 p5는 1,000이라는 값을 가진다.

사. 배열(array)의 활용

시사운드에서 사용되는 변수 중 a 또는 k로 시작하는 변수는 모두 배열이다. 그리고 이들 두 배열의 크기는 앞서의 예약된 전역 변수인 sr과 kr에서 설정한 값에 따라 정해진다. 앞서의 표에서 a1은 출력되는 오디오 시그널을 담고 있는 배열(array)이다. 시사운드의 매뉴얼에서는 이를 배열이라는 말 대신 벡터(vector)[74]라는 용어도 종종 사용한다.

1) 오디오 시그널(배열)

'a'로 시작하는 변수는 모두 오디오 시그널을 가질 수 있는 배열이다. 그리고 'ga'와 같이 오디오 배열 이름 앞에 'g'를 붙이면 전역 배열 변수가 된다. 맨 앞의 문장에서 '가질 수 있다'는 의미는 'a'로 시작하는 변수가 항상 오디오 시그널을 담당하는 것은 아니라는 것을 의미한다. 경우에 따라서는 컨트롤 시그널 대신 오디오 시그널로 대신할 수 있기 때문이다.

많은 경우에 있어 a로 시작하는 오디오 배열은 시그널을 담당하지만 오디오 시그널을 제어하는 컨트롤 배열 대신 오디오 배열이 사용될 수도 있다. 다음의 표에서는 시그널을 제어하기 위해 일반적으로 사용하는 컨트롤 배열 변수 대신 오디오 배열 변수를 사용하고 있다.

---

74) 벡터라는 용어는 몇 개의 다른 의미를 가지고 있다. 그러나 총체적인 의미는 결국 일련의 연속적인 데이터라는 뜻을 지닌다. 시사운드에서 의미하는 벡터는 하나의 다이내믹 배열(dynamic array)을 뜻한다.

```
sr        =        44100
kr        =        4410
ksmps     =        10
nchnls    =        2


   instr 1
aenv      linseg    0,          p3 *.1,    1,        p3 *.9,    0
a1        oscil     10000 * aenv,          440,      1
outs      a1,       a1
   endin
```

만약 오디오 시그널 전체를 오디오 배열에 담는다면 그 크기는 엄청나다. 모노 소리를 위한 1초의 길이만 해도 CD 음질로 계산하면 2바이트(16비트) 크기의 데이터가 44,100개 요구된다. 그리고 이 1초의 오디오 시그널의 진폭을 조정하기 위해서 1초의 소리를 담고 있는 44,100개의 각 데이터(샘플)에 새로운 값을 적용해야 하는 것이다.

최근의 컴퓨터 CPU의 연산 능력은 아주 뛰어나 샘플당 3바이트(24비트) 크기의 초당 96,000개의 데이터로 된 DVD 음질에서조차 각 샘플들의 값을 실시간에 변경하는 것도 큰 문제가 되지 않고 있다. 그러나 과거의 느린 컴퓨터의 속도로는 큰 부담이 되었다. 이 문제를 해결하기 위해 그 당시에는 오디오 배열 대신 항상 컨트롤 배열을 사용하였다. 그리고 이 컨트롤 배열의 비율도 아주 낮게 설정해서 사용하였지만 지금은 컴퓨터의 속도가 아주 빨라져 많은 연산이 동시에 일어날 때 외에는 이 컨트롤 비율의 크기에는 별로 신경을 쓰지 않고 있는 편이다.

2) 컨트롤 시그널(배열)

'k'로 시작하는 변수는 모두 컨트롤 비율로 이루어지는 배열로서 오디오 시그널과 뚜렷이 구분되고 있으며 'gk'와 같이 변수 이름 맨 앞에 'g'를 붙이면 전역 배열 변수가 된다.

중요한 점은 오디오 시그널과는 달리 컨트롤 시그널은 결코 오디오 시그널로 대용될 수 없다는 점이다. 설사 다음의 표에서와 같이 사용자가 컨트롤 비율을 오디오 비율과 같이 설정한다 하더라도 내부적으로는 완전히 이 둘의 크기 및 모든 것이 서로 다름없지만 시사운드는 컨트롤 시그널을 위해서는 결코 소리를 산출하지 않는다. 다음 표는 디지털 시그널을 산출하기 위해 컨트롤 시그널을 사용한 예다. 이 경우 시사운드는 아무런 출력도 하지 않는다.

<표 50> 컨트롤 시그널의 잘못된 사용

```
sr        =        44100
kr        =        44100
ksmps     =        1
nchnls    =        2

    instr  1
k         linseg    0,        p3*.1,      1,        p3*.9,      0
k1        oscil     p4*k,     p5,         1
outs      k1,       k1
    endin
```

이처럼 컨트롤 시그널은 주로 오디오 시그널을 제어하기 위해서 그리고 오디오 시그널을 출력 윈도에 출력하기 위해서 또 테이블(table) 옵코드 등과 같은 사용자 목적을 위한 기타 배열들을 설정하기 위해 사용된다. 예를 들면 사용자가 자신만의 특별한 음계를 만들어 사용하고자 한다면 사용자는 컨트롤 배열에 필요한 진동수들이나 또는 시사운드 자체에서 사용하는 피치 값들을 넣어서 자신만의 독특한 음계를 만들어 음악을 산출할 수 있다.

아. 시사운드의 변수의 종류

앞 장에서 단일 변수와 배열 변수가 소개되었다. 시사운드에서는 이들 외에 기타 목적을 위한 몇 가지 추가적인 변수들이 있는데 이들을 모두 모아 보면 다음과 같다. 참고로 아래 표에서와 같이 시사운드 매뉴얼에서 자주 사용되는 특별한 표현들이 있다. 'i - time'이란 '악기 시간'이라는 뜻으로 소리가 시작될 때 한 번만 적용된다는 의미이며 'p - time'이란 'performance time'의 약자로 연주될 때 적용된다는 의미다. 표에서 컨트롤과 오디오 시그널형에 'p - time'과 'k -

rate'(kontrol/control rate)가 둘 다 있는 이유는 경우에 따라 컨트롤 시그널이 하나의 값만 가지는 경우도 있기 때문이다. 그 다음의 스펙트럴 데이터형들은 무조건 매 컨트롤 비율마다 적용된다는 의미를 가진다. 즉 'kr＝4,410'으로 설정되었다면 초당 4,410번 적용된다.

<표 51> 시사운드의 변수의 종류

형(종류)	고쳐쓰기(값의 재입력)	지역 변수	전역 변수
예약된 상수	불가능	사용불가	sr, kr 등등
스코어 p 필드	소리가 시작될 때 한 번만(i－time)	p 번호	사용불가
단일 변수	소리가 시작될 때 한 번만(i－time)	i＋이름	gi＋이름
컨트롤 시그널	연주 시(p－time), 컨트롤 비율(k－rate)	k＋이름	gk＋이름
오디오 시그널	연주 시(p－time), 컨트롤 비율(k－rate)	a＋이름	ga＋이름
스펙트럴 데이터	컨트롤 비율(k－rate)	w＋이름	사용불가
스트리밍 스펙트럴 데이터	컨트롤 비율(k－rate)	f＋이름	gf＋이름
텍스트 변수(string variables)	i－time과 컨트롤 비율(옵션)	S＋이름	gS＋이름

위 표에서 스펙트럴[75] 데이터형(spectral data types), 스트리밍[76] 스펙트럴 데이터형(streaming spectral data types) 그리고 텍스트를 가지는 변수(string variables)들은 보편적으로 자주 쓰이는 변수가 아니다. 이들 변수들은 최근에 추가된 변수들로서 특별한 몇 개의 옵코드들을 위해서만 사용된다. 스펙트럴 데이터형은 위 표와 같이 컨트롤 비율로 된 배열 변수다. 그럼에도 컨트롤 시그널과 구분한 것은 이 데이터형은 마음대로 값을 대입할 수 있는 보통의 컨트롤 시그널 배열 변수와는 달리 하나의 특별한 옵코드인 '스펙트럼'(specturm)에 의해서만 이용되기 때문이다. 다음 표와 같이 'w'로 시작하는 변수는 '스펙트럼' 옵코드에 의해 원래의 오디오 시그널이 변형된 시그널을 가지게 된다.

<표 52> 스펙트럼 옵코드의 값을 반환받는 w로 시작하는 특별한 컨트롤 비율 변수

```
asig in                              ;외부의 시그널을 입력
wsig spectrum  asig, .02, 6, 12, 33, 0, 1, 1      ;변형된 시그널을 출력
```

---

75) 스펙트럴은 '넓은 주파수 대역의' 또는 '가청 주파수 대역의'라는 의미로 생각하면 된다.
76) 여기서는 쉽게 '실시간의'라는 뜻으로 생각하면 된다.

스트리밍 스펙트럴 데이터형은 옵코드 'pvanal'(페이즈 보코딩 분석, Phase Vocoder analysis)에 의해 분석된 데이터(파일)를 읽어 들일 때 또는 실시간에 분석 데이터를 산출할 때 사용된다. 이를 위해 사용되는 옵코드들은 pvsinfo, pvsanal, pvsynth, pvsadsyn, pvsfread, pvscross, pvsmaska, pvsftw, pvsftr 등이다. 다음의 표는 실시간에 입력된 오디오 시그널의 데이터를 분석한 뒤 그 결과를 'fin'이라는 스트리밍 스펙트럴 데이터 변수에 대입하는 과정이다. 이때 'fin'이 비록 같은 긴트롤 시그널로 이루어지는 배열 변수지만 k로 시작하는 컨트롤 변수를 사용할 수는 없다.

〈표 53〉 pvsanal의 값을 반환받을 수 있는 f로 시작하는 특별한 컨트롤 비율 변수

ain **in**	;외부 시그널 입력
fin **pvsanal** ain, 1024, 256, 2048, 0	;입력된 시그널의 실시간 분석

마지막으로 텍스트를 가지는 변수는 옵코드 'strget'을 사용해서 외부의 텍스트를 읽어 들일 때 사용되며 반드시 대문자 'S'를 사용해야 된다. 이는 중요한 변수는 아니며 단지 편리함을 위해 사용된다. 한 가지 예를 든다면 아래 표와 같이 여러 개의 긴 경로를 가진 파일 이름들을 임의로 바꾸어 빈번히 테스트할 경우에 편리하다. 실행되면 변수 'Swavfile'은 'C:\soundFiles\Sample4.WAV'라는 텍스트를 가지게 된다. 그리고 2 대신 1로 바꾸면 'Swavfile'는 'F:\Csound\CsoundFiles\Sampler\UPBAS − C4.WAV'라는 문자열을 입력받게 된다.

〈그림 129〉 외부의 텍스트 입력

〈표 54〉 텍스트를 반환받을 수 있는 S로 시작하는 변수

Swavfile **strget** 2	;두 번째 색인(인덱스)의 문자열을 불러들임

자. 오디오 시그널의 제어

〈표 55〉 오디오 시그널을 제어하는 진폭 인벨로프

```
sr        =         44100
kr        =         4410
ksmps     =         10
nchnls    =         2

   instr  1
                    ;값          시간      값      시간      값
k         linseg    0,          1 *.1,    1,      1 *.9,    0
a1        oscil     10000 * k,  440,      1
outs      a1,       a1
   endin
```

위의 표를 보자. 'linseg' 옵코드는 여러 개의 선을 이용하는 함수다(line segments). 위 린세그 함수는 현재 2개의 선을 만들고 있다. 첫 번째 항목은 시작 값, 두 번째 항목은 시간(초 단위)이며 세 번째 항목은 첫 번째의 선이 끝날 때의 값이다. 그리고 위 표와 같이 하나의 선이 더 추가된다면 이 세 번째 항목의 끝나는 값은 다음의 새로운 선의 시작 값이 된다. 이와 같은 방법으로 사용자는 원하는 수만큼의 직선을 마음대로 추가하여 사용할 수 있다.

현재 위 린세그는 2개의 직선을 사용하여 오디오 샘플들의 값을 변경하여 소리의 진폭을 만들고 있다. 그리고 산출 결과는 스테레오이므로 다음의 그림처럼 왼쪽과 오른쪽 트랙 양쪽에서 똑같이 나타난다.

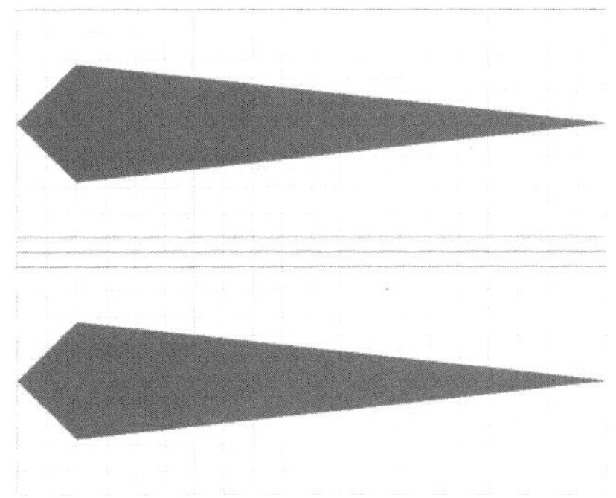

〈그림 130〉 진폭의 적용

위 예제처럼 소리의 길이가 1초라고 가정한다면 '1 * .1'은 1초의 1/10의 길이를 나타낸다.[77] 즉 어떤 수에 1/10을 곱하는 것이나 1/10의 결과인 0.1을 곱하는 것은 같은 결과를 낳기 때문이다. '1 * .1'의 결과는 0에서 1까지의 값으로 가는 데에 '1초의 1/10' 또는 0.1 초가 소요된다는 것을 의미하는 것이며 첫 번째 선을 산출하는 '0, 1 *.1, 1'은 이 시간 동안 0에서 시작해서 그 값이 점차 증가되어 마지막에는 1에 도달하는 것을 의미한다. 그리고 그 값은 배열 k에 대입되는 것이다.

그러면 1초의 1/10의 시간 동안 배열 k는 몇 개의 변수들로 이루어지는가를 생각해 보자. 현재 컨트롤 비율은 'kr = 4,410'으로, 즉 초당 4,410개의 샘플 비율로 되어 있으므로 '4,410/10'을 하면 1초의 1/10시간 동안 필요한 변수의 수는 441개로 이루어짐을 알 수 있다. 따라서 0에서 1로 증가하는 값들은 441개의 변수를 통해 골고루 분산되어 적용된다. 따라서 첫 번째 k(0) = 0에서 시작해서 k(1) = 0.0015, k(2) = 0.0031, …… 마지막에 k(440) = 1과 같은 값들을 가지게 될 것이다.

이때 시사운드에서는 0에서 시작해서 값 1을 향해 점차 증가하는 값을 441개의 색인(인덱스)에 골고루 분산하기 위해 선적 보간법[78](linear interpolation)을 사용한다. 이 'linear interpolation'이라는 단어는 시사운드의 매뉴얼에서 자주 사용되는 용어이므로 기억해 두면 좋다.

배열 k의 값들은 그 다음 행인 'a1 oscil 10000 * k, 440, 1'에서 적용된다. 여기서 옵코드 오실(oscil)은 오디오 비율을 사용하는 a로 시작하는 배열인 a1로 값을 산출하도록 되어 있어 초당 44,100개의 오디오 샘플들이 진행되는 동안 k는 초당 4,410의 샘플 비율로 진행된다.

그 결과는 a1(0) = 0, a1(1) = 0, …… a1(9) = 0을 지나 마침내 a1(10)이 되어서야 예를 들면 a1(10) = 0.0031이라는 새로운 값이 적용된다. 그리고 이 0.0031이라는 값은 앞서와 같이 다음의 a1의 10개의 색인(인덱스)에 똑같이 적용된다.

그러나 만약 출력 사운드파일을 위해 CD 음질이 선택되어 있을 경우에는 각 오디오 샘플들의 값들은 16비트 정수(0~32,768)만을 가질 수 있으므로 실제 부

동소수 값인 a1(10)＝0.0031은 0으로 기록된다. 따라서 최소한 1의 값을 가지기 위해서는 값이 1이 되거나 1.002와 같이 최소한 1을 넘는 값이 되어야 할 것이다. 물론 시사운드가 실시간으로 연주될 때는 32비트 부동소수 값이 사용되기 때문에 아주 매끄러우며 이 같은 결과는 실제 16비트 음질의 사운드파일을 만들 때에만 적용된다.

위와 같은 방법으로 오디오 시그널에 컨트롤 시그널 k 값을 적용하면 실제 그 결과에는 분명한 차이가 있다. 즉 매 10개의 오디오 샘플들은 똑같은 값을 적용받게 되는 것이다.[79] 그러나 우리의 귀는 그 다름을 거의 감지하지 못한다. 초당 44,100개로 구분되는 진폭 값의 변화는 너무나 빨리 지나가기 때문이다. 물론 이와 같이 만들어진 소리들의 세부적인 변화를 이용할 때에는 경우에 따라 약간 문제가 될 수도 있다. 하지만 과거에 느린 컴퓨터를 사용할 수밖에 없었던 상황에서는 피할 수 없는 일이었을 것이다.

모든 경우에서 이와 같은 문제를 피하기 위해서는 소리를 실험할 때는 연산이 재빨리 이루어지도록 kr 값을 작게 해서 소리를 테스트하고 최종의 출력물을 만들 때는 kr 값을 sr 값과 같게 해서 출력하는 방법으로 해결할 수 있다. 그리고 원본 사운드파일은 늘 부동소수(float, 플로트)로 만들어 놓는 것이 좋지만 시사운드의 경우는 악기파일(csd 또는 orc/sco)이 있으면 언제든 가능하므로 굳이 그렇게 할 필요는 없다.

차. 오디오 시그널의 출력 검사

소리나 악기를 디자인하는 과정에서 예측하고 있던 소리가 나오지 않을 때나 또는 새로운 실험을 하는 과정에서 현재 진행되고 있는 오디오 시그널의 값들이 어떠한 값을 가지고 있는가를 파악하는 것은 아주 중요하다. 이는 마치 일반 프로그래밍에서 문제가 발생할 때 그 문제를 찾기 위해 디버그하는 과정과 동일하다.

시사운드에서는 메시지 출력을 통해 현재 파일 안에서 진행되는 변수들의 값

---

79) 이 말은 각 오디오 샘플들이 똑같은 값을 가진다는 것이 아니라 현재의 오디오 샘플들의 값에 같은 k 배열 변수 값이 적용된다는 것이다.

을 파악할 수 있기 때문에 초기부터 메시지 출력을 아주 중요하게 생각하고 다루어 왔다. 만약 많은 옵코드를 사용하여 소리를 실험할 때 내부에서 진행되는 오디오 시그널의 값을 전혀 알 수가 없다고 생각해 보자. 닥치는 대로 이 값 저 값을 넣어서 귀로 확인할 수밖에 없을 것이다. 상당히 익숙한 내용일 때는 어떻게 해결될 수도 있겠지만 코드가 길고 복잡할 경우에는 두 손 들고 말 것이다. 따라서 출력 메시지가 없다면 사실상 시사운드에서 복잡한 새로운 소리를 디자인한다는 깃은 불가능하다.

시사운드에서 컨트롤 시그널의 값들을 출력할 수는 있으나 오디오 시그널의 값들을 출력 윈도로 출력하는 방법은 없다. 따라서 오디오 시그널 값들을 출력하려면 먼저 오디오 시그널을 컨트롤 시그널로 바꾼 후 출력할 수 있다. 즉 k로 시작하는 컨트롤 시그널을 이용해서 출력 윈도(output window)로 프린트하는 것이다. 이는 과거에 초당 44,100개의 샘플들로 이루어지는 오디오 시그널을 실시간에 화면으로 출력한다는 것은 생각할 수가 없었기 때문일 것이다. 앞으로는 바로 오디오 시그널을 출력하는 옵코드도 추가될 수 있을 것으로 본다.

현재로서는 오디오 시그널을 프린트하는 방법은 컨트롤 시그널을 오디오 시그널과 같게 한 후 옵코드 다운샘프(downsamp)를 사용하여 오디오 시그널을 컨트롤 시그널로 바꾼 다음 이 컨트롤 시그널의 값들을 출력하는 것이다.

〈표 56〉 오디오 시그널을 출력 윈도로 출력

```
sr          =           44100
kr          =           44100
ksmps       =           1
nchnls      =           2

    instr 1
k           linseg      0,          p3*.1,      1,          p3*.9,      0
a1          oscil       p4*k,       p5,         1
k           downsamp a1
printk2     k                       ;오디오 시그널을 출력 윈도우로 프린트
outs        a1,         a1
    endin
```

```
new alloc for instr 1:
 i1    0,00000
 i1    0,14079
 i1    0,56551
 i1    1,27081
 i1    2,24437
 i1    3,49036
 i1    4,99375
 i1    6,74253
 i1    8,71051
 i1   10,90509
 i1   13,29749
 i1   15,86819
```

〈그림 131〉 출력 결과 (스마일 5 프로그램)

〈표 57〉 시사운드의 출력 메시지를 위한 옵코드들

옵코드	설명	추가 설명
print	단일 변수 i 출력	예) print i변수 이름
printf_i printf	i 시간에서만 k 시간에서	– 둘 다 i와 k 변수 출력 – 둘 다 C언어 포맷(printf)으로 출력
prints	변수의 초기 값 출력	예) prints '텍스트'
printk	k 배열의 하나의 색인 값을 출력	예) printk 시간, k변수 이름
printks	k 배열 변수 출력	C언어 포맷으로 k 변수 출력
printk2	k 배열 변수 출력	예) printk2 k변수 이름

시사운드는 악기파일에 사용된 모든 변수들의 값의 출력을 위해 위의 표와 같이 6가지의 옵코드를 제공하고 있다. 이 옵코드들은 모두 'print'로 시작하며 단일 변수와 배열 변수에 따라 또 출력 내용에 따라 조금씩 다른 접미어가 붙여진다. 이들 중 printf_i와 printf 그리고 printks는 C언어 포맷으로 출력하므로 C언어에서 정한 규칙을 그대로 사용한다. 예를 들어 d는 정수로 f는 부동소수로 출력하는 등의 10가지 정도의 포맷 규칙이 있다. 이에 대한 용법은 '시사운드 기초 프로그래밍' 장에서 자세히 언급된다. 만약 C언어를 모르는 사람들이 이 옵코드들을 간단히 사용하고자 한다면 i 변수를 위해서는 print를 사용하고 그리고 k로 시작하는 이름을 가진 배열 변수를 위해서는 printk와 printk2를 사용하면 된다.

그리고 옵코드 prints는 사용자가 출력 메시지를 통해서 어떤 값을 알고자 할 때 이 옵코드를 이용해서 출력 값이 출력되기 전에 눈에 잘 띄는 특별한 텍스트로 출력의 시작을 미리 나타내고자 할 때 유용하게 사용될 수 있다.

카. 시사운드 프로그래밍의 흐름

시사운드 첫 사용자들이 시사운드를 접할 때 그 이해에 있어 무언가 흐릿함을
가지는 데에는 몇 가지 이유가 있다. 그 첫 번째는 앞서의 컨트롤 주기를 포함한
오디오와 컨트롤 비율과의 관계와 이 배열 변수들과 일반적인 단일 변수들과의
흐릿한 구분 때문이다. 이 문제는 앞 장에서 자세히 설명이 되었지만 앞으로 실
제 코드를 통해서 계속 부언설명 될 것이다.

두 번째는 자신이 만든 코드가 실행될 때 숨어 있는 반복과정에 관한 이해의
부재 때문에 전체 코드의 흐름에 대한 확신이 없기 때문이다.

세 번째는 매뉴얼의 설명에서 일부 내용의 빈약함과 그 설명에 포함되어 있는
이해하기 힘든 약간의 용어 때문이라 할 수 있다. 이는 시사운드 매뉴얼에 어떤
잘못이 있다기보다 그 근본 원인은 결국 자세한 설명이 없기 때문이라는 점에
귀결된다. 지금까지 시사운드를 개발해 온 사람들 그리고 시사운드의 매뉴얼에
참여해 온 또는 개별적으로 매뉴얼에만 참여해 온 여러 사람들의 공통점은 그들
모두가 C언어와 음향이론에 상당히 또는 아주 익숙한 사람들이라는 점이다. 그
러다 보니 매뉴얼의 곳곳에 프로그래밍을 해 보지 않은 사람들로서는 이해하기
힘든 설명이 끼어 있으며 그리고 종종 음향과 관련된 용어가 설명 없이 사용되
고 있어 이해의 흐릿함을 가중시키고 있다.

물론 부분적으로 어떤 특별한 부분은 설명하기에도 힘든 부분이 있다는 것도
그리고 프로그래밍과 음향에 관련된 용어 외에는 특별히 다르게 설명을 할 수도
없는 부분이 있다는 것도 사실이다. 그러나 그 무엇보다도 매뉴얼을 만든 이들이
공통적으로 생각하고 있는 것은 매뉴얼의 독자는 모든 일반인이 아니라 프로그
래밍과 음향에 대해 어느 정도 기초 이론을 갖춘 사람들이라는 점이다. 이 세 번
째 문제를 위해서 이 책에서는 추가적인 설명을 본문을 통해서 그리고 각주를
통해서 보충설명을 하고 있다.

이 장에서는 이제 위의 두 번째 문제를 해결하기 위해 VB스크립트를 활용하

여 실제 프로그래밍 언어를 경험해 보고 이를 토대로 재빨리 시사운드 프로그래
밍의 원리를 이해하자.

1) 대입의 방향

대입(=, equal, 이퀄)이란 어떤 값을 다른 쪽에 넘겨줄 때 사용하는 필수적인
연산기호다. 시사운드에서는 물론 다른 모든 프로그래밍 언어에서의 대입의 방향
은 항상 오른쪽에서 왼쪽으로 진행된다. 아래의 시사운드 악기파일을 보자. 그림
에서 oscil은 함수 이름이며 그 다음의 '10,000, 440, 1'은 오실이 요구하는 아규
먼트(arguments)다. 그 다음 오실 함수는 건네받은 파라미터들(parameters)을 바탕
으로 계산한 결과를 'a'라는 오디오 시그널 배열 변수로 전달한다. 내부적으로는
꼭 이와 같지는 않지만 사용자는 시사운드에서 프로그래밍을 할 때 모든 옵코드
의 진행방법을 항상 아래의 그림과 같이 이해하면 쉽다.

예) a　　oscil　　10000,　　440,　　1

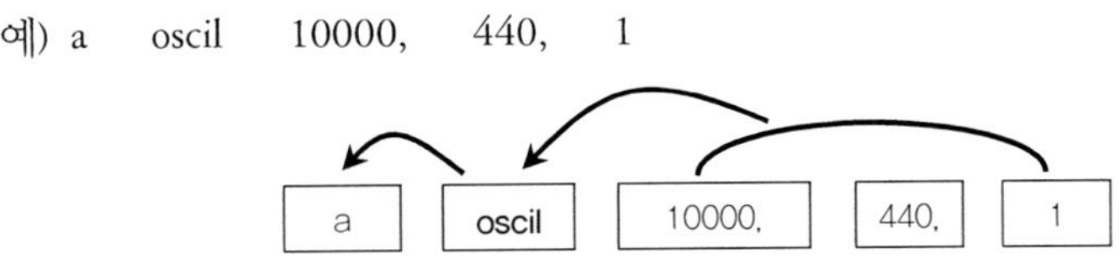

또는

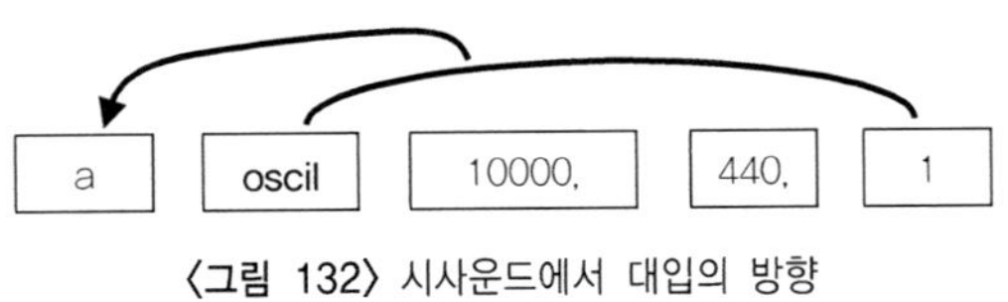

〈그림 132〉 시사운드에서 대입의 방향

그리고 양쪽의 값을 비교할 때는 '= ='(같다) 기호를 사용해서 표현한다.

예 1) if i = = 4 then　　;만약 i가 4와 같으면

예 2) (a = = b ? v1 : v2) ;만약 a와 b가 같으면 v1이, 같지 않으면 v2가 선
택이 된다.

2) 옵코드(Opcode)

옵코드란 어떤 문제를 해결해 주는 하나의 루틴이다. 이 루틴의 길이는 해결하는 문제의 내용에 따라 그 길이가 다르며 다양한 내용의 연산을 포함하고 있다. 그리고 이는 수학에서 그리고 모든 프로그래밍 언어에서 사용하는 함수(function)와 동일하다.

시사운드 버전 5에서 포함하는 옵코드의 수는 무려 1,300개에 달한다. 비록 이 수가 많지 않은 것처럼 느껴질 수 있지만 각각의 옵코드에는 또한 여러 가지의 아규먼트가 옵션으로 결합되므로 실제로는 엄청난 수의 파생되는 선택들을 낳는다. 예를 들어 가장 친근한 오실(oscil) 옵코드만 해도 단순히 오디오 시그널을 산출하는 것에서부터 시작해서 피치를 산출하는 데에 사용할 수도 있으며 또한 진폭 제어에, 팬닝(panning)에 그리고 이 오실 함수에서 요구하는 함수테이블에서 40여 가지의 젠 루틴을 사용한다면 출력 결과의 다양함은 셀 수가 없게 된다.

또한 이들 개개의 옵코드들이 서로 결합되면서 그 결과는 더욱 기하학적으로 불어난다.

실제 시사운드의 예를 보자. 다음 그림에서 함수 oscil이 요구하는 포맷에 맞추어 결과를 위해 필요한 값들을 입력하면 함수 oscil은 계산한 결과를 반환한다. 아래의 그림에서 세 개의 값을 위해 사용자가 직접 변수를 만들지 않고 '10,000, 440, 1'과 같이 숫자만을 입력했지만 프로그램에서는 내부적으로 이들을 지역 단일 변수와 똑같이 취급한다. 엄격하게 말하자면 리터럴(literal)이란 지역 상수들이다.

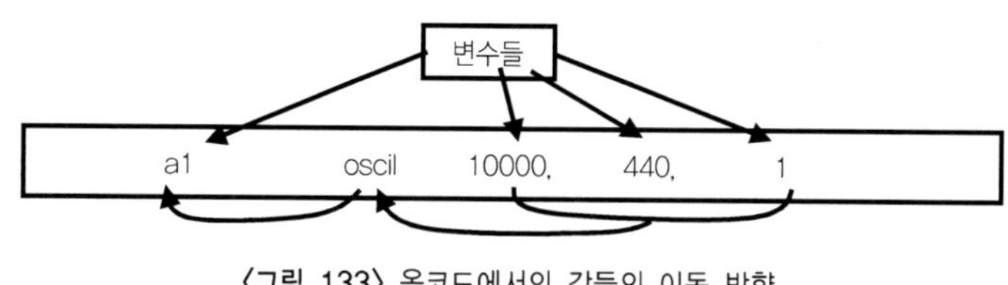

〈그림 133〉 옵코드에서의 값들의 이동 방향

〈표 58〉 변수가 사용된 위 그림과 동일한 내용

iamp	=	10000		
ifrq	=	440		
itbl	=	1		
a1	**oscil**	iamp,	ifrq,	itbl

3) 프로그래밍 언어의 반복문 이해

모든 프로그래밍 언어들은 서로 유사한 여러 개의 반복문을 가지고 있다. 특히 가장 많이 사용되는 것이 'for' 반복문이다. 만약 반복문 없이 프로그래밍을 한다면 결국에 가서는 프로그램의 길이가 너무나 늘어나 프로그래밍이란 쓸모없는 것이라는 결론에 도달할 것이다. 간단한 예를 들어 십만 개나 백만 개의 단일 변수들에 값을 입력한다고 생각해 보자. 반복문 없이 한다면 십만 개나 백만 개의 대입하는 행들을 일일이 키보드로 입력해야 할 것이다. 이는 전혀 실용성이 없는 일이다.

다음 그림의 예는 4,096개의 색인으로 이루어지는 하나의 배열에 값을 입력하는 내용이다. 여기서 for 반복문을 사용하여 4,096개로 이루어지는 table이라는 배열에 값을 대입하는 예가 사용되었다. 만약 반복문 없이 이 값들을 대입한다면 4,096개의 각 값을 대입하는 행을 만들 수밖에 없을 것이다. 비주얼 베이직 스크립트(VB Script)의 한글로 된 사용법은 검색을 통해 인터넷에서 쉽게 찾을 수 있다.

```
option explicit

sub main()
    dim table(4095), j

    for j = 0 to 4095
        table(j) = j
    next
end sub
```

〈그림 134〉 반복문 'for'의 이용(스마일 5 프로그램)

〈표 59〉 반복문이 없는 경우 하나씩 4,096번이 대입

```
table(0) = 0
table(1) = 1
table(2) = 2
table(3) = 3

.
.
```

VB스크립트에서의 for 반복문의 끝은 next로 제한된다. C언어에서는 약간 문법이 다르며 next가 사용되지 않고 대신 중괄호가 사용되어 그 끝이 제한된다. 그

러나 어떤 프로그래밍 언어이든 각각 약간씩의 포맷이 다를 뿐 그 원리는 같다.

〈표 60〉 C언어에서 반복문 for의 예

```
for (i=0; i<4096; i++)
{
    table[i] = sin(3.14159 * 2 * i/L);
}
```

4) 시사운드 반복문의 이해

그런데 이상하게도 시사운드에는 반복문이 전혀 없다는 점이다. 이처럼 복잡하고 정교한 소리를 제작하는 디지털 사운드 프로그래밍에서 어떻게 반복문 하나 없이 소리 제작을 위한 프로그래밍이 가능한 것인가에 대해서 의문이 생길수 있다. 이에 대해서는 시사운드 매뉴얼에서도 별 언급이 없으며 지금까지의 저널이나 책들 그리고 개인적인 설명을 포함한 수많은 웹페이지에서도 이에 대한 설명은 찾아볼 수 없다.

사실은 시사운드에 반복문이 없는 것이 아니다. 단지 감추어져 있을 뿐이다. 시사운드에서의 각 악기의 시작을 알리는 옵코드 instr이 바로 반복을 알리는 시작이며 이 반복되는 구역의 끝은 endin으로 종결된다. 그리고 반복되는 시간은 소리의 길이에 달려 있으며 반복 횟수는 kr 값으로 정해진다. 즉 연주버튼이 클릭되면 현재 kr 값에 맞는 interval 시간 설정이 이루어지고 악기내용은 초당 kr 번 반복 수행된다. 만약 악기가 2개 이상 있는 경우는 악기 순서대로 전체악기의 내용이 한번씩 반복 수행된다.

모든 프로그래밍에서 사용되는 대표적인 반복문인 for는 그 횟수가 정해지지 않는 무한대의 경우로도 사용할 수도 있지만 그보다는 일반적으로 횟수가 정해져 있을 때에 주로 사용한다. 따라서 횟수가 정해져 있지 않을 경우에는 일반적으로 for 대신 do를 사용하며 그리고 무한대의 반복을 벗어나기 위해서는 하나 이상의 조건을 사용하여 반복을 벗어나게 된다.

다음의 그림에서는 for 대신 do를 사용하였다. 그리고 반복을 벗어나기 위해서 조건문인 if를 사용해서 만약 i가 4,095보다 크다면 do 반복 구역을 벗어나라는

'if i > 4095 then exit do'를 사용하였다. 따라서 프로그램이 실행되면 계속 do와 loop 사이의 명령들이 반복되다가 if 문의 내용이 사실일 경우 반복을 벗어나고 컴퓨터는 그 다음 라인을 수행한다.

```
sub main()
    '========출력 테스트=========================
    '========사인파를 위한 함수 테이블===========
    const L = 4096     '--함수 테이블 크기(function table size)
    redim table(L)
    twopi = 2 * 3.14159    '--2 파이(곡선의 길이)
    '--1 사이클을 위한 테이블 만들기
    do
        table(i) = sin(twopi * i / L)
        s = s & formatnumber(table(i),19) & vbcrlf
        i = i + 1
        if i > 4095 then exit do
    loop
    sco.text = s
end sub
```

〈그림 135〉 do 반복문의 예

그러면 이제 다음의 시사운드 코드를 보자. 그리고 이 코드를 그 다음의 표에서 instr 1 대신 do를 그리고 endin 대신에 loop로 바꾸어 놓고 생각해 보자. 실행이 되면 제일 처음의 sr 행부터 시작해서 nchnls까지의 행들은 아무런 반복 명령이 없으므로 한 번만 위에서 아래의 순서로 차례대로 읽혀 진다.

〈표 61〉 시사운드의 instr~endin으로 된 반복 구역

```
sr        =       44100
kr        =       4410
ksmps     =       10
nchnls    =       2


    instr 1
k   init   0 ;변수 선언과 동시에 초기화(값)
ifreq  =   440
k = k + .0005
a1        oscil       10000 * k,  ifreq,  1
outs      a1,         a1
    endin
```

```
do    1
   k   init   0              ;변수 선언과 동시에 초기화(값)
   ifreq  =   440
   k  =  k  +  .0005
   a1       oscil        10000 * k,  ifreq,        1
   outs    a1,          a1
loop
```

그 다음 instr과 endin 이 각각 do와 loop로 바뀐 내용을 보자. 만약 위의 표가 실행된다면 do에서 loop 안의 행들은 계속 반복된다. 그리고 반복 횟수의 조건은 스코어에서 정한 소리의 길이 동안이 될 것이며 보다 정확한 횟수는 kr에서 설정한 비율이 된다. 즉 kr에서 4,410으로 설정하였다면 정확히 1초 동안에 4,410번의 반복이 이루어진다. 이처럼 시사운드에서 반복문을 이용한 악기 제작은 보기에는 간결한 반면 그 대신 코드를 이해하는 데에는 약간 어려움이 있다. 일반 프로그래밍에서는 반복문 안에 있는 모든 내용이 예외 없이 반복되지만 시사운드에서는 다르다. 어떤 것은 반복이 되고 어떤 것은 반복되지 않는다.

위의 예에서 k 배열을 초기화하는 'k init 0'은 악기의 어디에 있든지 단지 한 번만 실행이 된다. 즉 이는 변수의 선언이기 때문에 시사운드는 각 음표마다 처음에 한 번만 초기화시킨다. 따라서 사용자는 최소한 이 k가 사용되기 전의 행에서 초기화해야 한다.

그 다음 행인 'ifreq=440'도 변수의 선언 및 초기화하는 과정이기 때문에 한 번만 수행된다. 이 점에 대해서 시사운드에서는 'i-time의 initial time'(초기화 시간)이라고 하며 이 i 변수는 프로그램이 실행될 때 한 번만 적용되는 변수라는 정의를 내리고 있다.

그러나 경우에 따라 i 변수의 대입은 처음에 한 번 이루어진 후 그 후의 행에서 추가적인 대입, 즉 새로운 값을 대입할 경우도 있기 때문에 이보다는 첫 반복 때에만 수행된다고 하는 편이 더 타당할 것이다. 예를 들면 'ifreq=ifreq+100' 또는 'ifreq=100'이라는 행이 뒤에서 추가될 수도 있기 때문이다.

따라서 위의 악기를 1초 동안 소리를 낸다면 instr 1과 endin 사이의 반복 또는 다른 말로 do와 loop 사이의 반복은 4,410번이 이루어진다. 그리고 제일 처음의 반복에서 k 및 ifreq의 초기화는 단지 한 번만 이루어지는 것이다. 그 다음의 반복부터는 시사운드는 이들을 건너뛴다.

그러면 이제 남은 행들인 3개가 계속 반복되는 행들이다. 그러면 이들의 반복은 도대체 몇 번이나 일어나는가 궁금할 것이다. 이에 대한 답은 이전에 만들어졌다. 즉 kr의 값에 따라 결정되는 것이다.

시사운드의 연산은 항상 컨트롤 주기당 한 번 행해진다고 앞서 언급하였다. 이해를 쉽게 하기 위해 아래의 악기 소리가 만약 1초의 소리를 낸다면 그리고 kr의 값이 '4,410'으로 설정되었다면 반복은 정확히 4,410번이 이루어진다.

따라서 다음 표의 반복 구역의 첫 번째 행인 'k=k+.0005'의 계산은 초당 4,410번이 수행된다. k로 시작되는 배열 변수는 kr 비율 변수이기 때문에 컨트롤 주기마다 연산이 이루지는 것이다. 그리고 옵코드 oscil는 항상 오디오 비율만을 산출하는 것은 아니며 컨트롤 비율도 산출할 수 있는 옵코드이다.

따라서 오실 옵코드 앞에 a로 시작하는 배열 변수를 두면 oscil은 오디오 시그널을 그리고 k로 시작하는 배열 변수를 두면 oscil은 컨트롤 시그널을 산출한다. 아래의 표에 시사운드 매뉴얼에서 제시한 오실의 구문이 실려 있다. 시사운드의 매뉴얼에서 사용되는 기호에 관한 설명은 뒤에서 곧 언급될 것이다.

<표 63> 옵코드 오실의 구문(syntax)

```
ares  oscil  xamp,  xcps,  ifn  [, iphs]
kres  oscil  kamp,  kcps,  ifn  [, iphs]
```

현재 여기서는 a1이라는 오디오 비율 변수로 지정되었기 때문에 오실은 내부적으로 초당 44,100번의 연산이 요구되지만 현재 컨트롤 비율은 1/10인 4,410이기 때문에 컨트롤 비율에 따른 연산이 한 번씩 이루어질 때마다 10개의 오디오 샘플이 만들어지게 된다.

그리고 마지막 출력 옵코드인 outs는 항상 오디오 비율로 된 배열 변수만을 취급하므로 현재 오디오 비율인 초당 44,100개의 오디오 샘플을 출력한다. 그러나 그 출력의 횟수는 시사운드의 연산은 항상 컨트롤 주기마다 한 번씩 일어나기 때문에, 즉 ksmps 또는 sr/kr마다 한 번씩이므로 초당 4,410번이 된다.

마지막으로 이 반복을 벗어나는 조건은 스코어에서 지정한 각 소리의 길이에 달려 있으므로 이는 시사운드의 내부에서 이에 맞추어 자동으로 반복을 중단한

다. 사용자가 오케스트라에서 이 조건을 추가로 설정할 이유는 없다. 따라서 0.5
초라면 4,410/2 또는 4,410*0.5의 연산을 시사운드가 알아서 처리하고 이 시간에
맞추어 산출은 종결되는 것이다.

〈표 64〉 계속 반복되는 행들만을 제시

```
do    1
   k = k + .0005    ;누적 합산
   a1    oscil        10000 * k,  ifreq,        1
   outs   a1,         a1
loop
```

위 표의 옵코드 outs도 실제로 컨트롤 주기마다 실행이 되는지를 보기 위해서
는 아래 표와 같이 컨트롤 변수 k를 출력 시그널 a1에 적용해 보면 될 것이다.
아래 표의 코드를 실행해 보면 옵코드 outs는 컨트롤 주기마다 계산이 되는 것을
귀로써도 확인 할 수 있다. 즉 출력되는 소리들은 왼쪽과 오른쪽이 서로 상대의
채널 쪽으로 갔다가 되돌아오는 일종의 팬 효과를 만들기 때문이다.

〈표 65〉 옵코드 **outs**에서 팬 효과를 위해 추가된 연산

```
sr       =        44100
kr       =        4410
ksmps    =        10
nchnls   =        2

   instr 1
k        init     0
k        linseg   0,         p3*.5,      1,         p3*.5,      0
a1       oscil    p4*k,      p5,         1
outs     a1*k,    a1* (1 - k)
   endin
```

5) 배열 변수의 연산

여기서는 시사운드에서 자주 사용되는 연산들이 각 변수마다 어떻게 적용되는
가를 알아보자. 모든 단일 변수는 앞서의 사칙연산[80]의 예와 같이 계산된 결과는
오른쪽에서 왼쪽으로 한 번 대입이 이루어진다. 그러나 a 및 k로 시작하는 배열

변수들은 사정이 다르다.

(1) 단일 변수와 배열변수사이의 연산

a 및 k로 시작하는 변수인 오디오 및 컨트롤 시그널에 어떤 하나의 단일 변수 또는 하나의 수를 더하거나 곱하는 것은 그 시그널의 모든 샘플마다 똑같은 계산이 적용된다. 이는 곱하는 것뿐만 아니라 사칙연산 및 그 외의 모든 수학 연산이 똑같이 적용된다. 예를 들어 어떤 오디오 시그널에 3을 곱한다면 이 오디오 시그널의 진폭은 3배로 증가되는 것을 의미한다. 즉 현재 오디오 시그널의 샘플들의 값이 '0, 2, 100, 90.4, ……'로 되어 있다면 그 결과는 '0, 6, 300, 271.2, ……'이 된다. 그리고 다시 이 시그널에 1을 더한다면 그 결과는 '1, 7, 301, 272.2, ……'가 된다.

〈표 66〉 배열의 연산

```
asig = asig * 3
asig = asig + 1
```

(2) 배열 변수끼리의 연산

a 및 k로 시작하는 배열 변수인 오디오 및 컨트롤 시그널에 또 다른 하나의 배열 변수를 곱하는 것은 이들 각 비율에 맞추어져 그 계산이 이루어진다. 이는 곱하는 것뿐만 아니라 사칙연산 및 그 외의 모든 수학적 연산이 똑같이 적용된다.

예를 들면 오디오 시그널에 컨트롤 시그널을 곱한다면 이때 만약 이들 시그널들의 비율이 똑같다면 결과는 이들 둘의 각 샘플마다 일대일의 계산이 이루어진다. 즉 오디오 시그널 샘플 값 * 컨트롤 시그널 샘플 값이 되는 것이다. 만약 이때 이들 시그널들의 비율이 2 : 1이라면 결과는 2개의 오디오 샘플마다 한 번씩 계산이 이루어지며 매 2번째의 결과는 앞서의 첫 번째 값이 그대로 대입된다.

---

80) 사칙연산은 수학의 연산 가운데 하나로서 덧셈, 뺄셈, 곱셈, 나눗셈을 통틀어서 말한다. 시사운드 및 모든 프로그래밍에서의 이들의 계산 순서는 괄호가 있을 경우 가장 먼저 괄호 안의 내용이 수행되며 그 다음 곱하기(*)가 그리고 나누기(/), 더하기(+), 빼기(−)의 순으로 이루어진다.

타. 시사운드 매뉴얼의 이해

시사운드 매뉴얼은 시사운드를 사용할 때 늘 참조해야 할 중요한 책이다. 버전 5에 와서는 옵코드의 수가 1,300개를 넘어서고 있으며 이를 담고 있는 매뉴얼의 분량은 2,000여 페이지에 달한다. 따라서 이들 사용법을 모두 암기한다는 것은 무리한 일이다. 설사 가능하다 할지라도 한동안 사용하지 않으면 상당 부분이 기억 속에서 사라지거나 기억된 내용들이 뒤엉키게 될 것이다. 그러나 빈번히 사용되는 옵코드들은 기억해 두는 것이 좋다. 그리고 그때그때 필요한 각 옵코드의 사용법에 대해서는 시사운드 매뉴얼을 참고하는 것이 좋다.

1) 명명법

시사운드 매뉴얼에서는 모든 옵코드의 이름들이 굵은체로 표시된다. 그리고 이들 옵코드들이 필요로 하는 아규먼트와 결과를 담는 변수들은 보통체로 표시된다. 이들 변수들은 변수의 이름을 통해 쉽게 사용자가 쉽게 이해할 수 있도록 의미 있는 이름이 사용된다. 예를 들면 아규먼트 이름에서 진폭 값이라면 amplitude를 줄인 'amp' 등과 같은 이름이 사용되며 그 결과를 나타내는 이름에는 종종 'resolution'의 약자인 'res'가 맨 앞에 붙여진다. 마지막으로 이들 각 아규먼트와 결과들 이름의 맨 앞에는 현재의 역할을 위해 요구되는 변수의 종류를 나타내는 접두사가 붙여진다. 이 접두사는 다음과 같이 i, k, a 그리고 x로 구분된다.

(1) 접두사 'a'

접두사 'a'는 실제 소스 코드에서 사용하는 바와 같이 오디오 시그널을 가지는 배열 변수를 의미한다. 다음 그림의 예는 시사운드 매뉴얼의 'oscil' 옵코드를 사용하는 방법을 나타낸 구문이다. 먼저 그림에서 옵코드 오실이 산출하는 값을 가지는 변수 'ares'는 접두사 'a'를 가지고 있기 때문에 이 변수는 오디오 시그널만을 가질 수 있다는 것을 의미한다. 그리고 앞서 설명된 바와 같이 옵코드 이름인 '오실'(oscil)은 굵은체로 표시되고 있다.

(2) 접두사 'i'

접두사 'i'는 단일 값을 가지는 변수를 의미한다. 다음의 그림에서 아규먼트 'ifn'은 오실에서 사용할 파형 번호를 담는다. 따라서 이 접두사는 항상 한 개의 값만을 가질 수 있다.

(3) 접두사 'k'

접두사 'k'도 실제 소스 코드에서 사용하는 바와 같이 컨트롤 시그널을 가지는 배열 변수를 의미한다. 그림의 두 번째 행에서 오실 옵코드는 오디오 시그널뿐만 아니라 컨트롤 시그널을 가질 수도 있다는 것은 'kres'를 사용해서 나타내고 있다. 따라서 사용자가 오실을 통해서 컨트롤 배열을 만들어 사용하고자 한다면 접두사 'k'를 붙인 변수를 사용하면 된다. 예의 'kres'는 파일의 맨 위에서 전역 변수인 'ksmps'에서 설정한 비율대로 이루어지는 하나의 컨트롤 배열이며 오디오 시그널의 제어 및 기타 사용자의 목적에 따라 이용될 수 있다.

(4) 접두사 'x'

접두사 'x'는 사용자가 어떤 변수든 다 사용할 수 있다는 것을 의미한다. 즉 목적에 따라 단일 변수를 사용할 수도 있으며 오디오나 컨트롤 시그널을 가지는 배열 변수도 사용할 수 있다는 것을 의미한다. 아래 그림의 첫 번째 행의 세 번째 변수 'xamp'가 그 한 예다. 사용자는 이 아규먼트에서 다양한 진폭의 변화를 주기 위해서 오디오나 컨트롤 시그널을 가지는 변수를 사용할 수 있으며 또한 단일 변수를 사용하여 하나의 고정된 진폭 값을 입력할 수도 있다.

```
Syntax

ares oscil xamp, xcps, ifn [, iphs]

kres oscil kamp, kcps, ifn [, iphs]
```

<그림 136> 옵코드 오실의 구문

(5) 옵션 '[ ]'

사용자가 추가적으로 사용할 수 있는 옵션 항목은 항상 위의 그림에서와 같이 '[ ]'로 나타낸다. 이는 필요할 때 추가적으로 사용할수 있는 항목을 표시한다 위의 예에서 옵션 항목인 'iphs'는 페이즈('phase')의 약자로서 진동의 한 사이클에서의 시작지점을 사용자가 설정할 수 있도록 하고 있다. 기본적으로 진동의 시작지점은 0으로서 어떤 하나의 파형의 처음부터 시작되지만 사용자가 원한다면 0에서 1까지의 범위에서 소수점을 포함한 다른 값을 입력할 수 있다.

파. 함수 테이블(Function table)

앞 장의 '시사운드의 원리'에서 시사운드는 기본적으로 웨이브테이블을 참조(lookup)하여 소리를 만든다는 내용이 언급되었다. 시사운드에서는 사용자가 원하는 온갖 다양한 웨이브테이블을 편리하게 만들어 사용할 수 있도록 현재 52번까지의 젠 루틴(Gen routine)[81]이 만들어졌다. 그러나 예비로 중간 중간에 비워 놓은 번호도 있다.

또한 시사운드에는 웨이브테이블을 만듦 없이도 소리를 만드는 옵코드들이 있다. 그러나 웨이브테이블을 이용하는 방법은 소리를 만들 때 가장 먼저 생각하게 되는 기본적이면서도 자연적인 접근이며 이 방법은 여전히 음악적인 악기 소리 제작을 위한 핵심 내용이 되고 있다.

---

81) 여기서 하나의 '루틴'이란 하나의 작업 과정으로 생각하면 된다.

실제로 음악적인 악기 소리를 내는 고른음은 대개 하나의 뚜렷한 파형을 가진다. 그리고 이 파형은 소리가 사라질 때까지 계속 반복된다. 그렇다면 사용자가 어떤 악기의 소리와 유사한 파형을 만들 수 있다면 이는 곧 그 악기 소리를 모방할 수 있다는 셈이 된다. 더 나아가 새로운 파형을 만들 수 있다는 것은 또한 새로운 소리를 내는 악기를 제작할 수 있다는 논리로 이어진다.

물론 실제의 어쿠스틱 악기들의 소리는 단지 하나의 파형으로만 존재하는 것은 아니다. 여기에는 여러 가지의 배음들이 내재해 있으며 또한 어택의 세기에 따라 그 배음 성분이 달라지며 그리고 시간에 따라 감소하는 차이도 각 배음의 성분에 따라 다르게 나타날 수 있다. 그리고 이 모든 것이 모여 어떤 하나의 독특한 소리를 구성하게 된다. 시사운드에서는 이러한 다양한 기존의 전통악기들을 모방할 수 있는 방법도 제시하고 있다.

그러나 만약 사용자가 단순히 기존 전통악기들의 모방된 소리를 얻는데에 그 목적이 있다면 힘들게 시사운드에서 씨름을 하기보다는 간단히 디지털 녹음기로 기존의 악기 소리들을 녹음해서 샘플로 사용하거나 또는 만들어진 샘플들을 구입해서 사용하면 될 것이다. 물론 샘플 데이터의 제약 없이 자유롭게 전통악기를 모방한 소리를 출력하고자 시도하는, 즉 피지컬 모델링을 시도하는 사운드 제작자라면 예외적인 문제다.

그러나 시사운드의 목적이나 21세기를 위한 현대 작곡가들의 목적은 기존의 전통악기들을 모방하는 것에만 있는 것이 아니다. 이보다는 음악을 위한 새로운 음향을 추구하는 데에 그 목적이 있다고 할 수 있다. 이와 같은 경우에는 소리의 정교함이나 어떤 소리와의 닮음만이 해결책이 될 수가 없으며 이보다는 오히려 간결하지만 뭔가 자신의 음악이 표현하려는 이미지에 맞는 소리의 제작이 더 큰 목적이 될 것이다. 시사운드는 이와 같은 목적에 아주 잘 부합한다.

시사운드의 함수테이블은 이와 같이 사용자가 구성한 웨이브테이블을 담는 구조를 포함하고 있는 중요한 명령문이다. 그리고 각 함수테이블은 서로 구별될 수 있도록 번호를 가진다.

1) 함수테이블의 구조

함수테이블은 function table의 첫 자인 f로 시작하며 보통 스코어파일의 머리 부분에 둔다. 그러나 만약 오케스트라파일에서 이 함수테이블을 사용하고자 하는 경우는 'ftgen' 옵코드를 사용해서 오케스트라파일에 둘 수도 있다.

이 경우 다음의 표에서와 같이 행의 맨 앞에 g로 시작하는 전역 변수를 사용한다. 이 전역 변수 'gir'은 아무 곳에서도 불러 사용할 용도가 없다. 그러나 이 변수는 시사운드에서 현재의 프로그램을 마칠 때까지 이 변수에 현재 함수테이블의 모든 데이터를 저장하고 있는 배열 변수의 메모리 주소를 담고 있기 때문에 반드시 있어야만 한다. 그리고 이 진역 변수는 단일 값을 가져야 하므로 g 다음에는 단일 변수를 의미하는 i를 사용한다. 그 다음은 다른 함수테이블들과 구별할 수 있도록 사용자가 원하는 이름을 붙인다. 이때 여러 개가 있다면 gi1, gi2 등으로 그러나 이 변수들이 ftgen의 주소를 반환받기 때문에 추가로 r을 붙여 gir1, gir2 등으로 정하는 것이 코드 이해에 더 도움될 것이다.

〈표 67〉 함수테이블을 오케스트라에서 사용할 경우 ftgen 구문과 실례

gir	ftgen	i테이블 번호, i적용 시간, i웨이브테이블의 크기, i젠 번호, 아규먼트
gi1	ftgen	1, 0, 16384, 10, 1

〈표 68〉 보통의 스코어파일에서의 구문과 실례(사인파)

;	i테이블 번호, i적용 시간, i웨이브테이블의 크기, i젠 번호, 아규먼트
f	1, 0, 16384, 10, 1

(1) 테이블 번호

가) 테이블 번호 0

〈표 69〉 함수테이블 0번의 예

f0 2

함수테이블 번호가 0일 경우는 그 다음에 단지 1개의 숫자만이 항목으로 제시될 수 있으며 이 숫자는 초를 의미한다. 그리고 이 시간 동안 이 명령은 단지 실행시간을 지속하게 하는 역할만을 한다. 따라서 위 표가 실행이 되면 시사운드는

2초 동안 명령을 기다린다.

이와 같은 상황은 오케스트라에서 미디파일을 입력받아 연주하는 경우 등에서 사용된다. 즉 오케스트라에서 미디파일을 입력받아 연주할 경우 미디파일에 피치와 음표의 길이 등이 포함되어 있으므로 스코어파일에는 아무런 음표 명령문(i 명령문)이 필요 없게 된다. 그러나 시사운드에서는 입력된 미디파일이 얼마 동안 연주될지 정확한 시간을 모르므로 이 'f0' 명령을 통해서 전체 연주 시간을 입력하는 것이다. 대개 정확한 길이를 측정하는 것이 성가시므로 충분히 넉넉한 시간을 입력하는 것이 보통이다. 예를 들면 'f0 3600'을 입력하면 시사운드가 실행을 시작한 후 기다리는 시간이 60분이 되므로 거의 모든 미디파일은 이 시간 동안 충분히 연주될 수 있을 것이다.

다른 용도로는 어떤 하나의 섹션을 정해진 시간으로 맞추기 위해서 사용될 수도 있다. 예를 들어 한 섹션이 1분이 되지 않을 경우 정확히 60초로 맞추려고 한다면 그 섹션의 맨 앞에 'f0 60'이라는 명령문을 두면 모든 음표 명령문들이 그 전에 끝나더라도 그 섹션은 정확히 1분을 유지한 후 다음 섹션이 시작된다.

나) 테이블 번호 1번부터

일반적인 용도의 함수테이블은 1번부터 사용되며 이 번호는 사용자 마음대로 어떤 정수든 사용할 수 있다. 그리고 다음의 포맷이 사용된다. 아래의 포맷에서 4번째인 젠 루틴 번호까지는 늘 고정되어 있으며 다섯 번째부터는 각 젠 번호에 따라 달라진다. 여기서 f와 테이블 번호는 띄우지 않고 붙여서 사용할 수 있다.

〈표 70〉 함수테이블의 포맷

f	테이블 번호	적용되는 시간	웨이브테이블의 크기	**젠 루틴 번호**	각 젠에 의한 구성

① 적용 시간

적용 시간은 함수테이블이 적용될 시간을 말한다. 보통 음표가 시작되자마자 동시에 적용되도록 0을 사용하지만 경우에 따라 0보다 큰 시간에서 다른 함수테이블이 이어지도록 함으로써 하나의 소리가 2개 이상의 서로 다른 웨이브테이블로 이루어지도록 할 수도 있다. 다음 표의 소리는 처음 1초는 젠 10을 이용한 사인파로 그 다음의 1초는 젠 9를 이용한 사인파로 만들어진다.

<표 71> 2개의 함수테이블로 이루어지는 소리의 예

f1	0	8193	10	1		
f1	1	8193	9	.1	1	0
i1	0	2	15000	1000		
e						

② 웨이브테이블의 크기

웨이브테이블 (웨이브폼, 함수테이블)의 크기는 반복되는 하나의 파형을 묘사하는 샘플들의 크기를 의미한다. 따라서 하나의 웨이브테이블은 꼭 하나의 진동으로 이루어져야만 하는 것은 아니며 경우에 따라서 한 개 이상의 주기로 이루어질 수 있다. 특히 웨이브테이블을 위해서 외부의 사운드파일을 불러서 사용하는 경우는 하나의 웨이브테이블이 수십, 수백 번 이상의 진동으로 이루어진다.

그러나 중요한 점은 웨이브테이블의 크기는 항상 2의 제곱수로 또는 2의 제곱수에 1을 보탠 수로 이루어져야만 한다는 점이다. 여기서 2의 제곱수를 사용해야 하는 이유는 앞 장에서 설명된 바와 같이 컴퓨터는 이진법을 사용하기 때문이다. 물론 시사운드 프로그램에서 2의 제곱이 아닌 수로 할 수도 있었을 것이지만 별 이득도 없이 추가적인 연산을 부가할 이유는 없는 것이다.

그러면 하나의 사이클을 묘사하기 위해 웨이브테이블의 크기는 어느 정도가 적합한가를 생각해 볼 필요가 있다. 인간이 감지할 수 있는 가장 낮은 소리는 일반적으로 20Hz라고 알려져 있다. 즉 최소한 초당 20번의 진동이 일어나야만 우리의 귀는 이를 소리로 들을 수 있다는 이야기다. 시디 음질은 1초의 소리를 위해 44,100개의 점으로 소리가 표시된다. 이 중 절반은 양진폭을 나머지 절반은 음진폭을 묘사하기 때문에 실제 44,100의 점으로 묘사할 수 있는 최고음은 22,050Hz다. 그리고 20Hz의 소리는 '4,4100/20 = 2,205'로서 2,205개의 점을 필요로 한다. 즉 이 말은 22050 hz 소리를 위해서는 단지 2개의 점만이 그리고 20hz의 소리를 위해서는 2205 개의 점으로 웨이브테이블을 위한 하나의 사이클을 충분히 나타낼 수 있다는 의미다.

따라서 일반적으로 테이블의 크기는 4,096이나 8,192 정도면 충분하다. 만약 DVD 음질이라면 8,192나 16,384 등으로 조정할 필요가 있다. 설사 지나치게 큰 값을 사용한다 해도 시사운드에서 내부적으로 최대 필요한 크기만을 사용할 것이므로 별문제는 없다.

〈표 72〉 2의 제곱수들

2^1	2
2^2	4
2^3	8
2^4	16
2^5	32
2^6	64
2^7	128
2^8	256
2^9	512
2^{10}	1024
2^{11}	2048
2^{12}	4096
2^{13}	8192
2^{14}	16384

위의 크기는 오디오 시그널을 위한 하나의 진동을 위한 파형의 모양을 설정하는 것이지만 이 외의 다른 용도로 사용할 경우는 얼마든지 작은 크기를 가지는 테이블을 만들어 사용할 수 있다.

③ 테이블 경계점(guard point)

테이블의 경계점이란 웨이브테이블이 계속 반복되어 사용되는 경우 이 웨이브테이블의 끝나는 점을 말하며 이 경우 이 끝나는 점을 시사운드 매뉴얼에서는 '하나의 둘러싸는 경계점'(a warp-around guard point)이라는 용어를 사용한다.

그리고 웨이브테이블을 한 번만 읽고 지나가는 경우에는 시사운드는 다음의 시작점을 기억하기 위해서 추가적인 하나의 점을 필요로 한다. 시사운드는 이 하나의 추가된 점을 확장된 경계점(Extended guard point)이라는 용어로 표현하며 이와 같은 경우를 사용하는 옵코드들은 소리를 산출할 때 이 하나의 추가된 점을 위해 2의 제곱수에 1을 더한 수를 사용하도록 요구하고 있다. 그 이유는 앞서 언급된 바와 같이 다음의 시작점을 저장하기 위해서이며 이 경우 추가적인 점이 없을 경우 잘못된 시작점의 위치로 소리가 끊어지는 현상이 생기기 때문이다.

a) 2의 제곱수를 사용해야 하는 경우

이 경우는 하나의 테이블 전체가 계속 반복되는 경우에 사용한다. 전체가 반복되는 경우에는 시작점은 항상 0이 되므로 추가적인 경계점이 필요 없게 된다. 이와 같은 반복을 사용하는 옵코드는 지금까지 빈번히 예제로서 사용된 오실(oscil)이 대표적인 경우이며 그 외에 oscil3, oscili 등이 있다. 시사운드 매뉴얼에서는 2의 제곱수를 사용하는 옵코드에는 거의 'required a wrap – around guard point'라고 적어 놓았다. 그러나 아래의 확장된 경계점을 사용하는 이유를 이해한다면 매뉴얼에 설명이 되어 있지 않은 경우에도 어느 쪽을 사용해야 하는지 쉽게 판단을 내릴 수 있을 것이다.

b) 2의 제곱수+1을 사용해야 하는 경우

이 경우는 첫 시작은 웨이브테이블의 첫 지점인 0에서 시작되지만 그 다음 시작 위치는 설정한 지연 시간(delay time)이 끝난 위치에 더해져 다음의 시작점은 이전에 끝난 바로 다음의 위치가 아니라 전혀 다른 위치에서 시작하게 된다. 이와 같은 경우에 시사운드는 추가적인 점을 이용하여 새로운 시작점을 기억해 둔다. 시사운드 매뉴얼은 이를 '확장된 경계점'(Extended guard point)이라는 용어를 사용하고 있으며 이와 같은 경우를 사용하는 옵코드는 oscil1, oscil1i, envlpx, tablei 등이 있다. 아래 표의 옵코드 oscil1은 oscil과는 달리 지연 시간이라는 항목을 가지고 있다. 이 경우는 처음에 0에서 시작한 후 다음의 시작은 끝난 위치에 이 지연 시간이 더해져 새로운 시작위치가 정해진다. 따라서 이 오실1이 사용하고 있는 함수테이블의 크기는 '2의 제곱수+1'의 값이 사용되어야만 매끄러운 컨트롤 시그널이 만들어질 수 있다.

<표 73> 옵코드 oscil1의 구문

k비율 **oscil1** i지연 시간, k진폭, i시간, i함수테이블 번호

시사운드 매뉴얼에서는 이 2의 제곱수+1을 사용하는 옵코드에는 '확장된 경계점이 필요하다.'는 내용(required the extended guard point)을 담고 있다.

2) 젠 루틴들(GEN Routines)

젠(Gen)은 산출/생성하는(Generating) 또는 산출자/생성자(Generator)의 줄임말
로서 오디오 시그널을 위해 요구되는 직접적인 파형들(waveforms)을 생성하며 또
한 사용자가 기타 이와 관련된 간접적인 데이터들을 입력하여 악기에서 불러 사
용할 수 있도록 일종의 데이터 저장소 역할을 제공해 준다. 이 후자의 경우의 예
를 들면 사용자는 특별한 젠 루틴들을 이용해서 평균율을 벗어난 다양한 피치
구조들을 설계할 수 있으며 또한 현재의 어떤 데이터를 제어할 경우에 사용할
수도 있다.

젠 루틴들은 기본적으로 웨이브테이블의 수직적 최댓값은 1로 중간값은 0으로
그리고 최솟값은 -1을 가진다. 예를 들어 사인파의 모양을 만든다면 그 수직적
인 값은 -1에서 1까지의 값으로 이루어지며 이들 사이의 값들은 무수한 소수점
을 가지는 값들로 이루어진다. 그러나 사용자 목적에 따라 이 젠 번호에 마이너
스(-)를 붙임으로써 어떤 값이든 원하는 값을 테이블에 사용할 수 있다.

(1) 사인 및 코사인 곡선 사용

가) 젠 9번

기본 사인파들의 가중 합산[82](weighted sums)으로 만들어지는 합성 웨이브폼을
산출하며 다음의 젠 10의 내용을 기본으로 하여 정수비뿐만 아니라 소수비의 배
음들도 입력할 수 있다.

나) 젠 10번

가장 기본이 되는 젠 루틴으로서 기본 사인파들의 가중 합산으로 만들어지는
합성 웨이브폼을 만들 수 있으며 항상 정수비의 배음들만을 사용할 수 있다.

다) 젠 11번

기본 코사인 파들의 가중 합산으로 만들어지는 웨이브폼으로서 배음들의 수와
시작 배음 번호 그리고 일괄적인 배음들의 진폭조정을 통해 젠 10과는 다른 소

---

82) 결합되는 시그널들의 진폭 값이 계속 더해지기 때문에 그 합이 최대 진폭을 초과할 경우 추가적인 조정이
필요하다.

리를 만들 수 있지만 그 조종범위는 상당히 제한되어 있다.

라) 젠 19번

젠 10과 같이 기본 사인파들의 가중 합산으로 만들어지는 합성 웨이브폼을 산출한다. 이에 보태어 각 배음마다 4개의 아규먼트를 필요로 한다. 이들 아규먼트의 첫 번째는 정수비뿐만 아니라 소수비를 포함하는 배음번호, 두 번째는 그 배음의 강도(세기), 세 번째는 페이즈(phase) 그리고 네 번째는 '디시 오프셋'(DC offset)[83] 값이다.

마) 젠 30번

외부의 파일을 불러들여 이를 분석하여 배음들을 산출한다. 아규먼트로는 사용할 가장 낮은 배음 번호와 그리고 가장 높은 배음 번호를 입력하여 그 한계를 정할 수 있다.

바) 젠 33번

기본 사인파형을 믹서하여 합성 웨이브폼을 산출한다. 특징은 이미 만들어져 있는 테이블을 가져와서 이용하는 것이다. 따라서 아규먼트로는 사용할 테이블 번호와 그리고 배음의 수와 진폭 조정 값을 가진다.

사) 젠 34번

젠 33과 유사하다. 다른 점은 젠 34는 소수비의 배음도 사용할 수 있다는 점이다. 그리고 사용되는 내부적인 방법이 다르다.

(2) 1개 이상의 선 및 지수곡선 사용

가) 젠 5번

지수곡선들(exponential curves)로 전체 인벨로프를 만든다.

---

83) 'DC offset'이란 아날로그를 디지털로 변환하는 과정에서 생겨난 것으로서 번역하면 '직류 오프셋'이라 할 수 있다. 디지털에서는 어떤 소리를 녹음 또는 시작하기 전에 그 진폭 값을 간단히 0으로 시작점을 정할 수 있지만 전기를 사용하는 아날로그에서는 항상 전류가 흐르고 있어 시작 진폭이 0이 아닌 위나 아래의 위치에서 시작하므로 이 값을 조정해 줄 필요가 있다. 즉 아무런 시그널이 없을 때는 0볼트를 유지하기 위해서 이에 상응하는 전기를 적용해야 하는데 이 추가적인 전기의 양을 또는 디지털에서는 값을 DC offset이라 한다.

나) 젠 6번

3차 다항식(cubic polynomials)에 의한 곡선들로 전체 인벨로프를 만든다.

다) 젠 7번

직선들로 전체 인벨로프를 만든다.

라) 젠 8번

하나의 부분 3차 스플라인 곡선[84](piecewise cubic spline curve)을 산출한다.

마) 젠 16번

시작과 끝의 값으로 하나의 직선이나 곡선을 산출한다. 그리고 추가적인 아규먼트를 통해 곡선의 모양이나 방향을 설정할 수 있다.

바) 젠 25번

지수곡선들(exponential curves)로 전체 인벨로프를 만든다. 젠 5와 유사하다.

사) 젠 27번

직선들로 전체 인벨로프를 만든다. 젠 7과 유사하다.

(3) 외부의 사운드파일 사용

젠 1번
외부의 사운드파일을 테이블로 불러들인다.
젠 23번
텍스트 파일의 숫자 값들을 읽어 들인다.
젠 28번
시간으로 구분된 내용으로 이루어진 텍스트 파일을 읽어 들인다. 각 행은 시간, X값, Y값의 3개의 값으로 이루어지며 이 값들은 예들 들면 시그널을 출력할 때 스피커의 이동을 위한 위치를 담을 수 있다.

---

84) 스플라인 곡선이란 주어진 점들을 통해 만들어지는 곡선을 말한다.

(4) 숫자 값을 사용하는 젠 루틴들

가) 젠 2번

함수테이블의 내부 순서에 맞추어 아규먼트에서 입력한 숫자가 차례로 배당된다. 예를 들어 함수테이블의 크기가 8이라면 아규먼트에서 1부터 8까지의 숫자를 입력할 수 있다. 이렇게 만들어진 함수테이블은 주로 옵코드 '테이블'(table, tablei)에서 이용된다.

나) 젠 17번

주어진 x와 y값들의 쌍들로 하나의 단계적 함수테이블을 만든다.

(5) 윈도 함수 젠 루틴들

가) 젠 20번

스펙트럼 분석이나 그레인(grain)[85] 인벨로프를 위한 다양한 윈도(들)를 산출한다.

(6) 랜덤 함수 젠 루틴들

가) 젠 21번

다양한 랜덤 분배(random distributions)를 위한 함수테이블들을 산출한다. 이들 함수를 통해 산출되는 수는 알고리즘이나 기타 임의의 수나 번호가 필요할 경우 사용된다.

나) 젠 40번

사용자가 만든 분배 히스토그램(histogram)[86]의 모양을 토대로 랜덤 분포를 산출한다. 이때 사용되는 히스토그램은 대부분의 젠 루틴으로 쉽게 만들 수 있다.

다) 젠 41번

확률 값을 가진 개개의 분리된 영역들에 대한 한 쌍의 숫자로 된 하나의 랜덤 리스트를 산출한다.

---

85) 낟알과 같이 짧은 소리.
86) 막대그래프.

라) 젠 42번

확률 값을 가진 개개의 분리된 영역들에 대한 랜덤 분배를 산출한다.

마) 젠 43번

피브이(PV) 분석을 가지고 있는 PVOCEX 파일을 함수테이블로 불러들인다.

(7) 웨이브쉐이핑 젠 루틴들

가) 젠 3번

하나의 다항식을 통해 함수테이블을 산출한다.

나) 젠 13번

하나의 다항식을 산출한다. 이 다항식의 계수들은 첫 번째 종류의 체비쉐브 다항식들(Chebyshev polynomials)[87]에 의해 만들어진다.

다) 젠 14번

하나의 다항식을 산출한다. 이 다항식의 계수들은 두 번째 종류의 체비쉐브 다항식들(Chebyshev polynomials)에 의해 만들어진다.

라) 젠 15번

다항식 함수를 가지는 2개의 함수테이블을 산출한다. 따라서 함수테이블 번호가 n번이면 두 번째 테이블의 번호는 n + 1이 된다.

(8) 진폭 조정(scaling) 젠 루틴들

가) 젠 4번

기존의 함수테이블을 불러들인 후 재조정(normalization)된 함수테이블을 산출한다. 이 재조정이란 −1에서 1까지의 값으로 조정되는 것을 말한다. 장점은 기존의 함수테이블의 설정을 고칠 필요가 없다는 점이다.

---

87) 삼각함수 항등식에서 사용된다.

나) 젠 12번

하나의 변경된 두 번째 종류의 베셀(Bessel) 함수의 로그(log) 값을 산출한다.

다) 젠 24번

이미 읽힌 다른 하나의 함수테이블로부터 숫자 값들을 읽고 재조정한다.

(9) 섞는(Mixing) 젠 루틴들

가) 젠 18번

기존의 웨이브폼들로 만들어진 합성 웨이브폼을 산출한다. 즉 기존의 여러 개의 함수테이블을 불러들여 선적으로 연결한다. 또한 서로 겹칠 수도 있으며 기존의 함수테이블의 시작과 끝을 마음대로 설정할 수 있다. 예를 들면 사인파와 삼각파를 서로 연결하거나 겹쳐 새로운 파형을 만들어 낼 수가 있다.

나) 젠 31번

기존의 함수테이블을 불러들이고 이에 새로운 배음들을 만들어 합성한다.

다) 젠 32번

기존의 여러 함수테이블들을 불러들이고 합성한다. 그리고 이들 각 테이블에는 하나의 배음번호를 설정하고 그 세기를 설정할 수 있다.

하. 설명문

프로그래밍 언어에 의해 짜이는 코드들은 사람의 언어에 의한 글들과는 달리 그 내용이 함축적이며 동시에 문제를 해결하는 과정에서 많은 변수들이 사용된다. 이 때문에 소스 코드를 작성하는 과정에서 반드시 설명문(comment)을 붙일 필요가 있다. 많은 경우에 있어서 만들 때는 그때의 모든 상황을 이해하면서 작성해 나가기 때문에 전혀 설명문을 붙일 필요가 없는 것처럼 느껴지지만 만약 아무런 설명을 붙이지 않은 경우 시간이 지난 후 다시 그 소스코드를 볼 경우 이해가 빨리 되지 않을 것이며 경우에 따라서는 처음부터 다시 이해하기 위해 상당한 시간을 낭비할 때가 생긴다.

이를 위해 모든 프로그래밍 언어들은 설명문을 위한 각각의 독특한 태그를 하나씩 제공하고 있다. 시사운드는 설명문을 위한 2가지의 태그를 제공한다. 그 하나는 초기에 만들어진 C언어에서 사용하는 하나의 행 및 여러 행을 동시에 묶을 수 있는 '/* 설명내용 */' 형태이며 다른 하나는 하나의 행마다 붙이는 세미콜론(;)이다. 주의할 점은 이 2가지를 섞어서 사용할 경우 시사운드가 제대로 실행이 되지 않는다는 점이다. 따라서 이 둘 중 하나를 선택해서 일관되게 사용해야 한다. 이들 둘 중 현재 가장 많이 사용되고 있는 태그는 세미콜론이다.

〈표 74〉 설명문을 위한 '세미콜론'의 예

```
; 기본 발진기
    instr  1
kamp  =  10000
kcps  =  440
ifn  =  1

                    ;진폭        진동수        테이블번호
a1        oscil   kamp,    kcps,     ifn
out   a1
    endin
```

〈표 75〉 C언어에서 가져온 설명문 태그의 예

```
〈CsScore〉
/* 함수테이블 1번,
 사인파형 */
f1   0   16384   10   1
```

거. 출력 메시지

시사운드가 실행되면 시사운드는 먼저 전체 악기파일의 내용을 스캔하면서 파일에 혹시 어떤 문제가 있는지를 점검한 후 만약 아무런 문제가 없다면 시사운드는 요구된 작업을 수행한다.

1) 오류 메시지

만약 파일을 스캔하는 과정에서 어떤 문제가 있다면 시사운드는 다른 모든 프로그래밍 언어들처럼 오류 메시지를 출력하며 실행을 중단한다. 이 경우 사용자는 출력된 오류 메시지를 통해 어떤 부분에 문제가 있는지를 이해하고 손쉽게 그 위치를 찾아 문제를 바로잡을 수 있다. 과거에는 시사운드가 아무런 오류 메시지 없이 실행이 안되거나 중단되는 경우가 종종 있었는데 최근에는 거의 완벽에 가깝다. 앞으로는 이 오류 지적기능이 더 강화될 것으로 본다.

한가지 참고 사항으로 저자의 경험으로 볼때 중요한 파일은 따로 보관하고 늘 사본으로 작업하기를 권장한다. 또 어떤 연구의 내용이 한 단락을 이룰때는 그때마다 파일 이름 끝에 일련의 번호를 붙여 저장해 가는 방법을 권한다.

2) 상황 메시지

만약 악기파일에 아무런 문제가 없다면 시사운드는 요구된 작업을 시작하면서 동시에 현재 진행되고 있는 내용을 출력한다. 사용자는 이와 같은 메시지들을 통해서 현재 어디쯤 진행되고 있으며 또 진폭을 초과한 음표들이 있는지 등을 파악할 수 있다.

```
new alloc for instr 1:
B  0.000 ..  0.500 T  0.429 TT  0.429 M:  12283.5  12283.5
B  0.500 ..  1.000 T  0.857 TT  0.857 M:  12308.2  12308.2
B  1.000 ..  1.500 T  1.286 TT  1.286 M:  12286.7  12286.7
B  1.500 ..  2.000 T  1.714 TT  1.714 M:  12326.7  12326.7
B  2.000 ..  2.500 T  2.143 TT  2.143 M:  12286.7  12286.7
new alloc for instr 1:
B  2.500 ..  4.500 T  3.857 TT  3.857 M:  15555.7  15555.7
Score finished in csoundPerform().
inactive allocs returned to freespace
end of score.            overall amps:  15555.7  15555.7
          overall samples out of range:     0     0
0 errors in performance
```

〈그림 137〉 시사운드의 출력 메시지

위의 그림은 대표적인 시사운드의 출력 메시지의 포맷이다. 맨 위의 'new alloc for instr 1:'은 악기 1번을 위한 메모리 할당을 한다는 것으로 악기 1번 연주가 시작된다는 의미다. 그 다음 라인의 B는 박(beat)을 의미하며 첫 번째 것은 시작박 두 번째 것은 다음 소리의 시작박을 나타낸다. T(time)는 현재 섹션에서의 B의 두 번째 항목의 시작박 시간을 초로 나타내며 TT(total time)는 B의 두 번째 항목의 시작박 시간을 전체 스코어의 시간으로 표시한다. 마지막으로 M(maximum amplitude)은 최대 진폭 값을 의미하며 이 M의 항목은 채널 수와 일치한다. 따라서 위 그림에는 2개의 항목으로 되어 있으므로 2채널(스테레오)로 출력하고 있다는 것을 알 수 있으며 이 경우 채널 순서는 첫 번째 항목이 왼쪽 채널이며 두 번째 항목이 오른쪽 채널이 된다.

〈표 76〉 출력 메시지의 포맷과 의미

시작박	다음음표 시작박	섹션 시간	전체 시간	최대 진폭	왼쪽 채널	오른쪽 채널
B 1.000 ..	1.500	T 1.500	TT 4.929	M:	12320.0	12320.0

모든 작업이 끝나면 시사운드는 전체 평균 진폭 값(overall amps)을 제시하고 마지막으로 연주에서 에러가 몇 번 있었는지(0 errors in performance)를 알려 준다. 만약 전체 평균 진폭 값이 최대 진폭 값(32,767)을 초과했다면 출력 메시지들을 거슬러 올라가서 정확히 어떤 소리들이 초과했는지를 파악한다면 스코어의 수정에 상당한 도움이 될 것이다.

너. 수학 관련

1) 수학 공식

시사운드는 디지털 소리를 제작하는 프로그램이다. 그리고 디지털 소리들은 숫자로 되어 있다. 따라서 원하는 목적의 소리를 만들기 위해서 사용자는 이들 디지털 숫자들을 더하고(+) 빼고(−) 곱하고(*) 나누며(/) 그리고 그 결과를 대입

(=)을 사용하여 전달한다. 그리고 이 과정에서 사용되는 연산자들은 초등학교에서 배운다. 실제로 수십만 개의 시사운드 악기들을 살펴보면 99% 이상의 코드는 단지 이 5개의 연산자들로 만들어진다.

그 외의 연산자들, 지수 함수의 지수 값 구하기(exp)나 로그 함수의 자연로그 값 구하기(log) 등등의 연산자들은 사용자의 목적에 따라 특별한 값을 만들어 시사운드에 입력하기 위함인데 이들을 사용한다고 해서 더 좋은 소리가 만들어지는 것은 결코 아니다. 시사운드에는 이와 같은 복잡한 계산이 요구되는 내용이 있으면 이들을 모두 옵코드에 포함하고 있다. 이 때문에 시사운드 프로그램을 사용하는 이유이며 그렇지 않다면 궁극적으로는 사용자가 C언어를 사용해서 기초부터 프로그래밍하는 결과로 이어질 것이다. 그리고 대부분의 경우에 있어 시사운드가 제공해 주는 수많은 옵코드를 잘 살펴보면 특별히 수학적 연산을 새로이 짜내느라 고민할 필요가 없음을 알게 될 것이다.

   (1) 더하기(+, addition)

      예) ir = 2 + 3

      ir은 5의 값을 가진다.

   (2) 빼기(−, subtraction)

      예) ir = 4 − 2

      ir은 2의 값을 가진다.

   (3) 곱하기(*, multiplication)

      예) ir = 2*2

      ir은 4의 값을 가진다.

   (4) 나누기(/, division)

      예) ir = 6/2

      ir은 3의 값을 가진다.

2) 연산 우선순위

시사운드에서 소리를 만드는 과정에서 종종 사칙연산을 하게 된다. 이 과정에서 어떤 연산이 먼저 이루어지는가에 대해 알아 둘 필요가 있다. 또한 조금 더 시사운드에 익숙해지면 위의 사칙연산 외에도 기타 연산자에도 조금씩 관심을 가지게 될 것이다. 시사운드에서 사용하는 연산자는 대부분의 경우 C언어에서 사용하는 그것들과 동일하며 그 전체 수는 C언어보다 조금 적다.

다음의 표에서 나타나듯이 시사운드에서의 연산은 괄호 안의 내용이 가장 먼저 수행된다. 만약 괄호가 중첩되어 있는 경우는 제일 안쪽의 괄호부터 계산한다. 사칙 연산에서 우선 순위는 곱하기, 나누기, 더하기 그리고 빼기 순으로 이루어진다. 아래 표의 내용은 수학에서는 물론 시사운드 및 모든 프로그래밍 언어에서 똑같이 적용된다. 이와같은 순위 문제를 해결하는 간단한 방법은 괄호를 사용하는 것이다.

〈표 77〉 연산자들의 우선순위 차트

순위	연산자	결합 순서
1	( )	괄호
2	*	곱셈
3	/	나눗셈
4	%	나머지
5	+	덧셈
6	−	뺄셈
7	〈	작다
8	〈=	작거나 같다
9	〉	크다
10	〉=	크거나 같다
11	= =	같다
12	!=	같지 않다
13	&	비트단위 연산 and
14	^	제곱
15			비트단위 연산 or
16	&&	그리고
17	||	또는
18	?	(~이면 − ~아니면 −) 예:(a != b ? v1 : v2)
19	:	(위의 예와 같이 두 선택 값을 분리)

3) 수학 용어

(1) π

'파이'의 값은 3.14159……이며 원 둘레를 구하기 위해서 사용되는 중요한 초월수[88]다.

(2) e

'이'의 값은 2.71818……이며 오일러의 수(Euler's number)에서 첫 글자 e를 가져왔을 것이라 생각된다. 위의 파이와 같이 어떤 규칙적인 결과를 얻기 위해 자주 사용되는 중요한 초월수다.

(3) 긴 수의 표기

가) 7,890,000,000

위와 같이 값이 아주 큰 정수는 $7.89*10^9$ 또는 7.89E9 또는 7.89e9와 같이 10의 제곱수를 써서 종종 줄여서 표현한다. 여기서 E 또는 e는 지수(exponent)의 약자다.

나) 0.0003463

위와 같이 길이가 긴 부동소수는 또한 $3.463*10^{-4}$ 또는 3.463E-4 또는 3.463e-4와 같이 10의 제곱수를 써서 종종 줄여 표현한다.

4) 수학 함수: $f(x)=x^2$

수학에서 함수는 하나의 간단한 규칙이다. 웹페이지 등을 통해 시사운드에 관한 글을 읽다 보면 가끔 어떤 규칙을 간단히 나타내고자 이와 같은 함수의 형태를 접할 때가 있다.

'f(x)=x^2'에서 f는 함수(function)의 약자로서 함수를 대표하는 임시적인 이름이

---

88) 무한히 긴 불규칙한 소수로밖에 나타낼 수 없는 수를 말한다.

다. x는 인수(因數)[89] 또는 독립변수라 하며 그리고 x^2을 종속변수라 한다. 여기서 독립변수 x가 2면 출력 값인 종속변수는 4가 된다. 따라서 입력 값이 3, 4, 5 라면 출력 값은 각각 f(3)=9, f(4)=16, f(5)=25와 같이 쓴다. 따라서 어떤 식 'f(x)=2x' 가 있다면 그리고 인수 x가 20이라면 출력 값인 종속변수 값은 40이 될 것이다.

많은 경우에 있어서 함수의 임시적인 이름인 'f'라는 이름 대신 실질적인 이름이 사용되곤 한다. 예를 들면 'sin(30)=1/2'이 있다면 이 함수의 이름은 'sin'이고 인수는 30 그리고 출력 값은 1/2을 나타낸다. 또한 함수의 이름이 필요 없을 때는 $f(x)=x^2$을 종종 $y=x^2$과 같이 표현한다. 그러면 여기서의 y는 종속변수의 값을 대표하는 또 하나의 종속변수가 되는 셈이다.

그러면 잠시 사인곡선의 그래프를 그릴 때 사용하는 함수인 '$f(t)=\sin(2\pi ft)$'에 대해 알아보자. 이 함수는 소리를 이야기할 때는 빼놓을 수가 없는 식이다. 여기서 t는 시간을 나타내며 sin은 높이/빗변 값을 구하기 위해 사용되는 현재 식의 부속함수인 삼각함수다. 원주율 파이(π)의 값은 3.14159……이며 2π는 지름이 2 또는 반지름이 1인 하나의 원의 길이가 된다. 오른쪽의 f는 함수의 약자가 아니라 진동수인 frequency의 약자이다.

시사운드에서 빈번히 사용하는 함수테이블(functin table)은 항상 하나의 진동의 모습을 나타낸다. 따라서 위의 공식으로 사인곡선을 위한 시사운드의 함수테이블을 만든다면 f는 1로 설정해야 하므로 f(t)=sin(2 * 3.14 * 1 * t)가 된다. 여기서 'sin(2 * 3.14 * 1(진동수))'의 최댓값은 1에 가깝고 최솟값은 -1에 가까운 값이 된다. 그리고 t는 전체의 시간으로 1로 나타낼 수 있다. 이 전체 값을 다른 값으로 할 수도 있는데 1로 하는 이유는 수학의 기본 법칙으로 어떤 전체 값에 1을 곱하면 원래의 전체 값이 나오기 때문이다. 따라서 이 전체 시간인 1을 얼마나 세분화하느냐 따라 곡선의 모양은 거칠게 또는 매끈하게 만들어진다. 예를 들어 전체를 2,048개로 나눈다면 처음의 t 값은 1/2048, 두 번째의 t는 2/2048, 세 번째는 2/2048 등이 된다.

---

89) 어떤 요인을 발생시키는 수라고 이해하면 될 것이다.

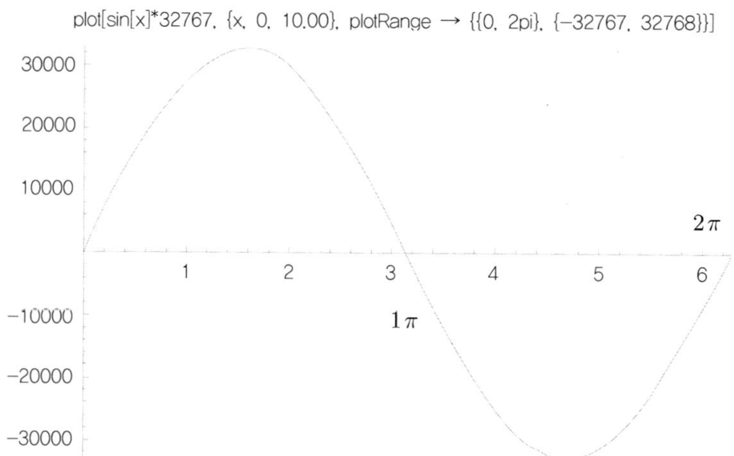

〈그림 138〉 매스매티가(Mathematica)를 이용해서 그린 사인 그래프

```
sub main()
    '=======사인파를 위한 함수 테이블===========
    const L = 16 '--함수 테이블 크기(function table size)
    redim table(L)
    '--1 사이클을 위한 테이블 만들기
    for i =0 to L-1
        table(i) = sin(2 * 3.14 * i/L)
        s = s & formatnumber(table(i),15) & vbcrlf
    next
    sco.text = s
end sub
```

```
0.000000000000000
0.382499497276010
0.706825181105366
0.923650811946811
0.999999682931835
0.924260001079857
0.707950908648432
0.383970552901897
0.001592652916487
-0.381027471422965
-0.705697660668477
-0.923039279931989
-0.999997146387718
-0.924866845785891
-0.709074840442217
-0.385440634569229
```

〈그림 139〉 위의 식을 이용해서 만든 프로그램 및 산출 결과

5) 빈번한 수학 문자

* 세타(Θ): theta

* 파이(π): pi

* 오메가(ω): omega

* 람다(λ): lambda

〈표 78〉 그리스 문자들

	대/소문자	우리말	영어
1	A α	알파	Alpha
2	B β	베타	Beta
3	Γ γ	감마	Gamma
4	Δ δ	델타	Delta
5	E ε	엡실론	Epsilon
6	Z ζ	제타	Zeta
7	H η	에타	Eta
8	Θ θ	세타	Theta
9	I ι	요타	Iota
10	K κ	카파	Kappa
11	Λ λ	람다	Lambda
12	M μ	뮤	Mu
13	N ν	뉴	Nu
14	Ξ ξ	자이, 사이, 크시	Xi
15	O o	오미크론	Omicron
16	Π π	파이	Pi
17	P ρ	로	Rho
18	Σ σ	시그마	Sigma
19	T τ	타우	Tau
20	Y υ	웁실론	Upsilon
21	Φ φ	파이(fai)	Phi
22	X χ	카이	Chi
23	Ψ ψ	사이	Psi
24	Ω ω	오메가	Omega

10

시사운드 기초 프로그래밍 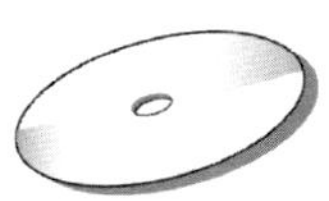

지금까지의 과정을 통해 오케스트라파일의 구조 또는 악기를 제작하는 과정에 대해서는 어느 정도 익숙하게 되었다. 이제 이 장에서는 실제 악기들을 제작해 본다. 시사운드가 실행되기 위해서는 반드시 텍스트로 만들어진 오케스트라파일 과 이를 연주하는 방법이 담긴 스코어파일이 있어야 한다. 이후 시사운드를 실행 하면 시사운드는 먼저 이들 텍스트 파일을 한 줄씩 차례대로 읽으면서 문제가 없는지 검토한다. 이 조사시간은 전체 행이 짧을 경우에는 만분의 1초도 걸리지 않는다. 만약 문제가 있다면 에러 메시지를 내보내고 실행을 중단한다. 아무런 문제가 없다면 다시 전체 파일을 한 줄씩 차례대로 읽어 들이면서 사용된 변수 들을 컴퓨터 메모리에 저장을 한 후 스코어에 쓰인 대로 시간에 맞추어 연주를 하게 된다.

가. 간단한 사인파 악기

시사운드를 처음 접할 때 누구나 만들어 보는 악기가 젠(gen) 10과 오실(oscil) 옵코드를 이용하는 사인파 악기다. 이 간단한 첫 악기의 내용을 잘 이해한다면 앞으로 전개될 다양한 옵코드들을 사용하는 어떠한 복잡한 악기도 이해하는 데 에 큰 어려움이 없을 것이다.

푸리에(Jean Baptiste Joseph Fourier, 1768~1830)는 모든 종류의 합성된 주기 적인 웨이브폼은 화성적으로 관련된, 즉 서로 잘 어울리는 사인곡선들을 결합한 하나의 세트로 만들어질 수 있다는 원리를 발표한다. 이후 이 원리를 바탕으로 반대로 어떤 합성된 소리를 분해하는 FFT가 만들어졌다. 이처럼 사인곡선을 합 성하는 젠 10과 이를 산출하는 옵코드 오실은 단지 기본적인 악기를 위한 예제 로서만이 아니라 실제 모든 종류의 디지털 소리 제작을 위한 과정에서 널리 사 용된다.

〈표 79〉 간단한 악기 제작

```
sr        = 44100    ;샘플 비율(시디 음질)
kr        = 4410     ;컨트롤 비율
ksmps     = 10       ;sr/kr의 값
nchnls    = 1        ;출력 채널의 수(모노)


    instr 3
asig    oscil  10000,  220,  2
out   asig
    endin
```

〈표 80〉 스코어

```
f2   0    8192    10    1

i3   0.15    2
e
```

1) 샘플 비율(sr : sample rate) 설정

샘플비율은 옵션으로 설정하지 않아도 된다. 이 경우 기본값 시디음질 44100
이 자동적으로 적용된다. 위 표에서의 샘플 비율은 시디 음질인 44,100이다. 즉
1초의 소리를 위한 모양(wave line, waveform)을 위해 44,100개의 점을 사용한다는
의미다. 만약 DVD 음질을 사용한다면 이 비율의 두 배인 88,200 또는 48,000의
두 배인 96,000을 입력하면 된다.

샘플 비율을 높게 설정할수록 보다 정밀하게 소리의 모양을 만들 수 있지만
이 비율이 높은 만큼 컴퓨터의 연산시간은 더 길어지며 또 사운드파일로 만들
때 데이터의 크기가 더 커진다. 따라서 고음질의 결과를 원한다면 테스트할 때는
시디 음질을 사용하고 최종 출력물은 DVD 음질로 바꾸어 최종 사운드파일을 만
드는 방법이 권장된다.

2) 컨트롤 비율(kr, kontrol rate, control rate) 설정

컨트롤 비율도 옵션으로 설정하지 않아도 된다. 설정하지 않을 경우는 sr 값의 1/10로 자동설정된다. 만약 설정할 경우 컨트롤 비율은 샘플 비율과 같거나 낮아야 하며 샘플 비율을 어떤 수를 나누었을 때 나머지 없이 떨어지는 수를 컨트롤 비율을 위한 값으로 사용할 수 있다. 앞 장에서 자세히 설명된 바와 같이 컨트롤 비율은 전역 변수로서 현재 악기파일에 사용될 모든 악기를 위한 초당 반복 횟수를 결정하게 된다. 따라서 이 값은 한번 설정이 되면 모든 악기에 똑같이 적용되며 나중의 행에서 이 값을 바꿀 수 없다.

그러면 이 값은 어느 정도가 좋은지에 대해 생각해 보자. 컨트롤 비율의 값은 크면 클수록 현재 사용되는 모든 악기들의 초당 반복의 횟수가 많아진다. 즉 만약 kr 값이 4410이고 악기가 100개 있다면 100개 악기가 차례대로 한번씩 실행되고 이같은 전체반복이 초당 4410번 진행된다.

<표 81> 시사운드의 반복문

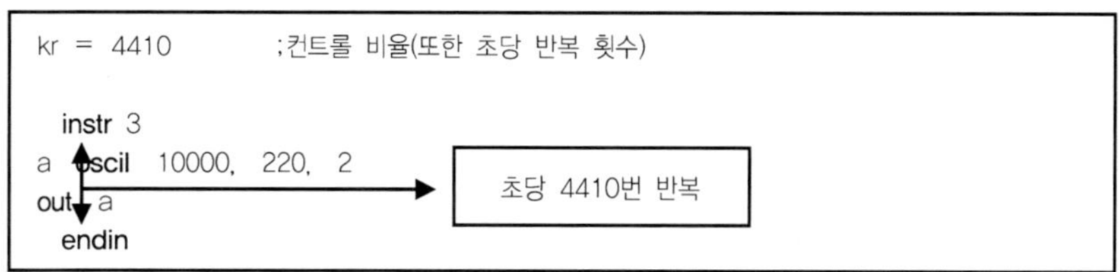

<표 82> 보편적인 프로그래밍 언어에서 do 반복문으로 나타난 예

```
do   3
  a  oscil  10000,  220,  2
  out  a
loop
```

일반적으로 컨트롤 비율의 값이 크면 클수록 이에 관련된 시그널들의 제어는 보다 세부적으로 이루어진다. 반면 그 실행속도는 반비례한다. 따라서 이 컨트롤 비율을 샘플 비율로 똑같이 설정하는 것은 권장할 만한 방법은 아니다. 실제로 초당 44,100번의 반복적인 연산은 아주 빠른 속도를 요구한다. 위 표의 경우는 단지 2줄의 연산만이 반복되므로 아무런 문제 없이 수행되지만 경우에 따라 수십, 수백 개의 행이 악기에 포함되어 있는 경우 실시간의 연주는 빈번히 끊어질 것이다.

많은 경우에 있어 컨트롤 배열 변수들은 진폭을 위한 인벨로프나 팬 등등의 제어를 위해 사용되는데 오디오 시그널의 샘플 하나하나마다 값을 변화시킨 것과 열 개의 단위로 변화시킨 것은 실제 연주에서 크게 다름을 만들지 않는다. 이는 인간의 청력의 물리적 한계 때문이라 할 수 있다. 즉 1초 동안에 소리가 점차 커지는 과정을 44,100개나 4,410개로 구분된 변화를 귀로 들어 보면 그 차이를 거의 느끼지 못한다. 대체로 지금까지 시사운드 사용자들이 가장 많이 사용하는 비율은 오디오 비율의 1/10이다. 즉 오디오 시그널 비율이 44,100이라면 컨트롤 비율은 4,410이다. 그럼에도 불구하고 경우에 따라 아주 정밀한 변화가 필요하다면 테스트할 때는 컨트롤 비율을 낮게 하고 최종 출력물을 제작할 때는 비율을 높게 하면 될 것이다.

3) 악기 제작

‘ksmps’와 ‘nchnls’에 대해서는 이미 앞 장에서 자세히 설명되었다. 이와 같은 머리 부분이 설정된 후 악기제작이 시작되는데 경우에 따라 사용자에 의한 ‘g’로 시작하는 전역 변수들이 제시될 수 있다. 위 표의 예제에는 없지만 사용자에 의한 전역 변수들은 오케스트라파일의 어디에든 둘 수 있다. 그러나 상식적으로 소스 코드의 편리한 이해를 위해서 눈에 잘 띄도록 첫 악기가 시작되기 전에 두는 것이 일반적이다.

(1) 옵코드 instr

먼저 악기의 시작을 알리는 ‘instr’ 옵코드가 시작된다. 단어 악기(instrument)에서 따온 옵코드 ‘instr’은 하나의 악기 시작을 알리기 위해 사용된다. 그리고 이들 악기들을 구분하기 위해 옵코드 instr은 악기 번호 또는 텍스트로 된 이름들을 아규먼트로 요구한다. 대개의 경우 어떤 악기를 먼저 시작시키는 가에 대한 중요성은 낮다. 그러나 경우에 따라 악기사이에서 데이터를 주고 받는 경우는 데이터를 전달하는 악기를 먼저 시작시켜야 한다. 예를 들어 리벌브와 같은 음향효과 악기를 먼저 시작시키면 이 악기는 아직 아무데이터를 전달받지 못했기에 첫 반복시 그냥 지나간다. 즉 한번의 컨트롤주기를 놓치게 되는 것이다. 이와 같은 경우는 거의 소리에 차이가 없지만 만약 중요한 데이터라면 큰 문제가 된다.

가) 번호 사용

악기 번호는 0보다 큰 정수를 사용해야 한다. 시사운드는 실행 전에 내부적으로 악기 번호 순서대로 각 악기의 순서를 재정리하기 때문에 각 악기들은 번호 순서에 관계없이 자유롭게 배치될 수 있다. 일반적인 규칙은 번호악기들이 먼저 시작되고 이름악기들이 뒤따른다. 번호악기들은 작은 번호에서 큰 번호 악기 순서로 차례대로 시작된다. 그리고 하나의 악기 구역이 끝나면 반드시 옵코드 'endin'을 사용해서 그 끝을 표시해야 한다.

경우에 따라 하나의 악기에 둘 이상의 악기 번호를 사용하는 이유는 같은 악기들이 사용되는 다성부의 음악에서 트랙(track)이나 성부(voice)와 같은 개념으로 사용하기 위해서다. 이는 스코어에서 악보를 읽어 나가는 데에 도움을 준다.

예를 들어 하나의 악기 번호만 설정된 경우 두 개의 성부가 똑같은 악기를 사용할 때 설명문을 통해서 또는 성부별로 모아 둘 수도 있겠지만 그렇지 않을 경우에는 스코어에 모두 악기 1번으로 표시되어 각 성부를 구별하기가 쉽지 않다.

〈표 83〉 다성부 음악에서 성부1과 성부3이 같은 악기를 사용하는 경우의 예

```
   instr 1, 3              ;악기에서 악기 번호 2개를 설정
;= = = = = = = = = = =스코어에서
i1  0  0.3  8.00          ;성부1
i3  0  0.3  8.04          ;성부3
```

나) 이름 사용

만약 사용자가 원한다면 각 'instr'을 구별하는 악기 번호 대신에 그 악기에 어울리는 적당한 텍스트로 된 이름을 사용할 수 있으며 스코어에서는 이들 악기 이름에 인용부호를 사용해야만 한다.

〈표 84〉 번호대신 이름을 사용한 예

```
    instr   violin, cello, etc
k   linseg  0, .1, 1, p3 - .1, 0
a   oscil   7000*k, cpspch(p4), 1
outs a, a
    endin
```

〈표 85〉 번호 대신 이름을 사용한 예를 위한 스코어

```
i"violin"   0   0.3   8.00   ;i와 이름을 붙일 수 있다.
i "cello"   1   0.3   8.02   ;i와 이름 사이에 빈칸을 둘 수도 있다.
i"etc"      2   0.3   8.04
i"violin"   3   1.3   9.0
```

① 이름만

먼저 악기 번호 사용 없이 이름만 사용하는 경우에는 각 악기 이름들이 먼저 등장하는 순서대로 순위가 정해진다. 이 경우 리벌브나 딜레이 또는 필터악기들이나 또는 어떤 특정한 악기를 맨 뒤의 순서로 되게 하려면 이름 앞에 '+'(더하기) 기호를 붙인다. 만약 '+' 기호가 여러 개 사용되었다면 '+' 기호가 사용된 이름들 간의 우선순위는 앞서와 같이 먼저 등장하는 순서대로 순위가 정해진다.

② 섞여 있는 경우

먼저 번호가 사용된 악기들이 번호 순서대로 순위가 고정된다. 그 다음 텍스트로 된 이름들이 등장하는 순서대로 정리된 후 앞서의 악기 번호대로 정리된 순서에 빈 번호가 있으면 차례대로 채워진다. 따라서 번호악기 전부를 먼저 시작시키려고 한다면 악기번호는 1번부터 시작하고 번호는 1씩 증가시키고 건너뛰지 말아야 한다. 만약 비어 있는 번호가 없다면 정리된 악기 번호의 마지막 번호 다음에 차례대로 순위가 매겨진다. 그리고 최후에 '+'가 붙여진 이름들이 있다면 맨 뒤에 붙여진다.

```
        instr 1, 2
        endin

        instr violin
        endin

        instr +reverb, etc1
        endin

        instr 100, viola, +etc2, cello, 5
        endin
```

위 표와 같이 번호와 이름을 섞어 사용한 경우 그 순위를 차례대로 나열하면 다음과 같다.

〈표 87〉 위 예의 악기들의 실제 순서 그리고 실행될 때 내부적으로 정렬된 악기 번호

1,	2	3,	4,	5,	6,	7,	100,	101,	102	-〉 실제 적용되는 악기 번호
1,	2,	violin,	etc1,	5,	viola,	cello,	100,	+reverb,	+etc2	

다) 결론

번호와 이름을 같이 섞어 사용하는 방법은 큰 문제는 없지만 앞서와 같이 전역 변수들을 사용해서 악기들끼리 데이터를 주고받을 때는 순위 문제에 의한 혼란이 생길 수도 있다. 따라서 번호만 또는 이름만 사용하는 것이 간편하다.

(2) 옵코드 oscil

오실(oscil) 옵코드는 시사운드에서 가장 널리 사용되는 중요한 시그널 산출기다. 이 옵코드는 사용자가 함수테이블(function table)에서 만든 온갖 파형과 데이터를 불러들일 수 있으며 이를 바탕으로 오디오 시그널을 출력하며 또한 컨트롤 시그널도 출력할 수 있기 때문에 다른 시그널들을 제어하는 중요한 역할도 수행한다.

위 표의 'oscil' 옵코드는 3개의 아규먼트(요구 항목)와 하나의 옵션 아규먼트를 가진다. 첫 번째 아규먼트는 진폭, 두 번째는 진동수, 세 번째는 스코어에서 정의

한 함수테이블의 번호다. 여기서 첫 번째 항목인 진폭(값)을 위해 입력할 수 있는 최댓값은 32,767이다. 이보다 더 큰 값을 입력해도 실행은 되지만 초과할 경우 소리에 찌그러짐이 발생할 수 있다. 이 최댓값은 음질 선택에서 16비트 시디 음질이 아니라 24비트나 32비트 음질을 선택하더라도 이 최댓값은 변하지 않는다.

과거 시사운드의 16비트 버전에서는 단지 정수 부분만(0~32,767)을 사용했지만 앞부분에서 언급된 바와 같이 시사운드의 32비트 버전은 내부적으로 항상 32비트 부동소수로 계산된다. 쉽게 말하자면 32비트 버전에서는 23,030.2와 같이 소수점을 사용하여 보다 정교한 진폭의 모양을 만든다. 그리고 64비트 버전에서는 이보다 더 소수점자리를 늘려서 진폭 값을 정교히 표현한다. 이때도 진폭의 최댓값은 32,768을 그대로 사용하면 된다.

옵코드 오실은 다음의 예와 같이 하나의 옵션 항목을 가지는데 이는 페이즈(phase, 위상) 값을 지정할 수 있는 네 번째의 아규먼트다. 이 페이즈 값은 하나의 진동의 모양을 나타내는 웨이브 라인상에서 한 점을 시작위치로 지정할 수 있다. 이 옵션 항목을 사용하지 않는다면 시사운드는 자동으로 이 네 번째 아규먼트인 페이즈의 값을 0으로 해서 실행한다. 즉 페이즈 값이 0이란 의미는 설정한 웨이브폼의 시작점을 말하여 이 지점에서 진동을 시작한다는 것을 의미한다.

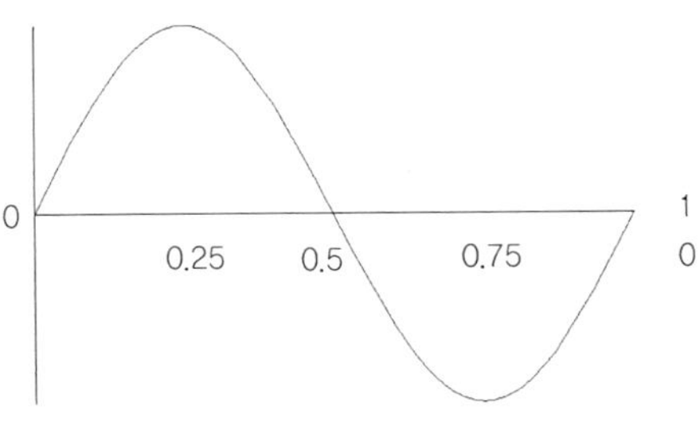

〈그림 140〉 시사운드의 페이즈 값

웨이브폼에서 페이즈는 이론적으로 각도로 나타내기도 하지만 시사운드에서는 0에서 1까지의 값으로 표시된다. 즉 90도는 0.25로, 180도는 0.5, 360도는 진동의 시작과 같으므로 0 또는 1로 표시될 수 있다. 따라서 만약 이 네 번째 항목에 0.5를 입력한다면 진동의 시작(소리의 시작)은 위 그림의 중간지점에서 시작된다. 이 페이즈 값은 대부분의 경우 사용할 이유는 별로 없지만 경우에 따라 웨이브 모양을 이용해서 오디오 시그널이나 기타 시그널을 제어할 경우에 사용될 수 있다. 예를 들면 팬이나 진폭을 제어하는 일종의 인벨로프로 이용될 수 있다. 이에 대해서는 뒷장에서 팬 컨트롤을 위한 예에서 설명된다.

그러나 페이즈에 대해서는 알고 넘어가야 한다. 만약 같은 진폭과 진동수를 가진 시그널이 하나는 페이즈 0에서 다른 하나는 페이즈 0.5(180도)에서 시작한다면 우리는 아무런 소리를 듣지 못한다. 그 이유는 다음의 그림에서와 같이 진폭 값이 서로 상쇄하여 항상 0을 만들기 때문이다. 실제 많은 소리를 믹서하는 경우 디지털이든 아날로그 소리든 어떤 소리가 사라지는 원인은 이와 같은 현상에 의해서이며 단지 우리가 인식을 못 할 뿐 일상생활에서의 공기의 진동에서도 종종 일어난다.

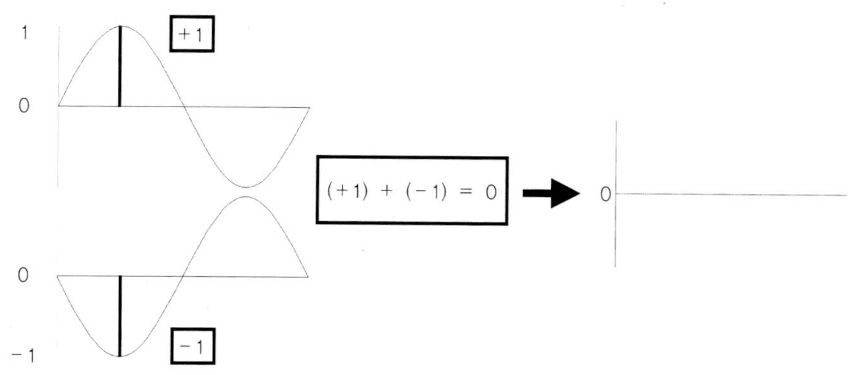

〈그림 141〉 진동의 상쇄

〈표 88〉 페이즈에 의한 소리 상쇄의 시사운드 예제(소리 없음)

```
    instr 3
              ;진폭      진동수     테이블번호          페이즈
a1  oscil  10000,    220,     2                          ;페이즈  0
a2  oscil  10000,    220,     2,              .5         ;페이즈  0.5
out  a1 + a2
    endin
```

(3) 옵코드 out

마지막으로 'out'은 모노 악기를 위해서 사용되는 출력 옵코드로서 오디오 시

그널을 출력한다. 만약 앞의 예에서 'nchnls = 2'로 설정했다면 'out' 대신에 'outs'나 또는 'outc'를 사용해야 실행이 된다.

<표 89> 스테레오 출력

```
nchnls  =  2          ;출력 채널의 수(스테레오)

outs a1, a2           ;또는 outc  a1, a2
```

4) 스코어 만들기

스코어 부분은 함수테이블(function table)을 만드는 f문과 연주하는 방법을 담은 i문(instruments)으로 이루어진다. 먼저 악기에서 요구하는 함수테이블이 있다면 f문을 작성하고 다음에 i문을 작성한다. 여기서 한 가지, 악기와 스코어를 만들 때 특별히 기억할 것은 스코어 부분(csd 파일) 또는 스코어파일(sco 파일)에서는 쉼표를 전혀 사용하지 않는다는 점이다. 대신 항상 빈칸으로 모든 항목들을 구분한다.

(1) 함수테이블

함수테이블을 나타내는 'f' 다음에는 첫 번째 항목이 되는 각 테이블을 구별하기 위한 번호를 붙인다. 이 번호는 'f'와 붙여 써도 되고 빈칸을 두어도 된다. 두 번째 항목은 함수테이블이 적용되는 시간을 입력한다. 세 번째 항목은 함수테이블의 크기를 입력한다. 이 크기란 오디오 시그널에서와 같이 웨이브 라인을 표현할 샘플의 수를 의미한다.

다음 표에서 사용된 8,192는 테이블의 크기가 8,192개의 점으로 또는 8192개의 데이터로 이루어진다는 것을 의미한다. 따라서 만약 현재 음질(sr)이 시디 음질로 설정되어 있다면 하나의 점은 16비트 또는 2바이트를 차지하므로 16,384바이트 또는 16Kbyte(16384/ 1024)의 메모리가 사용될 것이다. 이 함수테이블의 적당한 크기는 앞 장의 '함수테이블의 구조'에서 자세히 설명되었듯이 그 크기는 항상 2의 제곱수 또는 2의 제곱수에 1을 더한 수만을 사용해야 한다. 이 둘 중 어떤 수를 사용해야 하는가는 앞 장에서 자세히 설명되었으므로 참고 바란다.

마지막으로 네 번째 항목에는 사용할 젠 번호를 입력한다. 이 네 번째까지는 젠 루틴을 사용하는 모든 f문에서 똑같은 구조를 가진다. 그러나 이후 사용되는 항목들의 구조는 전적으로 이 네 번째 항목에서 설정된 젠 번호에 달려 있다. 앞서 언급된 바와 같이 경우에 따라서 이 젠 번호에 '−'를 붙이는 경우가 있다. 젠 루틴들은 기본적으로 웨이브테이블의 수직적 최댓값은 1로 중간 값은 0으로 그리고 최솟값은 −1로 재조정을 하지만 이 젠 번호에 마이너스(−)를 붙이는 경우는 이와 같은 재조정을 하지 않고 사용자가 설정한 그대로의 값이 사용된다.

예를 들면 다음의 표는 함수테이블의 데이터를 악기에서 불러 사용하는 젠 2번의 예다. 첫 번째는 양수를 두 번째는 음수를 사용하고 있다. 첫 번째행의 경우는 양수이므로 시사운드에서 자동으로 최대 1에서 최소 −1 값으로 재조정한다. 즉 아래 표의 현재 데이터에서 제일 작은 값인 1은 −1로 그리고 제일 큰 수는 11이므로 이 11을 최댓값인 1로 해서 이에 맞추어 모든 값들이 재조정되는 것이다.

두 번째행의 경우는 음수(−)를 사용하고 있기 때문에 시사운드는 이들 입력된 값들을 재조정하지 않는다. 이와 같은 경우는 옵코드 테이블(table) 등을 사용해서 이들 값 있는 그대로 악기에서 이용하고자 할 때 사용한다. 이 테이블 옵코드에 대해서는 뒤에서 설명된다.

〈표 90〉 젠 번호의 양수 및 음수를 사용하는 예

```
f1  0  16   2  1  1  2  3  4  5  6  7  8  9  10  11  1
f2  0  16  -2  1  1  2  3  4  5  6  7  8  9  10  11  1
```

따라서 젠 10과 같은 경우에 양수를 사용할 경우 사인곡선을 산출할 때 사용되는 수직적인 값들이 1에서 −1까지로 내부적으로 재조정되지만 다음 표의 두 번째 행과 같이 음수를 사용한다면 재조정되지 않고 악기에서 이 값이 그대로 적용됨으로써 그 진폭 값은 첫 번째 행보다 다섯 배 더 커진다. 여기서 진폭 값이란 일반적으로 스피커로 듣는 소리의 크기가 다섯 배가 커진다는 '볼륨'의 의미와는 다르다.

〈표 91〉 음수를 사용한 젠 10번의 예

| f1 | 0 | 8192 | **10** | 5 |
| f2 | 0 | 8192 | **−10** | 5 |

(2) 젠 10번의 구조

그러면 모든 소리는 사인곡선들을 합성하여 만들 수 있다고 할 만큼의 중요한 사인파를 산출하는 젠 10에 대해서 자세히 알아보자. 동시에 젠 10은 가장 빈번히 사용되는 젠 루틴이며 이를 이해하면 나중에 다른 새로운 젠 루틴들을 접할 때에도 훨씬 쉽게 다가갈 수 있을 것이다.

〈표 92〉 젠 10번의 시사운드 구문

| fn | time | size | **10** | str1 | str2 | str3 | str4 ... |

위의 표는 시사운드 매뉴얼의 젠 10을 위한 구문(syntax)을 그대로 옮긴 것이다. 뒤쪽의 'str'은 스트링(string)의 줄임말로서 일반적인 의미인 '줄'이라는 뜻이 아니라 텍스트를 의미한다. 다음의 표는 이를 우리말로 옮긴 것으로 보다 쉽게 이해할 수 있을 것이다.

〈표 93〉 젠 10번을 번역한 구문

| | | | | ;도 | 도 | 솔 | 도 | 미 ... |
| f번호 | 시작 시간 | 크기 | 10(젠 번호) | 제1배음 | 제2배음 | 제3배음 | 제4배음 | 제5배음 |

위 표에서 네 번째 항목인 젠 번호를 입력하는 '10'까지는 앞서 설명되었다. 그 다음의 항목들은 젠 10번에서 사용할 수 있는 항목들로서 정수비의 배음만을 입력할 수 있다. 만약 일반적으로 파셜(partials)로 불리는 소수비의 배음들도 함께 사용하고자 한다면 같은 사인파를 이용하는 젠 9번을 사용하면 된다.

젠 10이 요구하는 첫 번째 항목은 제1배음이라 부르는 기본음(fundamental)을 위한 자리이며 그 다음은 차례대로 제2배음, 제3배음 등을 위한 자리가 된다. 이들 배음 구조는 최대 입력 가능한 배음들의 수는 시사운드의 초기에 450번째 정도의 배음까지 가능했지만 현재는 1,000번째이상까지 가능하다.

이 배음들의 항목에 입력하는 값은 진폭의 크기를 입력하는데 이 값들은 상대적이다. 즉 각 배음 자리 또는 항목에 입력한 값들 중에서 제일 큰 값이 최대/최솟값인 1과 −1로 재조정된다. 따라서 다음 표의 경우를 보면 이 표에서는 현재 제5배음까지 사용되고 있으며 기본음은 가장 큰 값인 5로서 제일 큰 진폭이 되어 진폭의 최댓값인 1(양진폭)과 최솟값인 −1(음진폭)로 재조정된다. 즉 5에서 -5의 범위가 1에서 -1로 재조정되는 것이다. 그리고 제4배음을 위한 자리는 0의 값을 가짐으로써 세외된다. 그러나 각 배음의 자리를 구분하기 위해서 어떤 배음을 포함하지 않는 경우에도 0을 입력해서 각 자리를 구분해야만 한다. 따라서 제1배음이 가장 큰 진폭값을 가지며 제2배음부터 1씩 작아지는 진폭값을 가진다. 그 결과는 다음의 그림과 같이 4개의 사인파가 결합되는 형태로 나타난다.

이와 같이 어떤 소리가 서로 결합될 때는 앞서의 옵코드 오실에서의 네 번째 옵션 항목인 '페이즈'에서 설명된 바와 같이 각 시간대의 샘플들의 값(수직적인 값, y값, 진폭 값)이 서로 더해짐으로써 아래의 그림과 같은 복잡한 형태로 이루어진다.

〈표 94〉 젠 10번의 구문

```
f1  0  1024  10  5  4  3  0  1
```

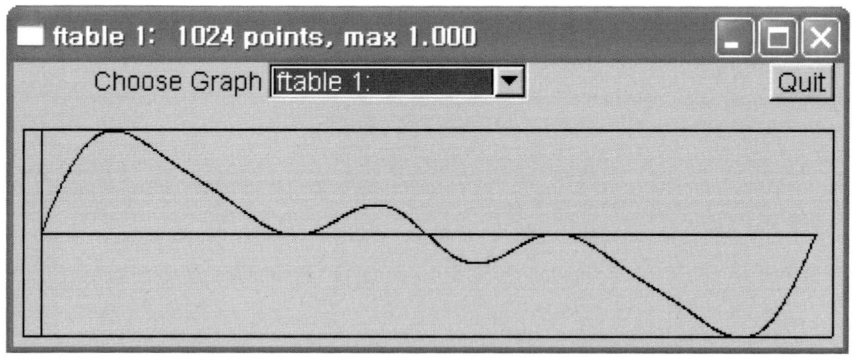

〈그림 142〉 젠 10의 4개의 사인파(배음들)가 결합(합성)된 결과

(3) i 문

i문(instrument statements)은 항상 3개의 항목이 필수적으로 요구된다. 그 첫 번째는 사용할 악기 번호이며 두 번째는 시작 시간 그리고 세 번째는 음표 또는 소리의 길이다. 여기서 i와 첫 번째 항목인 악기 번호는 빈칸 없이 붙여 써도 관계없다. 그 이후의 항목은 전적으로 사용자의 악기 구조에 달려 있다.

다음 표를 보자. 표의 i문은 '악기 3'(instr 3)을 사용하며 연주가 시작된 후 0.15초 후에 소리를 낸다. 그리고 그 소리의 길이는 2초 동안 지속된다는 것을 의미한다. 마지막 'e'(end)는 스코어의 끝을 나타낸다. 이 'e'는 스코어의 마지막에만 사용해야 하는 것은 아니다. 사용자가 연주를 끝내고 싶은 어느 곳에서든 'e'를 붙이면 시사운드는 그 시점에서 연주를 종료한다.

〈표 95〉 스코어

```
i3   0.15   2
e
```

나. P - 필드의 이용

앞서 간단한 사인파 악기를 만들어 보았다. 이 악기의 가장 큰 문제는 무엇보다도 피치가 고정되어 있어 음악을 연주할 수가 없다는 점이다. 다음의 표와 같이 진동수가 220Hz로 고정되어 있어 소리를 내면 늘 A(라)소리만 날 것이다.

〈표 96〉 간단한 악기 제작

```
instr 3
asig  oscil  10000,  220,  2
out   asig
endin
```

이와 같은 문제를 위해서 시사운드는 앞서의 '시사운드의 변수의 종류'에서 언급되었듯이 '스코어 p 필드'라 불리는 데이터형을 제공한다. 이 p필드(p - field, parameter field)는 악기에서 사용하며 p에 번호를 붙여 사용한다. 이 번호는 항상 1부터 시작하며 순서대로 p1, p2, p3, …… 등으로 표현하며 이들 p에 붙은 번호는 순서대로 스코어의 i문의 각 항목을 가리킨다.

따라서 다음 표의 악기와 스코어가 연주되면 스코어의 첫 번째의 i문을 위해 '악기 3'의 변수 p4는 스코어의 i3의 4번째 항목인 10,000을 그 다음 p5는 스코어의 5번째 항목인 440을 각각 진폭과 진동수를 위한 값을 가질 것이다. 이로써 사용자는 스코어에서 각 음표를 위한 진폭과 진동수를 입력하여 온갖 피치를 자유롭게 표현할 수 있다.

〈표 97〉 p필드의 사용

```
    instr 3
a     oscil   p4,  p5,  2
out  a
    endin
```

〈표 98〉 p필드의 사용을 위한 스코어

```
f2   0    8192    10    1

i3   0.15   2    10000   440        ;진폭:  10000,  피치:  440Hz
i3   2.15   2    8000    240        ;진폭:   8000,  피치:  240Hz
e
```

다. 피치 변환 함수

진동수로 음높이를 나타내는 것은 소수점을 사용해야 하므로 번거로움이 많아 실용적이 아니다. 다음의 표와 같이 A(라)음[90]을 제외하고는 평균율상의 다른 모든 피치들은 어떤 옥타브 영역에 있건 소수점을 가지게 된다. 아래의 표의 진동수들도 단지 소수점에서 3번째 자리까지만 제시된 것이다.

---

90) 가온도(middle C) 위의 A음을 440Hz로 정한 것은 1939년의 국제 회담을 통해 이루어졌으며 이 협약은 1955년 ISO(International Organization for Standardization)에서 표준으로 채택되었고 1975년에 재확정되었다.

〈표 99〉 피치 변환표(C4 - C6)

음이름	초당 진동수	시사운드 피치 클래스	옥타브 분할(oct)	미디피치	비고
C4	130.813	7.00	7.000	48	
C#4	138.591	7.01	7.083	49	
D4	146.832	7.02	7.167	50	
D#4	155.563	7.03	7.250	51	
E4	164.814	7.04	7.333	52	
F4	174.614	7.05	7.417	53	
F#4	184.997	7.06	7.050	54	
G4	195.998	7.07	7.583	55	
G#4	207.652	7.08	7.667	56	
A4	220.000	7.09	7.750	57	
A#4	233.082	7.10	7.833	58	
B4	246.942	7.11	7.917	59	
C5	261.626	8.00	8.000	60	가온도
C#5	277.183	8.01	8.083	61	
D5	293.665	8.02	8.167	62	
D#5	311.127	8.03	8.250	63	
E5	329.628	8.04	8.333	64	
F5	349.228	8.05	8.417	65	
F#5	369.994	8.06	8.050	66	
G5	391.995	8.07	8.583	67	
G#5	415.305	8.08	8.667	68	
A5	440.000	8.09	8.750	69	표준조율피치
A#5	466.164	8.10	8.833	70	
B5	493.883	8.11	8.917	71	
C6	523.251	9.00	9.000	72	

위 표의 음이름은 미디 규약에 의한 음역대(0~127)에 맞추어진 것이다. 실제 미디피치의 0번보다 낮거나 127번보다 더 높은 소리들이 있지만 미디 규약에서의 음역은 0~127로 한정되어 있다. 유의할 점은 옥타브번호는 미디 규약에 따라 제일 낮은 옥타브를 시사운드 매뉴얼은 -1(-1~9)을 사용하고 있지만 이 표에서는 0(0~10)을 사용했다는 점이다. 이와 같은 문제는 아직 국제 표준에서 협약된 일이 없어 이 둘 중 어느 쪽을 채택하는가는 전적으로 사용자의 선호도에 달려 있다.

중요한 점은 사람이 사용하는 상징화된 음이름은 컴퓨터가 인식을 하지 못한다는 점이다. 그렇다고 각 음과 상응하는 모든 진동수를 기억하는 것은 사람의 두뇌와는 잘 어울리지 않는다. 이와 같은 문제를 해결하기 위해 시사운드는 자체적인 피치 분류와 동시에 다양한 변환 함수들을 제공하고 있다.

1) 시사운드의 피치 클래스

현재 사용되고 있는 옥타브를 12개로 균등하게 나눈 평균율에 의한 음이름은 상당한 제약이 있다. 무엇보다 먼저 이들 음이름을 입력하는 것이 상당히 불편하다는 점이며 또한 최소 단위가 반음 단위로 한정되어 있어 이보다 더 세부적인 변화를 표기할 방법이 없다는 점이다. 따라서 시사운드는 전통 음악에서 사용해 온 음이름들 대신 자체적인 피치 표현 방법을 제공하고 있다. 이를 피치 클래스(pitch-class)라 한다.

시사운드의 피치 클래스는 소수점을 사용하여 표현하며 정수 부분은 옥타브를 나타내고 소수점 아래의 부분은 옥타브를 세분화하고 있다. 위 표와 같이 '8.00'이 가온도이며 이 음의 반음 위의 음은 0.01을 더하여 '8.01'이 된다. 만약 1/4음을 올리거나 내리려고 한다면 '0.01'의 절반인 '0.005'를 더하거나 내리면 된다. 예를 들면 가온도보다 1/4음 높은 음은 '8.005'가 될 것이다. 그리고 정수 부분은 옥타브를 나타내므로 '가온도'의 2 옥타브 아래의 '도' 음은 6(8-2)이 된다. 따라서 사용자는 '가온도'가 8이라는 점만 기억하면 된다.

참고로 0.11이 한 옥타브에서 제일 높은 반음인 '시'(B) 음이 되는데 만약 '0.12'가 되면 이는 '1.00'과 똑같은 의미를 갖게 된다. 그리고 '0.13'은 '1.01'이 된다. 그러나 이와 같은 방법은 권장할 만한 방법은 아니다.

〈표 100〉 피치 클래스와 음이름

피치 클래스	0	0.01	0.02	0.03	0.04	0.05	0.06	0.07	0.08	0.09	0.10	0.11
12음렬 번호	0	1	2	3	4	5	6	7	8	9	10	11
음이름	C	C#	D	Eb	E	F	F#	G	Ab	A	Bb	B

2) 피치 변환

　위 표와 같이 시사운드에서는 전통음악에서 사용해 온 평균율의 구조를 피치 클래스로 표현하고 있다. 그러나 소리를 만들기 위한 수학적 계산은 궁극적으로 진동수를 필요로 하기 때문에 피치 클래스 값을 진동수로 변환하는 과정은 필수적이다. 이를 위해 가장 많이 사용되는 옵코드들 중 하나가 'cpspch'라는 옵코드다. 이 옵코드의 이름은 cps(cycles per second, 초당 진동수)와 pch(pitch – class, 아마 pitch의 줄임말)를 합쳐서 만들어졌다. 이 이름을 통해서 기억해야 할 점은 이 옵코드 및 이 외 모든 피치 변환 옵코드들에서 앞 장의 '대입의 방향'에서 언급된 바와 같이 오른쪽의 값이 왼쪽의 값으로 변환된다는 점이다. 즉 'cpspch'는 이름의 오른쪽에 있는 피치 클래스 값(pch)이 왼쪽의 진동수(cps)로 변환된다는 것을 의미한다(cps ＜ – pch).

〈표 101〉 피치 변환 옵코드들의 변환 방향

```
cpspch:   cps        〈 – –  pch
          진동수     〈 – –  피치 클래스
```

(1) 피치 클래스의 활용

　따라서 바로 이전의 p필드를 이용한 코드를 다음과 같이 피치 클래스와 이 값을 변환하는 옵코드 'cpspch'를 사용함으로써 원하는 피치들을 보다 손쉽게 입력할 수가 있다.

〈표 102〉 옵코드 'cpspch'의 활용

```
    instr 3
asig  oscil  p4, cpspch(p5), 2      ;피치 클래스를 진동수로 변환 – cpspch
out   asig
    endin
```

〈표 103〉 피치 클래스를 사용한 스코어

```
f2    0     8192    10     1

i3    0.15    2    10000   8.09      ;피치 클래스 8.09는 A(라)
i3    2.15    2     8000   7.05      ;피치 클래스 7.05는 F(파)
e
```

(2) 3가지 피치 단위

시사운드는 음의 높이를 위해 3가지 피치 단위를 사용한다. 그 첫 번째는 초당 진동수(cps)이며 두 번째는 앞서 설명된 시사운드에서 사용하는 피치 클래스(pch)이며 그리고 세 번째는 하나의 옥타브를 소수점으로 분할하는 '옥타브 소수'(小數, oct, octave − point − decimal)[91]다.

〈표 104〉 시사운드의 세 가지 피치 단위

진동수	피치 클래스	옥타브 소수
cps (cycles per second)	pch (octave point pitch − class 또는 8ve.pc)	oct (octave point decimal)

이 세 번째 단위인 옥타브 소수는 피치 클래스처럼 한 옥타브를 1로 하며 소수점을 사용한다. 그러나 정수 부분은 피치 클래스와 같은 옥타브 영역을 의미하지만 소수점 아래의 값은 어떤 특정한 음을 지칭하는 것이 아니다. 대신 하나의 옥타브를 1로 하여 사용자가 소수점을 이용하여 음높이를 표현할 수 있도록 한다. 그리고 이를 진동수나 피치 클래스로 바꿀 수 있도록 한다. 이 옥타브 소수를 이해하기 위해 한 가지 사용례로서 비브라토를 적용하는 방법에 대해 생각해보자. 만약 비브라토를 만들기 위해 원래 음의 위아래로 똑같이 5Hz를 움직이게한다면 아래쪽의 음은 위쪽의 음보다 차가 더 커서 약간 어색한 맛이 날 것이다. 조금 더 자세히 설명한다면 어떤 음이 440Hz라면 이 음의 한 옥타브 위는 880Hz가 되어 한 옥타브의 진동수 범위는 440Hz가 되지만 그 음의 한 옥타브 아래의 음은 220Hz가 되어 한 옥타브 범위는 겨우 220Hz의 차이밖에 나지 않는

---

91) 'octave − point − decimal'을 '옥타브 점 소수'를 줄여 '옥타브 소수'로 하였다.

다. 따라서 아래로 움직일 때는 위쪽으로 움직일 때보다 조금 진동수의 폭을 줄여 줄 필요가 있다. 이와 같은 경우 옥타브 소수를 사용하면 정확히 같은 음높이 차로 위아래로 움직이는 비브라토를 쉽게 만들 수 있다. 이 옥타브 소수를 이용하여 비브라토를 만드는 예는 뒷장에서 소스코드를 통해 자세히 언급된다.

　요약하면 옥타브 소수는 실제 물리적인 진동현상과는 거리가 멀며 단지 숫자를 통하여 편리하게 옥타브 안에서의 음의 높이를 표현하는 것이다. 예를 들면 F#은 옥타브 안에서 정확히 가운데 있는 음이므로 옥타브 소수 값으로 0.5가 된다. 만약 이 음이 가온도 위의 음이라면 8.5가 될 것이다. 그리고 음악적으로 같은 반음이라 할지라도 진동수의 차이는 고음으로 갈수록 점차 커지고 저음으로 내려 갈수록 작아지는 차이가 있어 진동수를 이용해서 한 옥타브 안의 어떤 음을 표현하기보다는 옥타브 소수를 이용한다면 손쉽게 원하는 음높이를 얻을 수 있다.

(3) 피치 변환 옵코드들

　시사운드는 피치 클래스를 진동수로 변환하는 옵코드 'cpspch'뿐만 아니라 이와 관련된 여러 가지의 피치 변환 옵코드들을 제공하고 있다. 현재 cpspch를 포함하여 그 외 6개(cps2pch, cpsoct, cpsxpch, octcps, octpch, pchoct)의 옵코드들이 있으며 그리고 시사운드는 미디와 관련된 피치 변환 옵코드들도 제공한다. 이 미디에 관해서는 뒷장에서 논의된다.

〈표 105〉 피치 변환 옵코드의 요약

cpspch	피치 클래스 값을 진동수로 변환한다.
cps2pch	한 옥타브를 최대 100등분까지 자유로이 나눈 피치 클래스 값을 진동수로 변환한다. 예를 들어 이와 같이 100등분 하는 경우에는 0.99가 마지막 피치가 된다.
cpsoct	옥타브 소수 값을 진동수로 변환한다.
cpsxpch	cps2pch의 기능에 보태어 반복되는 옥타브를 마음대로 설정하는 기능이 추가되어 있다.
octcps	진동수를 옥타브 소수 값으로 변환한다.
octpch	피치 클래스 값을 옥타브 소수 값으로 변환한다.
pchoct	옥타브 소수 값을 피치 클래스 값으로 변환한다.

　위 표의 옵코드 중에서 cps2pch와 cpsxpch는 미분음의 산출과 평균율을 벗어난

조율 방법을 설정하는 데에 유용하게 이용될 수 있다. 다음의 예들은 옵코드 cps2pch를 이용하여 한 옥타브를 24등분 한 후 이 24음으로 된 스케일을 연주하는 내용이다. 먼저 다음 표의 cps2pch의 첫 번째 항목은 피치 클래스 값을 요구하며 두 번째 항목의 24는 옥타브를 24등분 한다는 의미다. 만약 여기에 12를 넣게 되면 옥타브를 12등분 하는 의미가 되어 기본적인 평균율의 12음을 사용하는 셈이 되므로 별 의미가 없을 것이다. 중요한 것은 시사운드의 기본 피치 클래스는 0.00에서 0.11이지만 두 번째 항목에서 24를 선택했으므로 피치 클래스는 0.00에서 0.23으로 세분된다는 점이다.

〈표 106〉 옵코드 'cps2pch'를 이용하여 옥타브를 24등분

```
icps    cps2pch  p5, 24    ;옥타브를 24등분
```

〈표 107〉 옵코드 'cps2pch'를 이용한 미분음 음계 산출의 예

```
〈CsoundSynthesizer〉
〈CsOptions〉
 -odac
〈/CsOptions〉
;------------------------------------------------
〈CsInstruments〉
sr  =  44100
kr  =  4410
ksmps  =  10
nchnls  =  1

    instr 1
icps    cps2pch  p5, 24    ;옥타브를 24등분
asig    oscil    p4, icps, 1
out     asig
    endin
〈/CsInstruments〉
```

〈표 108〉 미분음 음계 산출을 위한 스코어

```
〈CsScore〉
f1            0   4096  10              1

i1  0  1  10000      8.00  :C
i1  +  1 .           8.01  :C  + 1/4음
i1  +  1 .           8.02  :C#
i1  +  1 .           8.03  :C# + 1/4음
i1  +  1 .           8.04  :D
i1  +  1 .           8.05  :D  + 1/4음
i1  +  1 .           8.06  :Eb
i1  +  1 .           8.07  :Eb + 1/4음
i1  +  1 .           8.08  :E
i1  +  1 .           8.09  :E  + 1/4음
i1  +  1 .           8.10  :F
i1  +  1 .           8.11  :F  + 1/4음
i1  +  1 .           8.12  :F#
i1  +  1 .           8.13  :F# + 1/4음
i1  +  1 .           8.14  :G
i1  +  1 .           8.15  :G  + 1/4음
i1  +  1 .           8.16  :G#
i1  +  1 .           8.17  :G# + 1/4음
i1  +  1 .           8.18  :A
i1  +  1 .           8.19  :A  + 1/4음
i1  +  1 .           8.20  :Bb
i1  +  1 .           8.21  :Bb + 1/4음
i1  +  1 .           8.22  :B
i1  +  1 .           8.23  :B  + 1/4음
i1  +  1 .           9.00  :C
e
〈/CsScore〉
〈/CsoundSynthesizer〉
```

위의 예와 같이 옵코드 cps2pch는 2개의 아규먼트를 요구한다. 첫 번째는 피치 클래스 값이며 두 번째는 하나의 옥타브를 몇 개로 나눌 것인지를 설정한다. 이 예제에서는 첫 번째 항목인 피치 클래스 값을 p5를 사용하여 스코어의 i문의 5 번째 항목을 사용하고 있으며 두 번째 항목은 24로 설정하여 한 옥타브를 24개 로 나누도록 하였다.

위 스코어의 i문에서 사용된 더하기('+') 기호는 바로 앞 행의 끝나는 시간이 자동으로 계산되어 현재 행의 시작 시간이 되도록 하는 스코어에서만 사용되는 심벌이며 마침표('.') 기호는 바로 앞 행의 같은 항목의 값을 그대로 전달하는 스 코어 심벌이다. 가능하면 '.'과 '+'는 사용하지 않는 것이 좋다.

라. 진폭 인벨로프

진폭(amplitude)은 진동의 폭을 말한다. 물체는 충격에 의해 에너지를 얻어 진동을 시작하고 정지된 상태를 0으로 해서 충격이 가해진 방향과 그 반대 방향으로 움직인다. 이때 정지된 상태의 지점에서 한쪽 방향의 끝점까지의 거리를 진폭이라 한다.

사람이 일상생활에서 듣는 모든 소리들은 항상 시작점의 진폭은 진동이 없는 0에서 시작하며 마지막에도 진폭이 점차 작아지면서 0으로 돌아가는 구조로 되어 있다. 어떤 소리든 최고의 진폭점에 다다르는 시간의 차이가 있을 뿐 모든 물체가 떨면서 내는 소리는 항상 0에서 시작해서 0으로 끝난다. 그러나 지금까지 만든 악기 소리들은 처음부터 끝까지 똑같은 진폭으로 되어 있어 소리가 시작될 때와 끝날 때 갑자기 시작되고 갑자기 끊어짐으로 인해 아주 부자연스럽다.

1) 진폭 값

바로 이전에 만들었던 24음으로 된 음계를 연주하는 이 악기의 진폭 값에 대해 생각해 보자. 이 악기는 기본 설정인 16비트로 된 시디 음질로 되어 있으며 샘플 비율(sr)이 44,100으로 되어 있다. 그리고 음계를 연주하는 각 음의 길이는 모두 1초의 길이로 되어 있으므로 모든 소리들은 똑같이 44,100개의 샘플들로 이루어지며 이들 소리를 위해 반복되는 모든 사인 곡선의 수직적 최대/최솟값은 또는 모든 오디오 시그널의 샘플들 값의 최대/최솟값은 모두 10,000과 −10,000으로 이루어진다. 그 이유는 스코어에서 진폭을 10,000으로 설정하였고 그리고 악기에서 이 진폭 값이 모든 진동에 똑같이 적용되기 때문이다.

2) 인벨로프

인벨로프(envelope)는 일반적으로 봉투 또는 외피를 의미한다. 그러나 음향에 관한 영역에서는 진동 인벨로프(frequency envelope)라는 표현도 있지만 주로 진폭을 제어하는 진폭 인벨로프를 의미하는 경우가 많다. 진폭 인벨로프를 줄여서 인벨로프는 소리의 크기(진폭)가 시간에 따라 움직이는 모양을 말한다. 이 요소는 배음 성분과 함께 소리의 성격을 결정하는 데에 있어서 중요한 역할을 한다.

모든 자연적인 소리는 진폭 값 0에서 최대 진폭 값에 도달한 후 에너지가 점차 감소되면서 다시 0점으로 돌아온다. 이때 0점에서 최대 진폭에 도달하는 과정을 어택(attack, rise)이라 하며 그 후 감소하는 과정을 디케이(decay) 또는 릴리스(release)라 한다. 그러나 일반적으로 많은 악기 소리들은 ADSR(어택 – 디케이 – 서스테인 – 릴리스)이라 불리는 인벨로프를 형성하는 경향이 있다. 즉 최고의 진폭에 도달하는 어택 후에 순간적으로 살짝 진폭이 감소하는 부분인 디케이(decay)가 있으며 이후 같은 진폭을 지속하는 부분을 서스테인(sustain)과 마지막으로 점차 진폭이 감소해서 0점에 도달하는 릴리스를 가지고 있는 것이다.

시사운드에는 인벨로프를 위한 약 20가지나 되는 많은 옵코드들이 있지만 가장 많이 사용되는 옵코드들은 line, linen, linenr, linseg, linsegr, expon, expseg, expsegr, envlpx, envlpxr 등을 들 수 있다. 이들 중 line, linen, linenr, linseg, linsegr은 단어들이 의미하는 대로 직선(들)을 이용하며 expon, expseg, expsegr envlpx, envlpxr은 지수곡선을 이용하는 옵코드들이다.

특히 이들 옵코드들 중에서 끝에 'r'이 붙는 옵코드들은 사실상 미디 전용이라 할 수 있다. 그렇다고 미디에서만 사용할 수 있는 것은 아니지만 그 기능상 주로 미디에서 활용된다. 그 이유로 이들은 시사운드에서 자동으로 릴리스 부분을 적용하는 옵코드들이기 때문이다. 이 자동 릴리스라는 기능은 미디 메시지를 처리할 때 그 과정이 미디파일이든 또는 실시간의 메시지든 간에 음표의 길이(노트 타임)를 미리 알 수 없기 때문에 만들어진 것이다. 이 문제는 시사운드의 문제가 아니라 그 과정이 미디파일이든 실시간이든 미디 메시지에는 단지 노트 온과 노트 오프 메시지만 있기 때문이다. 즉 노트 온 메시지를 받는 순간에는 아직 전달되지 않은 노트 오프 메시지가 언제 올지를 모르기에 할 수 없이 기다렸다가 노트 오프 메시지가 도달할 쯤에야 자동으로 릴리스를 처리해야 하는 불가피한 점 때문이다. 따라서 미디를 사용할 때는 릴리스 부분만큼은 사용자가 마음대로 처리할 수 없다는 큰 제약이 있다.

〈표 109〉 인벨로프 설정을 위한 옵코드들

line	하나의 직선을 제공한다.
linen	입력받은 진폭 값에 상승과 하강(어택과 디케이)을 적용한다.
linenr	미디파일이나 실시간 미디 시그널에서 사용하며 위의 linen과 동일하다.
linseg	한 개 이상의 많은 직선을 사용할 수 있다.
linsegr	미디파일이나 실시간 미디 시그널에서 사용하며 위의 linseg과 동일하다.
expon	하나의 지수곡선을 제공한다.
expseg	한 개 이상의 많은 지수곡선을 사용할 수 있다.
expsegr	미디파일이나 실시간 미디 시그널에서 사용하며 위의 expseg과 동일하다.
envlpx	입력받은 진폭 값에 상승과 하강(어택과 디케이) 지수곡선을 적용한다.
envlpxr	미디파일이나 실시간 미디 시그널에서 사용하며 위의 envlpx과 동일하다.

(1) 직선을 이용한 인벨로프

위 표와 같이 시사운드에는 인벨로프를 적용하는 많은 방법들이 있지만 여기서는 인벨로프를 설명하는 대표적인 예로서 잘 알려진 ADSR(어텍 – 디케이 – 서스테인 – 릴리스)을 적용해 본다. 이를 위해서는 시사운드의 선적인 시그널을 산출하는 linseg(= line segments) 옵코드를 사용한다. 린세그(라인세그) 옵코드는 한 개 이상의 원하는 만큼의 직선들을 결합하여 다양한 인벨로프를 만드는 필수적인 옵코드다. 그리고 옵코드 라인(line)은 단지 한 개의 선을 만들 때 사용하며 linseg 로도 한 개의 선을 만들 수 있다. 기본적으로 이 둘은 같은 구조로 되어 있다.

다음 표는 린세그를 위한 시사운드 매뉴얼의 구문이다. 표와 같이 린세그는 오디오 및 컨트롤 비율로 직선으로 이루어진 다양한 모양을 산출할 수 있다. 그리고 기본적으로 한 개의 선은 필수적으로 사용해야 하며 그 이상 선은 괄호를 사용하여 옵션임을 알리고 있으며 동시에 끝 부분에는 '줄임표'(...)를 추가하여 거의 무한대의 선을 원하는 만큼 사용할 수 있다는 것을 나타내고 있다.

〈표 110〉 린세그의 시사운드 구문

```
ares linseg ia, idur1, ib [, idur2] [, ic] [...]
kres linseg ia, idur1, ib [, idur2] [, ic] [...]
```

〈표 111〉 린세그를 번역한 구문

```
오디오배열  linseg  값, 시간, 값  [, 시간 , 값] [...]
컨트롤배열  linseg  값, 시간, 값  [, 시간 , 값] [...]
```

다음 그림과 같이 ADSR은 4개의 선과 5개의 점으로 되어 있다. 따라서 린세 그를 사용하여 5개의 값과 이 값들 사이에서 발생하는 4개의 시간을 입력하면 된다. 즉 전체 소리의 길이가 4개로 나누어지는 것으로 첫 번째 시간은 0이 된 다. 그리고 5개의 값들은 1을 최댓값으로 그리고 0을 최솟값으로 설정해야 할 것이다. 이 최대/최솟값은 어떤 값이든 입력할 수 있지만 최댓값을 1로 한 것은 스코어에서 설정한 진폭이 10,000이라면 이 값에 1이 곱해지면 진폭의 최댓값이 10,000이 되고 또 0이 곱해지면 진폭의 최솟값인 0이 되기 때문이다.

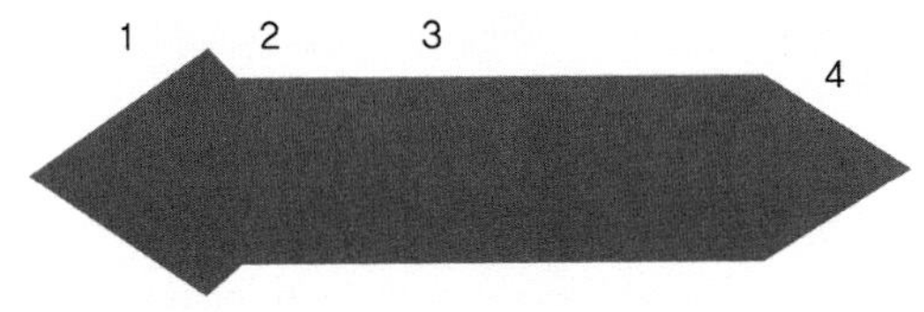

〈그림 143〉 ADSR 인벨로프

〈표 112〉 ADSR 인벨로프를 적용한 악기

```
〈CsoundSynthesizer〉
〈CsOptions〉
 -odac
〈/CsOptions〉
;- - - - - - - - - - - - - - - - - - - - - - - - - - - - - - - -
〈CsInstruments〉
sr  =  44100
kr  =  4410
ksmps  =  10
nchnls  =  1

    instr  1
               ;값1   시간1   값2   시간2    값3   시간3   값4   시간4        값5
kenv  linseg  0,    .05,    1,    .05,    .9,    p3/2,   .9,   p3/2-.1,   0
asig  oscil   p4*kenv,  cpspch(p5),  1
out   asig
    endin
〈/CsInstruments〉
```

위 예제에서 옵코드 린세그가 요구하는 항목들을 보면 어택 시간은 0.05초로 정했다. 이 정도면 웬만큼 짧은 소리들을 위해서도 충분할 것이다. 그 다음의 순간적인 감소부분인 디케이도 0.05초로 하였다. 조금 더 짧게 설정하는 것도 괜찮을 것이다. 세 번째의 같은 진폭이 계속되는 서스테인 부분은 어떤 길이를 가진 소리든 전체 소리의 절반이 되도록 소리의 전체 시간 값을 가지는 p3을 2로 나눔으로써 전체 소리 길이의 절반 길이가 되도록 하였다. 여기서 p3/2 대신 p3*0.5를 해도 마찬가지다. 그리고 후자의 곱하는 방법이 나누는 방법보다 그 차이는 거의 없지만 그래도 곱하는 연산이 CPU에서 조금이나마 더 빠르다. 여기서는 가능하면 공간을 줄이기 위하는 측면에서 나누기를 사용하였다. 마지막으로 릴리스 시간은 전체 시간에서 지금까지 사용한 시간들을 빼면 된다. 따라서 서스테인 부분에서 절반을 사용했고 그 앞의 두 부분에서 사용한 0.1(0.05 + 0.05)초를 남은 절반의 시간에서 빼면 된다.

그 다음 린세그에 설정한 5개의 값들이 'kenv'라는 컨트롤 비율로 된 초당 4,410개의 샘플로 된 배열에 대입 된다. 그리고 이 kenv는 그 다음 행의 옵코드 오실의 첫 번째 항목인 진폭을 위해 스코어의 p4값에 이 kenv가 곱해진다. 따라서 kenv가 1을 가지고 있을 때 최대 진폭이 형성되며 0.9가 곱해질 때는 서스테인을 위한 부분이 된다. 마지막 릴리스 부분의 끝에서 0이 곱해지면서 어떤 수에 0을 곱하면 0이 되므로 소리는 종료된다.

〈표 113〉 ADSR 인벨로프 악기를 위한 예제 스코어

```
⟨CsScore⟩
;배음의 강도(도를 fundamental로 보면): 도(1) - 도(0.5) - 솔(0.2) - 도(0.05)로 된
;일종의 가산합성(additive synthesis) 함수테이블 1번
f1   0   4096   10   1   .5   .2   .05

t0   90                          ;템포         90
i1   0      1      7000       7.04       ;미
i1   +      .      8000       .  ;미
i1   +      .      .          7.05       ;파
i1   +      .      10000      7.07       ;솔
i1   +      .      .          .  ;솔
i1   +      .      .          7.05       ;파
i1   +      .      8000       7.04       ;미
i1   +      .      7000       7.02       ;레
i1   +      .      6000       7.00       ;도
i1   +      .      .          .  ;도
i1   +      .      9000       7.02       ;레
i1   +      .      10000      7.04       ;미
```

```
i1   +    1.5      12000     .          ;미
i1   +    .5       10000     7.02       ;레
i1   +    1.5      6000      .          ;레
e
</CsScore>
</CsoundSynthesizer>
```

위의 ADSR 인벨로프를 적용한 악기를 위한 스코어에서 사용한 함수테이블은 사인파형을 산출하는 젠 10을 사용하여 제4배음까지 설정하였다. 그 다음 템포는 곧 뒤에서 자세히 설명되겠지만 항상 't0'을 사용하고 그 다음에 템포 값을 입력하면 된다. 여기서 '0'은 숫자 0이다. 위 스코어의 't0 90'은 분당 90박이 되는 속도를 의미한다. 음악 연습 때 박을 재는 메트로놈(metronome) 속도 90과 동일하다.

(2) 지수곡선을 이용한 인벨로프

위에서 4개의 직선을 이용하여 진폭 인벨로프를 만들어 보았다. 그러나 이보다 더 많은 수의 선을 이용하여 복잡한 모양의 인벨로프를 만드는 일도 아무런 어려운 일이 아니다. 이제 지수곡선을 이용하여 인벨로프를 만들어 보자. 이는 앞의 linseg 옵코드와 함께 진폭 인벨로프를 위해 자주 사용되는 방법이다. 옵코드 expseg는 exponential segments를 줄인 말로서 한 개 이상의 지수곡선들을 결합하여 인벨로프를 만드는 것이다. 어텍부분이 직선으로 커지는 진폭과 지수적으로 서서히 시작해서 점차 급속히 상승곡선을 그리는 진폭은 상당한 차이가 있다. 그리고 옵코드 익스폰/엑스폰(expon)은 단지 한 개의 지수곡선을 만들 때 사용하며 expseg로도 한 개의 지수곡선을 만들 수도 있다. 기본적으로 이 둘은 같은 구조로 되어 있다.

스코어파일은 똑같다. 악기파일만 그 내용이 조금 다르다. 한 가지 기억해야 할 점은 지수곡선 옵코드를 사용할 때는 입력하는 지수 값은 항상 0보다 큰 값을 사용해야 된다는 점이다. 그렇지 않으면 실행이 되지 않는다. 즉 linseg에서는 진폭의 시작 값을 0으로 했으나 expseg 등 기타 지수곡선을 사용하는 옵코드에서는 최솟값으로 0을 사용할 수 없다. 따라서 0보다는 조금 큰 값인 0.01이나

0.001 등을 사용해야 한다.

　아래의 악기파일에서는 3개의 지수곡선을 결합하였다. 그러나 원한다면 2개나 또는 5개, 10개 등등의 원하는 만큼의 많은 곡선들을 결합하여 다양한 인벨로프를 만들 수 있다. 다음의 그림은 그 아래의 예제를 실행하여 사운드파일로 만든 후 오디오 편집 프로그램에서 이를 그래픽으로 표현한 모습이다. 그림에서 보듯이 이를 위해서 4개의 진폭 값과 3개의 시간 값이 필요하다.

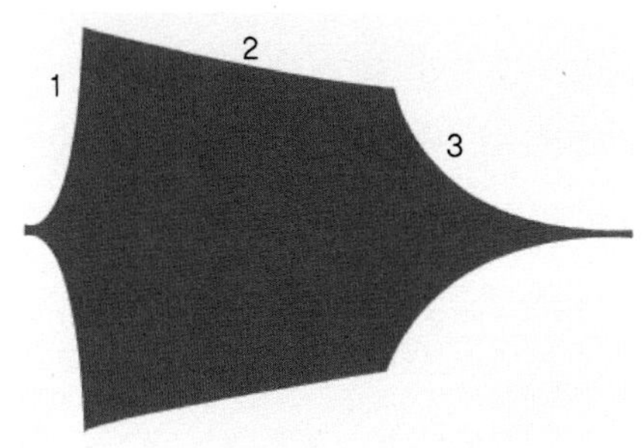

〈그림 144〉 3개의 지수곡선의 결합

〈표 114〉 3개의 지수곡선을 이용한 인벨로프의 예

```
〈CsoundSynthesizer〉
〈CsOptions〉
-odac
〈/CsOptions〉
;- - - - - - - - - - - - - - - - - - - - - - - - - - - - -
〈CsInstruments〉
sr = 44100
kr = 4410
ksmps = 10
nchnls = 1

  instr 1
           ;값1   시간1   값2    시간2    값3    시간3      값4
kenv  expseg  .01,  .1,    1,    p3/2,    .7,    p3/2 -.1,   .01
asig  oscil   p4*kenv,  cpspch(p5),   1
out   asig
  endin
〈/CsInstruments〉
```

　위 표의 expseg 옵코드를 이용한 예제는 앞서의 린세그를 이용한 악기와 거의 같다. 주의해야 할 점은 지수곡선을 사용하는 모든 옵코드들에서 최솟값은 항상

0보다 큰 값을 사용해야 한다는 점이다. 다음의 표는 옵코드 expseg의 시사운드 매뉴얼에서 제시된 구문이다. expseg의 반환 값으로 k로 시작하는 컨트롤 배열의 사용은 이미 여러 예제에서 다루었다.

<표 115> expseg의 시사운드 구문

```
ares expseg ia, idur1, ib [, idur2] [, ic] [...]
kres expseg ia, idur1, ib [, idur2] [, ic] [...]
```

그런데 만약 a로 시작하는 오디오 배열을 expseg나 linseg의 반환 값으로 사용하면 어떤 현상이 생길 것인가에 대해서 생각해 보자. 만약 다음과 같이 kenv 대신에 aenv를 사용한다면 그 결과는 0.01에서 1로 그리고 0.7을 거쳐 마지막의 0.01로 변화하는 수치는 보다 정밀하게 만들어진다. 그 이유는 컨트롤 비율에서는 초당 4,410개로 나누어지지만 오디오 비율로 반환 값을 설정하게 되면 초당 44,100개로 세분화되기 때문이다. 즉 0.01에서 1까지의 수치는 44,100개로 세분화되어 각각 다르게 나타나는 것이다. 대신 소리를 산출할 때 연산과정이 더 많아짐으로써 위와 같이 간단한 악기일 경우는 아무런 문제가 없지만 코드가 복잡할 때는 실시간의 연주에서 소리의 끊어짐이 발생할 수 있다. 또한 실제 소리를 들어 보면 거의 똑같이 들린다. 따라서 진폭 조정과 같은 경우에서는 굳이 오디오 배열을 사용할 필요는 없을 것이다.

추가적으로 직선과 곡선을 사용하는 인벨로프를 만드는 옵코드들은 단지 어떤 시그널을 제어하기 위해서만 사용될 수 있는 것은 아니다. 만약 컨트롤 시그널 대신 오디오 시그널을 사용한다면 출력 옵코드를 통해서 소리를 출력할 수가 있다. 다음의 예를 보자. 다음의 예는 expseg 옵코드에서 소리 길이 동안 40에서 5,000 그리고 2,000을 거쳐 50으로 변화하는 오디오 시그널을 출력하는 내용이다. 실행하면 아무런 문제 없이 산출될 것이며 또 출력 메시지에서도 최대 진폭 값으로 5,000을 제시할 것이다. 그러나 아무런 소리를 듣지는 못한다. 그 이유는 어떤 물체가 그러나 여기서는 스피커가 소리를 내기 위해서는 반드시 정지된 상태의 0점을 중심으로 안쪽과 바깥쪽으로 움직여야 하기 때문이다. 아래와 예와 같은 경우는 실행이 되면 소리의 길이 동안 스피커가 단지 한 번 바깥쪽으로 밀려 나왔다가 원래대로 돌아갈 뿐이다.

〈표 116〉 옵코드 expseg를 사용한 오디오 시그널 출력

instr 1								
		;값1	시간1	값2	시간2	값3	시간3	값4
aenv	**expseg**	40,	.1,	5000,	p3/2,	2000,	p3/2 - .1,	50
out	aenv							
endin								
</CsInstruments>								

〈표 117〉 오디오 시그널을 출력하는 옵코드 expseg를 위한 스코어

```
<CsScore>
i1   0   3
e
</CsScore>
</CsoundSynthesizer>
```

위의 악기는 소리를 내지 못하는 악기이므로 대신 위의 오디오 시그널을 옵코드 오실의 주파수 항목에 입력한다면 40진동에서 5,000 그리고 2,000을 거쳐 50 진동으로 변화하는 일종의 효과음향으로 활용할 수가 있다. 다음 표는 옵코드 오실의 시사운드 매뉴얼의 구문이다. 오실의 오디오 시그널을 산출하는 첫 행의 오실의 두 번째 아규먼트(항목)가 xcps로 되어 있다. 앞부분의 '시사운드 매뉴얼의 이해'에서 언급된 바와 같이 시사운드의 매뉴얼에서 변수의 이름 맨 앞에 'x'가 붙는 항목에는 단일 변수인 'i'와 'a, k' 배열 둘 다 사용할 수 있다는 뜻이므로 이 'xcps' 자리에 오디오 시그널을 입력할 수 있다.

〈표 118〉 옵코드 오실을 위한 구문

```
ares   oscil xamp, xcps, ifn [, iphs]
kres   oscil kamp, kcps, ifn [, iphs]
```

따라서 옵코드 expseg에서 만들어진 오디오 시그널을 옵코드 오실의 진동수(주파수) 항목에 입력해서 움직이는 피치 또는 음악에서 말하는 포르타멘토(portamento) 소리를 만들 수가 있다. 이 악기를 위한 스코어는 바로 전의 스코어를 이용하면 된다.

지금까지 진폭 인벨로프를 벗어난 몇 가지 예들을 통해 말하고 하는 바는 시사운드에서 제공하는 모든 옵코드들은 단지 한 가지의 목적만 가지는 것이 아니

라 사용자의 아이디어에 따라 지금까지 생각지 못했던 다양한 방법으로 옵코드를 활용할 수 있다는 것이다.

〈표 119〉 옵코드 expseg의 오디오 시그널을 3개의 지수곡선을 이용한 인벨로프의 예

```
  instr  1
                   ;값1      시간1     값2       시간2     값3       시간3       값4
aenv  expseg  40,     .1,      5000,    p3/2,    2000,    p3/2 - .1,  .01
asig  oscil   10000,  aenv,  1
out   asig
  endin
</CsInstruments>
```

(3) 함수테이블을 이용하는 인벨로프

시사운드의 테이블(table) 옵코드는 약간의 이해가 필요하다. 프로그래밍의 경험이 전혀 없는 사람들은 조금 어려울 수가 있다. 그리고 뒷장에서 이 테이블 옵코드는 따로 보다 자세한 설명과 예가 이루어지므로 읽어 보고 이해가 잘 안 된다면 대충의 과정만 이해하고 나중에 완벽한 이해를 시도해 보는 것도 좋다.

앞에서 옵코드 오실을 이용하여 간단한 악기를 만들어 보았다. 이 과정에서 함수테이블(f문)을 만들고 이 함수테이블에서 사인곡선을 이용하는 젠 10을 선택하여 반복되는 하나의 진동의 모양(파형)을 설계한 후 옵코드 오실에서 이 파형을 불러들여 오디오 시그널을 출력하였다. 그러나 함수테이블은 파형 설계 외에도 다른 여러 가지의 목적으로 이용될 수 있다. 여기서는 진폭 인벨로프를 위한 함수테이블을 생각해 본다.

앞 장에서 언급된 '젠 루틴들' 중에서 젠 7번은 옵코드 린세그와 같이 함수테이블에서 1개 이상의 직선들을 이용하여 다양한 형태의 모양을 만들 수 있는 방법을 제공한다. 이처럼 옵코드와 같은 기능이 함수테이블로서 기능할 경우는 한번 형태를 만들어 두면 다른 여러 악기에서 공유할 수 있다는 이점이 있다. 그리고 이 함수테이블은 오디오 시그널을 위한 파형으로서도 이용될 수 있을 뿐만 아니라 그 외의 다른 목적을 위한 하나의 데이터로서도 이용될 수 있다는 장점도 가지고 있다. 또한 옵코드에서의 활용은 항상 컨트롤 및 오디오 비율로 고정되어 있지만 함수테이블에서는 비록 그 크기를 2의 제곱수들만을 사용해야 한다는 약간의 제한이 있을 뿐 사용자 마음대로 그 크기를 설정할 수가 있다는 유연성도 있다.

〈표 120〉 함수테이블을 이용한 인벨로프의 예

```
〈CsoundSynthesizer〉
〈CsInstruments〉
sr      = 44100
kr      = 4410
ksmps   = 10
nchnls  = 1


    instr  1
kndx  line   0,    p3,  1023    ;1,024개의 색인(인덱스) 생성(0~1,023)
                        ;인덱스   테이블번호
kenv  table            kndx,   1    ;함수테이블에서 kndx 값과 상응하는 색인 값을 가져옴
asig  oscil  p4*kenv, cpspch(p5), 2
out asig
    endin
〈/CsInstruments〉
```

현재 위의 악기는 다음 표와 같은 2개의 함수테이블을 사용한다. f1(함수테이블 1번)은 젠 7번을 이용하여 ADSR 인벨로프를 설계한 것이며 f2는 젠 10번을 이용한 실제 소리를 위한 사인파형을 담고 있다.

함수 테이블 1번은 직선을 이용해서 인벨로프를 디자인하는 젠 7을 사용하고 있다. 따라서 이 테이블에 사용된 '0 50 1 50 .9 700 .9 200 0'의 의미는 현재 테이블의 크기를 1024(2의 10제곱)로 했으므로 처음에 0에서 시작해서 길이 50지점에서 최대진폭 1에 이르고 100(50+50)지점에서 .9로 살짝 감소한 후 800(50+50+700)지점까지 0.9의 진폭을 유지하다가 남은 200 길이동안 진폭 0으로 감소하는 직선들을 만드는 내용이다. 여기서 길이 24가 남았는 데 이 남은 값들은 모두 0으로 처리된다. 물론 200 대신 정확히 224를 넣어도 된다.

〈표 121〉 함수테이블을 이용한 인벨로프 악기를 위한 스코어

```
〈CsScore〉
f1 0  1024   7  0  50  1  50 .9  700 .9  200  0   ;젠 7번을 이용한 ADSR 인벨로프
f2 0  4096  10  1                                 ;젠 10 사인파형

i1 0  1   15000  8
i1 1  1   15000  8.02
e
〈/CsScore〉
〈/CsoundSynthesizer〉
```

먼저 위 악기에서 옵코드 라인(line)은 하나의 직선을 위한 값들을 산출한다. 그리고 이 옵코드 line은 단지 한 개의 선만을 만든다는 점 외에는 앞서의 옵코드 린세그와 그 기능이 동일하다. 이때 p3은 소리(음표)의 길이이므로 'kndx line 0, p3, 1023'은 초당 4,410개의 비율로 0에서 1,023까지의 값들을 p3시간에 맞추어 소수점 이하의 값까지 사용하여 잘 분배한 후 이 값들을 배열 변수 kndx에 반환한다. 그러나 이어지는 다음 행에서 이 값들은 옵코드 테이블(table)에서 사용되므로 이 kndx가 가지고 있는 값들은 실제적으로 함수테이블 1번의 젠 7번이 담고 있는 각 값들을 가리키는 색인(인덱스) 번호로 이용된다.

결국 이와 같은 옵코드 'line'과 같은 시사운드의 대부분의 옵코드들이 수행하는 작업은 보편적인 프로그래밍에서 사용하는 배열을 위한 메모리 할당과 같은 역할을 수행한다. 예를 들면 C언어에서나 'int a[4];' 또는 VB에서는 'dim a(3) as integer'과 같이 사용 전에 미리 사용할 배열의 크기에 따라 필요한 컴퓨터의 메모리를 설정하게 된다. 그러나 시사운드에서는 배열 변수를 위한 메모리 할당은 없다. 가장 큰 이유는 메모리 절약과 시간절약 때문이라 할 수 있다. 예를 들면 경우에 따라 p3, 즉 음표의 길이가 한 시간을 지속할 경우도 있을 것이다. 이와 같은 경우에는 배열 변수 'kndx'의 크기는 엄청나게 커질 것은 분명하며 그 크기가 커서 메모리를 할당하는 데에도 약간의 시간이 걸린다. 또한 이와 같은 거대한 배열 변수들이 수없이 사용된다면 아무리 컴퓨터가 수기가바이트의 메모리를 가지고 있다 하더라도 늘 메모리 부족을 겪게 된다. 따라서 실제의 'kndx'는 필요한 만큼의 최소한의 배열로 이루어지며 주기적으로 재사용되는 것이다. 대신 옵코드 라인은 kndx를 위해 p3시간 동안에 필요한 실제적인 메모리 공간을 확보보다는 단지 kndx의 인덱스의 구조를 설정하고 이 내용에 따라 계속 p3시간 동안 인덱스의 순서를 제공해 주는 역할을 한다.

그 다음 행의 옵코드 테이블(table)은 스코어의 '함수테이블'을 '테이블'로 사용한다는 의미 때문에 테이블이라는 이름이 붙여졌다. 일반적으로 'table'이란 단어는 '탁자'라는 뜻을 가지고 있으나 이 외에 표나 리스트 또는 자료라는 의미도 갖는다. 따라서 이 옵코드 '테이블'은 스코어의 '함수테이블'을 이용하여 만든 '테이블'(자료)을 활용하는 옵코드라고 기억하면 좋다.

그러면 다음 행 'kenv table kndx, 1'을 보자. 여기서 옵코드 테이블(table)은 kndx의 크기와 같은 크기의 kenv라는 배열 변수를 만들고 그 다음 kndx의 값과 일치하는 함수테이블 1번의 색인(인덱스)에 들어 있는 데이터를 kenv에 집어넣게 된다. 여기서 한 가지 생각해야 할 점은 앞서 옵코드 라인은 0에서 1,023까지를 소수점을 포함하는 값들로 만들어 kndx에 반환했다는 점이다. 이 경우 소수점을 가진 값들은 테이블의 색인으로 사용하기는 불가능하다는 문제가 발생한다. 왜냐 하면 배열 변수의 색인(인덱스)들은 항상 0을 포함한 양의 정수로만 이루어지기 때문이다. 이 때문에 시사운드는 옵코드 테이블을 사용할 때만은 소수점 이하의 자리는 무시하고 정수 부분에 일치하는 함수테이블의 색인에 들어 있는 값을 배열 변수 kndx에 반환하는 것이다. 또 하나 특이한 점은 옵코드 테이블은 연속적으로 중복되는 값들은 반환하지 않는다는 점이다. 상식적으로 모든 컨트롤 배열들은 컨트롤 주기(kr)마다 하나의 값을 산출하는 것이 원칙이지만, 즉 kr = 4,410 이라면 컨트롤 배열들은 초당 4,410개의 색인으로 이루어져야 하는 것이다. 하지 만 옵코드 테이블만 예외적으로 같은 값이 연속으로 나타날 때는 맨 처음 값만 반환을 한다는 것을 알아 두자. 그리고 실제 이들 반환 값들을 출력 윈도에 출력 해 보면 그 수가 컨트롤 비율의 수보다 훨씬 작다는 것을 알 수 있다.

그런데 만약 옵코드 라인이 0에서 1까지의 소수점으로 된 값만을 출력한다면 어 떻게 될 것인가를 생각해 보자. 예를 들어 다음과 같이 'kndx line 0, p3, 1'로 되어 있다면 이 경우에는 kndx가 갖는 수많은 값들 중에서 양의 정수로 된 색인 번호와 일치하는 것이 0과 1밖에 없어 시사운드는 2개의 값을 산출할 것 같지만 이 경우 색인 0의 값인 1개의 값만 산출한다. 당연히 소리는 예상 밖의 소리를 낳을 것이다.

시사운드는 이와 같은 경우도 대비해서 옵코드 테이블을 위한 2가지의 모드를 제공하고 있다. 그 하나는 기본 모드인 '0'의 모드이며 다른 하나는 '1'의 모드로 함수테이블의 색인들 중 0과 1까지의 값만 사용하는 모드다.

0의 모드는 위의 예제에서 만들어진 바와 같이 기본 모드이므로 'kenv table kndx, 1, 0'이라고 표현할 필요 없이 'kenv table kndx, 1'로 하면 된다. 그러나 만약 옵코드 라인이 0에서 1까지의 값만을 산출하는 'kndx line 0, p3, 1'과 같이 사용한다면 옵코드 테이블에서 테이블 재조정 모드[92]를 1로 해서, 즉 'kenv table kndx, 1, 1'로 사용해야 제대로 작동한다. 그래서 양쪽 다 0에서 1까지의 값들을 서로 비교해서 같을 경우 이 색인의 값에 해당하는 실제 정수로 된 색인에 해당

---

92) 이와 같이 0에서 1까지의 값으로 재조정되는 과정을 시사운드 매뉴얼에서는 'normalized'라고 표현하고 있으며 우리말로는 적당한 표현으로서 정착된 단어는 없으며 번역하면 재조정된다는 뜻이다.

하는 함수테이블의 값을 kenv로 반환하는 것이다. 이렇게 하는 이유는 아마 사용자에게 보다 다양한 선택을 주기 위해서라 생각된다. 그러나 반면 이와 같은 약간 상식적인 논리를 초과하는 부분들은 사용자에게 상당한 혼란과 이해의 어려움을 주고 있는 점도 부인할 수 없다.

만약 이들 값들을 조사해 보려 한다면 다음 표의 'printk2 kenv'와 같이 컨트롤 시그널(컨트롤 배열 변수)을 출력 윈도로 출력하는 옵코드 'printk2'를 사용하여 아규먼트로는 원하는 컨트롤 배열 변수 이름을 입력하면 된다. 그리고 동시에 소리를 들을 필요는 없으므로 오디오 시그널을 계산하고 출력하는 항목들은 임시로 설명문 기호를 붙이는 것이 빠른 결과를 얻을 수 있을 것이다.

〈표 122〉 함수테이블을 이용한 인벨로프의 예

```
   instr  1
kndx  line   0,  p3,  1                  ;인덱스  생성(0 - 1)
                ;인덱스   테이블번호   모드
kenv  table    kndx,  1,            1 ;     모드  1  -〉normalization
printk2  kenv
;a       oscil  p4*kenv, cpspch(p5), 2
;out a
   endin
〈/CsInstruments〉
```

```
SECTION 1:
ftable 1:
ftable 2:
new alloc for instr 1:
i1     0.00000
i1     0.02000
i1     0.04000
i1     0.06000
i1     0.08000
i1     0.10000
i1     0.12000
i1     0.14000
i1     0.16000
i1     0.18000
i1     0.20000
i1     0.22000
i1     0.24000
i1     0.26000
```

〈그림 145〉 'printk2 kenv'의 출력 결과

보태어 많은 값들로 이루어지는 컨트롤 비율 변수의 간결한 출력을 위해서 임시로 전역 변수들의 값들을 낮게 해서 출력한다면 전체의 변화를 관찰하기가 보다 쉽다.

이를 위해 다음 표는 오디오 및 컨트롤 비율을 아주 낮게 그리고 십진법을 사용하는 사람이 인식하기 쉬운 숫자를 선택했다. 항상 kr * ksmps 값은 sr 값과 같아야만 할 것이다. 그러나 만약 아래의 표와 같은 설정으로 오디오 시그널을 출력한다면 시사운드는 아무런 문제 없이 실행되지만 소리는 듣지 못할 것이다. 그 이유는 시사운드에서는 이떤 숫자로 된 데이디든 보내는 것은 아무런 문제가 없지만 단지 사운드카드에서 이와 같은 비율의 오디오 시그널을 처리하지 못하기 때문이다.

그리고 앞서 언급된 바와 같이 옵코드 테이블에 의해 출력되는 값들을 반환받는 배열을 출력 윈도로 출력할 경우에 연속되는 같은 값은 하나만 출력되고 나머지는 생략된다. 따라서 아래의 표와 같은 경우 1초의 소리를 위해 'kr = 50'으로 설정되어 있으므로 모든 컨트롤 변수들과 같이 50개의 값들이 출력되어야 하지만 실제 출력 수는 16개밖에 되지 않는다.

<표 123> 출력 윈도에서 축소된 결과를 얻기 위한 오디오/컨트롤 비율의 축소

```
sr  =  5000
kr  =  50
ksmps  =  100
```

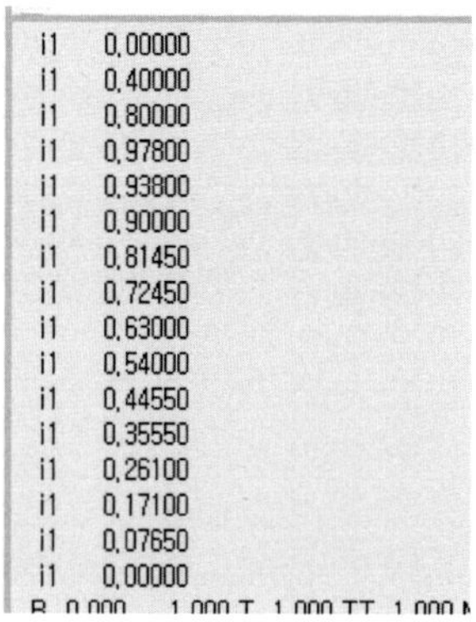

<그림 146> 축소된 출력 메시지

지금까지 시사운드의 옵코드 테이블에 대해서 부분적인 내용에 대해 알아보았다. 테이블 옵코드의 주 기능을 요약하자면 테이블은 사운드를 디자인하는 쪽에도 이용되지만 또한 제한적이지만 알고리즘으로 여러 음악적인 요소들을 제어하는 데에 중요한 역할을 수행한다.

마. 비브라토

비브라토(vibrato)는 노래나 악기 연주에서 규칙적으로 변하는 피치에 의해 발생하는 일종의 음악적 효과다. 이는 감정을 보다 풍부하게 하며 또한 기악 음악에 성악적인 특성을 부가하기 위해서도 사용된다. 디지털 오디오에서 이와 같은 비브라토 효과를 만들려면 출력될 오디오 시그널의 주파수에 하나의 작은 진폭과 느린 주파수를 가지는 시그널을 가산하여 만들 수 있다.

1) 단순 비브라토

〈표 124〉 비브라토 악기

```
〈CsoundSynthesizer〉
〈CsInstruments〉
    instr 1
kenv  linseg  0,   .05,   1,    .05, .9, p3*.5, .9, p3*.5 -.1, 0
kvib  oscil  5,   1,   1                      ;초당 1번의 비브라토, 진폭은 +-5
asig  oscil  p4*kenv, cpspch(p5)+ kvib, 2   ;출력 시그널에 비브라토를 추가
out   asig
    endin
〈/CsInstruments〉
```

〈표 125〉 비브라토 악기를 위한 스코어

```
<CsScore>
f1          0          4096        10          1
f2          0          4096        10          1           .5          .2          .05

i1          0          2           7000        8.04
i1          2          3           8000        .
e
</CsScore>
</CsoundSynthesizer>
```

위 악기에서 첫 번째 옵코드 오실은 진동수가 1이므로 초당 1번 진동하며 진폭 값은 5인 시그널을 kvib로 반환한다. 이때 컨트롤 비율인 kvib 대신에 avib로 하여 오디오 시그널로 바꾸어도 그 효과는 마찬가지다. 그러나 오디오 시그널을 사용한다면 10배 정밀한 연산이 이루어진다. 뒷장의 주파수 변조(FM) 악기에서 다루겠지만 이와 같은 방법은 주파수에 변화를 주는 방법이기 때문에 주파수 변조의 한 방법이다. 단지 아주 느린 진동수를 더하기 때문에 그 결과는 배음 산출 대신에 비브라토 효과를 내는 것뿐이다.

그 다음 행에서 이 kvib는 실제 오디오 시그널을 출력하는 옵코드 오실의 고정적인 진동수에 이 kvib가 더해진다. 이때 'cpspch(p5)'의 값이 400이라고 가정하자. 이 400이라는 주파수 값은 소리가 연주될 때 계속 고정되어 있다. 그리고 이 값에 kvib가 더해진다고 생각해 보자. 이 kvib를 산출하는 오실 옵코드는 초당 한 번 진동하며 최대 진폭은 5로 그리고 파형은 함수테이블 1번의 사인파형을 사용하고 있다. 그러면 kvib 값들은 양진폭을 위해서 0에서 5로 그리고 다시 0으로 움직이는 값들과 그 다음에는 음진폭을 위해서 −5로 내려갔다가 다시 0으로 돌아오는 값들로 이루어질 것이다.

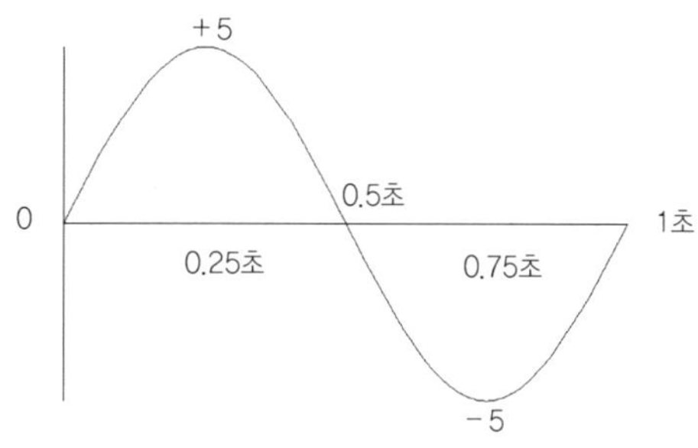

〈그림 147〉 초당 비브라토 1번 때의 값의 변화

이제 이들 값들을 계속 고정적인 400에 더해 보자. 먼저 kvib는 1초에 한 번 진동하는 사인모양을 가지는 값들로 되어 있다는 점을 기억하자. 그러면 연주가 시작되면 처음에는 kvib의 값은 0이므로 400+0이 되어 원래의 피치인 400hz가 유지된다. 그러나 시간이 0.25초가 경과하는 경우는 kvib 값은 5가 되어 진동수는 400+5가 된다. 그리고 0.5초가 경과되면 400+0이 되어 원래의 피치 400을 유지하게 되며 0.75초가 되는 경우는 400−5가 되어 395hz가 되며 1초 지점에 이르게 되면 kvib 값은 다시 0이 되므로 400+0이 되어 원래의 피치로 돌아오게 된다. 이로써 위의 악기는 초당 한 번 비브라토를 만드는 악기가 된다. 1초에 한 번의 비브라토는 실제로는 너무 느려 부자연스럽다. 위 예제에서는 설명을 위해서 초당 1번으로 설정했지만 음악적으로 최소한 초당 2번 이상의 비브라토가 적당하다. 진폭도 너무 큰 값을 잡게 되면 또한 부자연스러운 효과를 만들 것이다.

실제 이전의 코드에서 출력원도에 컨트롤 값들을 출력해 본 바와 같이 위 코드의 컨트롤 배열 kvib가 어떤 값을 가지고 있는지 'printk2 kvib'를 입력해 보면 쉽게 알 수 있다.

〈표 126〉 비브라토 시그널의 값을 출력 원도로 출력

```
〈CsoundSynthesizer〉
〈CsInstruments〉
    instr  1
kenv   linseg 0,    .05,   1,    .05, .9, p3*.5, .9, p3*.5 −.1, 0
kvib   oscil  5,    1,     1                          ;초당 1번의 비브라토, 진폭은 + − 5
;a         oscil p4*kenv, cpspch(p5)+ kvib, 2    ;출력 시그널에 비브라토를 추가
;out    a
printk2 kvib        ;출력 원도에 kvib 값을 출력
    endin
〈/CsInstruments〉
```

2) 편차 조정 비브라토

앞서의 피치 변환 옵코드들을 설명할 때 언급되었듯이 비브라토를 만들기 위해 원래 진동수의 위아래로 똑같이 5Hz를 움직이게 한다면 아래쪽의 음은 위쪽의 음보다 실제 음정의 차가 약간 더 커져 어색한 맛이 난다. 예를 들면 어떤 음이 440Hz라면 이 음의 한 옥타브 위는 880Hz가 되어 한 옥타브의 진동수 범위

는 440Hz가 나지만 440Hz 음의 한 옥타브 아래의 음은 220Hz가 되므로 이 경우는 한 옥타브 범위는 겨우 220Hz의 차이밖에 나지 않는 것이다. 따라서 위아래로 똑같은 진동수로 움직이게 한다면 부자연스러울 수밖에 없다. 이와 같은 경우에 옥타브 소수를 사용하여 위아래로 똑같은 음정차로 움직이게 한다면 조금 더 자연스러운 비브라토를 만들 수 있다.

〈표 127〉 옥타브 소수를 이용한 비브라토 편차 조정 악기

```
〈CsoundSynthesizer〉
〈CsInstruments〉
sr       =      44100
kr       =      441
ksmps    =      100
nchnls   =      1

    instr  1
kenv   linseg  0,    .05,   1,    .05, .9, p3*.5,  .9, p3*.5 - .1, 0
ioct = octpch(p5)                         ;피치 세트를 옥타브 소수로 변환
kvib   oscil   octpch(.005),  4,  1       ;1/4음을 옥타브 소수 값으로
asig   oscil   p4*kenv,  cpsoct(ioct + kvib),  2    ;위 두 옥타브 소수 값을 더한 후 진동수로 변환
out    asig
    endin
〈/CsInstruments〉
```

〈표 128〉 옥타브 소수를 이용한 비브라토 편차 조정 악기를 위한 스코어

```
〈CsScore〉
f1          0         4096        10        1
f2          0         4096        10        1          .5         .2          .05

i1          0         4           7000      8.04
e
〈/CsScore〉
〈/CsoundSynthesizer〉
```

위의 예는 앞서의 비브라토 악기에서 원래의 음을 중심으로 똑같은 진동수 값을 위아래에 적용한 결과 발생되는 문제점을 보완한 것이다. 따라서 여기서는 진동수 대신에 시사운드에서 제공하는 옥타브 소수를 사용하여 모든 피치 계산을 한 후 마지막에 이 옥타브 소수 값을 진동수로 바꾸어 소리를 출력하는 방법을 사용한다.

먼저 'ioct = octpch(p5)' 행에서 원래 피치를 옥타브 소수 값으로 바꾸어 놓는

다. 그 다음 이 원래 음을 중심으로 위아래로 움직일 간격을 피치 세트를 사용하면 쉽게 음정을 생각할 수 있으므로 피치 세트 값으로 음정을 정한 후 이 값을 옥타브 소수 값으로 바꾼다. 이렇게 되면 'kvib oscil octpch(.005), 4, 1' 행에서 오실 옵코드는 진폭 값으로 하나의 정수 값 대신 내부적으로 이 옥타브 소수 값을 계산하게 되는데 이 값을 계산해 보면 약 0.042가 된다. 즉 한 옥타브가 1이며 1을 12로 나누면 하나의 반음은 옥타브 소수 값으로 약 0.083이 된다. 따라서 1/4음은 0.083의 절반인 약 0.042가 된다. 그리고 'kvib oscil octpch(.005), 4, 1'에서 컨트롤 시그널 kvib는 옥타브 소수 값으로 +0.042에서 −0.042까지의 값으로 이루어진다.

그리고 피치 세트에서는 0.01이 반음이므로 반음의 반음인 1/4음은 0.01의 절반인 0.005가 된다. 또한 'octpch(.005)' 대신에 'octcps(원하는 진동수)'를 사용할 수도 있을 것이라 생각할 수 있지만 그 결과는 이 진동수에 속하는 옥타브 값과 소수점 이하의 값을 동시에 반환하기 때문에 엉뚱한 결과를 낳게 된다. 예를 들면 'octcps(5)'는 옥타브 소수 값으로 '2.291'이 된다.

이제 원래의 소리의 진동수에 이 피치의 진동수를 변화시킬 아주 느리게 진동하는 작은 진폭을 가진 옥타브 소수 값으로 되어 있는 컨트롤 시그널을 결합하는 것이다. 여기서 가장 중요한 과정이 'cpsoct(ioct + kvib)'와 같이 옥타브 소수 값으로 변환된 원래의 피치와 또 옥타브 소수 값으로 된 kvib를 더한 후 이를 진동수로 바꾸는 일이다. 다시 말하자면 원래의 피치가 옥타브 소수 값으로 8이라면 이 값은 또한 옥타브 소수 값으로 된 비브라토가 더해져서 최대 8.042(8 + 0.042)에서 최소 7.958(8 − 0.042)로 움직이는 수치가 만들어지게 된다. 그러나 이들 값들은 한 옥타브를 1로 한 절대적인 옥타브 분할이므로 옵코드'cpsoct'(옥타브 소수를 진동수로)를 사용하여 다시 진동수로 변환해야만 원래 음의 위아래로 균일한 음정으로 움직이는 비브라토가 만들어진다.

3) 트릴(tril)

트릴이란 두 개의 서로 다른 음을 재빨리 반복하는 기악적인 연주방법이다. 이 트릴도 포르타멘토로 천천히 연주된다면 상당히 비브라토적인 맛이 난다. 여기서는 앞서의 편차 조정 비브라토 악기를 개량하여 트릴 또는 단방향 비브라토 악기를 만들어 본다.

이 방법에 대한 원리는 다음과 같다. 원래의 피치에서 한쪽 방향으로만 피치를 올리거나 내리게 하며 그리고 다시 본래의 피치로 돌아오는 과정을 반복하는 것이다. 지금까지 만들었던 비브라토들은 사인파의 한 번의 주기를 이용하여 위아래로 움직이는 과정을 반복하였다. 만약 이 사인파의 아래로 가는 방향을 다음 그림과 같이 항상 위쪽으로 또는 반대로 위로 가는 방향을 항상 아래쪽으로 옮긴다면 단방향 비브라토 또는 트릴이 쉽게 만들어질 수 있을 것이다.

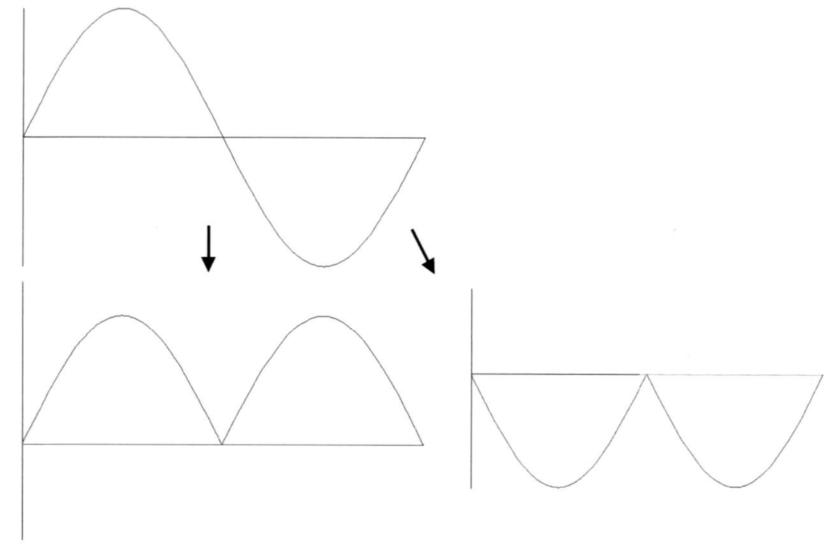

〈그림 148〉 파형의 한쪽 방향의 변위

이와 같은 방법은 단지 사인파형뿐만 아니라 모든 파형에 다 적용 가능하다. 뒷장에서 파형 설계에서 다루겠지만 삼각파, 사각파, 톱니파 등등의 사인파와 다른 파형들도 나중에 한번 적용해 보길 바란다.

먼저 위 그림과 같이 어떻게 한쪽 방향의 모양을 변위할 것인가에 대해 생각해 보자. 파형 디자인을 위해서 시사운드는 직선과 지수곡선을 이용하는 방법을 제공하고 있다. 또 젠 6번이나 젠 16번 등은 곡선을 이용해 만드는 방법을 제공하고 있지만 그 기능은 상당히 제한되어 있다. 이를 보완하기 위해 어떤 개발자는 직접 그래픽으로 파형을 그리는 간단한 프로그램을 만들어 제공하기도 한다. 그러나 실제 여러 가지 독특한 파형들을 시도해 보면 결국 파형의 모양에 의한 음색에는 한계가 있음을 느낄 것이다. 즉 소리에는 하나의 진동이 어떤 모양을 하고 있는가도 음색에 영향을 주지만 이보다는 배음 구조가 더 중요하기 때문이다. 이런 이유로 함수테이블에서 자유롭게 곡선을 조합할 수 있는 젠 루틴의 개발은 아직 뒤로 밀리고 있다.

현재 위 그림과 같이 사인곡선의 절반을 변위한 모양은 젠 루틴으로는 해결하기 어려우므로 악기 자체에서 해결하는 것이 효과적이다. 그러나 꼭 하려고 한다면 위 그림과 같은 모양으로 된 짧은 길이의 사운드파일을 젠 1번을 통해 불러들여 이용할 수 있다.

악기에서 해결하는 방법은 하나의 사인모양을 가지고 있는 배열 변수의 값들을 조작하는 방법이다. 다음의 그림을 보자. 아래의 악기 코드의 내용은 바로 이전의 '편차 조정 비브라토'에서 사용되었던 내용이 약간 수정되었고 새로운 부분이 추가되었다. 먼저 사인파의 한 주기의 후반 절반은 전반 절반의 값들을 모두 음수 값으로 만든 경우와 같다. 또는 전반 절반 값들에 모두 −1을 곱한 결과로 볼 수 있다. 따라서 소리가 산출될 때 사인 곡선의 후반 절반의 값들만 모두 양수로 만들어 주면 위쪽 방향으로만 움직이는 비브라토를 만들 수 있을 것이다. 반대로 아래 방향으로만 움직이는 비브라토는 양수일 경우만 음수로 바꾸어 주면 될 것이다.

아래의 코드는 위쪽으로만 움직이는 비브라토의 예로서 사인곡선을 이루는 값들이 0보다 작은 경우에만 시사운드의 절대값을 산출하는 옵코드 'abs'를 이용해서 양수로 바꾸는 방법을 사용하였다. 또한 옵코드 'abs'를 사용하는 대신 'kvib = kvib*−1'을 사용해도 마찬가지 결과를 낳는다. 다음 코드 중에서 'kvib = abs(kvib)'는 현재의 kvib 값이 음수이면 이 값의 절대값인 양수를 반환하는 것이다. 즉 abs(−3.344)의 결과는 3.344가 되는 것이다.

이를 위해 처음으로 'if' 조건문과 'goto'(고투) 문이 사용되었다. 이 'if' 문과 'goto' 문은 프로그래밍에서 가장 기본적인 명령이다. 'if' 문은 어떤 조건이 사실(true)인지 또는 거짓(false)인지에 따라 가름 명령을 실행하는 조건문이다. 즉 어떤 조건이 사실이면 이것을 하고 거짓이면 저것을 하거나 또는 사실이면 이것을 하고 거짓일 때는 하지 않는다는 등의 조건을 만들 수 있다. 그리고 'goto' 문은

'~로 가라'(go to ~)는 명령으로서 가는 위치는 항상 사용자가 정한 이름의 마지막에 ':'(콜론)이 붙여지는 라벨이 된다. 이 라벨은 다음 코드에서 'again:'과 'exit:' 2개가 사용되고 있다.

여기서 'kgoto'는 컨트롤 비율에서 움직일 때만 사용하며 'goto'는 i로 시작하는 단일 변수와 마찬가지로 소리의 시작에서 한 번만 명령이 이루어진다. 현재의 코드에서는 반드시 컨트롤 비율에서 명령이 이루어져야 하므로 'goto' 대신 'kgoto'기 사용되었다. 띠리서 'if (kvib < 0) kgoto again'이리는 의미는 '만약 kvib 값이 0보다 작은 경우는 again:'이라는 라벨로 가라는 뜻이다. 그리고 kvib 값이 0이거나 0보다 큰 경우는 '거짓'이 되므로 'kgoto again'을 수행할 수 없으므로 그 다음 행으로 넘어간다. 이 경우 그 다음 행은 'kgoto exit'이므로 'exit:'이라는 라벨이 있는 곳으로 가게 된다.

요약하면 kvib 값이 0보다 작으면 양수로 바꾸어 준 후 'exit:' 라벨로 가고 아니면 바로 'exit:' 라벨로 가는 것이다. 이로써 항상 위쪽으로만 움직이는 비브라토 또는 속도를 빨리한다면 트릴이 만들어진다. 만약 아래쪽으로만 움직이는 비브라토를 만들려고 한다면 코드를 약간 수정해서 'if (kvib < 0)'을 'if (kvib > 0)'와 같이 고치고 그 다음 again: 라벨이 있는 'kvib = abs(kvib)'를 'kvib = kvib* − 1'로 고쳐 주면 된다.

〈표 129〉 아래쪽으로만 움직이는 비브라토의 예

```
if (kvib > 0) kgoto again          ;만약 현재 kvib 값이 0보다 크면 again으로
          kgoto exit               ;그렇지 않으면 exit으로
again:
          kvib = kvib * − 1
kgoto exit                         ;exit으로

exit:
a         oscil   p4*kenv, cpsoct(ioct + kvib), 2   ;출력
```

〈표 130〉 위쪽으로만 움직이는 비브라토(트릴) 악기

```
〈CsoundSynthesizer〉
〈CsInstruments〉
sr      =       44100
kr      =       441
ksmps   =       100
nchnls  =       1

   instr 1
kenv    linseg   0,  .05,  1,   .05, .9, p3*.5, .9, p3*.5 - .1, 0
ioct = octpch(p5)
kvib    oscil  octpch(.004), 2, 1
if (kvib 〈 0) kgoto again        ;만약 현재 kvib 값이 0보다 작으면 again으로
   kgoto exit                    ;그렇지 않으면 exit으로
again:
   kvib = abs(kvib)
kgoto exit
exit:
asig   oscil   p4*kenv, cpsoct(ioct + kvib), 2
out    asig
   endin
〈/CsInstruments〉
```

〈표 131〉 위쪽으로만 움직이는 비브라토(트릴) 악기를 위한 스코어

```
〈CsScore〉
f1        0        4096       10        1
f2        0        4096       10        1        .5        .2        .05

i1  0 5  7000      7.04
e
〈/CsScore〉
〈/CsoundSynthesizer〉
```

마지막으로 한 가지 참고 사항은 이전의 두 비브라토 악기들에서는 하나의 사인파형을 이용했기 때문에 1진동마다 한 번의 위아래로 움직이는 비브라토가 발생되지만 한쪽 방향으로만 움직이는 경우는 1진동마다 두 번의 위아래 또는 두 번의 아래위로 움직이는 비브라토가 생긴다는 점이다.

이와 같은 실시간의 시그널 조작방법은 단지 위의 예와 같은 간단한 방법 외에도 여러 개의 'if' 문과 'kgoto' 및 위치 라벨들을 사용하여 보다 다양한 방법으로 시그널을 변형하는 데에 이용할 수 있다.

4) 속도 및 깊이 변화 비브라토

(1) 속도 변화

지금까지 만들어 본 비브라토 악기들은 모두 하나의 정해진 속도로 고정되어 있어 경직된 느낌을 주고 있다. 여기서는 지나치게 규칙적인 비브라토의 속도를 시간에 따라 바뀌게 함으로써 조금 더 음악적인 소리를 낼 수 있도록 하였다.

방법은 간단하다. 앞서의 비브라토에서 비브라토가 초당 몇 번이 일어나는가는 전적으로 변조시그널에서 초당 진동수를 몇 번으로 하는가에 달려 있었다. 이 때 이 값이 단일 변수 또는 하나의 숫자 상수인 리터럴(literal)로 되어 있었는데 이 값을 하나의 컨트롤 배열 변수로 바꾸는 것이다. 그리고 이 컨트롤 배열 변수가 예를 들면 1에서 5로 변하는 값을 넣어 보자. 그러면 연주가 시작되면 초당 1번의 비브라토에서 시작해서 점차 속도가 증가될 것이며 초당 5번의 비브라토는 소리가 끝나는 지점이 될 것이다. 이와 같은 속도 변화는 지금까지 자주 사용해 온 옵코드 린세그나 지수곡선을 이용하는 옵코드 expseg를 이용하면 된다.

〈표 132〉 실시간에 변하는 진동수를 위한 컨트롤 시그널 사용의 예

```
kvib oscil   octpch(.004), 2, 1   ==〉 kvib oscil   octpch(.004), kspd, 1
```

〈표 133〉 속도 변화 비브라토 악기

```
〈CsoundSynthesizer〉
〈CsInstruments〉
    instr 1
kenv  linseg   0,  .05,  1,   .05, .9, p3*.5, .9, p3*.5 -.1, 0
ioct = octpch(p5)
kspd  linseg 0,   1,  0,  p3*.4,  6,   p3*.6 - 1, 3     ;1초 후에 비브라토 시작
kvib  oscil  octpch(0.003), kspd, 1
asig  oscil  p4*kenv, cpsoct(ioct + kvib), 2
out   asig
    endin
〈/CsInstruments〉
```

〈표 134〉 속도 변화 비브라토 악기의 스코어

```
〈CsScore〉
f1        0        4096      10        1
f2        0        4096      10        1         .5        .2        .05

i1        0        1         7000      8.04
i1        1        6         7000      8.02
e
〈/CsScore〉
〈/CsoundSynthesizer〉
```

위의 속도 변화 비브라토 악기에서는 배열 변수 kspd로 변하는 값을 반환하기 위해 옵코드 린세그를 사용하였다. 비브라토는 긴 음에서 효과적이므로 위의 예에서는 1초가 넘을 경우만 비브라토가 적용되도록 하였고 소리의 끝 부분에서는 조금 속도가 느려지도록 하였다.

따라서 'kspd linseg 0, 1, 0, p3*.5, 6, p3*.5 – 1, 3'의 내용은 처음 1초 동안에는 진동이 전혀 없는 값 0을 가지며 그 다음 전체 소리의 절반 동안에는 최대 초당 6번의 비브라토로 점차 증가하고 있으며 그 후 남은 시간 동안에는 초당 3회의 비브라토로 느려지는 과정으로 되어 있다.

(2) 깊이 변화

비브라토의 깊이(depth) 변화는 전적으로 변조시그널의 진폭 값에 달려 있으므로 위 예제의 변조시그널의 고정되어 있는 진폭 값에 다음의 표와 같이 컨트롤 배열 변수를 적용하면 된다.

〈표 135〉 비브라토에 변하는 깊이를 적용

```
kvib oscil  octpch(.004), 2, 1   = =〉 kvib oscil  octpch(kdpth), kspd, 1
```

이제 이들 속도와 깊이 둘 다 적용해 보면 다음과 같이 시간에 따라 변하는 속도와 깊이를 가지는 비브라토 악기를 만들 수 있다.

```
〈CsoundSynthesizer〉
〈CsInstruments〉
sr      =       44100
kr      =       441
ksmps   =       100
nchnls  =       1

    instr  1
kenv   linseg  0,    .05,   1,    .05, .9, p3*.5,  .9, p3*.5 - .1,  0
ioct =  octpch(p5)
kspd   linseg  0,    1,   0,  p3*.4,  6,      p3*.6 - 1,  3    ;비브라토 속도
kdpth  linseg  0,    1,   0,  p3*.4,  .005,   p3*.6 - 1,  .003  ;비브라토 깊이
kvib   oscil  octpch(kdpth),  kspd,  1
asig   oscil  p4*kenv,  cpsoct(ioct + kvib),  2
out    asig
    endin
〈/CsInstruments〉
```



```
〈CsScore〉
f1       0        4096      10        1
f2       0        4096      10        1          .5        .2        .05

i1       0        1         7000      8.04
i1       1        7         7000      8.02
e
〈/CsScore〉
〈/CsoundSynthesizer〉
```

이제 남은 것은 이 비브라토를 각 소리마다 다르게 적용할 필요가 있다. 그 이유는 현재 위의 악기에서의 비브라토의 속도나 깊이 그리고 그 증가되는 시간이나 감소하는 시간이 늘 고정되어 있기 때문이다. 즉 악기의 비브라토 속도의 최댓값은 항상 6으로 그리고 마지막 속도의 값은 3으로 되어 있으며 그 깊이는 최대 0.005로 그리고 마지막 감소 값은 0.003으로 되어 있다. 이 문제는 스코어에 p필드 값을 사용해서 처리할 수 있다. 지금까지 늘 p필드는 5번째까지만 사용해 왔지만 이제 여기서 4개의 p필드를 더 추가하자. 첫 번째 2개는 속도를 두 번째 2개는 깊이를 위해서 사용될 것이다.

〈표 138〉 개별적 비브라토 설정 악기를 위한 p필드 사용의 예

```
〈CsoundSynthesizer〉
〈CsInstruments〉
sr       =        44100
kr       =        441
ksmps    =        100
nchnls   =        1

    instr  1
kenv  linseg  0,  .05,  1,   .05, .9, p3*.5, .9, p3*.5 - .1, 0
ioct = octpch(p5)
kspd  linseg  0,   1,   0,  p3*.4,  p6,   p3*.6 - 1, p7
kdpth linseg  0,   1,   0,  p3*.4,  p8,   p3*.6 - 1, p9
kvib  oscil  octpch(kdpth), kspd, 1              ;1/4음
asig  oscil  p4*kenv, cpsoct(ioct + kvib), 2     ;출력 시그널에 비브라토를 추가
out   asig
    endin
〈/CsInstruments〉
```

〈표 139〉 개별적 비브라토 설정 악기를 위한 스코어

```
〈CsScore〉
f1   0    4096     10        1
f2   0    4096     10        1           .5        .2          .05
                            ;p6        p7       p8        p9
                            ;최대속도   끝속도    최대깊이    끝깊이
i1   0    7    7000  8.04    6          1        .005      .009
i1   7    7    7000  8.02    1          9        .009      .005
e
〈/CsScore〉
〈/CsoundSynthesizer〉
```

마지막으로 비브라토의 시작 시간은 늘 1초 후로 고정되어 있는데 이와 같은 전체 시간의 개별적 조정도 추가적인 p필드를 사용하거나 악기에서 추가적 변수와 'if' 문을 사용해서 처리할 수 있을 것이며 또는 이들 둘 다 적절히 사용해서 할 수 있다.

바. 팬(pan)

지금까지 늘 하나의 채널만 사용한 모노(mono) 소리를 사용했지만 여기서는 스테레오 채널을 사용해서 소리를 움직여 보자. 소리의 이동은 소리가 스테레오나 다중 채널을 통해 분산되는 과정에서 소리의 세기가 하나의 채널에서 다른 채널로 이동됨으로써 발생한다. 이 과정은 전체 소리의 세기가 한 번에 이동될 수도 있으며 또는 점차적으로 이동될 수도 있다. 이와 같은 소리의 이동을 팬닝(panning)이라 하며 이에 적당한 우리말은 없다.

1) 소리의 전체 이동

먼저 하나의 소리 전체가 왼쪽과 오른쪽 채널에서 번갈아 나게 해 보자. 이와 같은 방법은 스코어에 팬 설정을 위한 p필드를 추가함으로써 쉽게 달성할 수 있다.

〈표 140〉 팬닝 - 소리 전체 이동 악기

```
〈CsoundSynthesizer〉
〈CsInstruments〉
sr          =           44100
kr          =           4410
ksmps       =           10
nchnls      =           2

    instr 1
ipitch = cpspch(p5)
            ;진폭 값       어택 시간       음표 길이       릴리스 시간
kamp linen ampdb(p4),    0,          p3,          p3
a1    oscil kamp*1.2, ipitch,    1
outs a1*p6, a1*p7            ;팬 값 적용
    endin
〈/CsInstruments〉
```

〈표 141〉 팬닝 −소리 전체 이동 악기를 위한 스코어

```
〈CsScore〉
f1   0   4096   10   1 .5 .3 .25 .2 .167 .14 .125 .111

t0   95

                           ;p6   p7
i1   0   1     90   8.02   1    0     ;왼쪽 채널만
i1   +   .     90   8.02   0    1     ;오른쪽 채널만
i1   +   .     90   8.04   1    0
i1   +   .     90   8.00   0    1
i1   +   .     90   8.02   1    0
i1   +   .5    90   8.04   0    1
i1   +   .5    90   8.05   1    0
i1   +   1     90   8.04   0    1
i1   +   1     90   8.00   1    0
e
〈/CsScore〉
〈/CsoundSynthesizer〉
```

먼저 시사운드의 전역 상수인 'nchnls = 2'로 설정해야 하며 출력 옵코드는 모노 채널 때의 'out' 대신에 'outs'를 사용해야 한다. 그리고 'outs aleft, aright'에서 'outs'가 요구하는 첫 번째 항목은 왼쪽 채널이며 그 다음이 오른쪽 채널이 된다.

위의 예에서는 p6과 p7이 팬닝에 관한 값을 가지고 있다. 이 p6과 p7은 1이나 0의 값으로 이루어진다. 이 p필드 값이 0이 되면 'a1*0'과 같이 오디오 시그널의 모든 샘플 값들은 0이 되어 아무런 소리도 출력하지 않을 것이며 값이 1인 경우는 원래의 샘플 값들이 그대로 출력된다. 따라서 악기를 연주하게 되면 소리는 이 p필드 값에 따라 왼쪽이나 오른쪽 채널로만 출력하게 된다.

(1) 데시벨(db)

데시벨(decibel)이란 단위는 단지 소리뿐만 아니라 여러 분야에서 사용되고 있다. 사운드 분야에서는 세부적으로 dba로 불리는 단위와 dbfs(decibels in full scale)가 많이 사용된다. dba는 간단히 db로 표현하며 0db를 가장 약한 소리 또는 들을 수 없는 음향으로 그리고 120db는 인간으로서는 거의 참을 수 없는 큰 소리로 정의하고 있다. 그리고 dbfs 또한 종종 db로 사용되어 상당한 혼란을 주고 있다.

dbfs에서는 0db가 가장 큰 값이 되며 이 값은 클립핑(clipping)을 일으키기 전의

최댓값이다. 즉 소리의 진폭에서 최댓값이 되며 시디 음질에서 샘플들이 가지는 가장 큰 값인 32,767과 같다. 그리고 거의 0에 가까운 작은 단계는 −200이 된다.

시사운드에서는 데시벨과 관련된 옵코드들은 주로 dba를 사용하며 dbfs를 사용할 때는 항상 dbfs로 표현한다. 그리고 음향 분석과 관련된 옵코드들이나 출력 윈도에서는 dbfs 단위를 사용한다는 점을 기억하자. 시사운드의 데시벨과 관련된 옵코드들에는 현재 ampdb, ampdbfs, db, dbamp, dbfsamp 등 5가지가 있다.

위 악기의 'ampdb(p4)'에서 'ampdb'는 다음 표와 같이 최대 진폭 값을 16비트 양의 정수 값인 32,767을 90.309db로 하는 dba 값을 정수 값으로 반환하는 옵코드다.

〈표 142〉 기본 정수 진폭 값과 데시벨 값

1,000	60dB
1,995.262	66dB
3,891.07	72dB
7,943.279	78dB
15,848.926	84dB
31,622.764	90dB
32,767(최대 진폭 값)	90.309db

이 데시벨 값에 익숙해지면 숫자 범위가 작아지고 또 소수점 이하를 사용하지 않는다면 스코어에서 진폭 값의 입력 시에 4~5자리의 정수 값보다 짧은 2자리 수를 사용하는 편리한 점도 있다.

(2) 옵코드 린넨

옵코드 린넨(linen)은 진폭 값과 어택 시간, 음표 길이 그리고 릴리스 시간을 입력하면 이에 맞추어 진폭 값을 재조정하여 반환하는 옵코드다. 어택 시간은 최대 진폭 값에 도달하는 동안까지의 시간으로 이 값에 0을 입력하면 타악기 소리 같은 수직적인 어택이 일어나며 값이 클수록 서서히 상승하는 어택이 만들어진다. 릴리스 시간은 하강하는 동안의 시간을 말한다.

위의 악기에서는 어택 시간이 0이므로 진폭은 처음부터 최댓값으로 시작해서 릴리스 시간이 음표 길이로 되어 있으므로 소리 길이 동안 서서히 하강하게 된다. 이 린넨을 사용할 때는 상승과 하강 시간을 합친 시간이 전체 소리 시간과 일치하지 않으면 예상치 않은 결과가 나오기 때문에 조심해서 사용해야 한다.

한 가지 예를 들면 상승과 하강 시간을 둘 다 음표 길이로 해 놓는다면 그 결과의 진폭은 소리 길이 동안 최댓값으로 상승하는 값의 전반 절반만이 어택으로 그리고 소리 길이 동안 하강하는 값들의 후반 절반이 릴리스로 채택되어 이 둘이 결합되어 진폭을 형성하게 된다.

2) 이동하는 소리

이동하는 소리는 소리의 음량이 두 채널 사이에서 시간에 따라 점진적으로 반비례하는 현상이라 할 수 있다. 따라서 소리 이동은 한쪽 채널의 소리 음량을 점차적으로 줄이면서 반대로 다른 쪽 채널에서는 그 감소된 만큼의 소리의 양을 추가하면 된다.

〈표 143〉 움직이는 소리를 위한 악기

```
〈CsoundSynthesizer〉
〈CsInstruments〉
sr  =  44100
kr  =  4410
ksmps  =  10
nchnls  =  2

    instr 3
kenv expseg .01, .1, 1, p3/2, .7, p3/2 - .1, .01
kamp = p4 * kenv
ioct = octpch(p5)
kpch linseg 1, p3/3, 7, p3/3*2, 1
kvib oscil octpch(.005), kpch, 1
asig oscil kamp, cpsoct(ioct + kvib), 2
kpan line 0, p3, 1                          ;값 0에서 값 1로(팬의 값)
outs asig * kpan, asig * (1 - kpan)         ;양쪽 값이 반비례되도록
    endin
〈/CsInstruments〉
```

이를 위해 사용한 옵코드는 line이다. 위 악기에서 'kpan line 0, p3, 1'은 p3(음표 길이)시간 동안 0에서 1까지의 값을 균등한 간격으로 세분화하여 컨트롤 배

열 변수 kpan에 넘겨준다. 그리고 이 값은 최종 출력 오디오 시그널인 asig에 곱해진다. 먼저 'asig * kpan'을 보자. 연주가 시작되면 kpan 값은 처음 0의 값을 가지므로 왼쪽 채널의 소리는 전혀 나지 않을 것이다. 반대로 오른쪽 채널의 'asig * (1 - kpan)'은 kpan의 값이 0이므로 'asig * 1'이 되어 본래의 진폭 값으로 출력된다. 이와 같은 과정이 계속되어 p3시간이 끝날 무렵에는 kpan 값이 1이 되어 왼쪽 채널은 완전한 진폭 값을 갖게 되고 반대로 오른쪽 채널의 소리는 0이 됨으로써 완전한 소리의 이동이 이루어진다.

<표 144> 움직이는 소리를 위한 스코어

```
<CsScore>
f1  0   4096  10   1
f2  0   4096  10   1 .3 .05

i3 0  5   15000   8.04
e
</CsScore>
</CsoundSynthesizer>
```

위의 팬닝을 위해 line 옵코드 대신 expon을 사용할 수 있다. 또한 비브라토를 만들기 위해 사용했던 오실 옵코드를 사용한다면 주기적으로 양쪽 채널을 오가는 팬 효과를 만들 수 있다.

<표 145> 주기적으로 양쪽 채널을 반복하는 팬닝

```
kpan   oscil 1, 1, 1                              ;초당 4번 움직임
outs asig * abs(kpan), asig * (1 - abs(kpan))  ;양쪽 값이 반비례되도록
```

위의 오실 옵코드는 진폭 및 진동수 둘 다 1의 값을 가지고 있다. 진동수 1은 초당 1번의 사인곡선을 만들며 진폭 값 1은 0에서 1로 다시 0으로 그 후 -1로 내려갔다가 다시 0으로 변하는 값으로 되어 있다. 따라서 초당 4번의 반복이 일어난다. 즉 0에서 1까지 한 번 다시 1에서 0으로 한 번 그리고 그 후반의 음진폭에서 각각 2번이 일어나기 때문이다. 따라서 초당 1번 움직이게 한다면 진동수의 값에 0.25를 넣으면 된다. 그리고 진폭 값은 현재처럼 최댓값인 1로 되어 있어야 원래의 진폭 값대로 출력이 되며 만약 이 값이 2가 된다면 오디오 시그널

의 모든 샘플들에도 2가 곱해져 진폭 값은 원래의 2배가 된다.

마지막으로 kpan에 절대값을 반환하는 abs 옵코드가 사용된 것은 사인 곡선에서 음진폭의 경우는 그 값들이 모두 음수로 되어 있으므로 이 값들을 양수로 바꾸어 주기 위함이다. 그런데 만약 음수 값들을 바꾸어 주지 않고 그대로 사용한다면 어떻게 될 것인가 생각해 보자. 실제 연주를 해 보면 아무런 문제 없이 소리가 난다. 그러나 원래의 소리가 조금 왜곡되어 출력된다. 즉 음수가 곱해질 때는 원래오디오 시그널의 양진폭의 값들에 음수가 곱해져서 전부 모양이 거꾸로 되고 반대로 음진폭의 값들에는 음수가 곱해져 양수가 되는 현상이 생겨 위쪽으로 모양이 생기기 때문이다.

사. 포르타멘토

포트타멘토(portamento)는 하나의 피치에서 다른 피치로 이동될 때 음높이가 점진적으로 변하게 하는 연주의 한 방법이다. 이와 같은 연주 방법은 성악이나 현악기 그리고 관악기에서는 트롬본에서 탁월한 효과를 낼 수 있다. 앞서 비브라토 악기를 만들면서 좁은 음정이지만 포르타멘토 소리를 만들어 보았다. 여기서는 조금 큰 음정 사이를 움직이는 소리를 만들어 보자.

1) 간단한 포르타멘토

〈표 146〉 간단한 포르타멘토 악기

```
〈CsoundSynthesizer〉
〈CsInstruments〉
sr      = 44100
kr      = 4410
ksmps   = 10
nchnls  = 2

   instr 1
            ;진폭      어택 시간     음표 시간      릴리스 시간
kamp linen  p4,       0,          p3,          p3
            ;시작 값   길이         끝 값
kcps line  cpspch(p5), p3,    cpspch(p6)
a1   oscil kamp,   kcps, 1
outc a1
   endin
〈/CsInstruments〉
```

〈표 147〉 간단한 포르타멘토 악기를 위한 스코어

```
〈CsScore〉
f1  0 16384  10  1 .5 .25 .01
           ;p4         p5          p6
i1  0  2  15000        9           9.02        ;장2도 위 포르타멘토
i1  2  2  15000        9.02        9           ;장2도 아래로
e
〈/CsScore〉
〈/CsoundSynthesizer〉
```

위 악기에서는 2개의 피치 사이에 포르타멘토 효과를 위해서 line 옵코드를 사용했다. 스코어의 피치 세트 값들은 'cpspch(p5)'와 cpspch(p6)에 의해 진동수로 바뀐 후 line 옵코드는 이 두 진동을 시작점과 끝점으로 해서 p3시간 길이를 컨트롤 비율에 따라 균등히 나눈 값들을 kcps라는 컨트롤 배열 변수로 반환한다. 따라서 만약 p3이 1초라면 kcps는 현재 전역 상수는 'kr=4,410'으로 되어 있으므로 4,410개의 값으로 이루어질 것이다. 그 다음 오실 옵코드는 kcps의 시간의 흐름에 따라 변하는 진동수에 맞추어 오디오 시그널을 출력한다.

위 예에서는 간단히 한 방향으로 움직이는 라인 옵코드를 사용했지만 이 '라

인' 외의 지금까지 사용해 본 옵코드들을 사용하여 좀 더 특별한 포르타멘토의 효과를 만들 수 있을 것이다.

2) 추성과 퇴성

국악의 가야금 연주법에는 독특한 몇 가지의 주법이 있다. 이를 농현법이라 하며 이들은 각각 요성(搖聲), 퇴성(退聲), 전성(轉聲), 추성(推聲)이라 한다. 이 주법은 창(노래)을 할 때도 똑같이 사용된다. 추성은 줄을 눌러 음을 올리는 것을 말하며 퇴성은 미리 누른 줄을 튀긴 후 놓으면 된다. 이 둘을 연속으로 한다면 마치 기타(guitar) 연주에서 쵸킹(choking) 업다운(up – down)과 같은 효과를 낼 것이다.

이를 위해서 여기서는 웹페이지 등의 예들에서 가끔 등장하는 옵코드 페이저(phasor)를 사용하였다. 이 '페이저'는 사실상 옵코드 오실의 부분적인 기능으로 이루어진 간단한 구조를 가지고 있다. 그러나 시사운드 매뉴얼의 설명이 종종 묘한 단어들과 표현의 문제로 이해가 힘든 경우가 종종 있는데 이 페이저에 대한 설명도 마찬가지여서 이에 대해 자세히 설명한다.

그리고 페이저에 의해 만들어진 값들은 아래 스코어의 함수테이블 6번에서 추성과 퇴성을 위한 피치 이동을 담은 데이터를 불러들이기 위한 색인으로 이용된다. 마지막으로 출력을 위해서는 스테레오를 출력하는 'outs'(out stereo) 대신에 다중 채널에서 하나의 채널만 골라서 출력하는 옵코드인 'outc'(out channel – name)가 사용되었다.

<표 148> 추성과 퇴성 산출 악기

```
<CsoundSynthesizer>
<CsInstruments>
sr = 44100
ksmps = 128
nchnls = 2

    instr 1
kndx    phasor  1/p3                    ;1진동마다 0에서 1까지의 값을 세분화
ifn = p6
ixmode = 1
                ;색인    fn      모드(0~1로 재조정)
kval    table   kndx,   ifn,    ixmode
kfreq = p7 * kval                       ;보태어질 음정간격 * 테이블 값(0~1)
a1      oscil p4, cpspch(p5 + kfreq), 1
outc    a1
    endin
</CsInstruments>
```

<표 149> 추성과 퇴성 산출 악기를 위한 스코어

```
<CsScore>
f1  0 16384 10  1
                ;값     길이    종류    값      길이    종류    값
f6  0 1024  16  0       112     20      1       351     -20     0
                        ;p6     p7
                        ;fn     음정간격
i1  0  2  15000  9       6       .07             ;완전 5도위
i1  2  2  15000  9.02    6       .06             ;감 5도위
e
</CsScore>
</CsoundSynthesizer>
```

(1) 페이저

옵코드 페이저(phasor)는 하나의 아규먼트(argument, 요구항목)만 갖는다. 이 값은 매뉴얼에 컨트롤 배열 출력을 위해서 'kcps' 그리고 오디오 시그널 출력을 위해서 'acps'를 사용하고 있는데 이들 접두어 k와 a에 붙여진 'cps'는 초당 진동수를 의미한다.

이 페이저가 갖는 진동수의 값은 1초 동안에 0에서 1까지 값들의 세분화를 몇 번이나 반복할 것인지를 의미하는 횟수와 동일하다. 예를 들어 이 항목 값에 1을 넣는다는 것은 세분화를 초당 1번(1회) 한다는 것을 의미한다. 그리고 값 2는 세분화를 초당 2번을 한다는 이야기다. 또 값 0.5는 세분화를 초당 0.5번을 한다는

의미다. 이 0.5번이라는 이야기는 초당 절반씩만 한다는 뜻으로 0에서 1까지가 아
니라 0.5까지만 수행한다는 뜻이 된다. 즉 초당 0.5진동으로 진행된다는 뜻이다.

이해를 돕기 위해서 다음의 표를 보자. 먼저 페이저 값이 1일 경우 소리(음표)
길이가 0.5초이면 0.5번의 반복이 이루어지고 1초일 경우는 1번의 반복이 이루어
진다. 그리고 음표 길이가 2초인 경우 2번의 반복이 이루어진다. 그리고 페이저
값이 0.5와 2인 경우도 살펴보자.

〈표 150〉 페이저 값과 음표 길이에 따른 반복 횟수

횟수(phasor 값)	음표 길이: 0.5초	음표 길이: 1초	음표 길이: 2초
0.5번	0.25번	0.5번	1번
1번	0.5번	1번	2번
2번	1번	2번	4번

위 악기에서 페이저의 목적은 음표 길이 동안에 사용될 0에서 1까지의 일련의
색인을 만드는 것에 있으므로 0에서 1까지로 세분화되는 값들이 소리 길이가 얼
마나 길고 짧든 간에 소리 길이에 맞추어 한 번만 만들어져야 한다는 점이다. 그
리고 이 색인들은 함수테이블의 데이터를 읽어 들이기 위해서 사용된다. 그렇다
면 이 색인은 0에서 시작해서 소리의 끝에는 1로 끝나는 한 번의 0에서 1까지의
세분화가 필요하다. 만약 소리 길이 동안 세분화가 2번이 일어난다면 소리 길이의
절반마다 1번씩 함수테이블의 데이터가 적용될 것이고 또 0.5번이 일어난다면 함
수테이블 데이터의 절반만이 소리의 전체에 적용되는 오류를 낳게 될 것이다.

이 때문에 소리(음표)의 길이가 얼마나 길든 또는 얼마나 짧든 항상 0에서 1까
지의 단 1번의 세분화가 요구되므로 '1/p3'이 사용된 이유다. 여기서 '1/p3'은 p3
을 1로 보고 이 1을 p3으로 나눈 몫을 구하는 것이다. 예를 들어 소리 길이가 4초
라면 0에서 1까지의 세분화가 4초에 한 번만 이루어져야 하므로 1/4=0.25가 될
것이다. 이 0.25라는 값은 초당 진동수가 0.25라는 뜻으로 매 1초마다 0에서 1까
지의 세분화가 0.25까지 이루어진다는 의미다. 따라서 소리의 길이가 4초이므로
4*0.25=1이 되어 결국 4초 동안 0에서 1까지의 색인이 1번만 만들어지는 것이다.

그 다음의 'ifn=p6'와 'ixmode=1'은 다음 행의 'kval table kndx, ifn, ixmode'
대신에 'kval table kndx, p6, 1'과 같이 직접 입력할 수가 있다. 그러나 일부러

변수를 만들어서 사용한 이유는 'table' 옵코드가 요구하는 아규먼트의 내용이 무엇인지 변수 이름을 통해 쉽게 알기 위해서다.

그 다음 행의 'kval table kndx, ifn, ixmode'에서 'ixmode' 항목은 0과 1 이 둘 중에서 하나의 값이 사용된다. 값 0은 색인 값들을 있는 그대로 사용한다는 뜻이며, 값 1은 0에서 1까지의 소수점이 있는 값들을 사용한다는 뜻이다. 이 악기에서는 색인 값들을 위해서 0에서 1까지의 값들을 출력하는 페이저 옵코드를 사용하고 있으므로 이 모드 값은 0에서 1끼지로 재조정된(normalized) 값들을 출력하는 1로 설정 되어야 한다. 그 다음 테이블은 색인 kndx에 의해 선택된 함수테이블의 데이터들을 kval로 반환한다.

그 다음 행 'kfreq＝p7*kval'에서는 p7(보태어질 음정간격)*테이블 값(0～1)에 의해 kfreq로 값이 반환된다. 마지막으로 'cpspch(p5＋kfreq)'에서 p5 및 kfreq는 둘 다 피치 세트 값으로 되어 있기 때문에 cpspch 옵코드를 사용해서 진동수로 바꾸어 준다.

(2) 젠 16

함수테이블에 데이터를 생성해 주는 젠 루틴들 중 제16번은 현재 매뉴얼에서는 시작과 끝점을 사용하여 하나의 직선이나 곡선을 산출한다고 되어 있다. 그러나 이 부분에는 약간 오류가 있는 내용이며 실제는 여러 개의 선들을 결합하여 아주 다양한 모양들을 산출할 수 있는 루틴이다.

〈표 151〉 시사운드 매뉴얼에서 제시된 젠 16번의 구문

	;시작 값	길이	종류	끝 값
fn time size **16**	beg	dur	type	end

〈표 152〉 스코어에서 사용된 젠 16번

	;시작 값	길이	종류	끝 값	길이	종류	끝 값
f6 0 1024 **16**	0	112	20	1	351	−20	0

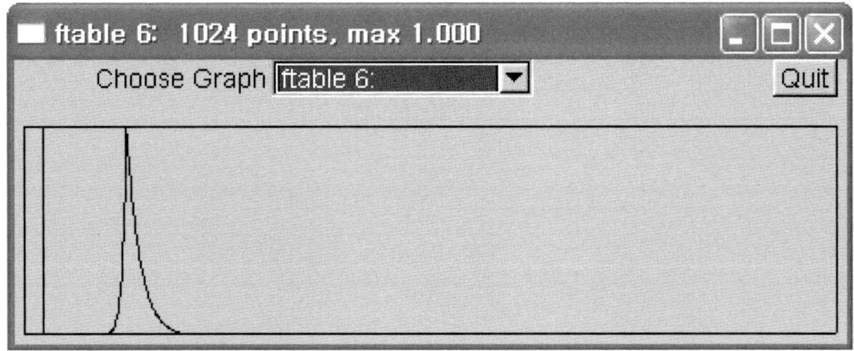

〈그림 149〉 스코어에서 사용된 젠 16번의 출력된 그래프

젠 16번이 사용하는 값들은 기본 설정으로 위 표와 같이 최댓값 1에서 최솟값은 0으로 또는 음수가 있는 경우는 최솟값은 −1로 재조정(normalized)된다. 만약 이 젠 번호에 음수 기호(−16)를 붙이게 되면 있는 그대로의 값이 사용된다. 그러나 위 스코어에서는 사용한 값들은 모두 최댓값 1과 최솟값 0까지에 있으므로 재조정되지 않는다. 그리고 길이는 각 값들 사이의 간격을 입력한다.

종류를 위한 항목에는 값이 0이면 직선이 적용되고 만약 0보다 큰 값이면 지수곡선이 적용되고 만약 0보다 작은 음수면 지수곡선이 거꾸로된 로그곡선이 적용된다. 그리고 이들 값이 크면 클수록 곡선들의 굴곡이 심해지며 값이 작을수록 완만한 곡선이 만들어진다.

다음의 표와 그림들은 젠 16번을 이용하여 만든 몇 가지 예들이다. 중요한 것은 모든 함수테이블은 악기에서 요구하는 데이터로서뿐만 아니라 이들은 또한 있는 그대로 소리의 파형으로 이용될 수 있다는 점이다. 지금까지 항상 사인파만을 사용해 왔는데 아래의 함수테이블들을 오실 옵코드에서 사용해 보면 사인곡선과 다른 음색을 얻을 수 있다. 하나의 문제는 이렇게 만들어진 소리들은 젠 9, 10, 11, 19, 30, 33, 34번과 같이 자체적으로 배음을 추가할 수가 없으므로 음색에는 한계가 있다. 이를 위해서는 인위적으로 여러 개의 배음을 만들어 결합함으로써 해결할 수 있다.

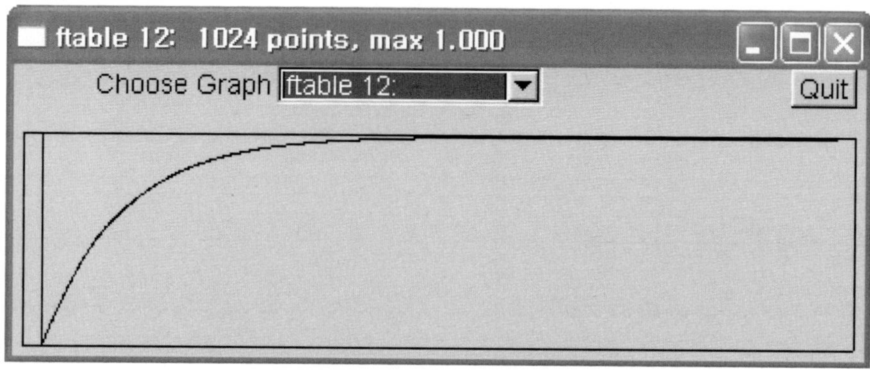

〈그림 150〉 로그 곡선 그래프

〈표 153〉 위 로그 곡선을 위한 테이블

f12 0 1024 **16** 0 1024 −10 1

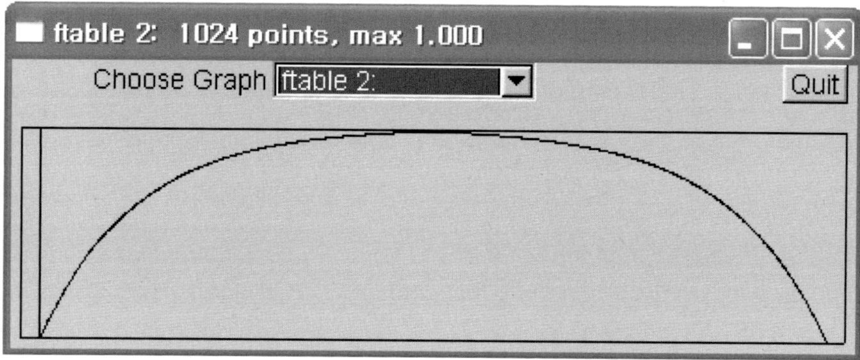

〈그림 151〉 사인곡선의 양진폭을 그린 그래프

〈표 154〉 위 사인곡선의 양진폭을 위한 테이블

f2 0 1024 **16** 0 512 −4 1 512 4 0

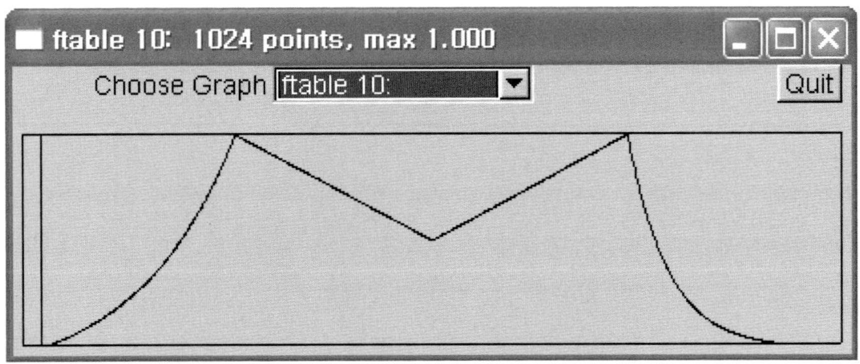

〈그림 152〉 지수곡선과 직선으로 그린 그래프

〈표 155〉 위 지수곡선과 직선을 나타낸 테이블

f10	0	1024	**16**	0	256	2	1	256	0	.5	256	0	1	256	−5	0

(3) 옵코드 라인과 페이저

페이저(phasor)는 앞서의 오실(oscil)이나 라인(line) 옵코드와 유사한 기능을 가지고 있다. 그럼에도 필요한 내용만 따로 떼어 내어 다른 이름을 붙인 이유는 뚜렷한 어떤 기능적인 용도를 제시하기 위함이라 할 수 있다. 이로써 옵코드의 이름을 통해서 코드의 흐름을 쉽게 알 수 있다는 장점과 그리고 축소된 내용으로 사용상 편리한 점 등이 있기 때문이다. 즉 라인 옵코드는 하나의 직선을 만드는 것이 주목적이며 반면 페이저는 함수테이블을 읽어 들일 인덱스를 산출하는 것이 주목적이다. 따라서 페이저는 항상 0에서 1까지의 값만 산출하는 반면에 옵코드 라인은 0에서 1까지의 값뿐만 아니라 온갖 값들을 산출 한다. 다음 표는 옵코드 페이저 대신에 간단히 라인 옵코드로 대체한 예다. 이때의 kndx의 값들은 페이저의 값들과 약간 다를 수 있지만 거의 같은 효과를 낸다. 그러나 옵코드 오실을 사용하면 똑같은 효과를 낼 수 있다.

〈표 156〉 페이저 대신 옵코드 라인 사용의 예

```
;kndx phasor 1/p3
kndx line 0, p3, 1                    ;p3시간 동안 0에서 1까지의 값 산출
```

⟨표 157⟩ 페이저 대신 옵코드 오실 사용의 예

```
;kndx phasor 1/p3
kndx oscil 1, .25/p3, 1                        ;p3시간 동안 0에서 1까지의 값 산출
```

위 표와 같이 오실을 사용할 경우는 스코어에 젠 10을 사용하는 함수테이블이 있어야 하며 0에서 1까지의 값들을 얻기 위해 진폭 값에 1을 준다. 그리고 진동수 값으로는 '0.25/p3'이 사용되어야 한다. 그 이유는 사인곡선에는 하나의 진동에 양진폭과 음진폭이 있기 때문에 0에서 1까지 도달하는 양진폭부분의 절반까지만 사용하기 위해서다. 이와 같이 페이저의 기능은 오실로 구현할 경우 함수테이블을 만들어야 하는 등의 불편함이 있기 때문에 오실로부터 따로 떼어 놓은 것이라 할 수 있다.

3) 사이렌 소리

여기서는 사이렌 소리를 만들어 본다. 이 소리는 상당히 큰 음역 안에서 긴 포물선을 그리며 올라갔다 다시 내려오는 포르타멘토적인 음향을 만든다. 팬닝 효과를 위해 오실1(oscil1)이라는 옵코드를 사용하고 긴 포물선을 그리는 한 번의 비브라토를 위해 오실 옵코드를 사용한다.

⟨표 158⟩ 사이렌 소리를 위한 악기

```
⟨CsoundSynthesizer⟩
⟨CsInstruments⟩
sr = 44100
kr = 4410
ksmps = 10
nchnls = 2
;- - - - - - - - - - - - - - - - - - - - - - - - - - - - - - - - - -
; 사이렌 소리
;- - - - - - - - - - - - - - - - - - - - - - - - - - - - - - - - - -
      instr 1
              ;지연시간, 진폭, 시간, fn
kpan  oscil1  0,      1,    p3,  p9          ;p3시간 동안 함수테이블 p9 적용
kvib  oscil   p7, p8/(p3*2), 1               ;큰 음역을 가지는 1번의 비브라토
kamp  linseg  0,  p3/4, .2, p3/4, 1, p3/4, .7, p3/4, 0
```

```
asig   oscili   p4*kamp, cpspch(p5) + kvib, p6
outs   asig*kpan, asig*(1 - kpan)
   endin
⟨/CsInstruments⟩
```

〈표 159〉 사이렌 소리를 위한 악기의 스코어

```
⟨CsScore⟩
f1   0   4096   10   1
                 ;값  길이  값
f14  0   129   7   0   129   1   ;pan 왼쪽에서 오른쪽으로
f15  0   129   7   1   129   0   ;pan 오른쪽에서 왼쪽으로


                       ;p6  p7  p8    p9
i1  0    10.5   12000   8.00  1  800   1    14
i1  3    10.5   5000    8.05  1  800   1    15
i1  8    10.9   7000    8.07  1  800   1    14
i1  11   10.9   2000    9.00  1  800   1    15

i1  15   10.5   500     9.09  1  800   120  14
i1  21   10.5   1000    9.10  1  800   120  14
i1  26   10.9   1200    9.10  1  800   120  14
i1  32   10.9   600     9.07  1  800   120  15
e
⟨/CsScore⟩
⟨/CsoundSynthesizer⟩
```

위 악기의 첫 번째 행의 옵코드 오실1(oscil1)은 '오실' 옵코드와 이름이 비슷하지만 그 성격은 완전히 다르다. 이 오실1은 단지 함수테이블의 데이터를 읽어 들인 후 이를 컨트롤 시그널로 산출하는 역할만 한다. 오실1을 앞서의 페이저와 비교하면 비슷하지만 페이저는 항상 0에서 1까지의 값만을 출력하는 단순한 기능인 데 반해 오실1은 몇 가지의 추가적인 기능이 있다.

오실1의 첫 번째 항목인 지연 시간은 언제부터 적용할 것인지를 초 단위로 입력한다. 만약 1을 입력했다면 1초 후에 테이블이 데이터를 읽어 들이는데 이 지연 시간 1초 동안에는 계속 테이블의 첫 번째 값만을 반환하다가 1초 후부터 비로소 첫 번째부터 시작해서 차례대로 테이블의 값을 컨트롤 비율에 따라 반환을 한다. 위 악기에서는 지연할 이유가 없으므로 값 0이 사용되었다. 두 번째 항목의 진폭 값은 테이블에서 읽어 들인 값에 곱해지므로 테이블의 원래 값을 그대로 사용하고자 한다면 1을 두면 된다. 따라서 예를 들어 0을 입력하게 되면

'kpan' 값은 항상 0이 되어 아무런 팬 효과를 만들지 못하게 된다. 이 값은 스코어에서 p필드를 통해 각 소리마다 값을 다르게 적용함으로써 소리마다 차이를 줄 수 있다. 세 번째 항목은 적용할 시간을 입력한다. 위 악기에서는 소리 길이 동안 적용되어야 하므로 p3이 사용되었다. 따라서 0초를 입력하게 되면 오실1은 아무 일도 하지 않을 것이다. 마지막 네 번째 항목은 사용할 함수테이블 번호를 입력한다.

이 오실1에서 사용하는 젠 7번은 이전의 악기에서 설명되었으며 직선을 이용해서 그래프를 그리는 기능으로 여기서는 균등한 간격으로 움직이는 팬닝을 위해 0에서 1로 가는 하나의 직선만이 사용되었다. 이 값은 오실1의 kpan에 넘겨져 마지막의 출력시그널인 asig에 곱해짐으로써 왼쪽에서 오른쪽으로 또 오른쪽에서 왼쪽으로 진행하는 팬닝이 이루어진다.

악기의 두 번째 행인 'kvib oscil p7, p8/(p3*2), 1'은 조금 생각을 해야 될 것이다. 진폭 값인 p7은 비브라토의 음역대가 된다. 스코어에서 800으로 되어 있다. 두 번째 항목인 'p8/(p3*2)'는 초당 진동수 자리다. 이 식은 '(p8/2)/p3' 또는 '(p8*0.5)/p3'으로 생각하면 된다. 한 번의 포물선을 그려야 하기 때문에 p8이 스코어에 1이면 '(1*0.5)'는 0.5이므로 '0.5/p3'이 된다. 즉 초당 0.5번의 진동이 만들어지기 때문에 한 주기의 사인곡선의 절반만 사용하기 위해서며 0.5/p3은 결국 소리의 길이 동안 0.5진동을 한다는 뜻이다. 예를 들면 소리의 길이가 5초라면 0.5/5는 0.1이 되어 초당 0.1진동을 하게 되어 5초의 소리 길이 동안 0.5(0.1*5) 진동까지 진행되는 것이다. 그리고 진폭 값은 800이므로 0에서 800으로 갔다가 다시 0으로 돌아오는 값들로 된다. 따라서 kvib가 갖는 값은 함수테이블의 사인곡선의 0.5회전까지의 값이 0에서 1까지 그리고 다시 0으로 돌아오는 값이므로 800*0, 800*0.002, …… 800*1, 800*0.987, …… 0과 같은 값을 가지게 된다.

스코어 후반부의 아주 빠른 비브라토는 p필드 7에 1대신 120이 사용되어 60/p3이 되므로 0과 800 사이의 값이 상당히 빠른 횟수로 반복됨으로써 만들어진다. 마지막으로 위의 스코어는 여러 개의 사이렌 소리가 조금씩 다른 음색과 피치의 움직임을 가지면서 서로 다른 시간에서 나타나고 겹치는 형태로 이루어진다.

아. 리벌브 악기

　　자연의 모든 소리들은 그 공간의 조건에 따라 조금씩 다르지만 약간의 잔향 또는 반사음(reverb)을 포함한다. 대부분의 경우 잔향/반사음은 비교적 좁은 공간에서 소리가 반사됨에 의해 발생하며 일부의 소리는 공명되는 음향도 포함한다. 그리고 이들 잔향의 소리가 큰 시간차를 가지고 나타날 때 일반적으로 메아리(echo)라 하며 음향학에서는 딜레이(delay)라 한다.

　　시사운드는 이와 같이 짧은 시간에 일어나는 잔향 효과를 위한 여러 가지 옵코드들을 제공하고 있다. 이들은 각각 reverb, nreverb, alpass, comb, valpass, vcomb이라 불린다. 여기서는 '리벌브'(reverb) 옵코드를 사용해서 만들어진 소리에 간단한 잔향을 더해 본다.

　　먼저 시사운드에서는 리벌브나 딜레이 등과 같은 여러 가지 효과를 가하기 위해 악기 자체에서 관련 옵코드를 사용하기보다는 추가적인 악기를 만드는 방법을 사용한다. 그 이유는 리벌브나 딜레이와 같은 반사 음향은 원래의 소리가 나는 동안에도 발생하지만 원래의 소리가 끝난 이후에도 발생하기 때문이다. 즉 반사음들은 항상 원래의 소리보다 늦게 일어나기 때문에 만약 다음의 악기 1번 자체에서 리벌브를 사용하게 되면 음표 길이에 맞추어 소리가 종결되므로 이후의 반사음들은 그 효과를 제대로 보지 못하게 된다. 동시에 오디오 시그널은 아무런 처리 없이 시간에 맞추어져 잘라짐으로써 잡음(clipping noise)까지 발생시키게 된다.

〈표 160〉 간단한 잔향 효과 악기

```
〈CsoundSynthesizer〉
〈CsInstruments〉
sr = 44100
kr = 4410
ksmps = 10
nchnls = 2

ga init 0        ;오디오 시그널 전달자 - 전역 변수

   instr 1
k  linseg  0, .1,  1,  p3 - .1,  0
a  oscil 7000*k,  cpspch(p4), 1
a  = a*.6
```

```
outs a,  a
ga = a          ;오디오 시그널을 전달
   endin


   instr 99    ;리벌브 악기
ag reverb ga, 3.5
outs ag, ag
ga = 0              ;가능하면 다음 전달을 위해 내용을 비우는 것이 좋다
   endin
</CsInstruments>
```

<표 161> 간단한 잔향 효과 악기를 위한 스코어

```
<CsScore>
f1   0   4096   10   1

i99  0   6
i1   0   0.3   8.04
i1   1   0.3   8.02
i1   2   0.3   8.04
i1   3   0.3   9.0
e
</CsScore>
</CsoundSynthesizer>
```

1) 악기의 순위

이전의 장에서 악기 구역을 설정하는 'instr' 옵코드를 통해 자세히 설명되었듯
이 같은 컨트롤 주기에 동시에 실행되는 악기라 할지라도 그 실행에 있어 우선
순위가 있다. 대부분의 경우에 이 순위는 큰 의미가 없지만 위와 같이 리벌브와
같은 효과음향악기들이 사용되는 경우는 그렇지 않다. 왜냐하면 이들 효과음향악
기들은 자체적으로 시그널을 만드는 악기가 아니라 이미 만들어진 오디오 시그
널을 받아서 처리하는 악기들이므로 시그널을 산출하는 악기가 먼저 실행되어야
하기 때문이다. 만약 이 순서가 반대로 되었다고 해서 큰 문제가 발생하는 것은
아니다. 단지 첫 번째의 컨트롤 주기에서 값 0을 받게 되고 그리고 전체의 진행
과정이 한 번의 컨트롤 주기만큼 뒤로 밀린다는 정도다. 즉 위 예에서 악기 99가
먼저 실행된다면 전역 변수 ga는 처음에 초기 값 0의 값을 가지고 리벌브를 산
출하기 때문에 그 결과 출력되는 샘플 값들은 당연히 0이 된다. 그리고 그 후 악

기 1번에서 만들어진 오디오 시그널은 그 다음의 컨트롤 주기에서 ga로 넘겨지게 된다. 그러나 완벽을 추구한다면 제대로 된 악기 연주 순서에도 신경을 써야할 것이다.

종종 위 예에서처럼 책이나 여러 시사운드의 웹페이지들의 예제들에서도 리벌브와 같은 효과음향을 가하는 악기들은 큰 숫자로 된 악기 번호를 가지는데 이는 단지 효과음향악기 번호 앞에 다른 악기들이 마음대로 사용될 수 있도록 자리를 띄워 주기 위해서이며 또 하나의 이유는 효과음향악기들에 큰 숫자를 주어 미리 다른 악기들과 구별해 놓기 위해서다.

2) 전역 변수 ga

위 예제의 내용은 악기 1번에서 만들어진 오디오 시그널을 출력하는 동시에 이 시그널을 악기 99번에 전달하고 악기 99번은 이를 받아 리벌브를 적용한 후 만들어진 반사음을 출력하는 내용이다. 따라서 악기 간에 어떤 값을 주고받기 위해서는 전역 변수가 필요하기 때문에 ga라는 변수가 사용되었다.

이 변수 ga는 전역 변수임을 알리는 접두어 g로 시작하며 그 다음에 오디오 비율을 암시하는 a가 사용되었기 때문에 전역 오디오 비율 배열 변수이다. 그리고 이 변수는 악기 1번의 오디오 시그널을 악기 99번으로 전달하는 역할을 한다.

〈표 162〉 전역 배열 변수 ga

```
ga init 0        ;오디오 시그널 전달자 - 전역 변수

    instr 1
k  linseg 0, .1, 1, p3 - .1, 0
a  oscil 7000*k, cpspch(p4), 1
a  = a*.6
outs a, a
ga = a           ;오디오 시그널을 전달
    endin
```

위 표는 앞서 악기의 한 부분이다. 맨 위 줄의 'ga init 0'은 전역 배열 변수를 초기화하는 과정이다. 그러나 사실 이 초기화는 위 표의 경우에서는 할 필요가

없다. 그 이유는 맨 밑에서 처음 사용되는 'ga＝a'와 같이 대입이 이루어지기 때문에 자동으로 초기화가 포함된다. 그러나 만약 'ga＝ga＋a'와 같이 사용될 경우는 실행이 되지 않을 것이다. 왜냐하면 대입되기 전에 먼저 'ga＋a'가 실행될 때 ga는 아직 초기화가 되지 않았기 때문이다. 이전의 장에서 자세히 언급된 바와 같이 초기화라는 것은 사용할 변수를 컴퓨터 메모리에 등록하는 것을 말한다. 따라서 이와 같은 경우는 반드시 'ga init 0'과 같이 미리 초기화를 해야 한다. 그러나 일반적으로 대입과 동시에 초기회기 되는 경우에도 위 표와 같이 미리 부분에서 미리 초기화를 해 두면 손해될 것이 전혀 없으며 시각적으로도 중요한 전역 변수가 눈에 쉽게 띄어 악기의 흐름을 이해하는 데에 도움이 된다.

3) 스코어

이 리벌브 악기를 위하여 스코어에 사용된 i문(음표)들은 모두 짧은 길이를 가지고 있어 음표 사이에 쉼표(휴지부)가 들어 있다. 그 이유는 리벌브 효과를 선명하게 들려주기 위함이다. 만약 음표들이 레가토로 이어져 있다면 마지막 소리 외에는 뚜렷한 리벌브 소리를 듣지 못하기에 예제를 위한 소리로서는 부적당할 것이다.

아래 표와 같이 스코어에서 한 가지 주의 깊게 볼 점은 악기 99번의 길이가 실제 마지막 음표가 끝나는 시간보다 길다는 점이다. 그 이유는 반사음들은 원래의 소리보다 항상 뒤처져 들리기 때문에 원래의 마지막 소리가 끝난 후에도 악기 99번에서 리벌브된 음향을 산출할 충분한 시간을 주기 위해서다.

〈표 163〉 간단한 잔향 효과 악기를 위한 스코어

```
i99  0  6
i1   0  0.3  8.04
i1   1  0.3  8.02
i1   2  0.3  8.04
i1   3  0.3  9.0
e
```

자. 스코어 진술문

　시사운드의 스코어에서 사용되는 진술문에는 지금까지 늘 사용해 온 f문(함수 테이블)과 i문(음표) 외에 스코어를 작성할 때 편리를 제공하는 여러 가지의 문들을 제공하고 있다. 이 진술문들에는 a, b, e, m, n, q, r, s, t, v, x가 있다.

1) s문

　s문(section)은 길이가 긴 스코어를 여러 개의 섹션(section)으로 구분할 때 사용한다. 스코어에 s문이 없을 경우는 기본 설정으로 전체가 하나의 섹션으로, 즉 첫 번째 섹션으로 취급된다.

　s문은 하나의 섹션이 끝나는 지점에 입력한다. 그러면 이 s문 앞의 모든 내용들이 하나의 섹션으로 구분된다. 그리고 마지막에는 s문 대신 e문을 사용하는 것이 권장된다. 물론 스코어의 끝에 s문을 붙여도 아무런 문제가 없지만 이 경우 시사운드는 아무것도 없는 새로운 섹션이 추가되었다고 인식하고 출력 윈도의 출력 메시지에서 새로운 섹션 번호를 출력하므로 출력 윈도에서의 섹션 번호 구별에서 약간의 혼동이 있을 수 있다.

　s문을 사용함으로써 얻는 가장 큰 이점은 하나의 섹션 안에서는 시작 시간이 항상 0초부터 새로 시작되기 때문에 긴 스코어의 시간을 계속 이어서 계산해야 하는 불편함을 해소할 수 있다. 또한 전체의 음악이 s문으로 구분된 스코어는 시각적으로도 악보의 이해에 큰 도움이 된다. 참고로 설명문 없이 s문 자체로 섹션 구별을 위해 예를 들어 's – 1'과 같이 's'에 다른 문자나 숫자를 붙여 사용해도 별문제는 없지만 추가 항목을 사용할 때는 이 추가 항목이 인식되지 않는 점이 있다. 또 's' 다음에 바로 숫자를 붙인다면 이 숫자가 추가항목으로 인식이 될 수 있으므로 피해야 할 것이다. 다음 표는 s문의 올바른 예다.

〈표 164〉 s문의 올바른 예

```
i1  0  1  15000   8
i1  1  1  15000   8.02
s                          ;섹션 1의 끝

i1  0  1  15000   8.04
s                          ;섹션 2의 끝

i1  0  1  15000   8.05
i1  1  1  15000   8.07
e                          ;섹션 3의 끝인 농시에 전체 음악의 끝
```

추가적으로 s문에 하나의 항목을 사용할 수 있는데 그 값은 s문의 종결시간을 늦추게 한다. 즉 '전체 섹션 시간＋추가할 시간'을 입력한다. 예를 들어 전체 섹션 시간이 5초인 경우 2초를 늦추게 한다면 's 7'로 입력함으로써 2초를 지연시킨 후 그 섹션을 종결할 수가 있다. 이와 같은 지연 시간은 리벌브나 딜레이(delay) 악기를 사용할 경우에 예상되는 추가 시간이 필요한 경우에 사용된다.

2) e문

e문(end)은 연주를 종결할 때 사용한다. 스코어의 어떤 위치에 있든 이 e문의 위치에서 연주는 종결된다. 추가적으로 e문에도 하나의 항목을 사용할 수 있는데 그 값은 e문의 종결시간을 늦추게 한다. 즉 '전체 섹션 시간＋추가할 시간'을 입력한다. 예를 들어 전체 시간이 5초인 경우 2초를 늦추게 한다면 'e 7'로 입력함으로써 2초를 지연시킨 후 전체음악을 종결할 수 있다. 이와 같은 지연 시간은 리벌브나 딜레이(delay) 악기를 사용할 경우에 예상되는 추가 시간이 필요한 경우에 사용된다. 그리고 스코어에 e문이 없을 경우에는 연주는 마지막 i문에서 자동으로 종결된다.

3) a문

a문(advance)은 스코어의 어떤 한 시점에서부터 연주를 하고자 할 때 사용한다.

음악이 길 경우 앞부분을 건너뛰어 중간의 어떤 시점부터 바로 연주를 하고자 할 때 편리하게 사용될 수 있다. 이 a문은 항상 'a0'과 함께 시작한다. 여기서 '0'은 숫자 0이다. 그 다음 이 a문을 적용할 시간을 입력한다. 이 적용할 시간은 보통 0을 입력한다. 그러면 처음부터 적용이 된다. 마지막으로 건너뛰어 시작할 지점을 입력한다. 이 값은 초(박, 비트) 단위를 입력한다. 즉 1분 10초라면 70을 입력한다. 유의할 점은 음표들의 시작 시간에 '+' 기호를 사용하고 있을 경우에는 작동하지 않는다는 점이다.

〈표 165〉 a문의 적용 시간 0초의 경우

a0 0 2	;2초 후부터 또는 3번째 박부터 연주

시사운드의 연주는 항상 0초에서 시작한다. 따라서 위의 값 2는 세 번째 박이 된다. 즉 첫 박은 0~0.99초, 둘째 박은 1~1.99초 그리고 셋째 박은 2초에서 시작된다.

〈표 166〉 a문에서 적용 시간이 0이 아닌 경우

a0 2 2	;처음에서 2초까지 연주되고 그 후 2초를 건너뛰어서 연주

만약 적용 시간이 0이 아닌 경우는 먼저 처음부터 적용 시간까지 연주가 된 후 이 시점부터 시작 시간이 더해진 시간으로 건너뛰어 연주가 된다. 따라서 위의 경우는 앞부분 2초가 연주되고 난 후 2초를 건너뛰고 다시 연주가 되는 지시다. 결국 건너뛰어 시작될 시점은 4초 후가 되는 시점이다.

4) b문

b문(beat)은 연주 시간에 박을 당기거나 늦출 때 사용한다. 예를 들어 악보에서 어떤 시점부터 시작해서 모든 i문의 시간을 5박 후에 연주시킬 경우 또는 3박을 당겨서 연주할 경우에 그리고 이 b문에 의해 변화된 연주 시간을 어떤 시점에서 다시 원래의 i문의 시간대로 연주하고자 할 경우 사용한다. 유의할 점은 음표들의 시작 시간에 '+' 기호를 사용하고 있을 경우에는 작동하지 않는다는 점이다.

사용법은 늦출 때는 양수를 앞당길 때는 음수를 그리고 원래대로 할 때는 '0'
을 b 다음에 빈칸을 두고 입력하면 된다.

<표 167> b문의 사용법

```
b    5      :5박 후부터
b   - 3     :3박을 앞당겨서
b    0      :원래 시간에서 연주
```

<표 168> b문의 예

```
i1  0  1   15000   8
b  - 1
i1  1  1   15000   8.02   ;시작 시간 0초(0박에서)
i1  2  1   15000   8.04   ;시작 시간 1초(1박에서)
b   1
i1  3  1   15000   8.05   ;시작 시간 4초(4박에서)
b   0
i1  4  1   15000   8.07   ;시작 시간 4초(4박에서)
```

5) m문과 n문

m문(mark)과 n문은 함께 사용되어 어떤 섹션을 반복하는 기능을 가지고 있다.
과거 버전에서는 오류가 있어 작동하지 않지만 최근 버전에서는 사용할 수 있을
것으로 생각한다. m문은 반복하고자 하는 섹션에 이름을 붙이는 기능이며 n문은
m문에서 붙인 이름을 사용해서 반복을 지시하는 기능이다.

<표 169> m문과 n문의 사용법

```
m name1       ;이름 붙임
s
n name1       ;이름을 불러서 반복
s
```

<표 170> m문과 n문의 예

```
<CsScore>
f1  0  4096  10  1
```

```
m repeat1                                   ;섹션 1에 이름 붙임
i1      0.0     .5    10000    8.02
i1      0.5     .      .       8.05
i1      1.0     .      .       8.09
s

m repeat2                                   ;섹션 2에 이름 붙임
i1      0.0     .5    10000    7.11
i1      0.5     .      .       8.02
i1      1.0     .      .       8.07
s

n repeat1                          ;섹션 1의 반복
s

n repeat2                          ;섹션 2의 반복
e
</CsScore>
</CsoundSynthesizer>
```

6) q문

q문(quiet)은 하나의 악기를 뮤트(mute)한다. 즉 소리가 나지 않도록 하는 것이다. q문은 세 가지의 항목으로 이루어진다. 첫째 항목은 뮤트하거나 또는 해제할 악기 번호를 입력하고 둘째 항목은 적용될 시간을 박(초)을 마지막 셋째 항목은 뮤트할 것인지 아니면 해제할 것인지를 입력한다. 값 0은 뮤트하는 것이며 0보다 큰 값은 뮤트를 해제한다.

〈표 171〉 q문의 구문

q	악기 번호, 적용 시간(박), 뮤트상태(0 또는 1)

〈표 172〉 q문의 예

```
q   1  0  0              ;1번 악기를 0박에서 뮤트
i1  0  1  15000   8.04   ;소리 없음
i1  1  1  15000   8.02   ;소리 없음
q   1  2  1              ;1번 악기를 2박에서 해제
i1  2  1  15000   8.04   ;소리 있음
```

7) r문

r문은 하나의 섹션을 원하는 만큼 반복하게 한다. 이 r문은 하나의 필수 항목과 하나의 옵션 항목으로 이루어진다. 첫째 항목은 섹션의 반복 횟수, 둘째는 옵션으로 하나의 매크로(macro)[93]를 추가할 수 있다. 이 매크로를 사용할 경우 악기에서 반복되는 횟수의 값을 얻을 수 있어 추가적인 알고리즘을 만들 수 있다. 예를 들면 if 문과 'kgoto' 등을 사용해서 반복 횟수가 2가 되면 어떻게 하고 또 3이 될 때면 어떻게 하라는 등의 시그널의 흐름을 제어하는 내용을 추가할 수 있는 이점이 있다.

〈표 173〉 r문의 구문

```
      ;반복 횟수   매크로 이름
  r    p1          p2
```

(1) r문의 간단한 사용법

〈표 174〉 r문의 악기 예제 1

```
〈CsoundSynthesizer〉
〈CsInstruments〉
sr      = 44100
kr      = 4410
ksmps   = 10
nchnls  = 1

    instr 1
kcps = p4
a1  oscil  10000,  kcps,  1
out a1
    endin
〈/CsInstruments〉
```

---

93) 하나의 입출력 과정을 제어하는 명령.

〈표 175〉 r문의 악기 예제 1을 위한 스코어

```
〈CsScore〉
f1   0   16384   10   1

i1   0     1.1   3520
s

r4                      ;이 섹션을 4번 반복
i1   0.1   0.1   1760
i1   0.3   0.1   880
i1   0.5   0.1   440
i1   0.7   0.1   220
s

i1   0     2.1   110
e
〈/CsScore〉
〈/CsoundSynthesizer〉
```

(2) 매크로를 사용한 r문

다음의 예는 매크로를 사용한 예다. 이 예에서는 출력 윈도로 메시지를 출력하는 지금까지 사용하지 않은 옵코드 'printks'가 사용되었다. 시사운드를 처음 시작할 때는 이와 같은 출력 기능이 별로 중요하지 않게 생각되지만 점차 실력이 늘게 되면 이와 같은 메시지 출력 옵코드들의 기능은 없어서는 안 될 만큼 중요한 역할을 하게 된다.

〈표 176〉 r문의 악기 예제 2 – 매크로 사용

```
〈CsoundSynthesizer〉
〈CsInstruments〉
sr = 44100
kr = 4410
ksmps = 10
nchnls = 1

   instr 1
kreps = p5
kcps = p4

           ;출력할 텍스트              반복 시간(초)   출력 값
printks    "Repeated %d time(s).\\\\n",   1.          kreps      ;출력 윈도로 출력
```

```
a1 oscil 20000, kcps, 1
out a1
   endin
⟨/CsInstruments⟩
```

〈표 177〉 r문의 악기 예제 2를 위한 스코어

```
⟨CsScore⟩
f1  0   16384  10   1

r2 repeat2times                          ;r2 - 현재 섹션을 2번 반복
i1  0.1  0.1   1760  $repeat2times
i1  0.3  0.1   880   $repeat2times
i1  0.5  0.1   440                       ;이 소리는 반복 횟수가 악기로 전달 안 됨
i1  0.7  0.1   220   $repeat2times
s

i1  0    4.1   110
e
⟨/CsScore⟩
⟨/CsoundSynthesizer⟩
```

위의 예는 매크로 이름으로 'repeat2times'가 사용되었다. 이 매크로 이름은 p 필드를 통해 악기로 전달되어 악기에서 이 소리들의 반복 횟수를 전달하게 된다. 따라서 위 스코어에 매크로 이름이 없는 소리(음표)는 똑같이 반복되지만 그 횟수는 전달되지 않는다. 악기에서 사용된 'printks'에 대한 설명은 아래로 이어져 설명된다.

(3) 옵코드 printks

앞서 종종 사용되었고 소개된 'printk2' 옵코드는 컨트롤 배열 변수의 값만을 출력하는 기능을 갖고 있지만 'printks'는 이에 보태어 텍스트도 함께 출력하는 편리한 기능을 가지고 있다. 이 방법은 C언어에서 사용하는 'printf'의 포맷으로 되어 있다. 먼저 출력할 텍스트를 입력하고 그 다음 항목에는 얼마나 자주 출력할 것인가에 대한 출력간격 값을 입력한다. 만약 모든 컨트롤 주기(초당 kr번)마다 값을 출력하고자 한다면 출력간격 값에 0을 입력하면 된다. 다음의 예에서는 1초마다 값을 출력하기 위해서 출력간격 값에 1이 사용되었다. 세 번째 항목부터

는 옵션으로 출력하고자 하는 컨트롤 변수 이름들을 쉼표로 구분하여 입력하면
된다.

<표 178> 'printks'의 구문

	:출력할 텍스트	출력간격(초)	출력할 변수1	출력할 변수2	...
printks	"string",	itime	[, kval1]	[, kval2]	[...]

　'printks'를 제대로 사용하기 위해 한 가지 남은 문제는 출력을 위한 포맷방법
을 이해하는 것이다. 이 옵코드는 C언어에서 유래된 방법이어서 몇 가지 규칙이
있다. C/C++언어는 각 변수의 목적과 용도에 따라 이들 변수들의 메모리의 크
기를 제한하는 과정에서 변수들의 종류는 아주 세분화되어 있다. 따라서 정수를
출력할 때와 소수를 출력할 때 그리고 텍스트를 출력할 때 각각 조금씩 그 포맷
이 다르다.

<표 179> 각 변수 값에 대한 출력 포맷 규칙

포맷	내용	예
%f	전체 소수점 이하의 수를 출력	153.26789
%5.2f	정수 5자리와 소수점 2번째까지만 출력	153.26
%d	정수만 출력	153
%c	출력변수를 아스키 문자로 취급	-

　위의 예에서 'printks "Repeated %d time(s).\\n", 1, kreps' 행에서 '%d'는 바로
위 표와 같이 정수만 출력한다는 뜻이다. 그리고 이 '%d' 자리에 'kreps' 값이
출력된다. 따라서 출력 결과는 'Repeated 2 time(s).'와 같이 출력된다.
　그 다음 '\\n'은 아래의 표와 같이 새 라인을 만들게 하는 기호다. 즉 출력 원
도에서 다음 메시지를 위해서 줄을 바꾸라는 지시다. 이 지시가 없다면 출력 원
도에서 출력라인은 다음 줄과 붙어서 한 줄로 출력될 것이다. 그리고 2개의 백
슬래시가 사용된 것은 텍스트 안(인용부호 안)에서 하나를 사용하면 기호가 아니
라 일반 텍스트로 인식이 되고 2개를 사용하면 텍스트가 아니라 하나의 기호로
서 인식이 되기 때문이다. 이는 C/C++ 언어에서 사용되는 규칙이다.

〈표 180〉 출력 라인 포맷 규칙

출력라인(행) 포맷방법	내용
₩₩r, ₩₩R, %r 또는 %R	리턴(return) 기호[94] (₩r)
₩₩n, ₩₩N, %n, %N	새 라인(newline) 생성 기호 (₩n)
₩₩t, ₩₩T, %t, or %T	탭 기호 (₩t)
%!	세미콜론 기호 (;)
^	이스케이프(escape) 기호[95] (0x1B)
^ ^	카렛(caret) 기호 (^)
~	이스케이프 + [(ESC[)또는 (escape + [)
~~	틸더(tilde) 기호 (~)

8) t문(템포)

시사운드에서 기본 템포는 60(초당 60박, 1초당 1박)으로 되어 있다. 이는 음악 연습 때 박을 재는 메트로놈(metronome) 속도 60(mm, Mälzel's Metronome)과 동일하다. 만약 스코어에서 아무런 템포 지시가 없다면 기본 템포 60이 자동으로 적용된다. 템포 설정은 항상 't0'을 사용하며 그 다음에 템포 값을 입력한다. 여기서 '0'은 숫자 0을 말한다.

기억해야 할 점은 이 템포 지시는 s문으로 구분된 하나의 섹션(section) 안에서만 적용된다는 점이다. 따라서 하나의 스코어가 여러 개의 섹션으로 되어 있고 이들 섹션이 모두 분당 80박이라면 모든 섹션의 맨 앞에는 't0 80'이 붙여져야 한다. 그리고 하나의 섹션에 템포는 한 번만 사용될 수 있다는 점이다. 그 대신 하나의 t문에 제한 없이 많은 항목을 사용하여 다양한 속도변화를 추구할 수 있다.

(1) 점점 빠르게와 느리게

스코어에서 한 시간점에서 다른 시간점까지 템포를 점점 빠르게 또는 점점 느리게 하는 방법은 먼저 시작할 템포 값을 입력하고 그 다음 '점점 빠르게'

---

94) 라인의 처음으로 돌아가기(return) 위한 라인의 끝을 표시하는 문자.

95) 이 문자 다음에 오는 문자는 현재 사용하고 있는 문자표가 아닌 다른 문자표로 표시된다는 것을 지시한다. 즉 현재 한글문자표에서 다른 문자인 예를 들면 그리스어문자 등을 사용할 수 있다.

(accelerando, 악셀레란도, 아첼레란도) 또는 '점점 느리게'(ritardando, 리타르단도)
가 종료될 지점의 시간(초, 박, beat)을 입력한 후 새 템포 값을 입력한다. 다음의
표는 템포 55에서 시작해서 2초 후부터 또는 3박 전까지 서서히 템포 30으로 느
려지고 3박 시작부터 12박 끝 시간까지 템포 150으로 점차 빨라진다. 따라서 13
박부터는 템포 150이 적용된다.

<표 181> t문을 이용한 리타르단도와 악셀레란도

t0	55	2	30	12	150

(2) 새로운 속도 적용

점차적인 속도 변경은 위와 같이 간단하지만 갑작스런 속도의 변경은 약간 더
입력과정이 따른다. 다음 표의 예는 템포 60에서 시작해서 3박 시작부터는 템포
90으로 연주하는 예다. 즉 템포 60에서 2박 끝까지 템포 60으로 연주하고 동시
에 템포 90으로 바뀌는 내용이다.

<표 182> t문을 이용한 새로운 속도 적용

t0	60	2	60	2	90

9) v문

v문(variable time wrapping)은 시간을 둘러싸서 재조정하는 명령이다. 이 명령
은 하나의 항목으로 이루어지며 이 항목 값은 v문 다음에 일어나는 음표의 길이
에 곱해져 새로운 음표의 길이를 적용하게 된다.

<표 183> v문을 이용한 새로운 소리 길이 적용

v2	;다음 행부터 음표의 길이가 2배로 길어짐
v0.33	;다음 행부터 음표의 길이가 1/3로 줄어짐
v1	;다음 행부터는 원래의 음표 길이로 연주
v0	;다음 행부터는 모든 음표의 길이가 0이 되어 현재 섹션의 연주는 종료됨

이 v문은 약간의 문제가 있다. 예를 들어 어떤 연속되는 음표들 사이에 이 v문이 끼어들게 되면 이 값이 'v2'라면 바로 앞의 소리 다음에 한 박의 휴지부(쉼표)가 추가된다는 점이다. 그리고 그 다음부터는 정상대로 모든 음표가 2배로 길어진다. 또한 연속되는 소리에서 다시 'v1'이 입력되면 바로 전의 소리가 끝나기 전에 새 음표가 중복되는 문제점들이 있다. 따라서 이 v문은 연속적인 레가토로 이어지는 음들에서는 사용을 피하는 것이 좋다.

어떻게 보면 t문에 의한 템포 조절과 비슷하다는 생각이 들지만 v문은 한 번만 사용할 수 있는 t문과 달리 원하는 만큼 여러 지점에서 미음대로 사용할 수 있다는 장점이 있다.

〈표 184〉 v문의 연속되는 음표에서 발생하는 문제점

```
〈CsScore〉
f1   0   8192   10    1

t0   90
i1   0   1   15000    8        ;이 음표 후 1박의 휴지부 발생
v2
i1   1   1   15000    8.02          ;실제 연주 시간 2초
i1   2   1   15000    8.04          ;실제 연주 시간 4초
i1   3   1   15000    8.02          ;실제 연주 시간 6초이며 8초 전에 끝남
v1
i1   4   1   15000    8.04          ;실제 연주 시간 4초 −〉이전 소리들과 겹침
i1   5   1   15000    8.04          ;실제 연주 시간 5초 −〉이전 소리들과 겹침
i1   6   1   15000    8.04          ;실제 연주 시간 6초 −〉이전 소리들과 겹침
e
〈/CsScore〉
〈/CsoundSynthesizer〉
```

10) x문

x문은 아무런 추가항목 없이 사용되며 현 지점에서 현재 섹션을 신속하게 벗어나고자 할 때 사용할 수 있는 명령이다. 이 명령은 스코어에 여러 섹션이 있을 경우 연주를 하지 않고 건너뛸 섹션들의 맨 앞에 'x' 표시를 하여 원하는 섹션만 골라서 연주할 수 있는 편리한 명령이다. 또 세부적으로 하나의 섹션의 중간에도 사용할 수 있다. 이 경우 x문이 있는 지점까지 연주되고 다음 섹션으로 넘어간다.

```
〈CsScore〉
f1   0   16384   10   1
x                              ;이 섹션은 연주되지 않음
i1   0     1.1  3520
s

i1   0.3  0.1   880
i1   0.5  0.1   440
x                              ;여기서 다음 섹션으로 건너뜀
i1   0.7  0.1   220
s

i1   0     2.1   110
e
〈/CsScore〉
〈/CsoundSynthesizer〉
```

11

가산합성 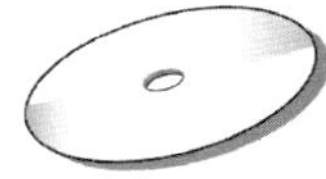

가산합성(additive synthesis)은 1951년 최초의 전자음악 스튜디오가 설립되었을 때부터 지금까지의 합성 방법 중에서 가장 널리 사용되고 있는 방법이다. 이 합성은 간단히 여러 시그널을 더함에 의해 이루어진다. 이전 장에서 젠 10번의 사인파형의 설계에서의 배음의 설정도 일종의 가산합싱이라 할 수 있다.

가. 진폭의 합산

상업적인 오디오 프로그램에서 2개 이상의 시그널을 믹서할 경우 자동으로 진폭 조정이 이루어진다. 그러나 시사운드에서는 이들 진폭 값이 그대로 합산된다. 예를 들어 진폭 값 20,000에 있는 두 개의 소리가 같은 시간에 소리 난다면 이들 두 소리의 진폭의 합산은 40,000이 되어 '영역을 벗어난 샘플들의 수: 1425 1425'(number of samples out of range: 1425 1425)라는 경고 메시지를 출력 윈도로부터 받게 될 것이다. 이처럼 시사운드의 대부분의 옵코드들은 최대 진폭 값 32,767을 벗어나는 경우 자동으로 재조정(normalization)해 주는 경우가 거의 없기 때문에 여러 개의 시그널을 합산하는 경우는 항상 진폭 값에 신경을 써야 할 것이다. 이 문제에는 약간 불편한 점도 있지만 장점이 더 많다. 만약 자동 재조정이 이루어진다면 오히려 사용자가 예외적인 시도는 결코 하지 못하기 때문에 오히려 여러 가지 실험이나 시도의 걸림돌이 될 것이 분명하기 때문이다.

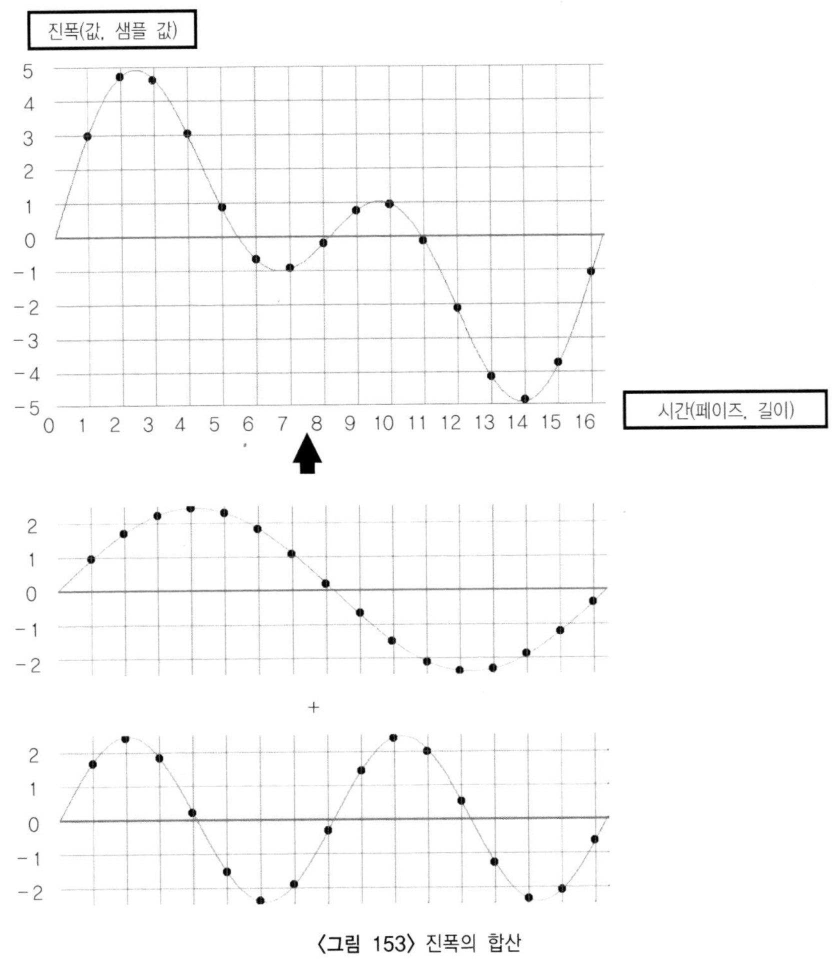

<그림 153> 진폭의 합산

　위의 예는 그림으로 나타내는 과정에서 약간의 오차가 있지만 맨 위쪽의 그림은 아래 2개의 시그널이 합산된 결과를 잘 나타내고 있다. 먼저 시간 1의 지점을 보면 아래 두 진폭의 합은 약 3(1＋2)이 되어 맨 위의 진폭의 값 3과 일치한다. 이와 같이 그 다음의 시간대에서 같은 합산으로 이루어짐을 알 수 있다. 그러면 중간 부분의 음진폭이 일어나는 부분도 살펴보자. 시간 6의 지점을 보면 이때 아래 두 진폭의 합은 1.9＋(－2.5) 또는 －2.5＋1.9로서 약 －0.6이 된다. 맨 위 그림의 대략 0.6과 일치하고 있음을 알 수 있다.

　디지털이든 아날로그 오디오든 모든 시그널 또는 소리가 합쳐질 때는 위와 같이 같은 시간대에 일어나는 샘플 값 또는 진폭 값들이 서로 더해져서 새로운 진동의 모양을 만든다. 이 때문에 대부분의 자연 속에서 발생하는 소리들은 아주 작은 소리부터 포함한다면 수백만 또는 수천만 개의 진동들이 결합된 아주 복잡한 모양으로 이루어진다. 실제 시디 음질이나 이보다 몇 배 향상된 DVD 음질로 녹음을 한다 해도 여전히 수많은 소리를 놓치고 있다. 아마 현재 DVD 음질보다 수 천배 이상의 음질로 녹음한다해도 자연의 소리를 그대로 녹음한다는 것은 불가능 할 것이다.

나. 오디오 시그널의 합산

1) 간단한 가산합성

여기서는 여러 다른 파형으로 이루어진 오디오 시그널들을 가산합성 해 보자. 먼저 진폭을 위한 인벨로프를 만들고 그 다음 6개의 오디오 시그널을 만든 다음 이들을 모두 더한 후 출력하는 내용이다.

〈표 186〉 간단한 가산합성 악기

```
〈CsoundSynthesizer〉
〈CsInstruments〉
sr      =  44100
kr      =  4410
ksmps   =  10
nchnls  =  2

   instr 1 ; 가산합성: 다양한 파형
k  linseg  0.01,  p3*.1,  1,  p3*.9,  0.01
a1 oscil   k * p4,  cpspch(p5),  1
a2 oscil   k * p4,  cpspch(p5),  2
a3 oscil   k * p4,  cpspch(p5),  3
a4 oscil   k * p4,  cpspch(p5),  4
a5 oscil   k * p4,  cpspch(p5),  5
a6 oscil   k * p4,  cpspch(p5),  6
att  =  (a1 + a2 + a3 + a4 + a5 + a6)*.4
outs     att,        att
   endin
〈/CsInstruments〉
```

위 악기에서 어려운 내용은 없다. 진폭을 만드는 옵코드 린세그는 이미 여러 번 사용되었고 눈에 띄는 점은 6개의 오실들이 각각 서로 다른 함수테이블을 사용하고 있다는 점이다. 마지막의 출력 옵코드 'outs'로 출력되기 전의 라인을 보면 6개의 오디오 시그널이 합산되는 내용이 있다. 이 과정은 바로 이전의 그림에서 본 것처럼 이 6개의 시그널이 가지고 있는 각각의 초당 44,100개의 샘플들은 수직적으로 같은 시간에 있는 6개의 샘플들끼리 서로 더해지는 과정으로 이루어진다.

여기서 '(a1 + a2 + a3 + a4 + a5 + a6)*.4'의 연산은 수학의 규칙에서와 똑같이 괄호 안의 더하는 연산이 먼저 이루어져 하나의 값이 만들어지고 그 다음 곱하는 연산이 이루어진다. 이 결과 경우에 따라서는 어떤 샘플 값들은 최대 진폭 값인 32,767을 초과하는 경우가 발생한다. 이 때문에 '* 0.4'를 하여 합산된 전체 진폭 값을 축소하는 재조정이 가해진다. 이때 '*.4'는 앞부분의 장에서 자세히 설명된 바와 같이 모든 샘플들 하나하나에 '*.4'가 이루어진다. 그 다음 이 재조정된 시그널은 오디오 시그널이므로 'a'로 시작하는 'att'라는 오디오 시그널 배열 변수로 넘겨지고 마지막에 출력 옵코드 'outs'를 사용하여 사운드카드의 DAC칩으로 이 오디오 시그널이 출력된다.

<표 187> 간단한 가산합성 악기를 위한 스코어

```
<CsScore>
f1  0   4096   10   1    ; - 사인파
f2  0   1024   10   1   0    .5  0    .25    0    .125              ; - 사인파 + 홀수배음
f3  0   1024   10   1   .5   0   .25   0    .125                   ; - 사인파 + 짝수배음
f4  0   1024   7    0   256  1   256   0    256   -1   256  0   ; - 삼각파
f5  0   1024   7    0   256  1   256   0    256    1   256  0   ; - 양진폭 2 cycle
f6  0   1024   7    0   256  1   256   -1   256    1   256  0   ; - 진폭 2


t0  70
i1  0    .5   7000    8.02    ;레
i1  .5   .5   7000    8.10    ;시
i1  1    .5   7000    8.07    ;솔
i1  1.5  .5   7000    8.06    ;파#
i1  2    .5   7000    8.07    ;솔
i1  2.5  2    5000    9       ;도
i1  2.5  2    4000    8.02    ;레

i1  1    .5   5000    8.02
i1  1    .5   5000    7.10
i1  1.5  .5   5000    8.0
i1  1.5  .5   5000    7.08
```

```
i1   2    .5   5000    7.10
i1   2    .5   5000    7.07
i1   2.5  .5   5000    7.09
i1   2.5  .5   5000    7.06
e
</CsScore>
</CsoundSynthesizer>
```

스코어에서 만든 파형의 내용을 보면 f2는 사인파형에서 홀수 배음만으로 제7
번까지의 배음을 포함하는 사각파형(square wave)을 만들고 있으며 f3은 짝수 배음
만으로 제6번까지의 배음들로 f4는 앞서 악기들에서 사용했던 젠 7번의 직선기능
을 이용해서 삼각파를 그리고 f5와 f6도 직선을 이용해서 디자인된 파형들이다.

스코어의 i문의 음표들을 보면 2.5초부터는 2개의 음이 동시에 사용되므로 진
폭 값이 줄어든 것을 알 수 있다. 즉 악기에서의 진폭조정은 하나의 소리를 위해
조정된 것이며 이와 같이 동시에 2개 이상의 소리가 날 경우는 스코어에서도 재
조정이 필요하다. 그렇지 않다면 단선율과 화음 사이에 소리의 차가 커서 연주
진행에서 상당히 어색한 울림을 만들 것이다.

다음의 그림은 스코어의 6개 파형들의 모습과 이들의 결합된 모습이다.

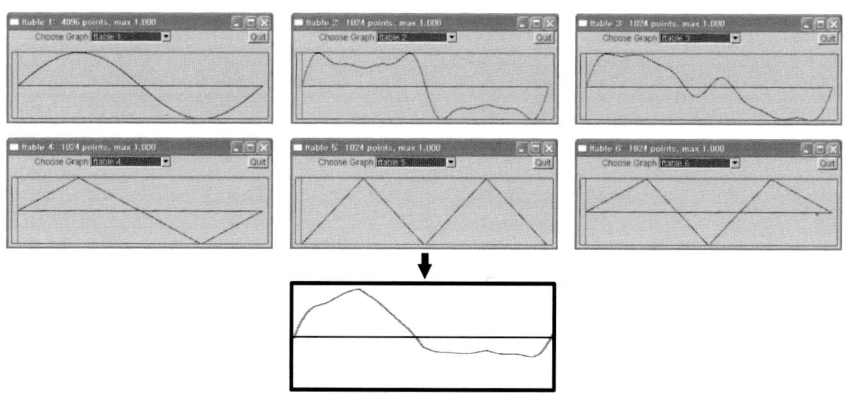

〈그림 154〉 6개의 파형들과 이들이 합산된 결과

2) 코러스 효과

코러스(chorus)는 합창의 뜻이다. 이 원리를 이용한 코러스 효과(chorus effect)는 수학적 공식을 실험하는 시그널 프로세싱을 통해서도 만들 수 있겠지만 시사운드에서는 수많은 일련의 시그널 프로세싱에서 요구되는 과정들을 누구나 편리하게 소리를 만들 수 있도록 옵코드라는 단위로 분해해 놓았다. 코러스 효과는 시사운드에서 여러 시그널들을 가산합성 함으로써 간단히 만들어질 수 있다.

〈표 188〉 코러스 악기

```
〈CsoundSynthesizer〉
〈CsInstruments〉
sr          =           44100
kr          =           4410
ksmps       =           10
nchnls      =           2
            instr  1
ipitch  =  cpspch(p5)
kamp        linseg   0.  p3*.2,  1,  p3*.8,   0
kamp = p4 * kamp
kv1  oscil     5,       5,        5        ;비브라토1
kv2  oscil     4,       4,        5        ;비브라토2
kv3  oscil     3,       5.5,      5        ;비브라토3
kv4  oscil     2,       3,        5        ;비브라토4
kv5  oscil     5.5,     3.5,      5        ;비브라토5
kv6  oscil     2.5,     2.5,      5        ;비브라토6
kv7  oscil     1.5,     1.5,      5        ;비브라토7
kv8  oscil     3.5,     2,        5        ;비브라토8
kv9  oscil     4.1,     3.3,      5        ;비브라토9
a1   oscil   kamp,   ipitch*.995 + kv1,    1
a2   oscil   kamp,   ipitch*1.005 + kv2,   2
a3   oscil   kamp,   ipitch*.997 + kv3,    3
a4   oscil   kamp,   ipitch*1.003 + kv4,   4
a5   oscil   kamp,   ipitch*.991 + kv5,    4
a6   oscil   kamp,   ipitch*1.009 + kv6,   3
a7   oscil   kamp,   ipitch*.999 + kv7,    2
a8   oscil   kamp,   ipitch*1.001 + kv8,   1
a9   oscil   kamp,   ipitch + kv9,    3
a10 = (a1 + a2 + a3  + a4 + a5 + a6 + a7 + a8 + a9) / 9
outs      a10,       a10
            endin
〈/CsInstruments〉
```

합창은 여러 사람들이 노래하는 것이다. 이 경우 미세하게 피치가 다르게 나타나고 또 사람들마다의 비브라토의 성격이 다르게 나타난다. 위 악기에서는 어택을 포함하는 진폭을 위한 인벨로프는 똑같이 적용하였지만 이 인벨로프와 함께 각 진폭의 값도 조금씩 다르게 적용한다면 보다 정교한 코러스 음향이 만들어질 것이다.

위의 비브라토 부분은 앞서 여러 번 만들어 보았으므로 이해하는 데에 아무런 문제가 없을 것이다. 중간 부분에서 각 오디오 시그널의 피치를 조금씩 다르게 하기 위해서 추가적인 값이 곱해지는데 맨 첫 번째의 오디오 시그널 a1을 생성하는 라인을 보자. 이 라인의 'ipitch*.995＋kv1' 부분의 계산에 연산의 우선순위에 따라 앞부분의 곱하기가 먼저 이루어지고 그 다음 더하기 순으로 된다. 이 ipitch는 앞서의 행에서 진동수로 바뀌어졌다. 따라서 ipitch의 진동수를 미세하게 낮추기 위해 1보다 조금 작은 0.995가 곱해졌다. 그리고 이 결과 값에 앞 행에서 만들어진 아주 느린 진동수로 된 비브라토 시그널이 더해진다. 그 나머지 행에서도 마찬가지로 미세하게 높은 음을 만들기 위해서 1보다 조금 큰 수인 1.005와 같은 값이 곱해진다.

마지막에는 모두 9개의 오디오 시그널이 더해짐으로 인해 지나치게 커진 진폭 값의 재조정을 위해서 9로 나누어지고 이 최종 오디오 시그널은 스테레오로 출력된다.

<표 189> 코러스 악기를 위한 스코어

```
<CsScore>
f1   0 2049   10   1  .5  .3   .25  .2  .167 .14  .125  .111            ;톱날파
f2   0 1024    7   0  256  1   256  0   256    -1   256   0             ; -삼각파
f3   0 4096   10   1  .3  .05                                          ;사인파 1, 2, 3배음
f4   0 2049   10   1  0   .3   0   .2  0      .14  0     .111           ;사각파
f5   0 4096   10   1                                                   ;사인파   기본음만

t0   90
i1   0   3   17000   7.07
i1   0   3   17000   7.04
i1   0   3   17000   7.0
s
i1   0   3   17000   7.07
i1   0   3   17000   7.05
i1   0   3   17000   7.02
s
i1   0   3   17000   7.00
i1   0   3   17000   7.07
i1   0   3   17000   7.04
s
i1   0   7   17000   7.00
i1   0   7   17000   7.09
i1   0   7   17000   7.05
e
</CsScore>
</CsoundSynthesizer>
```

위 스코어의 내용은 간단하다. 모두 4개의 섹션으로 되어 있으며 각 섹션은 한 개씩의 화음을 출력하는 내용으로 되어 있다. 위에서 사용된 몇 개의 사인곡선을 이용한 배음 구성에 따른 규칙은 바로 이어서 설명된다.

3) 기본 파형들

과거 아날로그 시대 때부터 즐겨 사용해 온 사인파 외에 3가지 파형에 대해 알아보자. 이들은 지금도 소리 제작을 위한 기본 파형으로 널리 애용되고 있다. 이들은 각각 사각파(Square wave), 톱날파(Sawtooth wave), 삼각파(Triangle wave) 그리고 펄스파(Pulse wave)라 불린다.

(1) 사각파

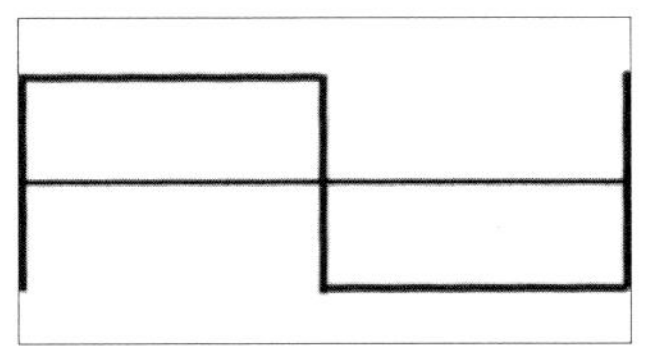

〈그림 155〉 사각파형

사각파(Square waveform)는 클라리넷 소리와 같이 홀수 배음만으로 이루어진다. 이들 배음들은 높은 배음으로 가면서 선적으로(점차적으로) 그 힘이 감소되는 특징을 가지고 있다. 아래 표의 함수테이블 및 이를 이용해 산출된 결과는 제13배음까지만 사용한 예로서 아주 뚜렷한 사각파는 아니다. 보다 많은 배음들을 사용하면 할수록 더욱 매끈한 사각파가 만들어진다.

〈표 190〉 사각파의 정의

sin(f(sq.)) = sin(f) + sin(3f)/3 + sin(5f/5) + sin(7f/7) ...

<〈표 191〉 젠 10을 이용한 사각파형을 위한 함수테이블

					:1/1	1/3	1/5	1/7	1/9	1/11	1/13
f1	0	4096	10	1	1	0 .3333	0 .2	0 .1428	0 .111	0 .0909	0 .0769

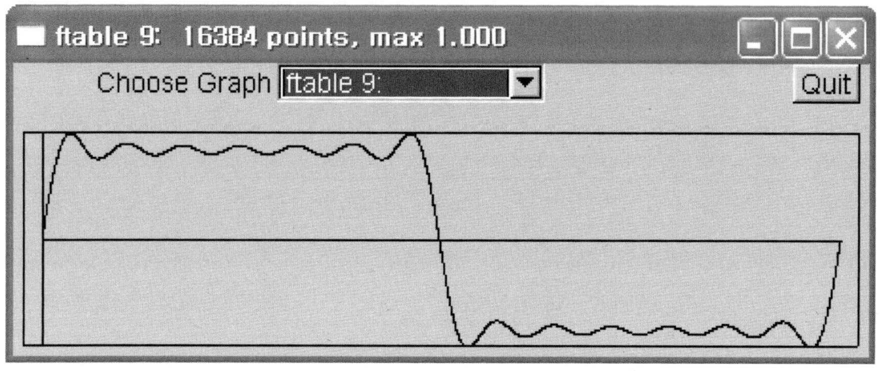

〈그림 156〉 위 테이블 값에 의해 산출된 사각파의 모습

(2) 톱날파

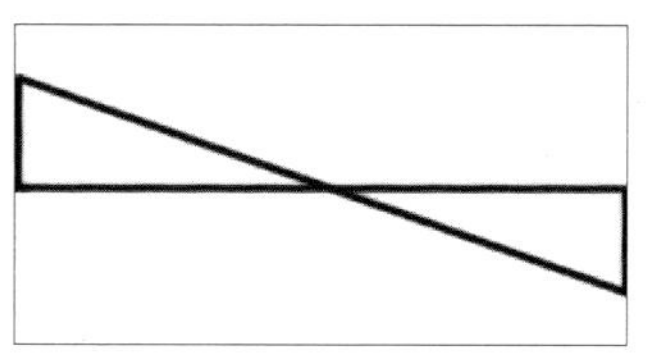

〈그림 157〉 톱날파형

톱날파(Sawtooth waveform)는 현악기 소리와 비슷하며 모든 배음을 다 포함한다. 그리고 이들 배음들은 높은 배음으로 가면서 선적으로(점차적으로) 그 힘이 감소되는 특징을 가지고 있다. 아래 표의 함수테이블 및 이를 이용해 산출된 결과는 제13배음까지만 사용한 예로서 아주 뚜렷한 톱날파는 아니다. 보다 많은 배음들을 사용하면 할수록 더욱 매끈한 톱날파가 만들어진다.

〈표 192〉 톱날파의 정의

sin(f(sw.)) = sin(f) + sin(2f)/2 + sin(3f/3) + sin(4f/4) ...

<표 193> 젠 10을 이용한 톱날파형을 위한 함수테이블

	;1/1	1/2	1/3	1/4	1/5	1/6	1/7	1/8	1/9	1/10	1/11	1/12	1/13
f8 0 4096 **10**	1	.5	.333	.25	.2	.166	.142	.125	.111	.1		.09	.083	.076

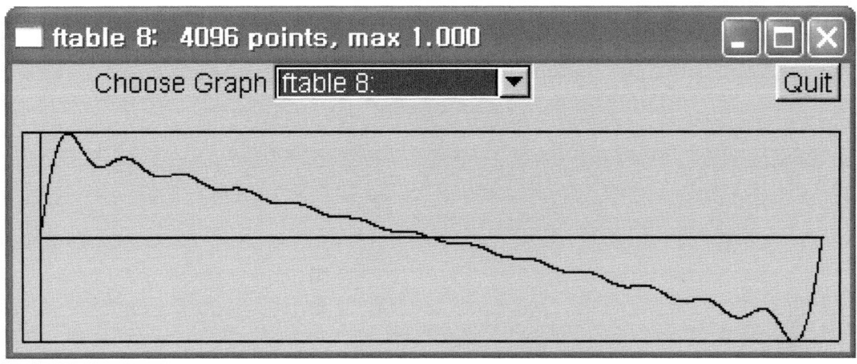

<그림 158> 위 테이블 값에 의해 산출된 톱날파의 모습

(3) 삼각파

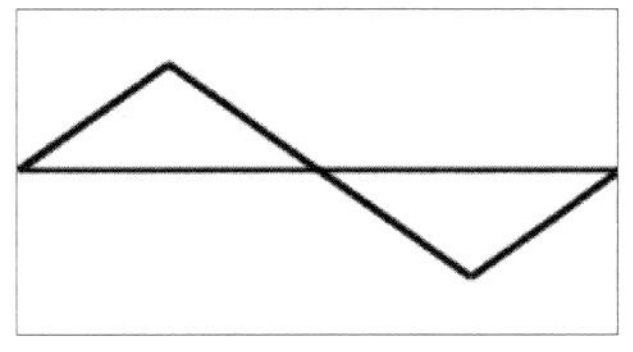

<그림 159> 삼각파형

삼각파(Triangle waveform)는 홀수 배음만으로 이루어진다. 그리고 이들 배음들은 높은 배음으로 가면서 지수적으로(급격히) 그 힘이 감소되는 특징을 가지고 있다. 아래 표의 함수테이블 및 위의 예들과 같이 사인파를 이용해 산출된 결과로 삼각모양과는 어떻게 보면 조금 거리가 있다는 생각을 할 수 있지만 배음의 강도는 원리대로 적용되었다. 그리고 완전한 삼각형의 모양은 젠 7번을 사용해서 만들 수가 있다.

〈표 194〉삼각파의 정의

sin(f(tr.)) = sin(f) + sin(3f)/9 + sin(5f/25) + sin(7f/49) ...

〈표 195〉젠 10을 이용한 삼각파형을 위한 함수테이블

		;1/1	1/9	1/25	1/49
f11 0 4096 **10**		1	0 .111	0 .04	0 .0204

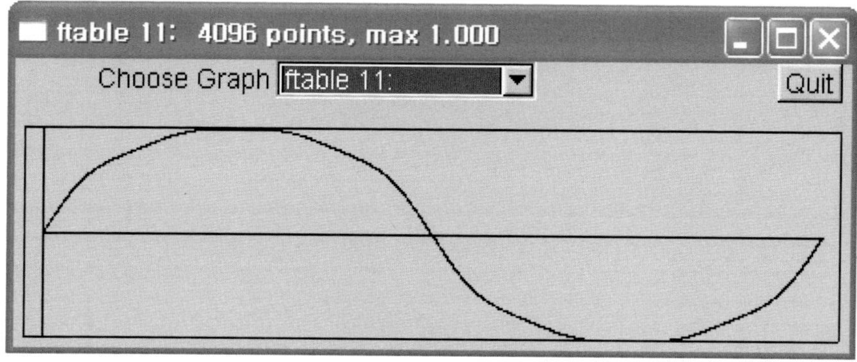

〈그림 160〉위 테이블 값에 의해 산출된 삼각파의 모습

〈표 196〉젠 7번을 이용한 삼각파형을 위한 함수테이블

	;값	길이	값	길이	값	길이	값
f14 0 1024 **7**	0	256	1	512	− 1	256	0

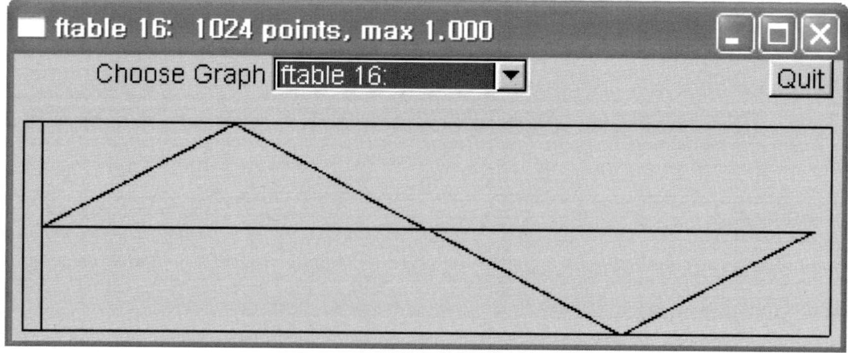

〈그림 161〉젠 7번을 이용해 산출된 삼각파의 모습

(4) 펄스파

펄스파(Pulse waveform)는 사용자의 취향에 따라 조금씩 다른 모습으로 표현되고 있다. 그 기본은 맥박이 뛰는 형태를 묘사한 것이라 먼저 짧게 뛴 후 잠잠해지는 모양을 가진다. 아래 표와 같이 낮은 배음이 강하고 높은 배음으로 올라갈수록 그 힘은 급속히 선적으로(점차적으로) 감소되는 형태로 표현된다.

〈표 197〉 젠 10을 이용한 펄스파형을 위한 함수테이블

f12   0   4096   **10**   1   1   1   1   .7   .5   .3   .1

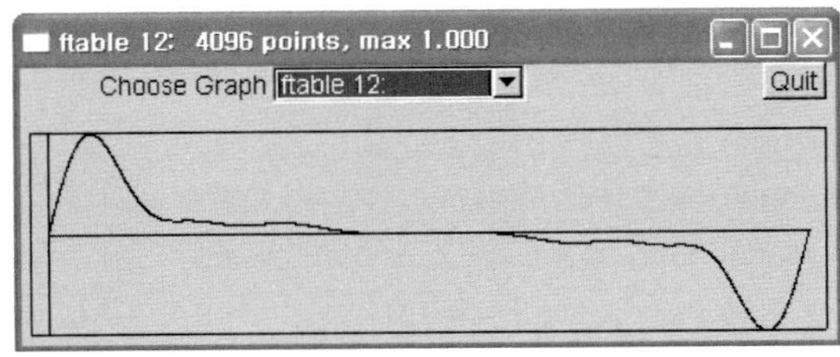

〈그림 162〉 위 테이블 값에 의해 산출된 펄스파의 모습

12

진폭변조

1950년대에 아날로그 발진기(oscillator)가 보급되면서 주로 연구소 등을 중심으로 소리를 변조하는 방법에 관한 여러 실험들이 이루어졌다. 가장 쉽게 할 수 있었던 방법이 앞서 언급된 가산합성이었으며 그 후 감산합성에 관한 연구가 시작되었다. 동시에 원래의 시그널을 구성하는 어떤 요소에 새로운 시그널을 가산함으로써 소리를 변조하는 방법이 시도되었는데 이들을 각각 진폭변조(amplitude modulation)와 진동수/주파수 변조(frequency modulation)라 부른다.

진폭변조는 원래 소리(carrier, 전송자)의 진폭 값에 새로운 소리(modulator, 변조자)를 더하는 변조 방법이다. 이 방법은 다시 시그널을 처리하는 방법에 따라 두 가지로 나뉘곤 한다. 그 첫 번째는 진폭을 변조하는 전체를 포괄하는 의미로서의 진폭변조이며 다른 하나는 전송자의 진폭 대신 변조자의 진폭이 적용될 경우 특별히 링변조(ring modulation)라 한다.

가. 진폭변조(AM: Amplitude Modulation)

진폭변조에서 변조 신호의 진동수가 상당히 낮은 진동을 가졌을 경우에는 예를 들면 약 20hz보다 낮은 진동을 가졌을 경우는 트레몰로 효과가 일어난다. 아래의 그림을 보면 변조자 시그널의 진폭은 전송자의 진폭과 결합되어 단지 진폭의 크기가 커지는 관계에 있고 변조자의 진동수는 트레몰로의 속도와 관계가 있음을 알 수 있다.

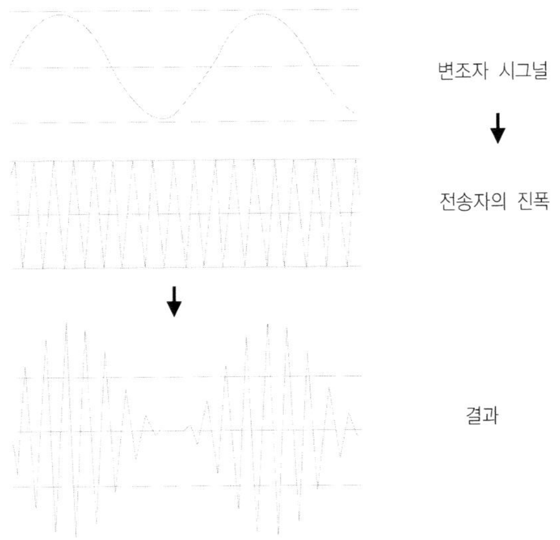

〈그림 163〉 진폭변조에 의한 트레몰로

그리고 변조진동수가 높아져 트레몰로로 감지되는 한계를 초과하게 되면 사이드밴드[96](sideband)가 발생하게 된다. 이 후자의 경우 그 결과는 원래 전송자의 진동수를 중심으로 위아래로 하나씩 해서 2개의 사이드밴드가 생기게 되는데 이들 사이드밴드의 진동수는 Fc − Fm과 Fc + Fm으로 나타난다.[97] 예를 들어 전송자 진동수(Fc)가 440이고 변조자의 진동수(Fm)도 440이라면 아래쪽으로는 이 경우 0hz(440 − 440)가 되어 사라지고 위쪽으로 880hz의 사이드밴드가 나타나게 된다.

다음의 그림은 전송자 진동수의 위아래로 사이드밴드가 있으며 변조자 진폭 값은 전송자 진폭의 절반으로 된 결과다. 이와 같은 진폭의 조정은 악기를 위한 소리로서도 충분한 역할을 할 것이다. 그러나 만약 변조자의 진폭 값을 지나치게 크게 한다면 사이드밴드의 진폭이 전송자를 초과하게 되어 결국 아래쪽의 사이드밴드가 기본음으로 인식되는 결과를 초래한다.

---

96) 전송자 진동수의 위아래에 위치하는 진동수들.

97) 여기서 F는 진동수(frequency)를 c는 전송자(carrier)를 그리고 m은 변조자(modulator)를 뜻한다. 따라서 Fc는 전송자 진동수를 Fm은 변조자 진동수를 뜻한다.

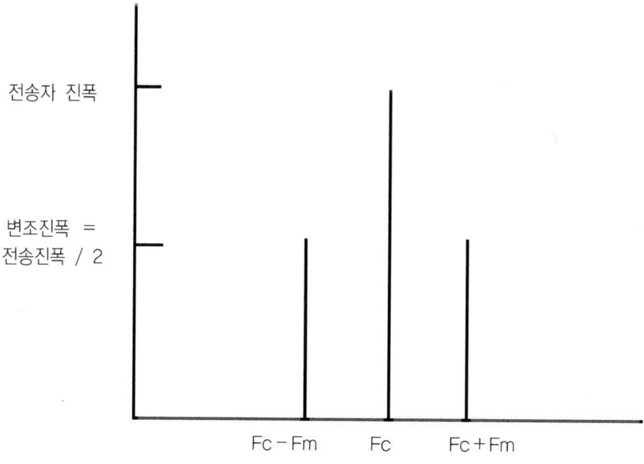

〈그림 164〉 전송자 진동수와 사이드 밴드

다음의 악기에서 사용된 '변조인덱스'(modulation index)는 전송자 진폭에 비례하여 변조자 진폭 값을 설정하기 위해 사용되었다. 즉 변조인덱스 p7이 0.5라면 변조진폭은 전송자의 절반이 될 것이며 1이라면 변조자 진폭은 전송자 진폭과 같은 크기를 가질 것이다.

〈표 198〉 간단한 AM 악기

```
〈CsoundSynthesizer〉
〈CsInstruments〉
sr = 44100
kr = 4410
ksmps = 10
nchnls = 2

    instr 1
;p4 = 전송자의 진폭 값
;p5 = 전송자(carrier)의 진동수
;p6 = 변조자(modulator)의 진동수
;p7 = 변조인덱스(modulation index) - 변조자 전압의 세기 결정

iamp = p4*p7              ;변조진폭 값은 전송 진폭 값에 변조인덱스를 곱하여 얻음
kenv expseg .01, .1, 1, p3/2, .7, p3/2－.1, .01        ;진폭 인벨로프
amod oscili  iamp,   p6, 1       ;변조자 발진기
acar oscili  p4＋amod, p5, 1    ;전송자 발진기
acar = acar*kenv
outs acar, acar
    endin
〈/CsInstruments〉
```

<표 199> 간단한 AM 악기를 위한 스코어

```
〈CsScore〉
f1  0  4096  10  1

            :진폭    전송진동     변조진동      변조인덱스
i1 0  5  15000   440        5         .5  :트레몰로 초당 5번
i1 5  5  15000   440       220        .5  :사이드밴드 발생
e
〈/CsScore〉
〈/CsoundSynthesizer〉
```

위 악기에서 사용된 옵코드 오실리(oscili)는 오실과 똑같은 기능을 가지고 있지만 보다 정교한 시그널을 만들어 낸다. 그리고 'acar oscili p4＋amod, p5, 1' 행에서 진폭변조가 만들어진다. 여기서 p4가 전송자의 진폭이며 'amod'가 변조기로부터 입력된 변조시그널이다. 그러면 결국 전송자의 시그널은 고정된 진동수와 규칙적으로 변하는 진폭으로 이루어진다 할 수 있다.

이제 스코어를 보자. 첫 번째 소리는 초당 5번 진동하는 느린 주파수를 가지고 있기 때문에 사이드밴드 대신 초당 5번의 트레몰로를 만든다. 두 번째 소리는 초당 220Hz의 빠른 진동수를 가지고 있어 아래위로 각각 220hz와 660hz로 진동하는 사이드밴드를 만들고 있다.

위의 예는 단지 2개의 발진기를 이용하여 간단한 진폭변조 합성을 하였지만 추가적으로 변조기를 보탠다면 보다 다양한 음향을 만들어 낼 수 있다. 다음의 예는 변조기 amod가 전송자 acar1을 진폭변조 한 후 이 acar1이 변조기로서 전송자 acar2를 진폭변조 하는 내용이다. 이로써 전송자 acar2는 보다 많은 사이드밴드를 갖게 되어 이들은 결국 일종의 배음으로 기능함으로써 이전보다 훨씬 풍부한 음향을 출력할 수 있게 된다. 즉 acar1은 3개의 음으로 이루어지고 이 3개의 음들이 acar2에서는 각각 2개씩의 사이드밴드를 형성함에 따라 모두 6개의 배음이 만들어지기 때문이다.

<표 200> 이중 변조 AM 악기의 예

```
amod   oscili iamp, 55, 1          :변조자 발진기
acar1  oscili iamp＋amod, p6, 1     :전송자 발진기1
acar2  oscili p4＋acar1, p5, 1      :전송자 발진기2
```

앞의 예들에서는 하나의 예제로 결과를 금방 알 수 있도록 진동수를 사용했지만 대신 피치세트를 사용한다면 선율악기를 위한 제작이 훨씬 쉬워진다. 그리고 리벌브도 추가하자.

〈표 201〉AM 변조 악기를 위한 스코어

```
〈CsScore〉
f1  0  4096  10  1
t0 90
              ;진폭(공유)  전송진동  변조진동  변조인덱스
i1  0  1    7000      8.04    .07     .5
i1  1  .    8000      .       .07     .5
i1  2  .    .         8.05    .07     .5
i1  3  .    10000     8.07    .07     .5
i1  4  .    .         .       .07     .5
i1  5  .    .         8.05    .07     .5
i1  6  .    8000      8.04    .07     .5
i1  7  .    7000      8.02    .07     .5
e
〈/CsScore〉
〈/CsoundSynthesizer〉
```

〈표 202〉AM 변조 악기

```
〈CsoundSynthesizer〉
〈CsInstruments〉
    instr  1
iamp  =  p4*p7            ;변조기의 진폭 값을 변조인덱스를 곱하여 얻음
kenv  linseg  0, .1, 1, p3 - .1, .0
amod  oscil  iamp, cpspch(p5 + p6), 1     ;변조자 발진기
acar  oscil  p4 + amod, cpspch(p5), 1     ;전송자 발진기
acar  =  acar*kenv
outs  acar, acar
    endin
〈/CsInstruments〉
```

나. 링변조(RM: Ring Modulation)

링변조는 전송자의 진폭 대신 변조자의 진폭이 사용되는 방법이다. 따라서 전송자의 진폭은 0이 되어 전송자의 피치는 사라지고 사이드밴드의 소리만 남게

되며 이 사이드밴드는 진폭변조와 똑같이 Fc − Fm과 Fc + Fm으로 이루어진다. 이
때문에 2개의 서로 다른 피치가 동일한 세기로 존재하기 때문에 악기로서 활용
하기는 문제가 있다.

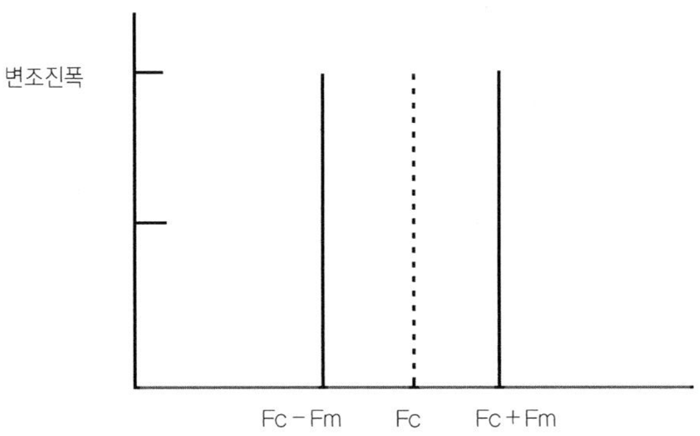

〈그림 165〉 전송자 소리가 없는 링변조

아래 악기의 소리는 2개의 사이드밴드의 가운데에 위치하는 전송자의 소리의
부재로 같은 조건하에서의 진폭변조 된 소리보다 훨씬 부드러운 소리가 난다.

〈표 203〉 링변조 악기

```
〈CsoundSynthesizer〉
〈CsInstruments〉
sr          =           44100
kr          =           4410
ksmps       =           10
nchnls      =           2


    instr 2
kenv  expseg  .01,  .1,  1,  p3/2,  .7,  p3/2 − .1,  .01
amod  oscili  p4*kenv,  p6,  p7
acar  oscili  amod,      p5,  p7
outs  acar,  acar
    endin
〈/CsInstruments〉
```

```
〈CsScore〉
f1  0  4096  10  1  0  1
f2  0  4096  10  1
f3  0  4096  10  1  0  [1/3]  0  [1/5]  0  [1/7]    ;사각파

;            변조진폭    전송진동   변조진동   파형
i2  0   5    15000      440       100       1
i2  5   5    15000      440       100       2
i2  10  5    15000      440       100       3
e
〈/CsScore〉
〈/CsoundSynthesizer〉
```

주파수 변조

주파수 변조(Frequency modulation, FM)는 또한 FM 합성(FM synthesis)이라는 용어로도 사용되며 진폭변조와 같은 방법으로 변조기의 시그널을 전송자의 주파수에 더하는 변조 방법이다. 이와 같은 FM 변조 방법은 하나의 세련된 소리를 위해 많은 수의 발진기를 사용해야 하는 비효율적인 가산합성 방법과는 달리 단지 몇 개의 발진기만으로 풍부한 음향을 만들어 낼 수 있기 때문에 효율적이면서 동시에 경제성 있는 탁월한 합성방법이다. 이에 대한 폭넓은 연구는 1960년대 존 쵸우닝(John Chowning)에 의해 이루어졌으며 그의 연구는 FM 전자악기의 개발에 큰 영향을 미쳤다.

가. 비브라토와 FM

기본적인 FM 합성은 두 개의 발진기를 사용하는 방법으로서 이와 유사한 방법은 이미 앞 장의 비브라토 악기에서 사용되었다. 다음의 표는 앞서 만들어 본 비브라토 악기이며 그 다음의 표가 주파수 변조 악기다. 이들 두 악기를 비교해 보면 비브라토를 만들던 컨트롤 시그널이 주파수 변조에서는 오디오 시그널로 바뀌었고 비브라토에서의 작은 진폭과 느린 진동수 대신 주파수 변조에서는 큰 진폭과 빠른 진동수가 사용되었다는 점이다.

위의 다른 점 중에서 시그널 비율의 차이는 그 근본 원리와는 큰 상관이 없다. 아래 주파수 변조의 avib 대신에 컨트롤 비율 변수인 kvib로 바꾸어도 거의 차이를 못 느낄 것이다. 단지 두 비율에 따른 보다 정밀한 변화에서 차이가 날 뿐이다. 중요한 점은 비브라토의 속도가 아주 빨라지면서 뚜렷했던 두 개의 높낮이가 동시에 들리면서 비브라토가 아닌 새로운 소리를 형성하게 된다는 점이다.

〈표 205〉 주파수 변조

```
    instr  1
avib  oscil  100,    100,       1            ; 변조자 시그널 modulator
a        oscil  p4,  cpspch(p5)+avib,  1      ; 전송자 시그널 carrier
out   a
    endin
```

나. 디비에이션

주파수 변조에서 디비에이션(deviation)은 변조자의 진폭을 가리키는 하나의 용어이며 우리말로는 '왜곡'으로 표현된다. 이때의 왜곡이란 찌그러짐(distortion)이나 어긋남과 같은 잘못되었다는 뜻보다는 변조에서 변조의 정도를 의미한다. 진폭변조에서처럼 주파수 변조에서도 변조자의 주파수는 대체적으로 약 20Hz보다는 빨라야만 거의 같은 시간에 두 피치가 일어남으로써 사이드밴드가 발생하게 된다.

이때 변조자의 진폭이 0이면, 즉 디비에이션이 0이면 아무런 변조도 일어나지 않을 것이며 만약 디비에이션이 0보다 크게 되면 전송자의 진동수는 변조자의 진폭에 비례하며 왜곡되기 시작한다. 따라서 이 디비에이션이 증가함에 따라 전송자의 주파수는 점점 크게 왜곡되므로 디비에이션은 전체 스펙트럼을 결정하는 가장 중요한 요소라 할 수 있다.

다. 변조인덱스

변조인덱스는 현재의 변조진동수를 1로 보고 이 변조진동수의 얼마만큼을 변조에서 사용할 것인가를 결정하는 값이다. 따라서 만약 변조인덱스 값이 1이라면 변조진동수의 값이 그대로 사용될 것이며, 0.5라면 그 절반이, 또 값이 2라면 현재 변조진동수의 2배가 변조에서 사용될 것이다. 그러므로 이 변조인덱스의 값은 변조진동수와 곱해지고 이 곱해진 값이 디비에이션 값(진폭 값)이 된다.

〈표 206〉 변조인덱스와 변조진동수로 디비에이션 결정

디비에이션 = 변조자 인덱스 * 변조자 진동수
d = I * Fm
변조자 인덱스 = 디비에이션 / 변조자 진동수
I = d / Fm

그렇다면 변조자의 진폭과 진동수가 서로 어떤 관계에 있기에 진동수를 기준으로 진폭을 설정하는지를 알아보자. 가장 중요한 점은 이 두 값에 의해 출력되는 변조시그널의 용도는 전송자의 진동수로 이용된다는 점이다.

또한 실험을 통해서 FM 변조에서 사이드밴드의 수는 대략적으로 이 변조인덱스에 1을 더한 값으로 알려져 있다. 따라서 변조인덱스가 1이라면 대략 위아래로 두 개씩의 사이드밴드가 형성된다고 생각하면 된다.

아래 그림에서 첫 부분은 시사운드에서 변조자 시그널을 만든 코드다. 그 내용은 변조인덱스 1, 변조진동수 100, 따라서 변조진폭은 100(=1*100)으로 되어 있다. 그 아래는 이 설정에 의해 출력되는 변조자 시그널의 세부다. 그리고 그 다음의 그림은 이 시그널이 전송자 진동수 100과 더해진 세부 결과다.

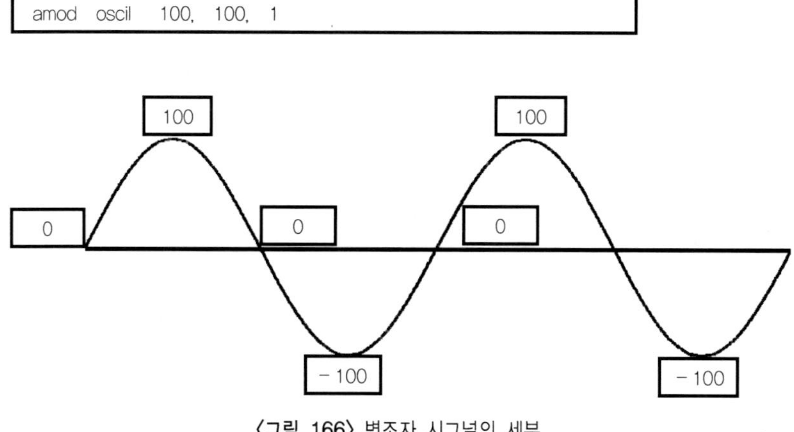

〈그림 166〉 변조자 시그널의 세부

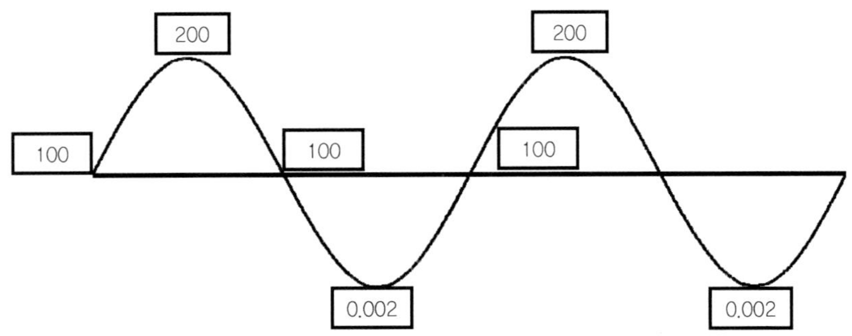

<그림 167> 위 변조자 시그널이 전송자 주파수 값 100과 더해진 실제 결과

전송자 진동수는 고정되어 있으므로 이 진동수 100은 변조자 시그널의 모든 샘플 값에 더해져서 바로 위 그림처럼 나타난다. 즉 처음에는 변조시그널의 0에 100이 더해져서 100이 되고 위 그림에는 없지만 그 다음 변조시그널의 샘플 값이 0.0023이려면 100이 더해져서 100.0023이 될 것이며 변조시그널의 최댓값인 100은 전송자 주파수 값 100이 더해져서 200이 될 것이다. 이렇게 해서 변조자 시그널의 모든 샘플들, 즉 초당 44,100개의 샘플들의 값에 모두 100이 더해지는 것이다.

그러면 변조시그널이 음진폭 쪽으로 진행하면서 0 이하로 내려갈 때를 보자. 최극점으로 내려가면 -100이 된다. 이때 전송자 주파수 100이 더해지면 0이 될 것이다. 그러나 0진동이란 결국 없는 것과 마찬가지이므로 0을 향해 내려오다 0이 되기 바로 직전의 값이 제일 낮은 진동수가 된다. 그리고 사용하는 주파수나 변조자와 전송자의 주파수 비율에 따라서 변조시그널이 전송자 진동수와 결합하면서 종종 음수 값도 만들어진다. 예를 들어 -50이나 -100진동과 같은 값도 생긴다. 그러나 0 이하의 진동은 존재하지 않으므로 이와 같은 경우는 모든 음수는 양수로 고쳐진다. 즉 -50이나 -100은 각각 50 또는 100으로 페이즈 전위 (inverted phase)가 자동으로 수행된다.

결국 위 그림의 내용은 처음에 전송자 주파수인 100진동에서 시작해서 점차 진동수가 빨라지면서 200까지 도달한 후 다시 반대쪽으로 점차 진동수가 늦어지면서 중간 지점 100을 넘어 제일 느린 0이 되기 바로 전의 약 0.002 정도의 느린 진동까지 도달한 후 다시 빨라져 100진동으로 돌아가는 진동수 변화의 한 패턴을 나타내고 있다.

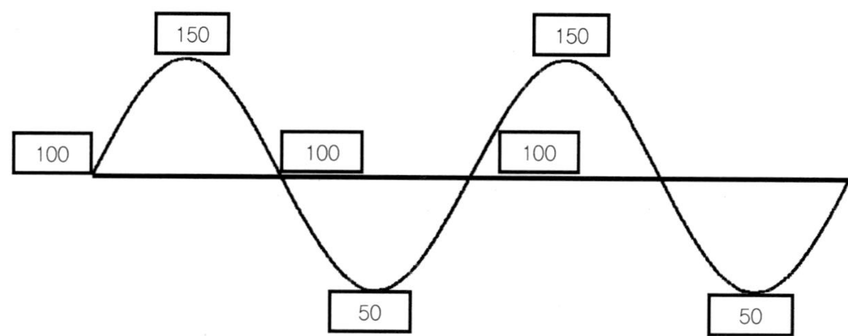

〈그림 168〉 위 변조자 시그널이 전송자 주파수 값 100과 더해진 실제 결과

위 그림은 변조인덱스가 0.5인 경우다. 그러면 변조시그널은 0.5 * 100(진동수)을 해서 디비에이션(진폭)은 50이 되므로 0을 중심으로 위아래로 50씩 올라갔다 내려가는 값들로 이루어진다. 그리고 이 시그널에 전송자 진동수 100을 더하면 위 그림과 같은 진동수의 변화가 일어난다. 결국 변조인덱스의 값이 작으면 작을수록 더 전송자의 음과 가까운 진동수를 만듦으로써 원래의 전송자 소리가 뚜렷이 들리고 인덱스 값이 크면 클수록 사이드밴드의 수는 증가하면서 이들의 소리가 더 크게 들리고 상대적으로 전송자의 소리는 약해지는 것이다.

그러므로 FM 변조를 할 때 무작위로 디비에이션 값을 정하기보다는 변조인덱스를 사용해서 디비에이션을 결정한다면 대략적인 사이드밴드의 수를 미리 예측할 수 있어 보다 효과적으로 소리 제작을 할 수 있을 것이다.

다음 표는 변조인덱스를 사용한 간단한 주파수 변조 악기다. 현재 변조인덱스 값은 2로 되어 있다. 이것은 변조자 진동수의 2배 값이 디비에이션으로 사용된다는 것을 그리고 그 결과로 대략 위아래로 3개씩의 사이드밴드가 형성되리라는 사실을 알 수 있다.

아래 예에서는 정수만을 사용했지만 소수점을 사용하여 보다 세부적인 비율을 사용할 수 있다.

〈표 207〉 FM 악기

```
    instr  1
ii   =  2                              : 변조인덱스는 i는 2
ifc  =  cpspch(p5)                     : 전송자 진동수 Fc
ifm  =  ifc                            : 변조자 진동수는 전송자와 동일
id   =  ii * ifm                       : 디비에이션 d = i * Fm
amod  oscil  id,   ifm,      1         : 변조자 시그널 modulator
a     oscil  p4,   ifc+amod,  1        : 전송자 시그널 carrier
out   a
    endin
```

라. 스펙트럼

주파수 변조에 의한 스펙트럼은 일반적으로 전송자 진동수와 사이드밴드의 수로 이루어지는데 이를 요약하면 다음과 같다. 아래 표에서 k는 사이드밴드의 수다. k가 3이라면 전송자 주파수를 중심으로 각각 아래로 3개 그리고 위로 3개의 사이드밴드가 있다는 의미다. 그리고 이 k는 대략 변조인덱스에 1을 더한 값으로 이루어진다.

〈표 208〉 스펙트럼의 구조와 변조인덱스에 의한 사이드밴드의 수

k = I + 1

Fm − kFc   Fc   Fm + kFc

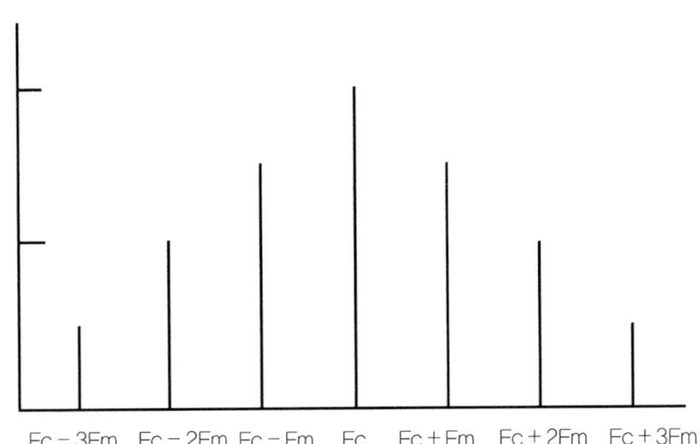

〈그림 169〉 변조인덱스가 2인 경우의 스펙트럼

만약 Fc와 Fm이 1 : 2, 2 : 9, 3 : 7 등과 같이 정수비에 있지 않다면 정수비를
벗어난 파셜음들로 이루어질 것이다. 다음의 표는 각 변조인덱스에 따른 사이드
밴드의 수와 사람이 느낄 수 있는 정도를 표로 만든 것이다.

<표 209> 각 변조인덱스에 따른 스펙트럼

변조인덱스 값	사이드밴드의 수	스펙트럴 분포(배음 성분 구조)
0	0	변조 없음
1	4	약한 변조
3	8	약간 밝은 변조
5	12	보통 수준의 변조
8	18	밝은 변조
12	26	많이 밝은 변조
20	42	아주 밝은 변조

마. 간단한 FM 악기

지금까지 FM 합성이 어떻게 이루어지는가에 대한 이론적인 내용이 언급되었
다. 이제 이를 바탕으로 간단한 FM 악기를 만들어 본다.

먼저 원래의 시그널을 어느 정도로 변조할 것인가를 생각하고 위 표를 통해 적
당한 변조인덱스를 선택하자. 하나의 변조인덱스를 결정했다면 변조자의 주파수를
위해서 다양한 값을 적용해 보는 것도 재미있을 것이다. 이를 위해 닥치는 대로
입력하기보다는 원래 피치인 전송자 피치를 기준으로 변조자의 피치를 설정한다
면 어느 정도 사이드밴드의 결과를 예측하기가 쉬울 것이다. 이 비율도 전송자를
1로 놓고 생각하면 쉽다. 즉 전송자 : 변조자＝1 : 1, 1 : 3, 1 : 0.333 또는 1 : 13 등
으로 변조자 피치를 구할 수 있다. 그러나 가장 잘 어울리는 스펙트럼을 구성하는
비율은 동음 및 옥타브와 완전5도일 것이다. 이 외의 음정들을 사용할 때는 변조
인덱스의 값을 1보다 낮게 사용함으로써 두 진동의 충돌로 인한 불협화적인 사이
드밴드의 소리를 감소할 수 있을 것이다. 그 다음 적당한 변조인덱스와 변조자 주
파수를 선택했다면 디비에이션 값은 변조인덱스를 사용해서 구한다.

다음 예제는 변조인덱스를 2로 해서 전체 사이드밴드 수를 대략 위아래로 3개

씩 정도로 전송자와 변조자의 주파수 비는 1 : 3으로 이루어진 간단한 FM악기다.

<표 210> 간단한 FM 악기

```
〈CsoundSynthesizer〉
〈CsInstruments〉
sr        =        44100
kr        =        4410
ksmps     =        10
nchnls    =        2

    instr 1
k       linseg   0,  p3*.1,  1,  p3*.9,  0    : 진폭 인벨로프 amplitude envelope

ii  = 2                                  ; 변조인덱스는 I는 2
ifc = cpspch(p5)                         ; 전송자 진동수 Fc
ifm = ifc*3                              ; 변조자 진동수 Fm은 1 : 3(전송 : 변조)
id  = ii * ifm                           ; 디비에이션 d = I * Fm
amod  oscil  id,    ifm,       1         ; 변조자 시그널 modulator
a     oscil  p4*k,  ifc + amod,  1       ; 전송자 시그널 carrier

outs  a,  a
    endin
〈/CsInstruments〉
```

위 악기에서는 변조인덱스, 변조진폭, 변조진동수, 전송진동수는 앞서 이론내용에서 사용한 약자로 표시하여 이해를 쉽게 하였다. 이들은 모두 단일 값을 가지는 i로 시작하는 단일 변수들이기 때문에 I, d, Fm, Fc에 각각 i를 붙여 ii, ifc, ifm, id로 이름을 정하였다. 악기에서는 가능하면 대문자를 사용하지 말기를 바란다. 만약 사용한다면 사용한 대문자는 항상 대문자를 유지해야만 시사운드가 같은 변수로 인식한다. 즉 'ia'와 'iA'는 완전히 서로 다른 글자로 인식하기 때문이다. 단지 시사운드 자체에서 사용하는 예약된 변수들만 예외다.

먼저 변조인덱스 I는 2, 변조자 진동수 Fm은 1 : 3으로 하였기 때문에 'ifc*3'으로, 변조자 진폭 값 d는 이에 맞추어 'ii*ifm'으로 하여, 즉 '변조자 인덱스*변조자 진동수'로 하여 디비에이션 값을 구하였다. 이렇게 변수들을 사용하여 각 값들을 정리해 두면 그 다음의 변조자와 전송자 시그널을 만드는 오실 옵코드의 내용이 간결하게 정리되는 이점이 있다. 그리고 새로운 음향을 실험하고자 한다면 변조인덱스 값(ii = 2)과 변조자 진동수(ifm = ifc*3)의 계수 값 3에 다른 값을 적용하여 손쉽게 소리를 테스트할 수 있을 것이다.

〈표 211〉 간단한 FM 악기를 위한 스코어

```
〈CsScore〉
f1   0   8192   10   1

i1   0   1   15000   8
i1   1   1   15000   8.04
i1   2   2   10000   8.07
e
〈/CsScore〉
〈/CsoundSynthesizer〉
```

다음의 예는 앞서의 고정된 변조인덱스와 변조자 진동수 계수를 스코어의 p필드에서 사용함으로써 음표마다 다른 값들을 적용한 예이다. 이 외에 여러 다양한 값들을 넣어 보는 동시에 진폭 인벨로프도 새로운 모양으로 만들어 보고 또한 리벌브 및 적당한 비브라토를 추가한다면 보다 음악적인 악기가 만들어질 것이다.

〈표 212〉 간단한 FM 악기

```
〈CsoundSynthesizer〉
〈CsInstruments〉
sr        =        44100
kr        =        4410
ksmps     =        10
nchnls    =        2

    instr 1
k     linseg  0,  p3*.1,  1,  p3*.9,  0    ; 진폭 인벨로프 amplitude envelope

ii  = 2                                  ; 변조인덱스는 I는 2
ifc = cpspch(p5)                         ; 전송자 진동수 Fc
ifm = ifc*3                              ; 변조자 진동수 Fm은 1 : 3(전송 : 변조)
id  = ii * ifm                           ; 디비에이션 d = I * Fm
amod  oscil  id,   ifm,        1         ; 변조자 시그널 modulator
a     oscil  p4*k,  ifc+amod,  1         ; 전송자 시그널 carrier

outs  a,  a
    endin
〈/CsInstruments〉
```

〈표 213〉 p필드를 이용한 다양한 소리 산출 스코어

```
〈CsScore〉
f1  0 2048 10 1        ; Sine Wave

;                      Fc      변조진동계수 변조인덱스
i1  0   1.5   10000    8.0     2.8         6.0
i1  2   1.5   10000    8.0     0.7         1.5
i1  4   1.5   10000    8.0     1.0         5.0
i1  6   1.5   10000    8.0     2.0         1.0
e
〈/CsScore〉
〈/CsoundSynthesizer〉
```

바. 포실(Foscil)

시사운드에서는 위의 내용과 똑같은 **FM** 변조과정을 하나의 옵코드로 만들어 놓았는데 그것은 바로 포실(foscil) 옵코드다. 포실 옵코드의 구문은 다음과 같다. 그리고 포실리(foscili)는 포실과 동일한 내용이며 단지 보다 정교한 계산을 수행한다.

〈표 214〉 포실 옵코드의 구문

;		전체 진폭	전송진동	전송진동계수	변조진동계수	l	fn	페이즈
ares	**foscil**	xamp,	kcps,	xcar,	xmod,	kndx,	ifn	[, iphs]

위 표에서 '전송자 진동계수'는 시사운드에서 추가된 것이다. 이 값은 원래의 전송자 진동수도 실험을 할 때 손쉽게 다른 값을 사용할 수 있도록 한 것으로 큰 의미는 없다. 이 값에 1을 넣으면 원래 진동수 값에 1이 곱해져서 원래의 진동수 값이 사용되고 0.5를 넣게 되면 전송자의 진동수는 그 절반의 진동수로서 사용된다.

변조진동계수는 앞의 악기에서 사용한 바와 같이 전송자의 주파수를 1로 한 전송자와 변조자 주파수 간의 비율에서 변조자의 비율을 입력한다. 예를 들어 1 : 5라면 5를 입력한다. 다음 항목은 변조인덱스 값을 입력하고 그 다음 사용할 함

수테이블의 번호를 그리고 마지막 항목은 옵션으로 함수테이블에서 사용할 페이즈 값을 입력하는데 사용하지 않으면 자동으로 페이즈 값 0이 사용된다. 앞서의 악기에서 이 페이즈 값을 사용하기 위해서는 오실 옵코드의 마지막 항목인 옵션 항목에서 페이즈 값을 입력하면 된다.

그러면 시사운드에서 제공하는 포실을 이용한 간단한 FM 악기를 만들어 보자.

〈표 215〉 포실을 이용한 FM 악기

```
    instr  1
k       linseg 0,  p3*.1,  1,  p3*.9,  0   ; 진폭 인벨로프 amplitude envelope

ii  = 2                                    ; 변조인덱스는 I는 2
ifc = cpspch(p5)                           ; 전송자 진동수 Fc
ifm = ifc*3                                ; 변조자 진동수 Fm은 1:3 (전송:변조)
;id = ii * ifm                             ; 디비에이션 d = I * Fm

asig    foscili p4*k,  ifc,  1,  3,  ii,  1
;amod  oscil id,    ifm,        1          ; 변조자 시크널 modulator
;a     oscil  p4*k,  ifc+amod,  1          ; 전송자 시크널 carrier

outs  asig,  asig
    endin
</CsInstruments>
```

위와 같이 포실 옵코드를 이용한 소리는 위의 설명문 기호가 붙은 내용으로 된 앞서의 '간단한 FM 악기'와 동일한 소리를 낼 것이다. 그러면 어떤 방법이 더 좋은가를 생각해 보면 포실 옵코드는 약간 제한이 있다.

즉 변조인덱스의 값에 의해서 변조자의 디비에이션이 자동으로 결정되어 사용자가 예외적인 변조자의 진폭 값을 입력할 수 없다는 점과 그리고 전송자 및 변조자의 시그널 둘 다 같은 함수테이블을 사용해야 한다는 점 등을 들 수 있다. 그 외에도 생각해 보면 더 있을지도 모르지만 결론은 간단한 FM 소리를 만들고자 한다면 포실 옵코드를 사용하는 것이 일단 한 줄로 되어 있으니 편리하다. 그러나 사용자 나름대로 다양한 시도를 해 보려 한다면 앞서의 예와 같이 2개 이상의 오실 옵코드를 사용하는 방법이 나을 것이다.

사. 변하는 디비에이션

앞서의 FM 변조 악기들은 모두 디비에이션이 하나의 값으로 고정되어 있었다. 만약 이 고정된 디비에이션 값을 시간에 따라 변하게 한다면 손쉽게 새로운 스펙트럼을 형성할 수가 있다. 즉 이 디비에이션이 시간에 따라 변하면서 전송자의 피치에 지속적인 변화를 줌으로써 새로운 사이드밴드들을 연속으로 만들어 내기 때문에 보다 효과적인 음색을 자아낼 수 있다.

1) 두 개의 시그널 사용

변하는 디비에이션을 위해 아래의 표와 같이 하나의 컨트롤 변수를 만든다. 표에서는 간단히 린세그를 이용해서 최댓값은 앞서와 같이 변조인덱스와 사용할 변조진동수를 곱한 디비에이션 값으로 하고 0에서 최댓값으로 갔다가 다시 0으로 떨어지는 인벨로프를 만들었다. 이 인벨로프는 전혀 진폭을 조정하기 위한 것이 아니므로 0에서 시작할 필요는 없으며 사용자마다 다양하게 요동치는 디비에이션을 만들 수 있다. 이렇게 만들어지는 왜곡율의 변화는 소리가 진행되는 동안 계속 사이드밴드들의 성분이 달라지게 하므로 다양한 인벨로프를 시도해 볼 가치가 있다.

〈표 216〉 변하는 디비에이션을 가진 **FM** 악기

```
〈CsoundSynthesizer〉
〈CsInstruments〉
sr        =        44100
kr        =        4410
ksmps     =        10
nchnls = 2

    instr 1
k      linseg  0, p3*.1, 1, p3*.9, 0    ; 진폭 인벨로프 amplitude envelope

ii = 2                                  ; 변조인덱스는 I는 2
ifc = cpspch(p5)                        ; 전송자 진동수 Fc
ifm = ifc*2                             ; 변조자 진동수 Fm은 1 : 3(전송 : 변조)
```

```
id  =  ii * ifm                                 ; 디비에이션 d = I * Fm
kid linseg  0, p3/2, id, p3/2, 0                ; 변하는 디비에이션
amod oscil  kid,    ifm,     1                  ; 변조자 시그널 modulator
asig oscil  p4*k,  ifc+amod,  1                 ; 전송자 시그널 carrier
outs  asig, asig
   endin
</CsInstruments>
```

2) 포실 사용

다음은 포실(foscil) 옵코드를 이용한 예다. 포실의 경우는 내부적으로 디비에이션을 처리하므로 그 대신 변조인덱스 항목에 변조인덱스 값을 변화시키는 컨트롤 시그널을 입력하면 된다. 포실은 변조자들을 이중 또는 삼중으로 전송자에 가하는 방법을 시도하기에는 한계가 있지만 대신 코드 길이가 짧아 간단한 FM 소리를 만들기는 좋다.

〈표 217〉 포실에서 변하는 디비에이션 사용의 예

```
    instr 1
k       linseg 0, p3*.1, 1, p3*.9, 0    ; 진폭 인벨로프 amplitude envelope

ii  = 2                                 ; 변조인덱스는 I는 2
ifc = cpspch(p5)                        ; 전송자 진동수 Fc
ifm = ifc*2                             ; 변조자 진동수 Fm은 1 : 2(전송 : 변조)
id  = ii * ifm                          ; 디비에이션 d = I * Fm

kid linseg  0, p3/2, ii, p3/2, 0        ;변하는 디비에이션
a       foscili  p4*k, ifc, 1,  2,  kid,  1
;amod oscil id,    ifm,        1        ; 변조자 시크널 modulator
;a    oscil  p4*k,  ifc+amod,  1        ; 전송자 시크널 carrier

outs a, a
   endin
</CsInstruments>
```

아. 다중 FM 변조 악기

소리의 서로 다름에 중요한 영향을 미치는 요소에는 여러 가지가 있지만 그중 가장 중요한 요소는 배음 성분이라 할 수 있다. 앞서의 진폭변조는 물론 FM 변조를 비롯한 모든 합성과정의 핵심은 배음 구조를 만드는 데에 있다. 그리고 이들 배음들이 서로 잘 어울린다는 전제하에서 많으면 많을수록 보다 무게 있고 충실한 소리가 될 것이다. 이에 대해서 한 가지 예를 들면 피아노나 서양의 현악기들의 줄은 재질이 철로 되어 있어 아주 많은 수의 배음들을 충실하게 가지고 있다. 반면 나일론 줄로 된 기타나 하프 등은 철줄 악기에 비해 배음의 수가 적으며 특히 고음 쪽의 배음 성분은 급감하여 가벼운 느낌을 준다. 이처럼 FM 변조에서도 하나의 변조기만으로는 산출되는 사이드밴드 수의 한계 때문에 배음이 풍부한 소리를 만들기가 어렵다. 따라서 여기서는 여러 개의 변조자들을 전송자에 가산하여 좀 더 복잡한 스펙트럼을 가지는 악기를 만들어 본다.

보태어 지금까지 사용자들이 진폭변조나 주파수 변조를 하면서 한 가지 의문점을 가졌을지도 모른다. 그것은 자연 속의 소리는 늘 주위의 물체나 또는 부착된 물체와의 공명으로 기본음보다 낮은 배음들도 형성되지만 그 소리들은 별로 크지 않으며 일반적으로 기본음을 베이스로 해서 위쪽으로 배음들을 가진다는 점이다. 그러나 AM과 FM 변조에서는 아래로 계속 내려가는 사이드밴드들 중 0보다 낮은 진동수는 양수 값으로 바꾸어 올려 주긴 하지만 전체적으로 기본음을 중심으로 아래와 위에서 똑같은 세기의 배음들이 형성되어 자연적이지 않다.

물론 소리는 항상 자연적인 음향을 닮아야 한다는 법은 없다. 신이 우리에게 자연의 음향을 준 것처럼 디지털 소리 또한 마찬가지기 때문이다. 그러나 보다 자연적인 음향을 만들고자 한다면 아래쪽의 사이드밴드들의 소리는 감소시켜야 할 것이다. 이와 같은 문제는 뒷장의 감산합성에서 아래쪽 배음들의 소리를 거의 제거 또는 약화시킬 수 있으므로 여기서는 그냥 넘어가고 대신 뚜렷한 피치가 요구되는 음악적 악기를 위해서는 사이드밴드의 소리가 기본음보다 커지지 않도록 변조자의 진폭을 줄이면 될 것이다.

다음 표의 다중 변조 악기에는 세 가지의 간단한 수학적 함수들 및 시간을 나눌 수 있는 '타임아웃'(timout) 그리고 임의의 수를 산출하는 랜덤(random)과 랜디(randi) 옵코드들이 사용되었다. 이들은 모두 본격적인 소리 제작에서 자주 사용되는 옵코드들이므로 예제를 통해 충분히 이해하고 넘어가야 한다.

다중 변조를 위해서 모두 4개의 변조시그널과 1개의 전송자 시그널이 사용된다. 이들 변조시그널 중 3개는 어택 부분에 추가적인 소리를 만들기 위해 사용되며 남은 변조시그널 1개는 전체 소리에 적용된다. 그리고 소리의 어택 부분에 추가적으로 하나의 잡음 시그널이 만들어져 함께 최종 시그널에 가산된다.

악기의 전체적인 구조는 이 산출 시간에 따라 세 개의 구역으로 나뉜다. 첫 번째 구역은 소리의 1초 후부터 항상 비브라토를 적용하기 위한 구역이며 두 번째 구역은 소리의 시작에서 1초 동안에만 실행되는 구역으로 어택 부분에 일종의 잡음과 같은 효과음향을 위한 시그널을 만들며 마지막 세 번째 구역에서는 위 두 구역에서 만들어진 시그널들 및 주파수 변조가 실행되며 그리고 최종 시그널이 출력된다.

〈표 218〉 다중 FM 변조 악기

```
〈CsoundSynthesizer〉
〈CsInstruments〉
sr      = 44100
kr      = 4410
ksmps   = 10
nchnls  = 2

    instr 1
ifc      = cpspch(p5)          ;전송자 진동
indx1    = log(ifc)/2          ;e의 거듭제곱수 구하기, 2.05 - 3.8
indx2    = sqrt(ifc)/50        ;제곱근 구하기, 0.154 - 0.894
indx3    = sqrt(ifc)/90        ;제곱근 구하기, 0.085 - 0.496
ifm1     = ifc*indx1           ;변조기 1번의 주파수
ifm2     = ifc*indx2           ;변조기 2번의 주파수
ifm3     = ifc*indx3           ;변조기 3번의 주파수

iattdur = .1                   ; 어택 시간은 .1초
inovib  = 1                    ; 비브라토 없는 시간 1초
ivibrt  = p6                   ; 비브라토 비율 p6
ivibtm  = p3 - inovib          ; 비브라토 적용 시간

kvib     init   0              ;매음표마다 초기화 및 값 0 대입
kcnt     init   0              ;매음표마다 초기화 및 값 0 대입

; - - - - - - - - - - - - - - - - - - - - - - - - - - - - - - - - - - -
; 1초 후부터, 비브라토 적용 구역
timout  0, inovib, attack                 ; 0초에서 1초 동안은 attack으로
kvbctl  linen  1, ivibtm*.2, ivibtm, ivibtm*.8    ;비브라토, 최대 진폭은 1
```

```
kcnt  =  kcnt  +  1                              ; 반복 횟수 계산
if (kcnt % 441*6 = = 0) kgoto do                 ; 441*6회마다 do로
kgoto skip                                        ; 그 외는 skip으로
do:
krnd        random  .1,  .8                       ;.1에서 .8 사이에서 임의 값 구함
skip:
kvib        oscili  krnd*20, ivibrt*krnd,1        ; 비브라토 시그널


; - - - - - - - - - - - - - - - - - - - - - - - - - - - - - - - - - - -
; 1초 동안만, 어택 부분의 초과 잡음 추가 구역
attack:
timout  iattdur, p3, output                       ; 어택에서 소리 길이 동안 output으로
krange  linseg  1, iattdur, .01, 1 - iattdur, 0   ; 감소하는 인벨로프
ampatt  randi   krange*p4/4, .2*ifc               ; 초과 잡음 형성하는 일종의 링변조자
attack  oscili  ampatt, ifc, 1                    ; 어택 시그널


; - - - - - - - - - - - - - - - - - - - - - - - - - - - - - - - - - - -
; 항상 실행됨, 주파수 변조 및 시그널 가산 구역
output:
amodatt1    oscili  ifm1*indx1*krange, ifm1, 1    ; 어택강화 변조기1
amodatt2    oscili  ifm2*indx2*krange, ifm2, 1    ; 어택강화 변조기2
amodatt3    oscili  ifm3*indx3*krange, ifm3, 1    ; 어택강화 변조기3
amod        oscili  ifc*2, ifc*1.5, 1             ; 모든 시간 변조기
asig        oscili  p4,ifc + amodatt1 + amodatt2 + amodatt3 + kvib + amod, 1  ; 전송자
asig        linen   asig + attack, .2, p3, p3*.8      ; 초과 잡음 가산
outs        asig, asig
    endin
</CsInstruments>
```

<표 219> 다중 변조 악기를 위한 스코어

```
<CsScore>
f1    0      4096    10      1

;                               비브라토 비율
i1    0      .5     10000    8.04    5
i1    .5     1.5    10000    8.04    5
i1    2      3.5    10000    8.04    5
i1    5.5    3.5    10000    8.07    5
e
</CsScore>
</CsoundSynthesizer>
```

1) 수학 함수들

(1) 로그

위 악기에는 로그(log, logarithm), 스퀘어루트(sqrt), 모듈러스(%, modulus)[98] 등 3개의 수학적 옵코드가 사용되었다. 로그는 어떤 수의 거듭제곱 값을 구하는 함수다. 예를 들어 밑이 10 또는 십진법의 경우 'log(1,000)'의 값은 3이 된다. 즉 '$10^3 = 1,000$'이라는 식이 성립되고 이처럼 십진법을 사용하는 경우를 상용로그라 한다.

그러나 시사운드에서는 자연로그(네이피어, Napierian logarithm)만을 사용한다. 즉 밑이 2.71828……인 경우를 말하며 수학에서는 이 수를 간단히 줄여 'e'(오일러, Euler)로 표현한다. 따라서 자연로그에서 log(1,000)의 값은 대략 6.908이 된다. 즉 '$e^{6.908} = 1,000$' 또는 '$2.71828……^{6.908} = 1,000$'이라는 식으로 나타낼 수 있다. 이처럼 자연로그 값 계산은 복잡하므로 주로 계산기나 표를 참조하는 경우가 대부분이다. 그리고 수학의 상수인 e 값은 아주 널리 사용된다. 모든 원의 둘레를 구할 때 지름에 3.14……(파이, π)를 곱하면 되듯이 통계나 확률을 비롯한 많은 계산 영역에서 이 수를 사용해서 계산을 하면 규칙적인 결과가 나오기 때문에 널리 이용되고 있다.

여기서의 로그는 각 진동수에 따라 균일하게 축소된 변조인덱스를 얻기 위해 사용된다. 보편적으로 음악에서 많이 사용되는 피치들은 대략 가온도에서 두 옥타브 아래 그리고 세 옥타브 위 정도가 되는 60Hz에서 2,000Hz 사이인데 이 진동수 값들은 너무 커서 그대로 변조인덱스로 사용할 수가 없기 때문에 축소하기 위해서이며 그리고 이처럼 큰 범위를 가진 값들을 1.3에서 2.75까지 등의 원하는 범위로 그리고 균등하게 재조정하기 위해서 수학적인 함수들을 사용한 것이다. 이로써 상당한 시간을 소모해야 할 문제를 간단히 해결할 수 있다.

이와 같이 피치마다 조금씩 다른 변조인덱스 값을 구하는 이유는 대부분의 악기들이 음역에 따라 그 소리의 특성 및 배음구조가 조금씩 다르므로 하나의 변조인덱스를 모든 피치에 적용해서 똑같은 음색에서 피치만 올리거나 내리는 것

---

98) 영어 발음을 우리말 그대로 옮기면 대부분의 경우 상당히 어색하다. '모듈러스'란 표기가 많이 쓰이고 있고 영어 발음은 '마쥴러스'다.

보다는 음이 올라갈수록 변조인덱스가 조금씩 커지고 내려갈수록 조금씩 작아지게 한다면 또는 그 반대로 한다면 보다 더 악기적인 맛이 나기 때문이다. 따라서 이렇게 변환된 변조인덱스 값들은 전체 음역에 맞게 균일하게 분포되어 있으므로 어떤 피치에서든 순차적으로 상하행하는 음계를 연주해 보면 갑작스러운 음색의 전환이 없이 조금씩 배음 성분이 변하므로 보다 자연스러움을 느낄 수 있다.

위 악기에서처럼 최대/최소 진동수(60~2,000)에 대한 로그 값은 각각 약 4.09에서 7.6 정도가 된다. 이 값들도 여전히 변조인덱스로서는 크기 때문에 'log(ifc)/3'과 같이 3으로 나누었다. 이로써 대략 1에서 2를 조금 넘는 정도의 범위를 갖는 피치마다 조금씩 다른 변조인덱스를 얻을 수 있다. 만약 음색이 너무 급격하게 달라진다면 3 대신 4를 사용하면 1에서 2까지가 안 되는 조금 더 좁혀진 변조인덱스 값들을 가질 수 있을 것이다.

위 악기에서 사용한 방법은 음이 올라갈수록 변조인덱스가 조금씩 높아지도록 되어 있다. 따라서 고음으로 갈수록 음은 화려해지고 강한 톤을 낸다. 그러나 소리를 들어 보면 낮은 음으로 갈수록 소리가 부드러워져 아주 저음에서는 힘을 잃는 단점이 있다. 이 문제를 위해 만약 낮은 대역에서도 비교적 강한 톤을 갖게 하려면 다음과 같이 *if* 조건문을 사용해서 해결할 수 있다. 즉 피치가 어떤 진동수 이하로 떨어지면 다른 변조인덱스를 사용하게 하면 간단히 해결될 것이다.

〈표 220〉 if 문을 이용한 변조인덱스 값 선택

```
if (ifc 〈 100) then      ;ifc가 150보다 작다는 것이 사실(true)이면 그러면(then) 다음 행이
  indx1  =  log(ifc)/1
elseif (ifc 〈 150) then  ;그 외에 만약(elseif) ifc가 150보다 작으면 다음 행이
  indx1  =  log(ifc)/2
else                     ;그 외 모든 경우에는(else) 다음 행이
  indx1  =  log(ifc)/3
endif
```

위 *if* 문의 포맷에서 *if* 문 구역을 종결하는 endif는 반드시 사용되어야 하며 가운데의 추가적 조건인 elseif와 else는 옵션이다. 한 가지 기억해야 할 점은 위의 *if* 문 포맷은 음표 시간에서만 실행된다는 것이다. 즉 소리가 시작될 때 처음 한 번만 실행이 된다. 만약 컨트롤 주기마다 실행되도록 한다면 앞서 사용했던 *if* 문과 kgoto의 형태를 사용해야 한다. 그러나 위의 내용은 한 번만 실행이 되면 되기

때문에 kgoto를 사용할 필요가 없다.

마지막으로 간단한 수학적 이치로서 위 예제와는 반대로 음이 올라갈수록 변조인덱스를 작게 그리고 내려갈수록 크게 하려고 한다면 반대로 적당한 수를 선택해서 로그 값으로 나누면 될 것이다. 즉 '7/log(ifc)'와 같이 하면 나누는 값이 클수록 몫은 작아진다.

(2) 스퀘어루트

스퀘어루트(sqrt, square root, 제곱근, $\sqrt{}$)는 우리말로 제곱근을 구하는 함수다. 즉 어떤 수를 제곱의 형태로 만들 때 위에 있는 제곱하는 수의 밑이 되는 수 또는 제곱의 형태에서 뿌리에 위치하는 수를 구하는 것이다. 예를 들어 $10^2 = 100$ 라는 식이 있다면 100의 제곱근(제곱뿌리)은 10이 된다.

이 제곱근(sqrt)도 위의 로그와 같은 목적으로 사용되었다. 그렇다면 앞서와 같이 로그를 사용하면 되는데 굳이 제곱근 함수를 사용할 필요가 있는가라는 의문이 생길 수 있는데 그 이유는 제곱근에 의한 값을 이용하면 로그 값보다 조금 더 큰 범위로 나오기 때문이다. 다음 표를 보면 알겠지만 로그 값이나 제곱근 값은 똑같은 비율로 가감되는 형태가 아니므로 전체가 아닌 어떤 한 부분의 로그 값만을 인위적으로 넓힐 수가 없는 것이다.

〈표 221〉 각 십진수 값의 대략적인 로그 및 제곱근 값

십진수 값	60	400	1,000	2,000
로그 값	4.09	5.9	6.9	7.6
제곱근 값	7.7	20	31.6	44.7

위 표와 같이 로그 값들은 촘촘하여 값들 사이를 확대할 방법이 없다. 아무리 곱하거나 나누어도 항상 똑같은 비를 유지하기 때문이다. 즉 2에서 3까지를 확대한다고 2를 곱하면 4에서 6까지가 되어 전체가 똑같이 올라간다. 그리고 주의할 점은 전체의 값들을 같은 값으로 곱하거나 나누는 것은 문제가 없지만 더하거나 빼는 것은 엉뚱한 결과가 나온다는 점이다. 반면에 제곱근의 값들은 각 값들의 범위가 넓어 변조인덱스의 최대/최소 간격이 넓을 때 로그 함수 대신 사용할 수 있다.

〈표 222〉 제곱근 값을 이용한 변조인덱스 설정

```
indx2    = sqrt(ifc)/50    ;제곱근 구하기. 0.154 - 0.894
indx3    = sqrt(ifc)/90    ;제곱근 구하기. 0.085 - 0.496
```

앞서의 표를 보면 60hz와 2,000hz의 제곱근 값은 각각 7.7에서 44.7이다. 이들 값을 위 표와 같이 50으로 나누면 각각 0.154와 0.894가 된다. 그러나 로그 값을 사용하여 아래쪽의 값에 맞추어 대략 26으로 나누면 각각 0.157이 나오지만 위쪽은 0.292가 나온다. 이처럼 로그 값은 간격이 좁아서 원하는 변조인덱스 범위를 얻을 수 없는 것이다. 결국 로그와 제곱근 함수를 사용하는 목적은 대역마다 조금씩 다른 음색을 얻기 위해 음높이에 따라 조금씩 규칙적으로 변하는 변조인덱스를 얻기 위함이다.

(3) 모듈러스

모듈러스(%)는 나누기 계산에서 몫은 버리고 나머지만을 구하는 함수다. 이 함수는 주로 반복되는 동안 규칙적인 횟수를 셈할 때 유용하게 이용될 수 있다. 예를 들면 컴퓨터를 이용해서 1초에 한 번씩 반복되는 동안 경과 시간을 분과 초로 나타낸다고 가정하자. 만약 61번째의 반복에서 분과 초를 구한다면 61/60을 해서 소수점 이하를 버리고 1분을 구하고 '61 % 60'을 해서 나머지 1을 구해 1분 1초를 얻을 수 있다.

물론 여기서 61-60과 같이 빼기를 해도 된다고 생각할 수 있지만 반복 횟수가 많아지면 불가능해진다. 빠른 이해를 위해 큰 수를 생각해 보면 만약 3,145번의 반복이 이루어졌을 때 초를 구하기 위해 빼는 방법을 사용한다면 뺄 수를 생각하기 위해 또 다른 추가적 계산을 해야 할 것이다. 그러나 모듈러스를 사용하면 간단하다. 즉 3,145 % 60 하면 간단히 나머지 25초를 구할 수 있다.

우리가 일상적으로 계산하는 나누기는 사실상 나누기와 모듈러스가 적당히 가산된 것이며 컴퓨터에는 '적당히'라는 것은 없다. 앞서의 61/60을 사람이 한다면 몫이 1이고 나머지가 1을 간단히 얻을 수 있으나 컴퓨터가 계산하면 단지 1.0166……을 산출한다. 이 값은 단지 60이 61에 1.016번 들어간다는 값만 계산해 내기 때문에 우리가 생각하는 나머지 1은 컴퓨터에서의 나눗셈으로는 절대

구할 수 없다.

〈표 223〉 나머지 함수(%)를 이용한 반복 간격 설정

```
kcnt = kcnt + 1                    ; 반복 횟수 계산
if (kcnt % 441*6 == 0) kgoto do    ; 441*6회마다 do 기호로
kgoto skip                         ; 그 외는 skip 기호로
do:
```

위 표의 kcnt는 초당 컨트롤 비율인 4,410번의 반복이 일어나는 과정에서 그 반복 횟수를 세는 변수다. 초기 값은 위쪽의 행 'kcnt init 0'에서 값 0을 대입했으므로 소리가 시작되면 kcnt는 값 0을 가지게 된다. 따라서 'kcnt + 1'은 '0 + 1'이 되어 kcnt = 1이 된다. 그 다음 반복에서는 kcnt는 이제 값 1을 가지고 있으므로 'kcnt + 1'은 '1 + 1'이 되어 kcnt = 2가 될 것이다. 이 과정은 처음 나오는 것이므로 상세히 설명했으며 앞으로는 생략될 것이다.

이렇게 해서 kcnt 값이 441*6의 값을 갖게 될 때 'kcnt % 441*6'은 서로 같은 값을 가지고 있기 때문에 나누게 되면 몫은 1이고 나머지는 0이 되므로 'if(0 == 0)'이 되고 0과 0이 서로 같으므로 if 문의 내용은 사실(true)이 되어 kgoto do가 실행된다. 즉 do가 있는 라벨로 점프하는 것이다. 여기서 '441*6'을 한 것은 단지 소리를 테스트할 때 쉽게 6을 다른 수로 바꾸기 위함이며 별다른 의미는 없다.

그리고 'kcnt % 441*6'의 값이 0이 아닌 경우는 항상 그 다음 행의 'kgoto skip'이 실행이 되어 skip 라벨이 있는 곳으로 이동하게 된다.

2) 타임아웃

타임아웃(timout) 옵코드는 정해진 시간 동안 원하는 라벨로의 이동을 지시하는 옵코드다. 모두 세 가지의 항목으로 이루어지는데 첫 번째는 타임아웃이 적용될 시간을, 두 번째 항목은 적용할 시간을, 즉 몇 초 동안을, 세 번째는 이동할 라벨이름을 입력한다.

〈표 224〉 타임아웃 옵코드 구문 설명

;	적용시작 시간	적용 시간	이동할 라벨이름
timout	0,	inovib,	attack

그러므로 위 표의 명령은 소리가 시작되면 시작 시간이 0초이므로 바로 시작해서 inovib초 동안 계속 attack이라는 라벨로 이동하라는 명령이 된다. 이 inovib 변수는 위쪽 행에서 값 1을 대입했으므로 결국 소리가 시작되자마자 1초 동안 계속 attack이라는 라벨이 있는 행으로 이동하게 된다.

〈표 225〉 1초 후부터 적용되는 비브라토 구역의 내용

```
; - - - - - - - - - - - - - - - - - - - - - - - - - - - - - - - -
; 1초 후부터, 비브라토 적용 구역
timout   0, inovib, attack                    ; 0초에서 1초 동안은 attack으로
kvbctl  linen  1, ivibtm*.2, ivibtm, ivibtm*.8   ;비브라토, 최대 진폭은 1

kcnt = kcnt + 1                               ; 반복 횟수 계산
if (kcnt % 441*6 = = 0) kgoto do              ; 441*6회마다 do로
kgoto skip                                    ; 그 외는 skip으로
do:
krnd      random  .1,  .8                     ;.1에서 .8 사이에서 임의 값 구함
skip:
kvib   oscili  krnd*20, ivibrt*krnd,1         ; 비브라토 시그널

; - - - - - - - - - - - - - - - - - - - - - - - - - - - - - - - -
; 1초 동안만, 어택 부분에 초과 잡음 추가 구역
attack:
```

따라서 위 표의 'timout 0, inovib, attack'이 있는 구역은 소리가 시작되면 0에서 1초 동안은 항상 위 표의 제일 밑에 있는 attack 라벨이 있는 구역으로 이동하여 소리의 첫 1초 동안 일종의 잡음과 같은 효과음을 부여하는 과정이 실행된다. 그리고 1초 후부터 계속 이 'timout 0, inovib, attack'이 있는 구역이 소리가 끝날 때까지 실행된다.

3) 랜덤 옵코드

랜덤(random)이라는 용어는 '닥치는 대로' 또는 '임의의'라는 뜻이다. 말 그대로 이 옵코드는 어떤 순서나 아무런 규칙 없이 주어진 범위 안에서 하나의 임의의 수를 선택해서 반환하는 옵코드다.

〈표 226〉 랜덤 옵코드 구문

;출력 값 선택		최솟값	최댓값
ares	random	kmin,	kmax
kres	random	kmin,	kmax
ires	random	imin,	imax

위 표와 같이 랜덤 옵코드는 모두 세 가지 종류의 값을 출력할 수 있다. 맨 위의 오디오 비율로 된 배열 변수, 즉 오디오 시그널도 출력할 수 있는데 이 경우 ares 변수는 곧바로 출력 옵코드를 통해 소리를 출력할 수도 있다. 이 경우는 사용자가 선택한 샘플 비율(sr)에 따라 초당 44,100번이 실행되어 만약 최소/최댓값이 −32,768과 32,767로 되어 있으며 이 두 수와 이 두 수 사이에 있는 수들 중 아무 수나 닥치는 대로 선택되어 그 결과는 화이트 노이즈(white noise)를 가지는 시그널이 된다. 그리고 맨 아래의 i로 시작하는 단일 변수로 출력하게 되면 단지 소리의 처음에 한 번만 실행된다.

〈표 227〉 랜덤 옵코드를 이용한 화이트 노이즈 산출

```
    instr 1
a   random  -32768,  32767
outs  a,  a
    endin
```

〈표 228〉 1초 후부터 적용되는 비브라토 구역의 내용

```
kcnt = kcnt + 1                        ; 반복 횟수 계산
if (kcnt % 441*6 = = 0) kgoto do        ; 441*6회마다 do로
kgoto skip                             ; 그 외는 skip으로
do:
krnd       random  .1,  .8             ;.1에서 .8 사이에서 임의 값 구함
skip:
kvib   oscili  krnd*20, ivibrt*krnd,1   ; 비브라토 시그널
```

다시 악기로 돌아와서 위 표의 내용은 앞서 잠시 언급된 바와 같이 악기의 첫 구역이며 1초보다 긴 소리들을 위해 1초 후부터는 비브라토를 적용하는 구역이다. 여기서 'if(kcnt % 441*6 = =0) kgoto do'는 비브라토를 적용할 시간을 설정하기 위한 것으로서 초당 4,410번 적용하는 것은 비브라토의 모양이 너무 불규칙하기 때문에 컨트롤 주기인 초당 4,410회로 반복되는 주기에서 441*6(=2646)회마다 한 번씩 비브라토 값을 바꾸기 위함이다. 그리고 그 외에는 이전에 선택된 krnd 값이 계속 적용된다. 따라서 매 441*6회마다 'krnd random .1, .8'을 통해 .1에서 .8까지의 값 중에서 임의 수가 새롭게 선택되고 'kvib oscili krnd*20, ivibrt*krnd,1'에 적용되어 규칙적인 패턴을 벗어난 비브라토가 만들어진다.

4) 랜디 옵코드

랜디(randi) 옵코드는 정해진 범위 안에서 최대/최솟값 사이를 직선을 그리며 순차적인 임의의 수를 출력하는 옵코드다. 따라서 앞서의 랜덤 옵코드에서 산출되는 값은 전혀 예상할 수 없지만 랜디의 경우는 직선을 그리며 순차적으로 상/하행하며 임의의 값을 출력한다. 그렇다고 긴 시간 동안 올라가고 내려가는 것은 아니며 예를 들면 1초에 수십 번 정도 직선을 그리며 범위 안에서 상/하행을 반복한다. 그 반복의 정도는 범위가 작을 경우 보다 많은 움직임이 일어난다.

〈표 229〉 랜디 옵코드의 구문

;	범위	증가 값	시작 값 계수	정밀도	가산 값
ares **randi**	xamp,	xcps	[, iseed]	[, isize]	[, ioffset]
kres **randi**	kamp,	kcps	[, iseed]	[, isize]	[, ioffset]

위 표와 같이 두 개의 항목은 필수이며 나머지 세 항목은 옵션이다. 범위는 항상 양수 쪽과 음수 쪽을 다 포함하므로 입력한 값의 두 배가 되는 셈이다. 즉 400을 입력했다면 그 범위는 400에서 0을 거쳐 -400까지가 된다. 또한 -400을 입력했다면 +400까지가 범위가 된다. 증가 값은 어느 정도로 값이 증감하며 움직일 것인지를 입력한다. 예를 들어 10을 입력한다면 대략 값이 10만큼 증감하며 값을 출력한다. 그렇다고 정확하게 10만큼 증감하는 것은 아니며 그렇다면

임의의 수라고 할 수 없을 것이다.

시작 값 계수는 범위 안의 어디쯤에서 시작할지를 정하는 값이다. 입력하지 않는 경우는 기본 값으로 0.5가 설정되어 최대/최솟값 사이의 절반이 되는 지점에서 시작된다. 따라서 0.75라면 최댓값과 가까운 쪽의 3/4이 되는 지점이 된다. 정밀도 항목은 두 가지의 선택이 있는데 값 0은 보통의 정밀도로 그 외의 값은 정밀하게 값을 산출한다. 입력하지 않는 경우 값 0이 사용된다. 마지막으로 가산 값은 출력되는 값에 추가로 더할 값이다. 예를 들어 산출된 값이 100이고 가산 값이 50이라면 최종 출력 값은 150이 된다. 만약 출력 값으로 양수만 출력하고자 한다면 이 가산 값에 맨 앞의 '범위'에 입력한 값과 동일한 값을 입력하면 항상 양수만 출력할 수 있다.

<표 230> 어택에 잡음을 추가하는 두 번째 구역

```
; -----------------------------------------------------------
; 1초 동안만, 어택 부분의 초과 잡음 추가
attack:
timout    iattdur, p3, output                ; 어택에서 소리 길이 동안 output으로
krange  linseg   1, iattdur, .01, 1 - iattdur, 0   ; 감소하는 인벨로프
ampatt  randi    krange*p4/4, .2*ifc         ; 초과 잡음 형성하는 일종의 링변조자
attack  oscili   ampatt, ifc, 1              ; 전송자주파수와 동일

; -----------------------------------------------------------
; 항상
output:
```

위 표는 소리의 처음 1초 동안만 실행되는 어택 부분에 보탤 일종의 잡음 시그널을 산출하는 두 번째 구역이다. 따라서 'timout iattdur, p3, output'은 iattdur 시간에서 p3(소리 길이)시간 동안은 output 레이블(라벨, label)로 가라는 명령이다. 즉 iattdur은 1초이므로 1초에서부터 소리가 끝나는 시간까지는 output으로 가라는 것은 바꾸어 말하면 소리 시작부터 1초가 되는 시점까지만 이하의 내용을 실행하라는 뜻이 된다.

이 구역에서 랜디 옵코드는 범위 값으로 'krange*p4/4'를 그리고 증가 값으로 '.2*ifc'를 가지고 오디오 시그널을 위한 임의의 값을 출력하는데 여기서 krange는 최댓값 1에서 급속히 감소하는 값을 가지므로 1초 길이의 중간쯤에서 잡음이 사라지도록 설정하였다.

여기서 랜덤 옵코드 대신 랜디를 사용한 것은 비록 잡음이긴 하지만 상당히 악기적인 소리를 내기 위해서이며 결과로 만들어진 요동하는 시그널은 그 다음 행의 최종 잡음 시그널을 출력하는 진폭 값에 적용되어 일종의 링변조를 하게 된다.

만약 각 컨트롤 변수들이 어떤 값을 가지고 있는지 알고자 한다면 항상 printk2 옵코드를 사용해서 값을 출력해 보길 바란다. 이때 출력 옵코드가 있는 라인은 설명부호를 붙여서 소리가 나지 않도록 하고 악기의 소리는 하나의 음만 짧게 내도록 'e' 명령 부호 등과 함께 스코어를 임시로 수정해서 출력하는 것이 좋다.

5) 합성

이제 마지막 최종 시그널을 출력하는 세 번째 구역을 보자. 이 구역은 항상 실행되는 구역이며 첫 번째 구역에서 만든 컨트롤 비율로 된 비브라토 시그널과 그리고 동시에 3개의 어택 부분을 강화하는 시그널들을 변조자로서 전송시그널의 주파수에 가산하며 동시에 소리 전체에 적용되는 또 하나의 변조자를 가산하여 변조시그널을 만든다. 마지막으로 두 번째 구역에서 만든 잡음 시그널을 변조된 시그널과 더하는 동시에 린넨을 통해 진폭을 다듬은 후 최종 시그널을 출력한다.

〈표 231〉 마지막 세 번째 구역

```
;--------------------------------------------------
;
; 항상 실행됨, 주파수 변조 및 시그널 가산 구역
output:
amodatt1    oscili   ifm1*indx1*krange, ifm1, 1      ; 어택강화 변조기1
amodatt2    oscili   ifm2*indx2*krange, ifm2, 1      ; 어택강화 변조기2
amodatt3    oscili   ifm3*indx3*krange, ifm3, 1      ; 어택강화 변조기3
amod      oscili   ifc*2, ifc*1.5, 1                ; 모든 시간 변조기
asig      oscili   p4, ifc + amodatt1 + amodatt2 + amodatt3 + kvib + amod, 1   ; 전송자
asig      linen    asig + attack, .2, p3, p3*.8      ; 초과 잡음 가산, 최종 진폭 수정
outs      asig, asig                                ;출력
    endin
```

마지막으로 이미 느낌으로 알고 있겠지만 위의 린넨이 있는 행에서 'asig +
attack'은 먼저 이 두 시그널이 합쳐진 후 그 다음 린넨 옵코드에 의해 진폭이
적용된다는 점이다. 따라서 asig = asig + attack을 한 후 그 다음 'asig linen asig,
.2, p3, p3*.8'을 하는 경우와 같은 내용이 된다. 이와 같은 연산 과정은 모든 프
로그래밍 언어에서도 동일하다.

자. FM 합성 옵코드들

다음의 7개 악기들은 모두 시사운드에서 자체적으로 사용자가 간편하게 이용
할 수 있도록 만든 주파수 변조 악기들이다. 항상 기억할 사항은 단 몇 줄의 입
력으로 어떤 완벽한 악기를 기대할 수 없다는 것이다. 정말 좋은 논리나 생각 또
는 물체가 있다면 그 뒤에는 많은 노력이 숨어 있는 것처럼 아름다운 음색이나
악기도 또한 결코 그렇게 간단히 만들어지지 않는다는 사실이다.

따라서 다음의 옵코드들도 여러 개를 만들어서 앞서 가산합성에서의 코러스와
같이 비슷한 피치에서 합성하고 또한 인위적으로 상위배음들을 만들고 그리고
리벌브 등의 효과음을 가하거나 이 소리에 추가적인 주파수 변조를 가한다면 보
다 무게 있는 소리들이 만들어질 것이다.

다음 7개의 악기들은 모두 주파수 변조 악기들이므로 대체적으로 비슷한 항목
들로 이루어진다. 다만 3번과 5번의 악기는 추가적인 사운드파일이 필요한데 이
파일들은 시사운드 매뉴얼에도 포함되어 있다.

앞 장을 통해 주파수 변조의 원리가 충분히 논의되었으므로 다음의 악기들을
이해하는 데에 아무런 어려움이 없으리라 생각된다. 항목들 중에 어떤 항목들은
'사용되어야 한다'는 내용이 있는데 이는 그렇게 해야만 원래 옵코드가 계획했던
소리가 나오기 때문이며 꼭 그렇게 해야만 실행이 된다는 이야기는 아니다. 종종
모든 일에서 단 하나의 값이 약간의 다름에 의해 심각한 변화를 야기할 수 있듯
이 소리에서도 마찬가지다. 시사운드 개발자들이 새로운 소리를 연구하면서 여러
가지 값을 입력하며 소리를 테스트했기에 이를 따르는 것이 권장된다.

이들 7개의 FM 옵코드들은 기존의 전통악기 소리들을 사용자들이 손쉽게 출

력할 수 있도록 시사운드가 이미 만들어 놓았다. 따라서 여기서는 그 사용법에 대한 이해를 돕기 위해 다음의 예제안에 자세히 설명문을 붙여 놓았다. 이제 사용자들이 할일은 이들 소리를 그대로 이용할 수도 있지만 그보다는 이들 옵크드에서 출력된 시그널을 다시 다듬고 합성하여 각자의 원하는 결과를 이끌어 내는 것이다.

<표 232> 시사운드의 **FM** 합성 악기 옵코드들

```
〈CsoundSynthesizer〉
〈CsInstruments〉
sr  =  44100
kr  =  4410
ksmps  =  10
nchnls  =  1

; = = = fmb3 (하몬드 B3 오르간 소리) = = =
          instr 1
kamp  =  p4
kfreq  =  cpspch(p5)
kc1  =  5 ;전체 변조자 인덱스
kc2  =  5 ;두 변조기들의 크로스페이드(양쪽에서 페이드인과 페이드아웃이 동시에 일어남)
kvdepth  =  0.05 ;비브라토 깊이
kvrate  =  3          ;초당 비브라토 비율(1초에 6번)
ifn1  =  1 ;사인파가 사용되어야 함(하몬드 오르간 소리를 위해)
ifn2  =  1 ;사인파가 사용되어야 함
ifn3  =  1 ;사인파가 사용되어야 함
ifn4  =  1 ;사인파가 사용되어야 함
ivfn  =  1 ;비브라토를 위해 사용되는 함수테이블 번호 - 사인파가 적당
a1 fmb3 kamp, kfreq, kc1, kc2, kvdepth, kvrate, ₩
ifn1, ifn2, ifn3, ifn4, ivfn
out a1
          endin

; = = = fmbell (튜블라 벨 소리) = = =
          instr 2
kamp  =  p4
kfreq  =  cpspch(p5)
kc1  =  5 ;전체 변조자 인덱스
kc2  =  5 ;두 변조기들의 크로스페이드(양쪽에서 페이드인과 페이드아웃이 동시에 일어남)
kvdepth  =  0.05  ;비브라토 깊이
kvrate  =  6            ;초당 비브라토 비율(1초에 6번)
ifn1  =  1 ;사인파가 사용되어야 함(튜블라 벨 소리를 위해)
ifn2  =  1 ;사인파가 사용되어야 함(튜블라 벨 소리를 위해)
ifn3  =  1 ;사인파가 사용되어야 함(튜블라 벨 소리를 위해)
ifn4  =  1 ;사인파가 사용되어야 함(튜블라 벨 소리를 위해)
```

```
ivfn = 1 ;비브라토를 위해 사용되는 함수테이블 번호 - 사인파가 적당
a1 fmbell kamp, kfreq, kc1, kc2, kvdepth, kvrate, ₩
ifn1, ifn2, ifn3, ifn4, ivfn
out a1
          endin


; = = = fmmetal (헤비 메탈 사운드) = = =
   instr 3
kamp = p4
kfreq = cpspch(p5)
kc1 = 6 ;전체 변조자 인덱스
kc2 = 5 ;두 변조기들의 크로스페이드
kvdepth = 0.05 ;비브라토 깊이
kvrate = 0       ;초당 비브라토 비율(없음)
ifn1 = 1 ;사인파가 사용되어야 함
ifn2 = 2 ;"twopeaks.aiff" 사운드파일 사용
ifn3 = 2 ;"twopeaks.aiff" 사운드파일 사용
ifn4 = 1 ;사인파가 사용되어야 함
ivfn = 1 ;비브라토를 위해 사용되는 함수테이블 번호 - 사인파가 적당
a1 fmmetal kamp, kfreq, kc1, kc2, kvdepth, kvrate, ₩
ifn1, ifn2, ifn3, ifn4, ivfn
out a1
   endin


; = = = fmmetal(타악기적인 플루트 소리) = = =
   instr 4
kamp = p4
kfreq = cpspch(p5)
kc1 = 5 ;전체 변조자 인덱스
kc2 = 5 ;두 변조기들의 크로스페이드
kvdepth = 0.05 ;비브라토 깊이
kvrate = 0       ;초당 비브라토 비율(없음)
ifn1 = 1 ;사인파가 사용되어야 함
ifn2 = 1 ;사인파가 사용되어야 함
ifn3 = 1 ;사인파가 사용되어야 함
ifn4 = 1 ;사인파가 사용되어야 함
ivfn = 1 ;비브라토를 위해 사용되는 함수테이블 번호 - 사인파가 적당
a1 fmpercfl kamp,kfreq,kc1,kc2,kvdepth,kvrate,₩
ifn1,ifn2,ifn3,ifn4,ivfn
out a1
   endin


; = = = fmrhode(펜더 로즈 전자 피아노 소리) = = =
   instr 5
kamp = p4
kfreq = cpspch(p5)
kc1 = 6 ;전체 변조자 인덱스
kc2 = 0 ;두 변조기들의 크로스페이드
kvdepth = 0.001 ;비브라토 깊이
kvrate = 3       ;초당 비브라토 비율(없음)
ifn1 = 1 ;사인파가 사용되어야 함
```

```
ifn2 = 1 ;사인파가 사용되어야 함
ifn3 = 1 ;사인파가 사용되어야 함
ifn4 = 3 ;"fwavblnk.aiff" 사운드파일 사용
ivfn = 1 ;비브라토를 위해 사용되는 함수테이블 번호 - 사인파가 적당
a1 fmrhode kamp, kfreq, kc1, kc2, kvdepth, kvrate, \
ifn1, ifn2, ifn3, ifn4, ivfn
out a1
   endin

; = = = fmvoice(FM 목소리 합성 소리)= = =
   instr 6
kamp = p4
kfreq = cpspch(p5)

kvowel = p6     ;모음 포먼트 범위 0~64
ktilt = 0       ;스펙트럼 경사도 범위 0~99
kvibamt = 0.005 ;비브라토 깊이
kvibrate = 6        ;초당 비브라토 비율

ifn1 = 1 ;사인파가 적당함
ifn2 = 1 ;사인파가 적당함
ifn3 = 1 ;사인파가 적당함
ifn4 = 1 ;사인파가 적당함
ivfn = 1 ;비브라토를 위해 사용되는 함수테이블 번호 - 사인파가 적당

a1 fmvoice kamp, kfreq, kvowel, ktilt, kvibamt, kvibrate, \
ifn1, ifn2, ifn3, ifn4, ivfn
out a1
   endin

; = = = fmwurlie(울리처 전자 피아노 소리)= = =
   instr 7
kamp = p4
kfreq = cpspch(p5)
kc1 = 6 ;전체 변조자 인덱스
kc2 = 1 ;두 변조기들의 크로스페이드
kvdepth = 0.001 ;비브라토 깊이
kvrate = 6        ;초당 비브라토 비율
ifn1 = 1 ;사인파가 적당함
ifn2 = 1 ;사인파가 적당함
ifn3 = 1 ;사인파가 적당함
ifn4 = 1 ;사인파가 적당함
ivfn = 1 ;비브라토를 위해 사용되는 함수테이블 번호 - 사인파가 적당
a1 fmrhode kamp, kfreq, kc1, kc2, kvdepth, kvrate, \
ifn1, ifn2, ifn3, ifn4, ivfn
out a1
   endin

</CsInstruments>
```

<표 233> 다중 변조 악기를 위한 스코어

```
〈CsScore〉
f1  0 32768 10  1
f2 0 256    1  "twopeaks.aiff"  0 0 0   ;악기3 헤비 메탈 사운드에서 사용
f3 0 256    1  "fwavblnk.aiff"  0 0 0   ;악기5 펜더 로즈 전자 피아노에서 사용

f0 5
i1 0  2  15000  8     ; fmb3(하몬드 B3 오르간 사운드)
i1 2  2  15000  7.07
s

f0 3
i2 0  2  15000  8     ; fmbell(튜블라 벨 소리)
s

f0 3
i3 0  2  15000  8     ; fmmetal(헤비 메탈 사운드)
s

f0 3
i4 0  2  15000  8     ; fmmetal(타악기적인 플루트 소리)
s

f0 3
i5 0  2  15000  8     ; fmrhode(펜더 로즈 전자 피아노 소리)
s

f0 11
i6 0  2  15000  8 0  ; fmvoice(FM 목소리 합성 소리)
i6 +  2  15000  8 1
i6 +  2  15000  8 2
i6 +  2  15000  8 3
i6 +  2  15000  8 4
s

i7 0 2  15000  8     ; fmwurlie(울리처 전자 피아노 소리)
e

〈/CsScore〉
〈/CsoundSynthesizer〉
```

위 스코어에서 f0이 사용되었는데 그 목적은 각 섹션마다 1초간의 휴지부를
주기 위해서 사용되었다. f0은 단지 첫 번째 p필드에 붙여진 시간 동안 시사운드
를 실행 상태에 있도록 유지하게 하는 것뿐이다. 이 때문에 이 f0은 미디파일을
연주할 때 필수적으로 사용되는 f문이다. 미디파일 연주는 뒷장에서 자세히 언급
된다.

　마지막으로 위의 모든 악기에는 추가적인 진폭 인벨로프가 없어 소리의 마지막은 클릭소리를 내며 끊어지는데 적당한 진폭 인벨로프를 추가한다면 보다 음악적인 소리가 될 것이다.

14 페이즈 변조

일반적으로 페이즈(phase, 위상)는 어떤 흐름에서 일어나는 하나의 반복되는 패턴에서의 한 점 또는 한 부분을 말한다. 앞서 언급된 오실과 페이저(phasor) 옵코드의 설명에서는 반복되는 하나의 진동 또는 주기의 관점에서 논의되었지만 PM 변조에서는 소리 전체가 하나의 반복되는 패턴 또는 주기라는 생각을 가지고 접근 해야 한다.

PM 변조(phase modulation, 페이즈 변조)는 FM 변조와 유사한 결과를 낳기 때문에 FM 변조 대신 종종 사용되고 있지만 주파수 변조와는 달리 정확한 결과를 예측할 수 없는 단점이 있다. 기본적인 페이즈 변조의 구조는 FM 변조와 마찬가지로 두 개의 시그널이 결합됨으로써 새로운 시그널이 만들어진다. 그러나 페이즈 변조에서는 이 두 시그널들이 모두 색인을 통해 테이블로부터 얻어진다는 점이 FM 변조와 다르다. 따라서 PM 변조에서는 이들 시그널 둘 다 테이블을 통해 새롭게 형성되기 때문에 FM 변조에서처럼 간단히 전송자와 변조자라는 명칭을 붙이기는 조금 애매하다. 그럼에도 최소한 둘 중 하나의 시그널은 목적하는 주파수를 유지해야 하는 것은 또한 사실이다.

페이즈 변조를 위해서는 먼저 이 두 시그널이 서로 합쳐질 때 아무런 편차가 없도록 통일된 규격을 가져야 한다. 시사운드의 오디오 시그널을 구성하는 각 값(샘플)들이 항상 최소 −32,768에서 최대 32,767까지로 이루어져 있는 것처럼 페이즈 변조에서도 양 시그널이 사용하는 최대/최솟값들이 동일한 크기를 가져야 한다. 시사운드의 테이블들은 기본적으로 최대/최솟값으로 1에서 −1까지로 되어 있다. 따라서 페이즈 변조에 사용되는 시그널들은 모두 최대 1에서 최소 −1의 값으로 이루어지며 이 영역은 정수만으로는 범위가 너무 좁아 소수점을 사용하여 최소 5자리까지 정도로 세분화된다.

페이즈 변조의 내용을 간단히 정리하면 다음과 같다. 먼저 큰 값들로 된 두 개의 오디오 시그널을 −1에서 1까지의 값으로 축소한다. 그 다음 이들 시그널을 합성한 후에 다시 원래의 −32,768에서 32,767의 범위로 증폭하는 것이다.

〈표 234〉 페이즈 변조 악기

```
〈CsoundSynthesizer〉
〈CsInstruments〉
sr          =           44100
kr          =           4410
ksmps       =           10
nchnls      =           2


    instr  1
ifc  =  cpspch(p5)                      ; 전송자 진동수

ii   =  1.5                             ; 변조인덱스는 ii 는 1.5
kndx    linseg  0, .2, ii, p3 - .2, 0   ; 변조 페이즈를 위한 인벨로프 생성
amod    oscili  kndx, ifc, 1            ; 위 인벨로프에 따른 색인 출력, -1에서 +1의 값들


acar    phasor  ifc                     ; 전송자의 페이즈를 위한 색인 출력, 0 - 1의 값들
a       tablei  acar + amod, 1,  1      ; 두 색인들을 더한 후 함수테이블로부터 각 색인
                                        ;  에 해당하는 값을 불러 오디오 시그널 생성


k       linseg 0, p3*.3, p4, p3*.7, 0   ; 진폭 인벨로프
a       = a * k                         ; 시그널 증폭
outs  a, a                              ; 출력
    endin

〈/CsInstruments〉
```

〈표 235〉 페이즈 변조 악기를 위한 스코어

```
〈CsScore〉
f1   0   8192   10   1

i1   0    2    15000    8.07
i1   2    2    15000    8.0
e
〈/CsScore〉
〈/CsoundSynthesizer〉
```

가. 변조자 색인

먼저 변조시그널에 사용할 변조인덱스 값은 1.5로 하였다. 페이즈 변조의 변조인 덱스 값도 FM 변조의 그것과 유사한 역할을 한다. 값이 클수록 사이드밴드가 강해

지고 그 수도 증가한다. 그 다음 소리 전체에 걸쳐 적용될 페이즈 인벨로프 'kndx'를 만든다. 이 kndx는 FM 변조의 '변하는 디비에이션'과 동일한 역할을 한다. 따라서 하나의 고정된 값을 사용하려면 'amod oscili ii, ifc, 1'과 같이 사용하면 된다.

그 다음 변조자 발진기 오실리는 'kndx' 인벨로프에 맞추어 변조자 시그널 amod를 출력한다. 이 변조자 시그널 amod의 내용을 보면 변조인덱스 값 1.5를 최댓값으로 한 인벨로프를 가지므로 0에서 1.5의 값으로 갔다가 점차 감소되어 소리의 끝점에서 0이 되는 모양을 이룬다.

다음의 그림은 amod의 값을 세부적이 아닌 드문드문하게 출력한 내용으로서 최댓값에 도달하는 부분이다. 이 값들 중에서 0 이하의 값들은 변조자 시그널이 사용하고 있는 젠 10에 의한 사인곡선의 음진폭이 되는 부분이다. 그리고 오른쪽의 그림은 이 amod 시그널의 전체적인 모습이다.

중요한 한 가지 사실은 이 값들은 소리와 관련된 시그널로서 이용되는 것이 아니라 테이블의 색인으로서 기능한다는 점이다.

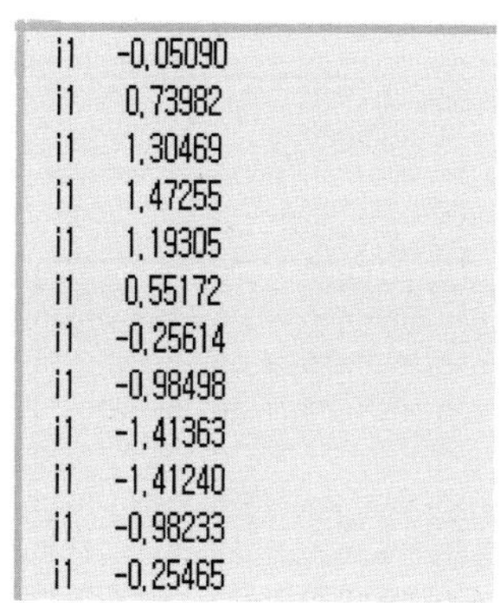

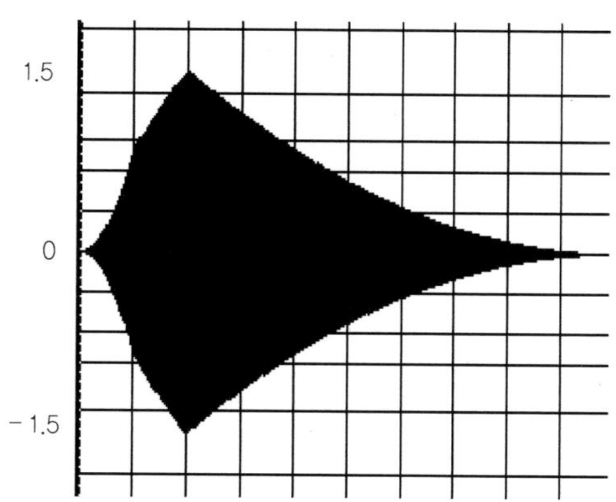

〈그림 170〉 페이즈 변조의 변조자 시그널의 모습

나. 전송자 색인

변조자와 마찬가지로 전송자 시그널도 페이즈를 위한 색인 값들을 출력하는데 이 색인들은 정확히 전송자의 함수테이블의 파형 모양을 가져와야 하므로 0에서

1까지의 값만을 출력하는 페이저(phasor) 옵코드를 사용한다. 따라서 테이블 옵코드도 0에서 1까지의 값을 산출하는 색인모드를 1을 사용해야 한다.

페이저 옵코드는 'acar phasor ifc' 처럼 사용되어 ifc(전송자 진동수) 횟수마다 0에서 1까지의 값을 출력해서 acar로 넘긴다. 즉 0에서 1까지의 값이 ifc번 출력된다. 다음 그림의 내용도 거칠게 출력된 전송자 시그널의 값들이며 그 옆의 그림은 이 시그널의 전체적인 모습이다.

지금까지의 내용을 살펴보면 위의 변조자 색인의 수와 앞서의 전송자 색인의 수는 일치하며 또한 이 색인은 결국 파형의 각 샘플 값들을 가리키고 있으므로 이어지는 그 다음 행의 테이블 옵코드에서 이 두 색인 또는 시그널을 결합함으로써, 즉 페이즈가 변화되어 새로운 시그널이 만들어지는 것이다.

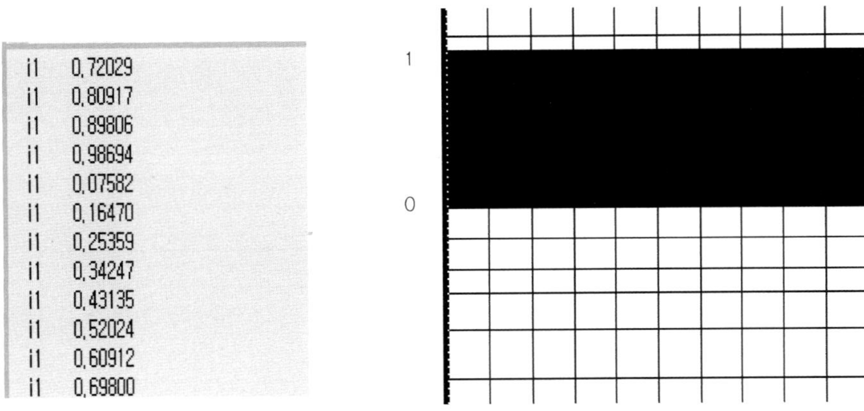

〈그림 171〉 페이즈 변조의 전송자 시그널의 모습

다. 테이블아이

변조에 들어가기 전에 먼저 옵코드 테이블아이(tablei)에 대해 살펴보자. 이전 장에서 테이블(table) 옵코드가 사용되었고 구문 제시는 없었지만 거의 설명이 되었다. 테이블 옵코드와 테이블아이 옵코드의 기능은 똑같다. 이 두 옵코드의 차이는 단지 데이터를 담고 있는 테이블의 값을 읽을 때 사용되는 방법이 약간 다르다는 데에 있다.

먼저 테이블 옵코드는 색인 순서에 따라 테이블에 있는 그대로의 값을 출력하는 데 반해 테이블아이 옵코드는 색인 순서에 따라 값을 읽어 들일 때 약간의 재조정이 내부적으로 이루어진다. 시사운드 매뉴얼에서는 이를 'interpolation'이라고 하며 우리말로는 보간법이라는 뜻으로 끼워 넣는다는 의미다. 즉 현재 값을 위해 이전의 값과 다음의 여러 값을 비교하여 각 값들 사이가 거의 균등한 거리를 가지는 값을 선택하는 것이다. 이렇게 해서 산출되는 시그널은 테이블 옵코드보다 좀 더 매끈한 시그널을 갖게 된다.

따라서 데이터 테이블의 있는 그대로의 정확한 값을 필요로 한다면 테이블 옵코드를 그리고 시그널을 위한 매끄러움을 원한다면 테이블아이 옵코드를 사용하면 된다. 위의 PM 악기의 코드에서 사용한 테이블아이 대신 테이블 옵코드를 사용해도 아무런 문제 없이 소리가 난다. 소리를 들어 보면 거의 같은 소리지만 세부적으로 이 두 시그널들의 샘플 값들을 비교해 본다면 테이블아이를 사용한 값들이 좀 더 균등한 간격으로 만들어진다는 것을 알 수 있다.

<표 236> tablei 옵코드의 구문

```
;                  색인   fn    모드           시작점        반복모드
; 기본 값      - - - - - - - -〉 0,           0,           0
; 기본 값 설명              실제 값 사용    처음부터     반복 없음
ares   tablei  andx,  ifn   [, ixmode]    [, ixoff]    [, iwrap]
ires   tablei  indx,  ifn   [, ixmode]    [, ixoff]    [, iwrap]
kres   tablei  kndx,  ifn   [, ixmode]    [, ixoff]    [, iwrap]
```

위 표는 테이블아이의 시사운드 매뉴얼의 구문이다. 색인과 데이터로서 사용할 함수테이블의 번호(fn)는 설명이 필요 없을 것이며 그 다음 세 번째 항목부터는 옵션으로 되어 있다. 사용하지 않으면 모두 기본 값 0이 사용된다.

세 번째 항목의 '모드'는 실제 값을 사용하는지 아니면 0에서 1까지의 재조정을 하는지를 결정하며 기본 값은 0으로 실제 값을 사용하는 것이므로 현재 PM 악기에서는 이 값을 1로 해야 한다. 네 번째 항목은 시작을 어디서 할 것인가를 입력한다. 이 값은 전체 데이터 길이를 1로 해서 중간부터 시작한다면 0.5를 입력하면 된다. 그러나 현재 악기에서는 처음부터 시작해야 하므로 0을 사용한다.

마지막 항목인 반복모드(wraparound mode)는 현재 데이터 테이블을 반복해서

적용할 것인지, 즉 색인의 크기가 테이블의 사이즈(데이터 크기)보다 크면 다시
테이블의 처음으로 돌아가서 시작하는 패턴을 적용할 것인지 아니면 한 번의 테
이블을 전체 색인에 적용할 것인지를 설정한다. 현재 악기에서는 반복모드를 사
용하지 않는 것으로 값 0을 사용한다. 만약 값 1을 사용한다면 테이블 크기는 2
의 제곱수에 1을 더한 수(8,192 + 1)를 사용해야 안전할 것이며 그 이유는 이전의
장 '함수테이블의 구조'에서 자세히 설명되었다. 현재 악기의 경우는 만약 값 1
을 사용해서 반복하도록 한다면 현재 악기의 초당 샘플 비율이 44,100이므로 현
테이블의 크기 8,192는 매초마다 5번이 조금 넘는 정도의 반복이 일어나므로 예
상치 않는 결과를 낳을 것이다. 즉 원래 한 번으로 계획했던 페이즈 인벨로프가
매 8,192개의 샘플마다 한 번씩 적용되기 때문이다.

라. 변조

　이제 변조자와 전송자의 색인들이 결합되어 각 샘플들의 페이즈(위상)가 위에
서 아래로 또는 아래에서 위로 전위되면서 새로운 시그널이 만들어지는데 이 과
정은 테이블아이(tablei) 옵코드를 사용해서 새롭게 만들어진 색인 값들에 해당하
는 각 샘플 값들을 차례차례 불러옴으로써 이루어진다.
　'a tablei acar + amod, 1, 1' 행을 살펴보자. 먼저 테이블 옵코드가 색인 값들을
이용해서 테이블의 값들을 가져오기 전에 'acar + amod'에서 두 색인들이 먼저 더
해지게 된다. 이때 amod의 값들은 음수와 양수로 이루어져 있기 때문에 두 색인
(시그널)들이 합쳐진 결과도 음수와 양수가 섞여 있게 된다. 따라서 'a tablei acar
+ amod, 1, 1' 행과 같이 마지막 값 항목의 0에서 1로 재조정하는 모드를 반드
시 켜서, 즉 1로 해서 사용해야 한다. 그렇지 않고 있는 그대로 값을 사용하는 0
모드를 사용하면 음수로 된 색인들은 모두 무시되어 엉뚱한 결과가 나올 것이다.
　그 다음 전송자 시그널에서 함수테이블 1번을 사용해서 색인을 만들었으므로
테이블아이 옵코드에서도 같은 테이블 번호인 1번으로 설정해야 될 것이다. 마지
막으로 이렇게 만들어진 시그널은 그 최대 진폭이 1이므로 원래의 32,767의 크
기로 증폭시키면 페이즈 변조 악기는 완성된다.

15 펄스폭 변조

펄스(pulse)의 의미는 맥박, 고동, 파동, 진동 등의 뜻을 가지며 전기나 음향에
서는 복수로서 변조전파나 변조시그널을 그리고 단수로는 하나의 지속시간이 아
주 짧은 전류나 시그널을 의미한다. 그리고 펄스폭(pulse – width)이란 각 펄스의
길이 또는 시간을 의미한다. 따라서 '펄스폭 변조'(pulse – width modulation)는 줄
여서 'PWM'이라 하며 다양한 또는 동일한 길이로 구성된 일련의 펄스 시그널
(신호)로 다른 시그널을 변형시키는 변조의 한 방법이다. 펄스폭 변조를 가진 시
그널은 그 자신의 듀티 사이클(duty cycle)의 변조도 수반하여, 즉 현재의 각 펄스
의 폭을 재조정하여 실어 나를 힘의 양이나 또는 통신 채널을 통해 정보를 실어
나를 수 있다.

이 펄스의 모양은 대부분의 경우 사각파가 사용되며 위로 튀어나온 부분이 쉽
게 말하면 전기나 정보가 있는 부분 또는 on(온)이 되며, 즉 이 부분이 현재 시
그널의 목적에서 의무가 있는 부분이며 내려가는 부분이 전기나 정보가 없는 off
(오프)의 상태로서 의무가 없는 부분이 된다.

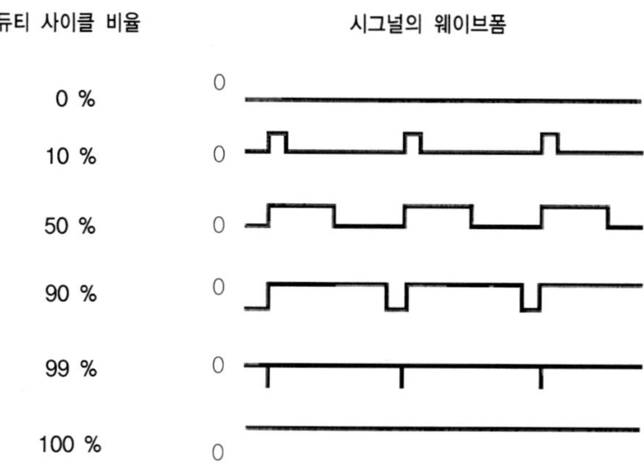

〈그림 172〉 듀티 사이클의 비율에 따른 웨이브 모양

가. PWM 시그널

펄스폭 변조를 위해서는 먼저 펄스폭의 웨이브폼을 가진 PWM 시그널을 만들어 보자. 이를 위한 가장 간단한 방법이 톱날파 또는 삼각파 그리고 하나의 비교기, 즉 콤퍼레이터(comparator, 컴패러터)를 사용하는 것이다.

시사운드에는 자주 사용하는 파형을 미리 만들어 제공해 주는 간편한 발진기 lfo가 있다. 옵코드 lfo(low frequency oscillator)는 3개의 아규먼트를 가진다. 첫 번째는 진폭 값, 두 번째는 진동수이며 마지막 세 번째는 사용할 파형의 번호를 입력하는데 모두 6개의 파형을 제공한다. 이들은 각각 0번 사인파, 1번 삼각파, 2번 사각파(양/음 진폭), 3번 사각파(양진폭), 4번 톱날파(위쪽으로), 5번 톱날파(아래쪽으로)다.

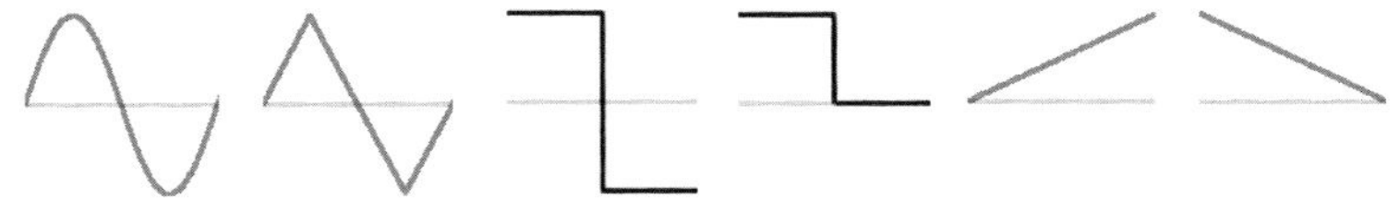

〈그림 173〉 옵코드 lfo가 제공하는 파형들(번호순, 0번부터 차례대로)

마지막 2개의 톱날파형은 대표적인 톱날파의 모양이나 앞서의 다른 파형과는 달리 한 주기에 절반의 모습만 산출하며 양진폭에서만 형성된다. 따라서 초당 2회전으로 설정해야 완전한 하나의 주기가 형성된다. 시사운드에서 이렇게 한 이유는 다음의 예제에서처럼 손쉽게 하나의 0에서 1의 값을 산출할 수 있는 용도로도 사용될 수 있게 하기 위해서라 생각된다.

비록 옵코드의 이름은 '낮은 주파수 발진기'라 붙여졌지만 높은 진동수의 소리도 문제없이 낼 수 있으며 별도의 함수테이블 없이 중요한 6가지의 파형들을 간편히 사용할 수 있다는 장점이 있다. 먼저 다음 표의 악기는 PWM 시그널을 위해 이 lfo에서 톱날파를 만들고 그 다음 비교자 콤퍼레이터를 통해 대표적인 PCM 시그널로 사용되는 사각파를 산출하는 내용이다.

〈표 237〉 펄스폭 변조시그널 악기

```
〈CsoundSynthesizer〉
〈CsInstruments〉
sr  =  44100
kr  =  4410
ksmps  =  10
nchnls  =  1

    instr  1
a1  lfo     1,  1,  4            ;톱날파
a2  table  a1,  1,  1, .5,  1    ;비교자 데이터를 읽음
out  a2*p4
    endin
〈/CsInstruments〉
```

〈표 238〉 펄스폭 변조시그널 악기를 위한 스코어

```
〈CsScore〉
f1  0   32   7   -1  16  -1  0  1  16  1  ;비교자

i1   0   1   15000
e
〈/CsScore〉
〈/CsoundSynthesizer〉
```

위 코드에서 lfo는 진폭 값 1을 가지고 초당 1회전 하는 위로 상승하는 형태의 톱날파형을 산출한다. 따라서 시그널 a1은 한 번의 0에서 1까지의 값으로 되어 있어 테이블의 데이터 전체를 한 번만 읽을 수 있다. 그리고 이 값들은 다음 행에서 테이블 옵코드를 통해 함수테이블 1번 비교자의 데이터를 읽어 들이는 데에 사용된다. 현재 이 테이블 옵코드의 4번째 항목은 0.5로 되어 있다. 따라서 첫 시작은 비교자 테이블의 중간부터 시작된다. 다음 그림은 비교자 테이블의 그래프 모양이다. 처음 -1에서 시작해서 중간지점에서 갑자기 값이 +1이 되어 끝까지 진행되며 한 주기를 마친다. 사각파의 거꾸로 된 모양이다.

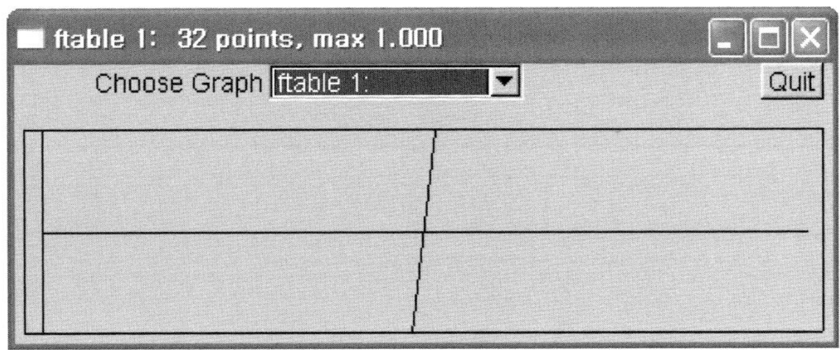

〈그림 174〉 비교자 테이블의 모양

이제 테이블 옵코드에서 비교자 테이블의 데이터를 읽어 들이면 중간부터 시작하므로 먼저 0에서 0.5까지의 색인들은 계속 값 1만 가질 것이다. 그 다음 테이블 옵코드의 마지막 항목인 옵션 항목이 1로 되어 있어 반복을 하도록 되어 있다. 따라서 남은 0.5에서 1까지의 색인들은 비교자 테이블의 처음으로 되돌아가서 전반부의 −1값을 계속 읽어 들이게 된다. 이로써 시그널 a2의 샘플들은 0.5초 동안 계속 값 1로 되어 있고 남은 0.5초 동안은 계속 값 −1을 가지게 되어 하나의 사각파를 형성하게 되는 것이다. 만약 여기서 반복모드가 꺼져 있다면 테이블 조회과정은 절반에서 중단하게 되어 그 결과는 마지막 값이 후반 절반 전체에 적용이 된다.

마지막으로 최종 시그널의 진폭 값을 증폭한 후 표준 오디오 시그널을 출력하게 되는데 초당 1번의 진동이어서 소리를 들을 수 없어 귀로 확인할 수는 없지만 이를 사운드파일로 출력한 후 오디오 편집 프로그램을 사용하면 만들어진 웨이브폼을 눈으로 확인할 수 있다. 소리로 확인하려면 lfo 옵코드에서 진동수를 크게 하면 된다.

나. 펄스폭 조정

위의 코드에서 만들어진 규칙적인 PWM 시그널을 불규칙하게 만들어 보자. 이 과정은 어떤 정보를 전달하기 위해 이 값들에 맞게 PWM 시그널의 각 펄스폭을 재조정하는 것이다. 따라서 아래 코드의 내용은 오실 옵코드에서 산출되는 값에 따라 원래의 규칙적이었던 펄스폭이 변조되는 내용이다.

〈표 239〉 펄스폭 변조시그널 출력

```
    instr  1
a1  lfo      1, 100, 4            ;톱날파
a2  table   a1, 1, 1, .5,  1      ;비교자 데이터를 읽음
a3  oscil   1, 20, 2             ;전달 정보
a4  =  abs(frac(a2＋a3))          ;1 이하의 수만을 그리고 이를 양수화
a5  table   a4, 1, 1, .5,  1      ;불규칙적인 PWM 시그널
out a5* p4
    endin
```

〈표 240〉 펄스폭 변조시그널 출력을 위한 스코어

```
f1  0   32     7    -1  16  -1 0 1 16 1      ;비교자
f2  0   4096   10 1                          ;사인파

i1        0        1          15000
e
```

위 악기의 lfo 옵코드의 진동수는 앞과는 달리 진동수를 크게 했다. 이 값을 전과 같이 1로 해도 그 아래의 오실에서의 진동수 때문에 소리는 들을 수 있다. 그 외에는 위 악기의 두 번째 행까지는 바로 전의 내용과 같다. 그리고 이 두 번째 행까지는 'a2 lfo 1, 100, 2'와 같이 바로 사각파를 이용하는 하나의 행으로 대체될 수 있다.

악기 안에서의 세 번째 행의 오실은 여전히 진폭 값으로 1을 가지고 있다. 그 이유도 마찬가지로 출력되는 시그널이 다섯 번째 행에서 테이블의 색인으로 이용되기 때문이다. 네 번째 행에서는 PWM 변조시그널에 새로운 정보가 더해지는데 a2와 a3 시그널을 더하면 최대/최솟값은 ±2까지 커지므로 0에서 1까지의 보다 많은 수를 얻기 위해 시사운드의 수학적 옵코드 프락(frac)을 사용하여 정수부분은 버리고 소수점 이하의 값만 취한다. 그리고 음수 값도 색인에서 제외되므로 절대값을 반환하는 abs 옵코드를 사용하여 0에서 0.99까지의 모든 음수 값들을 양수로 바꾼다.

이렇게 '프락'과 '절대값' 옵코드를 사용한 이유는 만약 하지 않는다면 색인들의 수가 너무 줄어들어 초당 몇 번의 펄스만 이루어짐으로서 악기다운 소리가

형성되지 않기 때문이다. 그 다음 테이블 옵코드에서 이 색인들을 통해 비교자 테이블의 조회를 거치면 새로운 시그널이 형성된다. 마지막으로 소리 자체는 아주 거친 현악기와 같은 소리가 나며 여기에 적당한 진폭 인벨로프를 적용한다면 그런대로 들을 만할 것이다.

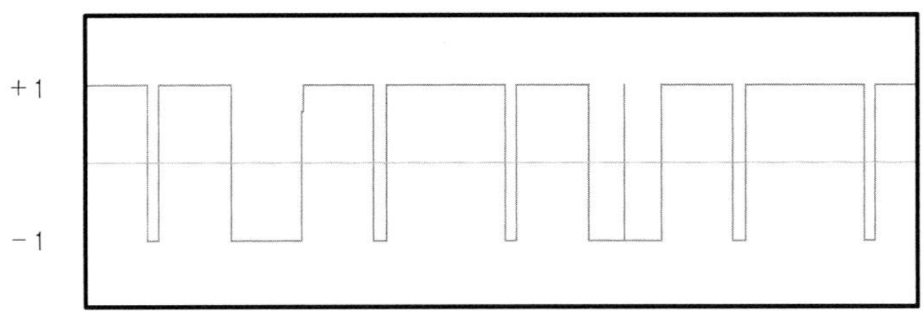

<그림 175> 위의 악기로 출력된 PWM 소리의 그래프(웨이브 라인)

요약하면 어떤 시그널이든 −1과 1로 이루어진 이 비교자 테이블을 통과하게 되면 그 결과는 −1과 +1로 된 두 개의 값만을 가지게 된다. 즉 처음에 1로 시작했다면 시간이 흐르면서 그 다음 −1이 나올 때까지 +1이 계속 유지되고 −1이 나오면 그 다음에는 또 +1이 나올 때까지 계속 −1이 유지가 됨으로써 위 그림과 같은 형태의 펄스 그래프가 만들어지는 것이다.

다. 간단한 PWM 악기

앞서 살펴본 바와 같이 펄스폭 변조는 변조 자체가 소리의 핵심이 되는 FM이나 PM 또는 AM 변조와는 달리 어떤 시그널이나 소리에 변화를 주기 위한 한 부분으로 사용되는 경우가 대부분이다. 뒷장에서 이를 이용한 좀 복잡한 악기를 다루기로 하고 여기서는 '시사운드 책'(The Csound Book)의 CD에 들어 있는 악기파일 '2901'을 살펴보자.

〈표 241〉 악기 2901

```
〈CsoundSynthesizer〉
〈CsInstruments〉
sr          =           44100
kr          =           4410
ksmps       =           10
nchnls      =           1
    instr   2901
iatk        =           .2
idec        =           .1
isus        =           8
irel        =           .2
isteady     =           1 - (iatk + idec + irel)   ; LENGTH OF SUSTAIN LEVEL(서스테인 길이)
alfo        oscili      0.2, p6, 3
apw         =           alfo + 0.25
asaw        oscili      1, p5, 2
apulse      table       asaw - apw, 1, 1, 0.5
kenv        linseg      0, p3*iatk, 1, p3*idec, isus, isteady*p3, isus, p3*irel, 0
out         p4*apulse*kenv
            endin
```

〈표 242〉 악기 2901 스코어

```
〈CsScore〉
f 1 0    32      7    - 1  16  - 1 0 1 16 1      ;비교자 테이블
f 2 0    256     7    - 1  256 1                 ;톱날파
f 3 0    1024    10   1                          ;사인파

i 2901   0 6 6000 110   .5
i 2901   0 6 6000 165   .5
i 2901   1 5 6000  55    1
i 2901   1 5 4000 440    1
i 2901   1 5 4000 220    1
i 2901   1 5 4000 660    1
i 2901   1 5 4000 330    1
i 2901   5 6 6000  87    3
i 2901   5 6 6000 131    3
i 2901   5 6 6000  44    3
i 2901   5 6 4000 349    3
i 2901   5 6 4000 523    3
i 2901   5 3 4000 262    3
i 2901   8 3 6000 294    6
i 2901  10 3 4000 330    6
i 2901  10 6 6000 110    2
i 2901  10 6 5000 165    2
i 2901  10 6 4000  55    2
i 2901  10 6 3000 440    2
i 2901  10 6 3000 220    2
i 2901  10 6 3000 660    2
〈/CsScore〉
〈/CsoundSynthesizer〉
```

이 예제에서는 단일 변수들을 사용하여 'iatk = .2', 'idec = .1', 'isus = .8', 'irel = .2'와 같이 진폭 인벨로프에 대한 값을 자세히 나타내고 있다. 이 대신 '.2, .1, .8, .2'의 값을 바로 린세그 옵코드의 항목에 넣으면 코드는 더 간단해진다. 그러나 이들 영어로 된 약자들은 영어권의 사람들에게는 실제로 도움이 된다. 예를 들어 옵코드의 종류에 따라 어떤 것은 많은 항목들을 요구하는데 이 경우 숫자로 값을 채워 놓고 나면 곧 어떤 항목이 무슨 값인지 혼동이 되어 애를 먹는 경우가 종종 있다.

아직 시사운드에 영어 이외의 문자를 사용한다면 컴파일이 되지 않기 때문에 어쩔 수가 없지만 언젠가 한국인들을 위해 '어택, 디케이, 서스테인, 릴리스'와 같이 우리말을 사용할 때가 오면 보다 쉽게 이해될 것이다.

먼저 'alfo oscili 0.2, p6, 3' 행을 보자. 함수테이블 3번 사인곡선을 사용하며 진폭은 아주 낮은 0.2이며 스코어에서의 통제로 초당 0.5회에서 최대 6회 진동하는 낮은 진동 발진기(low frequency oscillator)다. 여기서 진폭을 아주 낮은 0.2로 한 이유는 이 시그널이 곧 테이블 옵코드를 위한 색인으로 사용되기 때문이다. 그리고 함수테이블에 있는 시그널 데이터(웨이브 라인, 그래프)를 위한 색인은 항상 0에서 1까지의 색인으로 이루어져야 하기 때문이다.

그러면 오디오 비율 변수 'alfo'는 −0.2에서 +0.2까지의 값을 가질 것이다. 그 다음 행인 'apw = alfo + 0.25'에서는 alfo의 −0.2에서 0.2까지도 된 모든 샘플들에 0.25를 더하여 +0.05에서 +0.45까지로 조정하게 된다. 여기서 값 0.25를 더한 가장 중요한 이유는 옵코드 테이블은 현재 0에서 1까지의 색인만 사용하기 때문에 음수 값들이 색인으로 이용되면 테이블의 범위를 벗어나기 때문이다.

그 다음 'asaw oscili 1, p5, 2'에서 출력되는 값들의 범위는 함수테이블 2번 톱날파이고 최대 진폭이 1이므로 −1에서 +1까지로 된다. 그 다음 행 'apulse table asaw − apw, 1, 1, 0.5'에서 'asaw − apw'가 어떤 값을 가지는지를 생각해 보자. asaw는 '0.05 ~ 0.45', apw는 −1에서 1까지이므로 가능한 최솟값은 −1.45 (−1 − 0.45)이며 최댓값은 0.95(1 − 0.05)가 된다. 따라서 정리하면 색인들의 범위는 −1.45 ~ 0.95가 된다.

이 범위에서 −1.45에서 0까지의 색인들은 범위를 벗어나므로 이 경우는 그 이전이나 그 앞의 값을 이어받게 된다. 그러면 0에서 0.95까지의 값들을 생각해 보자. 옵코드 테이블에서의 오프셋이 0.5로 되어 있다. 따라서 테이블의 정중앙에서 시작하기 때문에 값이 0.5 이하의 값들도 범위를 벗어나게 되고 0.5에서 0.95까지의 색인들만이 테이블로부터 +1의 값을 가지게 된다.

그러면 오디오 시그널이 모두 1의 값만 가진다면 아무런 소리도 나지 않을 것이다. 그럼에도 소리가 나는 이유는 테이블의 범위를 벗어나는 색인들이 모두 -1의 값을 가지기 때문이다. 즉 범위가 벗어난 색인들 중 테이블의 위쪽으로 벗어나는 색인들은 없기 때문에 모두 -1의 값을 가지게 되는 것이다. 이 부분에 관한 의혹은 바로 다음 페이지에서 이어지는 '테이블의 이해'에서 자세히 설명되기 때문에 여기서는 설명이 생략된다. 또한 한번 설명이 시작되면 테이블에 관한 여러 가지 규칙이 같이 논의되어야 하므로 중복되는 문제도 있다.

16
테이블 옵코드의 이해

앞서 여러 번 테이블 옵코드가 사용되었다. 일단 대체적으로 이해는 되었겠지만 테이블에 대한 뚜렷한 정리는 되지 않았을 것이다. 이는 다른 옵코드와 달리 테이블 옵코드에는 많은 종류의 젠 루틴들과 함께 여러 가지의 변수들이 작용하기 때문에 누구에게니 일이나는 공통된 현상이다. 또한 어느 한 시점에서 그 내용을 완전히 이해했다 하더라도 시간이 흐르면 혼란이 생기기 때문에 이 장에서는 필요할 때는 언제라도 재빨리 원래의 이해된 시점으로 복귀할 수 있도록 뒷부분에는 테이블 옵코드에서 일어날 수 있는 모든 상황과 그 결과들에 대한 간단하고 명료한 예제와 아울러 그림들을 함께 실어 놓았다.

시사운드를 처음 접한 후 조금씩 난이도가 있는 예제들로 나아가면 '테이블'(table)이란 옵코드와 자주 접하게 된다. 시사운드에서 테이블이라는 표현은 여러 형태로 나타난다. f문으로 시작하는 함수테이블(function table)에서의 테이블, 이 함수테이블에 의해 기용되는 각 젠 루틴들이 사용하는 테이블 그리고 옵코드 '테이블' 등이 있다. 이 세 가지 중에서 첫 번째와 세 번째에서의 테이블은 단지 어떤 기능을 대표하는 상징적인 의미이며 가운데의 각 젠 루틴들이 사용하는 테이블에서의 테이블이 실제적인 데이터를 담는 테이블(배열, 리스트, 벡터)이 된다.

시사운드의 테이블은 색인의 종류에 따라 구분하면 두 가지의 경우로 분류할 수 있다. 그 하나는 모든 프로그래밍 언어에서와 같이 0에서 시작하는 양의 정수로 된 색인을 가지는 실제 배열(array)과 같은 구조와 기능을 가진 것이며 그 다른 하나는 0에서 1까지의 소수점으로 세분화된 색인 구조를 가지는 테이블이다. 아마 대부분의 사람들에게 있어 전자의 내용은 우선 정수라는 점에서 상당히 쉽게 이해가 될 것이며 특히 프로그래밍을 해 본 사람이라면 더욱 그러할 것이다. 그러나 후자의 소수점으로 된 색인 구조는 선뜻 이해하기에 낯선 감이 있다.

소수점 색인 같은 경우는 정수 색인과는 달리 실제의 배열을 사용하지 않으며 또 그렇게 할 이유도 없다. 한번 계산이 끝나면 다시 그 값들을 이용할 필요가 없기 때문이다. 대신 색인과 테이블을 비교한 후 보간법[99]을 사용해서 1 : 1로 맞

---

99) 함수의 값을 구하는 근사 계산법(近似計算法).

추는 계산을 통해 필요한 값을 얻는 방법을 사용한다. 이 경우 옵코드의 종류에 따라 실시간에 조금씩 시간에 따라 값을 계산해 나가는 경우도 있으며 또는 한 번에 처리하는 경우도 있다. 예를 들어 사용자가 현재 소리를 위해 테이블로부터 값을 읽어 오기 위해 사용할 색인 수를 10,000개로 정했다면 테이블의 크기가 32라면 32를 10,000개로 나누는 계산이 이루어진다. 또 그 반대로 색인 수가 작으면 색인 수에 맞추어 테이블을 축소하는 계산이 이루어진다. 이 때문에 소수점 색인은 사실상 배열이라는 것과는 거리가 멀며 내부적으로도 이를 위한 배열을 만들지는 않는다. 그러나 그 방법은 정수 색인과 동일하기 때문에 배열처럼 생각하는 것이 편할 것이다. 이 때문에도 시사운드 매뉴얼에서도 항상 'index'(색인)라는 용어를 사용하고 있다.

테이블 옵코드에서 정수 색인이든 소수점 색인이든 사용하는 그래프(웨이브라인)의 모양에 따라 또한 테이블에서의 추가적인 여러 옵션들의 선택에 따라 그 결과는 수많은 형태로 나타난다. 더 나아가 사용하는 젠 루틴들의 특성에 따라 그 내용은 더 복잡해지기 때문에 이 '테이블' 옵코드는 버전 5의 약 1,300개에 달하는 옵코드 중에서도 가장 복잡하며 또 여러 가지 규칙들이 옵션의 내용에 따라 변하므로 자주 혼동되는 옵코드라 할 수 있다. 따라서 테이블 옵코드는 어느 옵코드보다 더 세심한 주의와 관심이 필요하며 어떻게 보면 상당히 모호하다고 생각될 수도 있지만 그 나름대로의 규칙들이 있으므로 이에 대해 살펴보자.

가. 정수 색인

그러면 테이블과 대응하는 색인인 시그널의 내용에 따라 시작하자. 아마 소수점 색인보다는 정수[100] 색인이 이해가 쉬울 것이다. 정수 색인이란 0에서 1까지의 소수점으로 된 색인을 제외한 경우를 말한다. 0과 1도 정수에 속하는 게 아닌가라고 반문할 수 있지만 이 경우 각각 1.0과 0.0으로 생각하면 될 것이다.

먼저 아래의 표는 옵코드 테이블의 구문이다. 그리고 테이블아이(tablei)의 구문

---

100) 정수(整數, integer)는 자연수(1, 2, 3, ……)와 이들의 음수(−1, −2, −3, ……) 그리고 0으로 이루어진 수 체계를 말한다.

도 이와 완전히 동일하며 단지 '테이블아이'는 내부적으로 선적인 보간법을 써서 각 점의 부근 위치를 감안하여 가능하면 균등한 거리에서 새 점의 위치를 산출한다는 점만이 다르다. 그러므로 만약 전체적인 시그널이 가능하면 조금이나마 매끄러운 결과를 갖게 하려면 테이블아이를 사용하면 되고 그러나 반대로 어떤 목적을 위해서 정확한 위치의 값이 나와야 한다면 테이블 옵코드를 사용하면 된다.

<표 243> table 옵코드의 구문

;		색인	fn	[모드]	[시작점]	[반복모드]
ares	**table**	andx,	ifn	[, ixmode]	[, ixoff]	[, iwrap]
ires	**table**	indx,	ifn	[, ixmode]	[, ixoff]	[, iwrap]
kres	**table**	kndx,	ifn	[, ixmode]	[, ixoff]	[, iwrap]

위 표와 같이 테이블은 모든 종류의 시그널(변수)을 다 허락한다. 단일 변수 및 컨트롤 그리고 오디오 비율로 된 시그널을 입력할 수 있다. 위의 색인 항목이 시그널이 입력되는 곳이다. 그 다음에 사용할 테이블이 있는 f문 번호를 입력한다. 그 다음의 세 개의 항목은 옵션인데 잘 사용되지 않는 다른 옵코드의 경우와는 달리 테이블의 옵션 항목들은 중요한 역할을 하며 이 값들에 의해서 그 결과는 완전히 달라진다.

1) 1 : 1 대응

입력되는 색인과 이에 상응하는 테이블의 값이 서로 1 : 1로 대응할 때 가장 이해하기 쉽다. 이를 위한 젠 루틴이 2번이며 이 젠 2번의 주목적은 다른 젠 루틴과는 달리 어떤 특정한 그래프나 선 또는 직선 등을 만드는 기능이 아니다. 예를 들면 젠 10 같은 경우는 자동으로 사인곡선을 만들어 주며 젠 5, 6, 7, 8번 등은 선이나 지수곡선을 만들어 주듯이 대부분의 젠 루틴들은 사용자를 위한 편리한 자동 기능을 가지고 있다. 그렇다고 해서 젠 2번이 항상 1 : 1로만 대응하는 것은 아니며 더 많은 항목을 사용해서 특정한 그래프를 그리기 위해서 이용될 수도 있다. 그리고 이 번호가 2번이라는 것을 볼 때도 초기에 만들어진 기능이라는 것을 그리고 이후 보다 세부적인 목적의 젠 루틴들이 만들어졌다는 점을 시사하고 있다. 그리고 젠 1번은 외부의 사운드파일을 불러들이는 기능을 가지고 있다.

(1) 랜덤 악기

아래의 코드는 1 : 1 대응 색인을 이용한 임의의(random) 피치를 연주하는 악기다. 이를 위해서 랜덤(random) 옵코드를 사용했다. 랜덤 옵코드는 최솟값과 최댓값으로 된 두 개의 항목으로 이루어지며 이 두 항목에는 모든 종류의 변수가 사용된다. 예를 들면 오디오 비율의 변수를 사용하게 되면 화이트 노이즈도 만들 수 있다. 이와 같은 경우에는 컨트롤 비율을 사용하는 경우도 포함해서 1 : 1 대응이 이루어질 수는 없다.

먼저 랜덤 옵코드는 0에서 11까지의 수들 중에서 하나를 선택하게 된다. 이렇게 선택된 값은 그 다음의 테이블의 색인으로 이용되어 이 색인에 해당하는 테이블 값을 불러오는 것이다. 그러면 잠시 스코어의 테이블을 살펴보자.

〈표 244〉 1 : 1로 대응하는 **table**을 이용한 임의 피치 선택 악기

```
〈CsoundSynthesizer〉
〈CsInstruments〉
sr        =        44100
kr        =        4410
ksmps     =        10
nchnls    =        2

          instr 1
                  ;최솟값        최댓값
ir        random  0,            11
                  ;색인          함수테이블
it        table   ir,           2
ke        linseg  0,            .1,                    1,          p3 - .1,      0
a         oscil   p4*ke,        cpspch(it),  1
outs      a,      a
          endin
〈/CsInstruments〉
```

<표 245> 임의 피치 선택 악기를 위한 스코어

```
<CsScore>
f1  0  8192   10    1
f2  0  16      -2  8  8.01  8.02  8.03  8.04  8.05  8.06  8.07  8.08  8.09  8.10  8.11

i1       0        1          15000      1000
i1       1        1          15000      1000
i1       2        1          15000      1000
i1       3        1          15000      1000
i1       4        1          15000      1000
e
</CsScore>
</CsoundSynthesizer>
```

함수테이블 1번은 젠 10을 사용하여 사인곡선을 산출하며 함수테이블 2번이 젠 2번을 사용하고 있다. 앞서 언급되었듯이 스코어에서 i문의 세 번째 자리까지가 고정되어 있듯이 함수테이블에서는 네 번째 자리까지가 모든 함수테이블에 똑같이 적용되며 고정되어 있다. 첫 번째가 번호, 두 번째가 적용되는 시간, 세 번째가 테이블의 크기, 즉 사용할 총 샘플들의 수, 그리고 네 번째가 사용할 젠 번호다. 그 다음부터는 각 젠 루틴의 요구사항에 따라 달라진다.

위 함수테이블 2번의 크기는 16으로 되어 있다. 실제 악기에서 사용하는 피치수는 12개이지만 테이블의 크기는 항상 2의 제곱수가 되어야 하기 때문에 2^3은 8이 되어 크기가 작고 2^4제곱의 수인 16을 사용할 수밖에 없다. 악기에서 색인 12번 이상은 사용하지 않으면 되기 때문에 별문제는 없다. 만약 색인이 12를 초과하는 경우는 값 0이 적용된다. 예를 들어 위의 테이블에는 가온도에서 시작해서 '시'까지 12개의 반음이 데이터로 입력되어 있다. 그리고 테이블을 위한 색인의 시작은 항상 0부터 시작하므로 만약 색인 12부터 그 이상의 색인을 사용하게 되면 모두 값 0이 반환되는 것이다.

그리고 현재 모든 젠 루틴의 경우 1,000개 이상의 데이터를 입력할 수 있다. 예를 들면 젠 10에서 배음을 설정할 때도 기본음으로부터 위로 최대 1,000번째 이상의 배음도 사용할 수 있다.

그 다음 젠 2번에 빼기 기호가 붙어 있다. 이 부분은 테이블에 입력된 데이터에 아주 중요한 영향을 미치는 요소다. 시사운드에서 기본 값으로 젠 번호는 양수로 되어 있다. 따라서 젠 −10번이나 젠 −1번이라고는 하지 않는다. 양수 번호를 사용하게 되면 테이블을 사용하게 되는 시점에서 모든 데이터들이 0에서 1까지로 재조정되어 사용된다. 이에 대한 가장 큰 이유는 수학적으로 전체를 1로 보는 계산이 가장 효율적이기 때문이다. 만약 젠 번호에 마이너스 부호를 붙인 음수 번호를 사용하게 되면 0에서 1까지의 재조정은 하지 않게 되고 테이블에 있는 그대로의 데이터가 사용된다.

위의 경우는 입력된 피치가 그대로 사용되어야 하기 때문에 음수 기호가 사용되었다. 만약 양수를 사용한다면 어떤 결과가 될지 잠시 생각해 보자. 우선 8이 가장 적은 수이니 8이 0이 될 것이라고 생각할 수 있으나 시사운드에서는 그렇게 처리하지 않는다. 대신 먼저 가장 큰 수인 8.11을 1로 만든 후 이에 비례해서 다른 모든 값들을 재조정한다. 따라서 현재 값들 중 제일 낮은 8.0은 0에서 1까지의 값으로 재조정될 경우 대략 0.9 정도의 값이 된다.

다시 악기 코드로 돌아가서 랜덤 옵코드에서 선택된 0에서 11까지의 수들이 테이블 옵코드를 통해 위의 젠 2번의 테이블의 데이터를 읽어 온다. 따라서 랜덤 옵코드에서 0이 선택되었다면 테이블의 첫 번째 값인 8.0이 그리고 2가 선택되었다면 세 번째 값인 8.02가 읽혀 그 다음의 행인 오실에서 피치로 이용되는 것이다. 이처럼 1 : 1로 대응되는 경우는 이해가 쉽다.

(2) 랜덤h 악기

조금 더 흥미로운 랜덤 음악을 만들어 보자. 시사운드에는 앞서의 랜덤 외에 랜덤h(randomh) 옵코드가 있다. 랜덤h는 하나의 추가 항목이 있어 초당 산출할 임의의 수를 통제할 수 있다. 이와 같은 랜덤h의 기능을 이용하면 초당 원하는 횟수만큼의 피치를 테이블에서 선택할 수 있어 조금 더 흥미로운 임의의 선율을 만들 수 있다.

<표 246> 옵코드 'randomh'를 이용한 임의 피치 선택 악기

```
〈CsoundSynthesizer〉
〈CsInstruments〉
sr        =        44100
kr        =        4410
ksmps     =        10
nchnls    =        2

          instr 1
                  ;최솟값      최댓값      임의의 초당 산출 횟수
kre       randomh  0,          11,           2         ;범위 1~11까지 초당 2번 임의의 수 산출
                  ;색인        함수테이블
kt        table    kre,        2
a         oscil    p4,         cpspch(kt), 1
outs      a,       a
          endin
〈/CsInstruments〉
```

<표 247> 'randomh'를 이용한 임의 피치 선택 악기를 위한 스코어

```
〈CsScore〉
f1  0  8192  10   1
f2  0  16    −2   8  8.01  8.02  8.03  8.04  8.05  8.06  8.07  8.08  8.09  8.10  8.11

i1        0         1         15000     1000
i1        1         1         15000     1000
i1        2         1         15000     1000
i1        3         1         15000     1000
i1        4         1         15000     1000
e
〈/CsScore〉
〈/CsoundSynthesizer〉
```

먼저 위의 코드에서 randomh에서 반환되는 값을 받는 변수 이름이 'kre'로 되어 있다. 만약 이 변수 이름을 'kr'로 한다면 시사운드는 작동하지 않을 것이다. 그 이유는 'kr'은 시사운드의 예약된 전역 변수로서 'kr=4,410'과 같이 컨트롤 비율을 결정하는 예약된 전역 상수이기 때문이다.

위 악기 코드에서 앞서의 것과 비교해서 달라진 것은 두 가지다. 첫 번째는 옵코드 이름이 randomh로 바뀌어졌다는 것과 다른 하나는 색인을 위한 값으로 단일 변수인 i 대신에 컨트롤 변수인 k가 사용되었다는 점이다. 무엇보다도 randomh의 세 번째 항목이 흥미롭다. 위 코드에서는 초당 2번으로 설정되었기

때문에 스코어의 0.5초보다 긴 모든 음표들은 모두 초당 2번의 피치를 소리 낼 것이다. 이 값에 다른 값도 넣어서 시도해 보길 바라며 또한 앞서 언급된 if 문을 사용해서 randomh에서 나온 'kre' 값을 바꾸어 보면 보다 흥미로운 선율을 만들 수 있을 것이다. 물론 시사운드 자체에서는 그 한계가 있지만 그래도 그 한계 내에서도 잘 사용한다면 어느 정도 음악적인 내용을 만들 수 있다.

<표 248> if 문을 이용한 간단한 피치 제어

```
〈CsoundSynthesizer〉
〈CsInstruments〉
sr          =          44100
kr          =          4410
ksmps       =          10
nchnls      =          2

            instr  1
                    ;최솟값       최댓값       초당 횟수
kre         randomh    0,         11,          2

if kre 〉5 then    ;kre 값이 5보다 크면 kre 값을 0으로
            kre = 0
endif
kt          table      kre,       2
a           oscil      p4,        cpspch(kt), 1
outs        a,         a
            endin
〈/CsInstruments〉
```

위의 코드에는 if 조건문을 사용해서 간단한 조건을 적용했다. 이로써 'kre' 값은 항상 0에서 5까지(8~8.05)의 음들로만 이루어질 것이다. 이제 초당 횟수 값에 컨트롤 변수를 사용해서 횟수를 통제하고 그 다음 시간에 따라 'kre > 5'에서의 조건 값인 '5'도 컨트롤 변수로 대체하여 시간에 따라 변화를 시도해 보는 것도 흥미있는 결과를 낳을 것이다. 그리고 음표의 길이는 30초와 같이 길게 해 두는 것이 좋다. 또한 스코어에서도 p필드를 통해 음표마다 다르게 설정하는 내용도 같이 곁들이면 좀 더 많은 변화를 만들어 낼 수 있을 것이다.

2) 다수 대 다수

앞서 randomh 옵코드에서 통제된 컨트롤 변수가 사용되었지만 이를 벗어나 일반적인 용도의 컨트롤 변수와 오디오 비율 변수를 사용하게 되면 상황은 달라진다. 컨트롤 변수는 악기의 머리 부분에 설정된 대로 빠른 반복이 이루어지기 때문에 앞서의 젠 2번의 불과 12개 정도밖에 되지 않는 데이터는 순식간에 사용되어 버린다. 이 때문에 제일 처음의 단일 변수를 사용할 때와는 달리 컨트롤 변수에 의해 만들어지는 색인들은 기본적으로 음표의 전체 길이가 테이블의 샘플 수에 자동으로 맞춰진다. 간단한 예를 들면 테이블에 0과 100으로 이루어진 단 2개의 값만이 있고 음표의 길이가 20초라면 그리고 이 테이블의 값을 진폭에 적용하게 되면 소리는 0에서 시작해서 조금씩 커져서 20초 후에는 100까지의 크기에 달하는 결과를 낳게 된다. 즉 0과 100까지의 값이 20초 길이만큼의 수(kr*20)로 잘게 나누어져 적용되는 것이다.

또한 컨트롤 또는 오디오 비율을 사용하는 경우에는 대개 '테이블' 옵코드 대신에 '테이블아이' 옵코드가 사용된다. 물론 모든 예제의 테이블아이 대신에 테이블을 사용해도 되지만 그 결과의 소리는 덜 매끈케 나타난다. 따라서 오디오 시그널과 관련된 대부분의 경우에는 '테이블아이'를 사용하는 것이 좀 더 좋고 그 외 앞서와 같이 피치의 선택이나 하나의 진폭 값의 선택 등과 같이 정지된 하나의 값이나 또는 변하는 값이지만 정확한 대응이 필요할 경우는 '테이블' 옵코드를 사용해야 할 것이다.

(1) 색인과 테이블의 범위일치

다음의 예는 색인 값과 테이블 값이 일치하는 예다. 비록 테이블의 데이터 수보다 컨트롤 변수에 의한 색인들의 수가 많지만 양쪽의 시작과 끝이 같은 범위에 있다는 뜻이다. 악기파일을 보면 테이블 옵코드를 위한 색인이 라인 옵코드에 의해 p3(음표 길이) 동안 만들어진다. 그 범위는 0에서 12까지이며 0에서부터 점차 증가하여 수많은 소수점을 가지면서 12에 도달한다. 그리고 이 색인들이 읽어들일 함수테이블은 젠 2번을 사용하고 있으며 0에서 시작해서 12까지의 단 13개의 데이터를 가지고 있다.

그러나 비록 컨트롤 비율로 출력되는 색인의 개수는 많지만 정수 부분만 본다
면 0에서 12까지 13개이며 테이블의 데이터도 13개이므로 정확히 같이 맞아떨어
진다. 연주가 시작되면 옵코드 line에서 출력되는 색인들은 테이블의 값을 읽어
오며 이 값들은 진폭에 적용된다. 그 결과의 진폭 인벨로프는 0에서 시작해서 점
차 커지다가 소리의 거의 끝 부분에서 급격히 다시 0으로 감소하는 모양을 만든다.

〈표 249〉 정수 색인의 동일한 범위에서의 다수 대 다수 대응

```
〈CsoundSynthesizer〉
〈CsInstruments〉
sr  =  44100
kr  =  4410
ksmps  =  10
nchnls  =  1

            instr  1
kndx        line        0,      p3,      12        ;0~12까지의 소수점으로 된 색인 생성
kamp        tablei      kndx,   1
asig        oscil       kamp,   440,     2
out         asig*20000
            endin
〈/CsInstruments〉
```

〈표 250〉 정수 색인의 동일한 범위에서의 다수 대 다수 대응을 위한 스코어

```
〈CsScore〉
f1  0  16     2   0  1  2  3  4  5  6  7  8  9  10  11  0   ;0~12까지 13개의 샘플들
f2  0  16384 10   1

i1  0  2
e
〈/CsScore〉
〈/CsoundSynthesizer〉
```

그러면 위 예에서 'kamp'가 어떤 값을 가지고 있을지를 생각해 보자. 0에서
11을 거쳐 마지막에 다시 0으로 돌아오는 값인지 아니면 0에서 1을 거쳐 다시 0
으로 돌아오는 값인지 잠시 판단해 보자. 올바른 값을 알기 위해서 스코어도 참
조해야 할 것이다. 스코어의 함수테이블 1번의 젠 2번이 양수로 되어 있으므로
모든 값이 0에서 1까지로 재조정이 된다는 의미다. 그렇다면 실제 테이블의 값은
0에서 1까지의 값으로 될 것이며 따라서 테이블 옵코드가 읽어 들이는 값들도

당연히 0에서 1까지로 이루어진다. 즉 제일 큰 값인 11이 1로 되고 이에 맞추어 다른 값들도 같은 비율로 축소되는 것이다.

그러나 만약 위 함수테이블 1번에서 젠 2번을 나타내는 '2'에 '−2'와 같이 음수를 적용할 경우는 어떻게 될 것인지 생각해 보자. 만약 −2가 되면 현재 테이블의 데이터를 0에서 1까지의 재조정을 하지 않는다는 뜻으로 있는 그대로의 값이 사용된다는 것을 의미한다. 그러면 그 결과는 테이블 옵코드가 데이터를 읽어들일 때 값이 0에서 최고 11까지가 되고 이 값이 진폭 값에 곱해짐으로써 결국 재조정을 했을 경우보다 약 10배 정도의 더 큰 진폭을 형성하게 된다.

최근 버전 5에서 약간의 수정이 가해져 이전과는 달리 최대 진폭 값을 크게 초과했을 경우에도 비록 메시지로는 초과 진폭 값을 내보내지만 실제 출력은 낮추어 내보냄으로써 스피커가 찢어지는 소리는 크게 없다. 따라서 항상 소리로 판단하기보다는 시사운드의 출력 메시지를 보고 진폭을 조정해야 안전하다.

〈표 251〉 있는 그대로의 값이 적용되는 함수테이블 1번(음수 젠 번호)

f1 0 16   −2 0 1 2 3 4 5 6 7 8 9 10 11 0   ;**재조정 없음**(있는 그대로의 값 사용)

(2) 색인의 범위 초과

위의 문제는 조금 생각하면 쉽게 알 수 있다. 다음의 짧은 단편을 보자. 이제 '라인'의 값이 0에서 12까지의 범위가 0에서 120으로 확대되었다. 어떤 결과가 나올지 생각해 보자. 0에서 120까지의 색인들이 테이블의 13개의 범위에 맞추어질 것인지 아니면 일부만 적용될 것인지를 판단해 보자.

〈표 252〉 색인 범위 초과

```
:오케스트라======================================
          instr  1
kndx      line       0,         p3,        120              :0~120까지의 색인
kamp      tablei     kndx,      1
asig      oscil      kamp,      440,       2
out       asig*20000
          endin
;스코어 ======================================
f1  0  16     2  0  1  2  3  4  5  6  7  8  9  10  11  0       ;0~1 재조정
f2  0  16384 10  1

i1  0  2
e
```

위의 경우는 옵코드 라인이 만들어 내는 값들 중에서 0에서 12까지만 적용이 되고 그 다음부터의 값들은 테이블의 색인 범위를 벗어나게 되어 모두 값 0을 가지게 됨으로써 소리 길이의 1/10의 길이 동안에 한 번의 진폭이 적용되게 된다. 따라서 마치 스타카토와 같은 소리를 만든다.

(3) 색인 부족

바로 앞에서 색인이 범위를 초과한 경우를 보았다. 여기서는 반대로 색인이 부족한 경우를 살펴보자. 만약 색인이 부족하다면 전체 테이블의 데이터를 다 읽지 못하는 결과를 초래한다. 아래의 경우 옵코드 라인이 단지 5개의 색인을 가지고 있어 테이블에서 값 5까지만 읽어 들이게 됨으로써 악기를 연주하게 되면 비록 소리를 음표 길이대로 연주를 하지만 점차 커지다가 소리의 끝에서 갑자기 뚝 끊어지는 현상을 낳게 된다.

```
;오케스트라 = = = = = = = = = = = = = = = = = = = = = = = = = = = = = = = = = =
          instr  1
kndx      line       0,        p3,       5                    ;0~5까지의 색인
kamp      tablei     kndx,     1
asig      oscil      kamp,     440,      2
out       asig*20000
          endin
;스코어 = = = = = = = = = = = = = = = = = = = = = = = = = = = = = = = = = = = =
f1  0  16     2  0  1  2  3  4  5  6  7  8  9  10  11  0      ;0~1 재조정
f2  0  16384 10 1

i1  0  2
e
```

(4) 색인모드 1

다음의 예를 보자. 이 예는 색인과 테이블의 범위가 서로 일치하는 경우다. 그러나 테이블 옵코드의 옵션 항목이 추가되었다. 이 추가된 세 번째 항목은 옵션으로 사용하지 않을 경우 기본 값으로 0이 설정되므로 굳이 입력할 필요가 없었지만 만약 이 색인모드에 0 대신 1이 입력되는 경우를 생각해 보자. 이 색인 모드는 테이블에서 각 색인에 들어 있는 데이터를 0에서 1로 재조정하는 경우와는 달리 테이블 옵코드에서는 색인 값 중에서 0에서 1까지의 값만을 사용한다는 옵션이다. 이에 대한 시사운드 매뉴얼의 설명은 마치 색인 값들을 0에서 1까지로 재조정한다는(normalized) 뜻을 비치고 있는데 이는 잘못되었다.

아래의 경우는 옵코드 라인에서 출력되는 색인들이 0에서 12까지의 범위에서 단지 처음의 0에서 1까지의 부분만이 적용되고 그 나머지 부분들은 모두 0의 값을 갖게 되어 위와 유사한 스타카토의 결과를 낳게 된다. 즉 소리가 1/12로 줄어드는 것이다. 아래 라인 옵코드의 값 12 대신에 더 큰 값을 넣어 보자. 이 값이 크면 클수록 소리는 0과 1이 차지하는 범위는 더욱 짧아지며 값이 아주 커지면 그 소리가 너무 짧아 아예 아무런 소리도 듣지 못할 것이다.

〈표 254〉 색인 모드(0~1까지의 값만 사용)

```
;오케스트라 = = = = = = = = = = = = = = = = = = = = = = = = = = = = = = = = = = = = =
          instr  1
kndx      line        0,          p3,          12
                      ;색인        테이블 번호    색인모드(0~1까지만 사용)
kamp      tablei      kndx,       1,           1
asig      oscil       kamp,       440,         2
out       asig*20000
          endin
;스코어 = = = = = = = = = = = = = = = = = = = = = = = = = = = = = = = = = = = = = = = =
f1  0  16     2  0  1  2  3  4  5  6  7  8  9  10  11  0
f2  0  16384 10 1

i1  0  2
e
```

(5) x오프셋

x오프셋(xoffset)은 x축인 수평이라는 뜻과 그리고 한 전체 데이터의 시작점에서 주어진 한 데이터까지의 거리를 또는 거리를 나타낸 수를 의미하는 오프셋이 합쳐진 뜻이다. 즉 테이블에서 데이터를 취할 때 시작점에서 얼마만큼 떨어져서 시작할 것인지 또는 어느 지점에서 시작을 할 것인지를 지시하는 네 번째의 옵션이다.

이 xoffset의 값은 전체 테이블의 길이를 1로 해서 원하는 위치를 소수점을 이용해서 설정할 수 있다. 예를 들어 이 값에 0.5를 넣게 되면 데이터의 절반되는 지점에서 색인 읽기가 시작된다. 기본 값은 0으로서 데이터의 처음부터 시작하는 것이며 이 부분에 대한 실례는 곧 다른 문제들과 함께 예제를 통해서 제시될 것이다.

〈표 255〉 테이블의 중간지점에서 색인시작: x오프셋 0.5

		;색인	테이블 번호	색인모드	x오프셋
kamp	tablei	kndx,	1,	1,	.5

(6) 반복모드

시사운드의 매뉴얼에서는 반복한다는 보편적인 뜻을 가진 'repeat' 또는 'repetition'

대신 반복이라는 뜻은 아니지만 'wrap'(랩)이라는 용어를 사용하기를 좋아한다. 'wrap'이란 일반적으로 '둘러싸다' 또는 '둘러싸는 물건'의 뜻도 있지만 이 용어는 프로그래밍에서도 종종 사용되며 그 의미는 '어떤 하나의 끝을 잘 둘러싸서 마무리 짓는다'는 뜻을 가진다. 예를 들면 어떤 스트링(string, 텍스트)의 끝에 빈칸이 있다면 빈칸들을 제거하여 하나의 깨끗한 형태를 가지게 한다는 것이다. 결국 이 말을 확대하면 반복을 위해서 처음과 끝이 매끈하게 이어질 수 있도록 한다는 뜻을 내포하고 있다.

이 반복모드를 1로 하게 되면 앞서 색인의 초과로 짧게 소리가 났던 스타카토 소리들이 짧게 한 번만 소리 나는 것이 아니라 이 짧게 소리가 났던 부분이 소리 길이 동안 계속 반복하게 된다.

〈표 256〉 반복모드

```
;오케스트라======================================
          instr  1
kndx      line       0,        p3,       120                 ;0~120까지의 색인
                    ;색인      fn    색인모드 xoffset 반복모드
kamp      tablei     kndx,     1,  0,      0,        1
asig      oscil      kamp,     440,        2
out       asig*20000
          endin
;스코어========================================
f1  0  16    2  0  1  2  3  4  5  6  7  8  9  10  11  0     ;0~1 재조정
f2  0  16384 10 1

i1  0  2
e
```

나. 소수점 색인

잠시 왜 0에서 1까지의 범위가 중요한지를 생각해 보자. 수학적으로 1은 어떤 대상이 얼마나 크고 작든 전체를 하나로 표현하여 계산을 편리하게 만든다. 예를 들어 현재의 값이 얼마인지 알 필요 없이 절반으로 줄이려고 한다면 1을 전체를 해서 그 절반인 0.5를 곱하거나 또는 2로 나누어 그중 하나만 취하면 된다. 이와

같은 수학적인 편리함 때문에 시사운드의 젠 루틴에 의한 모든 테이블들은 최댓값으로서 1을 기본으로 하고 있다. 이미 빈번하게 사용해 온 젠 10을 비롯하여 그 외의 젠9, 젠11, 젠19, 젠30, 젠33, 젠34 등에 의해 산출되는 사인곡선 및 코사인 곡선들의 값들은 모두 그 범위가 −1에서 1까지로 되어 있으며. 여기서 −1에서 0까지는 단지 음진폭 때문이므로 결국 1을 최댓값으로 하고 있는 것이다.

요지는 직접적으로 오디오 시그널과 관련된 특히 파형과 관련된 대부분은 모두 0에서 1까지로 된 색인을 사용하며 정수로 된 색인들은 이들 오디오 시그널을 제어하기 위해서 또는 사용자 목적의 알고리즘을 위해서 사용된다는 점이다. 전자를 위한 예들은 항상 0에서 1까지의 색인들이 사용된 PM과 PWM 변조에서와 같이 모두 빠르게 움직이는 컨트롤 비율에서 그리고 이보다 더 빠르고 빈번하게 변화하는 오디오 비율에서 일어나기 때문에 정수 색인의 경우보다 더 난해하다.

따라서 소수점 색인과 테이블의 관계를 제대로 이해하기 위해서는 무엇보다도 시사운드가 어떤 원칙에 바탕을 두고 이들을 처리하는지를 파악하는 것이 가장 중요하다. 이를 위해 앞으로 전개되는 여러 예제들을 통해 서로 다른 결과들을 살펴봄으로써 시사운드의 '테이블' 옵코드를 완전히 이해할 수 있으리라 생각하며 이 내용은 차후 혼동이 생길 때에 참조하면 도움이 될 것이다.

참고로 예제에 사용된 옵코드 라인은 아무리 음표의 길이가 길든 짧든 단지 한 번의 진동만을 만들어 내기 때문에 항상 테이블을 한 번만 읽어 들인다는 점을 기억해 두고 실제 소리를 만드는 과정에서는 옵코드 '라인'만을 사용할 필요는 없을 것이다. 예를 들어 옵코드 오실을 사용해서 초당 100진동을 만든다면 이 경우는 초당 100번의 테이블을 읽게 되는 셈이다. 물론 같은 테이블의 연속적인 조회이므로 시사운드에서 처음 한 번만 읽고 같은 내용을 모든 진동에 똑같이 적용하게 된다.

1) 색인 범위 내에서

(1) 1 : 1 대응(완전한 모양)

다음 코드의 전체 내용은 먼저 옵코드 라인을 사용해서 0에서 1까지의 값을 만든 후 이를 테이블 옵코드의 색인항목에 보낸다. 옵코드 테이블은 이 색인을 이용하여 스코어의 함수테이블 1번의 상승하는 직선 모양의 그래프를 처음부터 끝까지 완전히 읽은 후 이를 출력한다. 예제에서는 쉬운 이해를 위해서 간단한 직선을 선택했지만 옵코드 라인 대신 다른 파형도 실험해 보길 바란다.

스코어에 의한 소리 길이는 1초이다. 이 1초 동안 단 하나의 상승하는 직선을 출력한다. 따라서 스피커가 진동하는 것이 아니라 1초 동안 살짝 밀려나오는 현상밖에 없기에 소리는 전혀 들을 수 없지만 아래의 그림과 같이 사운드파일로 출력하면 그 모양을 볼 수 있다.

옵코드 '라인'은 p3(음표 길이)시간 동안 0에서 1로 진행하는 오디오 시그널을 만드는데 이 라인 대신 옵코드 '페이저'를 사용해도 동일한 결과를 낳는다. 현재 테이블 옵코드의 세 번째 항목인 '색인모드'에 1을 넣어 0~1까지의 값만 사용하도록 되어 있지만 이 모드를 0으로 해도 라인이 보내는 색인이 모두 0~1까지이기 때문에 똑같은 결과를 낳는다. 그리고 그 뒤의 0의 값도 모두 옵션이며 기본 값으로 되어 있으므로 입력하지 않아도 무방하다.

〈표 257〉 1 : 1 대응 - 완전한 직선 출력

```
〈CsoundSynthesizer〉
〈CsInstruments〉
sr        =    44100
kr        =    4410
ksmps     =    10
nchnls    =    1

    instr 1         ; 전체 있는 그대로의 모양
a   line   0.  p3.  1
a   table  a.  1.  1.  0.  0   ;색인 - 파형 - (모드 - 착수 - 반복)
out  a * p4
    endin
```

〈표 258〉 1 : 1 대응 – 완전한 직선 출력 스코어

```
〈CsScore〉
f1  0   32    7   −1   32    1              ;상승하는 직선

i1   0   1    15000   1000
e
〈/CsScore〉
〈/CsoundSynthesizer〉
```

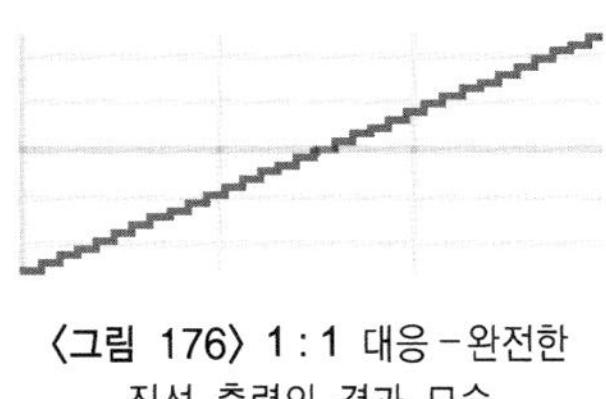

〈그림 176〉 1 : 1 대응 – 완전한
직선 출력의 결과 모습

(2) 전반 절반만

테이블의 웨이브 라인에서 전반 절반만의 내용을 음표 길이 동안 이용하고자
한다면 색인의 크기를 0에서 0.5까지로 하면 된다. 그러면 테이블의 −1에서 0까
지인 절반의 값들이 소리 길이 동안 적용될 것이다. 그리고 아래의 그림을 위의
그림과 비교해 보면 아래 선의 모양이 위의 선보다 2배로 거칠어졌다는 점도 빠
뜨려서는 안 될 것이다. 같은 오디오 비율이지만 같은 y축 위치에서 샘플들이 반
복되어 비록 샘플들의 수는 같지만 선의 모양은 거칠다. 모든 그래프들은 동일한
시간 간격에서 그리고 같은 크기의 프레임에서의 모습이다.

〈표 259〉 테이블의 전반 절반만 출력

```
   instr  2                    ;전반 절반을 전체 시간 동안
a      line    0,  p3,  .5
a      table   a,  1,  1,  0,  0
out    a * p4
   endin
;− − − − − − − − − − − − − − − − − − − − − − − − − − − − − −;스코어
f1  0  32   7   −1   32   1      ;상승하는 직선
```

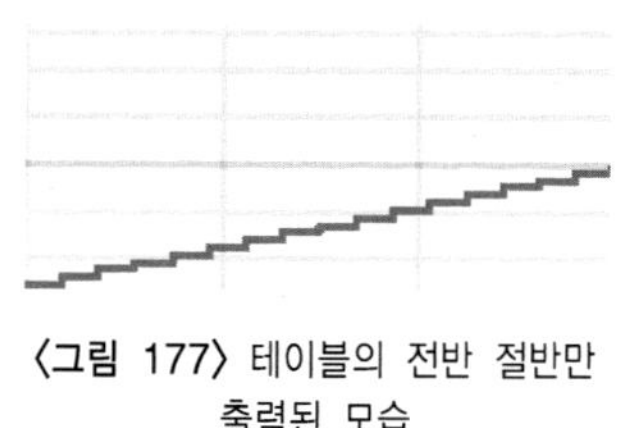

〈그림 177〉 테이블의 전반 절반만
출력된 모습

(3) 후반 절반만

테이블의 후반 절반만 사용하고자 한다면 0.5에서 1까지의 색인만 사용하면
된다.

〈표 260〉 테이블의 후반 절반만 출력

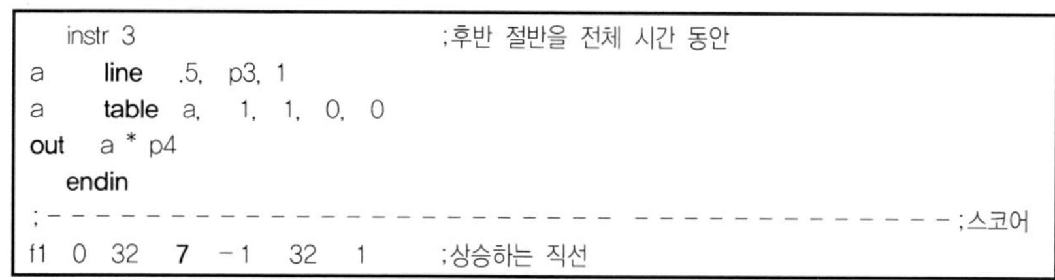

```
    instr 3                      ;후반 절반을 전체 시간 동안
a      line    .5,  p3, 1
a      table  a,   1,  1,  0,  0
out    a * p4
    endin
;-------------------------------------------------;스코어
f1  0  32   7   -1   32   1       ;상승하는 직선
```

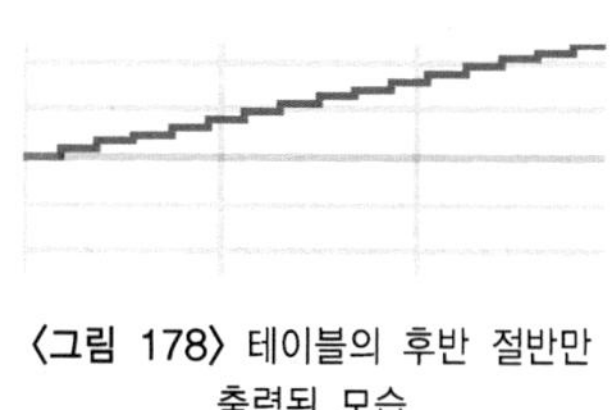

〈그림 178〉 테이블의 후반 절반만
출력된 모습

(4) 전체를 역행

테이블의 웨이브 라인이 거꾸로 된 모습을 이용하고자 한다면 시작 값을 반대
로 1에서 시작하면 된다.

〈표 261〉 전체를 역행

```
    instr 4                        ;전체를 역행, 전체 시간 동안
a       line    1, p3, 0
a       table   a, 1, 1, 0, 0
out     a * p4
    endin
; - - - - - - - - - - - - - - - - - - - - - - - - - - - - - - - - ;스코어
f1  0  32   7  - 1   32   1       ;상승하는 직선
```

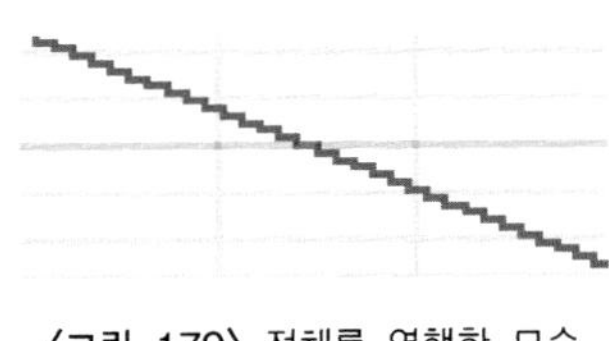

〈그림 179〉 전체를 역행한 모습

(5) 후반 절반을 역행

만약 테이블의 후반 절반만을 역행하고자 한다면 1에서 시작해서 0.5까지만으로 된 색인을 보내면 된다.

〈표 262〉 후반 절반을 역행

```
    instr 5                        ;후반 절반을 역행, 전체 시간 동안
a       line    1, p3, .5
a       table   a, 1, 1, 0, 0
out     a * p4
    endin
; - - - - - - - - - - - - - - - - - - - - - - - - - - - - - - - - ;스코어
f1  0  32   7  - 1   32   1       ;상승하는 직선
```

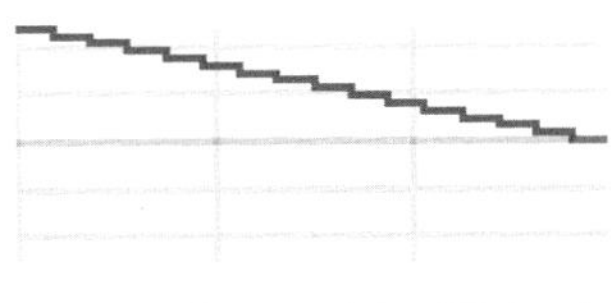

〈그림 180〉 후반 절반 역행의 모습

(6) 전반 절반을 역행

따라서 테이블의 전반 절반만을 역행하고자 한다면 0.5에서 0까지의 색인을

보내면 될 것이다.

〈표 263〉 전반 절반을 역행

```
   instr 6                    ; 전반 절반을 역행, 전체 시간 동안
a     line   .5,  p3,  0
a     table  a,  1,   1,  0,  0
out   a * p4
   endin
;- - - - - - - - - - - - - - - - - - - - - - - - - - - - - - - - -;스코어
f1  0  32  7  -1  32  1   ;상승하는 직선
```

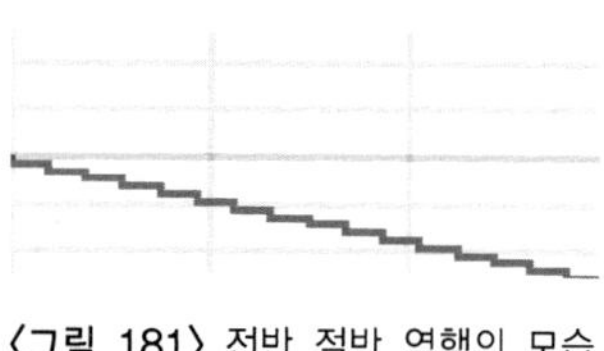

〈그림 181〉 전반 절반 역행의 모습

2) 색인의 범위가 작은 경우

여기서는 테이블로 보내는 색인들의 범위가 테이블의 크기보다 작은 경우를 생각해 보자. 즉 테이블 내의 모양을 일부분만 이용하는 경우다.

(1) 테이블의 일부분만

다음의 예는 테이블의 중간 부분만 이용한 예다. 사용하는 색인의 수가 현격히 줄어들어 전체 선의 모습이 아주 거친 모양을 하고 있다.

〈표 264〉 테이블의 중간 부분만 이용

```
   instr 15                   ;.4에서 .6까지를 전체 시간 동안
a     line   .4,  p3,  .6
a     table  a,  1,   1,  0,  0
out   a * p4
   endin
;- - - - - - - - - - - - - - - - - - - - - - - - - - - - - - - -스코어
f1  0  32  7  -1  32  1   ;상승하는 직선
```

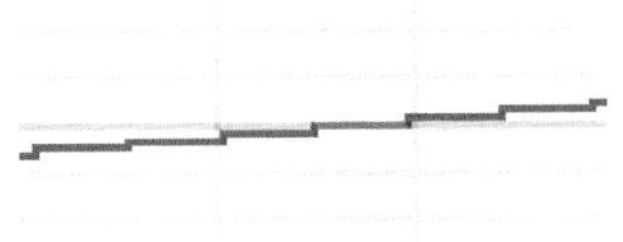

<그림 182> 중간 부분만 이용된 결과

(2) 테이블의 일부분만 역행

앞서의 역행에서와 마찬가지로 값이 큰 색인을 먼저 시작하면 된다.

<표 265> 테이블의 일부분만 역행하는 경우

```
    instr 16    ; .6에서 .4까지를 전체 시간 동안
a      line  .6,  p3,  .4
a      table a,  1,   1,  0,  0
out    a * p4
    endin
;- - - - - - - - - - - - - - - - - - - - - - - - - - - - - - -스코어
f1  0  32   7   -1   32   1    ;상승하는 직선
```

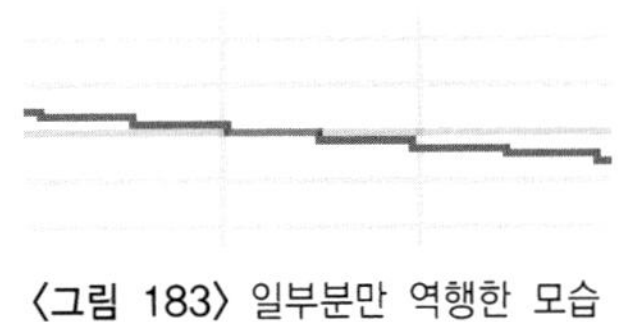

<그림 183> 일부분만 역행한 모습

3) 섬세한 오디오 시그널

위에서 본 바와 같이 테이블의 일부분만 사용할 경우 결국 오디오 시그널의 결과는 거칠어지는 단점이 있다. 이를 해결하는 방법은 테이블의 크기를 증가하면 된다. 그러나 이 테이블의 크기를 아무리 증가한다 해도 그 한계는 있다. 예를 들면 시디 음질에서는 초당 44,100개의 샘플로 고정되어 있기 때문에 만약 220Hz의 소리를 낸다면 한 번의 진동이 약 200개(22,050/220 또는 44,100/440)의 샘플들로 이루어진다. 따라서 아무리 테이블에서 큰 사이즈를 잡더라도 시사운드에서는 어쩔 수가 없는 것이다. 그러나 현재 예제에서 사용하고 있는 테이블

의 크기는 실제 소리를 위한 테이블이 되기는 너무 작다. 따라서 이 크기를 넉넉히 해 준다면 매끈한 모양의 시그널을 출력할 수 있을 것이다. 다음의 그림은 바로 위 예제 0.6에서 0.4로 된 색인 값을 사용한 같은 내용에서 테이블의 크기를 4,096으로 증가한 후 출력한 것이다.

〈표 266〉 테이블의 크기 증가

```
    instr 16    ; .6에서 .4까지를 진제 시간 동안
a      line   .6,  p3,  .4
a      table  a,  1,  1,  0,  0
out    a * p4
    endin7
;- - - - - - - - - - - - - - - - - - - - - - - - - - - - - - - - - - - - - -스코어
f1 0 4096   7  - 1   4096   1      ;상승하는 직선
```

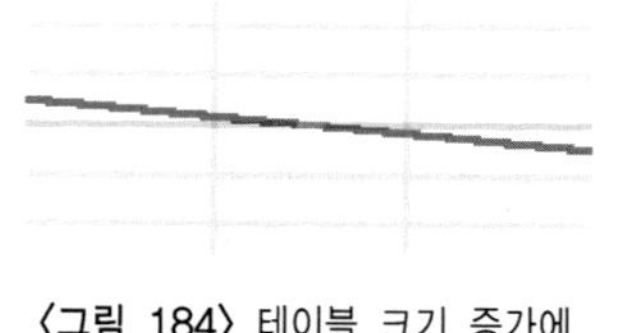

〈그림 184〉 테이블 크기 증가에
따른 매끈한 모양

4) 색인의 일부 이탈

(1) 색인 크기가 위쪽에서 이탈

만약 색인의 범위가 쉬운 계산을 위해서 테이블 크기의 2배가 된다면 그리고 이 절반만이 테이블에 사용된다면 어떻게 될 것인가. 그러면 소리가 시작된 후 색인의 절반쯤에 이르렀을 때 테이블의 전체 선의 모양이 출력될 것이다. 그러나 그 다음에는 색인 범위가 초과되어 아무 값도 얻지 못하기 때문에 계속 바로 전의 같은 값을 이어받아 출력하게 된다.

예제에서는 시각적인 뚜렷함을 위해 색인 크기를 2배로 했지만 색인이 테이블 범위를 위쪽으로 초과하는 경우 그 남은 색인들은 모두 바로 전의 마지막 값을 가지게 된다. 이 원칙은 테이블의 경우만이 아니라 모든 컨트롤 및 오디오 시그

널이 계산될 때도 마찬가지로 적용된다.

〈표 267〉 색인 범위가 위쪽에서 이탈

```
    instr 7        ;전체가 절반으로 축소, 후반 절반은 마지막 값의 연속
a     line   0, p3, 2
a     table  a, 1,  1, 0, 0
out   a * p4
    endin
; - - - - - - - - - - - - - - - - - - - - - - - - - - - - - - - - -스코어
f1  0  32   7   -1   32   1    ;상승하는 직선
```

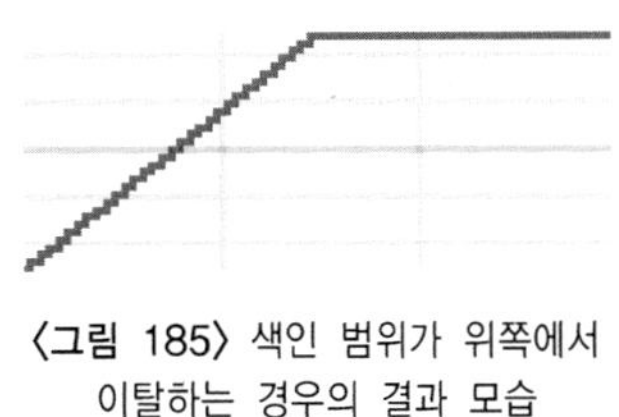

〈그림 185〉 색인 범위가 위쪽에서
이탈하는 경우의 결과 모습

(2) 색인의 범위가 아래쪽에서 이탈

위의 경우처럼 색인의 범위가 테이블보다 크고 그 초과되는 부분이 0보다 작은 경우는 이 0보다 작은 색인들은 테이블로부터 값을 얻지 못하므로 계속 0의 값을 유지하다가 색인 값이 0을 넘으면서 비로소 테이블의 값을 얻게 된다.

〈표 268〉 색인의 범위가 아래쪽에서 이탈

```
    instr 8    ; 전체가 절반으로 축소, 전반 절반은 테이블 첫 값의 연속
a     line   -1, p3, 1
a     table  a, 1,  1, 0, 0
out   a * p4
    endin
; - - - - - - - - - - - - - - - - - - - - - - - - - - - - - - - -스코어
f1  0  32   7   -1   32   1    ;상승하는 직선
```

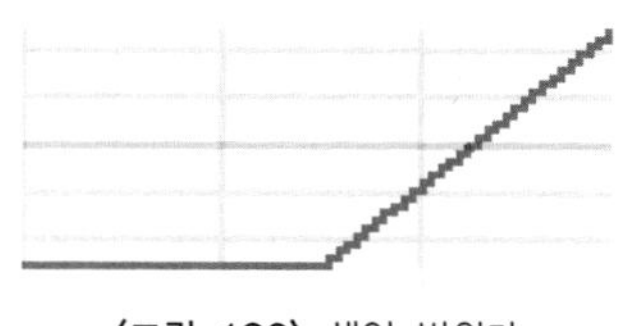

<그림 186> 색인 범위가
아래쪽에서 벗어난 경우의 결과

(3) 색인 역행: 위쪽이 초과

다음은 색인이 테이블의 범위를 초과하는 큰 값에서 거꾸로 시작하는 경우를
보자. 이 경우는 처음에 범위를 벗어나기 때문에 0의 값으로 시작한다고 생각할
수 있지만 큰 값에서 시작하기 때문에 범위에 들어설 때까지 계속 최댓값인 1을
유지하게 된다. 따라서 시사운드는 테이블과 색인을 시간에 따른 오디오 비율에
맞춘 후 범위에 들어서는 첫 번째 값을 기준으로 테이블 범위를 이탈한 색인에
값을 넘긴다. 즉 첫 번째로 테이블의 범위에 들어서는 값이 예를 들어 0.4라면
그 이전의 값들은 모두 0.4를 받게 된다.

<표 269> 역행하는 색인의 위쪽이 테이블 범위를 벗어남

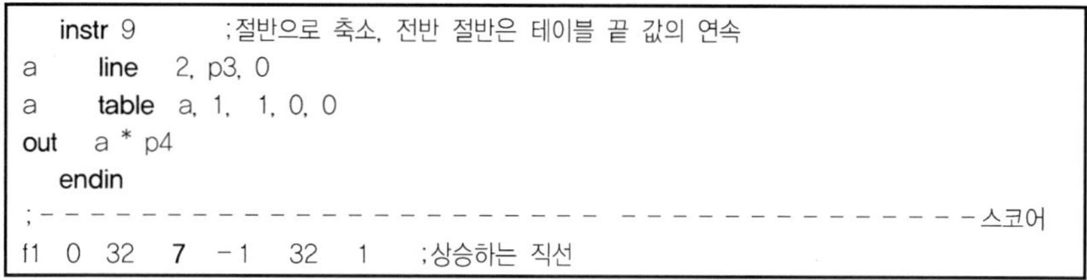

```
   instr 9        ;절반으로 축소, 전반 절반은 테이블 끝 값의 연속
a     line   2, p3, 0
a     table  a, 1,  1, 0, 0
out   a * p4
   endin
;- - - - - - - - - - - - - - - - - - - - - - - - - - - - - - - - - -스코어
f1  0  32   7   - 1   32   1      ;상승하는 직선
```

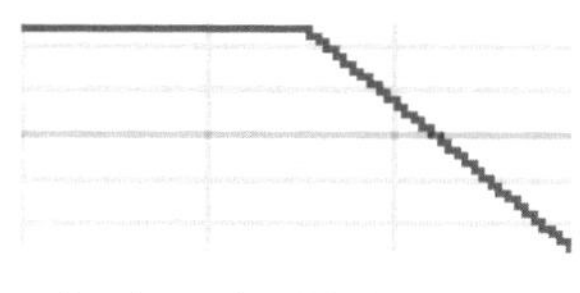

<그림 187> 역행하는 색인의
위쪽이 테이블 범위를 벗어난 결과

(4) 색인 역행: 아래쪽이 초과

다음의 코드는 색인의 값이 역행하며 0보다 작은 값이 있는 경우다. 범위를

벗어난 색인들은 마지막 범위에 속하는 색인이 받은 값을 계속 유지한다.

〈표 270〉 색인이 역행하며 아래쪽이 이탈하는 경우

```
    instr 10    ; 전체 역행 및 절반으로 축소, 후 절반은 마지막 값의 연속
a      line   1, p3, -1
a      table  a, 1,  1, 0, 0
out    a * p4
    endin
;- - - - - - - - - - - - - - - - - - - - - - - - - - - - - - - -스코어
f1   0   32   7   -1   32   1    ;상승하는 직선
```

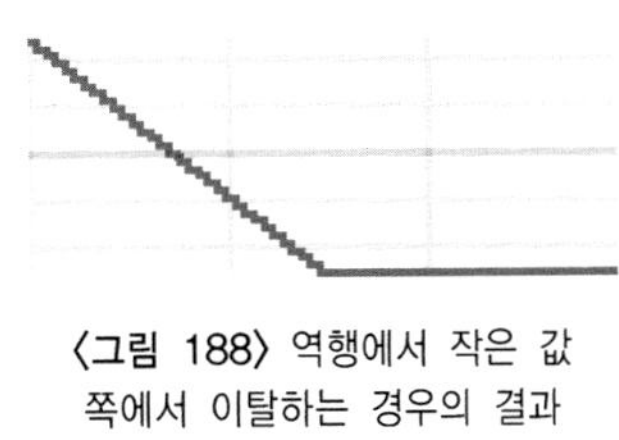

〈그림 188〉 역행에서 작은 값
쪽에서 이탈하는 경우의 결과

(5) 색인의 양쪽이 초과

다음의 내용은 색인의 범위가 테이블보다 커서 아래/위 양쪽으로 다 벗어나는
경우다. 이와 같은 경우는 테이블의 그래프가 가운데에 위치하고 그 전후로는 각
각 테이블에 진입하는 첫 번째와 벗어나기 전 마지막 값이 적용된다.

〈표 271〉 색인 범위의 양쪽이 테이블 범위를 초과하는 경우

```
    instr 11     ; 전체가 1/3로 축소, 앞 1/3은 테이블의 시작 값-끝 1/3은    ;마지막 값의 연속
a      line   -1,  p3, 2
a      table  a, 1,  1, 0, 0
out    a * p4
    endin7
;- - - - - - - - - - - - - - - - - - - - - - - - - - - - - - - -스코어
f1   0   32   7   -1   32   1    ;상승하는 직선
```

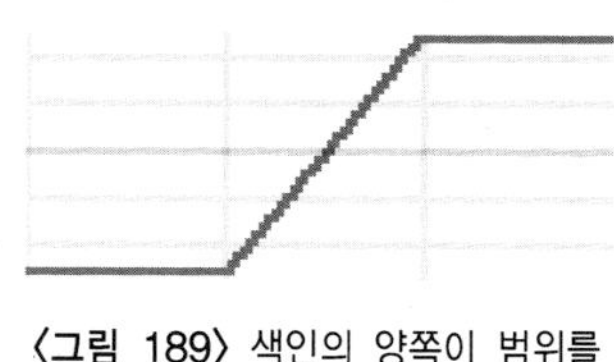

〈그림 189〉 색인의 양쪽이 범위를
초과하는 경우의 결과 모습

(6) 역행된 색인의 양쪽이 초과

이 경우는 위의 경우가 완전히 수직적으로 거꾸로 된 모양이 된다.

〈표 272〉 역행된 색인 범위의 양쪽이 모두 초과하는 경우

```
    instr 12    ;전체 역행 및 1/3로 축소, 앞 1/3은 테이블의
                ;시작 값 - 끝 1/3은 마지막 값의 연속
a    line    2,  p3,  -1
a    table   a,  1,   1,  0,  0
out  a * p4
    endin
;- - - - - - - - - - - - - - - - - - - - - - - - - - - - - - - - -스코어
f1  0  32  7  -1  32  1    ;상승하는 직선
```

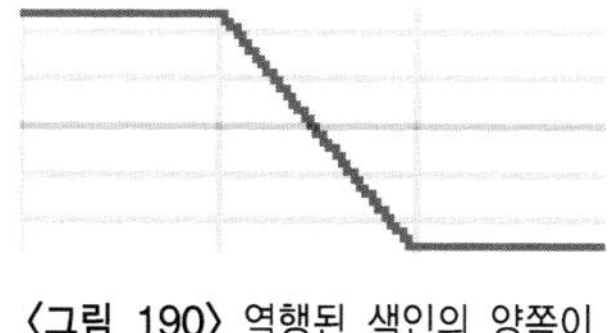

〈그림 190〉 역행된 색인의 양쪽이
초과된 경우의 결과 모습

5) 전체 색인의 범위 초과

전체 색인이 테이블의 범위를 초과하게 되면 초과하는 범위가 테이블의 위쪽
에 위치하는 경우는 테이블의 최댓값이 그리고 아래쪽에 위치하는 경우는 최솟
값이 소리의 길이 동안 유지하게 되며 진동이 없으므로 아무런 소리는 나지 않
는다.

(1) 전체 색인이 아래쪽으로 범위 초과

다음은 전체 색인의 범위가 모두 테이블 범위의 아래쪽에 있게 되는 결과로서 완전한 0의 소리를 만들고 있다.

〈표 273〉 전체 색인이 테이블의 범위 아래쪽에 있는 경우

```
    instr 13   ; 전체 범위 아래로 초과 테이블의 최솟값의 연속
a    line   -2,  p3,  0
a    table  a,  1,   1, 0, 0
out   a * p4
    endin
;- - - - - - - - - - - - - - - - - - - - - - - - - - - - - - - - -스코어
f1  0  32  7  -1  32  1    ;상승하는 직선
```

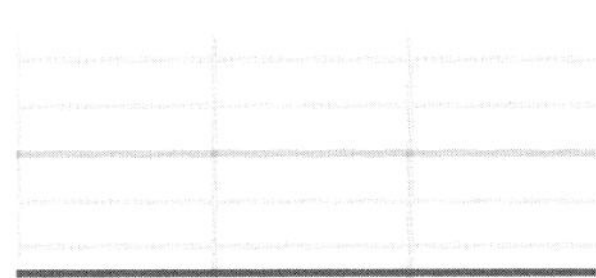

〈그림 191〉 전체 색인이 테이블의
범위 아래쪽에 있는 경우의 결과

(2) 전체 색인이 위쪽으로 범위 초과

다음은 전체 색인의 범위가 모두 테이블 범위를 넘어선 위쪽에 있는 상태로서 모든 색인들이 최댓값 1만을 가지게 된다.

〈표 274〉 전체 색인이 테이블의 최댓값보다 큰 경우

```
    instr 14     ;전체 색인이 위로 초과, 테이블의 최댓값의 연속
a    line   1,  p3,  2
a    table  a,  1,   1, 0, 0
out   a * p4
    endin
;- - - - - - - - - - - - - - - - - - - - - - - - - - - - - - - -스코어
f1  0  32  7  -1  32  1    ;상승하는 직선
```

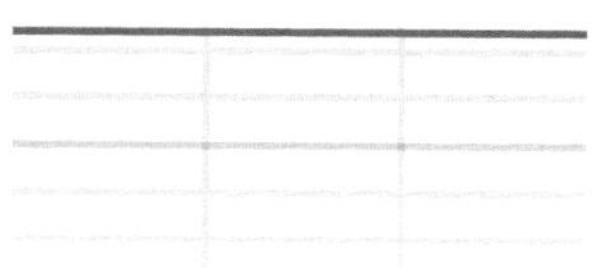

<그림 192> 전체 색인이 테이블의
최댓값보다 큰 경우의 결과 모양

6) 색인의 반복

만약 소리의 길이 동안 테이블의 웨이브를 한 번 이상 반복하고자 한다면 0~
1의 색인을 원하는 만큼 반복하면 될 것이다. 이를 위한 예제로서 단 하나의 직
선만을 만들 수 있는 라인 대신 원하는 만큼의 직선을 만들 수 있는 린세그 옵
코드가 사용되었다.

(1) 위로 아래로

아래의 예는 2개의 직선을 사용하여 0에서 1로 그리고 다시 0으로 돌아오는
그래프를 만든다. 현재 양쪽 선들이 소요하는 시간을 똑같이 정했지만 시간을 다
르게 한다면 다양한 모양을 얻을 수 있을 것이다.

<표 275> 전체 색인의 2번 반복(위/아래로 각각 1번)

```
    instr 17                      ;전체를 위로 아래로 각각 1번씩
a    linseg  0, p3/2, 1, p3/2, 0
a    table   a,    1, 1,   0, 0
out   a * p4
    endin
;- - - - - - - - - - - - - - - - - - - - - - - - - - - - - - - -스코어
f1  0  32  7  -1  32  1    ;상승하는 직선
```

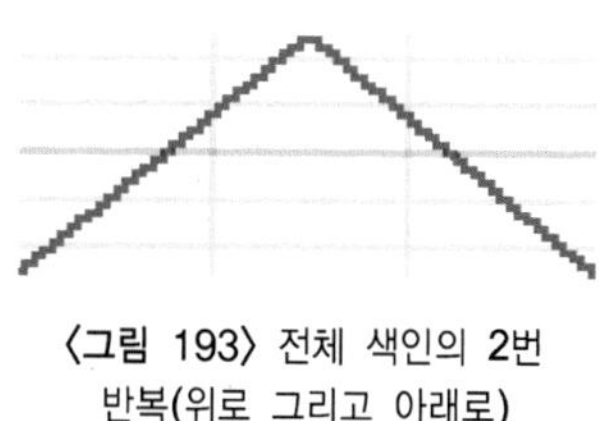

<그림 193> 전체 색인의 2번
반복(위로 그리고 아래로)

(2) 아래로 위로

다음은 동일한 구조에서 반대로 최대 색인 값에서 최솟값으로 내려갔다가 다시 원래 위치로 돌아오게 한 경우다.

<표 276> 전체 색인의 2번 반복(아래/위로 각각 1번)

```
    instr  18                    ;아래로 위로 전체를 각각 1번씩
a      linseg   1,  p3/2,  0,  p3/2,  1
a      table    a,  1,      1,  0,     0
out    a * p4
    endin
; - - - - - - - - - - - - - - - - - - - - - - - - - - - - - -스코어
f1   0   32   7   -1   32   1    ;상승하는 직선
```

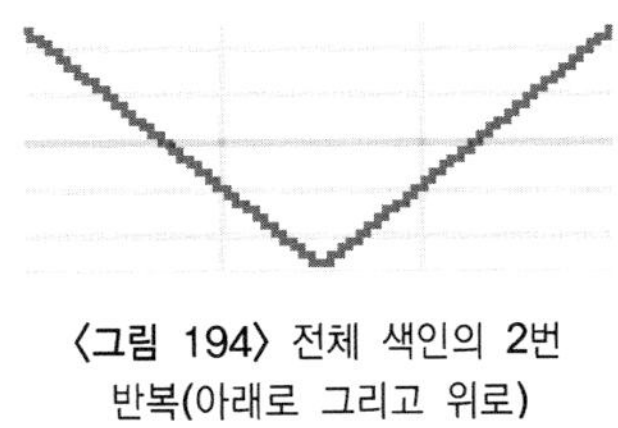

<그림 194> 전체 색인의 2번
반복(아래로 그리고 위로)

7) 다른 오프셋에서

여기서는 옵코드 테이블의 4번째 항목인 오프셋 위치를 이용해서 테이블의 다른 위치에서 데이터를 읽어 본다. 이 오프셋이 바뀌게 되면 잠시 혼란이 올 것이다. 잠시 골몰해서 시사운드가 가지고 있는 규칙을 파악해 보자.

(1) 가운데에서: 1

만약 테이블이 이분되는 정중앙에서 시작한다면 그리고 아래 표의 옵코드 테이블의 마지막 항목인 반복모드가 0으로 되어 있는 경우는 앞쪽의 절반은 전혀 사용될 수가 없다는 점을 기억해야 한다. 따라서 사용할 수 있는 테이블의 데이터는 단지 후반 절반의 0에서 1까지의 값만으로 이루어져 아래의 결과 그림처럼

- 1에서 0까지의 모습은 전혀 나타나지 않는다.

그 다음 이 스코어에서 남은 문제는 린세그에서 만들어진 색인들이 역행을 하
다가 다시 0에서 시작해서 1로 가고 있는 점이다. 따라서 소리가 시작되면 테이
블 옵코드는 테이블의 제일 끝 부분에서 거꾸로 값을 읽어 오게 된다. 이 과정에
서 이들 색인 값들 중에서 0.5에서 0까지는 범위를 초과하게 되므로 1에서 0.5까
지 먼저 선을 그리고 그 다음 0.5에서 0까지는 범위를 초과하게 되므로 0.5의 값
을 첫 1/4 지점에서 가운데까지 계속 유지할 것 같지만 시사운드에서는 그렇게
처리하지 않는다.

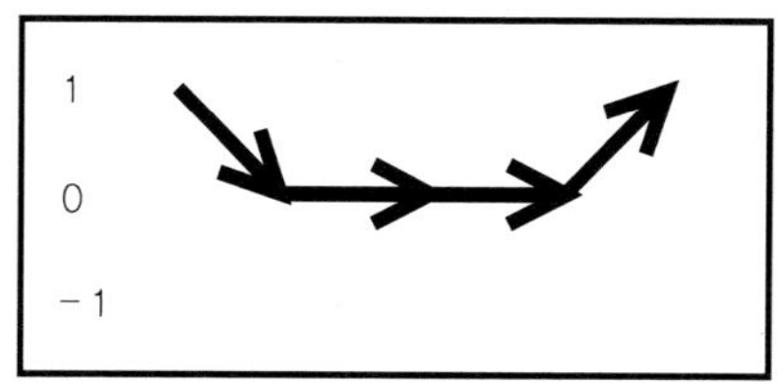

〈그림 195〉 잘못된 판단

시사운드에서는 앞의 절반은 아예 없다고 생각하고 계산한다. 따라서 우선 첫
번째로 사용하고자 하는 테이블의 값은 - 1에서 1까지가 아니고 0에서 1까지의
값을 가지고 있는 테이블이라고 간주한다. 그리고 두 번째는 원래의 색인은 - 1
에서 1까지를 위한 색인이었지만 현재 테이블 길이는 0에서 1까지로 그 수직적
인 깊이가 절반으로 축소되었으므로 색인의 위쪽 절반은 그 범위를 초과하게 되
어 하행하는 한 번의 색인들의 절반은 최댓값을 유지하다가 1/4 지점에서 0으로
내려가고 남은 절반은 상행을 하다가 초과된 절반도 3/4 지점에서 더 이상 올라
갈 수가 없어 최댓값을 계속 유지하게 되는 것이다. 따라서 실제 결과는 아래의
그림과 같다.

```
    instr 19    ;1/4을 1로, 2/4 동안 0으로, 3/4 동안 1로, 4/4를 1로 계속
a     linseg   1,  p3/2,  0,  p3/2,  1
                              ;오프셋 반복모드
a     table    a,  1,     1,  .5,    0
out   a * p4
    endin
;- - - - - - - - - - - - - - - - - - - - - - - - - - - - - - - -스코어
f1  0  32  7  -1  32  1    ;상승하는 직선
```

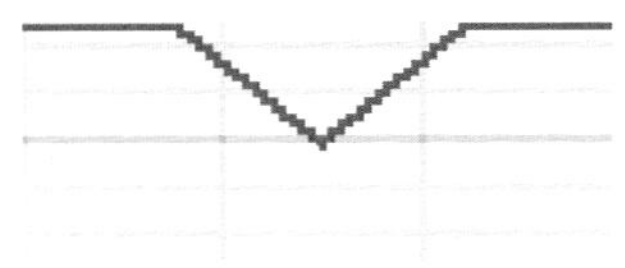

〈그림 196〉 오프셋이 테이블의
중앙에 있는 경우의 모습

(2) 가운데에서: 2

만약 위의 내용에 의문이 있다면 아래의 코드를 살펴보자. 아래의 조건은 위의
경우와 동일하다. 다만 오프셋이 0.5에서 0.9로 바뀌었다. 따라서 이용할 수 있는
테이블의 범위는 더욱 축소되어 1/10인 0.1뿐인 경우다. 이 때문에 위의 경우는
2개의 선이 차지하는 길이가 소리 길이의 절반이었지만 이제는 1/10밖에 되지
않는다. 그 외의 설명은 위와 동일하다. 길이가 1/10로 줄었으므로 수직적인 깊
이도 그만큼 비례하여 줄어들게 되었다. 따라서 원래의 -1에서 1까지를 깊이를
위해 만들어졌던 색인들이 다 사용될 수가 없어 대부분의 색인들은 최댓값만을
연속하다가 1/10의 절반인 1/20만이 하행하고 그리고 후반 절반에서 1/20의 길이
동안 상행한 후 계속 최댓값만을 가지게 되는 것이다.

```
   instr 20        ;4.5/10을 1로, 0.5/10 동안 0.8로, 0.5/10 동안 1로, 4.5/10를 1로 계속
a     linseg   1,  p3/2,  0,  p3/2,  1
a     table    a,  1,  1,  .9,   0              ;오프셋이 0.9
out   a * p4
   endin
;- - - - - - - - - - - - - - - - - - - - - - - - - - - - - - - - - - - - -스코어
f1  0  32   7   -1   32   1      ;상승하는 직선
```

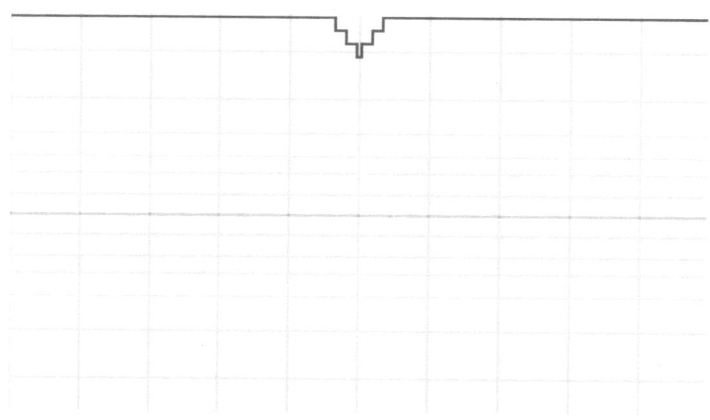

〈그림 197〉 오프셋이 테이블의 9/10 지점에 있는 경우의 모습

8) 반복모드

이제 테이블의 마지막 옵션 항목인 반복모드를 살펴보자. 이 반복모드는 오프셋 항목보다 더 빈번히 사용되는 항목이며 이에 관련한 여러 가지 새로운 규칙들이 있기 때문에 주의 깊게 살펴봐야 할 것이다.

반복모드의 요지는 다음과 같다. 반복은 항상 색인의 범위가 테이블의 범위를 벗어날 때만 일어난다. 그리고 오프셋을 시작점 이외의 다른 위치에 둘 때도 사실상 색인 범위가 벗어나게 되는 경우이므로 반복이 일어나게 된다. 여기서 반복이라는 의미는 같은 모양을 반복한다는 의미도 있지만 또한 테이블의 끝에 도달했을 경우 남은 색인이 이전의 같은 값을 계속 이어 가는 대신 앞부분을 다시 읽는 경우도 포함된다.

그 외에는 반복모드를 사용한다 해도 아무런 다른 점이 발생하지 않는다. 여기서 색인의 범위가 벗어난다는 의미는 일부만 벗어나는 경우는 물론 완전히 범위 밖에 있는 경우도 모두 포함된다. 앞서 본 바와 같이 반복모드를 사용하지 않는 경우는 색인의 전체 범위가 벗어나게 되어 0이나 1의 값만을 모든 색인들이 갖게 되지만 반복모드를 사용하는 경우는 이와 같은 경우를 포함해서 어떠한 경우에도 테이블의 값을 읽게 되므로 의도한 바와는 다를 수 있지만 소리는 나게 된다. 그러면 이제 이에 대한 규칙을 한번 살펴보자.

(1) 반복 없는 경우

앞서의 기억을 되살릴 겸 해서 먼저 반복이 없는 경우를 잠깐 보기로 하자. 아래의 코드는 색인의 범위는 0에서 1까지이므로 전체 테이블 범위를 정확히 한 번 읽게 되지만 테이블의 읽는 오프셋이 0.5로 되어 있어 후반의 절반만 읽게 되고 남은 색인들은 모두 테이블의 마지막 값만 가지게 되는 경우다.

〈표 279〉 반복 없는 경우

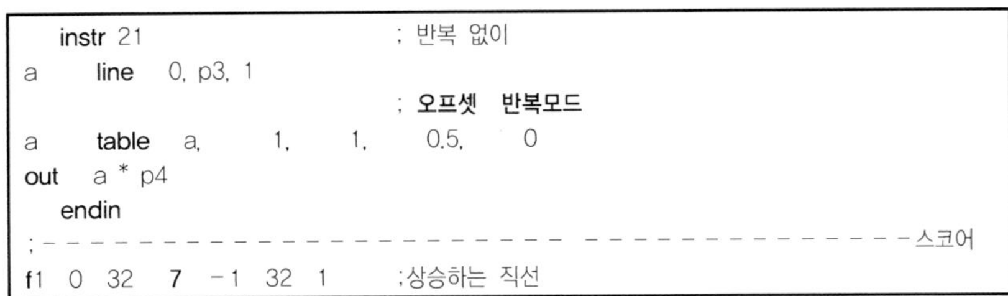

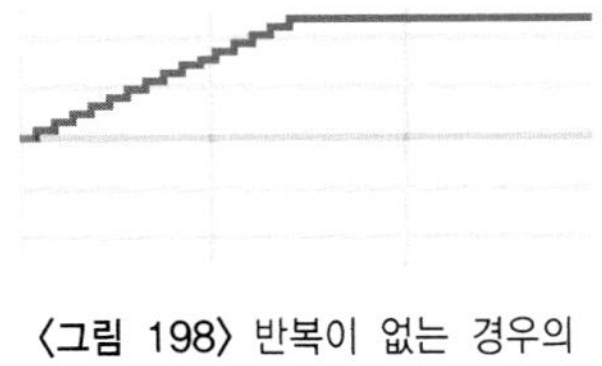

〈그림 198〉 반복이 없는 경우의
결과

(2) 반복이 있는 경우

그러면 똑같은 상황에서 반복모드가 적용된 경우를 보자. 첫 절반은 동일하지만 반복모드가 적용된 경우 범위가 초과된 색인들은 테이블의 앞부분으로 가서 중간까지 테이블을 읽게 되므로 아래 그림과 같은 결과가 나타난다.

〈표 280〉 반복이 있는 경우

```
    instr 22                        ;반복모드 적용
a      line   0,  p3,  1
                     ;fn  색인모드  오프셋  반복모드
a      table   a,   1,    1,     0.5,      1
out    a * p4
    endin
; - - - - - - - - - - - - - - - - - - - - - - - - - - - - - - -스코어
f1  0  32   7  - 1   32   1     ;상승하는 직선
```

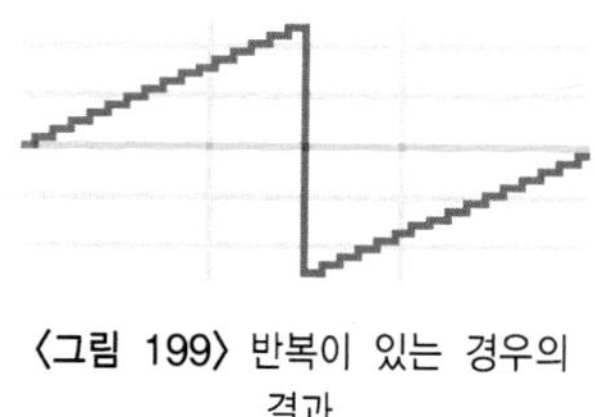

〈그림 199〉 반복이 있는 경우의
결과

(3) 색인의 일부 이탈

가) 음수의 경우

다음의 경우에서 반복모드가 없다면 −1에서 0까지에 의해 첫 절반은 모두 0으로 채워진다. 그리고 후반 절반은 0에서 1까지 완전한 하나의 직선을 그릴 것이다. 그러나 반복모드가 적용되면 모든 음수 범위가 '1'단위로 구분되어 적용된다. 즉 −1에서 0까지가 0에서 1까지로 구분됨으로써 결국 0에서 1까지의 테이블 값이 2번 적용되는 결과를 낳는다.

〈표 281〉 색인의 전체 이탈 + 범위 1

```
    instr 28                        ; 반복모드 1
a      line   - 1,  p3,  1
a      table   a,  1,   1,  0,  1
out    a * p4
    endin
; - - - - - - - - - - - - - - - - - - - - - - - - - - - - - - -스코어
f1  0  32   7  - 1   32   1     ;상승하는 직선
```

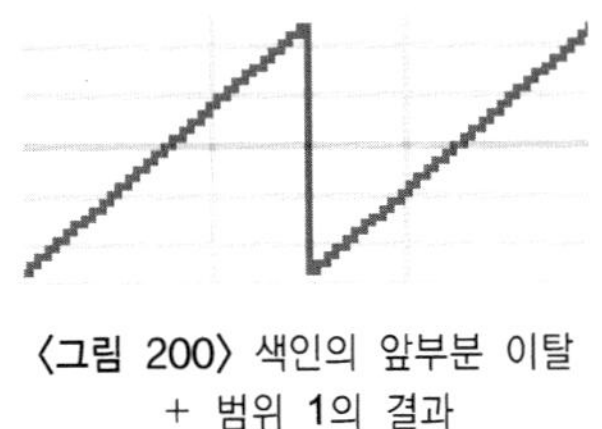

〈그림 200〉 색인의 앞부분 이탈
+ 범위 1의 결과

　다음의 경우는 -1.5에서 0.5까지이므로 색인의 전체 길이가 1.5가 된다. 따라서 0에서 1까지 1번의 완전한 상행 직선과 0에서 0.5까지 범위에 해당되는 테이블의 앞 절반이 출력된다.

〈표 282〉 색인의 전체 이탈 + 범위 0.5

```
    instr 29                    ; 반복모드 2
a       line    - 1,  p3, .5
a       table   a,   1,  1,  0,  1
out     a * p4
    endin
; - - - - - - - - - - - - - - - - - - - - - - - - - - - - - - 스코어
f1   0   32    7   - 1    32    1     ;상승하는 직선
```

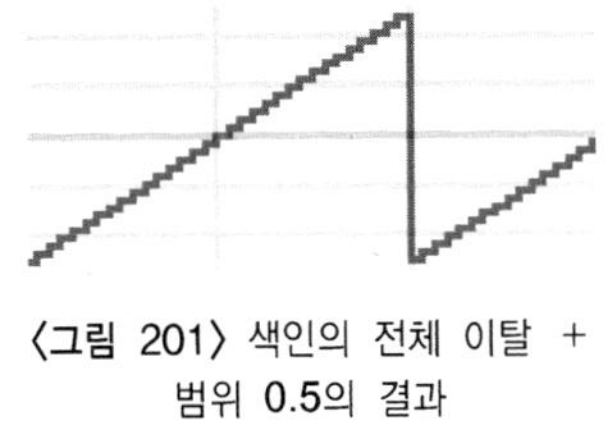

〈그림 201〉 색인의 전체 이탈 +
범위 0.5의 결과

　위와 같은 경우를 다른 값에서 한 번 더 살펴보자. 아래의 예는 -1에서 0.25이므로 -1에서 0까지 전체 테이블이 한 번 읽히고 0에서 0.25까지에 의해 테이블의 1/4이 읽힌다.

〈표 283〉 색인의 전체 이탈 + 범위 0.25

```
   instr 30                    ; 반복모드 3
a      line    - 1,   p3,  .25
a      table   a,  1,   1,   0,  1
out    a * p4
   endin
;- - - - - - - - - - - - - - - - - - - - - - - - - - - - - - - - - - - - - - -스코어
f1  0  32   7   -1    32   1    ;상승하는 직선
```

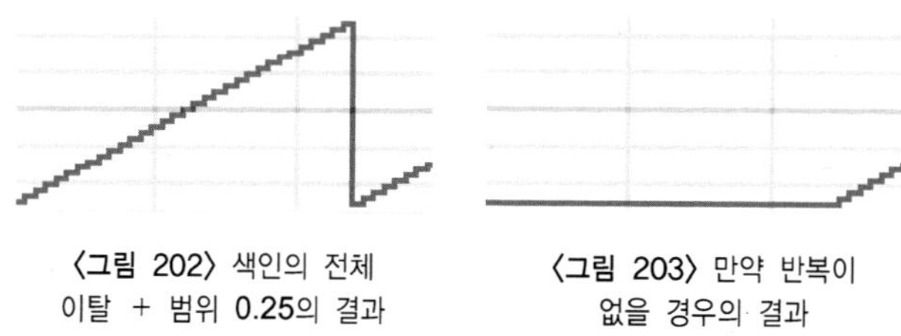

〈그림 202〉 색인의 전체 이탈 + 범위 0.25의 결과

〈그림 203〉 만약 반복이 없을 경우의 결과

나) 양수의 경우

양수의 경우도 음수와 마찬가지이므로 간단히 두 개의 예만 제시한다. 다음의 경우 0.5에서 1까지는 테이블의 후반 절반을 읽고 그 이후의 테이블 범위를 벗어난 1에서 2까지는 0에서 1까지로 취급되어 다시 한 번의 완전한 직선을 그리게 된다.

〈표 284〉 색인의 범위 0.5 + 양수 이탈

```
   instr 37
a      line   .5,  p3,  2
a      table  a,   1,   1, 0, 1
out    a * p4
   endin
;- - - - - - - - - - - - - - - - - - - - - - - - - - - - - - - - - - - - - - - -스코어
f1  0  32   7   -1    32   1    ;상승하는 직선
```

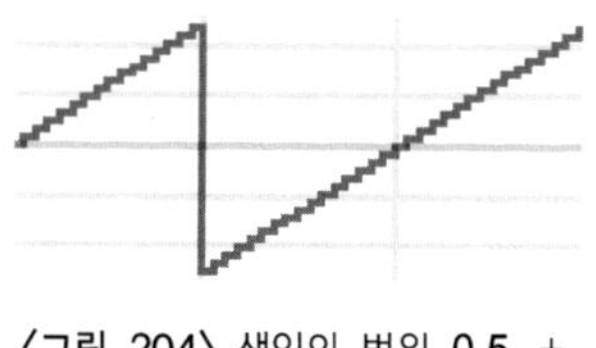

〈그림 204〉 색인의 범위 0.5 + 양수 이탈의 결과

다음의 경우는 테이블 범위가 후반의 끝 1/4과 범위를 벗어난 1/4 부분을 위한 색인을 테이블 옵코드가 처리한 결과이다.

〈표 285〉 색인의 범위 0.25 + 이탈 범위 0.25

```
    instr 40
a      line   .75,  p3,  1.25
a      table  a,  1,   1,  0,  1
out    a * p4
    endin
; ─────────────────────────────────────────── ─스코어
f1  0  32   7  −1   32   1     ;상승하는 직선
```

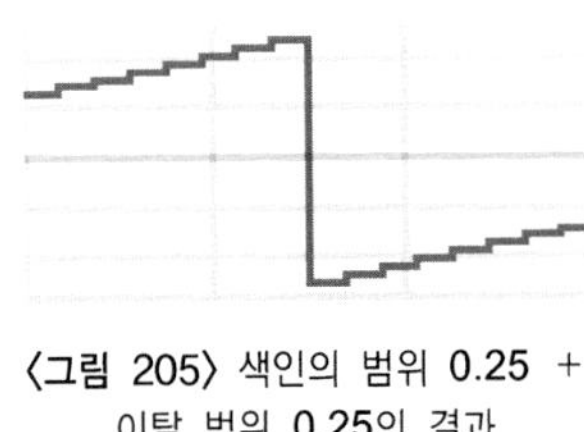

〈그림 205〉 색인의 범위 0.25 +
이탈 범위 0.25의 결과

(4) 색인의 전체 이탈

여기서는 색인 범위 전체가 아예 테이블 밖에 있는 경우를 보자. 그럼에도 반복모드가 적용되었을 경우에는 모든 벗어난 부분을 0에서 1까지의 단위로 재조정해서 테이블을 읽게 된다. 따라서 아래의 경우는 0에서 1까지로 된 경우와 동일하게 나타난다.

〈표 286〉 색인의 전체 이탈

```
    instr 32
a      line   −1,  p3,  0
a      table  a,  1,   1,  0,  1
out    a * p4
    endin
; ─────────────────────────────────────────── ─스코어
f1  0  32   7  −1   32   1     ;상승하는 직선
```

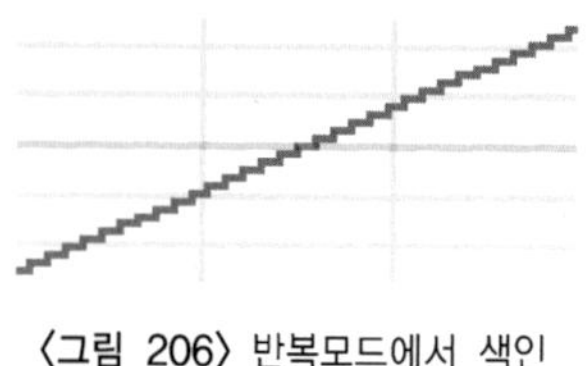

〈그림 206〉 반복모드에서 색인
전체가 이탈된 경우의 결과

다음은 테이블 전체를 2번 반복하는 예다.

〈표 287〉 테이블 전체를 두 번 반복

```
    instr 33
a     line    -2, p3, 0          ;전체 두 번 반복
a     table   a, 1, 1, 0, 1
out   a * p4
    endin
;- - - - - - - - - - - - - - - - - - - - - - - - - - - - - - - - - - - - -스코어
f1  0  32  7  -1  32  1      ;상승하는 직선
```

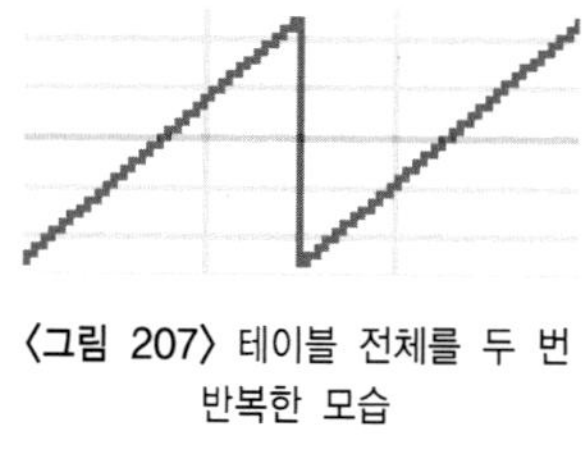

〈그림 207〉 테이블 전체를 두 번
반복한 모습

다음의 예는 라인 옵코드에서 -6에서 -3까지 색인을 만든다. 따라서 -6에서, -5에서 그리고 -4에서 테이블 전체를 각각 한 번씩 읽게 되므로 모두 세 번의 반복이 일어난다.

〈표 288〉 테이블 전체를 세 번 반복

```
    instr 34                    ; 반복모드 7
a     line    -6, p3, -3        ;전체 세 번 반복
a     table   a, 1, 1, 0, 1
out   a * p4
    endin
;- - - - - - - - - - - - - - - - - - - - - - - - - - - - - - - - - - - -스코어
f1  0  32  7  -1  32  1      ;상승하는 직선
```

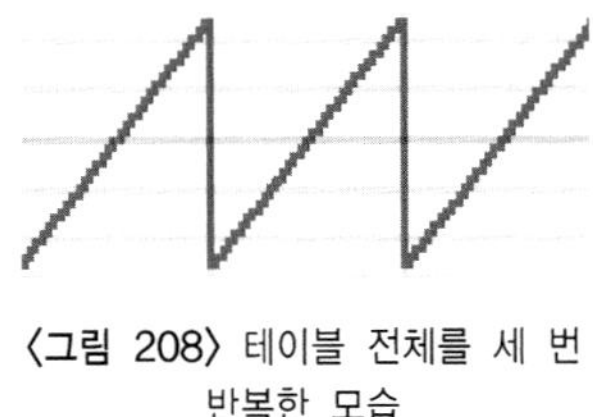

〈그림 208〉 테이블 전체를 세 번
반복한 모습

양수의 경우도 마찬가지다. 다음의 예는 테이블 전체를 두 번 반복한다.

〈표 289〉 테이블 전체를 두 번 반복

```
    instr 35                    ; 반복모드 8
a       line    2, p3, 4        :전체 두 번 반복
a       table   a, 1, 1, 0, 1
out     a * p4
    endin
;--------------------------------------------------스코어
f1  0  32  7  -1  32  1   :상승하는 직선
```

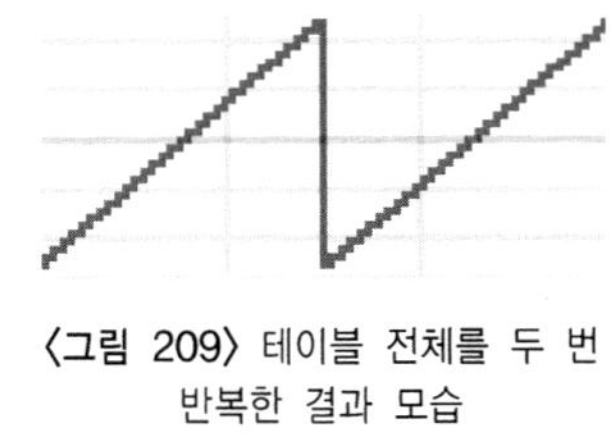

〈그림 209〉 테이블 전체를 두 번
반복한 결과 모습

9) 소리가 나지 않는 경우

다음의 악기는 연주를 하게 되면 전혀 소리가 나지 않는다. 그 결과는 맨 아래의 그림과 같이 모든 값들이 테이블의 최댓값인 1만을 가지기 때문이다. 이제 지금까지 언급된 내용을 바탕으로 그 이유를 한번 파악해 보자. 이 내용은 앞서 PW 변조에서 다루어진 내용이므로 큰 어려움은 없을 것이다.

〈표 290〉 전체 색인이 범위 초과

```
            instr    23
alfo        oscili   0.2, p6, 4
apw         =           alfo + 0.25
asaw        oscili   1, p5, 3
apulse      table      abs(asaw - apw), 2, 1, 0.5
out         apulse * p4
            endin
```

〈표 291〉 전체 색인이 범위 초과 스코어

```
f2 0    32     7     -1  16  -1  0  1  16  1      ;비교자
f3 0    256    7     -1  256  1                   ;톱날파
f4 0    1024  10     1                            ;사인파

i23  0  1  6000  110  .5
e
```

〈그림 210〉 전체 색인이 범위 초과되어 소리가
나지 않는 경우의 실제 모습

위 코드의 'alfo'는 −0.2에서 +0.2까지의 값을 가진다. 그 다음 행의 'apw'는 alfo에 0.25가 더해지므로 0.05에서 0.45까지의 값을 가진다. 그 다음 행의 'asaw'는 최대 진폭이 1이므로 그 범위는 −1에서 +1까지의 값을 가진다. 따라서 'asaw − apw'의 값은 asaw가 '0.05∼0.45'이고 apw는 −1에서 1까지이므로 가능한 최솟값은 −1.45(−1−0.45)이며 최댓값은 0.95(1−0.05)가 되어 색인들의 범위는 −1.45에서 0.95까지가 된다. 이제 이 값의 절대값을 구하는 abs 옵코드에 의해 음수 기호를 없애면 1.45∼0.95가 될 것이고 이를 순서대로 놓으면 0.95∼1.45가 된다.

그러면 이 색인 값은 0.95에서 1까지의 부분만이 테이블의 값 1을 읽어 올 것이며 나머지 테이블 위를 초과하는 색인들은 마지막 값을 이어받기 때문에 항상

값 1을 가지게 되므로 아무런 소리가 나지 않는 것이다. 그리고 현재 스코어에 진동수가 초당 110으로 되어 있어 악기가 연주되면 1초 동안 110번의 테이블의 조회가 이루어지며 그때마다 모든 오디오 샘플들이 값 1만 가지는 것이다.

10) 테이블과 테이블아이의 다른 점

앞 장에서 언급된 바와 같이 옵코드 테이블은 가능한 정확한 간격으로 비율에 따라 0에서 1까지를 필요한 수만큼 나누지만 테이블아이는 현재 읽힐 주변의 인덱스 사이에 끼워 넣는 방법을 사용하므로 그 정확한 규칙은 사실상 없기에 예측이 어렵다. 그러나 테이블아이(tablei)는 어떤 곡선을 매끄럽게 하는 데에 사용하면 좋다는 점은 분명하다. 아래와 같이 −1과 +1의 두 값 중 하나를 선택하게 되는 경우 테이블아이의 경우는 예측이 불허하다. 즉 어떤 때는 1이 되었다가 어떤 때는 −1이 되기 때문에 어떤 정확한 값이 요구되는 펄스폭 변조의 경우에서는 테이블아이를 피해야 할 것이다.

아래의 예는 바로 위의 코드와 똑같은 내용이며 단지 옵코드 테이블 대신 테이블아이가 사용되었다. 그 결과는 이미 언급되었듯이 테이블을 사용했을 때는 소리가 전혀 나지 않았지만 테이블아이를 사용하면 아래의 그림과 같이 1과 −1이 거의 비슷한 시간 간격으로 교대되는 모양을 만들며 하나의 완전한 펄스파 소리를 낸다.

〈표 292〉 '테이블아이' 사용

```
          instr    23
alfo      oscili   0.2, p6, 4
apw       =        alfo + 0.25
asaw      oscili   1, p5, 3
apulse    table    abs(asaw − apw), 2, 1, 0.5
out       apulse * p4
          endin
```

〈표 293〉 '테이블아이' 사용 스코어

```
〈CsScore〉
f2  0   32      7  -1   16  -1   0   1   16   1  ;비교자
f3  0   256     7  -1   256   1                    ;톱날파
f4  0   1024   10   1

i26  0 1 15000 1000
e
〈/CsScore〉
〈/CsoundSynthesizer〉
```

〈그림 211〉 출력된 결과(테이블아이 사용)

11) 사인곡선과 페이저 및 라인

앞서의 옵코드 라인 대신 사인곡선을 산출하는 젠 10과 함께 옵코드 오실을 사용하여 초당 회전수 0.25를 선택하여 0에서 1까지의 수를 얻을 수도 있다. 그러나 이 경우는 라인과는 달리 색인들의 간격이 조금 다르다. 특히 1에 가까운 색인들의 간격은 조금 더 촘촘하다. 따라서 똑같은 색인들의 간격이 요구된다면 사인곡선은 피하는 것이 좋다.

(1) 사인곡선 사용

〈표 294〉 사인곡선을 이용한 0에서 1까지의 값 사용

```
    instr 25
a     oscil  1, .25, 4
a     table  a,  1,  1, 0, 0
out   a * p4
    endin
```

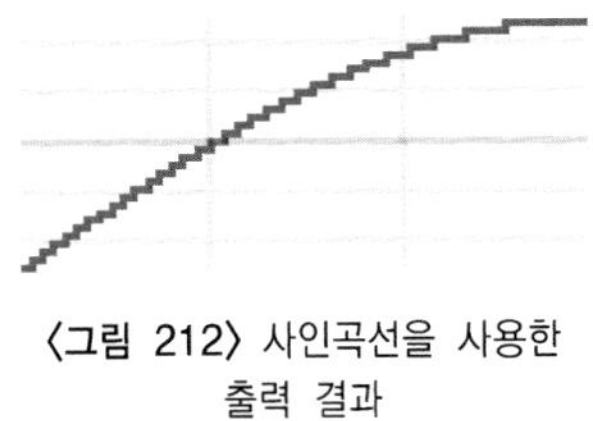

〈그림 212〉 사인곡선을 사용한
출력 결과

(2) 페이저 사용

페이저는 초당 주어진 진동수만큼 0에서 1까지의 값을 산출하는 옵코드다. 아래의 예는 페이저가 1초 동안 한 번의 0~1까지의 값을 출력하는 내용이며 그 결과는 옵코드 라인을 사용한 결과와 동일하다.

〈표 295〉 페이저 사용

```
    instr 26
a       phasor   1
a       table    a, 1, 1, 0, 0
out     a * p4
    endin
```

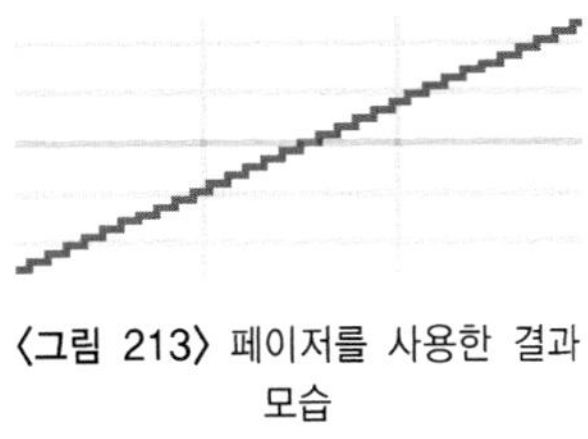

〈그림 213〉 페이저를 사용한 결과
모습

감산합성: 필터들

앞서 시그널을 더하는 가산합성에 의한 방법들이 언급되었다. 이 장에서는 반대로 이미 존재하는 소리에서 특정한 소리를 제거함으로써 새로운 소리를 산출하는 감산 합성(subtractive synthesis)에 대해서 알아보자. 이와 같은 합성방법은 주로 필터를 사용해서 이루어지며 현재 가장 널리 알려진 4가지의 필터들은 로우 패스, 하이 패스, 밴드 패스 그리고 밴드 리젝트(노치, 스톱) 필터다.

먼저 로우 패스 필터(LPF, Low-Pass Filter)는 낮은 진동수들을 받아들이고 높은 진동수들은 제거하며 하이 패스 필터(HPF, High-Pass Filter)는 반대로 높은 진동수들을 받아들이고 낮은 진동수들은 제거한다. 밴드 패스 필터(BPF, Band-Pass Filter)는 특정 주파수대만을 받아들이고 나머지는 제거한다. 마지막으로 밴드 리젝트 필터(BRF, Band-Reject Filter) 또는 노치 필터(notch Filter) 또는 밴드 스톱(band stop) 필터는 이와는 반대로 특정 주파수대만 제거하고 나머지 모든 주파수들을 받아들인다.

가. 필터

일반적으로 필터란 어떤 것을 걸러내는 물체를 뜻한다. 예를 들면 에어콘이나 자동차 등의 공기정화필터들을 들 수 있다. 음향 분야에서의 필터란 특정 주파수 대역을 걸러 내는 소프트웨어적인 절차를 담은 코드나 하드웨어 회로를 뜻한다. 이들 필터들에 있어 가장 중요한 두 가지의 성격은 주파수에 반응하는 극(pole)의 수와 필터에 사용된 미분공식(differential equation)의 순서다.

1) 극의 수

전기의 음극과 양극이나 우리가 살고 있는 지구의 북극과 남극처럼 음향의 필터에도 막다른 곳이나 절정점을 가지는 극이 있다. 필터에서 가장 많이 사용되는 극의 수는 2개의 극을 가지는 필터(two‑pole filter)로서 이 두 극 중의 하나는 진동수를 받아들이는 부분의 절정점을 만들고 다른 하나는 주파수가 제거되는 부분의 끝점을 담당한다.

이 극의 수가 많으면 많을수록 차단 경사(cutoff slope)는 더 가파르게 이루어진다. 보통 하나의 극은 옥타브당 6db(데시벨)씩 감소하는 경사를 만든다. 이 의미는 만약 로우 패스 필터에서 차단 지점이 200Hz라면 한 옥타브 위의 진동수는 400Hz다. 그러면 현재 진폭 값이 60db이라면 한 옥타브 위인 400Hz 지점에서 6db이 감소되어 54db이 되고 그리고 두 옥타브 위인 800Hz에서는 또 한 번의 6db이 감소되어 48db이 되는 것이다. 그리고 이런 비율로 차단 진동수(cutoff frequency) 위의 높은 진동수들이 계속 차단되어 가는 것이다. 가장 전형적인 필터의 구성은 2극(옥타브당 12dB)과 4극(옥타브당 24dB)이다.

2) 미분공식의 순서

'필터의 미분공식의 순서'(the order of the differential equation)를 줄여서 필터의 순서(the order of a filter)는 또한 차단 주파수에서 굴러 떨어지는 차단 경사도를 결정한다. 이 순서란 주파수를 차단하기 위해 만들어진 미분공식들이 나열된 순서를 의미한다. 순서번호가 클수록 그 차단 경사는 더 가파르게 나타난다. 그 첫 번째 공식에 의한 필터는 옥타브당 6dB, 두 번째는 12dB, 세 번째는 18dB 등과 같이 매 순서마다 6dB씩 증가되므로 그 경사도도 이에 따라 더욱 가파르게 일어난다.

나. 로우 패스 필터

1) 로우 패스 필터의 반응

로우 패스 필터(low pass filter)는 차단 주파수(cutoff frequency) 아래의 낮은 주
파수들은 받아들이고 차단 주파수 위의 모든 주파수들은 제서한다. 그러나 차단
할 지점에서 정확히 수직적으로 잘리는 것은 아니며 아래 그림과 같이 차단 주
파수 지점에서 경사를 그리며 차단되므로 차단 주파수보다 높은 일부의 주파수
들이 포함된다. 이 경사도(skirtwidth, 스커트 대역)는 앞서 언급된 극의 수와 공
식의 순서에 달려 있다. 일반적인 전자 회로에서 이 경사도가 가파를수록 스커트
특성이 좋다고 말한다.

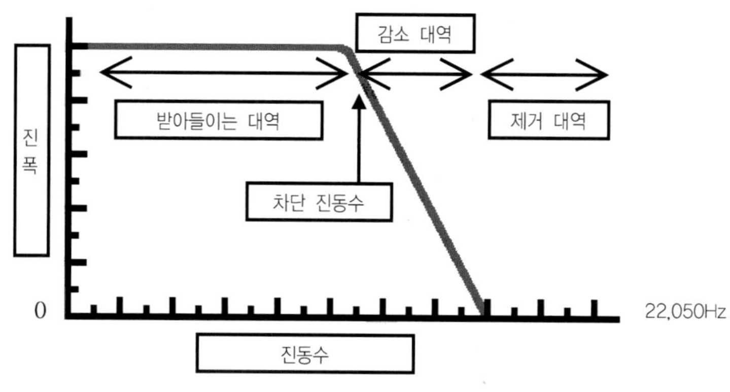

〈그림 214〉 로우 패스 필터의 주파수에 대한 반응

시사운드에서 제공하는 로우 패스 필터를 위한 옵코드는 다음과 같이 tonek, tonex,
butterlp, rezzy, moogvcf, svfilter, lowres, lowresx, vlowres, lowpass2 등이 있다. 이
들 옵코드들은 여러 사람에 의해 만들어졌고 모두 같은 목적인 로우 패스 기능
이지만 조금씩 그 결과는 다르며 어떤 것이 더 낫다고 말할 수는 없다. 사용자의
취향에 따라 또는 그 옵코드가 제공해 주는 편리한 기능에 따라 그리고 산출 결
과에 따라 옵코드를 선택하면 될 것이다. 그리고 tonex와 lowresx는 동일한 여러
개의 필터를 동시에 사용할 수 있으며 svfilter는 여러 개의 서로 다른 필터를 내

장하고 있으며 동시에 각 필터를 통해 만들어진 결과들을 각각 다른 시그널로 출력할 수 있다. vlowres는 여러 가지 필터들의 기능을 모두 내장하고 있지만 svfilter와는 달리 그중 하나를 선택하여 사용할 수 있다.

<표 296> 시사운드의 로우 패스 필터들

tone	변하는 진동수 반응을 가진 순서 1번 순환하는 로우 패스 옵코드 ares tone asig, khp [, iskip]
tonek	단지 출력 시그널이 다를 뿐 위의 tone과 동일 kres tonek ksig, khp [, iskip]
tonex	여러 개의 tone을 동시에 사용 ares tonex asig, khp [, inumlayer] [, iskip]
butterlp	순서 2번 로우 패스 버터워스(butterworth) 필터 ares butterlp asig, kfreq [, iskip]
rezzy	반향하는 로우 패스 필터 ares rezzy asig, xfco, xres [, imode, iskip]
moogvcf	무그 다이오드 사다리 필터를 모방한 구조 ares moogvcf asig, xfco, xres [,iscale, iskip]
svfilter	로우 패스, 하이 패스, 밴드 패스를 동시에 출력하는 반향하는 순서 2번 필터 alow, ahigh, aband svfilter asig, kcf, kq [, iscl]
lowres	반향하는 로우 패스 필터 ares lowres asig, kcutoff, kresonance [, iskip]
lowresx	여러 개의 lowres를 동시에 사용할 수 있는 옵코드 ares lowresx asig, kcutoff, kresonance [, inumlayer] [, iskip]
vlowres	여러 필터들이 한데 뭉쳐 있는 옵코드로서 사용자가 선택할 수 있다. ares vlowres asig, kfco, kres, iord, ksep
lowpass2	반향하는 순서 2번 로우 패스 필터 ares lowpass2 asig, kcf, kq [, iskip]

2) 로우 패스 필터의 예

다음의 예는 로우 패스 필터 butterlp를 이용한 간단한 예다. 먼저 랜드(rand) 옵코드를 사용해서 불규칙한 임의의 값으로 가득 찬 asig를 만든다. 이 asig의 값은 −22,051에서 +22,050까지의 임의의 값으로 이루어지므로 최대 진폭 값은 22,050이지만 주파수는 온갖 불규칙한 것들이 결합되어 이루어지는 화이트 노이즈를 만든다. 다음 행에서는 1,000진동에서 10,000진동으로 그리고 다시 20진동으로 떨어지는 변하는 차단 주파수를 만든 후 이 둘을 로우 패스 옵코드 butterlp

로 보내는 내용이다.

<표 297> 로우 패스 필터, butterlp

```
〈CsoundSynthesizer〉
〈CsInstruments〉
sr          = 44100
kr          = 4410
ksmps       = 10
nchnls      = 1

    instr 1
asig rand       22050                     ;화이트 노이즈
kf   linseg     1000, p3/2, 10000, p3/2, 20   ;변하는 차단 주파수
alp  butterlp asig, kf                    ;로우 패스 필터(1000 - 〉10000 - 〉20)Hz
ka   line       1,    p3,   0             ;진폭 인벨로프, 1 - 〉0
out  alp*ka
    endin
〈/CsInstruments〉
```

<표 298> 로우 패스 필터, butterlp 스코어

```
〈CsScore〉
i1  0  5  20000
e
〈/CsScore〉
〈/CsoundSynthesizer〉
```

3) rand 함수

랜드 함수는 주어진 범위(+kamp와 -kamp 사이)에서 임의의 값을 산출하는
인위적인 임의의 수(pseudo-random number, 수도-랜덤 번호)를 산출한다.

<표 299> 랜드 옵코드 구문

		:범위	시드	숫자크기	추가할 값
ares	rand	xamp	[, iseed]	[, isel]	[, ioffset]
kres	rand	xamp	[, iseed]	[, isel]	[, ioffset]

따라서 만약 xamp가 4,000이라면 실제 범위는 +4,000과 -4,001까지의 수들

을 가지게 된다. 두 번째 항목인 시드는 랜덤 번호를 산출하는 하나의 조건으로서 이 값에 따라 수들이 임의/무작위로 선택이 되므로 이 값이 바뀌지 않으면 랜드(rand) 함수가 수행하는 임의의 번호들은 똑같이 나타난다.

숫자 크기는 기본 값인 0은 16비트 임의의 수(정수, −32,768∼32,767)가 그 외의 값을 넣게 되면 더 큰 범위를 나타내는 31비트 임의의 수($2^{\wedge}31$, 2의 31 제곱수)가 산출된다. 따라서 시디 음질이면 0이면 충분하고 DVD 음질이라면 31비트 수를 사용하면 될 것이다. 마지막으로 수행 결과에 추가할 값을 입력한다. 예를 들면 이 값이 50이라면 모든 출력 값에 이 '50'이 추가된다.

다. 하이 패스 필터

1) 하이 패스 필터의 반응

하이 패스 필터(high pass filter)는 차단 주파수(cutoff frequency) 위의 높은 주파수들은 받아들이고 차단 주파수 아래의 모든 주파수들은 제거한다. 그러나 아래 그림과 같이 차단 주파수 지점에서 경사를 그리며 차단되므로 차단 주파수보다 낮은 일부의 주파수들이 포함된다. 이 경사도는 앞서 언급된 극의 수와 사용하는 공식의 순서에 따라 달라진다.

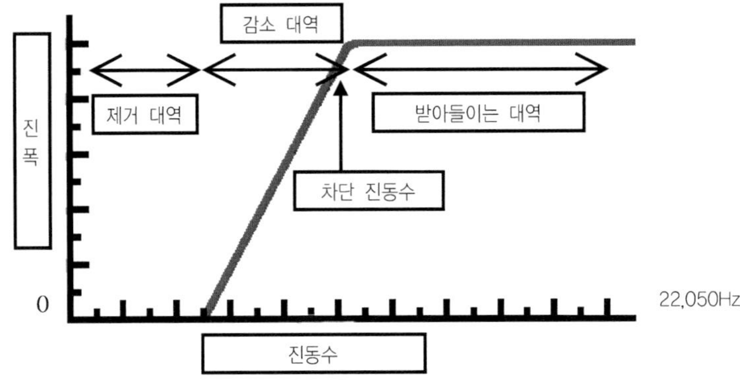

〈그림 215〉 하이 패스 필터의 주파수에 대한 반응

시사운드에서 제공하는 하이 패스 필터를 위한 옵코드에는 atone, atonek, atonex, butterhp, svfilter 등이 있다.

<표 300> 시사운드의 하이 패스 필터들

atone	변하는 진동수 반응을 가진 순서 1번 순환하는 하이 패스 옵코드 ares atone asig, khp [, iskip]
atonek	단지 출력 시그널이 다를 뿐 위의 atone과 동일 kres atonek ksig, khp [, iskip]
atonex	여러 개의 atone을 동시에 사용 ares atonex asig, khp [, inumlayer] [, iskip]
butterhp	순서 2번 하이 패스 버터워스(butterworth) 필터 ares butterbp asig, kfreq, kband [, iskip]
svfilter	로우 패스, 하이 패스, 밴드 패스를 동시에 출력하는 반향하는 순서 2번 필터 alow, ahigh, aband svfilter asig, kcf, kq [, iscl]

2) 하이 패스 필터의 예

아래의 예에서 악기 1번은 화이트 노이즈를 그대로 출력하는 내용이다. 악기 2번은 화이트 노이즈를 위한 하이 패스 밴드 차단 주파수로 p4로 설정한 내용이며 그 다음 행은 이 하이 패스된 시그널을 로우 패스 밴드 옵코드 butterlp를 사용하여 같은 차단 주파수로 p4 값보다 낮은 주파수들을 통과시킨다.

그 다음 행의 '클립'(clip) 옵코드는 이 시그널을 85데시벨로 조정한다. 이 '클립'은 '제한하다' 또는 '깎아서 다듬는다'는 뜻을 가지며 이 옵코드의 두 번째 항목은 다듬는 모드를 입력하는 항목으로 0, 1 그리고 2의 값으로 된 3가지의 모드가 있지만 서로 큰 차이는 없다.

최종 결과의 시그널은 여전히 모호하다. 비록 같은 차단 주파수로 하이 패스와 로우 패스를 했지만 전체적으로 높은 소리와 낮은 차이만 있으며 그 소리가 어떤 음에 가깝다는 판단은 불가능하다. 그 원인은 전체 주파수 대역이 차단 주파수 지점에서 수직적으로 또는 거의 수직적일 정도로 가파르게 잘리는 것이 아니라 상당히 완만한 경사를 그리며 잘리기에 경사 부분에서 발생하는 감소대역이 포함되기 때문이다.

〈표 301〉 하이 패스 필터, atone

```
〈CsoundSynthesizer〉
〈CsInstruments〉
sr  =  44100
kr  =  4410
ksmps  =  10
nchnls  =  1

    instr  1
asig  rand  30000
out    asig
    endin

    instr  2
asig  rand  30000
afilt  atone  asig, p4
afilt  butterlp  afilt, p4
a1      clip  afilt, 0, ampdb(90)
out    a1
    endin
〈/CsInstruments〉
```

〈표 302〉 하이 패스 필터, atone 스코어

```
〈CsScore〉
i2 0 2 1000
i2 2 2 200
e
〈/CsScore〉
〈/CsoundSynthesizer〉
```

라. 밴드 패스 필터

1) 밴드 패스 필터의 반응

앞서의 두 가지의 필터들보다 이 밴드 패스 필터(band pass filter)는 더 빈번히 사용되는 옵코드다. 이 방법은 차단 진동수를 중심으로 해서 아래/위로 전체 주파수 대역을 잘라내기 때문에 상당히 뚜렷한 음악적인 피치도 얻어 낼 수 있다.

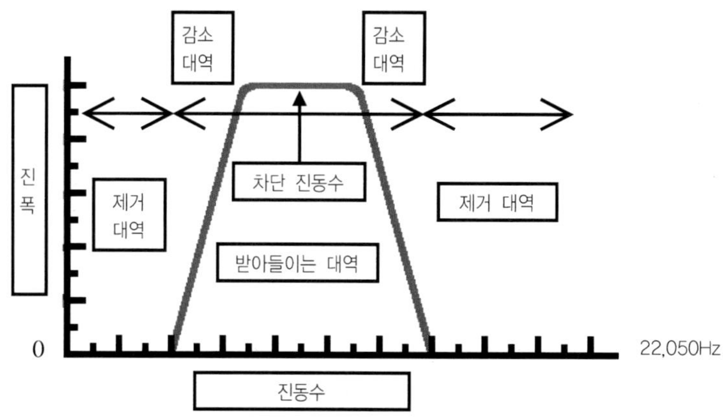

〈그림 216〉 밴드 패스 필터의 주파수에 대한 반응

<표 303> 시사운드의 밴드 패스 필터들

reson	반향하는 순서 2번 밴드 패스 옵코드 ares reson asig, kcf, kbw [, iscl] [, iskip]
resonk	단지 출력 시그널이 다를 뿐 위의 reson과 동일 kres resonk ksig, kcf, kbw [, iscl] [, iskip]
resonx	여러 개의 reson을 동시에 사용 ares resonx asig, kcf, kbw [, inumlayer] [, iscl] [, iskip
resonr	변하는 주파수 반응을 가진 밴드 패스 필터 ares resonr asig, kcf, kbw [, iscl] [, iskip]
resonz	변하는 주파수 반응을 가진 순서 2번, 2극 2제로 밴드 패스 필터 ares resonz asig, kcf, kbw [, iscl] [, iskip]
butterbp	순서 2번 밴드 패스 버터웍스(butterworth) 필터 ares butterbp asig, kfreq, kband [, iskip]
svfilter	로우 패스, 하이 패스, 밴드 패스를 동시에 출력하는 반향하는 순서 2번 필터 alow, ahigh, aband svfilter asig, kcf, kq [, iscl]

시사운드에서 제공하는 밴드 패스 필터들은 reson, resonk, resonx, resonr, resonz, butterbp 그리고 svfilter 등이 있다.

2) 밴드 패스 필터의 예 1

다음의 악기는 밴드 패스 필터를 이용하여 화이트 노이즈로부터 음악적인 악기를 만드는 하나의 예다. 악기는 2개가 사용되는데 두 번째의 악기 9번은 단지 리벌브를 추가하는 효과음향을 위한 것으로서 사용하지 않아도 큰 차이는 없다.

〈표 304〉 밴드 패스 필터, butterbp를 사용한 악기 1

```
〈CsoundSynthesizer〉
〈CsInstruments〉
sr  =  44100
kr  =  4410
ksmps  =  10
nchnls  =  2

gareverb  init  0                          ;전역 변수(시그널을 리벌브 악기로 보내기 위해)

    instr  1      ;밴드 패스 악기
icps  =  cpspch(p5)
arnd  rand  p4                             ;화이트 노이즈 산출 및 진폭 값 결정

;p3초 동안 5에서 1로 가는 지수곡선ㅡ      ;변하는 밴드 패스 주파수 범위 결정
kbw  expseg  10, p3, 1
kenv  linseg  0, p3*.1, 1, p3, 0           ;진폭을 위한 인벨로프
a  oscil  p4, 5, 1                         ;초당 5번의 트레몰로
a1  oscil  a*kenv*.4, icps, 1              ;첫 번째 시그널ㅡ〉사인파의 홀수 배음으로 구성
              ;시그널  차단점  대역
aout1  butterbp  arnd+a1, icps, kbw        ;위의 시그널과 밴드 패스된 노이즈를 결합
outs  15*aout1*kenv, 15*aout1*kenv         ;진폭 조정, 15는 단지 진폭조정을 위해서
gareverb  =  15*aout1*kenv*.2              ;리벌버 머신으로 1/5의 시그널을 전달
    endin

    instr  9       ;리벌버
arevsig  reverb  gareverb, 2
aenv  linseg  1, p3*.9, 1, p3*.1, 0
outs  arevsig*aenv*.2, arevsig*aenv
gareverb  =  0
    endin

〈/CsInstruments〉
```

악기의 머리 부분 다음에 전역 변수 gareverb가 선언된다. 이 전역 변수는 악기 1번에서 만들어진 오디오 시그널을 악기 9번 리벌브 머신으로 보내기 위해서다. 이를 위해 처음에 init 옵코드를 써서 값 0을 넣었지만 이 행은 사용하지 않아도 아무런 문제는 없다. 악기 1번 안에서 대입이 이루어지므로 자동으로 값의 대입과 동시에 선언이 이루어지기 때문이다. 그러나 전역 변수는 모든 악기에서 다 이용할 수 있는 변수이기 때문에 가능하면 코드의 윗부분에서 선언해 주는 것이 좋을 것이다.

악기 1번의 두 번째 행에서 화이트 노이즈를 산출하는데 이에 대한 범위 및 진폭을 위해 스코어의 진폭 값이 사용된다. 그 다음의 'kbw expseg 10, p3, 1'은 차단 주파수를 중심으로 한 사용할 전체 주파수 대역이다. 따라서 10Hz에서 점차 줄어 1Hz로 변하는 대역을 설정하였다. 이 대역폭이 크면 클수록 피치는 흐려질 것이고 강도는 이에 따라 더 커진다.

그 다음의 행 'a1 oscil a*kenv*.4, icps, 1'은 조금 더 선명한 피치가 되도록 사인파의 시그널을 하나 만든 것이다. 그러나 이 시그널을 뺀다 해도 충분히 음악적인 피치는 출력된다. 그 다음의 행 'aout1 butterbp arnd+a1, icps, kbw'에서 밴드 패스 필터 'butterbp'가 사용된다. 여기서 노이즈 시그널과 오실에서 만들어진 시그널이 가산되어 입력되고 차단 주파수는 음표의 피치가 그리고 받아들일 밴드 대역은 10Hz에서 1Hz로 변하는 값이 입력된다. 그 다음 라인에서 진폭조정이 가해지고 그 다음 시그널을 출력하며 동시에 이 시그널을 전역 변수에 대입하여 악기 9번에서 리벌브가 가해진다.

옵코드 리벌브의 두 번째 항목은 그 세기를 정하는 것이다. 값 1은 약간의 리벌브 효과이며 값이 커질수록 반사음의 강도가 커져 전체적인 진폭 값도 이에 비례해서 커진다. 마지막의 'gareverb=0'은 현재의 내용으로는 할 필요는 없다. 그러나 가능하면 사용 후에는 값 0을 넣어 주는 것이 좋다. 그 이유는 이 변수는 전역 변수기 때문에 여러 악기들을 경유하는 경우도 있기 때문이다. 이 경우 일반적으로 컨트롤 또는 오디오 비율로 된 시그널들은 어떤 값이 입력되지 않았을 때는 바로 전의 값을 이어받기 때문에 만약에 이 변수에 어떤 값이 입력되지 않았을 때는 문제가 있을 수 있는 것이다.

〈표 305〉 밴드 패스 필터, butterbp를 사용한 악기 1의 스코어

```
〈CsScore〉
f1 0 4096 10 1 0 .5 0 .25 0 .125 0 .0625 ;홀수 배음들만

i1  0  .6    4000  8.07
i1  +   2    9000  9.04
i1  +  .5   〈     9.02
i1  +  .    〈     9.04
i1  +  1.5  〈     9.02
i1  +   1     1500  9.00
i9  0  6
section1
```

```
t0 60    .5   60   .5   50   1.5   50   1.5   25   2   35   2   60
i1 0     .6    6000     8.07
i1 .5    1      10000    9.04
i1 1.5   .15  5000     8.09
i1 1.6   .     〈        8.10
i1 1.7   .     〈        8.09
i1 1.8   .     〈        8.08
i1 1.9   .     3000    8.09
i1 2     1      8000    9.09
i1 +     .5    〈        9.04
i1 +     1.5   〈        9.07
i1 +     1      1000    9.05
i9 0     6
e
〈/CsScore〉
〈/CsoundSynthesizer〉
```

3) 밴드 패스 필터의 예 2

다음의 악기는 여러 개의 시그널을 사용하여 만든 코러스 소리를 밴드 패스 필터 레손(reson)을 사용하여 조금 더 매끄럽게 다듬은 악기다. 대부분은 앞 장에서 언급된 내용들이며 아래쪽의 'kfiltcps expseg p6, p3, p7'을 보자. 이 행은 밴드 패스의 중심 주파수가 되는 차단 주파수를 시간에 따라 변하게 하는 시그널을 만든다. 출력되는 결과는 p6의 값이 항상 크기 때문에 역행된 지수곡선을 이루게 된다. 처음에는 급격하게 지수적으로 감소를 시작하다가 뒷부분으로 갈수록 지수적으로 느려지는 모양을 이룬다.

마지막의 'asig reson asig, kfiltcps, 100, 2'를 보면 차단 주파수를 중심으로 통과시킬 주파수 대역은 100으로서 위아래로 50Hz가 된다. 증폭 방법은 3가지가 있으며 그 결과는 말로써 표현은 별 의미가 없으므로 실제 각각의 방법을 실험해 보기 바란다. 또한 밴드 패스의 대역 값도 시간에 따라 변하게 한다면 조금 더 흥미로운 결과가 나올 것이다.

〈표 306〉 밴드 패스 필터, butterbp를 사용한 악기 2

```
〈CsoundSynthesizer〉
〈CsInstruments〉
sr     =  44100
kr     =  4410
ksmps  =  10
nchnls =  2

   instr 1
           ;p6 = 시작 주파수(밴드 패스 동안에 변화하는 진동수의 시작점)
           ;p/ = 끝 수파수(밴드 패스 동안에 변화하는 진동수의 끝 점)
icps = cpspch(p5)               ;출력될 피치
kenv linen p4, p3*.5, p3, p3*.5    ;진폭 인벨로프
kpan oscil 1, 1/(p3*4), 2          ;1/4회전
a1 oscil kenv, icps ,1             ;원래 소리
a2 oscil kenv, icps*0.999 ,1       ;코러스 효과
a3 oscil kenv, icps*1.001 ,1       ;코러스 효과
a4 oscil kenv, icps*0.99  ,1       ;코러스 효과
a5 oscil kenv, icps*1.01  ,1       ;코러스 효과
           ;밴드 패스 동안 변화하는 진동수를 위한 인벨로프(5000hz - 100hz)
kfiltcps expseg p6, p3, p7
asig = (a1 + a2 + a3 + a4 + a5)/7          ;진폭조정
       ;시그널   중심 진동수,  범위(위아래 50hz) 증폭방법(0, 1 혹은 2) 선택
asig reson asig,     kfiltcps,      100,               2
outs asig*kpan, asig*(1 - kpan) ;팬 조작
   endin

〈/CsInstruments〉
```

〈표 307〉 밴드 패스 필터, butterbp를 사용한 악기 2의 스코어

```
〈CsScore〉
f1  0  4096  10  1 .5 .333 .25 .2 .167 .1428 .125 .111 .1 .0909 .0833 .0769    ;톱날파
f2  0  4096  10  1

t0   35            ;템포 35
;p1 p2    p3    p4      p5       p6      p7
i1   0    .7    5000    8.07     5000    100
i1   +    .75   9000    9.04     5000    100
i1   +    .25   〈      9.02     5000    100
i1   +    .5    〈      9.00     5000    100
i1   +    .5    〈      9.00     5000    100
i1   +    .75   〈      8.11     5000    100
i1   +    .25   〈      9.00     5000    100
i1   +    .5    〈      9.02     5000    100
i1   +    .5    3000    8.07     5000    100
i1   .5   2     10000   6.00     5000    100
i1   .    .     6000    7.04     5000    100
```

```
i1    .    .    6000    7.07    5000    100
i1    .    .    6000    8.00    5000    100
i1   2.5   2    7000    6.02    5000    100
i1    .    .    5000    7.05    5000    100
i1    .    .    .       7.07    5000    100
i1    .    .    .       7.11    5000    100
section2

t0   35    4     45    ;템포 35에서 4박째부터 45로
i1   0   .75   11000   9.05    5000    100
i1   +   .25    〈      9.04    5000    100
i1   +   .5     〈      9.02    5000    100
i1   +   .5    5000     9.02    5000    100
i1   0    2    12000    5.11    5000    100
i1   .    .    5000     7.05    5000    100
i1   .    .    .        7.07    5000    100
i1   .    .    .        8.02    5000    100
e
〈/CsScore〉
〈/CsoundSynthesizer〉
```

마. 밴드 리젝트 필터

1) 밴드 리젝트 필터의 반응

밴드 리젝트 필터(band reject filter)는 노치 필터(notch filter) 그리고 밴드 스톱 (band stop filter)으로도 알려져 있다. 이 필터는 특정한 대역만 제거하고 나머지 모든 주파수 대역을 받아들이므로 밴드 리젝트 필터는 잡음 제거에 탁월한 효과 를 가진다.

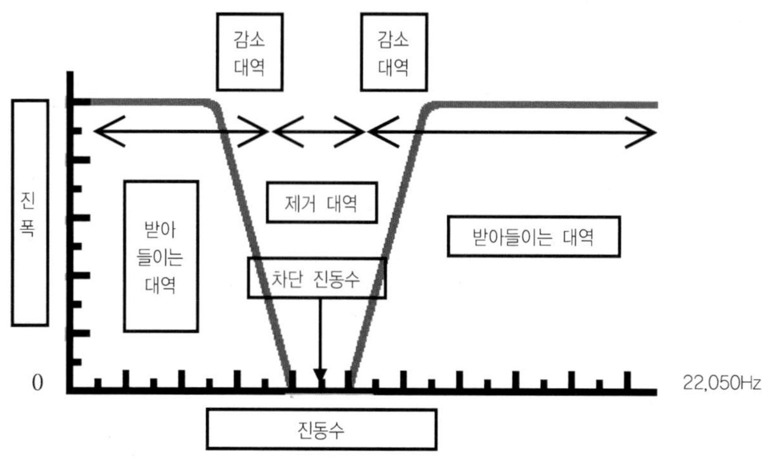

〈그림 217〉 밴드 리젝트 필터의 주파수에 대한 반응

시사운드에서 제공하는 밴드 리젝트 필터들은 areson, aresonk, butterbr 등이
있다.

〈표 308〉 시사운드의 밴드 리젝트 필터들

areson	반향하는 순서 2번 밴드 리젝트 옵코드 ares areson asig, kcf, kbw [, iscl] [, iskip]
aresonk	단지 출력 시그널이 다를 뿐 위의 areson과 동일 kres aresonk ksig, kcf, kbw [, iscl] [, iskip]
butterbr	순서 2번 밴드 리젝트 버터웍스(butterworth) 필터 ares butterbr asig, kfreq, kband [, iskip]

2) 밴드 리젝트 필터의 예

밴드 리젝트 필터는 밴드 패스의 반대로 중심 주파수를 중심으로 주어진 대역
만큼의 주파수 대역만 얻어 낸다. 아래의 예는 랜드 함수로 화이트 노이즈를 만
든 다음 중심 주파수 1,000을 중심으로 900에서 1,100까지만 통과시키는 내용이다.

<표 309> 밴드 리젝트 필터, areson

```
〈CsoundSynthesizer〉
〈CsInstruments〉
sr      =  44100
kr      =  4410
ksmps   =  10
nchnls  =  1

    instr  1
asig   rand       20000    ;화이트 노이즈
kcf    init       1000     ;중심 주파수(차단 주파수) 1000Hz
kbw    init       100      ;중심 주파수 위/아래의 절반
afilt  areson     asig, kcf, kbw    ;시그널 - 중심주파수 - 대역
a1     clip       afilt, 2,   ampdb(85)
out    a1
    endin
〈/CsInstruments〉
```

<표 310> 밴드 리젝트 필터, areson의 스코어

```
〈CsScore〉
i1   0   2
i2   2   2
e
〈/CsScore〉
〈/CsoundSynthesizer〉
```

그래눌러 합성 

그래뉼(granule)이란 미립자와 같은 작은 알갱이를 말하며 그래뉼러(granular)는 그래뉼의 형용사다. 또한 낟알이나 무게 단위에서 아주 작은 양을 나타내는 그레인(grain)[101]이란 표현도 종종 함께 사용된다. 따라서 이 합성 방법을 우리말로 좀 딱딱하게 표현한다면 미립자 합성이라 할 수 있으며 있는 그대로 그래뉼러 합성(granular synthesis)이라 부르는 것도 나쁘지 않을 것이다.

그래뉼러 합성은 1948년 홀로그래피(holography)[102]의 발명으로 노벨상을 수상한 물리학자 데니스 가보르(Dennis Gabor, 1900~1979, 헝가리)가 인간이 어떻게 듣고 말하는가를 관찰한 내용의 결과로서 나온 이론으로서 '모든 시그널들은 아주 짧은 그레인들의 복합체로서 인식될 수 있다.'는 것이다. 이는 소리를 파동이나 진동으로서 보기보다는 소리 에너지를 이루는 작은 분출들의 모임으로 보는 것이다. 그리고 이 작은 하나의 분출을 그레인이라 생각할 수 있으며 각 그레인은 아주 짧은 소리의 한 조각으로서 각각의 특별한 인벨로프를 가진다는 것이다.

따라서 그레인들은 전형적으로 매우 짧다. 보편적으로 50millisecond(0.05초)보다도 더 짧은 길이여야만 그레인으로 간주될 수가 있으며 이보다 길다면 하나의 그레인이라기보다는 여러 개의 그레인이 모인 소리가 될 것이다. 그러므로 많은 수의 그레인들을 조합해야만 하나의 충분한 길이를 가진 소리로서 감지되며 이를 위한 조합 방법을 그래뉼러 합성이라 한다.

그래뉼러 합성을 분류한다면 크게 두 가지로 나누어 볼 수 있다. 그 하나는 처음부터 아주 작은 길이로 된 그레인들을 디자인한 후 이들을 합성하는 방법이며 다른 하나는 사운드파일 등과 같은 기존 시그널들을 이용해서 그레인들을 만드는 것이다. 후자를 세부적으로 그래뉼러 재합성(granular resynthesis)이라 부른다. 재합성의 경우는 먼저 입력된 소리를 작은 단위로 잘라서 그레인으로 만든 후 이들을 재결합하는 방법을 사용한다. 이때 시간의 흐름에 따라 속도 비율 조작을 통해서 전체 소리의 피치를 올리거나 내릴 수 있으며 또한 각 그레인의 진동수의 조정을 통해 개별적으로 피치를 올리거나 내릴 수 있다.

---

101) 미국의 전통적인 무게 단위에서의 최저 단위로서 0.0648g을 의미하며 원래 밀 한 알의 무게에서 유래.
102) 1961년 레이저 빔이 발명되면서 성공적인 3차원 영상이 이루어졌다.

일반적으로 하나의 그레인의 길이는 10ms(10 milliseconds, 1/100)에서 60ms 사이로 보고 있으며 그레뉼러 합성에 있어 중요한 요소들로는 그 크기와 밀집도, 어택과 디케이를 포함하는 인벨로프 그리고 피치 등이 있다.

<표 311> 그레뉼러 합성에 필수적인 요소들

크기	길이를 말하며 초나 밀리 세컨드로 표시
밀도	초당 일어나는 그레인들의 수나 그레인 산출의 비율
인벨로프	어택과 디케이를 포함하는 진폭 인벨로프와 그 모양
피치	각 그레인의 기본음 또는 연주 시의 속도

가. 동기적 방법(synchronous)

처리가 한 번에 일괄적으로 이루어지는 동기적 그래뉼러 합성(synchronous granular synthesis)은 이미 결정된 어떤 확실한 비율에 따라 그레인들이 만들어지므로 특정한 피치가 있는 소리를 위해 사용될 수 있다.

<그림 218> 동기적인 방법(왼쪽)과 비동기적인 방법(오른쪽)

시사운드의 동기적인 방법을 위한 옵코드로는 주로 포먼트[103]에 이용되는 fof와 fof2, 함수테이블로부터 데이터를 읽는 fog 그리고 전형적인 동기적 방법을 위한 syncgrain과 syncloop 등이 있으며 다음 표와 같이 옵코드 그레인(grain)에서도 밀도를 같은 값으로 해서 그리고 마지막 옵션 항목인 그레인의 인벨로프를 위한 함수테이블(fn1)의 시작점을 0이 아닌 다른 수를 입력해서 테이블의 처음부터 차례대로 읽게 한다면 상당히 동기적인 결과가 나온다.

---

103) 특히 울림이 강한 주파수대(formant) 또는 말소리의 음절을 모방하는 목소리 합성.

〈표 312〉 옵코드 그레인(grain)의 구문

```
              ;최소진폭 피치   밀도    최대진폭 최대피치일탈 길이     fn1  fn2  최대길이 [ 시작점]
ares grain xamp,xpitch,  xdens,  kampoff,  kpitchoff,  kgdur,  igfn,  iwfn,  imgdur  [. igrnd]
```

1) 싱크그레인

싱크그레인(syncgrain)은 완전한 동기적 그래뉼러 합성 및 프로세싱을 위한 옵코드로서 외부로부터의 사운드파일이나 실시간 시그널을 이용하는 젠 루틴 1번을 사용한다. 또한 시그널 소스 없이도 직접 그레인을 만들어 사용할 수도 있다. 그러면 구문 내용을 살펴보자.

〈표 313〉 옵코드 싱크그레인(syncgrain)의 구문

```
                ;진폭   산출수  피치     크기    포인터간격  fn1    fn2   최대 겹치는 수
asig syncgrain kamp, kfreq, kpitch, kgrsize,  kprate,   ifun1, ifun2,  iolaps
```

(1) 진폭

진폭은 시그널의 최대 진폭 값을 입력한다.

(2) 산출 수

그 다음 'kfreq'는 그레인의 빈도수(frequency)를 의미하며 보통의 경우에서의 주파수 개념과 조금 다르다. 초당 나타나는 또는 생성되는 그레인의 수가 된다.

(3) 피치

산출되는 그레인들에 의해 소리 나는 전체 피치를 조정하는 계수다. 값 1은 원래의 피치를 그대로 소리 내며 1보다 값이 낮아질수록 피치는 낮아지며 1보다 값이 커질수록 피치는 올라간다. 만약 음수를 사용한다면 이 결과는 거꾸로 된다. 즉 −1은 1과 같은 결과를 낸다. 따라서 0쪽으로 값이 높아질수록 피치는 내려가며 −1보다 값이 낮아질수록 피치는 높아진다.

(4) 그레인의 길이

'크기'란 각 그레인의 소리 길이를 말하며 이 길이는 초 단위로 입력한다. 이 값은 앞서 언급되었듯이 일반적으로 그레인이라 간주되는 짧은 값을 입력하는 것이 좋다. 그러나 예외적인 결과를 위해서 큰 값을 사용해도 아무런 문제는 없다.

(5) 포인터 간격

'포인터(pointer) 간격'은 함수테이블에서 데이터를 읽을 때의 간격이 되며 예를 들어 값 1을 입력한다면 현재 그레인 길이만큼 건너뛰어 읽어 나가며 2를 입력했다면 그레인 길이의 2배 길이로 건너뛰며 읽어 나가게 된다. 이 값이 크면 전체 데이터를 빨리 읽어 나가는 결과가 되기 때문에 소리가 짧아지며 반대로 작은 값일수록 소리는 길어진다.

(6) 함수테이블 1, 2

fn1은 그레인을 만들기 위해 읽어 들이는 소리 샘플을 가지고 있는 함수테이블 번호를, fn2는 그레인에 적용할 진폭 인벨로프를 담고 있는 함수테이블 번호를 입력한다. 대개의 경우 진폭 인벨로프는 매끄러운 사인 곡선이 적합하다.

(7) 최대 겹치는 수

마지막 항목인 '최대 겹치는 수'는 앞서의 항목 중에서 '그레인의 초당 수'와 '그레인의 길이'를 곱한 값이 된다. 예를 들어 그레인의 초당 수가 20이고 그레인의 길이가 0.05라면 최대 겹치는 수는 1이 된다. 그러나 이 경우 만약 1보다 더 큰 값을 사용할 시에는 비정상적인 소리가 산출될 수 있다.

2) 싱크그레인의 예

그러면 옵코드 싱크그레인을 이용한 동기적 그래뉼러 합성의 예를 보자. 저자는 음악적인 피치를 출력하기 위해 다음과 같이 그레인의 길이를 조작하여 원하는 피치를 낼 수 있게 했다. 이를 위해 그레인의 길이는 출력하려는 진동수만큼 그레인이 사용되도록 1초를 진동수로 나누었다. 그러나 중복 수가 1 이상인 경우는 다시 이 수를 중복 수로 나누어야 할 것이다. 아래 예의 경우는 이미 상당히 짧은 길이를 가진 그레인들이 만들어지므로 이 중복 수는 1로 하는 것이 좋을 것이다. 예를 들어 440hz의 소리를 낸다 해도 1/440의 값은 대략 0.0023이 되므로 그레인의 길이는 이미 아주 짧은 것이다.

그 다음 그레인의 초당 빈도수를 나타내는 ifreq도 이 사용할 피치에 맞추어 바로 앞의 igrsize 값으로 초당 중복 수인 iolaps를 나눈 몫을 사용했다. 즉 피치가 높아질수록 그레인의 초당 빈도수는 이에 비례해서 많아지는 것이다. 이렇게 되어야 모든 피치에 비례하는 소리가 산출된다.

피치 비율은 값 1을 그대로 사용했으므로 이전 사항들에서 입력된 음높이 그대로 연주될 것이다. 아래 예제의 경우 피치는 완전히 초당 그레인의 수에 좌우되므로 이 값은 앞서 구문의 설명과는 달리 피치에 별 영향을 주지 않는다. 그러나 뒷장의 풀틱 옵코드에서 이 싱크그레인이 다시 언급되는데 그때는 사운드파일을 사용하게 되며 그 경우는 현재의 경우와는 달리 피치 값의 변화는 실질적으로 영향을 미치게 된다.

그 다음 포인터 간격은 1을 초당 산출되는 그레인 수로 나눈 값을 사용했다. 그 이유는 초당 나타나는 그레인의 수가 초당 진동수가 되기 때문이다. 따라서 이 값은 그레인을 하나씩 차례로 읽어 나가게 된다. 그 결과로 피치가 높을수록 그레인의 길이는 짧아지며 소리는 보다 섬세해진다. 그리고 포인터 간격이 클수록, 즉 진동수가 낮을수록 읽어 나갈 때 건너뛰는 범위가 넓어지므로 조금 성긴 소리가 만들어지며 값이 아주 커지면 트레몰로 현상으로 이어진다.

결과의 소리는 아주 작은 그레인들이 연속으로 이어짐으로써 좁은 간격의 파셜음들의 발생으로 인해 상당히 치밀한 소리를 만들어 낸다. 이 소리는 배음이 없는 사인파의 공허하면서 부드러운 소리와는 상당히 다르다. 만약 아래의 예에 진폭 인벨로프와 약간의 비브라토, 코러스 그리고 리벌브가 추가된다면 상당히 무게 있는 독특한 소리를 만들어 낼 것이다.

<표 314> 옵코드 싱크그레인(syncgrain)의 예

```
〈CsoundSynthesizer〉
〈CsInstruments〉
sr          =          44100
kr          =          4410
ksmps       =          10
nchnls      =          1

        instr 1
iolaps = 1                              ;겹치는 그레인의 수
igrsize = 1/(cpspch(p5)/iolaps)
ifreq = iolaps/igrsize            ;초당 산출 수
iptr = igrsize                          ;포인터 간격
ipitch = 1                              ;피치 비율

             ;진폭     산출 수    피치    크기    포인터 간격  fn1  fn2  최대 겹치는 수
a1 syncgrain 260000,   ifreq,   ipitch,  igrsize,    iptr,    1,   2,    iolaps
out   a1
        endin
〈/CsInstruments〉
```

<표 315> 옵코드 싱크그레인(syncgrain)의 예를 위한 스코어

```
〈CsScore〉
f1          0     8192    10      1     ;그레인 데이터
f2          0     8192    10      1     ;그레인의 진폭 인벨로프를 위한 함수테이블

i1          0     1     15000     8
i1          1     1     15000     8.02
i1          2     1     15000     8.04
e
〈/CsScore〉
〈/CsoundSynthesizer〉
```

스코어 내용을 잠시 살펴보면 위 예에서는 싱크그레인에서 사용할 시그널 데이터로서 사인파를 산출하는 함수테이블 1번을 사용하였다. 싱크그레인을 포함해서 일반적으로 그래뉼러 합성에서는 사운드파일을 주로 사용하기 때문에 그리고 뒷장에서 사운드파일을 사용하는 예가 나오므로 여기서는 사용자가 파형을 디자인해서 사용하는 예를 만들었다. 위 예에서는 간단한 사인파를 사용했지만 다른 파형도 사용해 보라. 만약 사운드파일을 사용하고자 한다면 간단하다. 위의 함수테이블 1번의 젠 번호를 10번 대신 1번으로 바꾸고 테이블 크기를 사용하는 사운드파일의 크기에 적당한 2의 제곱수를 입력하면 된다. 같은 내용의 반복을 피

하기 위해 젠 1번의 사용법에 대해서는 뒷장의 '사운드파일 입력'에서 자세히 언급되므로 참고하면 될 것이다.

함수테이블 2번은 그레인의 진폭 인벨로프를 위해 사용된다. 위 예에서 똑같은 테이블 2개를 사용하고 있기 때문에 하나만 만들어서 공유할 수도 있지만 예제를 위해 그레인 데이터와 진폭 인벨로프를 위한 테이블을 별도로 나타내기 위해서다. 또 만약 하나를 공유할 경우 그레인의 데이터를 다른 것으로 바꿀 때나 또는 그레인의 진폭 인벨로프를 위해 다른 파형을 사용하고자 할 경우 결국 새로운 하나를 만들어야 할 것이다.

일반적으로 그레인의 진폭 인벨로프로는 사인곡선 모양이 가장 많이 사용된다. 그 이유는 그레인들이 모여 결국 하나의 전체 소리를 만들게 되는데 만약 거친 파형을 사용하면 전체 소리는 이보다 훨씬 거친 소리가 나기 때문이다. 설사 가장 매끄러운 사인파를 사용한다 해도 전체 소리의 외형은 완전히 매끄럽지는 않다.

3) 싱크루프

싱크루프(syncloop)는 일종의 싱크그레인의 변형이다. 따라서 그 내용은 싱크그레인과 유사하며 추가적으로 테이블의 특정한 부분을 반복할 수 있는 기능과 테이블을 읽을 때 0 지점 외에 다른 지점에서 시작할 수도 있다.

〈표 316〉 옵코드 싱크루프(syncloop)의 구문

```
           ;진폭   산출수  피치    크기    포인터간격 반복시작 반복끝    fn1    fn2
asig  syncloop kamp, kfreq, kpitch, kgrsize,  kprate,   klstart, klend, ifun1, ifun2,
최대 겹치는 수    시작  초기화 모드
iolaps        [,istart,  iskip]
```

위의 구문을 보면 반복 시작과 반복 끝을 초 단위로 선택할 수 있으며 추가적으로 시작점도 초 단위로 입력하여 원하는 위치에서 시작할 수 있다. 마지막 옵션 항목인 초기화 모드는 그 이전에 입력된 값을 사용할 것인지 아니면 새로 시작할 것인지를 요구하는 항목이다. 예를 들면 이 값이 0이 아닌 다른 값이면 초기화를 하지 않게 된다. 즉 바로 전의 음표에서 마지막으로 사용된 테이블의 위

치 등의 값을 그대로 이어서 사용하는 것이다. 기본 값은 초기화를 하는 것으로 0의 값으로 되어 있다.

먼저 앞서의 예제를 변형해서 싱크루프를 위한 악기를 만들어 보고 그 다음 간단한 사운드파일을 사용해 보자.

(1) 파형 사용

싱크루프가 싱크그레인과 다른 점은 반복을 사용할 수 있다는 점과 시작 위치를 설정할 수 있다는 점이다. 아래 악기는 싱크루프의 반복기능을 이용한 트레몰로 악기다. 이 악기에서 중요한 계수는 포인터 간격을 결정하는 'iptr'이다. 이 값이 크면 클수록 테이블의 데이터를 읽어 갈 때 큰 간격으로 읽어 나가기 때문에 성긴 소리가 나며 값이 작으면 작을수록 촘촘한 소리가 되어 점차 트레몰로 현상이 사라지게 된다.

아래의 예에서 만약 밴드 패스 필터 없이 연주를 하게 되면 상당히 거친 소리가 출력된다. 이는 그레인 사이의 처음과 끝이 매끄럽게 연결이 되지 않을 경우 정수비를 벗어난 잘 어울리지 않는 파셜음들이 위아래에서 발생하면서 일어나는 현상 때문이다. 이런 현상은 포인터 간격이 크면 클수록 더 강하게 발생하므로 이들 파셜음들을 제거하기 위해서는 적당한 필터가 필요하다. 아래 예에서는 butterbp 밴드 패스 필터가 사용되어 기본 주파수의 위아래 2.5hz를 캇오프점으로 해서 파셜음들이 제거되었다.

그리고 적당한 트레몰로를 위해 그레인이 사용할 테이블의 크기는 1,024로 작게 설정하였다. 이 테이블이 크면 클수록 트레몰로의 속도가 늦어진다. 즉 읽는 시간이 그만큼 길어지므로 반복되는 시간이 길어지는 것이다.

<표 317> 옵코드 싱크루프(syncloop)에서 파형 사용 악기

```
<CsoundSynthesizer>
<CsInstruments>
sr          =          44100
kr          =          4410
ksmps       =          10
nchnls      =          1


            instr  1
iolaps = 1
igrsize = 1/(cpspch(p5)/iolaps)
ifreq = iolaps/igrsize                  ;초당 산출 수 - 진동수만큼 산출
ips = 1/iolaps                          ;초당 중복 수
iptr = .05                              ;포인터 간격
ipitch = 1                              ;피치 비율

kenv        linseg  0, .01, 1,  p3-.01, 0
                ;진폭      산출 수  피치  크기  포인터 간격  반복 시작/끝  fn1  fn2  최대 겹치는 수
a1 syncloop 32767*kenv,  ifreq,  ipitch,  igrsize,  ips*iptr,  0,  istr,  1,  2,      iolaps
a1 butterbp    a1,    ifreq,   5   ;밴드 패스 필터, 캇오프 위치는 위/아래로 + - 2.5hz
out   a1
            endin
</CsInstruments>
```

<표 318> 옵코드 싱크루프(syncloop)에서 파형 사용 악기의 스코어

```
<CsScore>
f1  0  1024  10  1  ;그레인 데이터
f2  0  8192  10  1  ;그레인의 진폭 인벨로프를 위한 함수테이블

i1  0  3  0  9
i1  3  2  0  8.02
i1  5  2  0  8.04
e
</CsScore>
</CsoundSynthesizer>
```

(2) 사운드파일 사용

사운드파일의 원래 소리를 유지하는 예는 악기로서의 활용은 제한이 있다. 이에 대한 예는 뒷장의 풀틱 옵코드에서의 '싱크그레인'에서 자세히 다루어지므로 참조하면 될 것이다.

다음은 사운드파일의 데이터를 이용하여 악기의 음원으로 사용하는 방법을 제시한다. 아래 악기에서는 싱크루프를 사용하여 2개의 시그널이 만들어진다. 하나는 기본음을 내며 다른 하나는 기본음보다 약간 높은 소리를 내는 시그널이다.

단지 하나의 코러스 시그널과 간단한 비브라토로 장식했지만 상당히 예쁜 소리
를 낸다. 더구나 이 소리는 사용자가 사용하는 사운드파일의 내용에 따라 그 음
색이 크게 좌우되므로 이 악기의 한계는 거의 없다고 할 수 있을 만큼 다재다능
한 악기라 할 수 있다. 여러 가지의 사운드파일을 사용해서 그 결과를 들어 보자.
　아래의 악기에서 음색의 강도는 최대 중복 수인 iolaps에 의해 크게 좌우된다. 또
한 포인터 간격도 동시에 영향을 미친다. 따라서 iolaps의 값을 0.5로 감소시켜 보고
그리고 또 5로 증가시켜 들어 보자. 동시에 테이블을 읽는 간격을 조정하는 iptr 값
도 바꾸어 보자. 그 외 내용은 설명문을 참조하면 아무런 어려움이 없을 것이다.

〈표 319〉 사운드파일을 이용하는 싱크루프 악기

```
〈CsoundSynthesizer〉
〈CsInstruments〉
sr          =          44100
kr          =          4410
ksmps       =          10
nchnls      =          1
            instr  1
iolaps  =  1
igrsize  =  1/(cpspch(p5)/iolaps)
ifreq  =  iolaps/igrsize                  ;초당 산출 수
ips  =  1/iolaps                              ;초당 중복 수
iptr  =  .005                                 ;포인터 간격
ipitch  =  1                                      ;피치 비율

kvib1       oscil       .007,  2,  2           ;코러스 악기를 위한 비브라토
kvib2       oscil       .007,  7,  2           ;기본음을 위한 비브라토
ichosize  =  1/((cpspch(p5)*1.007)/iolaps)    ;코러스 진동수
ichof       =  iolaps/ichosize                 ;코러스 초당 산출 수

kamp   linseg   0, .1, 20000, p3 -.1, 0
; - - - - - - - - - -코러스 시그널
avib synloop kamp, ichof + kvib1, ipitch, ichosize, ips*iptr, 0,  1,  1,  2,  iolaps,  0

            ;진폭    산출 수      피치   크기    포인터간격 반복시작 -끝   fn1  fn2 최대중복수 시작점
a1 synloop kamp, ifreq + kvib2, ipitch, igrsize, ips*iptr,  0.01,  2.0,  1,  2,  iolaps,  0.5
out    a1 + avib
            endin
〈/CsInstruments〉
```

〈표 320〉 사운드파일을 이용하는 싱크루프 악기의 스코어

```
〈CsScore〉
f1   0      131072    1    "aaa-.wav" 0  4  0 ;그레인 데이터
f2   0      8192     10    1                    ;그레인의 진폭 인벨로프를 위한 함수테이블

i1   0   2   0    8.0
i1   2   2   0    8.02
i1   4   2   0    8.04
e
〈/CsScore〉
〈/CsoundSynthesizer〉
```

나. 비동기적 방법(asynchronous)

사운드파일이나 웨이브폼으로부터 만들어지는 비동기적 그래뉼러 합성(asynchronous granular synthesis)에 의한 그레인들은 각 그레인의 시작 시간이 다르므로 전체적인 결과는 통계적으로 판단할 수밖에 없다. 물론 그레인들의 성격이나 모양 등은 미리 계산되지만 각 그레인의 행동은 결정되지 않으므로 그 결과는 마치 구름덩어리들 같다고 할 수 있다.

시사운드에서의 비동기적 방법을 위한 옵코드는 grain, grain2, grain3, granule 등이 있다.

1) 옵코드 그레인

〈표 321〉 옵코드 그레인(grain)의 구문

```
        ;기본진폭 기본피치 밀도   가중진폭   가중피치  길이    fn1   fn2 최대길이 [ 시작점]
ares grain xamp,    xpitch, xdens, kampoff, kpitchoff, kgdur, igfn, iwfn, imgdur [, igrnd]
```

(1) 기본진폭

각 그레인의 최소 진폭 값을 입력한다. 컨트롤 시그널을 사용한다면 각 그레인

의 진폭을 조정할 수 있다.

(2) 기본피치

각 그레인의 진동수를 입력한다.

(3) 밀도

초당 그레인의 수를 입력한다.

(4) 가중진폭

앞서의 기본진폭 값에서 최대 증가하는 가중진폭 값을 입력한다. 따라서 실제 그레인이 출력하는 최대 진폭 값은 앞서의 기본진폭 값에 가중진폭 값을 더한 값이 된다.

(5) 가중피치

앞서의 기본피치 값에서 최대 증가하는 가중피치 값을 입력한다. 따라서 실제 그레인이 출력하는 최대 피치 값은 앞서의 기본피치 값에 가중피치 값을 더한 값이 된다.

(6) 그레인 길이

그레인의 길이를 초 단위로 입력한다. 이 길이는 뒤쪽 항목의 최대 그레인 길이보다 더 길 수는 없다.

(7) fn1

그레인에 사용할 파형이 담겨 있는 함수테이블 번호를 입력한다.

(8) fn2

그레인에 사용할 진폭 인벨로프가 담겨 있는 함수테이블 번호를 입력한다.

(9) 그레인의 최대 길이

최대 가능한 그레인의 길이를 입력한다.

(10) 그레인 시작점

그레인에 사용할 파형이 담긴 테이블을 읽는 방법을 결정한다. 기본 값은 0이다. 값이 0이 아니면 fn1의 테이블의 시작점부터 읽기를 시작한다. 만약 값이 0이면 테이블의 위치는 임의로 선택된다.

2) 그레인 악기

다음의 예는 옵코드 그레인을 이용한 간단한 악기의 예다. 악기파일의 그레인 항목에서 세 번째의 밀도(density)는 초당 산출할 그레인의 수를 뜻한다. 네 번째 항목의 최대 진폭 값은 최소 진폭 값에서 일탈하는 최댓값을 의미하기 때문에 실제 최대 진폭 값은 첫 번째 항목의 값과 더해진 20,000이 된다. 그다음 다섯 번째 항목의 최대 피치 일탈 값도 마찬가지이다. 두 번째 항목의 피치 값으로부터 최대한 벗어나 요동치는 초당 진동수 값을 입력한다. 여섯 번째 항목은 그레인의 기본 길이를 초 단위로 입력하고 fn1은 사용할 함수테이블 번호이며 fn2는 사용할 진폭 인벨로프를 위한 함수테이블 번호를 입력한다. 마지막의 항목은 그레인의 최대 길이를 입력한다.

〈표 322〉 그레인(grain) 악기

```
〈CsoundSynthesizer〉
〈CsInstruments〉
sr          =           44100
kr          =           4410
ksmps       =           10
nchnls      =           1

            instr       1
kfrq    linseg  220, p3,    440                    ;기본피치의 변화
kmrn    linseg  2,  p3,     30                     ;그레인 수의 변화
kamp    linseg  0,   p3*.8, 20000, p3*.2,  0   ;진폭의 변화
kpit    linseg  0,  p3,     200                    ;피치의 변화
klng    linseg  .05, p3/2,  .5,     p3/2,  .05  ;그레인 길이의 변화
            ;진폭   피치   밀도 최대 진폭 최대 피치이탈  길이   fn1 fn2  최대 길이
a1      grain   0,   kfrq,  kmrn,  kamp,      kpit,       klng,  2,  1,  .5
out         a1
            endin
〈/CsInstruments〉
```

〈표 323〉 그레인(grain) 악기의 스코어

```
〈CsScore〉
f1  0 4097 20   2  6                    ;그레인 인벨로프을 위한 젠 20번 한닝 윈도우(Hanning window)
f2  0 8192 7    0   192 1 8000 0  ;그레인을 위한 파형

i1          0           15
〈/CsScore〉
〈/CsoundSynthesizer〉
```

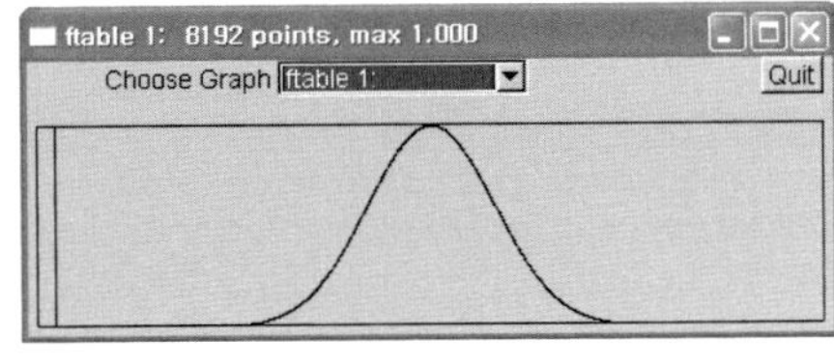

〈그림 219〉 그레인을 위한 인벨로프(Hanning)

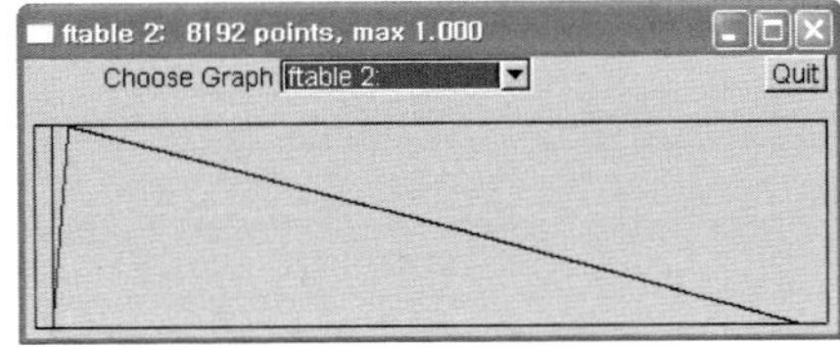

〈그림 220〉 그레인을 위한 파형

위 소리의 내용은 시간이 경과하면서 기본 피치가 높아지며 동시에 그레인의 수도 점점 많아진다. 기본 진폭은 0으로 하여 0에서 20,000으로 다시 0으로 돌아오는 진폭의 변화 값에 의존하고 있으며 기본피치를 바탕으로 피치의 변화도 시간이 경과함에 따라 점점 높아진다. 마지막으로 그레인의 최대 길이는 0.5로

하여 그레인의 길이는 0.05초에서 시작해서 시간에 따라 점차 길어져 0.5초까지
길어졌다가 다시 0.05로 돌아온다.

3) 젠 20번

위도우 함수들은 어떤 옵코드에는 이미 내부적으로 포함되어 있지만 다른 일
부의 옵코드에서는 별도로 윈도우를 산출하는 함수테이블을 요구하는데 이와 같
은 경우를 위해 만들어진 젠 루틴이 20번이다.

젠 20번은 다른 젠 루틴들과는 달리 이미 만들어져 있는 여러 개의 테이블들
을 제공한다. 대부분의 경우 스펙트럼 분석과 위의 경우와 같은 그레인을 위한
인벨로프를 위해 사용되는 것이 보통이다. 젠 20번이 제공하는 윈도우의 종류는
모두 9가지가 있으며 최댓값은 만약 p4가 음수인 경우에 p6을 사용한다면 최댓
값을 1로 재조정을 하지 않게 되며 그 외는 모두 최댓값 1로 재조정이 이루어진다.

〈표 324〉 젠 20번의 구문

```
;번호 시간  크기 젠 번호 윈도종류 최댓값  [Kaiser 윈도만을 위한 옵션]
f #   time size 20   window  max   [opt]
```

〈표 325〉 윈도우들

1	Hamming	
2	Hanning	
3	Bartlett(triangle)	
4	Blackman(3 – term)	
5	Blackman – Harris(4 – term)	
6	Gaussian	

7	Kaiser		값에 따라 그래프가 달라진다. 입력 값이 0일 때는 아래의 직사각형의 상태가 되며 큰 값일수록 점차 위 가우시안 모양과 유사해진다.
8	Rectangle		
9	Sync		

위의 표의 직사각형(rectangle)을 제외한 이들 윈도우 함수들은 분석하는 윈도우(프레임) 안의 신호를 처음과 끝을 0으로 만들어 줌으로써 불필요한 신호를 차단하는 역할을 한다. 직사각형 윈도우는 서로 동등한 세기의 시그널을 위해서는 뛰어난 선택이 될 수 있지만 갖가지의 서로 다른 진폭들로 이루어진 시그널들을 위해서는 잘못된 선택이라 할 수 있다.

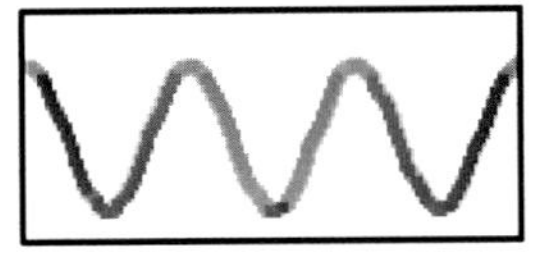

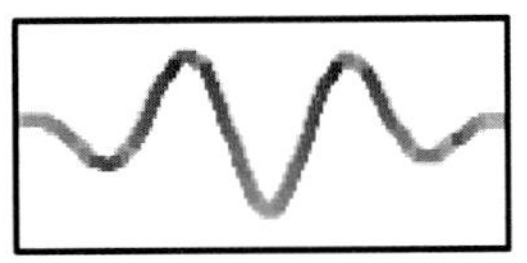

〈그림 221〉 시그널 ==>   〈그림 222〉 윈도우 함수 ==>   <그림 223> 결과

이들 9개의 윈도우 함수(window functions)들은 푸리에의 FFT 등에서 보다 정확한 샘플된 시그널의 진동수 측정을 위한 스펙트럼 분석에 사용되며 시사운드에서는 옵코드 pvanal 등에서 사운드파일의 분석에 이용된다. 그러나 이들 또한 그래뉼러 합성에서와 같이 일반적인 파형으로 이용될 수도 있다.

다음의 예는 옵코드 dispfft에서 hanning(해닝) 윈도우를 사용하여 출력한 주파수 도메인(영역)을 보여 주는 푸리에 변환의 결과다. 윈도우 크기는 샘플의 수이며 나이퀴스트 진동수(sr/2)에 따라 입력된 값의 절반의 크기로 출력된다.

<표 326> 푸리에 변환을 보여 주는 시사운드의 **dispfft** 옵코드의 예

```
〈CsoundSynthesizer〉
〈CsInstruments〉
sr          =          44100
kr          =          4410
ksmps       =          10
nchnls      =          2


            instr  1
asig1       oscil      p4*1,    cpspch(p5),      1
asig2       oscil      p4*1,    cpspch(p5+5),    1
            ;시그널          주기(초) 윈도우 크기 hanning 윈도
dispfft     asig1+asig2,      1,        512,            1
            endin

〈/CsInstruments〉
```

<표 327> 푸리에 변환을 보여 주는 시사운드의 **dispfft** 옵코드의 예를 위한 스코어

```
〈CsScore〉
f1   0     8192         10           1

i1   0     3            15000        8
e
〈/CsScore〉
〈/CsoundSynthesizer〉
```

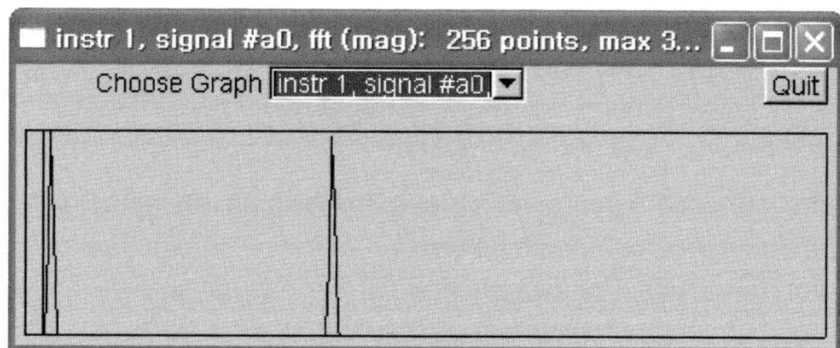

<그림 224> 출력된 푸리에 변환

4) 다중 그레인 악기

다음은 여러 개의 그레인 시그널들을 동시에 출력하여 흥미로운 효과음을 산출하는 예이다. 리벌브가 더해져 좀 더 입체감 있는 소리가 산출된다.

```
〈CsoundSynthesizer〉
〈CsInstruments〉
sr          =           44100
kr          =           100
ksmps       =           441
nchnls      =           1
            instr  1
kamp        linseg      0, p3/4, 2000, 3*p3/4, 0
kp          expon       1, p3, .5
                        ;진폭      피치      밀도  최대진폭  최대피치  이탈길이   fn1 fn2 최대길이
a1          grain kamp, 1000*kp, 500,  0,    10,       .05,      1,  2,  .1
a2          grain kamp, 2000*kp, 500,  0,    10,       .05,      1,  2,  .1
a3          grain kamp, 1600*kp, 500,  0,    10,       .05,      1,  2,  .1
gasnd       =  a1＋a2＋a3
out         gasnd/2
            endin


            instr  2
aout        reverb      gasnd, 2
kamp        line        1, p3, 0
out         aout/4
            endin

〈/CsInstruments〉
```

〈표 329〉 다중 그레인 악기의 스코어

```
〈CsScore〉
f1  0  1024  10  1
f2  0  1024  20  6

i2  0  4
i1  0  3
e

〈/CsScore〉
〈/CsoundSynthesizer〉
```

19

포먼트 합성 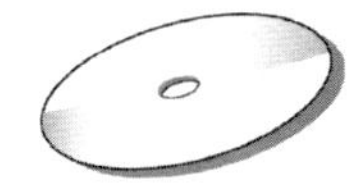

포먼트(formant)란 음향학적으로는 어떤 한 소리의 스펙트럼에서 가장 울림이 강한 주파수대를 말하며 음성학에서는 모음을 구성하는 하나의 낱소리를 말한다. 여기서의 포먼트는 전자의 내용을 바탕으로 하고 있으며 가장 효과적으로 적용된 부분이 후자가 된다. 따라서 포먼트 합성(formant synthesis)은 'text－to－speech'로 널리 알려져 있는 '말소리 합성'(speech synthesis)과는 다르다.

포먼트는 극단적인 저음이나 고음을 제외한다면 음의 높이와는 독립적이다. 예를 들면 악기 오보에의 첫 번째와 두 번째의 포먼트는 대략 1,400Hz와 3,000Hz에서 나타난다고 알려져 있다. 따라서 만약 440Hz의 피치를 소리 낸다면 배음들 중에서 1,400Hz와 3,000Hz 부근이 강하게 나타난다. 일반적으로 음의 높이가 인식되는 소리에서 기본음이 440Hz라면 가장 강하게 나타날 배음들은 그 세기 순으로 440, 880, 1,760, 3,520, …… 등이지만 오보에에서는 이 외에도 실제 강하게 나타나는 진동수들은 1,320, 2,200, 2,640, 3,080Hz를 포함하여 440, 880, 1,320, 1,760, 2,200, 2,640, 3,080, 3,520, …… 등과 같이 나타난다. 그렇다면 이론적으로 소리를 디자인할 때 이와 같은 오보에의 포먼트들을 강조한다면 오보에와 유사한 소리가 만들어질 것이다.

가. 모음 포먼트

포먼트 이론은 또한 모든 악기들 중에서도 가장 다재다능한 인간의 목소리에도 적용하고 있다. 인간의 목소리는 소리를 내는 기관의 모양에 따라 달라진다. 예를 들면 입술, 혀, 턱 등의 위치에 따라 동적으로 변하며 이 변화들은 곧 포먼트 대역을 변화시키게 된다. 가장 낮은 진동수를 가지는 포먼트는 f1, 두 번째는 f2, 세 번째는 f3 등등으로 불리며 대부분의 경우 처음의 두 개의 포먼트만으로도 모음을 구별하는 것은 충분하다고 알려져 있다. f1은 기본적으로 혀가 내려질 때 더 높은 주파수를 가지며 f2는 혀가 앞쪽으로 나아갈 때 더 높은 진동수를 가진다. 일반적으로 성인 남성의 포먼트들은 대략 1,000Hz 부근에서 변화하며 모음들은 거의 항상 4개 또는 그 이상의 구별되는 포먼트들로 이루어진다. 코는 항상 2,500Hz 부근에서 추가적인 포먼트를 형성한다. 다음의 표는 'wikipedia' 사전에서 참고한 내용이다.

〈표 330〉 모음들의 포먼트

모음(vowel)	주 포먼트 대역	f1	f2
우(u)	200~400Hz	320Hz	800Hz
오(o)	400~600Hz	500Hz	1,000Hz
아(a)	800~1,200Hz	1,000Hz	1,400Hz
에(e)	400~600 그리고 2,200~2,600Hz	500Hz	2,300Hz
이(i)	200~400 그리고 3,000~3,500Hz	320Hz	3,200Hz

시사운드 매뉴얼에는 이보다 더 자세한 데이터를 부록 C에 담고 있다. 목소리의 음역대별로 알토, 베이스, 카운터테너, 소프라노 그리고 테너로 각각 나누어 포먼트 중심 진동수와 세기 그리고 대역을 제시하고 있다. 다음의 표는 테너 부분만 옮겨 놓은 것이다. 위의 표는 실제 스펙트로그램(spectrogram, 분광사진)을 보고 적은 것이므로 하나의 샘플의 결과로서 정확한 것이지만 시사운드 부록에 의한 아래의 표와 조금 어긋나는 부분이 있다. 그러나 이는 이들 둘 중 하나가 틀렸다고 보기보다는 각 사람의 구조에 따라서 조금씩 분포도가 상이하기 때문이다. 세기의 값은 0데시벨을 사용하고 있어 0이 제일 큰 세기이다.

<표 331> 테너 모음 '아'(a)

포먼트	f1	f2	f3	f4	f5
진동수(Hz)	650	1,080	2,650	2,900	3,250
세기(dB)	0	-6	-7	-8	-22
대역(Hz)	80	90	120	130	140

〈표 332〉 테너 모음 '에'(e)

포먼트	f1	f2	f3	f4	f5
진동수(Hz)	400	1,700	2,600	3,200	3,580
세기(dB)	0	− 14	− 12	− 14	− 20
대역(Hz)	70	80	100	120	120

〈표 333〉 테너 모음 '이'(i)

포먼트	f1	f2	f3	f4	f5
진동수(Hz)	290	1,870	2,800	3,250	3,540
세기(dB)	0	− 15	− 18	− 20	− 30
대역(Hz)	40	90	100	120	120

〈표 334〉 테너 모음 '오'(o)

포먼트	f1	f2	f3	f4	f5
진동수(Hz)	400	800	2,600	2,800	3,000
세기(dB)	0	− 10	− 12	− 12	− 26
대역(Hz)	70	80	100	130	135

〈표 335〉 테너 모음 '우'(u)

포먼트	f1	f2	f3	f4	f5
진동수(Hz)	350	600	2,700	2,900	3,300
세기(dB)	0	− 20	− 17	− 14	− 26
대역(Hz)	40	60	100	120	120

나. fof/fof2: 포먼트 합성 1

시사운드에서 제공하는 포먼트 합성 옵코드로는 fof, fof2가 있다. 옵코드 fof는
C언어로 쓰인 IRCAM의 찬트(Chant) 프로그램을 바탕으로 하여 만들어졌으며
fof2는 fof에 각 연속적인 그레인을 컨트롤 비율로 증가하는 색인으로 사용하는
기능이 추가된 것이다.

각 fof 옵코드는 하나의 포먼트를 산출하므로 여러 개의 옵코드를 사용하여 이

시그널들을 합산함으로써 풍부한 목소리를 모방할 수 있다. fof 및 fof2는 일종의 특별한 형태의 그래뉼러 합성으로서 목소리의 모방과 그래뉼러 텍스처 사이에서의 변형을 가능케 한다. 산출 속도는 kdur(그레인의 길이), xfund(소리의 기본 주파수) 그리고 iolaps(겹치는 그레인들)의 수에 달려 있다.

<표 336> 옵코드 fof 구문

```
                                    그레인    그레인 그레인
         ;진폭  주파수 포먼트 피치내림 대역   어택시간 길이 디케이시간 중복    그레인파형fn
ares  fof  xamp, xfund, xform,  koct, kband,  kris, kdur,  kdec,  iolaps,  ifna, ₩
         ;그레인진폭fn 전체길이 [페이즈,    진동수모드,   초기화]
         ifnb,       itotdur   [, iphs]  [, ifmode]  [, iskip]
```

<표 337> 옵코드 fof2 구문

```
                                    그레인  그레인  그레인
         ;진폭  주파수 포먼트 피치내림 대역   어택시간 길이 디케이시간 중복    그레인파형fn
ares  fof2  xamp, xfund, xform,  koct, kband,  kris, kdur,  kdec,  iolaps,  ifna, ₩
         ;그레인진폭fn 전체길이 페이즈, 글리산도, [ 초기화]
         ifnb,       itotdur, kphs, kgliss,  [, iskip]
```

xamp는 그레인들의 진폭 값이며 포먼트 대역이 크거나 그레인들이 중복될 경우 출력 결과의 값은 이보다 증가할 수 있다. xfund는 그레인들의 주파수이며 xform은 포먼트를 위한 주파수이다. koct는 기본 값이 0이며 그레인의 진동수인 xfund 값을 피치세트 값으로 내릴 수 있으며 올릴 수는 없다. 예를 들면 값 1.01을 넣게 되면 진동수는 1옥타브와 반음만큼 아래로 떨어진다.

kband는 포먼트의 대역이며 kris, kdur, kdec는 각 그레인을 위한 어택시간과 길이 그리고 디케이 시간을 초 단위로 설정하는 항목이다. 이들의 전형적인 값들은 각각 0.003, 0.02, 0.007이다. iolaps는 겹치는 그레인 데이터를 유지하기 위한 메모리의 크기다. 120 정도를 입력하면 충분하다. ifna는 그레인을 위한 함수테이블 번호이며 ifnb는 그레인의 진폭 인벨로프를 위한 함수테이블 번호를 입력한다. itotdur은 전체 소리의 길이이며 kphs는 함수테이블 ifna를 읽는 색인 값으로 사용할 수 있다.

kgliss는 소리시작 피치와 소리 끝의 피치 사이에 글리산도를 만든다. 한 옥타브의 크기는 1이며 아래로 내려갈 경우는 음수를 사용한다. 예를 들어 한 옥타브 크기의 글리산도를 만든다면 1을 입력하고 반음 크기의 글리산도를 만든다면 1/12를 입력한다. 마지막으로 iskip은 초기화를 결정한다. 즉 기본 값은 0으로서 항상 소리가 시작될 때마다 모두 새로 값들이 적용되는 것이며 0 이외의 값을 입력한다면 초기화를 하지 않게 되므로 이전에 사용되었던 일부의 값들이 이어서 적용된다.

다음의 예는 시사운드의 매뉴얼에 실려 있는 fof2를 위한 예제로서 시사운드 매뉴얼의 부록 C에 있는 포먼트 데이터들을 그대로 사용하여 구현된 것이다. 코드의 길이가 조금 긴데 그 이유는 하나의 모음을 위해서 f1(가장 낮은 첫 번째 포먼트)에서 f5까지 각 5개씩의 포먼트 진동수, 포먼트 세기, 포먼트 대역이 사용되었기 때문이다.

〈표 338〉 포먼트 합성 악기파일

```
〈CsoundSynthesizer〉
〈CsInstruments〉
sr  = 44100
ksmps = 128
nchnls = 2

; Example by Chuckk Hubbard 2007

    instr 1
iolaps  =       120
ifna    =       1               ;f1 - 사인파
ifnb    =       2               ;f2 - 상승하는 직선(0~1)
itotdur =       p3         ;소리 길이
iamp    =       p4*0dbfs ;진폭 값 출력, 0dbfs = 32767
ifreq1  =       p5         ;시작 진동수
ifreq2  =       p6         ;끝  진동수

kamp    linseg  0, .003, iamp, itotdur - .007, iamp, .003, 0, .001, 0 ;진폭
kfund   expseg  ifreq1, itotdur, ifreq2    ;시작 및 끝 진동수의 이동 인벨로프
koct    init    0                               ;피치이동: 아래로만
kris    init    .003                    ;그레인의 어텍 길이
kdur    init    .04                     ;그레인의 길이
kdec    init    .007                    ;그레인의 디테이 길이
kphs    init    0                        ;ifna를 읽어 들이는 색인생성
kgliss  init    0                       ;글리산도 적용(소리 시작과 끝 사이)

iforma  =       p7         ;시작 함수테이블
iformb  =       p8         ;끝  함수테이블
iform1a tab_i   0,  iforma       ;시작 포먼트 5개 주파수
iform2a tab_i   1,  iforma
```

```
iform3a    tab_i    2,   iforma
iform4a    tab_i    3,   iforma
iform5a    tab_i    4,   iforma
idb1a      tab_i    5,   iforma        ;시작 포먼트 5개 세기
idb2a      tab_i    6,   iforma
idb3a      tab_i    7,   iforma
idb4a      tab_i    8,   iforma
idb5a      tab_i    9,   iforma
iband1a    tab_i    10,  iforma        ;시작 포먼트 5개 대역
iband2a    tab_i    11,  iforma
iband3a    tab_i    12,  iforma
iband4a    tab_i    13,  iforma
iband5a    tab_i    14,  iforma
iamp1a     =        ampdb(idb1a)       ;시작 5개 세기(dB)를 진폭 값으로
iamp2a     =        ampdb(idb2a)
iamp3a     =        ampdb(idb3a)
iamp4a     =        ampdb(idb4a)
iamp5a     =        ampdb(idb5a)

iform1b    tab_i    0,   iformb        ;끝 포먼트 5개 주파수
iform2b    tab_i    1,   iformb
iform3b    tab_i    2,   iformb
iform4b    tab_i    3,   iformb
iform5b    tab_i    4,   iformb
idb1b      tab_i    5,   iformb        ;끝 포먼트 5개 세기
idb2b      tab_i    6,   iformb
idb3b      tab_i    7,   iformb
idb4b      tab_i    8,   iformb
idb5b      tab_i    9,   iformb
iband1b    tab_i    10,  iformb        ;끝 포먼트 5개 대역
iband2b    tab_i    11,  iformb
iband3b    tab_i    12,  iformb
iband4b    tab_i    13,  iformb
iband5b    tab_i    14,  iformb
iamp1b     =        ampdb(idb1b)       ;끝 5개 세기(dB)를 진폭 값으로
iamp2b     =        ampdb(idb2b)
iamp3b     =        ampdb(idb3b)
iamp4b     =        ampdb(idb4b)
iamp5b     =        ampdb(idb5b)

kform1  line  iform1a, itotdur, iform1b   ;포먼트의 이동(시작 - )끝)
kform2  line  iform2a, itotdur, iform2b
kform3  line  iform3a, itotdur, iform3b
kform4  line  iform4a, itotdur, iform4b
kform5  line  iform5a, itotdur, iform5b
kband1  line  iband1a, itotdur, iband1b   ;대역의 이동(시작 - )끝)
kband2  line  iband2a, itotdur, iband2b
kband3  line  iband3a, itotdur, iband3b
kband4  line  iband4a, itotdur, iband4b
```

```
kamp2    line    iamp2a,  itotdur,  iamp2b
kamp3    line    iamp3a,  itotdur,  iamp3b
kamp4    line    iamp4a,  itotdur,  iamp4b
kamp5    line    iamp5a,  itotdur,  iamp5b

;fof2 옵코드를 이용하여 5개의 포먼트 산출
a1  fof2  kamp1,kfund,kform1,koct,kband1,kris,kdur,kdec,iolaps,ifna,ifnb,itotdur,0,1
a2  fof2  kamp2,kfund,kform2,koct,kband2,kris,kdur,kdec,iolaps,ifna,ifnb,itotdur,0,1
a3  fof2  kamp3,kfund,kform3,koct,kband3,kris,kdur,kdec,iolaps,ifna,ifnb,itotdur,0,1
a4  fof2  kamp4,kfund,kform4,koct,kband4,kris,kdur,kdec,iolaps,ifna,ifnb,itotdur,0,1
a5  fof2  kamp5,kfund,kform5,koct,kband5,kris,kdur,kdec,iolaps,ifna,ifnb,itotdur,0,1

aout    =    (a1+a2+a3+a4+a5) * kamp/5   ;합산 및 진폭 조정
aenv linen 1, 0.05, p3, p3/2;0.05        ;진폭 인벨로프
outs    aout*aenv, aout*aenv
   endin

</CsInstruments>
```

<표 339> 포먼트 합성 스코어파일

```
<CsScore>
f1   0 8192  10 1
f2   0 4096  7  0 4096 1

;******************************************************
;
; 100: 소프라노   200: 알토   300: 카운터테너    400: 테너    500: 베이스
; -01: '아'    -02: '에'    -03: '이'    -04: '오'    -05: '우'
;******************************************************
;

;소프라노         포먼트(f1~f5)              세기(dB)                    대역
f101 0 16 -2  800 1150 2900 3900 4950  0.001  -6   -32 -20 -50  80 90  120 130 140
f102 0 16 -2  350 2000 2800 3600 4950  0.001  -20 -15 -40 -56  60 100 120 150 200
f103 0 16 -2  270 2140 2950 3900 4950  0.001  -12 -26 -26 -44  60 90  100 120 120
f104 0 16 -2  450 800  2830 3800 4950  0.001  -11 -22 -22 -50  40 80  100 120 120
f105 0 16 -2  325 700  2700 3800 4950  0.001  -16 -35 -40 -60  50 60  170 180 200
;알토
f201 0 16 -2  800 1150 2800 3500 4950  0.001  -4   -20 -36 -60  80 90  120 130 140
f202 0 16 -2  400 1600 2700 3300 4950  0.001  -24 -30 -35 -60  60 80  120 150 200
f203 0 16 -2  350 1700 2700 3700 4950  0.001  -20 -30 -36 -60  50 100 120 150 200
f204 0 16 -2  450 800  2830 3500 4950  0.001  -9   -16 -28 -55  70 80  100 130 135
f205 0 16 -2  325 700  2530 3500 4950  0.001  -12 -30 -40 -64  50 60  170 180 200
;카운터테너
f301 0 16 -2  660 1120 2750 3000 3350  0.001  -6   -23 -24 -38  80 90  120 130 140
f302 0 16 -2  440 1800 2700 3000 3300  0.001  -14 -18 -20 -20  70 80  100 120 120
f303 0 16 -2  270 1850 2900 3350 3590  0.001  -24 -24 -36 -36  40 90  100 120 120
f304 0 16 -2  430 820  2700 3000 3300  0.001  -10 -26 -22 -34  40 80  100 120 120
f305 0 16 -2  370 630  2750 3000 3400  0.001  -20 -23 -30 -34  40 60  100 120 120
;테너
f401 0 16 -2  650 1080 2650 2900 3250  0.001  -6   -7  -8  -22  80 90  120 130 140
```

```
f402 0 16  -2   400 1700 2600 3200 3580   0.001  -14  -12  -14  -20   70 80   100 120 120
f403 0 16  -2   290 1870 2800 3250 3540   0.001  -15  -18  -20  -30   40 90   100 120 120
f404 0 16  -2   400 800  2600 2800 3000   0.001  -10  -12  -12  -26   70 80   100 130 135
f405 0 16  -2   350 600  2700 2900 3300   0.001  -20  -17  -14  -26   40 60   100 120 120
;베이스
f501 0 16  -2   600 1040 2250 2450 2750   0.001  -7   -9   -9   -20   60 70   110 120 130
f502 0 16  -2   400 1620 2400 2800 3100   0.001  -12  -9   -12  -18   40 80   100 120 120
f503 0 16  -2   250 1750 2600 3050 3340   0.001  -30  -16  -22  -28   60 90   100 120 120
f504 0 16  -2   400 750  2400 2600 2900   0.001  -11  -21  -20  -40   40 80   100 120 120
f505 0 16  -2   350 600  2400 2675 2950   0.001  -20  -32  -28  -36   40 80   100 120 120
;*******************************************************
;

;        데시벨  시작진동수  끝진동수  시작포먼트    끝포먼트
i1  0  1  .8      440       440     101         101    ;아
i1  +  .  .8      440       440     102         102    ;에
i1  +  .  .8      440       440     103         103    ;이
i1  +  .  .8      440       440     104         104    ;오
i1  +  .  .8      440       440     105         105    ;우

i1  +  1  .8      220       220     501         501    ;아
i1  +  .  .8      220       220     502         502    ;에
i1  +  .  .8      220       220     503         503    ;이
i1  +  .  .8      220       220     504         504    ;오
i1  +  .  .8      220       220     505         505    ;우
e
</CsScore>
</CsoundSynthesizer>
```

위의 예에서 테이블 옵코드의 한 종류인 tab_i가 처음 사용되었다. 이 'tab'로 시작하는 모든 테이블들은 좀 더 빨리 색인 값을 읽을 수 있도록 고안된 테이블들이다. 따라서 보통의 테이블과 같은 반복모드가 없으며 또한 색인들이 서로 일치하는지에 대한 비교 등과 같은 아무런 사전 조사도 하지 않는다. 이는 주로 1 : 1 대응을 하기 때문에 사용자가 충분히 실수를 미연에 쉽게 알 수 있다고 판단했기 때문이다.

tab_i의 끝에 붙은 'i'가 의미하듯 이 tab_i는 단일 변수를 위해 한 번에 하나씩 하나의 값만을 읽어서 반환한다. 따라서 직접적인 1 : 1 대응에 적합한 테이블이다. 위의 예에서도 이 'tab_i'를 위해 젠 2번을 사용하고 있다. 앞서 '테이블 옵코드의 이해'에서 1 : 1 대응을 위해 젠 2번이 자세히 언급되었다.

하나의 예를 보자. 소프라노의 첫 번째 포먼트를 위한 스코어의 첫 번째 테이블 'f101 0 16 -2 800 1150 2900 3900 4950 0.001 -6 -32 -20 -50 80

90 120 130 140'에는 총 15개의 데이터를 가지기 위해 테이블 크기를 위해 2의 4제곱수인 16이 사용되었다. 그리고 테이블의 값들을 0∼1까지로 재조정하지 않고 그대로의 값을 불러서 사용하기 위해 음수번호가 사용되었다. 실제 악기에서는 'iform1a tab_i 0, iforma'와 같이 iforma 번호를 가진 함수테이블로부터 색인 0에 있는 값을 불러와서 iform1a에 반환하는 것이다. 테이블은 항상 0에서 시작하므로 테이블의 첫 번째 값을 가져오는 것이다.

마지막으로 하나의 고정된 포먼트는 시작과 끝 포먼트 주파수에 같은 값을 넣으면 되고 포먼트의 이동을 원한다면 시작과 끝 포먼트 주파수를 다르게 하면 될 것이다. 즉 'kform1 line iform1a, itotdur, iform1b'에서 iform1a과 iform1b에 각각 '아'와 '이'의 포먼트 주파수를 사용한다면 그 결과 소리는 '아이'로 날 것이다. 그리고 대역의 이동과 세기도 마찬가지다. 같은 값을 사용하면 아무런 변화가 없을 것이며 변화를 원한다면 마찬가지로 시작과 끝의 값을 다르게 하면 된다.

다. fof/fof2: 포먼트 합성 2

다음의 예는 위의 예와는 달리 테이블을 사용하는 대신 악기 내부에서 필요한 시그널을 만들어서 포먼트 합성을 하는 예이다. 추가로 비브라토와 지터(jitter)[104] 효과를 사용했으므로 위의 예보다는 조금 더 풍부한 소리를 만들어 낸다. 이 예도 마찬가지로 5개의 포먼트 대역을 사용하며 이들 각각은 iform1 = 800, iform2 = 1,150, iform3 = 2,800, iform4 = 3,500, iform5 = 4,950으로 되어 있어 위 예의 알토 포먼트의 '아'와 동일하다. 그리고 이들 각 대역을 위한 진폭 단계는 첫 포먼트를 가장 강하게 해서 위로 갈수록 점차 약한 진폭을 사용한다. 즉 iaf1 = ampdb(0), iaf2 = ampdb(−4), iaf3 = ampdb(−20), iaf4 = ampdb(−36), iaf5 = ampdb(−60)와 같이 0−데시벨 값을 사용하여 차이를 두었다. 또한 포먼트 대역도 위로 갈수록 점차 넓어지도록 ibw1 = 50, ibw2 = 60, ibw3 = 170, ibw4 = 180, ibw5 = 200으로 하였다.

---

104) 지터(Jitter)는 전자기기나 통신상에서 만들어지는 시그널들 중에서 원하지 않는 파생되는 시그널을 말한다.

이 예에서는 한 음표 안에서 2개의 다른 높이를 가진 피치를 컨트롤 변수로 사용해서 글리산도를 만들며(kfun expseg ifun1, p3*.3, ifun1, p3*.4, ifun2, p3*.3, ifun2) 그리고 옥타브를 1로 한 '피치내림' 항목을 사용하여 가끔 남성의 음성도 만들었다.(koct linseg ioct1, p3*.3, ioct1, p3*.4, ioct2, p3*.3, ioct2).

그리고 조금 더 현실감 있는 목소리를 위해 비브라토와 약간의 지터 효과를 사용하였고 마지막으로 최종 출력되는 시그널의 일부는 리벌브를 거치며 동시에 스피커를 울린다.

〈표 340〉 포먼트 합성 2 악기

```
〈CsoundSynthesizer〉
〈CsInstruments〉
sr      =  44100
kr      =  4410
ksmps  =  10
nchnls =  1

garev    init    0      ;전역 변수(리벌브 악기로 시그널 보냄)

    instr  1
iol = 30       ;최대 겹침
ifun1  =  p5    ;기본피치
ifun2  =  p6    ;이동될 피치
iamp  =  p4*.6 :진폭
itxshape  =  2 :그레인 진폭(함수테이블 2번)
irshape  =  3   :진폭 인벨로프 envlpx(함수테이블 3번)

iform1  =  800 :5 포먼트 주파수
iform2  =  1150
iform3  =  2800
iform4  =  3500
iform5  =  4950

iaf1  =  ampdb(0)  ;5개의 포먼트 진폭(0데시벨－0이 정상적 범위에서 제일 큰 소리)
iaf2  =  ampdb(－4) :큰 음수 값일수록 작은 소리가 됨
iaf3  =  ampdb(－20)
iaf4  =  ampdb(－36)
iaf5  =  ampdb(－60)

iscal  =  1/(iaf1＋iaf2＋iaf3＋iaf4＋iaf5)  ;값을 합산하여 1을 기준으로 한 값을 만듦

ibw1  =  50       ;5개의 포먼트 대역
```

```
ibw2  =  60
ibw3  =  170
ibw4  =  180
ibw5  =  200

ioct1  =  p7        ;옥타브를 1로 한 피치내림1 항목 – 위로 올릴 수는 없음
ioct2  =  p8        ;옥타브를 1로 한 피치내림2 항목 – 위로 올릴 수는 없음
itx  =  p9          ;그레인의 어택 시간
idur  =  .02        ;그레인의 길이
iatt  =  .007       ;그레인의 디케이 시간
ivib1  =  .5*log(ifun1) ;비브라토 정도1
ivib2  =  log(ifun2)        ;비브라토 정도2

koct  linseg  ioct1, p3*.3, ioct1, p3*.4, ioct2, p3*.3, ioct2    ;옥타브이동 값
kfun  expseg  ifun1, p3*.3, ifun1, p3*.4, ifun2, p3*.3, ifun2    ;글리산도 값
kvib  expseg  ivib1, p3*.3, ivib1, p3*.4, ivib2, p3*.3, ivib2    ;비브라토 값

aj  randi  kvib, 125     ;지터 효과 – 선적으로 임의의 수 산출(불규칙적인 비브라토를 추가하기 위해)
kv  linen  kvib, .6, p3,.2   ;비브라토 인벨로프
av  oscil  kv, 5.8, 1        ;비브라토 출력
afun  =  kfun+av+aj             ;최종 합산 – 지터+비브라토

a1  fof  iaf1, afun, iform1, koct, ibw1, itx, idur, iatt, iol, 1, itxshape, p3, 0,1
a2  fof  iaf2, afun, iform2, koct, ibw2, itx, idur, iatt, iol, 1, itxshape, p3, 0,1
a3  fof  iaf3, afun, iform3, koct, ibw3, itx, idur, iatt, iol, 1, itxshape, p3, 0,1
a4  fof  iaf4, afun, iform4, koct, ibw4, itx, idur, iatt, iol, 1, itxshape, p3, 0,1
a5  fof  iaf5, afun, iform5, koct, ibw5, itx, idur, iatt, iol, 1, itxshape, p3, 0,1

kenv  envlpx  iamp, .05, p3, .3, irshape, .9, .01
asum  =  a1+a2+a3+a4+a5     ;5개의 포먼트 시그널 합산
garev  =  asum*iscal*kenv
out  garev
garev  =  garev*.5          ;리벌브 악기로 출력
    endin

    instr  10               ;리벌브 악기
ibal  =  p4
aout  reverb  garev, 2
out  aout*ibal
    endin
</CsInstruments>
```

〈표 341〉 포먼트 합성 2 스코어

```
〈CsScore〉
f1  0  4096  10  1                              ;사인파
f2  0  1024  19  .5  1      270  1              ;그레인 진폭 인벨로프
f3  0  1025  5  .01 256 .3    256  .8  512  1 ;진폭 인벨로프 envlpx를 위한 어택 모양


                    ;피치1 피치2 피치내림1   - 2    그레인어택
i1   .5   1   12000  330  330  0          2.5   .003
i1   +    .5  16000  660  440  0          0     .003
i1   +    1.5 10000  400  400  0          0     .003
i1   +    1   15000  660  660  .2         0     .003
i1   +    .3  12000  660  600  0          .2    .003
i1   +    .3  10000  600  600  0          0     .003
i1   +    .3  9000   510  510  0          0     .003
i1   +    .3  8000   440  400  0          0     .003
i1   +    2   10000  345  310  0          0     .003
i1   +    2   13000  225  220  2          0     .003
i10  .5   11  .5
e
〈/CsScore〉
〈/CsoundSynthesizer〉
```

미디(MIDI)

시사운드는 실시간 미디 입력과 미디파일 모두 지원한다. 만약 미디 키보드를 가지고 있다면 이를 컴퓨터에 연결하여 실시간에 미디 메시지를 보내 원하는 악기를 제어하고 소리를 낼 수 있다. 이 경우 기존의 전자악기와 비교한다면 시사운드는 일종의 사운드 모듈이 되는 셈이다.

가. 미디 메시지

미디 메시지들은 노트 오프 메시지(128, note – off), 노트 온 메시지(144, note – on), 다중 에프터타치 메시지(160, aftertouch), 컨트롤러 메시지(176, controller), 프로그램 메시지(192, program), 채널 에프터타치 메시지(208, channel aftertouch), 피치 밴드 메시지(224, pitch bend)로 이루어진다.

위 메시지들 중에서 노트 온/오프 메시지는 메시지가 나타날 시간과 피치 그리고 벨로서티 값을 포함하고 있다. 하나의 음표를 소리 내기 위해서는 노트 온 메시지와 노트 오프 메시지가 한 쌍을 이루어야 한다. 시사운드에서 노트 온/오프 메시지의 시간은 내부적으로 처리되며 피치와 벨로서티 값은 이에 상응하는 옵코드를 사용자가 사용해서 처리한다. 모든 미디 메시지의 값은 0에서 127로 이루어지지만 피치 밴드 값만큼은 이보다 더 큰 값(– 8,192 ~ + 8,191)으로 이루어진다.

다음의 표는 미디 컨트롤러 메시지들을 나타낸 표다. 이 컨트롤러 메시지를 이용하는 부분은 뒤에서 자세히 논의된다.

〈표 342〉 미디 컨트롤러 메시지들

0: 32 – Bank Select	1: 33 – Modulation Wheel	2: 34 – Breath Controller
3: None	4: 36 – Foot Pedal	5: 37 – Portamento Time
6: 38 – Data Entry	7: 39 – Volume	8: 40 – Balance
9: None	10: 42 – Pan	11: 43 – Expression
12: 44 – Effect Control 1	13: 45 – Effect Control 2	14: None
15: None	16: Gnrl Purpose Slider1	17: Gnrl Purpose Slider2
18: Gnrl Purpose Slider3	19: Gnrl Purpose Slider4	20: None
21: None	22: None	23: None
24: None	25: None	26: None
27: None	28: None	29: None
30: None	31: None	32: 0 – Bank Select(Fine)
33: 1 – Mod. Wheel (Fine)	34: 2 – Breath Con. (Fine)	35: None
36: 4 – Foot Pedal (Fine)	37: 5 – Portamento (Fine)	38: 6 – Data Entry(Fine)
39: 7 – Volume (Fine)	40: 8 – Balance (Fine)	41: None
42: 10 – Pan Position (Fine)	43: 11 – Expression (Fine)	44: 12 – Effect Control 1(Fine)
45: 13 – Effect Control 2 (Fine)	46: None	47: None
48: None	49: None	50: None
51: None	52: None	53: None
54: None	55: None	56: None
57: None	58: None	59: None
60: None	61: None	62: None
63: None	64: Hold Pedal	65: Portamento
66: Sustenuto Pedal	67: Soft Pedal	68: Legato Pedal
69: Hold 2 Pedal	70: Sound – Variation	71: Sound – Timbre
72: Sound – Release Time	73: Sound – Attack Time	74: Sound – Brightness
75: Sound – Control 6	76: Sound – Control 7	77: Sound – Control 8
78: Sound – Control 9	79: Sound – Control 10	80: Gnrl Purpose Button1
81: Gnrl Purpose Button2	82: Gnrl Purpose Button3	83: Gnrl Purpose Button4
84: None	85: None	86: None
87: None	88: None	89: None
90: None	91: Effects Level	92: Tremulo Level
93: Chorus Level	94: Celeste Level	95: Phaser Level
96: Data Button Increment	97: Data Button Decrement	98: NRPN(non – registered: Fine)
99: NRPN(non – registered: Coarse)	100: RPN(registered: Fine)	101: RPN(registered: Coarse)
102: None	103: None	104: None
105: None	106: None	107: None
108: None	109: None	110: None
111: None	112: None	113: None
114: None	115: None	116: None
117: None	118: None	119: None
120: All Sound Off	121: All Controllers Off	122: Local Keyboard
123: All Notes Off	124: Omni Mode Off	125: Omni Mode On
126: Mono Operation	127: Poly Operation	

나. 실시간 미디 입력

미디 입출력에 관한 명령들은 '스마일'프로그램을 이용한다. 이들은 앞서 Csound5Gui에서 설명된 내용과 동일하다. 다만 똑같은 명령이 다르게 표현되었을 뿐이다. 먼저 '스마일'의 '현재 설정 및 옵션' 탭을 마우스로 클릭한다. '현재 설정 및 옵션' 탭에는 여러 가지의 그룹 상자들이 있는데 이들 대부분은 연주 전 시사운드에 보낼 명령들이다. 여기서 다음 그림과 같이 '입출력 미디 장치 선택' 그룹 상자를 찾아 미디 입력에서 사용할 장치 하나를 선택한다. 그 다음 '입력 미디 장치 선택' 설정에서 '사용' 체크버튼을 클릭해서 체크 표시를 한다.

이제 미디 메시지를 입력받는 간단한 악기를 만들자. 시사운드의 기본 설정으로 악기 1번은 미디채널 1번을 받게 되어 있다. 만약 악기가 2개 이상 있는 경우는 엠어사인(massign, MIDI channel assignment) 옵코드를 사용해서 악기별로 채널 설정을 할 수 있다. 다음의 예는 악기 1번은 1번 채널 그리고 악기 2번은 2번 채널을 받도록 설정되어 있다. 따라서 미디 키보드에서 보낼 채널을 2번으로 설정한 후 미디 키보드의 키를 누르면 2번 악기가 소리 날 것이다. 만약 하나의 악기가 모든 미디채널을 다 받게 한다면 'massign'옵코드의 채널을 입력하는 첫 번째 항목에 0을 입력하면 된다. 그러면 두 번째 항목에 설정된 악기 번호로 모든 채널의 미디 메시지들이 입력된다.

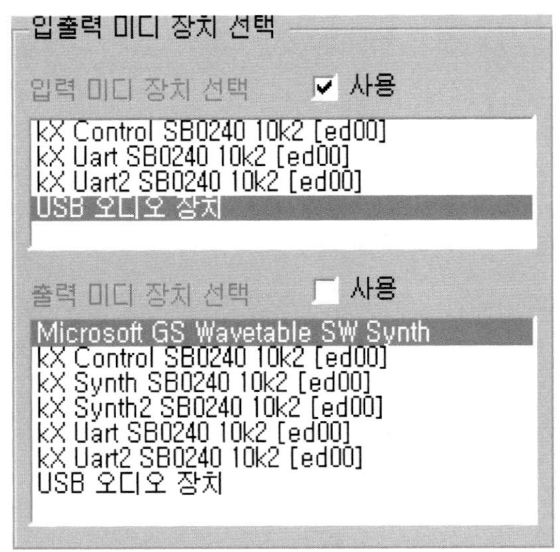

〈그림 225〉 입력 미디 장치 선택

아래 악기에서 사용된 미디 입력을 받는 옵코드들은 각각 미디피치 번호를 입력받는 notmum, 미디벨로서티 값을 받는 ampmidi, 그리고 미디피치 번호를 입력받아 진동수로 바꾸는 cpsmidi 또는 cpsmidib가 있다. 특히 옵코드 cpsmidib는 앞 시간에 피치밴드 메시지가 있었다면 이를 적용하여 실제 피치 밴드가 적용된 진동수로 변환한다. 옵코드 ampmidi의 첫 번째 항목의 값으로는 사용할 최대 진폭 값을 입력한다. ampmidi는 미디벨로서티 값을 읽어 들인 후 이 최대 진폭 값에 맞추어 진폭 값을 반환한다. 즉 미디벨로서티의 최댓값 127이 최대 진폭 값이 된다. 그러나 실제 이 최대 진폭 값은 그렇게 정확하지 않다. 사용자가 적절히 조정해서 사용해야 할 것이다.

아래의 예에서 사용된 옵코드 린넨알(linenr)의 내용은 이전의 린넨(linen)과는 조금 다르다. 미디파일이든 또는 실시간 미디 메시지든 간에 미디 메시지를 처리할 경우에는 음표 길이를 미리 알 수 없으므로 소리 길이를 가지는 p3 항목을 사용할 수 없다. 따라서 미디에서는 소리가 얼마나 빨리 최대 진폭 값에 도달하는지를 결정하는 어택 시간(0에서 최댓값까지 걸리는 시간)과 디케이 시간(최댓값에서 0까지 감소되는 시간) 그리고 이 디케이가 감소하는 비율만 설정할 수 있다. 디케이 감소 계수는 지수곡선을 그리며 감소하기 때문에 0을 사용할 수 없으며 보통 .01을 또는 이보다 더 작은 값을 시사운드에서는 권장하고 있다.

〈표 343〉 미디 메시지 입력 악기

```
〈CsoundSynthesizer〉
〈CsInstruments〉
massign   1,   1
massign   2,   2

          instr  1
inum      notnum                              ; 미디노트 메시지
iamp      ampmidi   inum*50                   ; 진폭 설정
kfreq     cpsmidib                            ; 미디피치 번호를 진동수로 변환
a1        oscil     iamp,kfreq,1              ; 오디오 시그널
a2        oscil     iamp,kfreq*1.003,2        ;코러스 효과
a3        oscil     iamp,kfreq*.997,3         ;코러스 효과
asig      =         a1+a2+a3                  ; 합산
                    ;진폭 어택 디케이  감소비율
kenv      linenr    1,   .07,   .11,    .01   ; 진폭 인벨로프
          out       asig*kenv                 ; 진폭 적용 및 출력
          endin
          instr  2
inum      notnum                              ; 미디노트 메시지
iamp      ampmidi   inum*50                   ; 진폭 설정
kfreq     cpsmidib                            ; 미디피치 번호를 진동수로 변환
a1        oscil     iamp,kfreq,1              ; 변조 오디오 시그널
asig      oscil     iamp,kfreq+a1,2           ; 전송 오디오 시그널
kenv      linenr    1,.07,.11,.01             ; 진폭 인벨로프
          out       asig*kenv                 ; 진폭 적용 및 출력
          endin
〈/CsInstruments〉
```

〈표 344〉 미디 메시지 입력 악기를 위한 스코어

```
〈CsScore〉
f1 0  8192  10  .1 0 .2 0 0 .4 0 0 0 0 .8
f2 0  8192  10  1  0 .9 0 0 .7 0 0 0 .4
f3 0  8192  10  .5 0 .6 0 0 .3 0 0 0 .9
f0 220                    ; 연주 시간 220초
e
〈/CsScore〉
〈/CsoundSynthesizer〉
```

위의 악기를 연주하게 되면 시사운드는 먼저 명령 라인에서 사용자가 보낸 명령에 따라 사용할 미디 입력 장치를 찾고 다음과 같이 그 결과를 출력 창으로 메시지를 출력한다.

〈표 345〉 미디채널 및 사용할 미디 입력 장치에 관한 정보를 출력하는 출력 창의 메시지

```
chnl 1 using instr 1
chnl 2 using instr 2
The available MIDI in devices are:
   0: kX Control SB0240 10k2 [ed00] (MMSystem)
   1: kX Uart SB0240 10k2 [ed00] (MMSystem)
   2: kX Uart2 SB0240 10k2 [ed00] (MMSystem)
   3: USB 오디오 장치 (MMSystem)
PortMIDI: selected input device 3: 'USB 오디오 장치' (MMSystem)
```

다. 실시간 미디 출력

먼저 '스마일'의 '현재 설정 및 옵션' 탭을 마우스로 클릭한다. '현재 설정 및 옵션' 탭의 그룹 상자 중에서 다음 그림과 같이 '입출력 미디 장치 선택' 상자를 찾아 미디 출력에 사용할 장치 하나를 선택한다. 그 다음 '출력 미디 장치 선택' 설정에서 '사용' 체크버튼을 클릭해서 체크 표시를 한다.

실시간 미디 출력은 시사운드의 미디 출력 옵코드를 사용해서 사용자가 지정한 미디 장치로 사용자가 설정한 미디 메시지들을 출력하는 것이다. 아래 예의 스코어 내용은 앞서의 미디 입력에서 사용된 내용과 거의 동일하다. 미디 입력을 위해 아래 예에서 사용된 새 옵코드는 veloc이며 벨락은 노트 메시지로부터 벨로서티 값을 받아 그대로 반환한다. 따라서 그 값은 0∼127까지의 값으로 이루어진다.

악기의 마지막 부분에는 미디 출력 옵코드 noteondur를 사용해서 입력된 미디 메시지를 다시 미디 출력 장치로 출력하는 내용이다. 옵코드 noteondur은 4개의 아규먼트를 가지는데 이들은 각각 채널, 피치, 벨로서티 그리고 음표 길이로 이루어진다. 아래의 예는 입력된 미디 메시지를 다시 출력하는 내용이므로 미디 키보드를 누르면 시사운드 자체에서 산출되는 오디오 시그널에 의한 소리와 함께 4개의 음표로 된 하나의 7화음을 이루는 미디 메시지를 받는 외부의 악기 소리가 동시에 연주된다.

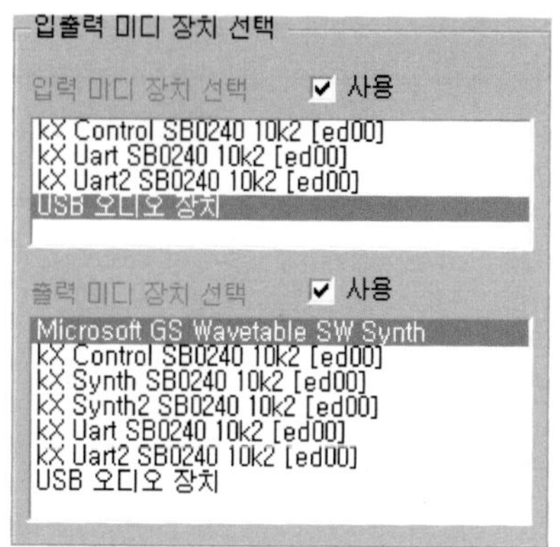

〈그림 226〉 출력 미디 장치 선택

그러나 만약 미디 키보드가 없는 경우에는 스코어에서 이전과 같이 p필드를 이용하여 옵코드 noteondur에서 요구하는 항목들의 값을 입력함으로써 연주 시 이 출력 미디 메시지들을 원하는 미디 출력 장치로 출력하여 연결된 외부의 악기를 연주할 수 있다.

〈표 346〉 미디 메시지를 출력 미디 장치로 출력

```
<CsoundSynthesizer>
<CsInstruments>
massign  1,            1


         instr   1
inum     notnum                          ;미디피치 수신
ivel     veloc                           ;미디벨로서티 수신
iamp  =  ivel * 100                       ;진폭 값을 위해 조정
kfreq    cpsmidib                         ; 미디피치 번호를 진동수로 변환
a1       oscil      iamp,kfreq,1          ; 오디오 시그널
a2       oscil      iamp,kfreq*1.003,2    ;코러스 효과
a3       oscil      iamp,kfreq*.997,3     ;코러스 효과
asig  =            a1+a2+a3               ; 합산
kenv     linenr     1,.07,.11,.01         ; 진폭 인벨로프
         out        asig*kenv             ; 진폭 적용 및 출력

; - - - - - -미디 출력 장치로 출력
idur  =  1
              채널   피치     벨로서티,  음표 길이
noteondur     1,  inum,     ivel,      idur    ;미디 출력 장치로 음표 하나를 출력
noteondur     1,  inum+3,  ivel,      idur    ;미디 출력 장치로 음표 하나를 출력
noteondur     1,  inum+7,  ivel,      idur    ;미디 출력 장치로 음표 하나를 출력
noteondur     1,  inum+9,  ivel,      idur    ;미디 출력 장치로 음표 하나를 출력
         endin
</CsInstruments>
```

라. 미디파일 입력

이미 만들어져 있는 미디파일이 있다면 시사운드에서 스코어파일을 새로 만듦 없이 그대로 이용할 수 있다. 그러나 제한이 뒤따른다. 그 이유는 시사운드에서 미디파일의 음표의 길이를 미리 읽어 처리하지 않고 노트 오프 메시지가 시작할 시간 바로 전에야 음표의 길이가 결정되기 때문에 진폭을 위한 옵코드는 물론 그 외의 음표 길이가 요구되는 모든 옵코드는 사실상 미디파일 연주나 또는 실시간 미디 메시지의 처리에서 사용될 수가 없다. 이와 같은 음표 길이의 문제를 위해 현재 시사운드가 처리하는 방법은 통상의 옵코드 이름 끝에 'r'이 붙는 옵코드를 제공하고 있다. 예를 들면 린세그(linseg)는 linsegr로 expseg는 expsegr 등과 같이 실시간 미디 메시지와 미디파일 연주를 위한 옵코드를 따로 가지고 있다.

이 문제를 해결하는 방법은 현재 시사운드에서 통상의 방법대로 스코어파일을 읽어 들이듯이 시사운드에서 연주 전에 미디파일의 전체 노트 온/오프 메시지들을 읽어 들여 각 노트 온 메시지의 시간 순서에 따라 음표 길이를 정리해 두는 것이다. 이로써 사용자는 미디파일의 연주에서도 음표 길이를 가지는 p3 항목을 악기파일에서 자유자재로 사용할 수가 있게 될 것이다. 아마 가까운 미래에는 시사운드가 이와 같은 방법을 채택할 것이라 생각된다.

1) 간단한 미디파일 연주 악기

미디파일을 스코어로 이용해 음악을 연주하기 위해서는 먼저 사용할 미디파일의 위치를 시사운드에 알려야 한다. 이를 위해 '스마일' 프로그램의 '현재 설정 및 옵션' 탭을 마우스로 클릭한 후 '현재 설정 및 옵션' 탭의 그룹 상자 중에서 아래 그림과 같이 '미디파일 입력' 상자를 찾아 '열기' 버튼을 클릭해서 연주에 사용할 미디파일을 선택한다.

〈그림 227〉 미디파일 선택

이제 연주에 필요한 모든 정보가 미디파일에 있으므로 스코어에서는 단지 악기에서 요구하는 함수테이블과 연주 시간만을 입력하면 된다. 다음의 예는 스마일 프로그램에 들어 있는 '미디파일 입력 샘플' 파일의 내용이다. 아래의 예와 같이 스코어파일은 단지 3개의 행으로 이루어진다.

오케스트라에서 사용할 스코어는 미디파일에 들어 있는 데이터를 사용하기 때문에 스코어에서는 함수테이블 0번을 사용해서 이 함수테이블의 두 번째 항목에 시사운드가 실행될 시간을 초 단위로 입력하면 된다. 스마일 프로그램에 들어 있는 샘플 미디파일의 길이는 대략 220초 정도 되므로 두 번째 항목에 220을 입력한다. 만약 앞부분의 20초만 연주하고자 한다면 20을 입력하면 20초에서 연주는 종료된다. 그러나 이 시간은 그렇게 정확하지는 않다.

〈표 347〉 간단한 미디파일 연주 악기를 위한 스코어

```
〈CsScore〉
f1   0   4096   10   1
f2   0   4096   10   1  .05  .025  .1

f0 230              ;연주 시간 220 초
e
〈/CsScore〉
〈/CsoundSynthesizer〉
```

미디파일을 사용해서 연주하는 경우 사용되는 옵코드들은 앞서 실시간 미디 메시지를 사용하는 경우와 동일하다. 아래의 예에서 만약 피치밴드 메시지가 사용된 경우는 cpsmidi를 cpsmidib로 바꾸어 주어야 한다. 그리고 아래의 예에서와 같이 linen 대신 linenr이 사용되어야 하며 이 linenr은 노트 오프 메시지를 받는 순간 현재 음표의 디케이 부분을 만들기 시작한다.

아래의 예에서는 엠어사인(massign) 옵코드를 사용해서 채널에 따라 악기를 지정했지만 만약 엠어사인 옵코드를 전혀 사용하지 않는 경우는 기본으로 악기 번호 또는 악기 이름이 몇 번 또는 무엇이든 첫 번째 악기는 채널 1번 그리고 두 번째 악기는 채널 2번으로 설정된다. 따라서 만약 악기 3번 또는 세 번째 악기가 있다면 이 악기는 채널 3번으로 설정된다.

〈표 348〉 간단한 미디파일 연주 악기

```
〈CsoundSynthesizer〉
〈CsInstruments〉
sr      = 44100
kr      = 441
ksmps   = 100
nchnls  = 2


                ;채널, 악기 번호
massign         1,      1           ;뮤트할 트랙은 악기 번호에 0(영)을 입력
massign         2,      1
massign         3,      1
massign         4,      1
massign         5,      1
massign         6,      2
massign         7,      2


        instr       1
icps    cpsmidi                                 ;미디피치를 진동수로
ivel    veloc                                   ;미디벨로서티
iamp  = ivel*15                                 ;진폭조정
kamp    linenr      iamp, .05,  1,  .01  ;진폭 인벨로프
asig    oscili      kamp, icps, 1
outc    asig*.5, asig
        endin

        instr       2
icps    cpsmidi
ivel    veloc
iamp  = ivel*15
kamp    linenr      iamp, .05,  1,  .01
asig    oscili      kamp, icps, 2
outc    asig,       asig*.5
        endin
〈/CsInstruments〉
```

2) 미디파일 연주 악기 2

여기서는 주파수 변조와 함께 비브라토를 적용하는 미디파일 연주 악기를 살펴보자. 아래 예에서는 보통 스코어파일에서 사용하는 함수테이블을 옵코드 ftgen을 사용하여 악기파일로 옮겨 놓았다. 내용은 똑같으며 단지 ftgen이 함수테이블 번호를 전역 변수 gi_1로 반환한다는 점이 다르다. gi_1은 전역 변수이므로 모든 악기에서 불러서 사용할 수가 있게 된다. 그리고 전역 변수를 알리는 g 다음의 i는 단일 변수임을 뜻하며 그 이후의 이름은 사용자가 마음대로 붙일 수 있다. 따라서 아래의 예제에서 gi_1은 함수테이블 번호 값 1을 가지게 된다.

이 예제에서 처음 사용되는 옵코드 midictrl(미디 콘트롤러, MIDI controller)은 미디 메시지들 중에서 컨트롤러 메시지(176번)를 읽어 들인다. 'kvibr midictrl 1, 0, 1'의 첫 번째 항목은 128개의 컨트롤러 메시지 중에서 하나의 메시지 번호를 의미한다. 여기서는 1번이므로 마듈레이션 휠을 읽어 들인다. 줄여서 MOD wheel(마드 휠)이라고도 한다. 컨트롤러 메시지에 대해서는 앞에 소개된 표 '미디 컨트롤러 메시지들'을 참고하기 바란다. 이 메시지가 하는 일은 미디에서 비브라토를 만드는 일이다. 대부분의 전자악기나 마스터 키보드에는 위아래로 움직여 비브라토의 깊이를 조정하는 조그만 바퀴모양의 모듈레이션 휠이 장착되어 있다. 이 휠을 움직일 때마다 짧은 시간 간격으로 미디 컨트롤러 메시지 1번이 미디 출력 채널을 통해 계속 출력된다.

midictrl의 두 번째와 세 번째 항목은 옵셥으로 받아들일 최소/최댓값을 한정한다. 만약 이 메시지가 미디파일에 없다면 옵코드 midicrtl은 항상 값 0을 반환한다. 그러나 예제에서처럼 최솟값이 지정되어 있다면 항상 최솟값을 반환하게 된다. 아래의 예제에서는 'kvibr midictrl 1, 1, 2'로 되어 있으므로 마드 휠 1번이 없는 경우는 항상 1을 반환하게 되며 있는 경우는 1이나 2의 값을 읽어 들인다. 2보다 큰 값이 있다면 2가 읽힐 것이다. 따라서 사용자는 미디파일을 만들 때 마드 휠 값을 이에 맞추어 1과 2의 값만을 사용해야 한다.

그 다음 'kvib   = 1+klfo'에서 klfo에 1을 더한 이유는 klfo는 항상 0.01보다 작은 값으로 이루어지기 때문이며 그리고 이 값은 다음의 전송진동수에 곱해지기 때문이다. 예를 들어 전송진동수가 100이라면 100보다 조금 더 큰 값은

1.001을 곱하면 되며 결코 0.009 등의 값을 지닌 klfo 값을 그대로 곱하면 안 되기 때문이다. 만약 klfo의 값을 자세히 보기 위해서는 'klfo oscili ivibdp*kvibr, ilfohz*kvibr, gi_1'의 다음 행에 'printk2 klfo'를 입력하면 출력 창에서 그 결과를 볼 수 있다.

그 외의 내용들에 대해서는 모두 설명문을 참조하면 이해에 있어 아무런 문제가 없을 것이다. 옵코드 foscil에 대해서는 붙여진 설명문을 참조하고 포실에 대한 더 자세한 내용은 이전 장의 FM 변조에서 자세히 설명되었다.

<표 349> 미디파일 연주 악기 2

```
<CsoundSynthesizer>
<CsInstruments>


sr          =           44100
kr          =           4410
ksmps       =           10
nchnls      =           1


                        ;번호    시작    크기    젠번호 p1
gi_1        ftgen       1,      0,      8192,   1               ;함수테이블 1번, 젠 10번


            instr 1
index       =           4                       ;포실을 위한 변하는 인덱스
icar        =           1                       ;전송자 인덱스
imod        =           1                       ;변조자 인덱스
ivibdp      =           .01                     ;비브라토 깊이
ilfohz      =           2                       ;비브라토 초당 비율 2번
icps        cpsmidi                             ;초당 진동수 반환
iamp        ampmidi     2000                    ;미디벨로서티를 진폭 값으로, 최댓값 2000
                        ;1번 최소 최대
kvibr       midictrl    1,   1,   2  ;미디 컨트롤러 1번(마드 휠, mod wheel) 최소 1, 최대 2

klfo        oscili      ivibdp*kvibr, ilfohz*kvibr, gi_1   ;비브라토, .01보다 작은 값들 반환
kvib        =           1 + klfo     ;최대 1보다 큰 값을 갖도록

kamp        linenr      iamp, .01, .5, .01
kindex      linenr      index, .01, .25, .01
                        ;전송진폭   전송진동   전송진동계수   변조진동계수   인덱스   함수테이블 번호
asig        foscil      kamp,   icps*kvib,   icar,      imod,      kindex,      gi_1
            out         asig
            endin

</CsInstruments>
```

스코어파일은 아래와 같이 간단하다. 함수테이블 0번을 사용해서 미디파일 연
주 시간만큼 시사운드를 실행 상태로 놓으면 된다.

<표 350> 미디파일 연주 악기 2 스코어

```
〈CsScore〉
f0          220          ;220초 동안 실행
〈/CsScore〉
〈/CsoundSynthesizer〉
```

3) 미디파일 연주 악기 3

여기서는 미디파일 연주를 위한 조금 복잡한 악기들을 살펴본다. 다음의 예제
는 모두 3개의 악기로 이루어진다. 첫 번째는 옵코드 wgpluck를 사용하며 두 번
째와 세 번째 악기들은 아날로그 악기를 모방한 악기들이다. 여기서 사용한 예는
시사운드 매거진에 실린 내용이 참조되었다.

(1) 악기 1번

악기 1번은 옵코드 wgpluck 외에는 새로운 것이 없다. wgpluck는 앞서 피지컬
모델링에서 언급된 pluck 옵코드의 줄 뜯는 소리를 이전보다 더 충실하게 재현될
수 있도록 만든 옵코드다. wgpluck에서 요구하는 항목들은 단순한 값을 입력하
면 되므로 별문제가 없다. 이 옵코드의 항목은 '진동수, 진폭, 녹음 위치, 줄 위
치, 디케이, 필터 값, 추가시그널'로 이루어진다. 여기서 녹음 위치는 0~1까지로
값이 클수록 줄을 뜯는 위치와 가깝게 되어 뜯는 소리가 잘 들리고 전체 소리도
크다. 줄 위치는 줄을 뜯는 위치를 말한다. 이 값도 0~1까지로서 값이 클수록
날카로운 소리가 난다. 디케이 값은 클수록 재빨리 감소하며 필터 값은 값이 클
수록 브리지 쪽으로 다가가서 뜯는 소리가 되어 높은 배음들이 재빨리 감소하는
효과를 가진다. 마지막 추가 시그널은 소리가 요동치는 효과를 가하기 위해 사용
되므로 나름대로의 적당한 오디오 시그널을 입력한다.

세 악기 모두 공통되는 사항으로서 미디벨로서티 값을 진폭 값으로 변환하기
위해서 테이블 옵코드가 사용되고 있다. 예제의 tablei 대신 table을 사용해도 그

결과는 같다. 테이블은 'iamp tablei ivel, 3'과 같이 함수테이블 3번을 사용하며 이 3번의 내용은 'f3 0 128 −7 10000 128 20000'으로 음수 젠 7번을 사용하고 있어 0∼1로 재조정은 되지 않고 있는 그대로의 값이 사용된다. 젠 7번은 직선을 그리는 젠 루틴으로서 현재 테이블 크기 128이므로 색인 0은 10,000을 가지고 마지막 색인 127은 20,000 값을 가지게 된다. 따라서 만약 벨로서티 값이 100이라면 100번째의 색인이 가지는 값은 대략 17,800 정도가 된다.

<표 351> 미디파일 연주 악기 3

```
〈CsoundSynthesizer〉
〈CsInstruments〉
sr  =  44100
kr  =  4410
ksmps  =  10
nchnls  =  2

            ;미디채널  악기 번호,
massign 1,        1
massign 2,        3
massign 3,        3
massign 4,        3
massign 5,        2
massign 6,        2
massign 7,        3

   instr  1
;- - - - - - - - - - - - - - - - - - - - - - - - - - - - - - - - -
;  줄을 팅기는 시뮬레이션 옵코드 wgpluck
;- - - - - - - - - - - - - - - - - - - - - - - - - - - - - - - - -
ivel  veloc                  ;미디벨로서티 값 받음
iamp  tablei ivel, 3         ;진폭 값으로 변환
icps  cpsmidi                ;미디피치 값 받아 진동수로 변환
icps  =  icps/2              ;한 옥타브 내림
;- - - - - - - - -옵코드 wgpluck 아규먼트 설정
kpick  =  0.3                ;샘플을 갖는 위치의 비율
iplk  =  1                   ;줄을 치는 위치
idamp  =  0                  ;디케이 비율
ifilt  =  1                  ;브리지에서 감소하는 비율
axc  oscil 1, 5, 1           ;추가적인 요동 시그널

            ;진동수  진폭  녹음 위치  줄 위치  디케이  필터 값  추가시그널
apluck wgpluck icps,  iamp,  kpick,    iplk,    idamp,   ifilt,   axc
;- - - - - - - - - - - -
outs apluck/7, apluck/12
   endin
   instr  2
```

```
;  - - - - - - - - - - - - - - - - - - - - - - - - - - - - - - - - - - -
;     대역 제한 아날로그 발진기를 구현한 옵코드 vco
;     무그 다이오드 사다리 필터를 모방한 옵코드 moogvcf
;  - - - - - - - - - - - - - - - - - - - - - - - - - - - - - - - - - - -
ivel   veloc                    ;미디벨로서티 값
icps   cpsmidi                  ;미디피치 값 받아 진동수로 변환
iamp   tablei ivel, 3           ;진폭 값, 테이블 3번에서 0~127 값을 10,000~20,000 값으로 변환

; - - - moogvcf에서 캇오프 진동수 kfco 값을 위한 내용(통과시킬 주파수 대역을 시간에 따라 변화)
irtfq = sqrt(icps)                        ;제곱근 값, 진동수 값을 축소
klow  oscil .2, .5, 1                     ;느린 진동수 움직임
kfenv expseg .2, .1, 1, .2, .8, .1, .8    ;진동수 인벨로프
kfcs = 10                                 ;
kfc2   tablei kfenv*kfcs*(1+klow), 2      ;미디 값 0~127을 테이블 2번의 100~5,000 진동으로 조정
kfc3 = kfenv*kfc2*irtfq                   ;위 진동 결과를 재조정
kfc4 = (kfc3 〈= 10000) ? kfc3 :10000     ;최대진동의 10,000을 초과하면 10,000으로 조정
kfco  port kfc4, .001                     ;바로 전의 시그널과 현재의 시그널을 포르타멘토, 시그널-시간(초)
; - - - - - - - - - -

; - - - - - - - - - 옵코드 moogvcf의 공명 값
krzs  midictrl 50, 1, 30                  ;최솟값 1
krezm = krzs*.01                          ;0~127 값을 0~1.27로 moogvcf의 공명 범위로 조정
; - - - - - - - -
; - - - - - - - - - 옵코드 vco의 비브라토
klfo1  oscil .003, 5, 1                   ;비브라토
kvbr = 1+klfo1                            ;정수만
; - - - - - - -
            ;진폭    진동수   파형 파형내용 Fn   딜레이
asig  vco   1,   icps*kvbr, 1,   1,   1,   .5   ;아날로그 발진기 모방
aout  moogvcf asig, kfco, krezm                 ;무그 필터, 시그널-대역-공명
kamp   linenr iamp, .15, .2, .1                 ;진폭 인벨로프, 진폭-상승 시간-하강 시간-하강비율
outs  aout*kamp/4, aout*kamp/7
   endin

   instr 3
;  - - - - - - - - - - - - - - - - - - - - - - - - - - - - - - - - - - -
;     대역 제한 아날로그 발진기를 구현한 옵코드 vco의 펄스폭 변조
;     무그 다이오드 사다리 필터를 모방한 옵코드 moogvcf
;  - - - - - - - - - - - - - - - - - - - - - - - - - - - - - - - - - - -
icps   cpsmidi          ;미디피치 값을 진동수로 변환
iamp   veloc            ;미디벨로서티 값
iamp   tablei iamp, 3   ;진폭 값, 테이블 3번으로 0~127 값을 10,000~20,000 값으로 변환

kfenv expseg .2, .1, 1, .2, .8, .1, .8    ;진동수 인벨로프
kmctr50 midictrl 50, 10                   ;미디 컨트롤러 메시지 50번 사용, 최솟값 10
kfc2 = exp(kmctr50*.05)                   ;exp는 2.718^x, kfc2 값은 약 1.6
kfqc linseg icps/4, .03, icps, .1, icps   ;어택 부분을 위한 포르타멘트
```

```
kfco  port  kfenv*kfc2*kfqc, .001      ;바로 전 시그널과 현재 시그널을 포르타멘토, 시그널 − 시간(초)
krzs  midictrl 56, 40                   ;미디 컨트롤러 56번, 최솟값 40
krezm = krzs*.01                        ;0∼127 값을 0∼1.27로 moogvcf의 공명 범위로 조정

klfo1 oscil .4, kfqc*.005, 1            ;아날로그 발진기 무그의 변하는 파형 간격
kpw = 1+klfo1                           ;기본 값으로 초당 1번 이상으로 조정

kfqcl = kfqc*.999                       ;코러스 효과, 왼쪽 채널
kfqcr = kfqc*1.001                      ;코러스 효과, 오른쪽 채널
asigr  vco 1, kfqcl, 2, kpw, 1, .2      ;아날로그 발진기, 진폭 − 진동수 − 파형 − 파형내용 − Fn − 딜레이
aoutr  moogvcf asigr, kfco, krezm       ;무그 필터, 시그널 − 대역 − 공명
asigl  vco 1, kfqcr, 2, kpw, 1, .2      ;아날로그 발진기, 진폭 − 진동수 − 파형 − 파형내용 − Fn − 딜레이
aoutl  moogvcf asigl, kfco, krezm       ;무그 필터, 시그널 − 대역 − 공명
 kamp  linenr iamp, .05, .05, .05       ;진폭 인벨로프
outs aoutr*kamp*.15, aoutl*kamp*.22
    endin

</CsInstruments>
```

(2) 악기 2번과 3번

<표 352> 미디파일 연주 악기 3의 스코어

```
<CsScore>
f1  0  8192  10 1                  ;사인파

 ;미디파일에 컨트롤러 메시지들이 없는 경우 오케스트라의 고정된 최솟값이 적용됨
f2  0 128    −5  100 128 5000     ;미디 컨트롤러 메시지 값에 해당하는 진동수로 변환(지수곡선)

f3  0 128    −7 10000 128 20000 ;미디벨로서티 값 0∼127을 10,000∼20,000 진폭 값으로 변환(직선)

f0  220                           ;연주 시간 220초
</CsScore>
</CsoundSynthesizer>
```

악기 2번과 3번에서는 대역 제한 아날로그 발진기를 모방한 옵코드 vco와 무그 다이오드 사다리 필터를 모방한 옵코드 moogvcf가 사용된다. 따라서 결과의 소리는 과거의 아날로그 전자악기의 맛이 난다. vco는 과거의 기술력에서 쉽사리 이용할 수 있었던 톱날파와 사각파, 삼각파 그리고 사인파형을 사용해서 제한된 주파수 대역에서 소리를 산출한다. moogvcf는 과거의 전자악기 무그에 사용되었던 일종의 필터로서 첫 번째 항목은 오디오 시그널을 두 번째 항목은 캇오프 진동수를 그리고 세 번째의 항목은 공명의 세기를 위한 값을 입력한다.

함수테이블 2번 'f2 0 128 −5 100 128 5000'은 지수곡선을 이용하는 음수 젠 5번을 사용하여 있는 그대로의 값으로 색인과 일대일 대응한다. 지수적으로 증가하므로 값이 높아질수록 색인을 통해서 얻어지는 값은 급속히 커진다.

이 악기들의 내용을 통해서 잘 알 수 있는 점은 결국 각 소리의 길이를 알 수 없으므로 미디 컨트롤러 메시지를 비롯한 다양한 방법으로 어떻게든 변화를 주지만 여전히 많은 제한이 뒤따른다는 점이다. 세부 내용은 설명문을 참조하면 큰 어려움이 없을 것이다.

마. 미디파일 출력

시사운드 버전 5에서는 미디 출력 메시지 옵코드들을 사용해서 미디파일을 만들 수 있다. 이는 시사운드의 스코어파일을 미디파일로 변환하며 실시간 입력메시지들도 포함된다. 만약 사용자가 출력 미디 메시지들을 미디파일로 만들고자 한다면 스마일 프로그램의 '현재 설정 및 옵션' 탭에서 '미디 옵션' 상자의 '출력 미디파일' 체크 버튼을 체크한다. 그 다음 시사운드를 실행하고 나면 현재 사용중인 시사운드 악기파일이 있는 같은 장소에 악기파일 이름과 동일한 이름에 'mid'라는 확장자가 붙여진 미디파일이 만들어진다.

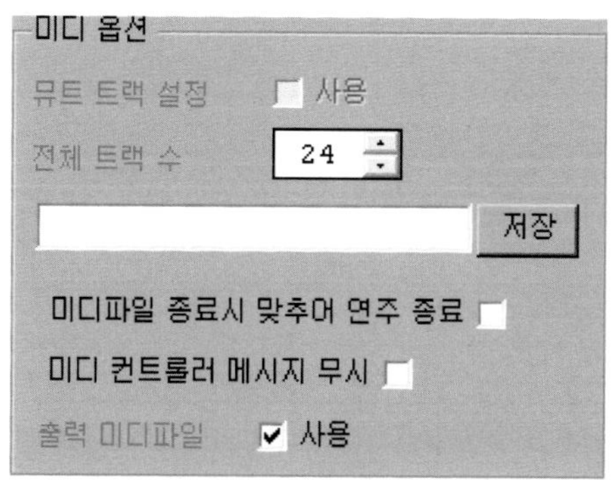

〈그림 228〉 미디파일 출력

〈표 353〉 실시간의 입력 미디 메시지를 미디파일로 출력

```
〈CsoundSynthesizer〉
〈CsInstruments〉
massign  1.             1


        instr  1
inum   notnum                   ;미디피치
ivel   veloc                    ;미디벨로서티

; ------미디파일로 출력
idur  =  1
                ;채널   피치    벨로서티.   음표 길이
noteondur       1.    inum.     ivel.      idur      ;미디 출력 장치로 음표 하나를 출력
noteondur       1.    inum+3.   ivel.      idur      ;미디 출력 장치로 음표 하나를 출력
noteondur       1.    inum+7.   ivel.      idur      ;미디 출력 장치로 음표 하나를 출력
noteondur       1.    inum+9.   ivel.      idur      ;미디 출력 장치로 음표 하나를 출력
        endin
〈/CsInstruments〉
```

21 사운드파일 입력

경우에 따라서 원하는 악기나 소리가 잘 만들어지지 않을 때에는 지나치게 시그널 산출 및 제어 옵코드들과 씨름하며 시간을 보내기보다 외부의 소리를 변형해서 악기로 이용하는 방법이 더 효과적일 것이다. 녹음된 자연의 소리는 수많은 배음들을 포함하고 있기 때문에 잘만 이용한다면 손쉽게 강력한 악기를 만들 수가 있다.

사운드파일을 읽어 들이는 방법은 함수테이블을 이용하는 젠 1번을 통해서 그리고 직접적으로 옵코드 '인'(in, inh, ino, inq, ins)이나 사운드인(soundin)을 통해서 불러들일 수 있다. 특히 사운드파일을 불러들이는 젠 1번은 외부의 사운드파일을 테이블로 불러들이는 중요한 젠 루틴이다. 이렇게 읽어 들인 사운드파일은 하나의 이미 만들어진 오디오 시그널로서 또는 파형이나 주파수 및 진폭 인벨로프를 위한 데이터로서 또는 기타 사용자 자신의 알고리즘을 위한 데이터로서 또는 소프트웨어 샘플러를 위한 음원으로 이용될 수 있다.

가. 직접적인 방법

1) 옵코드 in

함수테이블 사용함 없이 사운드파일을 바로 옵코드 자체에서 불러서 사용하는 방법이다. 이 경우 사용되는 옵코드는 모노 트랙/채널을 가진 사운드파일을 위해서 옵코드 '인'(in)을 2채널로 된 스테레오 사운드파일은 옵코드 '인스'(ins)를 4채널은 옵코드 inq를, 6채널은 옵코드 inh를 그리고 8채널은 옵코드 ino를 사용한다. 현재 일반적으로 통용되는 사운드파일은 모두 모노나 2개의 채널로 된 사운드파일이다. 아마 가까운 장래에는 2개 이상의 채널을 가지는 사운드파일도 표준으로 자리 잡게 될 것이라 본다.

〈표 354〉 직접적으로 사운드파일을 입력받는 옵코드들

in	ar1 in
ins	ar1, ar2 ins
inq	ar1, ar2, ar3, a4 inq
inh	ar1, ar2, ar3, ar4, ar5, ar6 inh
ino	ar1, ar2, ar3, ar4, ar5, ar6, ar7, ar8 ino

　　직접적으로 사운드파일을 입력하는 방법을 사용한다면 연주 전 먼저 사용할 사운드파일의 경로와 이름을 시사운드에 전달해야 한다. 다음 그림과 같이 연주 전 스마일의 '현재 설정 및 옵션' 탭의 '사운드파일 입력' 상자에서 열기 버튼을 클릭하여 사용할 사운드파일을 찾는다. 그 다음 '사용' 체크 버튼을 체크한다. 그 다음 연주를 하면 시사운드는 첫 번째 악기에 옵코드 '인'이 있다면 이 악기에 사운드파일의 데이터를 보낸다.

〈그림 229〉 스마일에서 사운드파일 입력 설정 방법

〈그림 230〉 입력 오디오 장치를 동시에 사용하지 말 것

　　한 가지 주의할 것은 사운드파일 입력을 통해 오디오 시그널을 입력받으면서 동시에 또 입력 오디오 장치로부터 오디오 시그널을 입력받을 수는 없기 때문에 위 그림처럼 입력 오디오 장치를 같이 켜 놓으면 둘 중 하나는 무시된다. 세부적

인 이유는 시사운드가 명령을 처리할 때 이전의 명령보다 가장 최근의 명령에 우선권을 주기 때문인데 만약 시사운드에 명령을 전달할 때 입력 오디오 장치를 사용하는 명령이 앞에 있고 그 다음에 사운드파일 입력 명령이 뒤에 있다면 앞 쪽의 입력 오디오 장치 사용은 그 다음의 사운드파일 입력에 의해 무시될 것이다.

〈표 355〉 옵코드 '인'을 이용한 사운드파일 입력

```
〈CsoundSynthesizer〉
〈CsInstruments〉
sr        =   44100
kr        =   4410
ksmps     =   10
nchnls    =   1


    instr  1
afile         in
kamp          expseg   1, p3, .1          ;진폭 인벨로프 설정
out           afile* kamp
    endin
〈/CsInstruments〉
```

〈표 356〉 옵코드 '인'을 이용한 사운드파일 입력 스코어

```
〈CsScore〉
i1        2        ;2초 동안 연주
e
〈/CsScore〉
〈/CsoundSynthesizer〉
```

위 악기의 내용은 간단하다. 입력받은 사운드파일의 오디오 시그널에 지수곡 선을 그리며 재빨리 감소하는 진폭 인벨로프를 가한 후 출력하는 내용이다. 이 외에도 각종 필터나 이펙트를 가할 수 있을 것이며 또는 다른 소리를 만든 후 이 두 시그널을 섞어서 출력할 수도 있다.

2) 실시간 오디오 시그널 입력

실시간 오디오 시그널을 받는 방법은 바로 앞의 사운드파일을 읽어 들이는 방

법과 동일하다. 단지 다른 점은 컴퓨터에 장착되어 있는 사운드 입력 장치를 시
사운드에 알려 주는 것이 필요하다는 것뿐이다. 먼저 스마일의 '현재 설정 및 옵
션' 탭에서 다음의 그림과 같이 '입출력 오디오 장치 선택'에서 입력 장치를 선
택한다. 그리고 '사용' 체크 버튼을 클릭해서 체크한다.

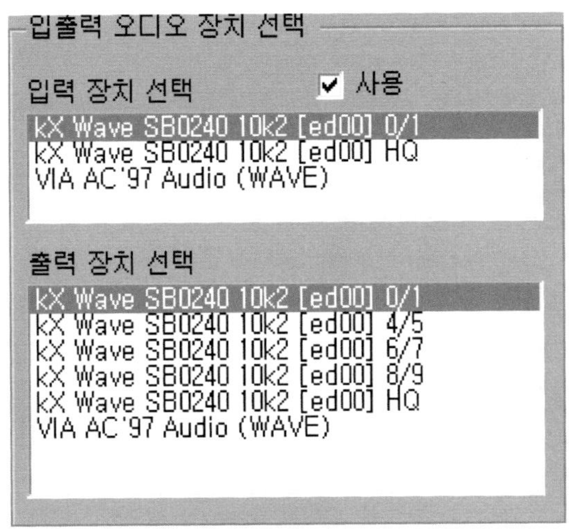

〈그림 231〉 윈도우즈 **MME**에서 가능한 입출력 장치들

만약 '오디오 모듈 선택'에서 윈도우즈의 기본 사운드 인터페이스인 MME(Multi
Media Extensions) 대신 포트오디오를 선택한다면 포트오디오에서 가능한 입력 장
치의 내용을 알기 위해 먼저 시사운드를 실행한다. 다음의 그림과 같이 어떤 번
호든 관계없이 '입력 장치 선택'의 오른쪽에 있는 '사용' 체크 버튼을 클릭한 다
음 실행되는 어떤 파일이든 관계없이 실행하면 출력 창에 현재 컴퓨터에서 가능
한 사운드 입력 장치들이 제시된다. 그러면 이 장치들 중에서 입력하려는 하나의
장치를 확인하고 그 번호를 조금 전의 '오디오 모듈 선택' 상자의 '입력 장치 선
택'에서 선택하면 된다.

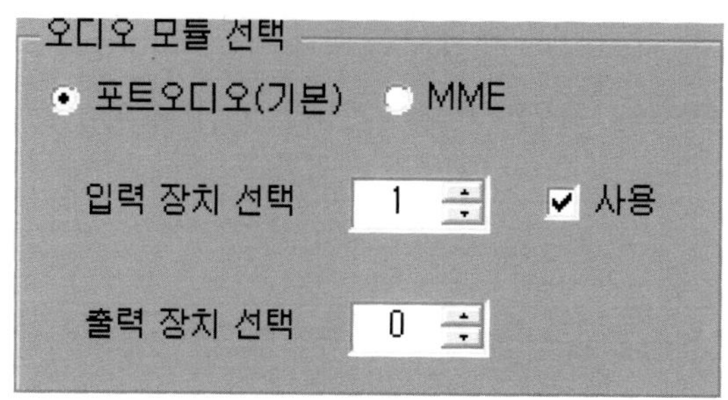

〈그림 232〉 포트오디오에서 입력 장치 선택

```
The available input devices are:
 0: kX Wave SB0240 10k2 [ed00] 0/1
 1: kX Wave SB0240 10k2 [ed00] HQ
 2: VIA AC'97 Audio (WAVE)
winmm: opening input device 0 (kX Wave SB0240 10k2 [ed00] 0/1)
```

〈그림 233〉 출력 창에 제시된 현재 컴퓨터에서 가능한 사운드 입력 장치들

　그러면 스테레오 오디오 시그널을 입력받기 위해서는 다음과 같이 2개의 채널을 입력할 수 있는 옵코드 인스(ins)를 사용해서 악기를 만든다. 그리고 스코어에서는 시작 시간인 p2와 입력받을 시간인 p3만 설정하면 된다. 원한다면 입력받은 시그널에 사용하고자 하는 목적에 맞는 옵코드들을 적당히 이용하여 입력 시그널을 변형하면 된다. 이제 컴퓨터 뒤쪽의 또는 앞쪽의 오디오 입력 잭에 시그널을 출력하는 아날로그나 디지털 장치를 연결하면 된다. 가능하면 코엑시얼이나 광케이블을 이용하여 디지털 시그널을 입력하는 것이 좋다. 준비가 다 되었으면 출력 시그널을 켜고 그 다음 시사운드를 실행한다. 또는 시사운드를 먼저 실행하든 그것은 사용자의 편의에 달려 있다.

〈표 357〉 실시간 입력 오디오 시그널을 출력

```
〈CsoundSynthesizer〉
〈CsInstruments〉
sr          =          44100
kr          =          4410
ksmps       =          10
nchnls      =          2

    instr  1
astream1, astream2        ins
outs        astream1, astream2
    endin

〈/CsInstruments〉
```

〈표 358〉 실시간 입력 오디오 시그널 출력을 위한 스코어

```
〈CsScore〉
i1          2          100     :2초 후부터 시작해서 100초 동안 시그널을 연주
e
〈/CsScore〉
〈/CsoundSynthesizer〉
```

3) 옵코드 '사운드인'

옵코드 사운드인(soundin)은 앞서의 옵코드 in의 확장된 버전이다. 시사운드 매
뉴얼은 파일로서나 또는 실시간 오디오 입력에 의해 최대 24채널까지 동시에 읽
어 들일 수 있다고 언급한다.

〈표 359〉 옵코드 '사운드인' 구문

	:파일 이름	파일시작시간	파일포맷	초기화	버퍼 크기
ar1,[...a24]] soundin	ifilcod	[, iskptim]	[, iformat]	[, iskipinit]	[, ibufsize]

위 표를 보면 옵션으로 추가된 항목을 제외하면 기본적으로 사운드인은 옵코
드 in과 동일하다. 다만 불러들일 파일 이름을 직접 악기파일에서 입력할 수 있
다는 점만이 다르다. 이는 초기에 만들어진 옵코드 in의 하나의 파일로 제한된
것이 아니라 원하는 만큼의 사운드파일을 불러들일 수 있게 되었다는 점에서 사

운드의 입력방법이 훨씬 더 유연해졌다는 점을 알 수 있다.

(1) 사운드인 구문

가) 입력 사운드파일 이름

만약 사운드파일을 시사운드 악기파일과 같은 폴더에 두었거나 또는 시사운드에서 지정하고 있는 SSDIR이나 SFDIR에 두었다면 파일 이름만 입력할 수 있으며 이름 앞과 뒤에 인용부호를 붙여 사용할 수 있다. 만약 그렇지 않다면 파일 이름을 포함한 완전한 경로를 입력해야 한다.

사운드파일 이름에 관한 한가지 추가적인 내용은 사운드파일 이름을 'soundin'이라고 바꾸고 그 다음 확장자에는 사용자가 번호를 붙인다면 시사운드에서 이 번호만으로 사운드파일을 불러 사용할 수 있다.

나) 파일 시작 시간

이 항목은 사운드파일을 읽기 시작하는 시간을 초 단위로 설정한다. 0을 입력하면 파일의 처음부터 읽게 되고 1.1초 후부터 읽고자 한다면 1.1을 입력한다.

다) 파일 포맷

사용할 사운드파일의 포맷을 입력한다. 만약 포맷을 모른다면 0을 입력하면 시사운드에서 파일의 머리 부분을 참조하여 자동으로 포맷을 알아내어 사용할 것이다. 그러나 가능하면 포맷이름을 입력해 두는 것이 나중에 소리의 음질을 스코어를 통해 알 수 있어 편리하다. 다음 표는 사용할 번호와 함께 각 내용을 나타낸다. 표의 7, 8, 9번은 최근에 추가된 포맷이다. 9번 64비트는 시사운드64 버전에서만 가능하다.

〈표 360〉 옵코드 사운드인(soundin)에서 지원하는 포맷 번호

1 - 8-bit signed character(-128~+127)	2 - 8-bit A-law bytes(12비트를 8비트로 암호화)
3 - 8-bit U-law bytes(13비틀 8비트로 암호화)	4 - 16-bit short integers(시디 음질, 16비트 정수)
5 - 32-bit long integers(32비트 정수)	6 - 32-bit floats(32비트 소수)
7 - 8-bit unsigned int(0~256)	8 - 24-bit int (24비트 정수: DVD 음질)
9 - 64-bit doubles(64비트)	

라) 초기화

기본 값은 초기화를 하는 것으로 0의 값으로 되어 있다. 0이 아닌 값을 입력
할 경우 모든 초기화를 하지 않는다. 이는 처음에 한번 값들을 정해 두면 다음에
또 소리를 낼 때는 이전의 값을 그대로 사용한다는 것을 의미한다. 예를 들면 파
일 시작 시간이나 포맷은 기본 값이 0이며 그리고 버퍼 크기는 기본 값이 2,048
이다. 따라서 만약 버퍼 크기를 4,096으로 했고 0이 아닌 값을 두어 초기화를 하
지 않도록 했다면 소리를 낼 때마다 이 값이 계속 적용된다.

마) 버퍼 크기

버퍼란 데이터를 신속하게 보내기 위해서 미리 필요한 만큼을 저장해 두는 것
이다. 이 값은 보통 기본 값인 2,048을 사용하면 무난하지만 특별한 경우를 위해
서 사용자가 더 큰 값을 사용할 수 있도록 하고 있다. 일반적으로 컴퓨터 속도가
빠르다면 버퍼는 큰 것이 좋으며 컴퓨터가 느리다면 버퍼를 작게 해서 여러 번
나누어 주는 것이 유리하다. 그렇지 않다면 소리가 끊어지는 현상이 생길 수 있다.

(2) 사운드인 예제

다음의 예는 모노 사운드파일을 입력한 후 처음에는 사운드파일만을 소리 내
고 그 다음에는 악기에서 만든 삼각파 소리와 사운드파일의 시그널을 가산하여
출력하는 내용이다. 첫 번째 음표(소리)에서 삼각파 소리를 제외하기 위해 if 문
과 goto 문이 사용되었다. 옵코드 goto는 모든 컨트롤 주기마다 작동한다. 따라서
첫 번째 음표의 네 번째 항목인 p4가 0을 가지고 있으므로 가운데의 삼각파 시
그널 출력부분을 건너뛰어 첫 번째 음표 동안의 모든 컨트롤 패스에서 original
레이블로 가게 된다. 마지막에 사용된 tone은 앞서 감산합성 때에 사용된 로우
패스 필터로서 혹시 높은 주파수에 있을 잡음을 제거하기 위해 사용되었다.

〈표 361〉 사운드인 악기

```
〈CsoundSynthesizer〉
〈CsInstruments〉
sr      =  44100
kr      =  4410
ksmps   =  10
nchnls  =  2

            instr  1        ;사운드파일 연주
asigs       soundin   "aaa-.wav"        ;모노 파일 입력
if p4 = = 0 goto      original
kenv        expseg    .01,        p3/3,       1,      p3/2,   .01   ;진폭인벨로프
asig        oscil     24400*kenv,      cpspch(9),   1              ;삼각파 소리
asigs       tone      asigs+asig,    2000                          ;로우 패스
original:
outs        asigs,   asigs
            endin
〈/CsInstruments〉
```

〈표 362〉 '사운드인의 악기'를 위한 스코어

```
〈CsScore〉
f1   0   1024   10   1   0   .111111111   0   .04   0   .02040816        ;삼각파

i1        0        2.2        0              ;원래의 샘플소리
i1        2.5      2.2        1              ;원래 소리와 삼각파형의 소리 합성
e
〈/CsScore〉
〈/CsoundSynthesizer〉
```

위의 예는 모노 사운드파일을 사용한 경우이며 만약 스테레오 사운드라면 'asig1, asig2 soundin ……'로 수정해야 한다.

나. 테이블을 이용하는 방법

함수테이블을 사용하여 사운드파일을 불러올 경우 이전에 사용자가 함수테이블을 사용해 온 방법과 똑같이 함수테이블을 이용할 수 있기에 옵코드 '인'이나 '사운드인'의 기능은 물론 온갖 가능한 방법을 자유롭게 구사할 수 있다.

1) 테이블로 가져오기 - 젠 1번

젠 루틴 1번을 사용해서 사운드파일을 입력받는다. 다음의 표는 함수테이블에서 젠 1번을 사용하는 구문이다. 모든 함수테이블의 구조는 4번째 항목까지는 항상 동일하다.

<표 363> 젠 1번 구문

	:시작 시간	크기	젠 1번	입력사운드파일 이름	파일시작 시간	파일포맷	채널
fn	time	size	1	filcod	skiptime	format	channel

(1) 시작 시간

하나의 함수테이블 번호는 반드시 시작 시간으로 0초에서 시작되어야 한다. 그러나 같은 번호를 그 다음에 사용할 경우는 0보다 다른 시간으로 설정할 수 있다. 예를 들어 다음과 같은 경우는 두 개의 같은 번호의 함수테이블이 사용되었다. 연주를 하게 되면 0.1초 후에 새로운 함수테이블의 내용으로 또 하나의 소리가 겹친다. 만약 아래의 표에서 두 번째의 함수테이블도 앞쪽과 같이 0초에서 시작한다면 앞쪽의 함수테이블은 무시되고 두 번째의 함수테이블만 사용된다.

<표 364> 같은 번호를 가진 함수테이블들

f1	0	8192	10	1	
f1	.1	8192	10	1	1

(2) 크기

사용할 사운드파일의 크기는 반드시 2의 제곱수 또는 2의 제곱수에 1을 더한 수를 사용해야 한다. 사용할 수 있는 최대 크기는 약 1,677만(2의 24제곱) 개의 샘플로 제한된다. 이 값은 시간으로 따지면 모노 시디 음질 소리로 대략 380초(380 = 16,777,216/44,100) 정도가 된다. 따라서 스테레오라면 절반인 190초 정도가 되어 3분이 조금 넘는 길이를 사용할 수 있다.

만약 사운드파일이 테이블의 크기보다 더 클 경우는 초과된 부분은 무시된다.

예를 들어 모노 사운드파일의 길이가 2초인데 함수테이블의 크기로 8,192를 입력을 했다면 이 값은 시디 음질로 약 0.185초(8,192/44,100)의 길이가 되어 소리의 앞부분만 짧게 연주될 것이다. 그러나 아무런 문제는 만들지 않는다. 반대로 크기를 사운드파일보다 더 큰 값을 입력해도 아무런 문제가 없다. 단지 테이블의 뒤쪽에 사용하지 않는 많은 공간이 생길 뿐이다.

대부분의 경우에 있어 사운드파일의 크기는 2의 제곱수와 거의 일치하지 않기 때문에 사운드파일의 전체를 읽어 들일 경우 2의 제곱수로 된 테이블은 이보다 더 크기 때문에 피할 수 없이 뒤쪽에 여백이 생긴다. 이 문제를 해결하기 위해서 가장 좋은 방법은 사운드파일 크기보다 작은 2의 제곱수를 사용하는 것이다. 그러나 전체 사운드파일을 사용해야 할 경우는 어쩔 수 없이 가능하면 사운드파일보다 제일 적게 초과하는 2의 제곱수를 사용하고 또 테이블의 이용에 있어서 뒤쪽의 비어 있는 테이블의 위치를 알아두어 사용하지 않는 방법밖에는 없다.

만약 이 크기 항목에 0을 둔다면 시사운드에서 자동으로 그 크기를 파일로부터 읽어서 처리하게 된다. 이 경우 있는 그대로의 소리만 내는 경우는 관계없지만 정상적인 테이블로서는 이용할 수는 없게 된다. 즉 보통의 테이블처럼 색인을 통해 데이터를 읽기 위해서는 반드시 2의 제곱수를 사용해서 테이블의 크기를 입력해야 한다는 점을 기억하자.

사운드파일의 크기는 시사운드의 ftlen 옵코드를 사용하여 알아낼 수 있다. 이 경우 반드시 파일 크기 항목에 0을 입력한 다음에 ftlen 옵코드를 사용해야 하며 그렇지 않은 경우 현재 2의 제곱수로 입력한 테이블 크기가 그대로 반환된다. 사운드파일의 크기를 알 수 있는 다른 방법은 사용하고 있는 사운드 편집 프로그램이 있다면 이를 통해서 소리에 사용된 샘플의 크기를 알 수 있다. 이 크기는 사운드파일의 정보를 담고 있는 머리 부분이 제외된 크기이므로 실제 파일 크기보다는 작다.

〈표 365〉 옵코드 **ftlen**을 이용한 사운드파일의 크기 출력

```
    instr  1
ilen = ftlen(1) ;함수테이블 1번의 크기
print ilen        ;출력 창으로 출력
    endin
```

(3) 입력 사운드파일 이름

만약 사운드파일을 시사운드 악기파일과 같은 폴더에 두었거나 또는 시사운드
에서 사용하고 있는 환경 변수에서 설정한 SSDIR이나 SFDIR에 두었다면 이름
앞과 뒤에 인용부호를 붙인 파일 이름만 입력하면 되며 만약 그렇지 않다면 파
일 이름을 포함한 완전한 경로를 입력해야 한다.

사운드파일 이름에 관한 또 하나의 내용은 파일 이름을 'soundin'이라고 바꾸
고 그 다음 확장자에는 사용할 번호를 붙인다면 시사운드에서 이 번호만으로 사
운드파일을 불러 인식할 수 있다. 예를 들어 'soundin.100'이라고 파일 이름을 바
꾸었다면 젠 1번의 '입력사운드파일 이름' 항목에 아무런 부호 없이 단지 100만
을 입력해서 파일을 부를 수가 있다.

〈표 366〉 번호를 사용하는 soundin.100 사용

	:젠 1번	**입력사운드파일 이름**	파일시작 시간	파일포맷	채널
f1　0　0　1		**100**	0	4	1

(4) 파일 시작 시간

이 항목은 사운드파일을 읽기 시작하는 시간을 초 단위로 설정한다. 0을 입력
하면 파일의 처음부터 읽게 되고 1.1초 후부터 읽고자 한다면 1.1을 입력한다.

(5) 파일 포맷

사용할 사운드파일의 포맷을 입력한다. 만약 포맷을 모른다면 0을 입력하면
시사운드에서 파일의 머리 부분을 참조하여 자동으로 포맷을 설정한다. 그러나
가능하면 포맷이름을 입력해 두는 것이 나중에 소리의 음질을 스코어를 통해 알
수 있어 편리할 것이다. 다음 표는 사용할 번호와 함께 각 내용을 나타낸다. 8비
트는 지금은 별로 사용되지 않고 있으며 시디 음질인 경우 4번을 사용하면 된다.
지금 시사운드 매뉴얼에는 6번까지 밖에 나와 있지 않지만 앞서 옵코드 사운드
인에서 제시된 표와 같이 9번까지의 포맷도 인식된다.

<표 367> 젠 1번에서 사용하는 파일 포맷과 번호

1 – 8–bit signed character(–128~ +127)	2 – 8–bit A–law bytes(12비트를 8비트로 암호화)
3 – 8–bit U–law bytes(13비틀 8비트로 암호화)	4 – 16–bit short integers(시디 음질, 16비트 정수)
5 – 32–bit long integers(32비트 정수)	6 – 32–bit floats(32비트 소수)

(6) 채널

현재 모노와 스테레오만 시원된다. 모노일 경우 0이나 1을 입력하고 스테레오일 경우 1은 왼쪽 채널, 2는 오른쪽 채널을 의미한다. 양쪽 다 불러들일 경우는 0을 입력하면 되며 모노든 스테레오든 값 0은 파일에 있는 모든 채널을 사용한다는 것을 의미한다.

2) 샘플링 악기 – 로실(loscil)

옵코드 로실(loscil)은 젠 1번을 통하여 함수테이블에 불러들인 샘플된 소리(모노 또는 스테레오)를 읽을 수 있으며 옵션으로 서스테인 루프(반복)와 릴리스 루프를 적용할 수 있다.

'로실'은 샘플러를 만들 수 있는 옵코드다. 예를 들어 피아노 샘플러를 만든다고 가정한다면 피아노의 88개 음들을 4~8개 정도의 음역대로 나눈 후 각 음역대마다 한 개의 소리를 이용해서 피아노 샘플러를 완성할 수 있다. 이때 나머지 빠진 소리는 내부적으로 재샘플되어 자동으로 채워진다. 샘플된 소리가 시작되면 소리의 끝나는 점이 문제가 될 수 있는데 이는 옵코드 린넨알(linenr)을 사용한다면 추가적인 노력 없이 자동으로 해결할 수 있다. 린넨알은 디케이 부분을 만들면서 소리가 종료될 때까지 소리의 길이를 확장한다.

한 가지 남은 것은 샘플로 사용하는 소리의 길이가 음표 길이보다 짧을 때 음표 길이만큼의 소리를 내지 못하고 중간에서 종결되는 문제다. 예를 들면 현악기 같은 소리가 특히 문제가 된다. 이는 중간에 소리를 반복(loop)하게 함으로써 해결할 수 있으며 옵코드 로실은 이를 위한 모든 것을 제공하고 있다. 그러나 좋은 루프 지점을 찾는 것이 쉽지 않은데 무엇보다도 사용하는 사운드 샘플이 좋은 루프 지점을 가지고 있어야 할 것이다.

(1) 로실의 구문

<표 368> 옵코드 로실의 구문('[]' 항목들은 옵션이다.)

	;진폭	진동수	함수테이블	기본진동수	서스테인	시작	끝
ar1 [,ar2] **loscil**	xamp,	kcps,	ifn	[, ibas]	[, imod1]	[, ibeg1]	[, iend1]

	릴리스	시작	끝
	[, imod2,]	[, ibeg2]	[, iend2]

가) ar1/ar2

모노 출력을 위해서는 ar1만이 사용되며, 스테레오를 위하여 ar1과 ar2를 사용한다. a 다음의 이름은 사용자 마음대로 붙인다.

나) 진폭

진폭 값은 음표에 적용할 진폭 값이다. x가 붙어 있으므로 오디오 및 컨트롤 시그널 또는 단일 값도 사용할 수 있다

다) 진동수

진동수는 사용할 진동수를 입력한다. 만약 오케스트라의 sr 값과 사운드파일의 샘플 비율이 다르다면 사운드파일의 샘플 비율은 오케스트라의 샘플 비율에 맞추어 자동으로 조정된다.

라) 함수테이블

사운드파일의 데이터가 들어 있는 함수테이블 번호를 입력한다.

마) 기본진동수

기본진동수는 사용할 사운드파일이 가진 진동수를 입력한다. 만약 사운드파일이 가진 진동수와 다른 값을 입력한다면 입력한 값이 기본진동수로 사용된다. 만약 그 파일 정보에 진동수 값이 기록되어 있지 않다면 이 값은 주어져야만 하며 이 옵션을 사용하지 않는다면 기본 값은 261.626Hz(middle C)가 주어진다. 따라서 기본 진동수를 모를 경우 원래 사운드파일의 피치대로 연주하고자 한다면 이 값에 1을 입력하고 또 앞서의 진동수 항목에도 1을 입력하면 된다.

바) 서스테인과 릴리스

사운드파일에서 반복될 서스테인과 릴리스 부분을 위한 반복모드를 설정한다. 값 1은 보통의 루프이며, 값 2는 앞쪽에서 그리고 다시 뒤쪽에서 반복하는 루핑이다. 값 0은 루핑을 사용하지 않는다는 것을 지시한다. 기본 값은 −1로서 사운드파일에 표시되어 있는 방법과 루핑 지점을 사용한다는 것이다. 위의 값 2의 내용은 앞쪽에서 시작해서 루프의 끝점에 도착하면 거꾸로 다시 앞쪽으로 가는 모드이다.

사) 시작과 끝

반복되는 서스테인과 릴리스 부분의 시작점과 끝점을 입력한다. 이 값들은 파일의 시작점의 전체 샘플 프레임에서 측정되므로 모노나 스테레오에서 동일하게 적용된다. 그리고 이 시작과 끝점은 샘플의 위치를 말한다.

이 시작과 끝점은 사용하는 사운드파일에 아무런 표시가 없다 하더라도 사용자가 임의로 설정해서 사용할 수 있다. 그러나 음악적인 악기로서 이 점들이 이어질 때 클립핑과 변화가 거의 없이 부드럽게 연결되어야 하기 때문에 쉽지 않은 문제다.

(2) 간단한 샘플러

이제 하나의 샘플을 이용하여 간단한 샘플링 악기를 만들어 보자. 샘플 파일은 스마일에 포함되어 있는 'Aaa − .wav'를 사용한다. 이 소리는 440hz에서 약 2초간 지속되는 테너 음역의 소리다. 하나의 샘플이 전 음역에서 모두 재샘플되므로 고음이나 저음으로 올라가고 내려갈 때 조금 어색하지만 그런대로 들을 만하다. 고음과 저음에서 각각 한 개씩의 샘플을 더 추가한다면 훨씬 자연스러운 인성을 위한 샘플러가 될 것이다.

〈표 369〉 간단한 샘플러 악기

〈CsoundSynthesizer〉							
〈CsInstruments〉							
sr	=	44100					
kr	=	4410					
ksmps	=	10					
nchnls	=	2					
	instr	1					
kamp	linenr	1.	0.	.1.	0.08		
		;진폭	진동수	테이블	기본진동수		
a1	loscil	kamp.	cpspch(p5).	1.	440		
	outs	a1.	a1				
	endin						
〈/CsInstruments〉							

〈표 370〉 간단한 샘플러 악기의 스코어

〈CsScore〉							
	시간	크기	;젠1	파일 이름	시작 시간	포맷	채널
f1	0	0	−1	"aaa − .wav"	0	4	0
i1	0	0.5	100	8.00			
i1	.5	0.5	100	8.02			
i1	1.	0.5	100	8.04			
i1	1.5	0.5	100	8.05			
i1	2	0.5	100	8.07			
i1	2.5	0.5	100	8.09			
i1	3	0.5	100	8.11			
i1	3.5	1.5	100	9.00			
e							

위의 예에서 주목할 행은 먼저 린넨알(linenr)이다. 이 린넨알은 미디 메시지에서 진폭 인벨로프를 만들 때 사용되었다. 린넨알은 음표 길이인 p3 대신 디케이의 길이와 그리고 디케이의 끝의 진폭 값을 요구한다. 시사운드 매뉴얼에서는 디케이 끝의 진폭 값 대신에 '감소 계수'라는 용어를 사용하고 있지만 이는 모호한 표현이다. 대신 디케이 끝의 진폭 값이라고 생각하면 된다.

린넨알에서 디케이는 지수곡선을 그리며 감소한다. 따라서 이 디케이 끝점의 진폭 값은 0.01 또는 0.001이 이상적인 값이다. 직선으로 감소하는 경우에는 값 0은 아무런 문제가 없지만 지수함수를 사용하는 경우 0을 사용하게 되면 '오버플로'(overflow) 에러가 나기 때문에 최소한 0보다 큰 값을 사용해야 한다.

그 다음 행 'a1 loscil kamp,cpspch(p5), 1, 440'을 보면 기본진동수가 440으로 정해졌으므로 옵코드 로실은 기본진동수와 p5의 진동수의 비율에 맞추어 함수테이블 1번에 저장된 사운드파일을 재샘플한 후 그 다음 진폭 값 kamp와 곱하여 a1로 반환하게 된다.

마지막으로 스코어의 함수테이블을 살펴보자. 로실에서 사용하는 함수테이블 1번은 'f1 0 0 − 1 "aaa − .wav" 0 4 0'으로 되어 있다. 여기서 주목할 점은 젠루틴 1번이 음수로 되어 있는 점이다. 만약 양수인 1로 되어 있다면 'aaa − .wav'의 모든 값들은 0과 1까지의 값으로 재조정된다. 즉, − 1 ∼ + 1이 된다. 보통 음진폭은 위쪽 양진폭과 모양이 동일하기 때문에 생략하여 0에서 1까지로 표현한다. 그렇게 되면 악기파일에서 최대 진폭 값을 32,767로 설정을 해야 할 것이다. 그러나 여기서 0에서 1로 재조정없이 원래의 진폭 값이 그대로 사용되기 때문에 악기파일의 린넨알에서 진폭 최댓값을 'kamp linenr 1, 0, .1, 0.08' 행과 같이 1로 사용할 수 있었다. 그렇게 하지 않고 만약 젠 1번을 양수로 사용한다면 'kamp linenr 32767, 0, .1, 0.08'로 바꾸어 주어야 한다.

(3) 다중 음역 샘플러

여기서는 음역대에 따라 여러 개의 샘플을 사용하여 조금 더 현실감 있는 샘플러를 만들어 보자. 위의 간단한 샘플러와 같이 하나의 샘플만을 사용하는 경우는 음이 아주 높이 또는 낮게 내려갈 경우 소리의 길이는 물론 그 음색의 변화가 급격히 일어나기 때문에 균형이 깨지고 또 빈약한 느낌이 난다.

다음 다중 음역 샘플러 예제에서 사용하는 샘플들은 모두 4개의 바이올린 소리를 샘플한 소리로서 그 음질은 시디 음질이 아닌 샘플 비율이 22,050으로 축소된 샘플들이다. 각 샘플의 피치는 7.07(G4), 8.07(G5), 9.07(G6) 그리고 10.07(G7)이다. 현악기 소리는 아주 민감하므로 사실 4개만으로는 조금 부족한 점이 있지만 그런대로 들을 만하다고 알려진 최고의 '사운드폰트'(SF2)의 현악기 소리들보다 훨씬 나을 것이다.

```
〈CsoundSynthesizer〉
〈CsInstruments〉
sr          =           44100
kr          =           4410
ksmps       =           10
nchnls      =           1
gareverb    init  0

            instr       3           ;샘플러 - 바이올린 샘플 4개 사용
if p5 〉 10.06 then                  ;만약 피치(p5)가 10.06보다 클 경우만 highzone으로 감
    goto highzone
elseif  p5 〉 9.06 then
    goto highmidzon
elseif  p5 〉 8.06 then
    goto midzone
else                                ;if p5 〉 7.06 then
    goto lowzone
endif

highzone:
kamp        linenr      1.          0.          1.          .01
                        ;진폭       피치                    테이블   샘플의 피치
a1          loscil      kamp.       cpspch(p5).     5.      cpspch(10.07)
goto done

highmidzon:
kamp        linenr      1.          0.          1.          .01
a1          loscil      kamp.       cpspch(p5). 4.          cpspch(9.07)
goto done

midzone:
kamp        linenr      1.          0.          1.          .01
a1          loscil      kamp.       cpspch(p5). 3.          cpspch(8.07)
goto done

lowzone:
kamp        linenr      1.          0.          1.          .01
a1          loscil      kamp.       cpspch(p5). 2.          cpspch(7.07)

done:
out         a1 * p4
gareverb = a1 * .2                  ;.1 - 패스하는 시그널의 비율
            endin

            instr 99                ;리벌브
arevsig     reverb   gareverb.      p4
            out   arevsig
gareverb = 0
            endin

〈/CsInstruments〉
```

〈표 372〉 다중 음역 샘플러 악기 스코어

```
〈CsScore〉
                        :젠1  사운드파일        시작      포맷      파일의 채널
f2  0   0               -1   "vlng3.wav"      0        4         0
f3  0   0               -1   "vlng4.wav"      0        4         0
f4  0   0               -1   "vlng5.wav"      0        4         0
f5  0   0               -1   "vlng6.wav"      0        4         0

r2                                           :현재 섹션을 2번 반복
v2                                           :다음 행부터 음표의 길이를 2배로
i3      0    0.5    1      9        2
i3      .5   .5     1      8.11     2
i99     0    1.5    2                         :리벌브 악기
s

i99        0        2        3
i3         0        .5       1       10        2
i3         0.5      .5       1       8.07      2
s

i99        0        2        3
i3         0        .5       1       9.04      2
i3         0.5      1        1       7.04      2
〈/CsScore〉
〈/CsoundSynthesizer〉
```

　　그러면 위 악기의 내용에 대해 살펴보자. 이전에 연주가 시작되면 악기 시작과 악기 끝을 알리는 instr과 endin 사이의 내용이 초당 컨트롤 주기만큼의 반복이 일어난다는 내용을 언급하였다. 예를 들어 'kr=4,410'이라면 초당 4,410번씩 악기의 내용이 반복되는 것이다. 그러면 악기의 내용을 여러 부분으로 나누어서 어떤 경우에는 이 부분을 하고 어떤 경우에는 저 부분을 하도록 한다면 시간에 따라 원하는 부분만을 실행할 수 있다.

　　이를 위해서 시사운드에서 사용할 수 있는 방법으로 if 문과 goto 문이 있다. 이 goto 문은 컨트롤 비율에서 그리고 음표 시간(노트 타임, 단일 변수) 비율에서 다 사용할 수 있으며 이를 따로 구분한 것이 컨트롤 비율에서만 작동하는 kgoto가 있으며 단일 변수(음표 시간)로서 소리 시작에서 한 번만 작동하는 igoto가 있다. 이렇게 goto를 다시 kgoto와 igoto로 또 구분해 놓은 이유는 텍스트상에서 손쉽게 한 번만 작동하는지의 여부를 쉽게 알 수 있으며 또한 프로그래밍상에서 실수를 예방할 수 있다는 측면도 있다. 예를 들어 코드상에서 igoto와 kgoto가 동

시에 사용돼야만 하는 경우 만약 goto만을 사용했다면 나중에 코드를 이해하기 위해서 신경을 써서 igoto인지 kgoto인지를 살펴야 하기 때문이다. 위 예제에서는 igoto는 전혀 없기 때문에 그냥 goto를 사용하였다. 그러나 위 예제의 모든 goto 를 kgoto로 바꾸어도 똑같은 작용을 한다.

먼저 바이올린 악기의 음역을 여러 개로 나누기 위해 if 블록문을 사용하였다. 물론 if~goto 문을 사용해도 되지만 if 블록문이 효율적이며 보기도 좋다. 이 if 블록문에서 elseif는 우리말로 하면 '그 밖에 만약'의 뜻이며 else는 '그 외에'의 뜻이다. 아래의 if 블록문을 잠시 보자. if 블록문에서 p5는 스코어에서의 피치다. 가장 높은 음역대는 10.07부터 최고음까지이며 그 다음 음역은 9.07부터 10.06까 지이며 그 다음 내용들은 계속 이와 같이 진행된다. 제일 낮은 음역대는 7.07부 터 시작한다. 이는 바이올린이 내는 가장 낮은 음이 7.07이기 때문이다.

연주가 시작되면 p5에 들어 있는 피치 값이 if 블록문에서 비교된다. 만약 p5 가 7.09라 가정한다면 처음 'if p5 > 10.06 then'에서 7.09는 10.06보다 크지 않 으므로 이 내용은 거짓이 된다. 만약 내용이 사실이라면 블록안의 'goto highzone'이 실행된다. 그러나 아니므로 그 다음의 elseif에 비교된다. 그 다음 '그 밖에 만약 p5가 9.06보다 크다면'에서도 거짓이므로 다음의 '그 밖에 만약'으로 넘어간다. 결국 마지막에 가서 '그 외에는 모두'를 나타내는 else 블록의 'goto lowzone'이 실행된다.

이렇게 해서 4개의 바이올린 샘플들을 가지고 전체 바이올린 음역을 연주할 수 있는 샘플러를 만들어 보았다. 만약 4개 정도의 더 많은 샘플들을 사용한다면 보다 실감 있는 바이올린 샘플러가 된다. 그렇게 될 경우 if 블록문을 조금 더 만 들어야 할 것이다.

〈표 373〉 if 블록문

if p5 〉 10.06 then 　　goto highzone	:만약 피치(p5)가 10.06보다 클 경우에 highzone으로 감
elseif p5 〉 9.06 then 　　goto highmidzon	:위의 피치가 10.06보다 크지 않을 경우 이 행으로 넘어옴
elseif p5 〉 8.06 then 　　goto midzone	:위의 피치가 9.06보다 크지 않을 경우 이 행으로 넘어옴
else 　　goto lowzone	:위의 피치가 8.06보다 크지 않을 경우 이 행으로 넘어옴
endif	

그 다음의 리벌브 악기는 아주 간단하며 앞서 소개가 되었다. 이제 스코어의 내용을 잠시 살펴보자. 스코어에서 특별히 주목할 만한 점은 이전 장에서 소개된 스코어문들이다. 스코어문들 중에서 r문(repeat문)은 반복문이다. 현재 스코어에서 r2로 되어 있기 때문에 현재 섹션의 음표들이 2개가 있는데 이들이 2번 반복된다. 그리고 그 다음의 v2에서 v문은 음표의 길이를 늘이거나 줄이는 문이다. 현재 v2로 되어 있기 때문에 현재 섹션에 있는 2개의 음표들이 그 길이가 2배로 늘어난 길이로 연주된다.

마지막으로 악기 99번은 리벌브 악기다. 이 악기에 붙여진 시간을 자세히 보면 전체 음표들이 연주되는 시간보다 조금 더 길다. 그 이유는 리벌브(reverb)란 우리말로 잔향 또는 반사음의 의미이며 이들 반향음들은 원래의 소리가 끝난 뒤에도 울려야 하기 때문이다.

(4) 사운드파일의 피치 변환

바로 앞의 예제에서는 옵코드 로실에 의해 자동으로 테이블에 들어 있는 시그널의 피치가 바뀌었지만 여기서는 특별한 옵코드 없이 테이블 옵코드를 활용하여 입력된 사운드파일의 피치를 원하는 피치로 바꾸어 본다.

사용하는 사운드파일은 스마일에 포함되어 있는 'Aaa - .wav' 파일이다. 이 파일의 샘플 비율은 44,100이며 다음의 예제에서의 악기는 기본으로 사용하는 샘플 비율 sr이 22,050으로 되어 있다. 이 경우 사운드파일의 샘플 길이는 현재 악기에서 사용하는 샘플 비율의 2배가 된다. 따라서 색인을 통하여 테이블에 들어 있는 사운드파일의 데이터를 읽어 들일 경우 2개의 샘플마다 한 번씩 읽어 들여야 똑같은 길이를 가진 소리를 재샘플할 수 있다. 즉 하나씩 건너뛰어 예를 들면 0, 2, 4, 6 …… 등으로 읽어 들인다면 같은 길이를 가진 소리를 만들 수가 있다. 그러나 만약 사운드파일에서 11,025Hz보다 더 높은 소리를 가지고 있다면 이 소리들은 포함할 수가 없으며 놓치는 것이다. 결국 22,050 샘플 비율은 최대 11,025진동수만을 가질 수 있으며 그리고 44,100 샘플 비율은 최대 22,050까지의 진동수를 가진다. 그러나 대부분의 소리에서 그리고 어쿠스틱 음악에서 11,025 이상의 진동수를 내는 소리나 악기는 거의 없으므로 실용적인 샘플 비율이라 할 수 있다.

같은 피치를 낼 경우는 위와 같이 하면 된다. 그러면 피치를 올리거나 내릴 경우를 생각해 보자. 먼저 원래의 사운드파일의 피치보다 더 높게 하려고 한다면 색인이 건너뛰는 횟수를 증가시키면 된다. 그리고 반대로 원래보다 피치를 낮게 하려고 한다면 색인이 건너뛰는 횟수를 느리게 하면 된다.

〈표 374〉 테이블 옵코드로 피치를 변경하는 악기

```
〈CsoundSynthesizer〉
〈CsInstruments〉
sr  = 22050
kr  = 2205
ksmps = 10
nchnls = 1
;===========================================;
; 특별한 옵코드 사용 없이 테이블 옵코드로 피치 변경
;===========================================;
    instr 1
icpsnew = cpspch(p5)                    ;새 피치
icpsori = cpspch(p6)                    ;원래 피치
iorisr  = p7                           ;원래 샘플 비율
incr    = (iorisr/sr)*(icpsnew/icpsori)
kphase  init 0                         ;init 옵코드는 소리의 시작 전에 한 번만 적용됨
    ;오디오 시그널을 위한 색인 생성
aphase  interp kphase                  ;interp: 컨트롤 시그널을 오디오 시그널로 변환
    ;색인 aphase로 테이블의 사운드파일 데이터를 읽어 들임
asig  tablei aphase, 1                 ;옵코드 테이블을 사용할 경우 약간의 노이즈가 발생
    ;현재 샘플 비율로 조정
kphase = kphase + incr*ksmps
    ;진폭 인벨로프
kamp  linenr   1,   0, .1, .07
out asig*p4*kamp
    endin

〈/CsInstruments〉
```

```
〈CsScore〉
f1   0   131072   1   "aaa-.wav"  0  0  0        ;사운드파일의 샘플 크기는 81,958

i1   0   2   20000   8.09   8.09   44100
i1   2   .   .           8.00
i1   4   3   .           6.06
i1   8   4   10000   6.05
i1   .   .   .           7.00
i1   .   .   .           7.09
e

〈/CsScore〉
〈/CsoundSynthesizer〉
```

이를 위해 적용하는 가장 중요한 계수는 'incr = (iorisr/sr)*(icpsnew/icpsori)' 행의 incr이다. 이 incr은 색인의 내용을 결정한다. 만약 그 다음 행에서 이 값을 'incr = 1'로 놓게 되면 같은 피치를 사용한다 해도 그 소리는 원래 소리보다 2배 느린 소리 또는 낮은 소리를 출력한다. 그 이유는 샘플 비율이 2배 낮기에 2배의 시간이 지나서야 전체의 데이터를 읽을 수 있기 때문이다.

실행하면 'iorisr/sr'은 항상 2가 된다. 그리고 'icpsnew/icpsori'는 바꾸고자 하는 피치에 따라 달라진다. 만약 새로 적용할 피치가 원래 피치보다 높다면 그 결과는 1보다 큰 값이 될 것이며 반대로 낮다면 1보다 작은 값이 될 것이다.

그 다음 행의 'kphase init 0'에서 init은 항상 소리 시작 전에 한 번만 실행된다. 만약 그렇지 않다면 kphase는 늘 값 0만을 가지게 되기 때문에 아무런 일도 할 수가 없을 것이다. 이는 배열의 선언이며 단 하나의 색인을 만들고 이 색인에 값 0을 넣는 초기화 과정이다. 따라서 실행이 되면 kphase는 배열이지만 하나의 색인만으로 이루어지며 값 0을 가지게 된다.

다음 행인 'aphase interp kphase'에서 옵코드 interp는 컨트롤 시그널을 오디오 시그널로 바꾸어 주는 옵코드다. 이로써 색인이 만들어진다. 맨 처음에 통과할 시는 kphase의 값이 0이므로 처음 10개의 오디오 샘플 또는 색인들은 값 0으로 이루어진다. 따라서 그 다음 행의 'asig tablei aphase, 1'에서도 값 0만을 읽어 올 것이다. 그러나 그 다음의 행인 'kphase = kphase + incr*ksmps'에서 kphase는 값을 가지게 됨으로써 2번째 반복부터는 kphase는 항상 새로운 값을 가지게 된다. 위 악기에 kr이 2,205로 되어 있기 때문에 초당 2,205번의 반복 시마다

kphase는 새로운 값을 가지게 되며 이때마다 10개(ksmps = 10)의 오디오 샘플이 만들어진다. 그러면 맨 처음 반복에서 'kphase = kphase + incr*ksmps'에서 kphase는 값이 0이다. 그리고 현재 같은 피치를 낸다고 가정하면 incr 값이 2가 되어 incr*ksmps의 값은 20이 된다.

그러면 이 20이 무엇인지 생각해 보자. 이 값은 바로 테이블의 색인 값이 된다. 즉 테이블은 항상 0부터 시작하기 때문에 20이란 테이블에 들어 있는 사운드파일의 데이터에서 21번째의 샘플을 읽어 오는 것이다. 그리고 오디오 샘플들은 20개씩마다 항상 같은 값을 가지게 된다. 그러면 문제는 이렇게 20개씩마다 값이 바뀐다면 제대로 소리를 재샘플할 수 있을까 하는 의문을 가질 수 있을 것이다. 예를 들어 0, 20, 40, 80,…… 등과 같이 드문드문 데이터를 읽어 온다면 결과는 조금 엉성할 수 있다. 이 문제는 바로 테이블아이(tablei)가 자체적으로 해결해 준다. 즉 테이블아이는 확장된 보간법을 사용하기 때문에 예를 들어 '0 0 0 0 0 0 0 8'이라는 데이터가 있다면 이 데이터가 테이블아이로 들어가면 테이블아이는 확장된 보간법을 사용해서 '0 1 2 3 4 5 6 7 8'과 같이 색인들을 매끄럽게 다듬어 주기 때문이다. 이는 0에서 1가지의 소수점을 가지는 색인들 경우도 마찬가지다. 이를 쉽게 증명할 수 있는 방법은 현재 악기의 테이블아이를 테이블(table)로 바꾸어서 실행해 보면 그 소리의 다름을 바로 알 수 있다. 왜냐하면 테이블 옵코드는 테이블아이와는 달리 색인이 있는 그대로의 값을 읽어 오기 때문이다. 그 결과는 예상대로 소리가 매끄럽지 않을 것이다.

그러면 이제 스코어를 잠시 들여다보자. 먼저 함수테이블 1번의 'f01 0 131072 1 "aaa − .wav" 0 0 0' 행을 보자. 스코어에서 사용하는 사운드파일인 'aaa − .wav'의 샘플 크기 또는 샘플의 수는 정확히 81,958개이다. 그러나 이 값은 2의 제곱수가 아니므로 사용할 수가 없으며 대신 이보다 큰 수로서 바로 위의 2의 제곱수인 2의 17제곱(2^17)의 수 131,072가 함수테이블 1번의 테이블 크기로 사용되었다. 그 다음 양수 젠 1번을 사용하여 샘플의 값을 0에서 1까지로 재조정하도록 하였기 때문에 악기에서 최종 출력 때에 다시 0에서 32,767까지의 진폭 값으로 바꾸어 주고 있다.

마지막으로 한 가지 주목할 점은 첫 i문을 보면 'i1 0 2 20000 9.09 8.09 44100'로서 모두 p7까지 있지만 그 다음 음표들은 그렇지 않다는 점이다. 이와 같이 같은 악기가 연속될 경우에는 다음 음표에서 끝 쪽에 있는 p항목들은 입력을 하지 않더라도 자동으로 다음의 모든 음표들에 이어진다는 점을 기억하자. 그리고 이 행에서 p6인 8.09와 p7의 44,100은 각각 사운드파일이 가지고 있는 소리의 피치와 샘플 비율이다.

(5) 사운드파일에 이펙트 추가

이 장에서는 입력된 사운드파일의 시그널에 이펙트를 적용해 본다. 반사음을 위해서는 리벌브를 그리고 에코효과를 위해서는 딜레이를 사용한다. 특히 딜레이는 평면적인 소리에 입체감을 줄 수 있기 때문에 보다 실제적인 느낌을 줄 수 있다. 전체적인 내용은 옵코드 로실을 사용하여 간단한 샘플러를 만들고 연주 시 샘플러에서 소리가 출력되는 동시에 이 시그널의 일부는 전역 변수를 통해 리벌브 악기로 보내져 잔향이 추가되고 이렇게 리벌브된 시그널은 딜레이로 보내져서 에코 효과음이 가산된 후 악기 1번의 소리와 함께 출력된다. 따라서 두 개의 악기가 동시에 출력이 되는 셈이다. 다음의 악기 내용을 살펴보자.

〈표 376〉 입력 사운드파일의 시그널에 이펙트 적용

```
〈CsoundSynthesizer〉
〈CsInstruments〉
sr        =        44100
kr        =        4410
ksmps     =        10
nchnls    =        2

gareverb  init     0
gaecho    init     0

          instr    1
kamp      linseg   0,        .01,       1,        p3 - .2,   .7,      .1,      0
a1        loscil   kamp,     cpspch(p4), 1,       440
          outs     a1,       a1
          gareverb = a1 * .1                      :.1 - 패스하는 시그널의 비율
          endin

          instr 98
arevsig   reverb   gareverb, p4  ; = = 리벌브
gaecho    =        arevsig
gareverb  = 0                                     :각 k - 값마다 이변수의 값을 비운다.
          endin
```

```
          instr 99                    ; = = 에코
iechoamp  =  .8                                   ;딜레이(에코)의 세기
iechotime =  .7                                   ;딜레이 되는 시간


adelay              delayr              iechotime   ;시그널을 읽어 들임(read)
aecho    =          gaecho + (adelay * iechoamp)   ;원래의 시그널에 딜레이 시그널을 보탬
delayw              aecho                          ;보태어진 시그널을 씀(write)
k        oscil      100.       .1.        2
k        =          abs(k)
k2       =          100  -  k
outs     aecho*k/100.          aecho*k2/100
gaecho   =          0
          endin

</CsInstruments>
```

〈표 377〉 입력 사운드파일의 시그널에 이펙트 적용 악기를 위한 스코어

```
<CsScore>
f1    0      0       -1      "aaa - .wav"          0        0        0
f2    0      8192    10      1

i98   0      10      2       ;p3 - 리벌브 적용 시간, p4 - 리벌브 시간
i99   0      10
i1    0      1       8.00
i1    1      1       8.02
i1    2      .7      8.04
i1    3      .5      8.05
i1    4      .5      8.07
i1    5      .5      9.00
i1    6      1       7.07
e
</CsScore>
</CsoundSynthesizer>
```

먼저 3개의 악기에서 공유할 2개의 전역 변수가 선언된다. 변수 gareverb와 gaecho는 악기 바깥에 있으므로 전역 변수다. 어느 악기든 이들을 불러서 사용할 수 있다. 값을 바꿀 수도 있으며 얻을 수도 있다. 악기 1번 샘플러 악기에서 재샘플한 소리를 DAC로 출력하면서 동시에 'gareverb = a1 * .1' 행에서 소리의 1/10인 0.1을 gareverb로 내보낸다. 그 다음 이 시그널은 악기 99번 리벌브 악기가 받아서 p4 값에 따라 리벌브의 정도가 계산된다. 이렇게 리벌브가 가산된 시그널은 다시 'gaecho = arevsig'와 같이 전역 변수 gaecho로 전달된다. 어떤 사람들은 'gaecho = gaecho + arevsig'로 사용하기도 한다. 계산되기 전의 gaecho는 항상

값 0을 가지고 있기 때문에 이 둘 다 결과는 같다. 다른 점은 'gaecho = arevsig'를 사용한다면 맨 앞에서의 전역 변수의 선언이 사실상 필요가 없다. 그러나 두 번째의 경우를 사용한다면 반드시 사용하기 전에 변수의 선언이 필요하다는 점이 다르다. 어느 쪽이 좋은가는 말할 수 없지만 비록 전역 변수의 선언이 필요 없는 경우에도 눈에 잘 띄는 맨 앞에서 선언해 두는 것은 결코 아무런 낭비도 아니며 나쁠 것이 없다.

악기 99번의 마지막 행에서 'gareverb = 0'은 없어도 무방하다. 이는 단지 이 값을 다 사용했다는 것을 표시해 두는 것이다. 만약 다른 악기에서도 이 값을 받아야 한다면 값을 0으로 해 두면 안 될 것이다. 이는 일종의 표시다. 이렇게 해 두면 예를 들어 이 값이 여러 군데를 돌아다닐 경우에 최종의 도달점을 찾으려고 한다면 이 값에 0을 둔 악기를 찾으면 되기 때문이다.

마지막 악기 99번 딜레이 악기를 살펴보자. 이 악기에 사용된 딜레이는 2개의 옵코드가 한 쌍이 되어서 작동한다. 먼저 delayr에서 딜레이될 시간에 맞추어 오디오 시그널을 준비한다. 그 다음 이 시그널에 리벌브로부터 온 시그널이 더해진 최종의 시그널을 delayw 옵코드가 값을 입력하여 마무리를 한다. 여기서의 delayr(읽기)과 delayw(쓰기)의 용법에 대해 조금 의문이 있으리라 생각된다. 다른 옵코드들과는 달리 대입하고 반환하는 내용이 모호한 것이 사실이다. 그러나 이는 시사운드에서 설정한 포맷이므로 달리 어떻게 할 도리가 없으며 위의 내용과 같이 시사운드에서 제시하는 방법대로 사용할 수밖에 없다.

이제 출력을 하면 되는데 조금 더 변화를 주기 위해서 팬을 설정하는 내용이 뒤따른다. 팬닝을 위해서 옵코드 오실은 사인곡선을 산출하는 젠 10을 이용하고 있으며 진폭 값으로 100을 가지고 있으므로 늘 −100에서 +100을 가지는 시그널을 출력하게 된다. 따라서 양진폭에 있을 때는 0에서 +100의 값을 출력하고 음진폭에 있을 때는 0에서 −100의 값을 출력하게 된다. 그러나 진폭 값을 위해서는 음수 쪽의 값은 필요가 없으므로 절대값을 반환하는 abs 옵코드를 사용해서 모두 0에서 100까지의 값만을 가지도록 한 후 그 다음 두 채널에서 값이 서로 반비례하도록 하기 위해서 한쪽이 커지면 다른 쪽이 작아지도록 또 하나의 변수 k2를 사용한 후 이를 최종 진폭에 곱한 것이다.

스코어에는 특별한 것이 없다. 다만 리벌브와 특히 딜레이 악기에는 실제 소리의 길이보다 훨씬 긴 시간을 주어야만 딜레이/에코 효과를 충분히 낼 수 있을 것이다.

(6) 디스크인(diskin)

옵코드 디스크인은 사운드파일에 관한 한 가장 강력한 사운드파일 조종자다. 과거 테이프 녹음기로 녹음한 소리를 이용한 구체음악 기법의 상당 부분을 이 옵코드 하나로 손쉽게 구현할 수 있다. 예를 들면 속도 변화는 물론 거꾸로 하기 그리고 거꾸로 해서 속도변화 그리고 원하는 횟수만큼의 반복도 할 수 있다. 더 구나 피치는 컨트롤비율 변수를 사용할 수 있어 연주되는 동안 마음대로 피치를 올리거나 내릴 수 있는 장점이 있다.

<표 378> 옵코드 디스크인의 구문

	파일이름	피치	시작시간	반복	파일포맷
ar1 [,ar2, ar3, ar4] **diskin** ifilcod,	kpitch	[, iskiptim]	[, iwraparound]	[, iformat]	

위 구문에서 보는 바와 같이 모노부터 해서 4채널로 된 사운드파일까지 사용할 수 있으며 앞서의 사운드인보다 훨씬 강력한 기능을 가지고 있다. 어떻게 보면 사운드인과 로실의 일부기능 그리고 포르타멘토 기능을 합쳐 놓은 듯하다.

가) 파일 이름

파일 이름은 앞서의 사운드인의 경우와 동일하다. 직접 파일 이름을 인용부호와 함께 입력할 수 있으며 또는 'soundin.번호'의 형태를 사용할 수 있다.

나) 피치

피치는 원래의 피치를 1로 보았을 때의 비율을 입력한다. 따라서 1(1 : 1)은 원래의 피치로 연주하며 2(2 : 1)는 한 옥타브 위의 피치에서 연주하며 3(3 : 1)은 12도 위에서 연주한다. 아래로 내려갈 경우는 0.5(1 : 2)는 한 옥타브 아래에서 0.25(1 : 4)는 2옥타브 아래에서 그리고 0.333(1 : 3)은 12도 아래에서 연주된다. 소리를 거꾸로 할 때는 이 양의 수들을 음수로 바꾸면 된다. 즉 −1은 거꾸로 원래의 피치를, −2는 거꾸로 한 옥타브 위에서, 마찬가지로 −0.5는 거꾸로 한 옥타브 아래에서 등등이다.

다) 시작 시간

사운드파일의 어느 지점에서 연주를 시작할 것인지를 입력한다. 기본 값은 0으로 처음부터 시작하며 입력 값은 초 단위이다. 따라서 5를 입력하면 5초가 되는 시점에서 연주를 시작한다.

라) 반복

랩어라운드(wraparound)는 둘러싼다는 뜻이며 어라운드(around)도 돌아다닌다는 뜻은 있지만 반복한다는 뜻은 없다. 그러나 프로그래밍에서는 둘러싼다는 뜻은 결국 반복 때문에 행하는 일이므로 이 용어가 사용되었다.

값 1은 반복을 한다는 뜻이며 값 0은 반복을 하지 않는다는 뜻이다.

마) 파일 포맷

사용하는 사운드파일의 포맷을 시사운드의 규칙에 따라 그 값을 입력한다. 기본 값은 0으로 시사운드에서 자체적으로 파일의 머리 부분에서 그 정보를 읽어서 사용한다.

그러나 값을 입력하게 되면 입력 값이 우선이 된다. 예를 들어 실제 포맷은 4번인 16비트지만 특별한 효과를 위해서 32비트인 5번이나 8비트인 1번을 입력할 수도 있다. 그러면 그 결과는 소리가 2배 빨라지거나 느려지는 효과를 얻을 수 있을 것이다.

(7) 피치 비율

위의 옵코드 디스크인 구문의 피치 비율에서 사용할 일부의 값은 간단히 암산으로 나오지 않는 값들이 있다. 다음의 2개의 표는 이를 위해 각 음정의 비율과 옥타브 위/아래로 이동될 때의 값들을 나타낸다. 첫 번째 표는 쉽게 그 비율을 알 수 있게 피타고라스 조율(pythagoras)과 중음률(meantone) 그리고 순정률(just intonation)의 비를 종합해서 간략한 비율로 나타내었다. 두 번째 표는 12음이 똑같은 간격을 가지는 12음 평균율에서의 각 음의 간격을 정수 비율 및 센트값으로 나타낸 것이다.

<표 379> 간단한 정수 비율로 나타낸 각 12음의 간격

	C	C#	D	Eb	E	F	F#	G	Ab	A	Bb	B
1옥타브 위	2 : 1	32 : 15	9 : 4	12 : 5	5 : 2	8 : 3	15 : 7	3 : 1	16 : 5	10 : 3	32 : 9	15 : 4
원래 음	1 : 1	16 : 15	9 : 8	6 : 5	5 : 4	4 : 3	10 : 7	3 : 2	8 : 5	5 : 3	16 : 9	15 : 8
1옥타브 아래	0.5 : 1	8 : 15	9 : 16	3 : 5	5 : 8	2 : 3	5 : 7	3 : 4	4 : 5	2.5 : 3	8 : 9	15 : 16

<표 380> 12음 평균율에서의 각 12음의 간격

음정	12음 평균율	정수 비율	센트
동음(C)	$2^{\frac{0}{12}} = 1$	1.000000	0
단 2도(C#)	$2^{\frac{1}{12}} = \sqrt[12]{2}$	1.059463	100
장 2도(D)	$2^{\frac{2}{12}} = \sqrt[6]{2}$	1.122462	200
단 3도(Eb)	$2^{\frac{3}{12}} = \sqrt[4]{2}$	1.189207	300
장 3도(E)	$2^{\frac{4}{12}} = \sqrt[3]{2}$	1.259921	400
완전 4도(F)	$2^{\frac{5}{12}} = \sqrt[12]{32}$	1.334840	500
감 5도(F#)	$2^{\frac{6}{12}} = \sqrt{2}$	1.414214	600
완전 5도(G)	$2^{\frac{7}{12}} = \sqrt[12]{128}$	1.498307	700
단 6도(G#)	$2^{\frac{8}{12}} = \sqrt[3]{4}$	1.587401	800
장 6도(A)	$2^{\frac{9}{12}} = \sqrt[4]{8}$	1.681793	900
단 7도(Bb)	$2^{\frac{10}{12}} = \sqrt[6]{32}$	1.781797	1,000
장 7도(B)	$2^{\frac{11}{12}} = \sqrt[12]{2048}$	1.887749	1,100
옥타브(C)	$2^{\frac{12}{12}} = 2$	2.000000	1,200

첫 번째 표에서 완전 5도는 '1.5 : 1'(3:2)로 되어 있지만 12음 평균율에서는 '1.498307 : 1'로 나타난다. 따라서 정확한 피치가 요구된다면 아래의 표를 이용하는 것이 바람직하다. 예를 들어 원래의 피치를 한 옥타브와 반음이 높은 피치로 바꾸려고 한다면 피치 값에 2.059463을 입력하면 된다.

문제는 원래의 피치보다 내려갈 경우가 된다. 위로 올라갈 경우는 한 옥타브마다 배수로 올라가면 되지만 예를 들면 1, 2, 4, 8, 16으로 되지만 반대로 한 옥타브씩 아래로 내려갈 경우는 1, 0.5, 0.25, 0.125, 0.0625로 되기 때문에 간단히 생각해서는 해결되지 않는다.

먼저 원래의 피치보다 온음 또는 2개의 반음만큼 피치가 내려가는 경우를 생각해 보자. 표를 보면 이 비율은 2 : 2에서 2 : 1.781797만큼 떨어지게 된다. 이 비율은 옥타브 내에서의 비율이므로 어떤 높이의 옥타브 대역에서도 이 비율은 똑같이 적용된다. 따라서 1 : 1로 보든 0.5 : 0.5로 보든 그 결과는 동일하다. 현재 표에서는 동음에서 한 옥타브 위의 음까지 제시되어 있으므로 2 : 2를 사용하면 표를 참조할 수 있어 편리하다. 그리고 각 음 사이의 비율은 높은 음 쪽으로 갈수록 조금씩 넓어지므로 정확한 방향에서의 비율을 사용해야 한다.

그러면 1 : 1로 본다면 그 결과는 1 : 0.781797이 된다. 그러나 피치 값에 0.781797을 그대로 입력하면 원했던 피치보다 훨씬 아래로 떨어질 것이다. 그 이유는 한 옥타브 아래로 내려 갈 경우는 1에서 0.5의 간격을 가지기 때문이다. 따라서 1과 0.781797의 간격을 이 비율에 맞추어 2로 나누어서 나온 몫을 1에서 감산해야 할 것이다. 이를 식으로 만들면 원래 피치보다 온음이 떨어지는 경우의 피치 값은 '1 − ((1 − 0.781797)/2)'가 되며 계산의 결과 값은 '0.8908985'가 된다.

그러면 1옥타브와 온음만큼 피치가 내려가는 경우를 생각해 보자. 이 경우는 위의 경우와 또 다르다. 1옥타브 아래까지는 위와 같지만 이보다 더 내려갈 경우의 간격은 0.5에서 0.25간격이 되기 때문이다. 먼저 한 옥타브 내려갈 경우 값은 0.5이다. 이제 온음이 내려가는 값을 계산하면 앞서와 같이 2로 나누는 것이 아니라 0.5에서 0.25로 떨어지기 때문에 4로 나누어야 할 것이다. 그러면 그 식은 '0.5 − ((1 − 0.781797)/4)'가 되며 결과 값은 '0.44544925'가 된다.

이와 같은 계산은 스마일의 스크립트를 이용하면 간단히 산출할 수 있다. 아래의 그림은 스마일에서 위의 계산을 출력하는 내용이다. 결과는 메시지 상자에 출력이 되며 스코어 창에도 출력한다면 숫자를 외움 없이 간단히 복사해서 악기 창에 입력할 수 있다.

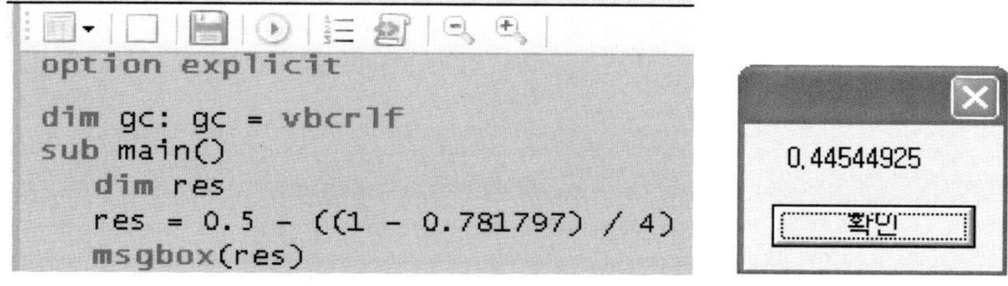

〈그림 234〉 스마일의 스크립트에서 계산 실행과 그 결과를 제시하는 메시지상자

```
option explicit

dim gc: gc = vbcrlf
sub main()
    dim res
    res = 0.5 - ((1 - 0.781797) / 4)
    msgbox(res)
    sco.text = ";" & res & gc & sco.text
```

```
;0.44544925

<CsScore>
f1      0       8192        10      1    ;
```

〈그림 235〉 스크립트의 계산 결과를 스코어 창에 출력

(8) 간단한 디스크인 악기

이 악기에서는 앞서의 피치 계산이 정확한지를 테스트하는 악기를 만들었다. 이를 위해서 먼저 옵코드 오실로 가온도(8.00)를 1초간 소리를 내는 악기를 만든 후 파일 이름을 '가온도'로 한 다음 스마일의 '사운드파일 만들기/중지' 아이콘 버튼을 클릭해서 사운드파일을 만든다. 그 다음 아래와 같이 2개의 악기를 만든 다음 각각 설명문 부호를 붙여 피치를 들어 본다. 또한 동시에 두 악기를 소리 내서 간섭현상이 일어나는지를 들어 보면 이들 두 피치가 정확히 일치하는지를 귀로 확인할 수 있을 것이다.

옵코드 디스크인에는 여러 가지 옵션들이 있지만 아래의 경우는 옵션 항목의 기본 값들 외에 특별한 값이 필요 없으므로 모두 옵션 항목의 기본 값들을 사용한다.

<표 381> 피치 비율에 따라 원래의 사운드파일의 피치를 변경한 후 그 결과를 검토하는 악기

```
〈CsoundSynthesizer〉
〈CsInstruments〉
sr          =          44100
kr          =          4410
ksmps       =          10
nchnls      =          2

            instr  1              ;파일 이름        피치
adisk1, adisk2      diskin      "가온도.wav",  0.44544925     ;원래 피치보다 1옥타브＋1온음 아래
outs        adisk1,         adisk2
            endin

            instr  2      ;＝＝＝피치를 비교할 악기
asig        oscil       p4,          cpspch(p5), 1
outs        asig,          asig
            endin
〈/CsInstruments〉
```

<표 382> 피치 비율에 따라 원래의 사운드파일의 피치를 변경한 후 그 결과를 검토하는 악기의
스코어

```
〈CsScore〉
f1          0          8192        10          1

i1          0          1                          ;사운드파일
i2          0          1           15000      6.10  ;가온도보다 1옥타브＋1온음 아래의 음
e
〈/CsScore〉
〈/CsoundSynthesizer〉
```

(9) 피치 추적 및 측정 악기

사운드파일을 이용하다 보면 종종 현재 악기의 피치에 대한 의문이 생길 때가
있다. 이와 같은 경우 시사운드의 피치(pitch) 옵코드를 활용하면 간단히 사운드
파일의 피치를 알아 낼 수 있다. 또한 더 세부적으로 사운드파일을 조사하려면
푸리에 분석을 이용하는 앞 장에서 소개된 시사운드 유틸리티의 페이즈 보코딩
분석(PVOC)을 이용할 수 있다. 그러나 그 결과가 너무 방대해서 간단한 피치 측
정은 피치 옵코드를 사용하는 편이 유리할 것이다.

또한 피치 옵코드는 단지 피치를 조사하는 목적에만 사용하는 것이 아니다. 사
운드파일이든 또는 악기 내부에서 만든 오디오 시그널이든 이들 시그널에서 변
화하는 피치의 움직임만을 그대로 뽑아내어 새로운 데이터로 활용할 수 있다.

가) 피치 옵코드 구문

하나의 옵코드지만 옵션 항목이 아주 많다. 그러나 대부분의 경우에 있어 주어진 기본 값을 그대로 사용하면 된다. 필수적인 항목으로는 조사 또는 추적할 대상의 시그널과 조사 간격, 조사할 주파수 대역 그리고 조사할 시그널의 최소 진폭 값이 있다.

〈표 383〉 옵코드 피치 구문

			;시그널	조사간격	최소대역	최대대역	조사진폭	옥타브세분화	옥타브도약
koct, kamp	**pitch**	asig,	iupdte,	ilo,		ihi,	idbthresh	[, ifrqs]	[, iconf] ₩
	시작 피치	배음 제거	필터 길이	배음 수			진폭감소지점	초기화	
	[, istrt]	[, iocts]	[, iq]	[, inptls]			[, irolloff]	[, iskip]	

① 시그널

피치를 조사할 시그널을 입력한다.

② 조사 간격

초 단위로 피치를 조사하는 간격을 입력한다. 예를 들면 0.1초마다 조사한다면 0.1을 입력한다.

③ 조사 대역

조사할 주파수 최소/최대 대역을 옥타브 · 정수로 입력한다. 예를 들면 7.75 ~ 8.5(피치 클래스에서의 범위는 7.09(A) ~ 8.06(F#))

④ 조사 진폭

데시벨 값으로 입력하며 조사할 진폭 값에서 벗어나는 낮은 진폭 값을 입력한다. 그리고 옥타브마다 이 값의 6데시벨 아래까지 검토된다. 조사할 소리에는 여러 종류의 배음들이 섞여 있을 수가 있다. 이 경우 미약한 소리를 검토 대상에서 제외하려고 한다면 이 값을 높이면 낮은 진폭을 가진 진동수들은 제외된다. 따라서 90데시벨과 같은 지나치게 큰 값을 사용하면 분석할 진동수가 없어 아무런 결과도 나오지 않을 것이다. 반대로 값 0을 넣게 되면 조금이라도 진폭 값을 가진 모든 진동수들은 조사대상에 포함된다.

⑤ 옥타브 세분화(옵션)

보다 정확한 피치 추적을 위해서 시사운드는 분석할 시그널이 어떤 조율 체계로 되어 있는지를 묻고 이를 참조한다. 기본 값은 12이며 이는 평균율에서의 옥타브를 12개로 나눈 12개의 반음으로 된 구조라는 것을 의미한다. 만약 이보다 더 세분화된 피치 구조로 되어 있다면 그 세분화의 값을 입력한다. 최댓값은 옥타브를 120개로 나눈 구조를 위한 120이다.

⑥ 옥타브 도약(옵션)

옥타브 도약이 일어나는 경우 최대 옥타브의 수를 입력한다. 기본 값은 10으로서 충분한 값이다.

⑦ 시작 피치(옵션)

추적을 개시할 때 어떤 피치에서 시작할 것인지를 입력한다. 기본 값은 앞서 입력한 조사 대역의 중간지점으로 (ilo + ihi)/2의 값이다. 특별히 예측하고 있는 값이 있다면 입력한다.

⑧ 배음 제거(옵션)

분석을 할 때 특정 주파수를 제거하기 위해 샘플 비율은 그대로 둔 채 옥타브 위로 진동수를 올리기도 한다. 이렇게 해서 샘플 비율의 절반을 초과하는 배음들을 제거할 수가 있다. 이때 사용할 최대 옥타브 이동 값을 입력한다. 기본 값은 6이다.

⑨ 필터 길이(옵션)

분석에서 필터들이 사용하는 샘플의 길이를 입력한다. 기본 값은 10이다. 이 값은 제대로 분석이 안 될 때 값을 조정해서 사용해 보기 바란다.

⑩ 배음 수(옵션)

분석에서 비교할 때 사용할 배음들의 수를 입력한다. 기본 값은 4이며 이 값이 아주 클 때는 산출속도가 느려진다.

⑪ 진폭 감소 지점(옵션)

이 값은 앞서의 조사 진폭 항목과 관련 있는 항목이다. 옥타브당 필터들이 분석을 중단하는 진폭점을 소수점으로 입력한다. 기본 값은 0.6이다. 작은 값일수록 옥타브마다 더 작은 진폭 값까지 추적한다.

⑫ 진폭 감소 지점(옵션)

0이 아닌 값을 입력할 경우 초기화는 생략된다. 이는 피치 옵코드가 실행될 때마다 초기화를 할지의 내용인데 현재 피치 옵코드의 항목들은 전부 단일 변수를 사용하고 있기 때문에 이 항목은 다른 옵코드와 같이 의례적으로 따라붙은 항목이다.

나) 피치 추적/조사 악기

다음의 악기는 사운드파일의 시그널을 읽어 들인 후 피치 옵코드를 사용해서 진동수를 출력하며 동시에 시그널이 가지고 있는 피치를 새로운 악기의 피치로 활용하는 악기이다. 만약 진동수 대신 실제 음이름을 알고자 한다면 아래 예의 'cpsoct(koct)' 대신에 피치 클래스 값을 출력하는 'pchoct'를 사용하면 된다.

만약 시그널이 흥미 있는 피치 변화를 가지고 있다면 이 피치를 이용하는 악기도 똑같이 흉내를 내기 때문에 음악적으로도 의미가 있다. 또한 그대로의 모방을 피하고자 한다면 앞서의 샘플러 악기의 예와 같이 if 문과 kgoto를 사용해서 어떤 피치(진동수)들은 건너뛰게 하면 될 것이다.

〈표 384〉 피치 추적/조사 악기

```
〈CsoundSynthesizer〉
〈CsInstruments〉
sr  =  44100
kr  =  44100
ksmps  =  1
nchnls  =  2


            instr  1
iupdte  =  .1        ;피치측정주기, 0.1초마다
ilo  =  7            ;범위, 최저 측정피치(oct 값으로), 8 - 〉가온도
ihi  =  9            ;범위, 최고 측정피치
idbthresh  =  0      ;최저 진폭
ifrqs  =  120        ;옥타브의 세분화, 최대 120
iconf  =  1          ;최대 옥타브 도약, 10은 10옥타브까지
istrt  =  8.0        ;측정을 위한 시작 피치, 기본 값은(ilo + ihi)/2


asig1, asig2  soundin  "가온도.wav"
```

```
koct, kamp pitch asig1, iupdte, ilo, ihi, idbthresh, ifrqs, iconf, istrt

kamp2 = kamp * 10
kcps = cpsoct(koct)  ;옥타브 값을 진동수로 변환
printk2 kcps                        ;윈도우에 진동수들을 출력

            ;샘플의 피치를 그대로 이용해서 뜯는 소리를 출력
a1 pluck kamp2, kcps, 318,        0,                    1
        outs a1, a1
        endin

</CsInstruments>
```

〈표 385〉 피치 추적/조사 악기를 위한 스코어

```
<CsScore>
f1  0  4096  10  1

i1  0  3
e
</CsScore>
</CsoundSynthesizer>
```

다) 옵코드 플락(pluck) 구문

바로 앞의 피치 추적/조사 악기에서 처음 나온 옵코드 플락(pluck)은 칼-플러스 스트롱 알고리즘에 바탕을 둔 자연스러운 디케이를 가지는 현을 뜯는 소리 및 드럼 소리를 만들어 주는 옵코드이다. 줄을 퉁기는 날카로운 소리나 드럼 소리를 원한다면 한번 시도해 볼 만한 옵코드이다.

단지 하나의 시그널만을 만들지 말고 여러 개의 시그널을 만들어 가산합성 해야만 현실감 있는 소리가 만들어진다. 예를 들면 5개의 소리를 만든다면 4개는 상위 배음들로서 기본음보다 진폭을 점차 약하게 해서 보탠다거나 또는 코러스를 만들어 주는 등의 추가적인 내용들이 필요하다.

〈표 386〉 피치 추적/조사 악기를 위한 스코어

		;진폭	진동수	버퍼진동수	Fn	모드	모드 옵션	모드 옵션
ares	pluck	kamp,	kcps,	icps,	ifn,	imeth	[, iparm1]	[, iparm2]

① 진폭, 진동수, 버퍼진동수

첫 번째와 두 번째는 진폭 값과 진동수 값이며 세 번째 항목이 조금 특별하다. 이 항목은 디케이 부분을 원활히 해 주기 위해서 내부적으로 사용되는 오디오 시그널의 버퍼를 위한 진동수 값이다. 이 값은 가능하면 두 번째 항목과 동일한 진동수를 가지는 경우에 최상의 결과를 예측하지만 어떤 값이든 사용할 수 있다.

② 함수테이블

네 번째 항목은 사용할 함수테이블 번호를 입력하는데 가능하면 0번을 넣어 옵코드 내부에서 자체적으로 사용하도록 하는 편이 성공적이다. 이 함수테이블은 세 번째 항목의 버퍼 시그널에 사용되며 값 0을 사용하면 내부에서 생성하는 임의의 연속적인 값들이 이용된다. 만약 0번 외에 함수테이블을 시도하고자 한다면 가능하면 불규칙적이며 날카로운 파형을 가진 테이블로 시도해야 효과적이다.

③ 모드

모두 6개의 모드를 사용할 수 있다.

* 모드 1: 간단한 매끄러운 과정을 적용하며 다음의 2개의 모드옵션 항목들에 아무런 영향을 받지 않는다.

* 모드 2: 매끄럽게 하는 시간이 모드 옵션 1의 계수에 따라 늘어난다. 모드 옵션 1에는 값 1을 사용해야 한다.

* 모드 3: 간단한 드럼 소리 모드이며 거친 소리의 계수는 모드 옵션 1의 값에 따라 조정된다. 그 범위는 0~1까지다. 값 0과 1은 줄을 뜯는 효과를 주며 그 외 값들은 조금씩 다른 드럼 소리를 낸다.

* 모드 4: 모드 옵션 1과 2를 다 사용하여 거침과 시간 연장 둘 다 적용된다. 모드 옵션 2에는 값 1을 사용해야 한다.

* 모드 5: 모드 1과 같이 현재 샘플을 가중하는 옵션 1과 바로 전의 샘플을 가중하는 옵션 2를 가중 평균한다. 옵션 1과 옵션 2는 합한 값이 1이거나 또는 1보다 작은 값이 되어야만 한다.

* 모드 6: 계수 0.5와 함께 첫 번째 순서의 재순환 필터가 사용되며 모드 옵션 항목들의 값과는 무관하다.

(10) 디스크인 악기 2

앞서 정확한 피치를 사용하는 간단한 디스크인 악기를 만들어 보았다. 여기서는 임의적인 피치의 움직임을 적용하는 악기를 만들어 본다. 사용하는 소리의 샘플이 짧은 경우는 긴 시간 동안 계속 소리를 내기 위해서 디스크인의 반복을 사용한다. 다음의 악기는 처음 원래의 소리를 내며 그 다음 소리는 낮은 음에서 시작해서 고음역으로 올라가고 그 다음 마지막 세 번째 소리는 두 번째 소리가 끝난 음높이에서 다시 두 번째 음이 시작했던 낮은 음으로 되돌아오는 내용이다.

이 소리들의 진폭 인벨로프를 위해 사용된 옵코드는 envlpx로서 지수곡선 함수 expseg에서의 제한된 디케이 부분을 보다 유연성 있게 만든 옵코드이다. 이 옵코드는 곧이어 자세히 설명된다. 이 악기에서 주목할 점은 이전보다 p필드 항목이 많아졌다는 점이다. 현재까지 이해를 돕기 위해 가능하면 적은 수의 p필드를 사용해 왔지만 각 소리마다 차별을 두기 위해서는 p필드 항목이 많아질 수밖에 없다. 경우에 따라서는 15번 이상도 종종 사용된다. 이와 같은 경우 스코어에 설명문을 이용해서 각 항목 위에 p 번호를 붙여 둔다면 항목의 번호를 인식하기가 쉬워질 것이다. 또한 오케스트라에서도 각 항목마다 간단한 설명을 붙여 두면 나중에 그 내용을 이해하기가 쉬울 것이다. 경험을 통해서 볼 때 코드를 만들 때는 이 정도는 설명문을 안 붙여도 나중에 이해하는 데에 아무런 문제가 없을 것이라 생각하지만 실제 시간이 조금 흐른 뒤에 다시 보면 한참을 다시 생각해야 할 경우가 종종 있으므로 가능하면 무엇이든 설명문을 붙이는 것이 좋다.

<표 387> 디스크인 2 악기

```
CsoundSynthesizer>
<CsInstruments>
sr = 44100
kr = 4410
ksmps = 10
nchnls = 2

; - - - 디스크인을 이용하는 피치 변경 악기
         instr 1
;p4      =          진폭
;p5      =          적용 피치 모드
;p6      =          사운드파일
;p7      =          시작 피치
;p8      =          끝 피치
;p9      =          반복모드
```

```
if  p5  = =  3 goto  tohighpitch        ;만약 p5가 3이면 tohighpitch 레이블로
if  p5  = =  2 goto  tolowpitch          ;만약 p5가 2이면 tolowpitch 레이블로

kacc      =         p5                    ;위 두 경우가 아니면 kacc에는 p5값이 대입
goto      output                          ;그리고 output 레이블로

tohighpitch:                              ;tohighpitch 레이블
kacc      expseg    p7,       p3,       p8
goto      output

tolowpitch:                               ;tolowpitch 레이블
kacc      expseg    p8,       p3,       p7
goto      output

output:
                    ;진폭,  상승 시간,  길이,  하강 시간,  상승Fn  감소계수,  감소계수 [, ixmod]
kamp      envlpx    p4,   .001,    p3,   p3*.1,    3,      1.1,    .01
                    ;사운드파일  피치   [시작 시간] [반복] [포맷]
adisk     diskin    p6,       kacc,     0,        p9
outs      adisk*kamp, adisk*kamp
          endin

</CsInstruments>
```

〈표 388〉 디스크인 2 악기 스코어

```
<CsScore>
f2   0   257   7   0      256  1        ;선적 상승
f3   0   257   5   .01    256  1        ;지수적 상승

t    0   60
          ;p4  p5  p6         p7  p8  p9
i1   0   2   .7   1    "aaa-.wav"  0    0   0
i1   2   5   1    3    "aaa-.wav"  .3   4   1
i1   7   5   .7   2    "aaa-.wav"  .3   4   1
e

</CsScore>
</CsoundSynthesizer>
```

앞서 샘플러 악기를 만들 때 컨트롤 시그널을 실시간에 제어하기 위해 if와 then 문을 사용하였지만 여기서는 if와 goto를 사용하였다.

이어지는 2개의 표 중에서 첫 번째 표는 위 악기 내용에서 if와 goto 문만을 옮겨 온 것이다. 그리고 그 다음은 이 내용을 if와 then 문으로 변환한 것이다. 시각적으로 봐도 if와 then 문이 간결하다. 이 정도는 그래도 if와 goto 문으로 해결할 수 있다 하지만 한 단계만 더 if 문이 중첩된다면 if와 goto 문으로는 해결

이 힘들다. 따라서 시사운드에서 if와 then 문이 지원되므로 가능하면 이를 사용하는 것이 좋다. 그 다음 꼭 코드의 길이를 줄이고 싶다면 한 번쯤 goto 문을 사용하는 것이 권장된다.

〈표 389〉 디스크인 2 악기의 if 문과 goto 문 블록

```
if p5  = = 3 goto tohighpitch
if p5  = = 2 goto tolowpitch
kacc        =          p5
goto        output
tohighpitch:
kacc        expseg     p7,        p3,        p8
goto        output
tolowpitch:
kacc        expseg     p8,        p3,        p7
goto        output
output:
```

〈표 390〉 디스크인 2 악기의 if 문과 then 문 변환

```
if p5  = = 3 then
    kacc  expseg    p7,        p3,        p8
elseif p5  = = 2 then
    kacc  expseg    p8,        p3,        p7
else
    kacc  = p5
end if
```

먼저 스코어의 첫 번째 음표를 보면 'i1 0 2 .7 1 "aaa－.wav" 0 0 0'에서 p5는 1이므로 위의 'if p5＝＝3'와 'if p5＝＝2'에 해당되지 않으므로 그 다음의 'kacc＝p5' 행이 수행되어 kacc는 항상 값 1을 갖게 된다. 이 값 1은 디스크인의 피치 항목에 적용되어 원래의 피치를 그대로 연주하게 된다. 그리고 그 다음 'goto output' 행에 의해 output 레이블로 가서 오디오 시그널을 출력하게 된다. 스코어의 두 번째 음표는 p5값이 3이므로 'if p5＝＝3'의 내용이 사실(true)이므로 tohighpitch 레이블로 가서 'kacc expseg p7, p3, p8' 행을 실행하게 된다. 스코어의 세 번째 음표의 경우는 이에 해당되지 않으므로 건너뛰어 그 다음의 'if p5＝＝2'에 적용된다. 그러면 위 악기를 통해 처음 소개되는 envlpx 옵코드에 대해서 알아보자.

(11) 옵코드 envlpx

옵코드 envlpx는 진폭 인벨로프를 위해 종종 애용된다. 이전의 장에서 또 기타 악기들에서 자주 등장하는 지수곡선을 이용하는 expseg로 대신할 수는 있지만 envlpx는 어택 부분을 위해 사용자가 직접 함수테이블을 통해 마음대로 만들 수 있다는 점이 다르다. 또한 envlpx는 3개의 단편으로 이루어져 있어 간결하면서도 각 단편의 모양을 세부적으로 제어할 수 있는 이점이 있다.

envlpx의 첫 번째 단편은 어택 부분으로서 함수테이블을 이용하여 지수곡선뿐만 아니라 어떠한 모양도 이용할 수 있다. 그리고 중간 부분이 되는 서스테인 부분은 서스테인 감소계수를 통해서 그 모양을 제어할 수 있다. 옵코드 envlpx는 보기보다는 조금 복잡한 내용을 담고 있기 때문이며 한번 자세히 들여다볼 필요가 있다. 무엇보다도 진폭 인벨로프는 모든 소리에서 빠져서는 안 될 중요한 요소이기 때문에 한 가지의 익숙한 인벨로프를 계속 사용하기보다는 소리에 따라 적절한 진폭 인벨로프를 가하는 것은 다른 무엇보다도 중요하다고 할 수 있다.

가) envlpx 구문

<표 391> 옵코드 envlpx 구문

		;진폭,	상승 시간,	길이,	하강 시간,	상승Fn	s감소계수,	d감소계수 [, ixmod]
a/kres	**envlpx**	kamp,	irise,	idur,	idec,	ifn,	iatss,	iatdec [, ixmod]

① 상승 시간(어택)
어택이 진행되는 시간을 입력한다. 짧을수록 수직에 가까운 어택이 만들어진다.

② 길이
전체 음표/소리 길이를 입력한다.

③ 하강(디케이)
디케이가 진행되는 시간을 입력한다.

④ 상승 시 사용 함수테이블
어택이 진행될 때 사용할 함수테이블 번호를 입력한다.

⑤ 서스테인 감소계수

이 값은 전체 소리 길이에서 어택과 디케이 길이를 뺀 중간 부분이 끝나는 지점의 값을 변경하는 계수이다. 이 값이 1보다 크면 지수적으로 상승하는, 즉 끝부분이 상승하는 모양이 되며 1보다 작은 값은 중간 부분이 지수적으로 하강하는 모양을 가지게 된다. 값 1은 어택 부분의 끝나는 값이 계속 이어지게 하여 중간 부분인 서스테인 부분이 수평선을 유지하게 한다.

⑥ 디케이 감소계수

가장 무난한 값은 0.01이며 이 값이 클수록 디케이가 늦어져 소리가 잘리는 클릭소리도 증가하게 된다.

⑦ 모드

이 값은 −0.9~＋0.9의 값을 사용할 수 있으며 지수곡선의 탄도 계수의 조정에 사용된다. 0보다 큰 값은 천천히 상승 및 하강하는 지수곡선의 모양을 만들며 반대로 0보다 작은 값은 재빨리 상승 및 하강하는 모양을 만들게 된다.

<표 392> 옵코드 exvlpx 사용 악기

```
<CsoundSynthesizer>
<CsInstruments>
sr      = 44100
kr      = 441
ksmps   = 100
nchnls  = 1

    instr 1
idur    = p3
if1     = p6
irise   = p7
idec    = p8
ifn     = p9
iatss   = p10
iatdec  = p11
                    :a시간   길이    d시간   Fn    s감소    d감소
a2      envlpx   p4, irise,   idur,   idec,   ifn,   iatss,   iatdec
a1      oscili   a2, p5,   1
out     a1
    endin
</CsInstruments>
```

〈표 393〉 옵코드 exvlpx 사용 악기의 스코어

```
〈CsScore〉
f1  0   512   10   1                    ;사인파
f2  0   513   5    .00195  512  1  ;지수곡선 인벨로프

                                  ;a시간  d시간 fn  s감소    d감소
i1  0   1    8000  440  1    .001  .3   2   .01     .001
i1  +   .    .     .    .    .01   .    .   .05     .01
i1  +   .    .     .    .    .05   .    .   .1      .05
i1  +   .    .     .    .    .1    .    .   .5      .1
i1  +   .    .     .    .    .5    .    .   1       .5
i1  +   .    .     .    .    1     .    .   2       1
e
〈/CsScore〉
〈/CsoundSynthesizer〉
```

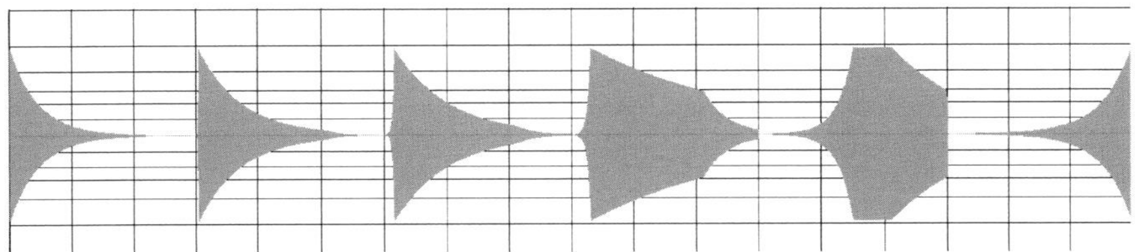

〈그림 236〉 위 스코어에 의한 진폭 적용의 실제 모습(1번에서 6번 음표까지)

　위의 실제 시그널에서 나타나는 모습들은 확실한 진폭 적용의 결과를 제시하고 있다. 어택 시간이 짧을수록 수직에 가까운 모습을 보이고 있으며 음표 4번에서야 비로소 서스테인 부분이 나타나며 이때 서스테인 감소비율 또는 계수는 0.5이다. 즉 진폭의 중간쯤에서 약간 상승하는 모습을 보이면서 디케이가 시작된다. 그 다음 음표 5번은 서스테인 감소비율 1로 되어 있다. 따라서 서스테인 부분은 최대 진폭선을 따라 수평선을 그린다. 그러나 디케이 감소비율이 커서 디케이가 끝나기도 전에 소리가 잘리고 있다. 마지막 음표는 디케이 감소는 물론 서스테인 부분이 적용되기 전에 소리가 끝나고 있다. 이 마지막 두 음표의 경우는 클릭 노이즈를 산출하는 경우가 많아 의도적이 아니라면 음악적인 소리라 할 수는 없다.

22

풀틱(FLTK) 

풀틱은 오픈지엘(OpenGL, Open Graphics Library)의 인터페이스를 가지고 있으며 원래 3D 그래픽 프로그래밍을 위해 개발된 툴이다. 풀틱(FLTK, Fast, Light Toolkit)은 소리 낼 때 'fulltick'으로 발음한다.

현재 약 70여 개나 되는 풀틱 옵코드가 개발되있는데 이를 모두 열거하는 것은 별로 도움이 되지 않을 것이다. 사실 몇 가지의 사용방법만을 이해하고 나면 다른 풀틱 옵코드들을 다루는 데에 있어 별 어려움이 없을 것으로 생각된다.

먼저 이들 옵코드들은 소리와는 무관하다. 오디오 시그널을 산출하는 것은 지금까지 언급된 옵코드들 그리고 그 외의 많은 옵코드들이 담당하며 풀틱 옵코드들은 단지 사용자를 위한 그래픽 인터페이스를 만드는 기능만을 담당한다. 예를 들면 윈도우는 어떻게 만들며 그리고 그 크기는 어떻게 설정하는가에 대해서 또 색깔은 어떤 색으로 설정하며 윈도우에서 사용할 버튼이나 슬라이더바 등은 어떻게 만들고 어떻게 제어하는지에 대해서 그리고 이들이 오디오 시그널을 산출하는 옵코드와는 어떤 방법으로 연결되는지 등이 풀틱 옵코드들에 관한 내용이 된다.

풀틱을 위한 좋은 예를 위해 레인 맥커디가 만든 싱크그레인의 예를 사용한다. 싱크그레인 예제는 2개의 윈도와 버튼, 레이블, 슬라이더, 카운트버튼, 텍스트상자 등이 사용된다.

가. 윈도

풀틱에서 윈도는 FLpanel(에프엘 패널)이라 부르며 간단히 '패널'이라 하며 이 윈도는 풀틱에서 이용되는 버튼, 슬라이더, 레이블, 텍스트 상자 등등의 모든 컨트롤들을 담는 큰 상자 같은 역할을 한다. 따라서 FLpanel은 다른 컨트롤과는 달리 반환하는 값이 없다는 것이 특징이다. 즉 옵코드 이름 앞에 아무런 항목이 없다. 아래 표의 풀틱의 윈도에 관한 구문을 보자.

FLpanel	;윈도이름 "label", 닫기버튼표시 [, iclose]	넓이 iwidth,	높이 iheight	수평위치 [, ix]	수직위치 [, iy]	테두리 [, iborder]	키보드갈무리 [, ikbdcapture]

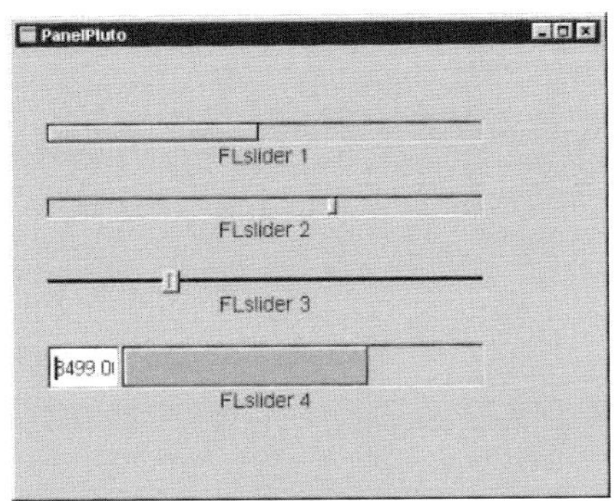

〈그림 237〉 4종류의 슬라이더 및 윈도 이름을
가진 풀틱 윈도

윈도 이름은 표시하고자 한다면 인용부호 안에 원하는 이름을 넣으면 된다. 풀
틱에서의 단위는 항상 픽셀을 사용하므로 윈도의 넓이와 높이는 모니터의 해상
도 단위와 일치한다. 최근 모니터의 기본 해상도는 1024*768이다. 과거에는
800*600도 사용되었지만 이제는 이와 같은 낮은 비율은 더 이상 찾아보기 힘들
다. 1024*768의 해상도라면 모니터에 가로로 1,024개의 점이 사용되고 세로로는
768개의 점이 사용된다.

수평위치와 수직위치는 윈도의 왼쪽 위 모서리의 위치를 가리킨다. 만약 이 수
평/수직 위치 값이 모두 0으로 되어 있다면 이 윈도의 왼쪽 위 모서리는 컴퓨터
스크린의 왼쪽 위의 모서리와 일치하게 된다. 윈도의 테두리는 테두리가 없는 0
번부터 시작해서 튀어나오는 가는 선을 가진 7번까지 모두 8가지 종류를 사용할
수 있다. 이 외관에 대해서는 말로써의 설명보다는 간단히 값을 넣어서 실제 모
양을 한 번 보는 것이 가장 좋은 방법이다.

키보드 갈무리(keyboard capture) 항목은 사용자가 키보드의 키를 누르면 윈도
는 키보드의 키 값을 받을 수 있으며 이 값들을 반환할 수 있다. 기본 값은 키보
드 값을 받지 않는 0으로 되어 있으며 값을 받아서 이용하려 한다면 값 1을 입

력하면 된다. 반환하는 값은 눌러진 키의 아스키 값이다. 아스키코드는 이 책의 부록으로 실려 있다. 마지막 항목은 닫기 버튼을 표시하는가에 대한 선택 값이다. 이는 보통 윈도환경에서 윈도의 오른쪽 위쪽 모서리에 나타나는 x표로 된 닫기 버튼을 말한다. 만약 표시하지 않는다면 사용자가 이 윈도를 닫을 방법이 없기 때문에 내부적으로 처리해야 할 것이다.

아래의 예에서는 2개의 윈도가 사용되었다. 왼쪽 윈도에서 실제 소리를 담당하는 기능들을 담고 있으며 오른쪽의 윈도는 단지 설명을 위한 텍스트 상자들로 채워져 있다.

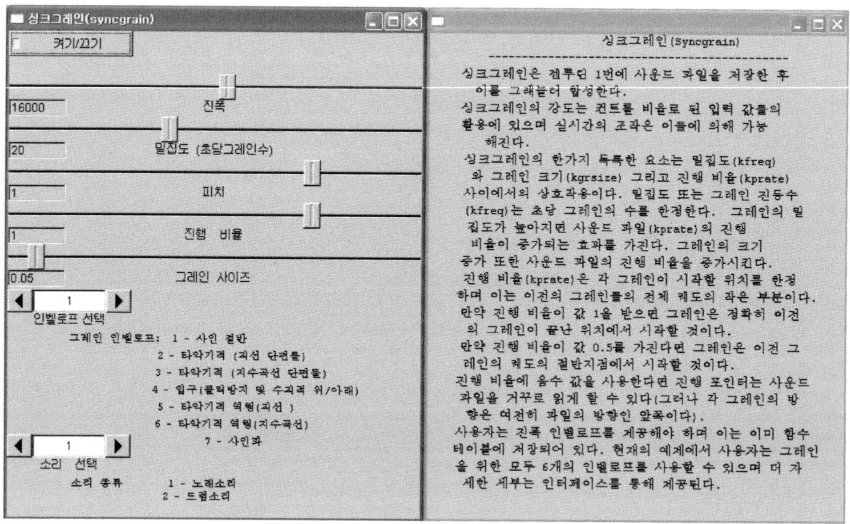

〈그림 238〉 싱크그레인 악기의 FLTK 윈도우들

〈표 395〉 싱크그레인 FLTK 악기

```
〈CsoundSynthesizer〉
〈CsInstruments〉
sr        =        44100
kr        =        441
ksmps     =        100
nchnls    =        2


;================= 윈도 ===============================
;        윈도 이름            | 넓이 | 높이 |  화면 X위치 |   화면 Y위치
FLpanel  "싱크그레인(syncgrain)",   500,   570,   0          0        ;FLTK 컨테이너
```

```
; = = = = = = =버튼                    |출력될 값 |버튼|          0/-1      p1        p2      p3
;출력 값    핸들    옵코드      레이블      온 |오피|종류|넓이 |높이|X |Y|사용자[악기 번호|시작 시간|길이]
gkOnOff, ihOnOff FLbutton  "켜기/끄기",  1,   -1, 2, 150,  30, 0, 0,  0,   2,        0,         -1


; = = = = = = =값상자
;핸들                            레이블   넓이   높이    x    y
idamp                 FLvalue    " ",    70,   20,   0,  80
idfreq                FLvalue    " ",    70,   20,   0, 130
idpitch               FLvalue    " ",    70,   20,   0, 180
idprate               FLvalue    " ",    70,   20,   0, 230
idgrsize              FLvalue    " ",    70,   20,   0, 280


; = = = = = = =스크롤바 출력 값 최소~최댓값                    (0/-1) (1-8)
;출력 값      핸들             레이블    최솟값 |최댓값|선/지수|모양| 출력 핸들| 넓이 |높이| X | Y
gkamp,   ihamp   FLslider   "진폭",    0,  30000, 0,   5,  idamp,   500, 30, 0, 50
gkfreq,  ihfreq  FLslider   "밀집도",   1,    50,  0,   5,  idfreq,  500, 30, 0, 100
gkpitch, ihpitch FLslider   "피치",    -2,    2,  0,   5,  idpitch, 500, 30, 0, 150
gkprate, ihprate FLslider   "진행비율",  -2,    2,  0,   5,  idprate, 500, 30, 0, 200
gkgrsize, ihgrsize FLslider "그레인 크기", .001,  1,  0,   5,  idgrsize, 500, 30, 0, 250


; = = = = = = =수치버튼
;출력 값      핸들     레이블                 최소|최대|증가1|증가2|모양| 넓이 | 높이| x | y | 사용자
gkfun2,  ihfun2 FLcount  "인벨로프선택",  1,  7,  1,  100, 2,  150, 27, 0, 303, -1
gkfun1,  ihfun1 FLcount  "소리  선택",   1,  2,  1,  100, 2,  150, 27, 0, 473, -1

; = = = = = = =텍스트 상자                             종류|폰트| 크기 | 넓이|높이| X | Y
ih    FLbox "그레인 인벨로프: 1 - 사인 절반        ", 1,  5,  12,  500, 20, 0, 350
ih    FLbox "            2 - 타악기적 (직선) ", 1,  5,  12,  500, 20, 0, 370
ih    FLbox "            3 - 타악기적 (지수) ", 1,  5,  12,  500, 20, 0, 390
ih    FLbox "            4 - 입구           ", 1,  5,  12,  500, 20, 0, 410
ih    FLbox "            5 - 타악기역행(직선 )", 1,  5,  12,  500, 20, 0, 430
ih    FLbox "            6 - 타악기역행(지수) ", 1,  5,  12,  500, 20, 0, 450
ih    FLbox "            7 - 사인파         ", 1,  5,  12,  300, 20, 150,470


ih    FLbox "소리 종류      1 - 노랫소리       ", 1,  5,  12,  500, 20, 0, 520
ih    FLbox "            2 - 드럼 소리        ", 1,  5,  12,  500, 20, 0, 535
; = = = = = = =각 컨트롤 핸들로 기본 값을 설정하는 옵코드 FLsetVal_i
FLsetVal_i 16000,  ihamp     ;진폭
FLsetVal_i 20,     ihfreq    ;밀집도
FLsetVal_i 1,      ihpitch   ;피치
FLsetVal_i 1,      ihprate   ;진행 비율
FLsetVal_i .05,    ihgrsize  ;그레인 크기
FLsetVal_i 1,      ihfun2    ;인벨로프 선택
FLsetVal_i 1,      ihfun1    ;소리 선택


      FLpanel_end          ;FLTK 컨테이너의 끝


; = = = = = =설명문윈도= = = = = = = = = = = = = = = = = = = = = = = = = = = = = = =
FLpanel  " ", 500, 570, 512, 0
; = = = = = =텍스트 상자들                           종류|폰트| 크기|넓이 |높이|X|Y
```

```
ih    FLbox   "              싱크그레인(Syncgrain)           ".           1,  5,   14,  490, 15, 5,  0
ih    FLbox   "--------------------",           1,  5,   14,  490, 15, 5,  20
ih    FLbox   "싱크그레인은 젠 루틴 1번에 사운드파일을 저장한 후 ",  1,  5,   14,  490, 15, 5,  40
ih    FLbox   "이를 그래뉼러 합성한다.                        ",  1,  5,   14,  490, 15, 5,  60
ih    FLbox   "싱크그레인의 강도는 컨트롤 비율로 된 입력 값들의 ",  1,  5,   14,  490, 15, 5,  80
ih    FLbox   "활용에 있으며 실시간의 조작은 이들에 의해 가능    ",  1,  5,   14,  490, 15, 5,  100
ih    FLbox   "해진다.                                   ",  1,  5,   14,  490, 15, 5,  120
ih    FLbox   "싱크그레인의 한 가지 독특한 요소는 밀집도(kfreq) ",  1,  5,   14,  490, 15, 5,  140
ih    FLbox   "와 그레인 크기(kgrsize) 그리고 진행 비율(kprate)",  1,  5,   14,  490, 15, 5,  160
ih    FLbox   "사이에서의 상호작용이다. 밀집도 또는 그레인 진동수 ",  1,  5,   14,  490, 15, 5,  180
ih    FLbox   "(kfreq)는 초낭 그레인의 수를 한성한다.   그레인의 ",  1,  5,   14,  490, 15, 5,  200
ih    FLbox   "밀집가 높아지면 사운드파일(kprate)의 진행        ",  1,  5,   14,  490, 15, 5,  220
ih    FLbox   " 비율이 증가되는 효과를 가진다. 그레인의 크기      ",  1,  5,   14,  490, 15, 5,  240
ih    FLbox   "증가 또한 사운드파일의 진행 비율을 증가시킨다.  ",  1,  5,   14,  490, 15, 5,  260
ih    FLbox   "진행 비율(kprate)은 각 그레인이 시작할 위치를     ",  1,  5,   14,  490, 15, 5,  280
ih    FLbox   "한정하며 이는 이전의 그레인들의 전체 궤도의 작은  ",  1,  5,   14,  490, 15, 5,  300
ih    FLbox   "부분이다. 만약 진행 비율이 값 1을 받으면 그레인은 ",  1,  5,   14,  490, 15, 5,  320
ih    FLbox   "정확히 이전의 그레인이 끝난 위치에서 시작할 것이다.",  1,  5,   14,  490, 15, 5,  340
ih    FLbox   "만약 진행 비율이 값 0.5를 가진다면 그레인은 이전 그",  1,  5,   14,  490, 15, 5,  360
ih    FLbox   "레인의 궤도의 절반지점에서 시작할 것이다.       ",  1,  5,   14,  490, 15, 5,  380
ih    FLbox   "진행 비율에 음수 값을 사용한다면 진행 포인터는 사운",  1,  5,   14,  490, 15, 5,  400
ih    FLbox   "드파일을 거꾸로 읽게 할 수 있다(그러나 각 그레인의 ",  1,  5,   14,  490, 15, 5,  420
ih    FLbox   "방향은 여전히 파일의 방향인 앞쪽이다).            ",  1,  5,   14,  490, 15, 5,  440
ih    FLbox   "사용자는 진폭 인벨로프를 제공해야 하며 이는 이미 ",  1,  5,   14,  490, 15, 5,  460
ih    FLbox   "함수테이블에 저장되어 있다. 현재의 예제에서 사용",  1,  5,   14,  490, 15, 5,  480
ih    FLbox          "자는 그레인을 위한 모두 6개의 인벨로프를 사용할 수",  1,  5,   14,  490, 15, 5,  500
ih    FLbox   "있으며 더 자세한 세부는 인터페이스를 통해 제공된다.",  1,  5,   14,  490, 15, 5,  520
ih    FLbox   "                                        ",  1,  5,   14,  510, 15, 5,  540


        FLpanel_end
        FLrun       ;==지금까지의 모든 FLTK 실행
;==============================================FLTK 디지인의 끝


;======악기 시작
        instr       1
                    ;인벨로프   소리 선택
kSwitch  changed    gkfun2, gkfun1

            ;스위치 | 최소 시간 | 최대 음표 수 | 악기 번호 | 새 악기 시작 시간 | 이벤트길이, 음수: 무한대
schedkwhen  kSwitch,  0,      0,          2,        0,            -1
        endin


        instr       2
if      gkOnOff! = -1   goto  CONTINUE   ;버튼이 OFF가 아니면 CONTINUE로 감
        turnoff                         ;위 값이 OFF면 현재 악기를 끔
CONTINUE:
iolaps     =   100   ;가능한 오버랩 수


                    ;진폭   산출 수   피치   크기   포인터 간격   fn1   fn2   최대 겹치는 수
```

```
asig    syncgrain    gkamp, gkfreq, gkpitch, gkgrsize, gkprate, i(gkfun1), i(gkfun2)+99, iolaps
outs    asig, asig
        endin
</CsInstruments>
```

<표 396> 싱크그레인 FLTK 악기의 스코어

```
<CsScore>
                                                      ;포맷 채널
f  1      0     262144     1     "AndItsAll.wav"    0    4    1
f  2      0     524288     1     "808loop.wav"      0    4    1

;그레인 진폭 인벨로프들
f100  0  131072  9   .5    1        0              ;사인 곡선의 절반
f101  0  131072  7   0        3072   1   128000   0    ;타악기적 - 직선들
f102  0  131072  5   .001  3072   1   128000   .001  ;타악기적 - 지수곡선들
f103  0  131072  7    0  1536   1 128000    1  1536  0  ;입구 - 수직적
f104  0  131072  7   0      128000  1  3072      0    ;타악기적 역행 - 직선들
f105  0  131072  5   .001 128000  1  3072      .001  ;타악기적 역행 - 지수적
f106  0  4096   10  1                             ;사인파

i1    0  3600                                     ;연주 시간 1 시간
</CsScore>
</CsoundSynthesizer>
```

나. 버튼(FLbutton)

　버튼은 간단하지만 가장 빈번히 사용되는 컨트롤이다. 아래 버튼의 구문을 살펴보자. 먼저 FLbutton은 컨트롤 주기마다 온(on, 켬)과 오프(off, 끔) 값을 출력한다. 즉 'kr=4,410'이라면 현재의 버튼이 가지고 있는 온 또는 오프 값이 초당 4,410번 출력되는 것이다. 만약 현재 켜져 있으면 사용자가 다시 버튼을 눌러 끌 때까지는 계속 온 값이 초당 4,410번 출력된다.

　그 다음 항목은 'ihandle'인데 이 '핸들'이란 버튼이 속해 있는 컴퓨터 메모리 속에서의 위치를 가리키는 포인터다. 하나의 버튼이 스크린에서 보이기 위해서는 여러 가지 값들이 요구된다. 예를 들면 버튼의 색깔이 어떤 색인지 또한 아래의 구문처럼 크기 및 위치에 관한 값들은 물론 감추어져 있는 상당한 데이터가 버튼에 사용된다. 이 버튼과 같은 수많은 컨트롤들이 메모리 속에 있을 때에 이들

각각을 구분하고 불러서 사용할 수 있도록 하기 위해서 각각의 개체에 번호가 붙여지는데 이것이 바로 핸들이다.(즉 컨트롤들이 저장되어 있는 메모리의 주소다) 따라서 FLbutton이 실행되면 FLbutton은 자신의 핸들을 ihandle로 넘기게 되고 이 핸들을 통해 컨트롤들 사이에서 서로 값을 전달하고 받을 수 있게 된다. 위의 예에서는 버튼의 핸들이 사용되는 경우는 없지만 예들 들어 사용자가 마우스를 클릭하지 않고도 내부적으로 이 버튼의 핸들에 온과 오프 값을 보내 자동으로 켜고 끌 수가 있는 것이다. 이와 같은 방법은 시간흐름에 의한 값으로 제어할 수도 있으며 if 문을 이용하여 상황에 따라 제어할 수도 있다. 이 핸들을 이용하여 값을 주고받는 내용은 곧 슬라이더 설명에서 논의된다.

〈표 397〉 풀틱의 버튼 **FLbutton** 구문

```
;출력 값 핸들              레이블      온  오프  모양      넓이      높이    X   Y
kout,  ihandle  FLbutton   "label",      ion,  ioff,  itype,   iwidth,  iheight,  ix,  iy,
       사용자  [악기번호 p1, 시작시간 p2, 길이 p3 ] [ 필요하다면 원하는 만큼의 p필드 항목 추가]
       iopcode  [, kp1]      [, kp2]    [, kp3]    [, kp4]   [, kp5]   [....]   [, kpN]
```

레이블은 앞서의 윈도에서와 같이 버튼에 붙이고자 하는 이름이다. 현재 예에서는 '켜기/끄기'로 되어 있다. 아래의 표는 예에서 사용된 버튼의 내용이다. 온과 오프 항목에는 각각 1과 −1이 들어 있다. 이 값은 사용자 나름대로 설정할 수 있다. 위의 예에서는 버튼을 클릭해서 온이 되었을 경우에는 값 1이 그리고 오프가 되었을 경우는 값 −1이 각각 gkOnOff로 출력하도록 하였다. 만약 온과 오프의 값으로 각각 1과 0을 사용하고자 한다면 사용하고자 하는 값을 입력하면 된다.

버튼의 종류는 4가지(1~4번)가 있으며 이 4개의 값에 각각 20을 보태어 (21~24번) 또다른 3가지를 사용할 수 있어 총 7가지의 버튼 종류를 이용할 수 있다. 여기서 23번과 24번의 모양은 똑같기 때문에 3가지와 7가지라 언급하였다. 추가로 레이블 이름에 특별한 심벌을 입력하는 경우에는 아래의 그림과 같은 또다른 25가지의 버튼 모양을 사용할 수 있다.

〈표 398〉 예제에서 사용된 **FLbutton**의 내용

```
;출력 값     핸들 옵코드       레이블     온 |오프|모양|넓이 |높이|X |Y|옵코드[악기 번호|시작 시간|길이]
gkOnOff, ihOnOff FLbutton  "켜기/끄기", 1,  − 1, 2, 150,  30, 0, 0,   0,       2,      0,     − 1
```

만약 버튼의 레이블 항목에 다음과 같이 '@ - >' 입력하면 아래와 같은 버튼이 만들어진다.

〈그림 239〉 '@ - >'
심벌을 사용한 버튼

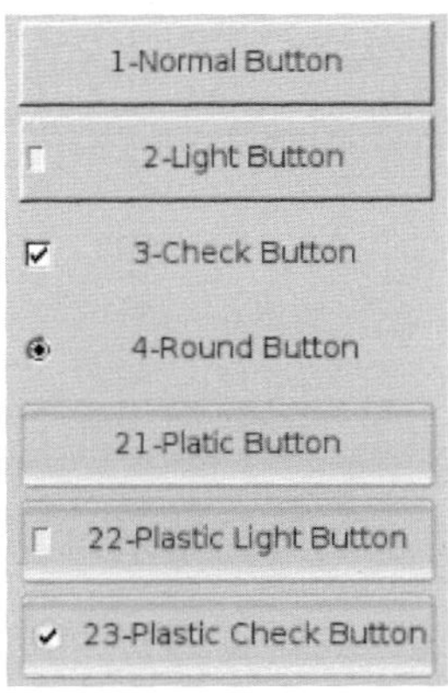

〈그림 240〉 7가지 버튼들

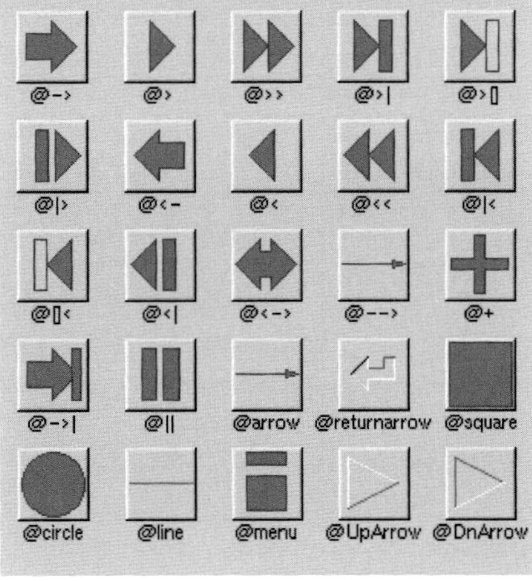

〈그림 241〉 또다른 25가지 버튼들

그 다음 옵코드 항목은 스코어의 옵코드 중에서 사용할 옵코드를 입력한다. 스코어에서 현재 사용할 수 있는 옵코드는 i문밖에 없으므로 값으로 0을 넣게 되면 음표문을 사용하는 것으로 된다. 만약 이 버튼을 사용하지 않도록 하고자 한다면 값 −1을 넣으면 클릭을 해도 아무런 반응을 하지 않게 된다. 이 때문에 코드의 설명문에서 '사용자 모드'라는 의미를 담은 내용을 줄여 '사용자'라고도 하였다. 결국 기본 기능은 한 가지밖에 없으므로 원래의 의도보다는 오히려 버튼을 사용 가능하게 할 것인지 아니면 사용 불가능하게 할 것인지의 내용이 더 부각된다.

이 사용자 항목 다음의 항목들은 스코어의 i문과 일치한다. 이 항목들은 각각 p1, p2, p3 등등으로 원하는 만큼 사용할 수 있다. 그러나 버튼의 기능은 제한되어 있어 비록 FLbutton을 만들 때 원하는 만큼의 많은 항목을 사용할 수 있도록 했지만 버튼에서 사용할 만한 값들은 위의 예처럼 3개의 항목 정도다.

p1은 악기 번호를 입력한다. 위 예에서는 2가 입력되어 있어 악기 2번으로 연결이 이루어진다. 이 p1에 의한 악기 번호와의 연결은 버튼을 클릭할 때 처음 1번만 이루어진다. 그 이후의 출력 값들은 전역 변수를 통해 계속 전달된다. 따라서 이 p1 항목에 반드시 사용할 악기 번호를 입력해야 한다. 위 예에서는 악기 2번으로 연결이 되어야 하기 때문에 값 2가 적용되었는데 만약 이 값에 악기 1번을 의미하는 값 1을 입력할 경우에는 버튼을 눌러도 아무런 반응이 없을 것이다.

p2 항목에는 켜진 후 출력이 시작될 시간을 입력한다. 예를 들어 버튼을 클릭한 후 2초 후에 출력되게 한다면 2를 입력한다. 위 예에서는 클릭하면 바로 연주가 되도록 값 0을 사용하였다. 마지막 p3 항목은 i문에서와 같이 얼마나 오랫동안 값을 출력할 것인가를 입력한다. 위의 예에서는 무한대로 설정하기 위해 값 −1이 사용되었다. 그러나 5초만 연주한다면 5를 입력하면 된다. 이와 같이 옵코드(사용자모드) 항목 다음의 항목들은 스코어의 i문에서 사용하는 p필드의 내용과 동일하다.

다. 슬라이더(FLslider)

슬라이더는 연속해서 값을 입력하기 위해 사용된다. 이 방법은 키보드를 이용하는 방법보다 좀 더 편리하게 값을 입력할 수 있으며 또한 시각적으로 현재 값의 위치를 최소/최댓값과 비교해 볼 수 있어 널리 애용되는 컨트롤 중의 하나다. 아래의 그림은 3가지의 수평 슬라이더들의 모양인데 슬라이더는 모두 4가지의 수평 모양과 4가지의 수직 모양으로 된 총 8가지(1~8번) 종류가 있다.

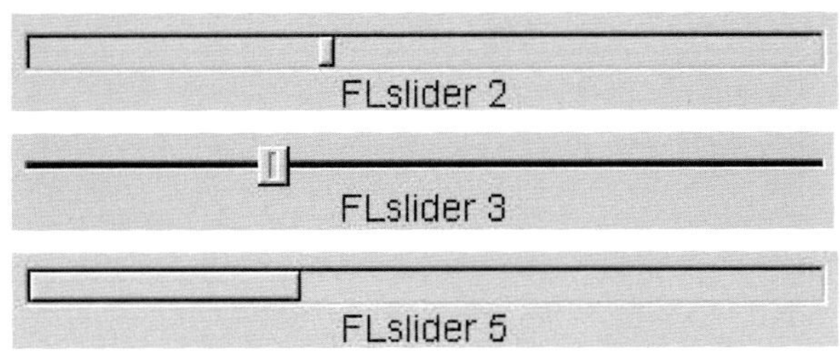

〈그림 242〉 3가지 수평 슬라이더 컨트롤들

그러면 슬라이더의 구문을 살펴보자. 아래의 구문을 보면 앞서의 버튼 구문과 유사함을 알 수 있다. 이처럼 대부분의 컨트롤들은 상당한 공통점을 가지므로 몇 가지의 컨트롤들의 기능만 이해하면 비록 처음 대하는 색다른 항목들이 있는 컨트롤이라 할지라도 쉽게 이해할 수 있을 것이다.

슬라이더의 출력 값과 핸들 그리고 레이블은 버튼의 내용과 동일하다. 대신 새로운 항목으로는 슬라이더의 시작과 끝을 위한 최소/최댓값이 요구된다. 그 다음의 '지수' 항목은 상당히 독특한 내용으로 0과 −1의 2가지 값을 사용할 수 있다. 0은 상식대로 순차적으로 값이 증감하며 값 −1은 지수적으로 값이 증감하게 된다. 따라서 값 −1을 사용하게 되면 출력 값이 처음에는 조금씩 증가하다가 후반으로 움직일수록 점점 큰 폭으로 값이 증가하게 된다.

종류는 앞서 설명되었으며 출력 핸들은 어떤 컨트롤로 출력 값을 보낼 것인지 보낼 컨트롤의 핸들 값을 입력하면 된다. 그러나 실제 상황에서는 예제에서와 같이 핸들 값들은 모두 i로 시작하는 단일 변수 속에 저장되어 있으므로 직접 숫자를 입력할 필요는 없다. 이후의 항목들은 각각 슬라이더의 크기와 나타날 위치를 입력한다.

<표 399> 풀틱 슬라이더 구문

```
;출력값    핸들   옵코드   레이블 최소|최댓값 | 지수 | 모양 | 출력핸들 | 넓이    |높이
kout,   ihandle FLslider "label", imin, imax,  iexp,  itype,    idisp,   iwidth,  iheight,
        | x | y |
        ix,   iy
```

다음의 표는 예제에서 슬라이더에서 출력 값을 다른 컨트롤로 보내는 부분이
다. 출력핸들은 idamp로서 아직 설명되지 않은 FLvalue의 핸들이다. 현재 아래의
표의 내용은 최소/최댓값으로 0에서 30,000까지의 값을 가진 슬라이더를 마우스
로 움직이면 현재의 슬라이더 값이 출력핸들인 idamp로 반환된다.

<표 400> 출력 값을 '값상자'(FLvalue)로 보내는 슬라이더 컨트롤

```
;출력 값    핸들              레이블  최솟값 |최댓값|선/지수|모양| 출력핸들| 넓이 |높이| X | Y
gkamp,   ihamp   FLslider "진폭",   0,   30000, 0,    5,  idamp,   500,  30, 0, 50
```

다음 표는 예제에서 이 값을 받는 FLvalue 컨트롤의 내용이다. FLvalue 컨트롤
은 슬라이더로부터 값이 넘어오면 지체 없이 값상자에 그 값을 제시한다.

<표 401> 슬라이더로부터 값을 받는 '값상자'(FLvalue) 컨트롤

```
;핸들                   레이블  넓이  높이   x    y
idamp           FLvalue  " ",   70,   20,   0,   80
```

라. 값상자(FLvalue)

값상자가 하는 일은 단지 입력받은 값을 화면으로 출력하는 역할만 한다. 아래
그림은 값상자의 모습이다. 상자 안의 내용 16,000은 입력받은 값이며 상자 아래
에는 레이블 항목을 통해서 상자 안의 내용을 설명하고 있다.

〈그림 243〉 값상자

마. 카운트(FLcount)

카운트 컨트롤은 슬라이더 컨트롤과 유사한 구조와 내용으로 되어 있다. 무엇보다도 카운트는 슬라이더보다 공간을 적게 차지하므로 좁은 공간에서 사용하면 효과적이다.

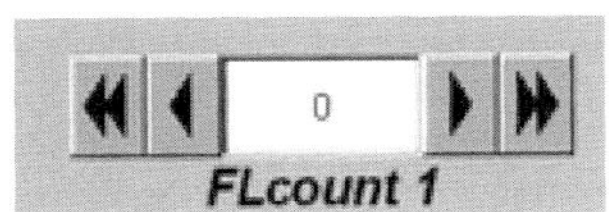

〈그림 244〉 카운트 컨트롤

다음의 카운트 컨트롤 구문을 보면 대체적으로 슬라이더와 유사함을 알 수 있다. 다른 점으로는 증가 값이 2종류가 있으며 후반에는 앞서의 버튼 컨트롤과 같은 내용의 항목들이 있다. 증가 값 1은 작은 값의 단위로 이동할 경우에 그리고 증가 값 2는 큰 값의 단위로 재빨리 이동하기 위해 사용한다. 예를 들어 증가 값 1이 0.2이고 증가 값 2가 5라면 위 그림의 화살표 하나로 된 버튼을 누르면 증가 값 1이 적용되어 0.2만큼씩 증감하게 된다. 그리고 쌍화살표를 누르면 값이 5만큼씩 증감하게 된다. 모양에는 2가지가 있다. 값 1은 위 그림과 같이 양쪽에 2개씩의 화살표가 있게 되며 값 2는 하나의 화살표를 가진 버튼만 사용된다.

〈표 402〉 카운트 컨트롤(FLcount)의 구문

;출력	핸들		레이블	최소	최대	증가값 1	증가값 2	모양	
kout,	ihandle	**FLcount**	"label",	imin,	imax,	istep1,	istep2,	itype,	₩
;넓이	높이	x	y	옵코드	p1	p2	p3	...	pn
iwidth,	iheight,	ix,	iy,	iopcode	[, kp1]	[, kp2]	[, kp3]	[...]	[, kpN]

카운트 컨트롤의 크기와 위치를 지정하는 항목들 후의 내용은 앞서 버튼의 항목들과 동일하다. 옵코드(사용자모드) 항목에는 값 0을 두면 스코어의 i문을 활성화하게 된다. 그 다음 이어지는 항목들은 각 I문의 항목들을 차례대로 입력한다. 이렇게 활성화한 후의 사용법은 매뉴얼에 없다. 비활성화하는 -1을 넣어 사용하면 된다.

바. 기본 값(FLsetVal_i) 컨트롤

아직 파편적이지만 지금까지의 내용을 요약하면 제일 먼저 FLpanel(패널)을 사용해서 적당한 크기의 윈도를 만든다. 그 다음 실시간에 사용될 모든 컨트롤들을 만든 후 필요한 최소/최댓값 등을 지정하고 난 후 윈도 안에 x, y 값을 사용해서 잘 배치한다. 이제 남은 것은 기본 값을 설정하는 것이다. 예를 들면 진폭 값 같은 경우에 값으로 0을 두게 되면 풀틱 실행 후 항상 슬라이더로 적당한 값을 변경한 후에야 소리를 들을 수 있을 것이다. 그러나 반대로 풀틱 악기를 실행하자마자 소리가 나면 안 되는 상황도 있을 것이다. 또한 풀틱 악기를 실행한 후에 제일 먼저 어떤 소리가 나도록 할 것인지에 대한 설정도 필요하다.

이와 같은 경우에 사용자는 풀틱 '기본 값'(FLsetVal_i) 옵코드를 사용해서 풀틱이 초기화되는 과정에서 필요한 모든 값을 한 번 적용할 수가 있다. 이 FLsetVal_i는 지금까지의 시각적인 컨트롤과는 달리 내부적으로만 작용하며 눈으로는 볼 수 없다. 무엇보다도 가장 중요한 사항은 이 기본 값 옵코드는 제일 나중에 적용되어야 한다는 점이다. 만약 아래 표의 부분을 코드의 제일 위쪽에 둔다면 시사운드가 실행될 수 없다. 그 이유는 아직 기본 값을 적용할 컨트롤들이 만들어지지 않았으므로 존재하지 않는 컨트롤에 값을 적용할 수는 없기 때문이다. 이 원칙은 상당히 앞 장에서 옵코드 'init'을 포함한 변수 선언에서와 같이 아직 만들어지지 않는 변수에 값을 넘기려는 경우와 같은 것이다. 그러나 슬라이더를 먼저 만들든 버튼을 먼저 만들든 이들 컨트롤들의 배치 과정에서의 우선순위는 없다.

	;기본 값	각 컨트롤 핸들	
FLsetVal_i	16000,	ihamp	;진폭
FLsetVal_i	20,	ihfreq	;밀집도
FLsetVal_i	1,	ihpitch	;피치
FLsetVal_i	1,	ihprate	;진행 비율
FLsetVal_i	.05,	ihgrsize	;그레인 크기
FLsetVal_i	1,	ihfun2	;인벨로프 선택
FLsetVal_i	1,	ihfun1	;소리 선택

위 표는 예제에서의 기본 값 적용을 하는 부분이다. 표에서 ihamp는 진폭 값을 조정하는 슬라이더의 핸들이며 ihfreq는 초당 그레인 수를 설정하는 슬라이더의 핸들이다. 위 표와 같이 풀틱 기본 값 옵코드 FLsetVal_i를 사용해서 각 컨트롤의 기본 값을 설정해 두면 실행 후 계획했던 순서대로의 실시간 연주를 위한 기초적인 작업은 훨씬 쉬워질 것이다.

사. 글상자(FLbox)

예제를 실행하면 2개의 윈도가 나란히 컴퓨터 화면에 나타난다. 이 2개의 윈도 중 오른쪽의 윈도는 단지 왼쪽의 풀틱 악기를 설명하는 내용으로만 되어 있어 다른 아무런 컨트롤 없이 텍스트만 담는 많은 글상자들로 이루어진다. 풀틱에서의 텍스트 표현은 독특하다. 대부분의 경우에 있어 텍스트를 스크린에 제시하는 방법은 긴 글을 담을 수 있는 텍스트 상자를 이용하는 경우가 보통인데 풀틱에서는 한 줄마다 하나의 글상자를 사용하는 방법을 사용하고 있다. 따라서 표시할 전체 행이 50행이라면 50개의 글상자(FLbox)가 필요한 것이다. 또한 각 상자마다 나타날 위치를 일일이 입력해야 하는 불편함이 있다. 그러나 장점으로는 각 행마다 독특한 배치를 할 수 있다는 이점도 있다.

그러면 다음의 글상자의 구문을 살펴보자. '글상자'는 핸들을 가지고 있지만 이는 형식적인 것으로 다른 컨트롤에서 이 핸들을 통해 값이나 텍스트를 전달할 수는 없다. 글상자에 표시할 내용은 레이블 항목에 입력하며 인용부호를 내용의 앞과 뒤에 붙인다.

모양 항목은 글상자의 외관을 설정하는 항목으로 1번에서 19번까지 총 19가지의 모양을 사용할 수 있다. 그중 1번이 가장 빈번히 사용되는 항목으로 아무런 형태가 없는 투명한 모양의 글상자다. 예제에서도 이 1번 모양이 사용되었다. 기타 모양들은 테두리를 강조하여 입체적인 형태를 주는 형태가 많으며 또한 보통의 사각형 외에 다이아몬드 및 타원형 모양의 글상자도 사용할 수 있다.

<표 404> 글상자(FLbox)의 구문

;핸들		레이블	모양	글자체	글자크기	상자넓이	상자높이	수평위치	수직위치	[그림]
ihandle	**FLbox**	"label",	itype,	ifont,	isize,	iwidth,	iheight,	ix,	iy	[, image]

글자체 항목은 아직 영어만 고려하여 영문에만 맞추어져 있으므로 영문의 경우는 고르게 화면에 나타나지만 한글의 경우는 조금 문제가 있다. 최신 버전 5.11에서는 한글이 전혀 출력되지 않고 깨어져 나온다. 따라서 가능하면 텍스트는 영문으로 입력하기를 권장한다. 영어의 경우는 왼쪽 맞춤이 적용되어 각 줄의 시작부분을 같은 위치로 맞출 수 있어 괜찮지만 한글을 입력하는 경우는 자동으로 가운데 정렬이 되어 각 줄을 정렬하는 데에 한계가 있다.

따라서 각 글상자의 글을 그나마 잘 맞추려고 한다면 제공되는 1번에서 16번까지의 폰트를 한 번 테스트해야 한다. 다음의 그림은 1번에서 16번까지의 글자체를 똑같은 글자 크기로 출력한 내용으로 각 줄의 맨 앞에 번호를 붙여 놓았다. 하지만 그 크기는 가지각색이다. 마지막 16번은 심벌만을 담고 있기 때문에 맨 앞에 번호를 붙였지만 알아볼 수가 없다.

그리고 글상자 자체에서 각 입력된 글의 내용을 이탤릭체로 하거나 굵은 글씨 등으로 조정하는 스타일 변경 기능이 없기 때문에 아예 이들 각 글자 스타일을 글자체에 고정시켜 놓았다. 따라서 굵은 글씨체를 원한다면 굵은 글씨체를 제공하는 번호를 사용해야 하며 이탤릭체를 원한다면 이에 맞는 글씨체를 사용해야 한다. 그 외 별도로 사용자가 스타일을 설정할 수 있는 방법은 없다.

글상자의 마지막 항목은 그림을 화면으로 출력할 수 있는 방법이 옵션으로 포함되어 있지만 이는 아직 불가능하다. 이 항목이 나중에 가능하게 되면 그림파일을 불러들여 윈도에 사용자가 원하는 다양한 스킨을 적용할 수 있게 된다.

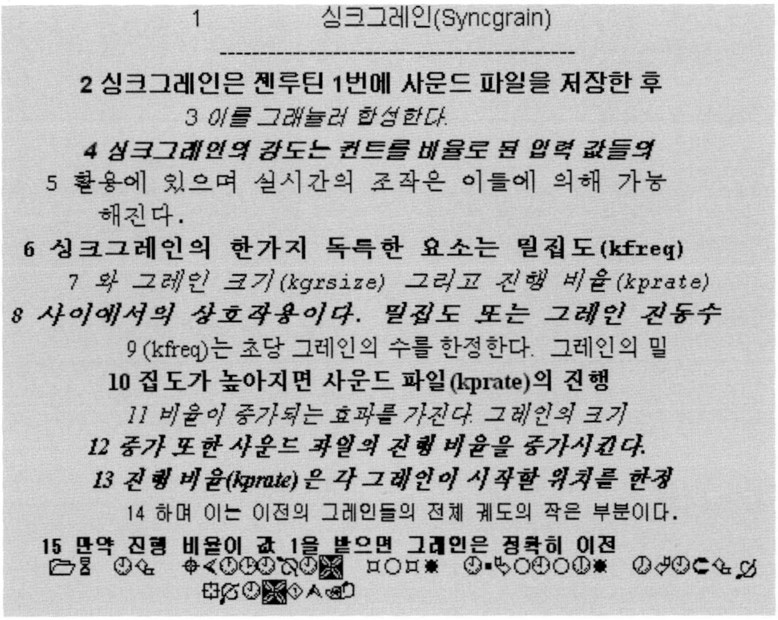

〈그림 245〉 글상자(FLbox)가 지원하는 16가지 글자체들의 모양

아. 풀틱 윈도 끝 태그와 실행

하나의 윈도를 위한 모든 배치와 기본 값 설정이 끝났으면 마지막에는 윈도 끝을 나타내는 태그가 반드시 포함되어야 한다. 이는 지금까지 악기 시작을 알리는 태그와 악기 끝을 알리는 태그를 사용하여 하나의 악기 블록을 설정하는 이치와 동일하다. 이 윈도의 끝을 알리는 태그는 풀틱 윈도 이름인 FLpanel에 End가 붙여진 'FLpanelEnd' 또는 FLpanel_end가 사용된다. 이 두 태그는 글자만 조금 다를 뿐 같은 뜻을 의미한다. 아마 사용자 프로그래밍의 습관에 맞추어 2가지의 태그를 만든 것 같아 보인다. 그러나 대소문자는 반드시 정확히 구별하여 입력해야 한다.

마지막으로 윈도의 끝 태그 다음에는 이 윈도의 실행을 알리는 FLrun이라는 태그가 또한 반드시 첨부되어야 한다. 그렇지 않으면 결코 실행되지 않을 것이다. 이렇게 한 가장 큰 이유는 풀틱 윈도를 만들 경우에 여러 개를 만들 수도 있으며 이와 같은 경우에는 상황에 따라 어느 하나를 실행하지 않게 하는 방법도 필요하기 때문이다. 이는 프로그램을 만드는 과정에서 각 윈도를 테스트하는 경우에 유용하게 이용될 수 있을 것이다.

<표 405> FLTK 윈도의 시작과 끝 태그에 의한 윈도 블록과 실행

```
FLpanel  "싱크그레인",  500,  570,  0  0        ; = = = 윈도 시작

FLpanelEnd                                      ; = = = 윈도 끝 태그
FLrun                                           ; = = = 윈도 실행
```

자. 악기 내용

그러면 이제 완성된 플틱 윈도와 실제 소리를 담당하는 악기들이 실행 시 어떻게 연결되는지 살펴보자. 먼저 예제를 실행하게 되면 아무런 문제가 없다면 플틱 윈도가 화면에 나타날 것이다. 버튼의 핸들을 통해 온과 오프 값을 보내는 명령은 없기에 버튼 자체의 기본 값인 오프 상태에 있어 플틱 윈도는 그냥 아무런 일도 하지 않고 대기 중에 있다.

이제 연주의 시작은 버튼을 클릭함에 의해 시작된다. 바로 아래의 표와 같이 버튼을 클릭하면 버튼이 켜지면서 버튼의 '악기 번호' 항목에 설정되어 있는 악기 2번과 연결이 되고 2번 악기가 실행된다. 그리고 그 길이는 −1로 무한대로 되어 있어 다시 오프(꺼짐) 값이 전달될 때까지 2번 악기는 계속 실행된다. 동시에 '온'(켜짐) 값 1이 전역 컨트롤 변수 gkOnOff에 반환되어 초당 4,410번 2번 악기로 전달된다.

2번 악기가 활성화되었으므로 먼저 첫 번째 행인 'if gkOnOff! = −1'에서 현재 gkOnOff 값이 −1이 아니므로 '1 ! = −1', 즉 1은 −1과 같지 않다는 내용이 사실이므로 if 문과 이어진 'goto CONTINUE'가 실행되어 CONTINUE 레이블로 가게 된다. 여기서 느낌표 '!' 부호는 'not'이라는 뜻이다. 즉 gkOnOff가 −1이 아니라는 조건이 사실이면 CONTINUE 레이블이 있는 위치로 가라는 의미다. 따라서 −1을 악기 2번이 받게 되면 '−1과 −1은 같지 않다.'는 '−1 ! = −1'이라

는 내용은 거짓(false)이 되어 goto로 가지 못하고 그 다음 행인 turnoff 옵코드가 실행되고 2번 악기는 바로 종료되어 버리는 것이다. 이 turnoff 옵코드의 내용은 간단하다. 악기의 어느 행에서건 이 turnoff가 실행되면 그 순간 악기는 종료된다. 따라서 이 옵코드는 지금까지 사용될 이유가 없었다.

〈표 406〉 버튼 컨트롤에 의한 2번 악기 시작

```
;출력 값        핸들   옵코드        레이블     온 |오프|모양|넓이 |높이|X |Y|옵코드[악기 번호|시작 시간|길이]
 gkOnOff, ihOnOff FLbutton   "켜기/끄기"      ,1,  -1,  2,  150, 30, 0, 0, 0,     2,        0,  -1
```

〈표 407〉 풀틱 컨트롤을 이용한 실시간 악기제어 부분

```
            instr        1
                         ;인벨로프   소리 선택
kSwitch     changed    gkfun2, gkfun1

                         ;스위치|최소 시간|악기 수|악기 번호 |새 악기 시작 시간| 이벤트길이, 음수: 무한대
schedkwhen  kSwitch,   0,     0,     2,       0,            -1
            endin

            instr        2
if          gkOnOff! = -1    goto  CONTINUE    ;버튼이 OFF가 아니면 CONTINUE로 감
            turnoff                            ;위 값이 OFF면 현재 악기를 끔
CONTINUE:
iolaps      =   100    ;가능한 오버랩 수

                         ;진폭     산출 수   피치     크기 포인터 간격 fn1       fn2      최대 겹치는 수
asig  syncgrain   gkamp, gkfreq, gkpitch, gkgrsize, gkprate,   i(gkfun1), i(gkfun2)+99, iolaps
outs  asig, asig
            endin
```

그러면 이제 악기 1번의 역할을 살펴보자. 먼저 악기 1번은 아무런 소리를 내지 않으며 f0 문 대신 시사운드를 실행상태로 유지시켜 주는 역할을 한다. 이는 미디파일 연주에서 f0을 사용한 경우와 동일하다. 실제로 스코어의 'i1 0 3600 ; 연주 시간 1시간' 대신에 'f0 3600'과 같이 f0 문을 사용할 수도 있다.

만약 그렇게 한다면 다음의 그림과 같이 별도로 악기 1번을 활성화시키는 버튼을 하나 추가해야 할 것이다. 그리고 실행 후 1번 악기 버튼을 누르면 악기 1번이 활성화되고 2번 악기 버튼을 누르면 전과 같이 똑같이 문제없이 연주가 된다.

〈표 408〉 악기 1번을 활성화하는 버튼을 추가

```
                       ; 레이블              온 오프 종류 넓이 높이 X   Y 사용자 악기 시작 길이
gkOnOff, ihOnOff  FLbutton "2번 악기 켜기/끄기", 1,  −1, 2, 200, 30,  0,   0, 0,   2,  0,  −1
kOnOff,  ihOnOff1 FLbutton "1번 악기 켜기/끄기", 1,  −1, 2, 200, 30, 250, 0, 0,   1,  0,  −1
```

〈그림 246〉 악기 1번을 활성화하는 버튼이 추가된 모습

그 다음 악기 1번이 하는 역할은 노래 소리와 드럼 소리의 2가지 중 하나를 선택하는 역할을 한다. 그리고 6가지의 그레인의 인벨로프 중에서 새로운 선택이 일어나면 1번 악기의 'schedkwhen' 옵코드에서 이에 따라 악기 2번의 현재 음표를 종료하고 새로운 악기 2번의 i문(음표)을 시작하게 하는 것이다.

그러므로 악기 1번은 이 두 번째의 역할 때문에 반드시 있어야만 한다. 즉 1번 악기의 기능을 2번 악기에 옮겨 놓을 수는 있지만 소리나 진폭 인벨로프가 바뀌는 경우 자기 자신을 스스로 꺼 버리면 자기 자신을 다시 시작시킬 방법이 없기 때문이다.

1) schedkwhen과 changed

현재 풀틱 악기에서 turnoff, schedkwhen 그리고 changed 등의 옵코드가 등장하는데 이들 옵코드는 풀틱 없이도 사용될 수가 있다. 그럼에도 이전에 소개되지 않은 이유는 무엇보다 이 옵코드들은 소리와는 전혀 관계가 없는 옵코드이기 때문이다. 그리고 이들은 소리가 나타날 시간이나 종료시점 그리고 음표의 길이를 제한하는 역할을 하기 때문에 일종의 음표를 통제하는, 즉 간단한 작곡을 하는 행위와 같은 결과가 되는 것이다. 그러나 그 과정은 아주 치밀하고 길게 이루어지기는 힘들기에 비교적 간단한 규칙의 적용이나 또는 임의적인 형태로 나타나는 경우가 대부분이다.

(1) changed

옵코드 changed는 컨트롤 시그널을 받아들이며 초기 값으로는 값 0을 가진다. 그리고 받아들이는 시그널에서 값의 변화가 생기게 되면 값 1을 반환하고 다시 0의 값으로 되돌아간다.

〈표 409〉 예에서 옵코드 **changed**가 사용된 부분

;출력 값		입력시그널1	입력시그널2, [....]
kSwitch	**changed**	gkfun2,	gkfun1, [....]

예제에서 옵코드 changed는 2가지 컨트롤 시그널을 받는다. 그러나 이 두 개의 시그널이 동시에 일어나는 경우도 있으므로 그런 경우는 changed를 두 개 사용해서 각각 하나씩 값을 체크해야 안전하다. 예제에서는 사용자가 소리의 변경과 그레인의 진폭 인벨로프를 동시에 바꾸는 일은 결코 할 수 없으므로 동시에 사용될 수 있었다.

위 표의 gkfun2는 그레인의 진폭을 위한 6개의 인벨로프 중 선택된 하나의 값이 그리고 gkfun1은 2개의 사운드파일 중 선택된 하나의 값이 카운트 컨트롤로부터 전달된다. 이 changed는 이전 값과 다를 경우 즉시 값이 변화되었다는 신호로서 값 1을 kSwitch에 반환하게 된다. 그리고 이 값을 받은 kSwitch는 그 다음 행의 schedkwhen 옵코드에서 이 값을 처리하게 된다.

(2) schedkwhen

옵코드 schedkwhen(scheduled k when)은 컨트롤 시그널이 예정되었을 때 처리한다는 의미를 가진다. schedkwhen은 첫 번째 항목인 스위치에 값 1이 들어오면 즉시 '악기 번호'와 일치하는 악기에 새 음표 발생 이벤트를 야기한다. 따라서 현재 소리가 나고 있다면 중단하고 현재 악기 번호를 위한 새 음표(i문)를 만든다. 이때 schedkwhen은 내부적으로 전역 변수를 통해 새 음표를 시작시키기 때문에 사용자가 따로 전역 변수를 사용해서 2번 악기에 알릴 필요가 없다.

두 번째 항목 '최소 시간'은 산출한 음표들 사이의 시간 간격을 말한다. 만약 같은 시간에 일어나는 i문이 여러 개 있을 경우, 즉 화음이 있을 경우 0.5초씩 간

격을 두고 싶다면 값 0.5를 입력한다. 값 0을 두면 모든 음표에 동시에 값이 전달된다.

그 다음의 최대 음표 수는 사용하고자 하는 최대 음표 수를 입력한다. 값 0이나 0보다 작은 음수를 입력하게 되면 제한 없이 사용하는 것을 의미한다. 이 항목은 i문의 수와 일치한다.

악기 번호 항목은 schedkwhen이 처리할 악기 번호를 입력한다. 이는 i문에 붙는 악기 번호인 p필드 1번과 일치한다. 그 다음의 시작 시간과 이벤트길이도 각각 i문의 p2(시작 시간), p3(음표 길이)과 일치하며 마지막의 음표 길이에 −1을 넣게 되면 시작 제한 없이 계속 소리 낼 것을 지시하게 된다. 실제 소리를 담당하는 악기 2번은 새로 발생된 음표 수에 맞추어 즉시 소리를 산출하게 된다.

〈표 410〉 예에서의 **schedkwhen**의 신호처리 부분

		;i	p1	p2	p3
	;스위치	최소 시간	최대 음표 수	악기 번호	새 악기 시작 시간	이벤트길이(음수: 무한대)
schedkwhen	kSwitch,	0,	0,	2,	0,	− 1

2) syncgrain

이전 장의 그래뉼러 합성에서 사용한 싱크그레인의 방법은 스코어에 명시한 피치를 정확히 출력하는 방법이 논의되었으며 그때는 사운드파일 없이 자체적으로 디자인한 파형이 사용되었다. 따라서 이 장처럼 사운드파일을 사용하는 경우와는 상당히 다르다. 그 가장 큰 이유는 이전 장에서는 싱크그레인을 이용해서 정확한 피치를 내는 악기를 만드는 데에 있었으므로 파형의 한 주기가 그대로 그레인 하나를 이루었다. 즉 440hz의 소리를 내려면 그레인이 440개가 만들어졌다. 그러나 사운드파일을 사용하는 경우는 이미 피치나 진폭, 배음성분 등 모든 것은 정해져 있으므로 남은 것은 얼마나 이를 변화시키는가에 있다.

〈표 411〉 싱크그레인에 적용된 기본 값

	;16000	20	1	.05	1	1 − 2	100 − 105	100
	;진폭	산출 수	피치	크기	포인터 간격	fn1	fn2	최대 겹치는 수
asig **syncgrain**	gkamp,	gkfreq,	gkpitch,	gkgrsize,	gkprate,	i(gkfun1),	i(gkfun2) + 99,	iolaps

위 표는 현재 예에서 싱크그레인 부분만 제시한 것이며 그리고 각 항목 위에 악기가 실행될 때 기본으로 적용되는 기본 값들이 각 항목 위에 설명문으로서 표시되어 있다. 위 항목 중에서 사운드파일의 피치의 조정에서 가장 기본적인 요인을 하나 들라면 초당 산출 수(빈도수, 그레인 진동수, 또는 밀집도)다. 그리고 그 다음 그레인의 크기와 피치 그리고 포인터 간격이라 할 수 있다. 먼저 이 산출 수에 대해 한번 생각해 보자.

이 산출 수는 또 다른 말로 그레인 진동수다. 즉 초당 그레인들이 몇 번 사용되는가다. 싱크그레인에서는 피치의 규칙성을 위해 무엇보다 이 진동수에 바탕을 두고 있다. 예를 들어 그레인 진동수를 1로 했다면 싱크그레인은 정확히 초당 한 번씩 그레인을 읽어 나간다. 다른 말로 정확히 1초만큼의 길이가 초당 진동수로 이용되는 것이다. 그러면 이 주기에서 원래의 사운드파일의 피치와 똑같은 높이에서 소리를 내기 위해서는 당연히 그레인의 크기(길이)는 초당 1번 또는 1개가 되어야 한다. 그러면 이때 그레인의 길이를 초당 2로 한다면 싱크그레인은 초당 1번의 주기마다 그레인 2개를 읽어 나가게 된다. 즉 초당 소리의 길이는 절반으로 줄어들고 그러나 결코 피치가 높아지는 것은 아니다. 그 원리는 건너뛰는 것이다. 약간의 규칙적인 간격을 두고 건너뛴다면 초고음 부분의 약한 소리는 사라질지는 몰라도 중음부의 강한 소리들은 그대로 남아 마치 보통의 속도대로 글을 읽다가 빠른 속도로 읽는 것처럼 들리게 된다. 그러나 이 건너뜀도 한계가 있어 지나치면 점차 많은 소리들이 사라지고 소리에 왜곡현상도 생기게 된다. 물론 이런 효과를 노린다면 아무런 문제가 아니지만 원래의 소리를 가능한 유지하려면 그레인의 산출 수에 따른 초당 그레인 길이보다 지나치게 큰 값이나 작은 값은 조심해야 할 것이다.

이렇게 하다 보면 초당 그레인 크기가 중심이 되어 혼란이 올 수 있다. 따라서 늘 중심을 초당 그레인 진동수에 바탕을 둔다면 이 문제는 해결된다. 예를 들면 초당 그레인 진동수 1에서, 5에서, 10에서, 20에서 등과 같이 늘 그레인의 진동수에 따른 각 다른 값들을 비교하는 것이다.

<표 412> 싱크그레인에 적용된 기본 값

```
;16000    20         1    .05    1        1 - 2    100 - 105   100
;진폭     산출 수   피치    크기  포인터 간격  fn1      fn2        최대 겹치는 수
asig syncgrain gkamp, gkfreq, gkpitch, gkgrsize, gkprate, i(gkfun1), i(gkfun2) + 99, iolaps
```

다시 표로 돌아가서 위 표의 기본 값은 산출 수 20과 길이 0.05로 되어 있다. 즉 초당 그레인 진동수는 20이며 각 그레인의 길이는 시간으로 0.05초라는 이야 기다. 그러면 이 두 값을 곱하면 또는 0.05초를 20번 더하면 정확히 1초가 된다. 즉 원래의 소리를 그대로 읽어 들이는 것이다. 그러나 실제 소리는 조금 달라지 는데 이는 무엇보다 각 그레인의 처음과 끝에 적용되는 진폭 인벨로프 때문이라 할 수 있다.

그러므로 위 예제에서 사용된 20과 0.05(1/20)만이 원래의 소리를 내는 절대값 은 아니다. 예를 들면 25와 0.04(1/25)를 사용할 수도 있으며 10과 0.1을 사용할 수도 있다. 그러나 이전 장의 그래뉼러 합성의 서론에서처럼 '일반적으로 하나의 그레인 길이는 10ms(10밀리 세컨드, 10/1,000)에서 60ms 사이로 본다.'는 내용처 럼 이 범위를 기준으로 그레인의 길이를 정하면 된다. 그러나 경우에 따라서는 그레인이라고는 할 수는 없지만 이 범위를 초과하는 긴 그레인을 사용하더라도 마음에 드는 소리가 만들어질 수도 있다.

피치 항목은 상당히 흥미로운 기능을 가지고 있다. 소리의 길이는 그대로 둔 채 피치만 올리거나 내릴 수 있다. 여성의 소리를 남성으로 또는 그 반대로 바꿀 수가 있다. 물론 약간의 왜곡되는 소리는 그레인의 특성상 어쩔 수 없지만 이와 같은 내용에 새로운 알고리즘이 추가된다면 실용적인 음향 툴로서 널리 이용될 수 있을 것이다. 값 1은 원래의 피치를 그대로 소리 내며 1보다 값이 낮아질수록 피치는 낮아지고 1보다 값이 커질수록 피치는 올라간다. 만약 음수를 사용한다면 이 결과는 거꾸로 된다. 즉 -1은 1과 같은 결과를 낸다. 따라서 0쪽으로 값이 높아질수록 피치는 내려가며 -1보다 값이 낮아질수록 피치는 높아진다.

마지막 포인터 간격은 테이블에서 데이터를 읽어 나가는 비율이 된다. 이 포인 터 간격은 어떻게 보면 피치 항목과 반대되는 개념이라 할 수 있다. 즉 피치 항 목은 길이는 그대로 둔 채 피치만 올리거나 내리지만 포인터 간격은 반대로 피 치는 그대로 둔 채 길이만 길게 또는 짧게 하기 때문이다. 이 때문에 이 기능도

좀 더 개선된다면 피치 항목처럼 널리 애용되는 음향 툴이 될 것이다. 예를 들어 소리를 어떤 시간에 맞추어 애써 소리를 자르거나 붙일 필요 없이 원하는 길이에 소리를 맞추어 넣을 수 있기 때문이다. 값 1은 그레인 길이만큼 건너뛰어 읽어 나가며 2를 입력했다면 그레인 길이의 2배 길이로 건너뛰며 읽어 나가게 된다. 따라서 이 값이 크면 전체 데이터를 빨리 읽어 나가는 결과가 되기 때문에 소리는 짧아지며 성긴 소리가 되고 반대로 값이 작을수록 소리는 길어지며 촘촘한 소리가 된다.

차. 스코어 내용

마지막으로 스코어 내용을 한번 살펴보자. 함수테이블 1번과 2번은 사운드 소스 파일을 담고 있으므로 젠 1번이 사용되었고 모노 파일이므로 채널 1번(왼쪽 채널)이 사용되었다. 만약 스테레오일 경우 양쪽 다 포함한다면 값 0을 그리고 오른쪽 채널만 사용한다면 2를 입력한다. 포맷 항목은 현재 파일의 포맷을 모르면 값 0을 둔다. 그러면 내부에서 사운드 머리 파일의 정보를 읽어 자동으로 적용된다. 현재 이들 파일은 16비트 44,100 샘플로 되어 있으므로 포맷 4가 입력되었다.

그 다음 함수테이블 100에서 106번까지는 그레인에 적용할 인벨로프들이다. 현재 이들 함수테이블들의 크기를 보면 아주 크다. 이렇게 큰 값을 사용할 필요는 없다. 8,192 정도면 충분하다. 아래의 표와 같이 아무리 큰 값을 입력하더라도 내부적으로 한 주기를 위한 파형의 값으로 재조정된다. 하나의 익숙한 예를 든다면 오실에서 사인파를 이용할 때 젠 10을 사용한다. 이 경우 테이블 크기는 보통 8,192를 사용한다. 극단적인 예를 든다면 이때 산출하는 소리의 주파수가 22,050이라면 시사운드가 내부적으로 테이블을 읽어 파형을 만들 때 단지 2개의 샘플만을 사용하게 되는 것이다. 만약 늘 8,192개의 샘플들이 다 사용된다면 44,100/8,192는 약 5.38hz가 되어 늘 5hz의 소리만 출력할 것이다. 그리고 5hz와 같은 낮은 소리는 들을 수도 없는 소리이므로 8,192 샘플 크기만으로도 모든 경우에 있어 충분한 크기가 된다. 만약 이보다 더 큰 값이 사용 되면 시사운드는 아무런 불평 없이 줄여서 사용한다. 그러므로 아래의 테이블 크기는 모두 8,192 나 4,096으로 대체하는 것이 사용상 편리하다. 그리고 젠 번호들이 모두 양수이 므로 모든 값은 0에서 1까지의 값으로 재조정되어 사용된다.

그러면 처음 보는 젠 5번과 젠 9번에 대해서 잠깐 살펴보자.

〈표 413〉 싱크그레인 FLTK 악기의 스코어

```
<CsScore>
                                                      ;포맷 채널
f  1       0      262144     1        "AndItsAll.wav"    0   4   1
f  2       0      524288     1        "808loop.wav"      0   4   1

;그레인 진폭 인벨로프들
f100  0  131072  9   .5      1           0                 ;사인 곡선의 절반
f101  0  131072  7    0        3072     1   128000    0     ;타악기적 － 직선들
f102  0  131072  5   .001     3072     1   128000   .001    ;타악기적 － 지수곡선들
f103  0  131072  7    0 1536   1 128000    1 1536 0         ;입구 － 수직적
f104  0  131072  7    0      128000  1   3072       0       ;타악기적 역행 － 직선들
f105  0  131072  5   .001   128000  1   3072      .001      ;타악기적 역행 － 지수적
f106  0  4096    10  1                                      ;사인파

i1     0  3600                                              ;연주 시간 1 시간
</CsScore>
</CsoundSynthesizer>
```

1) 젠 5번

젠 5번은 지수곡선들만으로 그래프를 만든다. 다음의 젠 5번 구문은 2개의 지수 곡선을 그리는 내용이며 그 다음 예는 이를 이용한 실례이다. 거의 수직적으로 1까 지 급히 상승해서 나머지 길이 63 동안 0.001 값으로 감소하는 모양이다. 주의할 점은 지수곡선에서는 절대로 값 0을 사용해서는 안 된다는 점이다. 0보다는 조금이 라도 큰 값을 사용해야 한다. 예를 들면 0.00000001과 같이 사용할 수 있다.

〈표 414〉 젠 5번 구문

				;값	길이	값	길이	값
fn	time	size	5	a	n1	b	n2	c ....

〈표 415〉 젠 5번의 예

				:값	길이	값	길이	값
fn	0	64	5	0.01	1	1	63	0.001

2) 젠 9번

젠 9번은 젠 10번과 같이 사인파를 만들 수 있다. 젠 10번과 비교해서 젠 9번의 다른 점은 각 하나의 배음마다 2개의 추가 항목이 붙는다는 점이다. 그 첫 번째는 강도이며 두 번째는 페이즈 값이다. 젠 10에서 이 두 번째의 강도는 각 배음 자리에 입력하는 값에 따라 상대적으로 설정되므로 이 두 번째 항목은 자동으로 포함되었지만 페이즈 값은 사용할 수 없었다. 그러나 젠 9번에서는 각 배음마다 페이즈 값을 사용할 수 있다. 즉 그래프/파형의 시작을 0이 아닌 다른 위치에서 시작시킬 수가 있는 것이다. 예를 들면 페이즈 값 0.5를 입력하게 되면 음진폭부터 먼저 시작하게 된다.

그리고 젠 9에서는 정수비 배음 외의 다른 모든 배음들도 소수점을 사용하여 입력할 수 있으며 또한 젠 10과는 달리 배음 자리 구별 없이 원하는 배음들만 그 번호를 입력하여 사용할 수 있는 장점이 있다.

〈표 416〉 젠 9번 구문

				:배음번호	세기	페이즈	
fn	time	size	9	pna	stra	phsa	....

〈표 417〉 젠 9번과 10번을 이용한 동일한 결과의 예

				:배음번호	세기	페이즈		
f1	0	4096	9	5	1	0		
				:도	도	솔	도	미
				:제1배음	2배음	3배음	4배음	5배음
f2	0	4096	10	0	0	0	0	1

위 표의 젠 9번과 젠 10번의 소리는 똑같이 원래 소리의 두 옥타브와 장3도 위의 음을 소리 내며 그 소리의 세기도 똑같다.

잭 연결 시스템 

잭 연결 시스템(Zak Patch System)은 여러 악기들 사이에서 데이터를 주고받을 때 편리하게 사용될 수 있다. 만약 시사운드 악기와 그리고 악기를 보강해 주는 리벌브와 같은 이펙트 악기들을 패치(patch)라고 가정한다면 잭 시스템은 이들을 연결해 주는 연결선과 포터 그리고 경우에 따라서는 여러 연결을 하나로 뮤어 주는 패치 장치로 이루어진 패치 시스템이라 할 수 있다. 그러나 믹서라고는 할 수 없다. 믹서는 시사운드에서 내부적으로 여러 소리가 결합될 때는 언제든 알게 모르게 일어나고 있다. 예를 들면 'asig = a1 + a2 + a3'과 같은 경우에 자동으로 믹서가 작동하고 있는 것이다.

지금까지 예제의 경우에는 악기 사용 수가 많지 않았지만 실제 음악에서는 여러 가지의 악기가 동시에 사용될 수도 있으며 또한 이펙트 악기들은 늘 빠질 수가 없게 된다. 이를 위해 지금까지는 악기 사이에서 오디오 시그널이나 컨트롤 시그널을 주거나 받을 때 항상 g로 시작하는 전역 변수를 사용하였지만 잭 연결 시스템을 사용하면 보다 편리하게 데이터를 주고받을 수 있다.

잭 시스템은 i, k, a 등의 모든 변수를 위해 사용되며 악기 사이에서의 모든 연결을 도맡을 수 있다. 따라서 잭 시스템은 일종의 전역 배열 변수들의 모임이라 할 수 있다. 그리고 시그널뿐만 아니라 인벨로프를 위한 시그널이나 또는 기타 용도로서 배열이 필요한 경우 이 잭 연결 시스템을 대신 사용할 수 있다.

잭 시스템은 사용하고자 하는 데이터에 따라 잭 옵코드들은 세 가지로 구분된다. 그 첫 번째 그룹은 a로 시작하는 오디오 시그널만을 취급하는 그룹이며 두 번째는 k로 시작하는 데이터를 위해서 마지막 세 번째는 i로 시작하는 단일 변수만을 취급하는 옵코드들이다.

<표 418> 잭 시스템의 3가지 옵코드 그룹들

모든 잭 그룹을 위한 초기화 옵코드	zakinit
오디오 비율(a)	zacl, zamod, zar, zarg, zaw, zawm
컨트롤 비율(k)	zkcl, zkmod, zkr, zkw, zkwm
단일 변수(i)	zir, ziw, ziwm

가. 전역 변수와 잭의 비교

먼저 잭 시스템의 편리한 점을 보자. 지금까지는 예제를 위해 많은 악기를 사용할 필요가 없었으며 또한 악기의 최종 완성된 모습을 제시할 필요도 없었다. 예를 들면 소리의 마무리를 위한 리벌브나 딜레이 등과 같은 효과 악기를 매번 추가할 필요가 없었다. 그러나 실제 작품이나 소리의 마무리는 이들이 추가되어야만 현실감이 난다.

아래의 예는 두 개의 악기가 사용되었다. 그리고 이 두 악기 모두 하나의 리벌브를 공유하고 있다. 그러나 실제에서는 각 악기의 특성상 또는 상황에 따라 이 두 악기의 리벌브 값을 서로 다르게 해야 할 경우가 대부분이다. 그렇다면 어쩔 수 없이 각 악기별로 리벌브를 하나씩 만들어야 할 것이다. 악기가 2개밖에 없는 경우는 별문제가 아니라고 할 수 있지만 만약 5개의 악기가 있다면 5개의 리벌브를 만들어야 할 것이다. 또한 각종 필터나 딜레이, 코러스 또는 이퀄라이즈가 사용된다면 이들도 또한 각 악기마다 하나씩 만들어야 할 것이며 동시에 각 효과음 악기에 시그널을 전달하는 전역 변수도 각각 따로 만들어야 할 것이다. 이와 같은 경우 잭 시스템을 사용하게 되면 하나의 효과 악기를 모든 악기에서 공유할 수 있어 편리해진다.

〈표 419〉 시그널 전달에서의 전역 변수의 단점

```
〈CsoundSynthesizer〉
〈CsInstruments〉
sr       = 44100
kr       = 4410
ksmps  = 10
nchnls = 2

ga  init  0        ;오디오 시그널 전달자

    instr 1
k   linseg  0, .1,  1,  p3 - .1,  0
a   oscil   7000*k, cpspch(p4), 1
a   =   a*.6
outs  a, a
ga = a              ;오디오 시그널 전달자에 전달
    endin
```

```
    instr 2
k  linseg  0, .1,  1,  p3 - .1,  0
a  oscil   7000*k, cpspch(p4), 1
a  =  a*.6
outs a,  a
ga = a              ;오디오 시그널 전달자에 전달
   endin


   instr 99       ;큰 번호를 가진 악기는 나중에
ag reverb ga, 3.5
outs ag, ag
ga = 0                ;가능하면 다음 전달을 위해 내용 비우는 것이 좋음
   endin
</CsInstruments>
```

나. 잭 옵코드들의 기능

잭 옵코드들을 기능별로 나누면 크게 5가지가 있다. 초기화와 지우기, 읽기, 쓰기 그리고 읽기 및 변조다. 이 내용은 아래 표에 각 시그널에 따라 분류되었다.

〈표 420〉 잭 옵코드들의 분류

	초기화 (initialize)	지움(clear)	쓰기(write, write to mixer)	읽기(read)	읽기 및 변조 (modulation)
오디오 비율(a)	zakinit	zacl	zaw, zawm	zar, zarg	zamod
컨트롤 비율(k)	zakinit	zkcl	zkw, zkwm	zkr	zkmod
단일 변수(i)	zakinit	필요없음	ziw, ziwm	zir	없음

1) 초기화(zakinit)

잭 시스템을 사용하려면 먼저 모든 잭 그룹에서 공통으로 사용되는 초기화 옵코드 'zakinit'을 사용함으로써 잭 시스템을 선언하고 초기화가 되면서 잭 시스템은 사용할 준비가 완료된다. 이후부터는 모든 잭 옵코드들은 마음대로 배치해서 쓰고 읽을 수 있게 된다. 이 초기화는 지금까지 전역 변수를 선언했듯이 악기가

시작되기 전인 파일의 머리 부분에 둔다. 잭이닛에는 두 개의 항목이 요구된다. 첫 번째는 오디오 비율 변수를 위한 항목으로 몇 개의 채널을 사용할 것인지 그 수를 입력한다. 두 번째 항목에는 사용할 컨트롤 변수의 수를 입력한다. 두 번째 항목은 전혀 사용할 필요가 없다 할지라도 최소한 값 1은 입력해야 한다. 또한 반대로 컨트롤 시그널만 사용할 경우도 오디오 시그널을 전혀 사용하지 않더라도 반드시 오디오 시그널에 값 1을 입력해야 된다. 다음의 표는 4개의 오디오 시그널을 위한 채널과 하나의 컨트롤 변수를 위한 초기화 내용이다.

〈표 421〉 잭 시스템의 초기화

	;오디오 채널 수	컨트롤 시그널의 수
zakinit	4,	1

오디오 비율 변수는 잭 시스템에서 변수라기보다는 대개의 경우 채널이라는 용어가 즐겨 사용된다. 예를 들어 현재 두 개의 악기를 사용한다면 그리고 이 악기들이 스테레오라면 각 악기가 두 개의 채널을 가지므로 모두 4개의 채널/변수가 필요할 것이다. 그러면 4를 입력하면 된다. 물론 사용자에 따라 두 채널의 소리를 하나로 묶어서 출력할 경우는 2개의 채널만 있으면 된다. 그리고 컨트롤 변수는 사용할 일이 없더라도 최솟값 1은 반드시 입력해야 된다.

오디오 채널 항목에는 얼마를 입력하든 아무 문제가 없다. 실제로는 2개의 채널만을 사용하지만 이보다 더 큰 값을 입력해도 아무런 문제가 없다. 그러나 나중에 코드를 다시 볼 때 큰 수를 입력했다면 실제 몇 개의 채널을 사용했는지 알기 위해서는 다시 전체 코드를 세심히 훑어봐야 할 경우가 틀림없이 생길 것이므로 실제 사용한 채널들에 대한 설명을 붙여 두면 나중에 도움 될 것이다.

2) 지우기(zacl, zkcl)

지우기는 연주가 시작되어 만약 어떤 시간대에서 나타나는 음표들에서 잭 시스템을 다 사용했다면 다음 음표를 위해 데이터를 비워 주는 것이다. 잭 옵코드에서 사용하는 모든 변수들은 전역 변수이기 때문에 지우지 않는 한 컴퓨터의 메모리를 차지하고 있게 된다. 과거의 메모리가 귀했던 시절에는 다른 프로시저에서 사용할 수 있도록 쓰고 난 다음에 바로 메모리를 비워 주는 것이 아주 중요했으나 이제는 그런 일은 별로 없다. 따라서 지우기를 하지 않아도 아무런 문제는 없으나 지우지 않을 경우 이들 전역 변수에는 어떤 데이터가 남아 있게 된다. 그리고 이들 변수에 다시 데이터를 집어넣을 경우 이전의 데이터는 완전히 사라지게 되는 것이 정석이다. 그러나 만에 하나라도 시사운드에서 실수로 새 데이터의 끝 부분에 이전의 데이터를 남기는 경우도 있을지 모르기에 지워 주는 것이 안전하다고 할 수 있다. 이는 이전의 g로 시작하는 전역 변수를 다 쓴 후 지워 주는 것과 똑같은 이치다.

아래의 표는 바로 위의 표에서처럼 4개의 채널을 사용했을 경우 변수의 그 첫 번째 위치와 마지막 위치를 입력한다. 사용하지 않은 컨트롤 변수의 수는 지울 필요 없으므로 그대로 두면 되고 만약 사용했다면 'zkcl'을 사용해서 지운다. 아래 표를 보면 상식적으로는 4개의 채널을 사용했으므로 1과 4가 입력되는 것이 논리적이라 생각될 것이다. 그러나 첫 번째 항목에는 항상 0을 입력해야 하며 두 번째 항목에는 전체 채널의 수를 입력한다.

<표 422> 오디오 채널의 변수 지움

	;오디오 채널 수 컨트롤변수의 수	
zakinit	4,	1
	;첫 채널 번호 끝 채널 번호	
zacl	0,	4

다음 표는 컨트롤 변수를 사용하고 지우는 예이다. 비록 오디오 채널을 사용하지 않더라도 기본 값 1을 입력해야 초기화가 된다. 그 아래는 사용한 컨트롤 시그널을 지우는 예이다.

<표 423> 컨트롤 변수 지움

	;오디오 채널 수 컨트롤변수의 수	
zakinit	1,	4
	;첫 변수 번호 끝 변수 번호	
zkcl	0,	4

〈표 424〉 오디오와 컨트롤 변수를 둘 다 사용했을 경우

	;오디오 채널 수	컨트롤변수의 수	
zakinit	4,	4	
zacl	0,	4	;오디오 채널 지움
zkcl	0,	4	;컨트롤 변수 지움

3) 쓰기(zaw/m, zkw/m, ziw/m)

먼저 쓰기에 대한 내용을 시작하기 전에 잭 시스템을 이해하자면 '믹서'라는 개념에 대해 한번 생각해 봐야 할 것이다. 지금까지 한 번도 믹서에 대해서는 언급하지 않았지만 시사운드는 내부적으로 믹서를 해 왔다. 다만 이에 대해 생각하지 않았을 뿐이다. 예를 들어 악기 1과 악기 2가 동시에 같은 시간에 소리 낸 경우는 시사운드에서 자동으로 전체 진폭조정만 하지 않을 뿐 실제 내부적으로 시사운드에서 믹서처리를 해 온 것이다. 그런데 새삼 여기서 믹서에 대한 이야기를 끄집어내는 이유는 잭 연결 시스템에서 각 악기가 어떤 채널로 소리를 보낼 때 믹싱을 할 것이냐 아니면 말 것이냐의 조건이 붙기 때문이다.

잭 시스템의 초기화가 끝나면 각 악기는 각자 사용할 채널로 시그널을 보내게 된다. 이 경우 보낼 채널에 값을 입력하기 위해 오디오 시그널은 zaw 또는 zawm 옵코드를, 컨트롤 시그널은 zkw 또는 zkwn을, 그리고 단일 변수는 ziw 또는 ziwm 옵코드를 사용한다.

〈표 425〉 zaw와 zawm의 구문

	;보낼 시그널	보낼 채널 번호	믹싱여부선택
zaw	asig,	kndx	
zawm	asig,	kndx	[, imix]

이때 zaw(조-)를 사용할 것인지 아니면 zawm(좀-)을 사용할 것인지의 차이는 믹싱의 선택에 달려 있다. zaw, zkw 그리고 ziw는 믹싱을 하지 않을 때 사용하며 zawm, zkwm 그리고 ziwm은 믹싱을 할 때 사용한다. 그러나 zawm은 위의 구문과 같이 믹싱 선택도 할 수 있게 하여 zaw처럼 사용할 수 있게도 하고 있다.

zawm의 기본 값은 1로서 믹싱하는 것으로 되어 있으며 만약 믹싱을 하지 않는 경우는 옵션을 통해 값 0을 추가적으로 사용하면 된다.

먼저 zawm을 사용해서 채널에 시그널을 보내는 경우를 보자. 두 개의 악기가 모두 zawm을 통해서 같은 채널로 시그널을 보낼 경우는 이 두 시그널은 서로 믹서된다. 이는 지금까지의 두 개 이상의 악기가 동시에 연주되는 경우와 같아 아무런 문제가 없다. 그러나 믹싱을 하지 않을 때 사용하는 zaw를 사용해서 시그널을 보낼 때는 조금 생각을 해야 한다.

예를 들어 zaw를 사용해서 1번 채널로 시그널을 보낼 경우 만약 같은 시간에 다른 악기에서 동시에 zaw를 사용해서 같은 채널로 시그널을 보내고 있을 경우를 생각해 보자. 이 경우 그 결과는 이 둘 중 조금이라도 나중에 보낸 채널이 계속 앞서의 채널을 덮어쓰게 되는 경우가 생기기 때문에 조심해야 할 것이다.

다음의 표를 보자. 악기 1번과 악기 2번이 동시에 zaw를 사용해서 1번 채널로 시그널을 쓰고 있다. 그리고 동시에 악기 3번은 시그널을 읽는 zar을 사용해서 1번 채널의 시그널을 읽고 있는 내용이다. 이 코드를 실행하면 악기 1번의 소리는 사라지고 2번 악기의 소리만 출력될 것이다. 그 이유는 이전 '옵코드 instr' 장에서 언급되었듯이 소리의 산출은 악기의 순서에 따라 일어나기 때문이다. 그 차이는 아주 미미하지만 아래의 경우 'ksmps = 10'이므로 악기 1번이 먼저 10개의 샘플을 만들게 되고 채널 1번에 쓰게 된다. 그리고 뒤를 이어 악기 2번이 채널 1번의 오디오 배열 변수에 다시 데이터를 쓰게 된다. 이와 같이 계속 악기 2번이 악기 1번이 먼저 쓴 데이터를 완전히 덮어쓰게 되어 1번 악기의 소리는 완전히 사라지게 된다. 이 내용이 사실인지 알고 싶다면 악기 1번과 악기 3번의 소리 길이를 2초로 해 두면 처음 1초에는 악기 2번의 소리만 들리다가 2초가 시작되면서 마침내 1번의 악기 소리가 출력될 것이다.

```
〈CsoundSynthesizer〉
〈CsInstruments〉
sr     = 44100
kr     = 4410
ksmps  = 10
nchnls = 1

zakinit  1, 1    ;한 개의 오디오 채널 1번 초기화

   instr 1
asin  oscil  35000,  1440,  1
zaw    asin, 1        ;소리 출력 없이 단지 오디오 시그널을 1번 채널로 보냄
   endin

   instr 2
asin  oscil  15000,  280,  1
zaw    asin, 1        ;소리 출력 없이 단지 오디오 시그널을 1번 채널로 보냄
   endin

   instr 3
a1    zar  1            ;1번 채널로부터 오디오 시그널 읽기
out   a1               ;출력
zacl  0,  1            ;사용 후 지우기
   endin
〈/CsInstruments〉
```

〈표 427〉 주의해야 할 zaw 사용의 예를 위한 스코어

```
〈CsScore〉
f1   0   16384  10   1

i1   0   1     ;소리 출력 없이 단지 악기 1번의 실행만 상태 유지
i2   0   1     ;소리 출력 없이 단지 악기 2번의 실행만 상태 유지
i3   0   1     ;실제 소리 출력
e
〈/CsScore〉
〈/CsoundSynthesizer〉
```

```
〈CsScore〉
f1  0   16384  10  1

i1  0   2       ;1초가 지나면서 악기 3번으로 소리가 전달됨
i2  0   1       ;1초 동안 악기 1번의 데이터를 계속 덮어씀
i3  0   2       ;첫 1초 동안 악기 2번의 소리만을 그리고 후반 1초 동안은 악기 1번의 시그널 출력
e
〈/CsScore〉
〈/CsoundSynthesizer〉
```

따라서 zaw, zkw, ziw는 개별적으로 시그널이나 데이터를 어떤 특정한 악기에 보낼 때에 사용해야 하며 zaw와 zawm을 함께 사용할 때 가장 안전한 방법은 믹싱을 하지 않는 개별적인 채널은 따로 만들어 두는 것이다.

4) 읽기(zar/zarg, zkr, zir)

위의 zaw 악기의 예를 통해서 zar, zkr, zir 옵코드의 기능에 대해서는 별다른 설명이 필요가 없을 것이다. 한 악기에서 zaw나 zawm을 통해 시그널을 보내면 어느 악기에서든 보내는 쪽의 채널 번호와 함께 zar을 사용하여 시그널을 읽어 들일 수가 있다.

〈표 429〉 zar 구문

;반환변수		;읽어 들일 채널 번호	읽어 들인 시그널에 곱할 값
ares	**zar**	kndx	
ares	**zarg**	kndx,	kgain

오디오 시그널을 읽어 들이는 경우에만 zarg 옵코드가 하나 더 추가되어 있다. 위 표의 구문과 같이 zarg의 기능은 zar과 동일하다. 단지 하나의 추가 항목이 있는데 이는 단지 사용자의 편의를 위해서 추가된 항목이다. 예를 들어 입력받은 시그널의 진폭이 너무 약할 경우 또 하나의 행을 추가해서 입력받은 시그널을 증폭할 필요 없이 옵코드 자체에서 계산을 대신해 주는 것이다.

5) 읽기 및 변조(zamod, zkmod)

이 옵코드들은 시그널을 읽는 zar의 기능에 편의를 위한 추가적 계산을 해 주는 항목이 하나 더 보태어진 옵코드들이다. 바로 위의 zarg의 추가된 기능과 유사하다.

<표 430> zamod 구문

:반환변수		:입력시그널	읽어 들일 채널 번호
ares	**zamod**	asig,	kzamod

zamod는 두 개의 시그널을 동시에 입력받을 수 있다. 첫 번째 항목은 현재 자신이 속해 있는 악기 내에서 만들어진 시그널이며 두 번째 항목은 외부로부터 잭 채널을 통해 읽어 들일 시그널이다. 이 두 번째 항목에는 읽어 들일 채널 번호를 입력하는데 채널 번호에 음수 기호(-)를 붙이게 되면 zamod는 자체의 입력 시그널과 잭 채널로부터 읽어 들인 시그널을 서로 곱한 후 그 결과를 반환하게 된다. 그리고 양수이면 이 두 시그널을 더한 후 그 결과를 반환하게 된다. 만약 값 0을 입력하면 잭 채널을 읽어 들이지 않고 자체의 입력시그널을 그대로 반환한다.

따라서 이들 옵코드는 시그널을 읽는 zar의 기능을 경우에 따라 조금 더 편리하게 사용할 수 있도록 하고 있을 뿐이어서 한편으로는 이들 추가된 옵코드들이 오히려 잭 시스템의 내용을 복잡하게 만들 수도 있다는 생각이 든다.

다. 잭 시스템 악기

잭 시스템에서 사용할 수 있는 채널 수는 거의 제한이 없다. 물론 그 한계는 있겠지만 30만 개를 입력해도 아무런 문제 없이 시사운드는 시작한다. 먼저 잭 시스템을 어떻게 연결하는가는 전적으로 사용자에게 달려 있다. 각 옵코드의 사용 규칙만 지킨다면 어떠한 연결도 아무런 문제 없이 이루어진다.

예제에서는 두 개의 모노 악기와 같은 내용으로 된 두 개의 스테레오 악기가

사용되어 총 4개의 악기가 사용된다. 그 다음 이 악기들이 공유하는 팬 장치와
간단한 딜레이 머신 그리고 딜레이에 피드백을 가진 딜레이 머신이 각 하나씩
해서 모두 3개가 있다. 그리고 스테레오 채널로 출력하고 동시에 사용된 잭 변수
를 초기화하는 출력 장치 1개가 있으므로 모두 8개의 악기가 사용된다.

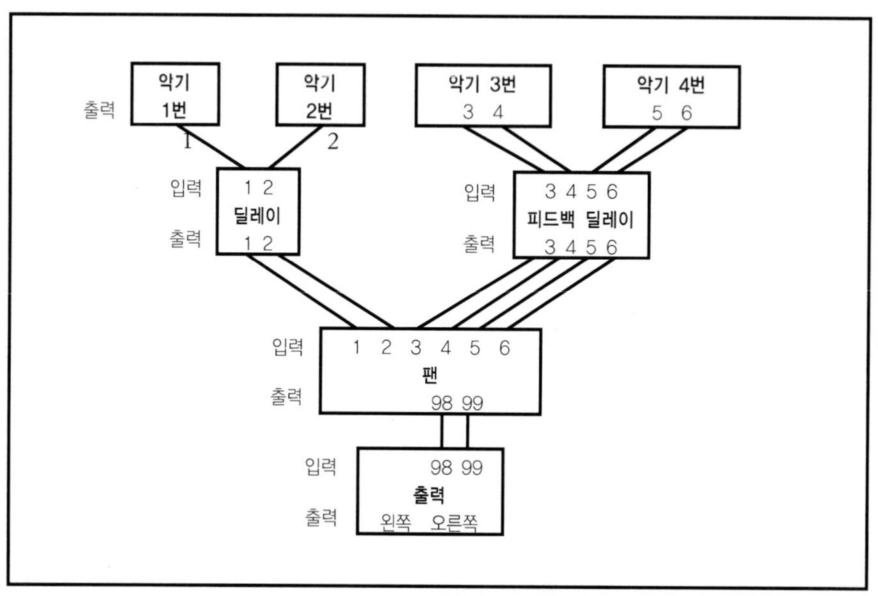

〈그림 247〉 잭 시스템 악기의 채널 흐름도

〈표 431〉 잭 연결 시스템 예제

```
〈CsoundSynthesizer〉
〈CsInstruments〉
sr        =        44100
kr        =        4410
ksmps    =         10
nchnls   =         2

zakinit  99, 99          ;잭 시스템 초기화: 넉넉한 채널 수 설정

;===============악기 1번
         instr   1
idur     =        p3                          ;음표 길이
iamp     =        p4                          ;진폭
ifqc     =        cpspch(p5)                  ;피치
ioutch   =        p6                          ;채널 번호
;                 진폭     진동수    버퍼진동수  Fn  모드
asig    pluck    iamp,    ifqc,     ifqc,     0,   1    ;줄 뜯는 소리
```

```
kenv    linseg  0, .002, 1, idur -. 004, 1, .002, 0        ;진폭 인벨로프
aout    =       asig*kenv
        zawm    aout, p6                                   ;잭 채널 쓰기
        endin
;===================악기 1번 끝

;===================악기 2번
        instr   2
iplk    =       .01
kpick   =       .13
krefl   =       .4
                ;줄 위치  진폭   진동수      녹음 위치  반향음계수
asig  wgpluck2 iplk,      p4,  cpspch(p5),  kpick,      krefl      ;줄 뜯는 소리
kenv  expseg 0.01,  0.001,  1,  p3*.6,  .2,  p3*.4,  .001     ;진폭 인벨로프
aout  = asig*kenv
zawm    aout, p6                                            ;잭 채널 쓰기
        endin
;===================악기 2번 끝

;===================악기 3번
        instr   3
iamp    =       p4/2                                        ;진폭을 절반으로
ifqc    =       cpspch(p5)
ioutch  =       p6                                          ;채널 번호
;               진폭   진동수    버퍼진동수  Fn  모드
aL    pluck   iamp,  ifqc/2,    ifqc,     0,  1     ;줄 뜯는 소리 - 왼쪽
aR    pluck   iamp,  ifqc,      ifqc,     0,  1     ;줄 뜯는 소리 - 오른쪽
kenv    linseg  0, .002, 1, p3 -.004, 1, .002, 0   ;진폭 인벨로프
zawm    aL*kenv, p6                                         ;잭 채널 쓰기
zawm    aR*kenv, p7                                         ;잭 채널 쓰기
        endin
;===================악기 3번 끝

;===================악기 4번
        instr   4
iplk    =       .01
kpick   =       .13
krefl   =       .4
iamp    =       p4/2
                ;줄 위치  진폭   진동수       녹음 위치   반향음계수
aL    wgpluck2 iplk,    iamp,  cpspch(p5)/2,  kpick,     krefl
aR    wgpluck2 iplk,    iamp,  cpspch(p5),    kpick,     krefl
kenv  expseg 0.01,    0.001,  1,  p3*.6,  .2,  p3*.4,  .001
zawm    aL*kenv, p6                                 ;잭 채널 쓰기
zawm    aR*kenv, p7                                 ;잭 채널 쓰기
        endin
;===================악기 4번 끝


;===========================================
;==================효과음 장치들===============
;===========================================
```

```
; = = = = = = = = = = = = = = = =간단한 딜레이 장치
          instr   92
idtm    =        p5                          ;딜레이 시간
ichn    =        p6                          ;채널 번호

asig    zar     ichn                    ;잭 채널 읽기
                ;시그널  딜레이 시간
adly    delay   asig,        idtm          ;시그널에 딜레이 적용
zawm    adly, p6                        ;잭 채널 쓰기
          endin
; = = = = = = = = = = = = = = = =간단한 딜레이 장치 끝

; = = = = = = = = = = = = = = = =간단한 피드백 딜레이 장치
          instr   93
ifed    =        p4                              ;피드백 강도
idtm    =        p5                              ;딜레이 시간
ichn    =        p6                              ;채널 번호
adly    init     0                          ;딜레이 변수 초기화

asig    zar     ichn                        ;잭 채널 읽기
adly    delay   asig + adly*ifed, idtm    ;시그널에 딜레이 적용
zawm    adly,   ichn                      ;잭 채널 쓰기
          endin
; = = = = = = = = = = = = = = = = =간단한 피드백 딜레이 장치 끝

; = = = = = = = = = = = = = = = = =팬 장치: 모든 입력 채널의 시그널에 팬 적용
          instr 98
ipan    =        p5                      ;팬 값(0~1)
ichn    =        p6                      ;채널 번호

apan    zar     ichn                      ;잭 채널 읽기
iL      =        1 - ipan
iR      =        ipan
aL      =            apan*iL
aR      =            apan*iR
zawm    aL,  98                          ;잭 채널 쓰기
zawm    aR,  99                          ;잭 채널 쓰기
          endin
; = = = = = = = = = = = = = = = = =팬 장치 끝

; = = = = = = = = = = = = = = = = =시그널 출력 및 사용 후 잭 시스템 초기화
          instr   99
aL    zar    98    ;잭 채널 읽기
aR    zar    99    ;잭 채널 읽기
outs    aL,   aR            ;DAC로 출력

zacl    0,  99                      ;잭 오디오 시그널에 사용된 메모리 제거
zkcl    0,  99                      ;잭 컨트롤 시그널에 사용된 메모리 제거
          endin

</CsInstruments>
```

<표 432> 잭 연결 시스템 예제 스코어

```
<CsScore>
f1  0  8192   10   1


;================모노 악기: 간단한 딜레이 장치 적용
                         ;채널
i1   0    .5   15000  9.00    1
i2   1    .5   15000  8.07    2
                    ;딜레이  채널
i92  0    2    0      .2      1      ;간단한 딜레이 장치
i92  0    2    0      .2      2      ;간단한 딜레이 장치


                    ;팬      채널
i98  0    2    0      0       1      ;팬 장치
i98  0    2    0      1       2      ;팬 장치
i99  0    2                          ;잭 초기화
s


;================스테레오 악기: 간단한 피드백 딜레이 장치 적용
i1   0    .5   15000  9.00    1
i2   1    .5   15000  8.07    2


              ;피드백    딜레이   채널
i93  0    3    .5      .2      1      ;간단한 피드백 딜레이 장치
i93  0    3    .5      .2      2      ;간단한 피드백 딜레이 장치


                    ;팬      채널
i98  0    3    0      1       1      ;팬 장치
i98  0    3    0      0.1     2      ;팬 장치
i99  0    3                          ;잭 초기화
s


;================모노 악기: 간단한 딜레이 장치 적용
                         ;채널   채널
i3   0    .5   15000  9.00    3    4
i4   1    .5   15000  8.07    5    6
                    ;딜레이  채널
i92  0    2    0      .2      3      ;3번 채널 - 간단한 딜레이 장치
i92  0    2    0      .2      4      ;4번 채널 - 간단한 딜레이 장치
i92  0    2    0      .2      5      ;5번 채널 - 간단한 딜레이 장치
i92  0    2    0      .2      6      ;6번 채널 - 간단한 딜레이 장치


                    ;팬      채널
i98  0    2    0      1       3      ;3번 채널 팬 장치
i98  0    2    0      0       4      ;4번 채널 팬 장치
i98  0    2    0      1       5      ;5번 채널 팬 장치
i98  0    2    0      0       6      ;6번 채널 팬 장치


i99  0    2                          ;잭 초기화
s
```

```
;==================스테레오 악기: 간편한 피드백 딜레이 장치 적용
                        ;채널    채널
i3  0    .5   15000  9.00   3   4
i4  1    .5   15000  8.07   5   6


                   ;피드백    딜레이   채널
i93 0    3    .5      .2     3        ;3번 채널 - 간단한 딜레이 장치
i93 0    3    .5      .2     4        ;4번 채널 - 간단한 딜레이 장치
i93 0    3    .5      .2     5        ;5번 채널 - 간단한 딜레이 장치
i93 0    3    .5      .2     6        ;6번 채널 - 간단한 딜레이 장치


                   ;팬       채널
i98 0    3    0       1      3        ;3번 채널 팬 장치
i98 0    3    0       0      4        ;4번 채널 팬 장치
i98 0    3    0       1      5        ;5번 채널 팬 장치
i98 0    3    0       0      6        ;6번 채널 팬 장치

i99 0    3              ;잭 초기화
e

</CsScore>
</CsoundSynthesizer>
```

1) 잭 채널 읽기와 쓰기

위 예에서 이펙트 효과는 채널별로 일괄 처리되므로 각 악기는 자신이 사용할 값에 맞는 채널로 보내면 된다. 현재 위의 팬 세팅은 0에서 1까지로 0은 왼쪽이며 1은 오른쪽이다. 그리고 0.5는 중앙이다. 예를 들어 11개의 팬 세팅이 있다면 이에 따라 0, 0.1, 0.2, …… 1까지 해서 채널이 11개로 구분될 수 있다. 그 다음 각 악기는 원하는 팬 값이 있는 채널로 'zawm'을 써서 시그널을 보내면 된다.

그러나 이 11개의 채널을 받아 처리하는 악기는 단지 하나만 있으면 된다. 이처럼 악기에서는 하나의 이펙트 악기만 만들어 두면 모든 악기에서 공유되어 편리하지만 스코어에서는 이를 위한 부차적인 작업이 뒤따른다. 예를 들어 2번 채널로 팬 값을 0.5로 해서 시그널을 보낸다면 이 2번 채널을 받을 처리할 이펙트 악기 또한 발동되어야 하기 때문이다. 다음의 표는 악기 1번과 2번에서 시그널을 채널 1번과 2번을 통해 보낸다. 그리고 이들 채널을 처리할 악기 98번이 이 시간에 맞추어 각각 스코어에 적용되어야 한다. 그렇다면 무엇이 편리한가라고 반문할 수 있을 것이다. 다음은 아주 짧은 예다. 경우에 따라 스코어가 아주 길고

수많은 음표가 등장할 수 있다. 이때도 이펙트 악기는 단지 한번만 적용하면 되기에 아주 편리한 것이다.

<표 433> 각 세팅에 따른 팬 장치의 적용

```
i1   0    .5   15000   9.00    1
i2   1    .5   15000   8.07    2

                    ;팬      채널
i98  0    2    0       0       1     ;팬 장치
i98  0    2    0       1       2     ;팬 장치
```

2) 팬 장치

팬 장치는 하나의 채널을 통해 시그널을 받은 후 2개의 채널로 만들어 팬을 적용한다. 많은 경우에 있어 스테레오 채널을 사용하는 이유는 입체감을 높이기 위해서 또는 각 악기가 조금이나마 서로 잘 들릴 수 있도록 하기 위함이다. 예를 들어 사용하는 모든 악기가 왼쪽과 오른쪽 스피커에 똑같은 크기의 소리로 출력된다면 악기들의 소리는 모두 가운데에서 날 것이다. 이와 같은 한 방향에서 뭉쳐져 나오는 소리가 계속 지속된다면 음악의 흥미나 질을 떨어뜨릴 수 있다.

보통 많은 예제들에서 스테레오 채널을 사용하는 이유는 이 악기가 혼자서 연주되는 경우에도 왼쪽과 오른쪽의 스피커를 통한 좀 더 풍부한 울림을 고려한 것이다. 그리고 악기 자체에서 팬 적용을 위한 나중의 대비이기도 하다. 그러면 악기 자체에서 2개의 채널을 만들어 팬을 적용하는 것이 좋을지 아니면 모노 악기를 만든 후 팬 장치에서 2개의 채널로 나누어 팬을 적용하는 것이 좋을지는 사용자의 선택에 달려 있다.

한 가지 고려해야 할 사항은 스테레오 악기에서 양 채널로 똑같은 소리를 내보내고 그리고 그 소리 크기가 1이라고 가정한다면 이 경우 소리는 중복되므로 결과의 소리세기는 2가 된다. 만약 모노 악기가 섞여 있다면 이 스테레오 악기는 모노 악기의 2배 큰 소리를 내보내는 결과가 되므로 이 경우 이 둘의 각 소리세기는 0.5로 하거나 아니면 모노 악기의 소리를 2배로 해야 할 것이다. 위 악기에서는 악기 3번과 4번은 스테레오로 출력되므로 다음 표와 같이 전체의 진폭을

반으로 줄였다.

<표 434> 스테레오 악기의 진폭 설정

iamp	=	p4/2

　그러나 만약 하나의 스테레오 악기가 각 채널에서 서로 다른 소리를 낸다면 이 경우의 팬닝의 결과는 어느 한쪽의 소리를 완전히 차단할 수 있다는 점을 유의해야 한다. 이 경우는 사실 팬닝이라기보다는 한쪽의 채널의 소리가 그냥 감소되고 증가되는 것이다. 그러나 모노의 경우는 소리의 음량 전체가 오른쪽이나 왼쪽으로 가건 아니면 반반으로 갈라지든 항상 소리의 크기는 그대로 유지된다.

3) 피드백 딜레이

　피드백(feedback)은 출력 신호를 입력 측에 계속 되돌리는 것으로서 추가적인 딜레이 효과를 가할 수 있다. 아래의 표를 보면 'adly*ifed'가 피드백되는 시그널이다. 현재 스코어의 ifed 값은 0.5로서 원래 시그널의 절반을 시그널에 추가한다. 연주가 실행되면 처음 반복에서 'adly'는 초기화에서 값이 0이므로 'asig + adly*ifed' 값은 단지 원래 시그널인 'asig'만 출력된다. 그러나 그 다음 반복에서는 'adly'는 바로 전의 시그널 값을 가지고 있기에 두 번째 반복부터는 현재 시그널과 바로 전 시그널이 절반의 세기로 더해져 그 결과 1.5배가 증폭이 되어 출력된다.

<표 435> 피드백이 일어나는 부분

adly	init	0		;딜레이 변수 초기화
asig	zar	ichn		;잭 채널 읽기
adly	delay	asig + adly*ifed, idtm		;시그널에 딜레이 적용
zawm	adly,	ichn		;잭 채널 쓰기

4) wgpluck2

옵코드 wgpluck2는 줄 뜯는 소리를 피지컬 모델(physical model)을 이용하여 만든 옵코드다. 실제 소리의 결과는 앞 장에서 언급된 wgplcuk과 유사하다.

<표 436> 옵코드 **wgpluck2** 구문

	;줄 위치	진폭	진동수	녹음 위치	반향음계수
ares **wgpluck2**	iplk,	kamp,	icps,	kpick,	krefl

위 구문을 보면 항목은 앞서의 wgpluck보다 오히려 줄어들었다. 줄 위치 iplk는 줄의 뜯는 위치 전체를 0에서 1까지로 해서 값을 입력하며 진폭과 진동수는 각각 소리의 크기와 음의 높이이며 녹음 위치는 wgpluck와 같이 녹음할 때의 위치를 나타낸다. 그리고 wgpluck 옵코드에는 없는 반향음 계수는 소리의 손실과 디케이 비율을 입력한다. 이 값은 반드시 0과 1 사이의 값을 입력해야 한다.

5) 잭 시스템 악기의 스코어

앞서 언급되었지만 예제의 스코어를 보면 음표보다 이펙트 악기의 음표문이 더 많다는 것을 알 수가 있다. 그러나 이는 각 섹션의 길이가 짧아서 그런 것이며 만약 각 섹션의 음표의 수가 1,000개라 할지라도 이펙트 악기의 수는 음표의 길이를 섹션의 길이만큼으로 해서 단지 채널 수만큼 한번만 설정해 두면 되는 것이다. 만약 잭을 사용하지 않고 전역 변수를 사용해서 이펙트 악기를 사용한다면 적용할 이펙트 값의 변화의 수만큼 이펙트 악기와 전역 변수를 만들어야 하므로 아주 일이 많아진다.

위의 예는 잭 시스템을 사용하는 단지 하나의 단편이다. 사용하는 사람의 상상에 따라 잭 시스템의 채널들은 다양한 방법으로 연결 될 수 있다.

24 피지컬 모델 옵코드들

시사운드의 옵코드들의 대부분은 그 자체만으로는 만족할 만한 소리를 산출하지는 않는다. 그러나 예외로 피지컬 모델 옵코드들 중 그 자체만으로도 상당히 실감 있는 소리를 만드는 옵코드들이 있다. 이들 옵코드들은 이전 장에서 사용된 wgpluck과 wgpluck2 외에 wgbow와 wgbowedbar은 상당히 유용하게 사용할 수 있다. 이들은 모두 페리 쿡(Perry Cook)에 의해 개발된 피지컬 모델들이다.

가. 옵코드 wgbow

현악기 소리의 피지컬 모델이다. 아래 예에서는 진폭 인벨로프, 활의 압력, 포지션 등이 모든 피치에 똑같이 적용된다. 그러나 이들 모두 각 음을 위해서 조금씩 다르게 한다면 보다 현실감있는 악기가 될 것이다. 이 예에서 처음 나온 옵코드 adsr은 어택, 디케이, 서스테인 그리고 릴리스를 만들어 준다. 물론 사용자가 옵코드 린세그(linseg)를 이용하여 만들 수도 있으나 입력하는 항목 수가 4개밖에 되지 않아 편리하게 사용할 수 있다.

adsr 옵코드의 서스테인 부분은 시간이 아니라 최대 진폭을 1로 보았을 때의 서스테인의 진폭 비율을 입력한다. 즉 서스테인에서 최대 진폭의 90%를 유지한다면 0.9를 입력하면 된다. 나머지 세 가지 항목은 각각 어택 시간, 디케이 시간 그리고 릴리스 시간을 초 단위로 입력한다. 따라서 이 세 항목의 시간을 제외한 나머지 시간은 자동으로 서스테인 시간에 주어진다.

<표 437> 옵코드 wgbow를 이용한 현악기 소리

```
〈CsoundSynthesizer〉
〈CsInstruments〉
sr      = 44100
kr      = 4410
ksmps  = 10
nchnls = 1
;현을 켜는 소리와 유사한 소리 출력
;페리 쿡에 의한 피지컬 모델 사용, 시사운드에서 다시 편집됨

    instr 1
kamp = p4            ;출력 진폭
kfreq = cpspch(p5)   ;출력 진동수
kpres = 3.0          ;활의 압력: 최상의 값은 30이며 그 외 유용한 범위는 약 1~5
krat = 0.12          ;현위의 활 포지션: 보통 위치는 약 0.127236, 권장 범위는 0.025~0.23
kvibf1 = 4           ;비브라토의 진동수: 권장 범위는 0~12
kvibf2 = 3           ;비브라토의 진동수 - 코러스1
kvibf3 = 2           ;비브라토의 진동수 - 코러스2

ifn = 1                        ;비브라토를 위한 함수테이블 번호

kv linseg 0, 0.5, 0, 1, 1, p3-0.5, 1   ;비브라토 인벨로프
kvamp = kv * 0.01                       ;비브라토의 진폭
         ;어택    디케이   서스테인비   릴리스
kenv adsr p3*.2, p3*.1, .9,      p3*.4 - .01   ;ADSR 인벨로프
a1    wgbow kamp*kenv,    kfreq,          kpres, krat, kvibf1, kvamp, ifn  ;기본음
a2    wgbow kamp*kenv*.3, kfreq*1.007, kpres, krat, kvibf2, kvamp, ifn  ;코러스1
a3    wgbow kamp*kenv*.3, kfreq*0.997, kpres, krat, kvibf3, kvamp, ifn  ;코러스2
out   (a1 + a2 + a3)*.7   ;진폭조정
    endin
〈/CsInstruments〉
```

<표 438> 옵코드 wgbow를 이용한 현악기 소리의 스코어

```
〈CsScore〉
f1   0   128   10   1

i1   0   2   20000   8
i1   +   2   20000   8.07
i1   +   4   20000   9
e
〈/CsScore〉
〈/CsoundSynthesizer〉
```

나. 옵코드 wgbowedbar

타악기 보우드 바(bowed bar) 소리의 피지컬 모델이다. 보우드 바는 비브라폰과 같은 막대(bar)를 어떤 특별한 활로 문질러 소리 내는 타악기의 일종이다. 이 모델은 1999년에 조지 에셀(Georg Essl)과 페리 쿡(Perry Cook)이 발명한 '보우드 비브라폰 바'의 소리를 합성하는 방법을 사용하여 만들어졌다.

통합 상수 iconst의 기본 값은 0이며 값이 클수록 소리는 피드백되면서 증폭된다. 인벨로프 항목 itvel은 0과 1의 두 값 중 하나를 사용할 수 있으며 값 0이 기본 값이다. 값 1은 활의 벨로서티를 지수곡선을 그리며 감소하게 하는 값인데 이 값 1을 선택할 경우 대부분의 경우에 아무런 소리를 만들지 않는다. 활 위치는 바에 접촉하는 활의 위치를 입력하며 기본 값은 0이다. 최저 진동수 항목의 기본 값도 0이며 필요할 경우 출력 진동수에 최저 진동수를 입력한다. 이는 일종의 하이 패스 필터 기능을 하므로 추가적인 필터 사용 없이 저음을 제거할 수 있는 편리한 항목이다.

〈표 439〉 옵코드 wgbowedbar를 이용한 타악기

```
〈CsoundSynthesizer〉
〈CsInstruments〉
sr = 44100
kr = 4410
ksmps = 10
nchnls = 1
;타악기 보우드 바의 피지컬 모델

     instr 1
kpos       line 0.1,   p3, 0.21      ;바 위의 위치: 범위는 0~1
kbowpres line 0.8,   p3, 0.6      ;활의 압력: 0~1
kgain      line 0.990, p3, 0.995  ;필터의 게인(gain): 0~1
iconst     =  0                          ;통합 상수: 기본 값은 0
itvel      =  0                      ;0 또는 1(1은 대부분의 경우에 아무런 소리를 만들지 않음)
            ;진폭,  진동수,      바 위치,   활압력,   게인 [통합 상수][인벨로프][활 위치][최저진동수]
a1 wgbowedbar p4,   cpspch(p5), kpos, kbowpres, kgain, iconst,   itvel,   0,      0
kenv adsr p3*.001, p3*.1, .9, p3*.4 -.01  ;ADSR 인벨로프
out a1*kenv
     endin
〈/CsInstruments〉
```

〈표 440〉 옵코드 wgbowedbar를 이용한 타악기의 스코어

```
<CsScore>
i1      0   1  32000  7.00
i1      +   1  32000  7.04
i1      +   1  32000  7.07
e
</CsScore>
</CsoundSynthesizer>
```

25

시사운드의 명령 라인과 플래그들 

이 장에서는 사용자가 악기파일을 연주할 때 시사운드에 지시할 수 있는 모든 명령들을 제시하고 있으며 윈도우즈 환경에서뿐만 아니라 매킨토시 및 리눅스 환경에서의 내용도 함께 포함되어 있다.

가. 명령 라인(Command – line)이란

앞 장에서 설명한 바와 같이 시사운드 프로그램을 실행하기 위해서는 반드시 악기파일과 명령을 필요로 한다. '명령 라인'이란 바로 악기파일을 이용하여 소리를 산출하는 데에 필요한 여러 가지의 명령이 연속으로 하나의 행으로 나타나는 형태를 말한다. 우리말로 하면 '명령 행'이 된다. 이 명령 라인은 시사운드에 사용할 악기파일의 이름을 포함하여 어떤 방법으로 결과를 산출하고 제시할 것인지를 지시하는 명령들로 이루어진다. 그 형태는 각 사용자의 요구에 따라 다양한 형태의 결합으로 이루어질 수 있다. 그리고 이와 같은 명령들을 시사운드에서는 간단한 약자로 정의하고 있어 편리하게 사용할 수 있으며 이들 약자들의 모임을 '명령 라인'이라 한다.

나. 플래그(Flag)란

'플래그'에 대한 우리말의 중요한 뜻은 '기', '깃발'이지만 음악에서의 '음표 꼬리', '표식 문자' 등의 여러 가지 의미를 가지고 있다. 시사운드에서는 명령 라인을 구성하는 명령들의 각각을 하나의 플래그(flag)라 부른다. 따라서 플래그는 전체 명령 라인을 구성하는 하나의 명령을 말한다.

시사운드의 명령 라인의 각 명령 또는 플래그들을 이해하는 것은 아주 중요하다. 단순히 악기파일과 스코어파일을 만들고 소리를 듣는 정도에서는 사용자들의 편집기가 제공하는 기본 명령을 그대로 사용하면 별문제가 없다. 그러나 좀 더 특별한 상황에 직면하게 되면 이 명령 라인의 플래그들을 참조해야 하는 일들이 조금씩 생기게 될 것이다. 사용자마다 명령 라인에 포함하는 플래그들의 내용은 서로 다르기 때문에 대부분의 편집기에서는 단지 기본적인 플래그만을 넣고 있어 사용자가 원하는 플래그가 포함이 되지 않은 경우가 있다. 이 경우에 사용자는 기존의 명령 라인을 자신의 용도 및 상황에 따라 적절하게 편집을 해야 할 필요가 있다.

기본적인 명령의 순서는 다음과 같다. 먼저 실행할 시사운드 프로그램의 이름을 넣고 그 다음에 사용할 플래그들을 넣는다. 플래그들 사이에는 빈칸들 두어 각 플래그들을 서로 구별한다. 그리고 사용할 모든 플래그들을 입력한 다음에는 만약 사운드파일을 산출한다면 산출할 사운드파일의 이름을 넣고 그 다음 오케스트라파일 이름 그리고 스코어파일 이름을 또는 하나로 통합된 csd 파일 이름을 넣으면 된다.

예) 'csound − R − d − W − o test.wav test.orc test.sco'

위의 예에서 사용된 플래그들은 4개로 '− R − d − W − o'로 이루어져 있다. 이들 각각의 플래그들에 대한 설명은 곧 자세히 언급될 것이다.

다. 명령 라인의 포맷

csound [플래그들] [산출될 사운드파일 이름] [오케스트라파일 이름] [스코어파일 이름]

또는

csound [플래그들] [산출될 사운드파일 이름] [csd 파일 이름]

라. 오디오파일 입출력 플래그들

1) -3 또는 - -format = 24bit

24비트 사운드파일(DVD 음질)로 출력

2) -8 또는 - -format = uchar

8비트 언사인드 캐릭터(unsigned character) 사운드파일로 출력

3) -A 또는 - -aiff 또는 - -format = aiff

AIFF 포맷 사운드파일로 출력. -c, -s, -l 또는 -f 플래그와 함께 사용

4) -a 또는 - -format = alaw

alaw[105] 사운드파일로 출력

5) -c 또는 - -format = schar

8비트 사인드 캐릭터(signed character) 사운드파일로 출력

---

105) 12-비트 입력 시그널이 8-비트로 암호화된 포맷.

6) −f 또는 − −format＝float

32비트(single−format float) 사운드파일로 출력

7) − −format＝(사용할 사운드파일 확장자 이름)

확장자 이름으로 오디오파일 포맷을 설정한다. aiff, au, avr, caf, flac, htk, ircam, mat4, mat5, nis, paf, pvf, raw, sd2, sds, svx, voc, w64, wav, wavex 그리고 xi.
그리고 다음과 같이 확장자와 포맷을 동시에 사용할 수도 있다.
− −format＝확장자:(short, long, float, 등등) 또는 − −format＝(short, long, float, 등등):확장자
예) − −format＝aiff:short, − −format＝short:aiff

8) −h 또는 − −noheader

출력할 사운드파일에 머리 부분(header)을 쓰지 말기(No header, 단지 샘플 데이터만)

9) −i "파일 이름" 또는 − −input＝"파일 이름"

예) −i "C:\test.wav" 또는 − −input＝"C:\test.wav"
입력할 사운드파일 이름을 쓴다. 만약 경로 없이 파일 이름만 있다면 현재 시사운드 악기파일이 있는 장소에서 그 파일을 찾는다. 만약 없다면 환경 변수에서 정해진 SSDIR 그리고 SFDIR에서 찾을 것이다. 만약 파일 이름 대신에 'stdin'을 둔다면 시사운드는 표준 입력(stdin)[106]을 통해 파일 읽기를 시도한다(이 경우는 대부분 스크립트와 같은 또 하나의 프로그램을 사용하여 파일 경로를 전달한다).

---

106) 디바이스 또는 디스크 또는 키보드 등의 표준 입력 장치로부터의 입력을 말한다.

만약 파일 이름에 'devaudio' 또는 'adc'를 둔다면 시사운드는 오디오 입력 장치로부터 사운드를 요청한다. 이 경우 범위 0~1,023의 정수를 추가하여 하나의 장치 번호를 또는 콜론(:)을 붙이고 그 다음에 장치 이름을 써서 하나의 장치를 선택할 수 있다. 이때 장치 번호가 사용되어야 하는지 또는 장치 이름이 사용되어야 하는지는 오디오 인터페이스에 달려 있다. 번호가 사용되는 경우 범위를 벗어난 번호는 항상 에러를 야기하며 동시에 유효한 장치 번호 리스트가 제시된다.

10) -J 또는 --ircam 또는 --format=ircam

IRCAM 포맷 사운드파일로 출력한다.

11) -K 또는 --nopeaks

출력할 사운드파일에 픽(Peal) 정보를 쓰지 않는다.

12) -l 또는 --format=long

32비트 정수(long integer) 사운드파일로 출력한다.

13) -n 또는 --nosound

이 명령은 사운드파일을 만들지 않으면서 사운드파일을 만드는 모든 과정을 있는 그대로 수행한다. 또한 소리도 산출하지 않는다. 비록 출력결과를 DAC로 하였다 할지라도 소리 산출은 생략된다.

14) −o "파일 이름" 또는 −−output="파일 이름"

출력할 사운드파일 이름을 쓴다. 예) −o"C:\test.wav" 또는 −−output="C:\test.wav"
만약 경로 없이 파일 이름만 있다면 환경 변수에서 정해진 SFDIR에 그 파일을 만들 것이다. SFDIR이 없다면 현재 시사운드 악기파일이 있는 장소에 그 파일을 만든다. 만약 파일 이름에 'stdout'을 둔다면 시사운드는 표준 출력(stdout)으로 파일 쓰기를 시도할 것이다. 만약 이름이 없다면, 'test'라는 기본 이름으로 쓰인다.

만약 파일 이름에 'devaudio' 또는 'dac'를 둔다면, 즉 '−odevaudio' 또는 '−odac'와 같이 사용하면 시사운드는 파일을 만드는 대신 오디오 출력 장치로 디지털 시그널을 출력한다. 이 경우 범위 0~1,023의 정수를 추가하여 하나의 장치 번호를 또는 콜론(:)을 붙이고 그 다음에 장치 이름을 써서 하나의 장치를 선택할 수 있다. 이때 장치 번호가 사용되어야 하는지 또는 장치 이름이 사용되어야 하는지는 오디오 인터페이스에 달려 있다. 번호가 사용되는 경우 범위를 벗어난 번호는 항상 에러를 야기하며 동시에 유효한 장치 번호 리스트가 제시될 것이다.

윈도우즈에서는 항상 번호를 사용한다.

15) −R 또는 −−rewrite

이 명령을 사용하면 시사운드는 사운드파일의 정보를 매 ksmps(오디오 샘플 비율/컨트롤 샘플 비율) 값마다 현재 산출하고 있는 사운드파일의 머리 부분의 정보를 고쳐 쓰게 되므로 산출 속도는 느릴 수 있다. 그러나 이 옵션을 선택하면 산출 과정에서 어떤 문제로 시사운드가 중단되더라도 그때까지 만들어진 파일은 비록 원래 목적했던 파일 크기보다 작지만 항상 사용 가능한 파일이 된다.

16) −s 또는 −−format=short

16비트 정수(short integer)로 사운드파일을 출력한다.

17) -u 또는 - -format=ulaw

ulaw[107] 사운드파일을 출력한다.

18) -W 또는 - -wave 또는 - -format=wave

WAV 포맷 사운드파일을 출력한다.

19) -Z 또는 - -dither

시사운드 내부의 부동소수(floating point)에서 사용자가 요구한 32, 16 또는 8 비트 포맷으로 변환할 때 디더링(dithering, 다듬기)을 한다.

마. 출력파일 ID 태그(tag) 플래그들

1) - +id_artist = "텍스트"

출력하는 사운드파일의 제작자 태그(최대 길이=200자, 빈칸 없이 사용. 빈칸 대신 다른 기호 사용할 것. 예: Ludwig-van-Beethoven)

2) - +id_comment = "텍스트"

출력하는 사운드파일의 설명 태그(최대 길이=200자, 빈칸 없이 사용. 빈칸 대신 다른 기호 사용할 것. 예: This-is-a-Sample)

---

107) 사운드파일의 한 종류.

3) - +id_copyright = "텍스트"

출력하는 사운드파일의 저작권 태그(최대 길이 = 200자, 빈칸 없이 사용. 빈칸 대신 다른 기호 사용할 것. 예: copyright - 2007)

4) - +id_date = "텍스트"

출력하는 사운드파일의 시간 태그(최대 길이 = 200자, 빈칸 없이 사용. 빈칸 대신 다른 기호 사용할 것. 예: 2007 - 01 - 09)

5) - +id_software = "텍스트"

출력하는 사운드파일의 소프트웨어 태그(최대 길이 = 200자, 빈칸 없이 사용. 빈칸 대신 다른 기호 사용할 것. 예: Csound - ver - 5)

6) - +id_title = "텍스트"

출력하는 사운드파일의 제목 태그(최대 길이 = 200자, 빈칸 없이 사용. 빈칸 대신 다른 기호 사용할 것. 예: file - for - test)

바. 실시간 오디오 입출력

1) -i adc[장치] 또는 - -input = adc[장치]

오디오 입력 장치 이름으로 'devaudio'는 컴퓨터에 설치된 기본입력 장치를 의미한다. 따라서 '－i devaudio'와 같이 사용할 수 있다. 또한 'adc'라는 이름도 같은 의미를 가진다. 따라서 '－i adc'란 사용자 컴퓨터에서 0번으로 되어 있는 기본 입력 장치를 사용한다는 것을 의미한다. 그리고 빈칸 없이 '－iadc' 또는 '－idevaudio'와 같이 사용할 수 있다. 오디오 장치가 한 개 이상 있을 때는 범위 0～1,023의 정수를 사용하여 하나의 장치를 선택할 수 있으며(예: －iadc3) 또는 콜론(:)에 의해 분리된 장치 이름을 사용할 수도 있다(예: －iadc:hw:1,1). 이름이 들어가기는 후자의 경우는 리눅스에서 종종 사용된다.

윈도우즈에서는 모든 경우에 있어 번호를 사용한다. 예를 들어 입력 장치가 0번에서 3번까지 있다면 원하는 번호를 입력하면 된다. 따라서 0번에 속하는 어떤 입력 장치를 사용한다면 －iadc 또는 －iadc0을, 1번을 사용한다면 －iadc1 등과 같이 입력하면 된다. 번호를 사용하는 경우 그 범위를 벗어날 때 항상 에러가 출력 윈도에 출력되며 동시에 유효한 장치 번호들의 리스트가 제시된다.

2) －o dac[장치] 또는 －－output＝dac[장치]

오디오 출력 장치 이름으로 'devaudio'는 컴퓨터에 설치된 기본출력 장치를 의미한다. 따라서 '－o devaudio'와 같이 사용할 수 있다. 또한 'dac'라는 이름도 같은 의미를 가진다. 따라서 '－o dac'란 사용자 컴퓨터에서 0번으로 되어 있는 기본 출력 장치를 사용한다는 것을 의미한다. 그리고 빈칸 없이 '－odac' 또는 '－odevaudio'와 같이 사용할 수 있다. 오디오 장치가 한 개 이상 있을 때는 범위 0～1,023의 정수를 사용하여 하나의 장치를 선택할 수 있으며(예: －odac3) 또는 콜론(:)에 의해 분리된 장치 이름을 사용할 수도 있다(예: －odac:hw:1,1). 이름이 들어가는 후자의 경우는 리눅스에서 종종 사용된다.

윈도우즈에서는 모든 경우에 있어 번호를 사용한다. 예를 들어 출력 장치가 0번에서 7번까지 있다면 원하는 번호를 입력하면 된다. 따라서 0번에 속하는 어떤 출력 장치를 사용한다면 －odac 또는 －odac0을, 1번을 사용한다면 －odac1 등과 같이 입력하면 된다. 번호를 사용하는 경우 그 범위를 벗어날 때 항상 에러가 출력 윈도에 출력되며 동시에 유효한 장치 번호들의 리스트가 제시된다.

3) − + rtaudio = 텍스트

텍스트는 최대 20자까지 가능하다. 사용할 실시간 오디오 모듈 이름을 입력한다. 기본 모듈은 포트오디오(PortAudio)다. 또한 각 OS에 따라 서로 다른 모듈들을 사용할 수도 있다. 리눅스: alsa와 jack, 윈도우즈: mme, 매킨토시(OS X): CoreAudio. 추가로 모든 OS에서 널(null)을 사용하여 어떠한 실시간 오디오 플러그인의 사용도 거부할 수 있다(예: − + rtaudio = null).

참고로 이와 같은 null의 사용은 시사운드가 시사운드VST 플러그인으로 역할을 할 때 오디오의 사용을 전적으로 주인(host) 쪽에 양보하기 위해 사용한다. 예를 들면 큐베이스의 플러그인으로서 사용될 때 null 값을 입력한다.

참고로 여기서 말하는 '모듈'(module)이란 각 컴퓨터에서 사용하고 있는 사운드카드 등과 같은 개별적 하드웨어를 말하는 것이 아니다. 이 모듈이란 각 OS마다 컴퓨터에 어떤 오디오 카드가 장착되어 있는가의 여부를 떠나 컴퓨터 전체의 오디오를 통제하는 소프트웨어적인 구조를 말한다. 시사운드 버전 5부터는 윈도우즈를 위한 오디오 시스템을 위해서 포트오디오를 기본으로 사용하고 있으며 사용자가 원한다면 여전히 윈도우즈 자체의 'MME'[108]를 선택해서 사용할 수 있다.

사. 미디파일 입출력

1) −F 미디파일 이름 또는 − −midifile = 미디파일 이름

미디파일로부터 미디 이벤트를 읽어 들인다. 버전 4에서는 하나의 트랙으로 된 미디파일만 지원한다. 즉 하나의 채널만 가능하다. 그러나 버전 5에서는 255 트랙까지 가능하다.

---

108) 'MME'란 마이크로소프트사에서 윈도우즈의 사운드 체계를 위해 모든 다양한 가지각색의 사운드카드 하드웨어들이 똑같이 같은 방법과 방식으로 동작하도록 하는 사운드 API이다.

2) − − midioutfile = 미디파일 이름

출력할 미디파일 이름을 입력한다. 이 명령은 결코 스코어의 내용을 미디파일로 출력하는 것을 의미하는 것은 아니다. 단지 키보드 등으로 입력되는 미디데이터를 미디파일로 출력할 수 있으며 오디오 출력과 동시에 출력도 가능하다.

3) − + mute_tracks = 텍스트

텍스트의 최대 길이는 255자까지다. 템포 메시지만 제외하고 모든 미디 메시지를 무시한다. 즉 뮤트하고자 하는 트랙을 설정한다. 이 설정은 다음과 같은 패턴에 의해 이루어진다.

예) '− + mute_tracks = 00101'

위의 결과는 3번과 5번 트랙을 뮤트하라는 명령이다. 즉 연주되는 트랙에는 0을, 뮤트되는 트랙에는 1을 사용한다. 그리고 트랙 순서는 왼쪽에서 오른쪽으로 그리고 번호는 1부터 시작한다. 따라서 255개의 트랙을 가진 미디파일이 있다면 그리고 모두 뮤트한다면 255개의 '1'을 빈칸 없이 입력해야 할 것이다.

4) − + raw_controller_mode = boolean

'boolean'(불린)이란 '진실'(true)과 '거짓'(false) 이 두 가지 값만 가지는 데이터형이다. 이 용어는 주로 프로그래밍 언어에서 사용된다. 시사운드에서는 '사용한다'이면 'true', 'yes' 또는 '1'을, '사용하지 않는다'면 'false', 'no' 또는 '0'을 입력한다.

이 명령은 미디파일을 읽어 들일 때 사용할 수 있다. 기본 값은 사용하지 않는 것으로 'no'이다. 여기서 미디의 '컨트롤러'(controller)란 0∼127까지의 채널 메시지들을 말한다. 이 채널 메시지의 대표적인 것으로는 10번 팬(pan), 7번 볼륨(volume), 123번 모든 노트 오프(all note off) 등을 들 수 있다.

이 128개의 채널메시지는 미디 규약에 따라 각각 그 값이 정해져 있다. 그러나 특별한 목적으로 이 메시지들을 다른 용도로 사용하고자 한다면 'yes'를 입력하면 된다. 그렇게 되면 초기화 시점에서 모든 미디 컨트롤러 메시지들의 기본 값은 0의 값을 가지게 되며 읽어 들이는 미디파일의 컨트롤러 메시지들은 무시된다. 참고로 미디 컨트롤러 메시지의 어떤 값들은 초기 값이 0이 아닌 메시지들이 있다.

5) − + skip_seconds = float

최소한의 값은 0이다. 미디파일을 시작할 때의 시작 시간을 초 단위로 입력한다. 값 0은 처음부터 시작하는 것을 의미한다. 여기서 플로트(float)란 우리말로 부동소수를 의미한다. 즉 초 단위에서 좀 더 정밀하게 값을 사용할 수 있도록 소수점을 사용할 수 있다는 것을 말한다(예: 1.34, 110.1 등등).

6) − T 또는 − − terminate − on − midi

이 플래그를 사용하면 미디파일을 이용해서 연주할 때 미디파일의 끝에 도달하면 자동으로 시사운드가 연주를 멈추게 된다. 보통 미디파일을 이용할 때는 미디파일이 연주되는 실제 시간보다 긴 충분한 값을 스코어파일에서 입력하는 것이 보통이다. 이렇게 되면 연주 시 미디파일의 연주가 다 끝났더라도 시사운드는 종료하지 않고 여전히 스코어의 주어진 시간을 지키게 된다. 그러면 기다리거나 강제 종료를 시켜야 할 것이다. 또 사운드파일을 만들 때 뒤쪽에 필요 없는 침묵의 공간이 많이 생기게 된다. 이와 같은 경우를 피하고자 한다면 이 명령을 추가한다.

아. 미디 실시간 입출력

1) -M 장치 또는 --midi-device=장치

선택한 장치로부터 미디 시그널을 읽어 들인다. 만약 알사 미디(-+rtmidi=alsa)를 사용하는 리눅스의 경우 장치들은 번호가 아니라 이름에 의해 선택된다. 예를 들면 '-M hw:CARD,DEVICE'와 같은 형태의 명령이 사용될 것이다. 여기서 'CARD'는 미디카드 이름을, 'DEVICE'는 장치 번호를 말한다(예: -M hw:1,0). 포트미디와 MME의 경우에는 장치는 번호로 표시되어야 하며 만약 그 범위를 벗어날 때는 에러가 출력되며 동시에 유효한 장치 번호들의 리스트가 제시된다.

2) --midi-key=번호

미디노트 메시지를 미디피치 번호(0~127, 가온도는 60)로 받는다. 그리고 이를 어떤 P필드에서, 즉 몇 번째의 P필드에서 받을 것인가를 설정한다.

오케스트라(악기들)에서 비실시간으로 스코어파일의 악보를 읽을 때 하나의 소리, 즉 하나의 음표를 구성하고 있는 각 항목을 시사운드에서는 'P필드'라고 한다. 이 P필드는 1부터 시작하며 스코어에서 하나의 소리를 구성하기 위한 이 P필드의 수는 최소한 세 개 이상으로 이루어진다. 이 최소한의 세 개의 P필드는 각각 '악기 번호', '시작 시간' 그리고 '소리 길이'다. 이 세 개의 항목 중 어떤 항목이 빠져도 시사운드는 소리를 낼 수 없다. 가장 중요한 것은 이 세 개의 P필드 순서는 언제나 '악기 번호', '시작 시간' 그리고 '소리 길이'로 고정되어 있다는 점이다.

이와 같은 사항은 실시간에도 똑같이 적용된다. 실시간에는 '스코어' 파일의 데이터 대신 미디신호들(시그널)이 데이터가 된다. 이 시그널은 연주자에 의한 마스터 키보드[109](미디 키보드)의 건반에 의해 만들어질 수도 있으며 또는 다른

---

109) 사용자가 미디신호를 보내기 위해 사용하는 키보드. 이는 소리가 없는 미디 컨트롤러일 수도 있으며 또

외부의 시퀀서에 의해 전달되는 음악을 담고 있는 일련의 미디 스트림일 수도 있다. 그리고 시사운드가 시사운드VST 플러그인으로서 작동될 때 호스트(host)로부터 오는 미디 시그널이 될 수도 있다.

어떤 종류의 시그널이든 시사운드가 미디신호를 받을 때는 스코어를 읽어 들이는 것처럼 항상 P필드 1번은 악기 번호가 되며 2번은 시작 시간 그리고 3번은 소리 길이(음표 길이)가 된다. 이는 오케스트라에서 악기의 인벨로프를 디자인하기 위해 자연스럽게 P3(소리 길이)을 사용하는 것과 똑같이 이들 P필드를 사용하면 된다. 그러나 P1과 P2를 사용해 본 경험은 크게 없을 것이다. 가장 큰 이유는 이 두 항목은 시사운드에 의해 자동으로 선택되기 때문이다. 이제 남은 것은 소리의 크기와 피치(진동수, 음고)다. 대부분의 경우 이 둘은 각각 p4와 p5의 위치에서 진동수와 진폭의 순서로 또는 그 반대로 위치하기도 한다. 그러나 정해진 것은 없다. P항목들이 많을 경우는 드물지만 사용자에 따라 진폭과 진동수를 뒤쪽에 배치할 수도 있을 것이다.

그러므로 이 '－－midi－key＝번호' 그리고 다음에 나오는 명령의 '－－midi－velocity＝번호'는 오케스트라에서 스코어를 읽어 들이는 때와 똑같이 진동수와 진폭을 몇 번째의 P필드로 사용할 것인지를 결정해 준다. 앞서 본 바와 같이 1번부터 3번까지는 고정되어 있으므로 4번과 5번 중 하나를 선택하는 것이 바람직하다. 따라서 '－－midi－key＝번호' 그리고 다음에 나오는 '－－midi－velocity＝번호'는 당연히 서로 달라야 한다.

여기서 벨로서티와 진폭은 어떻게 보면 서로 다른 것 같지만 사실은 같다. 어택(attack)이 얼마나 빨리 일어나는가는 결코 얼마나 세게 치는가에 있는 것이 아니라 맞는 쪽, 즉 전적으로 진동하는 물체의 성분구조에 달려 있기 때문이다. 그리고 세게 칠 때와 약하게 칠 때 소리가 다른 것은 단지 그 진동하는 폭의 크기가 다름으로 인해 발생하는 배음 성분 구조 때문이다. 따라서 어택은 사용자가 사용하고자 하는 악기 또는 소리의 성격에 맞추어 악기를 디자인할 때 염두에 두어야 한다.

는 신디사이저가 될 수도 있다.

p1	악기 번호(Instrument number)
p2	음표의 시작 시간(Time of note)
p3	음표 길이(Duration of note)
p4	진폭(velocity)[110]
p5	피치(MIDI key)

3) --midi-key-cps=번호

미디노트 메시지를 초당 진동수로 받는다. 그리고 이를 어떤 P필드에서, 즉 몇 번째의 P필드에서 받을 것인지를 설정한다.

4) --midi-key-oct=번호

미디노트 메시지를 oct(octave point decimal, 옥타브·소수, 예: 8.083은 가온도 바로 위의 C#) 값으로 받는다. 그리고 이를 어떤 P필드에서, 즉 몇 번째의 P필드에서 받을 것인지를 설정한다.

5) --midi-key-pch=번호

미디노트 메시지를 pch(octave point pitch-class, 옥타브·피치 클래스, 예: 8.01 은 가온도 바로 위의 C#) 값으로 받는다. 그리고 이를 어떤 P필드에서, 즉 몇 번째의 P필드에서 받을 것인지를 설정한다.

---

110) 악기의 특성에 따라 스코어를 만들 때 이들 중 어느 하나가 또는 둘 다 부재할 수도 있다. 하지만 이는 특별한 경우이며 p4에 진폭을 두고 p5에 진동수를 두느냐 또는 진동수를 먼저 두느냐는 전적으로 사용자의 선호도에 달렸다. 하지만 사용자가 소리를 디자인할 때 일관성 있게 하나의 결정을 지켜 나간다면 p4와 p5의 선택에 있어서 그리고 나중에 내용을 추측하는 과정에서 일어나는 혼란을 막을 수 있을 것이다.

6) －－midi－velocity＝번호

미디노트 메시지의 벨로서티 값(0～127)을 어떤 P필드에서, 즉 몇 번째의 P필
드에서 받을 것인지를 설정한다.

7) －－midi－velocity－amp＝번호

미디노트 메시지의 벨로서티 값(0～127)을 데시벨(db)로 표현되는 진폭 값으로
변환하는 방법을 사용한다. 그리고 이 값을 어떤 P필드에서, 즉 몇 번째의 P필드
에서 받을 것인지를 설정한다.

8) －－midioutfile＝미디파일 이름

버전 5부터 적용됨. 출력되는 미디데이터를 미디파일로 저장할 때 그 파일 이
름을 입력한다.

9) －＋rtmidi＝텍스트

최대 텍스트의 길이는 20자(영문). 실시간 미디 모듈[111] 이름을 입력한다. 특별
히 명령을 사용하지 않으면 기본적으로 모든 OS에 포트미디(PortMidi)가 사용된
다. 만약 다른 모듈을 사용하고자 한다면 이름을 입력한다. 리눅스는 알사(ALSA)
그리고 윈도우즈는 윈도우즈 시스템 자체에서 사용하는 MME, WINMM을 사용
할 수 있다. 추가로 실시간 미디 플러그인의 사용을 금지시키는 '널'(null)은 모든
OS에서 사용할 수 있다.

---

111) 시사운드에서 언급하는 '모듈'(module)이란 항상 소프트웨어로 된 가상의 모듈을 말한다. 예를 들면 입
    출력을 제어하는 소프트웨어 장치들을 들 수 있다. 소프트웨어 모듈이란 어떤 큰 프로그램을 지원하는
    비교적 작은 형태의 프로그램들을 말한다. 이를 신디사이저에 비유하면 이해가 쉬울 것이다. 신디사이저
    는 건반과 소리장치로 이루어진다. 여기서 소리장치만 따로 떼어 놓은 것을 일반적으로 모듈이라고 하며
    건반이 없는 관계로 작고 가격도 조금 싸다. 그리고 혼자서는 소리를 낼 수가 없다.

이 널값을 사용하는 경우는 시사운드가 다른 프로그램에 종속되어 사용될 때다. 이와 같은 경우에는 시사운드는 단지 하나의 소프트웨어 악기인 VST 플러그인의 상태가 된다. 그리고 널값을 줌으로써 주인(host) 쪽에 오디오나 미디 모듈의 통제를 넘겨주기 위함이다. 이때는 반드시 널값을 주는 명령(- +rtmidi)을 사용해야 한다. 그렇지 않으면 제대로 작동하지 않는다. 현재까지는 시사운드를 플러그인 악기로 이용할 수 있는 프로그램은 큐베이스밖에 없지만 점차 확대될 것이리 본다.

만약 알사(ALSA) 미디를 사용하는 리눅스를 사용하고 있다면 장치들은 번호가 아니라 이름에 의해 선택될 것이다. 예를 들면 '- M hw:CARD,DEVICE'와 같은 형태의 명령이 사용될 것이다. 여기서 'CARD'는 미디카드 이름을, 'DEVICE'는 장치 번호를 말한다. 따라서 구체적인 예를 제시하자면 '- M hw:1,0'과 같이 사용된다.

앞서의 '- M 장치 또는 - - midi - device = 장치'는 여기의 'rtmidi'에서 명시하는 모듈에 종속된다. 즉 선택된 모듈 안에서 어떤 장치를 사용할 것인지를 말한다. 그리고 모듈은 컴퓨터에 설치되어 있는 모든 미디 장치들(사운드카드 및 마더 보드에 부착된 미디 장치 등등)을 제어하는 소프트웨어 통제 장치를 말한다. 추가로 이들 모듈들은 대부분 'DLL'이라는 확장자를 가진다.

10) - Q 장치

사용자의 컴퓨터에는 한 개의 미디 장치만이 있을 수도 있으며 경우에 따라 여러 개의 미디 장치들이 있을 수도 있을 것이다. 이 명령은 미디 출력을 위한 하나의 장치를 설정한다. 또한 이 명령은 미디 출력과 DAC로의 출력을 동시(parallel, 병행)에 가능케 한다.

그러나 실시간의 타이밍은 완전히 DAC 버퍼에 의한 샘플 흐름에 의해 좌우된다. 따라서 미디 출력 기능들은 경우에 따라 불규칙할 수도 있다. 이들 불규칙한 경우들은 '- b' 명령(사운드 입출력에 사용되는 소프트웨어 버퍼의 크기 설정)에서 작은 값을 사용하여 감소시킬 수 있다.

만약 알사 미디(Alsa Midi, - +rtmidi = alsa)를 사용하는 리눅스의 경우 장치들은 번호가 아니라 이름에 의해 선택된다. 예를 들면 '－Q hw:CARD,DEVICE'와 같은 형태의 명령이 사용될 것이다. 여기서 'CARD'는 미디카드 이름을, 'DEVICE' 는 장치 번호를 말한다(예: －Q hw:1,0). 포트미디와 MME의 경우에는 장치는 번호로 표시되어야 하며 만약 그 범위를 벗어날 때는 에러가 출력되며 동시에 유효한 장치 번호들의 리스트가 제시된다.

자. 출력 화면

1) －d 또는 －－nodisplays

파형 그래픽 윈도를 만들지 않는다.

2) －－displays

파형 그래픽 윈도를 제시한다. 이전의 －d 플래그는 무시된다.

3) －G 또는 －－postscriptdisplay

파형 그래픽 윈도 대신에 포스트스크립트 파일을 생성한다.

4) －g 또는 －－asciidisplay

파형 그래픽 윈도 대신에 아스키 문자를 사용하여 그래프를 그린다.

5) -H# 또는 - -heartbeat = NUM

각 사운드파일의 버퍼가 끝난 후 하나의 박동을 프린트한다.
NUM = 번호가 없음, 회전하는 막대기(bar)
NUM = 1, 회전하는 막대기(bar)
NUM = 2, 하나의 점 (.)
NUM = 3, 초 단위로 파일 크기를 표시
NUM = 4, 벨 소리

6) -m NUM 또는 - -messagelevel = NUM

표준 출력(터미널)을 위한 메시지 단계. 다음의 값들의 합을 사용.
1 = 음표 진폭 메시지
2 = 진폭 초과 메시지
4 = 경고 메시지
128 = 성능 정보 프린트

다음은 선택할 진폭 표시 포맷을 위한 값.
0 = 진폭 값(32,768), 색깔 없음
32 = 데시벨, 색깔 없음
64 = 데시벨, 진폭 초과는 홍색으로
96 = 데시벨, 가능한 모든 색깔 사용
256 = 진폭 값(32,768), 진폭 초과는 홍색으로
512 = 진폭 값(32,768), 모든 색깔 사용

기본 값은 135(128+4+2+1)로서 성능 정보 + 경고 출력 + 진폭 초과 메시지 + 음표 진폭 표시 + 진폭 값(32,768) 사용. 진폭 값(32,768)에서 색깔은 버전 5.04부터 가능.

7) － ＋msg_color = boolean

출력할 텍스트의 색깔의 사용 여부. 기본 값은 'true'로 사용하는 것으로 되어 있다. 만약 어떤 터미널에서 이로 인해 출력에 문제가 있다면 사용하지 않는 것 ('false')으로 설정할 필요가 있다.

8) － v 또는 － － verbose

오케스트라파일의 해석 및 연주 과정에 대한 세부적인 내용을 프린트한다. 그리고 에러가 발생한 위치를 보다 명확히 알려 준다.

9) － z NUM 또는 － － list － opcodesNUM

현재 사용 중인 버전의 모든 옵코드들을 나열한다.

NUM = 번호 없음, 단지 이름들만을 제시한다.

NUM = 0, 단지 이름들만을 제시한다.

NUM = 1, <옵코드 이름> <출력 아규먼트> <입력 아규먼트>의 순서로 각 옵코드의 이름과 함께 아규먼트를 나열한다.

차. 연주 설정과 제어(Performance Configuration and Control)

1) － B NUM 또는 － － hardwarebufsamps = NUM

DAC 하드웨어 버퍼를 위한 오디오 샘플 프레임들의 수를 설정한다. 이 값은 소프트웨어 오디오 입출력이 반환되기 전 기다리는 문턱 값(threshold)으로서 하드웨어의 설정에 따라 제한된다. 작은 번호는 오디오 입출력의 지연을 감소시키기는 반면 데이터의 늦어짐을 야기할 수 있다.

포트오디오 출력의 경우에 −B(−B/sr) 파라미터는 권장된 래턴시(latency) 값으로 보내진다. 그 외에는 시사운드는 어떻게 포트오디오가 이 파라미터를 해석하는가에 대한 제어 능력은 가지고 있지 않다. 리눅스에서의 기본 값은 1,024이며 매킨토시 OS X에서 4,096 그리고 윈도우즈에서는 16,384이다.

2) −b NUM 또는 −−iobufsamps=NUM

각 사운드 입출력 소프트웨어 버퍼의 오디오 샘플 프레임들의 수를 설정한다. 큰 값이 효과적이다. 작은 값은 오디오 입출력에서 일어날 수 있는 지연을 감소시키는 대신 보다 정확한 실시간의 타이밍을 향상시킨다.

리눅스에서 기본 값은 256, 매킨토시 OS X에서 1,024 그리고 윈도우즈에서는 4,096이다. 실시간의 연주에서 시사운드는 설정된 값의 경계에서 오디오 입출력을 기다린다. 시사운드는 또한 오케스트라의 컨트롤 값에서 오디오를 산출하며 미디와 같은 다른 입력을 조사한다. 이들 둘은 동기화될 수 있다. 편리함을 위해 만약 설정 값이 음수라면 효과적인 값은 ksmps * −NUM(k 주기와 함께 오디오와 동기화)이다. 결과적으로 작은 설정 값은 조사를 빈번하게 할 것이며 결국 고정된 DAC 샘플 범위로 잠긴다.

주의: 만약 −iadc와 −odac 양쪽이 동시에 사용된다면(풀 듀플렉스 실시간 오디오), −b 옵션은 컨트롤 값의 정수배수로 설정되어야만 한다.

3) −k NUM 또는 −−control−rate=NUM

이 값은 오케스트라파일에 설정된 컨트롤 값을 우선한다.

4) -L DEVICE 또는 - -score-in=DEVICE

설정된 장치로부터 실시간 스코어 이벤트들을 읽는다. 장치 이름 'stdin'은 터미널에서 입력되는 스코어 이벤트들이나 혹은 다른 과정으로 전송되는 이벤트들을 허용한다. 이 경우 각 라인은 행 끝(carrage-return) 값으로 끝이 나야만 한다.

이벤트들은 표준 시사운드 악기파일과 같은 형태로 만들어진다. 단 예외사항은 p2=0을 가진 이벤트들은 즉시 실행되며 그리고 p2=T를 가진 이벤트는 도착 후 T초 후에 실행된다. 이벤트들은 어느 시간에서나 어느 순서로도 도착할 수 있다. 마지막으로 스코어에서 유지되는 음표들(p3 음수)과 텍스트 아규먼트들과 같은 음표의 진행 표시들은 모두 유효하지만 램프(ramps)와 pp 또는 np 등의 심벌들은 제외된다.

5) - -omacro:XXX=YYY

오케스트라 매크로 XXX를 값 YYY로 설정한다.

6) -r NUM 또는 - -sample-rate=NUM

이 값은 오케스트라파일에 설정된 샘플 비율을 우선한다.

7) - -sched

리눅스에서만 가능. 실시간 계획과 메모리 잠금을 사용하라는 명령이다. 이 명령은 -d와 -odac를 필요로 한다. 다음의 - -sched=N을 보라.

8) − − sched = N

리눅스만 해당. 추가적으로 우선권을 표시하는 것 외에는 위의 − − sched와 동일하다. 만약 N이 1과 99 사이에 있는 양수라면 계획 정책 SCHED_RR은 N보다 앞서 사용될 것이다. 그렇지 않으면 SCHED_OTHER은 N에 설정된 단계와 함께 사용된다.

이 설정은 − − sched = N,MAXCPU,TIME과 같은 포맷으로 사용될 수 있다. 이 경우 만약 평균 CPU 사용이 TIME초의 한 주기를 넘어 MAXCPU 퍼센트를 초과한다면 시사운드를 종료시키는 감시자로 사용될 수 있다(시사운드 5.00부터).

9) − − smacro:XXX = YYY

스코어 매크로 XXX를 값 YYY로 설정한다.

10) − − strset

시사운드 5부터. 이 옵션은 명령 라인으로부터 strset 텍스트 값들을 설정하게 한다. 사용하는 포맷은 ' − − strsetN = VALUE'다. 이 플래그는 파라미터들을 오케스트라로 보내는 데에 유용하다. 예를 들면 파일 이름 등을 보낼 수 있다.

11) − + skip_seconds = float

최솟값은 0이다. 스코어나 미디파일에서 이 설정된 값에서부터 연주를 시작한다.

12) −t NUM 또는 −−tempo＝NUM

연주를 위해 score.srt의 해석되지 않은 비트들을 사용한다. 그리고 매분마다 NUM 박들에서 초기 템포를 설정한다. 이 플래그가 설정될 때 스코어 연주의 템포는 또한 오케스트라에서 조작될 수 있다. 주의: 이와 같은 조작은 실험적이며 완전한 신뢰는 장담하기 어려울 수 있다.

카. 기타(Miscellaneous)

1) −@ FILE

확장된 명령 라인을 파일로서 제공한다.

2) −C 또는 −−cscore

스코어파일로서 시스코어(Cscore) 산출을 사용한다.

3) −−default−paths

CSD/ORC/SCO 파일의 디렉터리를 조사 경로에 추가함을 재활성화한다. 이는 만약 이전에 '−−no−default−paths'에 의해 비활성화되었을 경우에 사용한다. 이 비활성화는 .csoundrc에서의 설정도 포함한다.

4) -D 또는 --defer-gen1

연주 시간까지 젠01 사운드파일 로드를 연기한다.

5) --env:NAME=VALUE

환경 변수 NAME을 VALUE로 설정한다. 주의: 모든 환경 변수들이 이와 같이 설정될 수는 없다. 왜냐하면 어떤 것들은 명령 라인이 해석되기 전에 읽히기 때문이다. 이와 같이 설정될 수 있는 변수로는 INCDIR, SADIR, SFDIR 그리고 SSDIR을 들 수 있다.

6) --env:NAME+=VALUE

환경 변수 NAME(이 NAME은 반드시 INCDIR, SADIR, SFDIR 또는 SSDIR에 있어야 한다)의 세미콜론으로 분리된 리스트에 VALUE를 덧붙인다. 만약 파일이 여러 디렉터리에서 발견된다면 마지막의 것이 사용된다.

7) --expression-opt

시사운드 5부터. 오케스트라에 사용된 연산들을 최적화한다.

중복되는 수행은 언제나 제거된다. 더 적은 옵코드의 사용은 CPU 사용을 감소시켜 이 설정을 사용함으로써 약 10% 정도 속도를 증가할 수 있다. 이로써 오디오 및 컨트롤의 임시 변수들의 수는 현저히 감소된다. 예를 들면 표현 (a1 + a2 + a3 + a4)는 다음과 같이 컴파일된다.

#a0 더하기 a1, a2

#a0 더하기 #a0, a3
#a0 더하기 #a0, a4   ; (결과는 #a0으로)

다음의 표현 대신에
#a0 더하기 a1, a2
#a1 더하기 #a0, a3
#a2 더하기 #a1, a4   ; (결과는 #a2로)

더 적은 임시 변수들로 인한 장점은 다음과 같다.

* 더 적은 캐쉬(cache) 메모리가 사용된다. 이는 많은 오디오 변수를 사용하고 낮
  은 컨트롤 비율(예: ksmps = 100)을 사용하는 오케스트라의 연주를 향상시킨다.
* 큰 오케스트라들은 더 적은 변수들 때문에 더 빨리 로드될 수 있다.
* 색인(인덱스) 과다 에러들(예: indx = − 56004(ffff253c). (short)indx = 9532(253c))
  은 이상한 결과를 야기하고 시사운드를 종료시킬 수 있는데 이와 같은 에러
  를 방지할 수 있다. 이런 에러는 하나의 악기에서 너무나 많은 변수들이 선
  언되어 사용되는 경우에 일어난다.

주의: 이 최적화는 i − 비율 임시 변수들에는 적용되지 않는다. 그리고 최적화
가 적용된 경우 표현 아규먼트에서 i() 함수 사용은 허락되지 않으며 또한 i − 시
간에서 k − 비율 표현들의 값에 의존하는 것은 위험하다.

8) − −help

온 − 라인 도움 메시지를 표시한다.

9) − I 또는 − −i − only

i − 시간만. 스코어의 모든 악기들을 초기화하고 할당한다. 그러나 모든 p − 시

간의 산출(a와 k - 시그널 포함)을 하지 않는다. 따라서 진폭 값이나 소리의 산출은 없다. 이 플래그는 스코어의 p - 필드와 오케스트라의 i - 변수들의 정당성을 빠르게 조사한다.

10) - j FILE

현재 사용될 수 없는 플래그다. 연주 동안 콘솔로 프린트할 메시지를 위해 데이터베이스 파일을 사용한다. 시사운드 버전 5부터 메시지의 지역화는 2개의 환경 변수들에 의해 조작된다. 이들은 옵션이다. CSSTRNGS은 .xmg 파일들을 포함하는 디렉터리를 가리키며 CS_LANG는 하나의 언어를 선택한다.

11) - + max_str_len = integer

최소는 '10'이며 최대는 '10,000'이다. 텍스트 변수들의 최대 길이에 1을 더한 값을 설정한다. 기본 값은 256으로서 255자를 설정할 수 있다. 텍스트 상수의 길이는 이 값에 제한되지 않는다.

12) - N 또는 - - notify

스코어나 미디트랙의 산출이 끝났을 때 알린다.

13) - - no - default - paths

경로 조사를 위한 CSD/ORC/SCO 파일들의 디렉터리 추가를 비활성화한다.

14) - -no - expression - opt

연산 최적화를 비활성화한다.

15) - O FILE 또는 - - logfile = FILE

출력에 관한 로그를 파일로 작성한다.

16) - t0 또는 - - keep - sorted - score

산출이 끝났을 때 정렬된 스코어파일, score.srt를 시사운드가 지우지 않게 한다.

17) - U UTILITY 또는 - - utility = UTILITY

유틸리티 프로그램을 시작한다. 가능한 유틸리티들의 목록을 보려면 유효하지
않는 이름을 사용하면 시사운드는 가능한 유틸리티들의 목록을 제시한다.

- x FILE, - - extract - score = FILE
정돈된 스코어, score.srt의 한 부분을 파일로 만든다.

타. 추가

1) - - opcode - lib = panslib,metrolib

옵코드 플러그인들. 다른 플랫폼과 유사하게 매킨토시 버전 시사운드는 명령

라인에서 이들 라이브레리들을 지정함으로써 새로운 오케스트라 옵코드를 추가
할 수 있다. 현재 2개의 샘플 플러그인 라이브레리가 포함되어 있다. panslib과
metrolib.

명령 라인 플래그의 예
－－opcode－lib＝panslib,metrolib

보다 자세한 내용을 위해 "Macintosh Manual.html" 파일을 참조하면 도움이
될 것이다.

부 록

아스키코드(0~127) 차트

정수	옥탈(oct)	핵사(hex)	이진수	값
001	001	001	00000001	SOH　　(Start of Header)
002	002	002	00000010	STX　　(Start of Text)
003	003	003	00000011	ETX　　(End of Text)
004	004	004	00000100	EOT　　(End of Transmission)
005	005	005	00000101	ENQ　　(Enquiry)
006	006	006	00000110	ACK　　(Acknowledgment)
007	007	007	00000111	BEL　　(Bell)
008	010	008	00001000	BS　　(Backspace)
009	011	009	00001001	HT　　(Horizontal Tab)
010	012	00A	00001010	LF　　(Line Feed)
011	013	00B	00001011	VT　　(Vertical Tab)
012	014	00C	00001100	FF　　(Form Feed)
013	015	00D	00001101	CR　　(Carriage Return)
014	016	00E	00001110	SO　　(Shift Out)
015	017	00F	00001111	SI　　(Shift In)
016	020	010	00010000	DLE　　(Data Link Escape)
017	021	011	00010001	DC1 (XON) (Device Control 1)
018	022	012	00010010	DC2　　(Device Control 2)
019	023	013	00010011	DC3 (XOFF)(Device Control 3)
020	024	014	00010100	DC4　　(Device Control 4)
021	025	015	00010101	NAK　　(Negative Acknowledgement)
022	026	016	00010110	SYN　　(Synchronous Idle)
023	027	017	00010111	ETB　　(End of Trans. Block)
024	030	018	00011000	CAN　　(Cancel)
025	031	019	00011001	EM　　(End of Medium)
026	032	01A	00011010	SUB　　(Substitute)
027	033	01B	00011011	ESC　　(Escape)
028	034	01C	00011100	FS　　(File Separator)
029	035	01D	00011101	GS　　(Group Separator)
030	036	01E	00011110	RS(Request to Send)(Record Separator)
031	037	01F	00011111	US　　(Unit Separator)
032	040	020	00100000	SP　　(Space)
033	041	021	00100001	!　　(exclamation mark)

정수	옥탈(oct)	핵사(hex)	이진수	값
034	042	022	00100010	"　(double quote)
035	043	023	00100011	#　(number sign)
036	044	024	00100100	$　(dollar sign)
037	045	025	00100101	%　(percent)
038	046	026	00100110	&　(ampersand)
039	047	027	00100111	'　(single quote)
040	050	028	00101000	(　(left/opening parenthesis)
041	051	029	00101001	)　(right/closing parenthesis)
042	052	02A	00101010	*　(asterisk)
043	053	02B	00101011	+　(plus)
044	054	02C	00101100	,　(comma)
045	055	02D	00101101	−　(minus or dash)
046	056	02E	00101110	.　(dot)
047	057	02F	00101111	/　(forward slash)
048	060	030	00110000	0
049	061	031	00110001	1
050	062	032	00110010	2
051	063	033	00110011	3
052	064	034	00110100	4
053	065	035	00110101	5
054	066	036	00110110	6
055	067	037	00110111	7
056	070	038	00111000	8
057	071	039	00111001	9
058	072	03A	00111010	:　(colon)
059	073	03B	00111011	;　(semi − colon)
060	074	03C	00111100	〈　(less than)
061	075	03D	00111101	=　(equal sign)
062	076	03E	00111110	〉　(greater than)
063	077	03F	00111111	?　(question mark)
064	100	040	01000000	@　(AT symbol)
065	101	041	01000001	A
066	102	042	01000010	B
067	103	043	01000011	C
068	104	044	01000100	D
069	105	045	01000101	E
070	106	046	01000110	F
071	107	047	01000111	G
072	110	048	01001000	H
073	111	049	01001001	I

정수	옥탈(oct)	핵사(hex)	이진수	값
074	112	04A	01001010	J
075	113	04B	01001011	K
076	114	04C	01001100	L
077	115	04D	01001101	M
078	116	04E	01001110	N
079	117	04F	01001111	O
080	120	050	01010000	P
081	121	051	01010001	Q
082	122	052	01010010	R
083	123	053	01010011	S
084	124	054	01010100	T
085	125	055	01010101	U
086	126	056	01010110	V
087	127	057	01010111	W
088	130	058	01011000	X
089	131	059	01011001	Y
090	132	05A	01011010	Z
091	133	05B	01011011	[(left/opening bracket)
092	134	05C	01011100	₩ (back slash)
093	135	05D	01011101	] (right/closing bracket)
094	136	05E	01011110	^ (caret/circumflex)
095	137	05F	01011111	_ (underscore)
096	140	060	01100000	`
097	141	061	01100001	a
098	142	062	01100010	b
099	143	063	01100011	c
100	144	064	01100100	d
101	145	065	01100101	e
102	146	066	01100110	f
103	147	067	01100111	g
104	150	068	01101000	h
105	151	069	01101001	i
106	152	06A	01101010	j
107	153	06B	01101011	k
108	154	06C	01101100	l
109	155	06D	01101101	m
110	156	06E	01101110	n
111	157	06F	01101111	o
112	160	070	01110000	p
113	161	071	01110001	q

정수	옥탈(oct)	핵사(hex)	이진수	값
114	162	072	01110010	r
115	163	073	01110011	s
116	164	074	01110100	t
117	165	075	01110101	u
118	166	076	01110110	v
119	167	077	01110111	w
120	170	078	01111000	x
121	171	079	01111001	y
122	172	07A	01111010	z
123	173	07B	01111011	{ (left/opening brace)
124	174	07C	01111100	| (vertical bar)
125	175	07D	01111101	} (right/closing brace)
126	176	07E	01111110	~ (tilde)
127	177	07F	01111111	DEL (delete)

피치 변환 차트

음표	진동수	시사운드 피치 클래스	미디피치 번호
C－1	8.176	3.00	0
C#－1	8.662	3.01	1
D－1	9.177	3.02	2
D#－1	9.723	3.03	3
E－1	10.301	3.04	4
F－1	10.913	3.05	5
F#－1	11.562	3.06	6
G－1	12.250	3.07	7
G#－1	12.978	3.08	8
A－1	13.750	3.09	9
A#－1	14.568	3.10	10
B－1	15.434	3.11	11
C0	16.352	4.00	12
C#0	17.324	4.01	13
D0	18.354	4.02	14
D#0	19.445	4.03	15
E0	20.602	4.04	16
F0	21.827	4.05	17
F#0	23.125	4.06	18
G0	24.500	4.07	19
G#0	25.957	4.08	20

음표	진동수	시사운드 피치 클래스	미디피치 번호
A0	27.500	4.09	21
A#0	29.135	4.10	22
B0	30.868	4.11	23
C1	32.703	5.00	24
C#1	34.648	5.01	25
D1	36.708	5.02	26
D#1	38.891	5.03	27
E1	41.203	5.04	28
F1	43.654	5.05	29
F#1	46.249	5.06	30
G1	48.999	5.07	31
G#1	51.913	5.08	32
A1	55.000	5.09	33
A#1	58.270	5.10	34
B1	61.735	5.11	35
C2	65.406	6.00	36
C#2	69.296	6.01	37
D2	73.416	6.02	38
D#2	77.782	6.03	39
E2	82.407	6.04	40
F2	87.307	6.05	41
F#2	92.499	6.06	42
G2	97.999	6.07	43
G#2	103.826	6.08	44
A2	110.000	6.09	45
A#2	116.541	6.10	46
B2	123.471	6.11	47
C3	130.813	7.00	48
C#3	138.591	7.01	49
D3	146.832	7.02	50
D#3	155.563	7.03	51
E3	164.814	7.04	52
F3	174.614	7.05	53
F#3	184.997	7.06	54
G3	195.998	7.07	55
G#3	207.652	7.08	56
A3	220.000	7.09	57
A#3	233.082	7.10	58
B3	246.942	7.11	59
C4	261.626	8.00	60

음표	진동수	시사운드 피치 클래스	미디피치 번호
C#4	277.183	8.01	61
D4	293.665	8.02	62
D#4	311.127	8.03	63
E4	329.628	8.04	64
F4	349.228	8.05	65
F#4	369.994	8.06	66
G4	391.995	8.07	67
G#4	415.305	8.08	68
A4	440.000	8.09	69
A#4	466.164	8.10	70
B4	493.883	8.11	71
C5	523.251	9.00	72
C#5	554.365	9.01	73
D5	587.330	9.02	74
D#5	622.254	9.03	75
E5	659.255	9.04	76
F5	698.456	9.05	77
F#5	739.989	9.06	78
G5	783.991	9.07	79
G#5	830.609	9.08	80
A5	880.000	9.09	81
A#5	932.328	9.10	82
B5	987.767	9.11	83
C6	1046.502	10.00	84
C#6	1108.731	10.01	85
D6	1174.659	10.02	86
D#6	1244.508	10.03	87
E6	1318.510	10.04	88
F6	1396.913	10.05	89
F#6	1479.978	10.06	90
G6	1567.982	10.07	91
G#6	1661.219	10.08	92
A6	1760.000	10.09	93
A#6	1864.655	10.10	94
B6	1975.533	10.11	95
C7	2093.005	11.00	96
C#7	2217.461	11.01	97
D7	2349.318	11.02	98
D#7	2489.016	11.03	99
E7	2637.020	11.04	100

음표	진동수	시사운드 피치 클래스	미디피치 번호
F7	2793.826	11.05	101
F#7	2959.955	11.06	102
G7	3135.963	11.07	103
G#7	3322.438	11.08	104
A7	3520.000	11.09	105
A#7	3729.310	11.10	106
B7	3951.066	11.11	107
C8	4186.009	12.00	108
C#8	4434.922	12.01	109
D8	4698.636	12.02	110
D#8	4978.032	12.03	111
E8	5274.041	12.04	112
F8	5587.652	12.05	113
F#8	5919.911	12.06	114
G8	6271.927	12.07	115
G#8	6644.875	12.08	116
A8	7040.000	12.09	117
A#8	7458.620	12.10	118
B8	7902.133	12.11	119
C9	8372.018	13.00	120
C#9	8869.844	13.01	121
D9	9397.273	13.02	122
D#9	9956.063	13.03	123
E9	10548.08	13.04	124
F9	11175.30	13.05	125
F#9	11839.82	13.06	126
G9	12543.85	13.07	127

참고 문헌

Bianchini, Riccardo and Cipriani, Alessandro. English ed. *Virtual Sound*. Rome: www.contemponet.com, 2000.

Boulanger, Richard. "Csounds.com." http://www.csounds.com.

Boulanger, Richard, ed. *The Csound Book*. Cambridge: The MIT Press, 2000.

Chadabe, Joel. *Electric Sound*. New Jersey: Prentice Hall, 1997.

Cope, David. *Virtual Music*. Cambridge: The MIT Press, 2001.

Cope, David. *Experiments in Musical Intelligence*. The Computer Music and Digital Audio series. Madison: A – R Editions, Inc., 1996.

Dodge, Charles and Jerse, Thomas A. *Computer Music*. New York: Schirmer Books, 1985.

Foerster, Heinz V. and Beauchamp, James W. eds. *Music by Computers*. New York: John Wiley and Sons, Inc., 1969.

Haus, Goffredo. ed. *Music Processing*. The Computer Music and Digital Audio series. Madison: A – R Editions, Inc., 1933.

Horner, Andrew and Ayers, Lydia. *Cooking with Csound: Part1: Woodwind and Brass Recipes*. Middleton: A – R Editions, Inc., 2002.

Howe, Hubert S. *Electronic Music Synthesis*. New York: WW Norton & Company Inc., 1975.

Hiller, Lejaren. *Experiential Music*. New York: McGraw – Hill, 1959.

Mackay, Andy. *Electronic Music*. Harrow House Editions Limited, 1981.

Mathews, Max V. and Pierce, John R. eds. *Current Directions in Computer Music Research*. Cambridge: The MIT Press, 1991.

Miranda, Eduardo Reck. *Computer Sound Synthesis for the Electronic Musician*. Music Technology series. Oxford: Focal Press, 1998.

Moore, F. Richard. *Elements of Computer Music*. New Jersey: Prentice Hall, 1990.

Proakis, John G. and Manolakis, Dimitris G. *Introduction to Digital Signal Processing*. New York: Macmillan Publishing Company, 1988.

Roads, Curtis. *The Computer Music Tutorial*. Cambridge: The MIT Press, 1996.

Roads, Curtis. ed. *Microsound*. Cambridge: The MIT Press, 2004.

Stark, Peter A. *Computer Programming Handbook*. Blue Ridge Summit: Tab Books, 1975.

Winsor, Phil and DeLisa, Gene. *Computer Music in C.* Denton: University of North
Texas Press, 1991.

Xenakis, Iannis. *Formalized Music.* Bloomington: Indiana University Press, 1971.

색 인

█ 약 력

영남대학교 학사 및 석사
University of North Texas 음악박사
(전공: 작곡, 부전공: 음악이론)
난파콩쿨 작곡대상(대통령상) 수상
한국학술진흥재단 우수성과인증패 수상
현대한국인물사 등재
컴퓨터음악 논문 및 소프트웨어 연구
개인작곡발표회 2회 개최
단체연주회 40여 회 작곡 발표
현재, 영남대학교 작곡과 겸임교수

컴퓨터 음악의 모든 것

시사운드의 원리
CSOUND

초판인쇄 | 2010년 5월 17일
초판발행 | 2010년 5월 17일

지 은 이 | 최종문
펴 낸 이 | 채종준
펴 낸 곳 | 한국학술정보㈜
주　　소 | 경기도 파주시 교하읍 문발리 파주출판문화정보산업단지 513-5
전　　화 | 031) 908-3181(대표)
팩　　스 | 031) 908-3189
홈페이지 | http://www.kstudy.com
E-mail | 출판사업부　publish@kstudy.com
등　　록 | 제일산-115호(2000. 6. 19)

ISBN 　978-89-268-0882-5 13560 (Paper Book)
　　　　978-89-268-0883-2 18560 (e-Book)